汉 英
空空导弹词典

A Chinese-English Dictionary of Air-to-Air Missiles

天　光 主编
樊会涛 主审

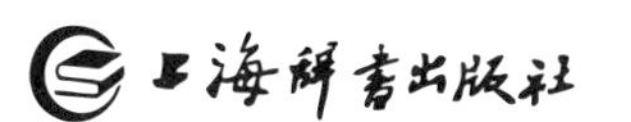

图书在版编目(CIP)数据

汉英空空导弹词典 / 天光主编. —上海：上海辞书出版社，2023

ISBN 978-7-5326-6170-1

Ⅰ.①汉… Ⅱ.①天… Ⅲ.①空对空导弹-词典-汉、英 Ⅳ.①TJ762.2-61

中国国家版本馆 CIP 数据核字(2023)第 232124 号

汉英空空导弹词典

天光　主编

策划编辑　钱方针　童力军
责任编辑　刘宇轩　孙　毕
助理编辑　初　伊
装帧设计　朱　懿　杨钟玮
责任印制　曹洪玲

出版发行　上海世纪出版集团 上海辞书出版社®(www.cishu.com.cn)
上海交通大学出版社
地　　址　上海市闵行区号景路 159 弄 B 座(邮政编码：201101)
印　　刷　苏州市越洋印刷有限公司
开　　本　787 毫米×1092 毫米　1/16
印　　张　28.25
字　　数　1 121 000
版　　次　2023 年 12 月第 1 版　2023 年 12 月第 1 次印刷
书　　号　ISBN 978-7-5326-6170-1/T·208
定　　价　388.00 元

汉英空空导弹词典

主　　　编：天　光

主　　　审：樊会涛（院士）

副　主　审：司俊杰

主要审定人员：樊会涛　司俊杰　天　光

曹旭东　侯　虹　陈　超

资料保障人员：陈　超　李　博　陈旭彤

孙　姣　周莉莉　纪茵茵

前　言

为了方便空空导弹领域的专业技术人员和翻译工作者撰写英文论文和翻译出口资料，我们编纂了这部《汉英空空导弹词典》。本词典共收录空空导弹及相关技术领域的专业术语约 3.6 万条（含重复词条），涉及空空导弹总体、雷达与红外制导系统、引战系统、发动机、发射装置以及产品设计、制造和试验等技术领域。因空空导弹攻击的目标是各种有人驾驶飞机、无人机和其他战术导弹，所以，本词典也收录了与飞机和其他战术导弹相关的专业术语。另外，空空导弹是为现代战争服务的，因此本词典也收录了数量可观的军事用语。

为避免中国式英语，本词典的词条以天光主编、樊会涛主审的《英汉空空导弹词典》的中文释义为基础进行补充和删减，而原词典的绝大多数词条都是从美英最新的专业文献和动态报道中提取和翻译的，所以本词典给出的英文释义更地道。为了及时反映国外空空导弹技术的最新发展，本词典特别注意收录了近十年来出现的一些新的专业术语，如数字导弹（digital guided missile）、巡飞导弹（loitering missile）、无人机蜂群（drone swarm）、强对抗环境（contested environments）、多域作战（multi-domain operations）、净形制造（net-shape manufacturing）等。

本词典是《英汉空空导弹词典》的姊妹篇，这两部词典的编者和审定者都是素养深厚的专业技术人员和经验丰富的翻译人员。此外，刘晶晶、司俊杰、刘怀勋、任淼、赵丽娟、李博、陈超、莫展、张迁、陈旭彤、侯旷怡、张公平、张云露、张俊、文琳、张煦昕、曹旭东、魏仲委、董志航、潘国庆、张新伟、职世君、侯朋、谢翔、汪朝阳、刘仙名、姚栋等参与了《英汉空空导弹词典》的编写或审定；吴催生、赵丽娟、施亚设、冯琳、林晓欲、胡旭彬等为本词典的编审提供了帮助，在此深表谢意。

经过四年多的不懈努力，终于完成了我国首部专注于空空导弹技术的汉英词典。我们希望这部词典能为我国空空导弹事业的知识积累和传承尽绵薄之力。同时也希望广大读者对词典提出宝贵意见，以便使词典在不断修订过程中更加完善。

编　者

2023 年 3 月

使 用 说 明

1. 本词典所有词条按汉语拼音顺序排列，拼音相同的按声调顺序排列，声调也相同的按笔画多少的顺序排列，笔画也相同的按书写笔顺——横竖撇点折的顺序排列。如：

安装座	mount
安装座	stabilizer
鞍形连接头	saddle attach fitting
鞍形弹簧垫圈	curved spring
岸基设备	shore-based equipment
按	*vt.* press
按成本设计	design to cost (DTC)

为了方便读者检索，对一些含有多音或多调字的词条采取了容错处理，如“薄壁结构”中的“薄”不论按 bao 还是按 bo 都能查到。读音不规范的词条加“ * ”号标志。

2. 数字、英文和其他字符开头的词条放在词典正文之后。

3. 词条中的“/”“-”“、”“…”号不参加词条的排序和检索，如：“导弹/飞机接口”按“导弹飞机接口”排序和检索，“黑体-调制盘组合”按“黑体调制盘组合”排序和检索，“先敌发现、先敌发射、先敌击毁”按“先敌发现先敌发射先敌击毁”排序和检索，“沿…寻的”按“沿寻的”排序和检索。

4. 词条对应有不同的英文释义时，释义分条列出（为便于辨识，词条加了阴影），各条之间的先后次序按英文字母的顺序排列，如：

靶场	proving ground
靶场	range
靶场	test range

读者在实际应用时，应根据写作或翻译的具体场合选取最合适的释义。

5. 词条英文释义的缩略语放在释义后面的括号内，该释义有不同的缩略语形式时，用“;”分开，如 air-to-air (ATA; AA)，其全拼的首字母大小写依照美英文献据实收录。

6. 英文释义中，单词的拼写形式在美国和英国存在差异，如：armor/armour; defense/defence; maneuver/manoeuvre; program/programme（前者是美国拼写形式，后者是英国拼写形式）；本词典的释义均直接取自美英文献，未统一为一种拼写形式。读者在使用时，应根据实际的应用场合选用拼写形式。

汉语拼音音节索引

A

a
阿 1
ai
埃 1
艾 1
爱 1
an
安 1
鞍 3
岸 3
按 3
胺 3
暗 3
ao
凹 3
奥 4
澳 4

B

ba
八 5
巴 5
拔 5
把 5
靶 5
把 5
bai
白 5
百 5
摆 5
ban
扳 5
班 5
斑 5
搬 6
板 6
版 6
钣 6
办 6
半 6
伴 7
bang
绑 7
棒 7
磅 7
bao
包 7
薄 7
饱 8
宝 8
保 8
报 9
暴 9
曝 9
爆 9
bei
杯 10
北 10
贝 10
备 10
背 10
倍 11
被 11
ben
本 11
苯 11
beng
崩 11
泵 12
bi
比 12
笔 12
必 12
毕 12
闭 12
壁 12
避 12
臂 12
bian
边 12
编 13
鞭 13
扁 13
变 13
便 14
辨 14
biao
标 14
表 15
bing
冰 15
兵 16
丙 16
柄 16
饼 16
并 16
病 16
bo
拨 16
波 16
玻 17
剥 17
伯 17
驳 17
泊 17
铂 17
箔 17
薄 17
bu
补 18
捕 18
不 18
布 19
步 20
部 20

C

ca
擦 21
cai
材 21
财 21
采 21
彩 21
菜 21
can
参 21
残 22
cang
仓 22
舱 22
cao
操 22
槽 23
草 23
ce
侧 23
测 23
策 24
cen
参 24
ceng
层 24
cha
叉 25
差 25
插 25
茶 25
查 25
chai
拆 25
chan
掺 25
缠 26
产 26
颤 26
chang
长 26
常 27
厂 27
场 27
倡 27
chao
超 27
潮 28
che
车 28
撤 29
chen
沉 29
陈 29
衬 29
cheng
撑 29
成 29
诚 30
承 30
乘 30
程 30
秤 31
chi
吃 31
池 31
迟 31
持 31
尺 31
齿 31
赤 31
chong
冲 31
充 32
虫 32
重 32
冲 33
chou
抽 33
臭 33
chu
出 33
初 33
除 34
杵 34
储 34
处 34
触 35
chuan
穿 35
传 35
船 36
喘 36
串 36
chuang
窗 36
床 36
创 37
chui
吹 37
垂 37
锤 37
chun
春 37
纯 37
唇 37
醇 37
ci
磁 37
次 38
刺 38
cong
从 38
cu
粗 38
簇 38
cui
催 38
摧 38
脆 38
淬 38
cun
存 38
cuo
挫 39
措 39
锉 39
错 39

D

da
搭 40

达 40
打 40
大 40
dai
代 41
带 41
待 42
戴 42
dan
丹 42
担 42
单 43
弹 44
蛋 46
氮 46
dang
当 47
挡 47
当 47
档 47
dao
刀 47
导 48
倒 52
到 52
倒 53
道 53
de
得 53
德 53
deng
灯 53
登 53
等 53
di
低 54
迪 56
敌 56
抵 56
底 56
地 56
递 58
第 58
碲 58
dian
颠 58
典 58
点 58
电 59
垫 65
淀 65
diao
吊 65
调 66
die
跌 66
迭 66
谍 66
叠 66
碟 66
蝶 66
ding
丁 66
顶 66
订 66
定 66
diu
丢 68
dong
东 68
董 68
动 68
冻 69
dou
抖 69
du
毒 69
独 69
读 69
堵 69
杜 69
度 69
镀 69
duan
端 70
短 70
段 70
断 70
锻 71
dui
堆 71
队 71
对 71
dun
钝 72
duo
多 73
夺 76
舵 76
惰 77

E

e
俄 78
额 78
扼 78
恶 78
er
耳 78
二 78

F

fa
发 79
阀 82
法 82
砝 82
发 82
fan
翻 82
凡 82
钒 82
反 82
返 85
范 85
fang
方 85
芳 86
防 86
妨 87
仿 87
访 88
放 88
fei
飞 88
非 91
菲 93
废 93
沸 93
费 93
fen
分 93
氛 96
酚 96
焚 96
粉 96
feng
风 96
封 96
峰 96
锋 96
蜂 96
缝 96
fu
夫 96
敷 96
弗 96
伏 96
服 97
氟 97
浮 97
符 97
幅 97
辐 97
俯 98
辅 98
腐 98
负 99
附 99
复 99
副 100
赋 100
傅 100
富 100
腹 100
覆 100

G

ga
伽 101
gai
改 101
盖 101
概 101
gan
干 101
甘 102
坩 102
酐 102
杆 102
感 102
干 102
gang
刚 102
钢 102
缸 102
岗 102
港 102
杠 103
gao
高 103
膏 107
告 107
锆 107
ge
格 107
隔 107
镉 107
个 107
各 107
铬 107
gei
给 108
gen
根 108
跟 108
geng
更 108
gong
工 108
弓 110
公 110
功 110
攻 110
供 111
汞 111
拱 111
共 111
gou
勾 111
沟 111
钩 112
狗 112
构 112
购 112
gu
估 112
箍 112
股 112
钴 112
鼓 112
毂 112
固 112
故 113
顾 114
雇 114
gua
刮 114
挂 114
guai
拐 115
guan
关 115
观 115
官 116
管 116
惯 116
灌 117
罐 117
guang
光 117
广 120
gui
归 120
规 120
硅 120
轨 121
鬼 121
癸 121
贵 121
gun
辊 121
滚 121
guo
国 121
过 124

H

ha
哈 126
铪 126
hai
海 126
氦 128
han
含 128
函 128
焓 128
涵 128
韩 128
焊 128
hang
行 129
航 129
hao
毫 130
耗 130
he
合 131
和 131
河 132
荷 132
核 132
盒 132
赫 132
hei
黑 132
heng
亨 132
恒 132
珩 133
桁 133
横 133
hong
轰 133
烘 133
红 133

hou
喉 135
后 135
厚 137
候 137
hu
呼 137
弧 137
蝴 137
互 137
护 137
hua
花 137
划 137
华 137
滑 137
化 138
划 139
huai
坏 139
huan
还 139
环 139
缓 140
幻 140
换 140
唤 140
huang
皇 140
黄 140
hui
灰 140
挥 140
恢 140
徽 141
回 141
毁 141
汇 141
会 141
绘 141
惠 141
慧 141
hun
混 141
huo
活 142
火 142
伙 143
货 143
霍 144

J

ji
击 145
机 145
奇 148
积 148
基 148
畸 150
激 150
吉 151
级 151
极 151
即 151
急 151
疾 151
棘 151
集 151
几 152
己 152
挤 152
计 152
记 153
技 153
季 154
剂 154
迹 154
继 154
寄 154
jia
加 154
夹 155
伽 156
痂 156
甲 156
钾 156
假 156
价 156
驾 156
架 156
jian
尖 156
坚 156
间 156
肩 156
监 156
兼 157
检 157
减 157
剪 157
简 158
碱 158
见 158
间 158
建 158
健 158
舰 158
渐 159
鉴 159
键 159
箭 159
jiang
将 159
浆 159
桨 159
降 159
jiao
交 160
浇 160
胶 161
焦 161
角 161
铰 161
脚 161
搅 162
缴 162
校 162
较 162
教 162
jie
阶 162
接 162
节 163
杰 163
洁 163
结 163
捷 164
截 164
解 165
介 165
界 165
jin
金 166
襟 166
紧 166
进 167
近 167
浸 168
禁 169
jing
经 169
晶 169
精 169
井 170
肼 170
颈 170
景 170
警 170
径 170
净 170
竞 170
静 170
镜 171
jiu
纠 171
救 171
ju
拘 171
局 171
矩 171
巨 171
拒 171
具 171
剧 172
距 172
锯 172
聚 172
juan
卷 173
jue
决 173
绝 173
jun
军 174
均 175

K

ka
卡 176
kai
开 176
凯 177
铠 177
kan
勘 177
坎 177
看 177
kang
康 177
抗 177
kao
考 178
烤 178
靠 178
ke
柯 178
科 178
颗 178
壳 178
可 178
克 181
刻 181
客 181
课 181
keng
坑 181
kong
空 181
孔 186
恐 187
空 187
控 187
kou
口 187
扣 188
ku
苦 188
库 188
kua
垮 188
跨 188
kuai
会 188
块 188
快 188
kuan
宽 189
kuang
狂 189
矿 189
框 189
kui
亏 189
馈 189
kun
捆 189
kuo
扩 189

L

la
拉 191
喇 191
蜡 191
lai
来 191
莱 191
铼 191
lan
兰 191
拦 191
栏 192
蓝 192
缆 192
lang
榔 192
朗 192
浪 192
lao
劳 192
老 192
铑 192
烙 192
le
勒 192
lei
雷 192
累 193
肋 193
类 193
leng
棱 193
冷 193
li
厘 194
离 194
黎 194
李 194
里 195
理 195
锂 195
鲤 195
力 195
历 195
立 195
利 196
例 196
粒 196
lian
连 196
帘 197
联 197
廉 200
练 200
链 200
liang
梁 200
量 200
两 201
亮 201
谅 201
量 201
lie
列 201
猎 201

裂 201

lin
邻 201
临 201
淋 202
磷 202

ling
灵 202
菱 202
零 202
领 202
另 203

liu
溜 203
留 203
流 203
硫 203
榴 203
六 203

long
龙 204
笼 204
隆 204

lou
楼 204
漏 204
露 204

lu
炉 204
鲁 204
陆 204
录 204
路 204
露 205

lü
旅 205
铝 205
履 205
绿 205
氯 205
滤 205

luan
卵 205

lüe
掠 205

lun
轮 205

luo
罗 206
逻 206
螺 206
裸 207
洛 207
落 207

M

ma
麻 208
马 208
码 208

mai
埋 208
迈 208
麦 208
脉 208

man
满 209
漫 209
慢 209

mang
盲 209

mao
毛 209
锚 209
铆 209
冒 209
帽 209

mei
玫 209
梅 209
媒 209
煤 209
霉 209
每 209
美 210
镁 211

men
门 211

meng
蒙 211
盟 211
猛 211
锰 211

mi
糜 211
米 211
秘 211
密 211
幂 211

mian
棉 212
免 212
面 212

miao
描 212
瞄 212
秒 212

mie
灭 212

min
民 212
闵 213
敏 213

ming
名 213
明 213
铭 213
命 213

mo
模 213
膜 214
摩 214
磨 214
末 215
莫 215
默 215

mu
模 215
母 215
拇 216
木 216
目 216
苜 218
钼 218
穆 218

N

na
纳 219
钠 219

nai
氖 219
奈 219
耐 219

nan
南 219

nao
挠 219

nei
内 219

neng
能 221

ni
尼 221
逆 221

nian
年 221
粘 221

nie
啮 222
镍 222

ning
凝 222
拧 222

niu
牛 222
扭 222

nong
农 222
浓 222

nu
努 222

nü
钕 222

nuan
暖 222

nuo
挪 223
诺 223

O

ou
欧 224
偶 224
耦 224

P

pa
帕 225

pai
排 225
牌 225
迫 225
派 225

pan
潘 225
盘 225
判 225
叛 225

pang
庞 225
旁 226

pao
抛 226
咆 226
跑 226
泡 226
炮 226

pei
培 226
赔 226
配 226

pen
喷 227

peng
硼 228
膨 228
碰 228

pi
批 228
坯 229
皮 229
毗 229
铍 229
疲 229
匹 229

pian
偏 229
片 230

piao
漂 230

pin
贫 230
频 230
品 230

ping
平 230
评 232
屏 232
瓶 232

po
坡 232
珀 232
破 232

pou
剖 233

pu
铺 233
普 233
谱 233
蹼 233

Q

qi
期 234
欺 234
漆 234
齐 234
其 234
奇 234
歧 234
脐 234
崎 235
旗 235
企 235
启 235
起 235
气 235
迄 237
弃 237
汽 237
器 238

qian
千 238
迁 238
钎 238
牵 238
铅 238
前 238
钳 240
潜 240
遣 240
欠 240
嵌 240

qiang
枪 240
腔 240
强 240
羟 240
强 240

qiao
敲 240
乔 240
桥 240
翘 241

qie
切 241

qin
侵 241
勤 241

qing
青 241
轻 241
氢 242
倾 242
清 242
情 242
氰 243
请 243

qiu
求 243
球 243

qu
区 243
曲 243
驱 243
屈 244

取 244
去 244
quan
圈 244
权 244
全 244
醛 246
que
缺 246
确 246
qun
裙 246
群 246

R

ran
燃 247
rao
扰 248
绕 248
re
热 248
ren
人 250
壬 251
刃 251
认 251
任 251
韧 252
reng
扔 252
ri
日 252
rong
容 252
溶 252
熔 252
融 252
冗 252
rou
柔 252
肉 253
ru
乳 253
入 253
ruan
软 253
rui
锐 254
瑞 254
run
润 254
ruo
弱 254

S

sa
撒 255
萨 255
sai
塞 255
赛 255
san
三 255
散 256
sang
桑 256
丧 256
sao
扫 256
se
色 256
sha
杀 256
沙 257
纱 257
砂 257
shai
筛 257
shan
栅 257
闪 257
扇 257
shang
伤 257
商 258
熵 258
上 258
尚 258
shao
烧 258
稍 258
少 258
she
舍 259
设 259
社 259
射 259
涉 260
摄 260
shen
申 260
伸 260
身 260
砷 260
深 260
神 261
审 261
甚 261
渗 261
sheng
升 261
生 261
声 262
绳 263
省 263
剩 263
shi
失 263
施 263
湿 263
十 263
石 263
时 264
识 264
实 264
蚀 265
矢 265
使 265
示 266
世 266
市 266
式 266
似 266
势 266
事 266
侍 266
试 266
视 268
适 268
室 269
释 269
shou
收 269
手 269
守 269
首 269
寿 270
受 270
授 270
shu
枢 270
舒 270
疏 270
输 270
熟 271
术 271
束 271
述 271
树 271
数 271
shua
刷 273
shuai
衰 273
shuan
栓 273
shuang
双 273
霜 275
shui
水 275
shun
顺 275
瞬 276
shuo
说 276
si
司 276
丝 276
私 276
思 276
斯 276
嘶 276
死 276
四 276
似 276
伺 276
song
松 277
送 277
sou
搜 277
su
苏 277
速 277
塑 277
suan
酸 278
算 278
sui
随 278
碎 278
隧 278
sun
损 278
榫 279
suo
羧 279
缩 279
所 279
索 279
锁 279

T

ta
塔 281
踏 281
tai
台 281
抬 281
太 281
态 282
钛 282
泰 282
酞 282
tan
滩 282
弹 282
坦 283
钽 283
炭 283
探 283
碳 284
tang
汤 284
膛 284
镗 284
糖 284
tao
逃 284
陶 284
套 285
te
特 285
ti
梯 286
锑 286
提 286
体 286
替 287
tian
天 287
添 288
填 288
tiao
条 288
调 288
跳 289
tie
贴 289
铁 289
ting
听 289
烃 289
停 289
tong
通 290
同 291
铜 291
瞳 291
统 291
桶 292
筒 292
tou
头 292
投 292
透 293
tu
凸 293
突 293
图 294
途 294
涂 294
土 294
tuan
湍 294
团 294
tui
推 294
退 296
褪 296
tun
吞 296
tuo
托 296
拖 296
脱 296
陀 296
椭 297
拓 297
唾 297

W

wa
瓦 298
wai
外 298
wan
弯 299
完 299
碗 300
万 300
wang
网 300
往 301
望 301

wei
危 301
威 301
微 302
韦 302
违 302
围 302
唯 302
维 302
伪 303
尾 303
委 304
卫 304
未 304
位 305
慰 306
wen
温 306
文 306
纹 306
吻 306
稳 306
问 307
wo
涡 307
蜗 307
沃 307
卧 307
wu
污 307
钨 307
无 307
五 309
武 309
物 310
误 310
雾 310

X

xi
西 311
吸 311
硒 311
稀 311
锡 311
熄 312
膝 312
洗 312
铣 312
系 312
细 313
隙 313
xia
狭 313
瑕 314
下 314
xian
先 314
纤 315
弦 316
显 316
现 316
限 316
线 316
陷 317
xiang
相 317
箱 318
镶 318
详 318
响 318
向 318
项 319
相 319
象 319
像 319
橡 319
xiao
肖 319
消 320
硝 320
销 320
小 320
效 321
啸 321
xie
楔 321
协 321
胁 322
斜 322
谐 322
泄 322
卸 322
屑 322
xin
心 322
芯 323
辛 323
锌 323
新 323
信 323
xing
星 324
行 324
形 324
型 325
性 325
xiu
休 325
修 325
袖 325
锈 325
溴 325
xu
虚 325
需 326
序 326
续 326
蓄 326
xuan
悬 326
旋 326
漩 327
选 327
xue
削 327
学 327
雪 327
xun
寻 327
巡 327
询 327
循 327
训 327
殉 328

Y

ya
压 329
押 330
鸭 330
牙 330
哑 330
雅 330
亚 330
氩 331
yan
烟 331
延 331
严 331
沿 331
研 331
盐 332
衍 332
掩 332
眼 332
演 332
厌 332
验 332
燕 332
yang
阳 332
杨 333
佯 333
仰 333
氧 333
样 333
yao
摇 333
遥 333
药 334
要 334
钥 334
ye
耶 334
也 334
冶 334
野 334
业 334
叶 334
页 334
曳 334
夜 334
液 334
yi
一 335
伊 336
医 336
依 336
铱 336
仪 336
移 336
遗 337
乙 337
已 337
以 337
钇 337
艺 337
议 337
异 337
抑 337
译 337
易 337
益 337
意 337
溢 337
翼 338
yin
因 338
阴 338
音 338
铟 338
引 338
隐 339
印 339
ying
英 340
鹰 340
迎 340
盈 340
营 340
影 340
应 340
映 341
硬 341
yong
拥 341
壅 341
永 341
用 341
you
优 342
幽 342
尤 342
由 342
油 342
游 342
友 342
有 342
右 344
幼 344
诱 344
yu
迂 344
余 344
鱼 344
与 344
宇 344
羽 344
雨 345
语 345
郁 345
预 345
阈 346
遇 346
裕 346
yuan
元 346
原 346
圆 346
援 347
源 347
远 347
yue
约 348
月 348
阅 348
跃 349
越 349
yun
云 349
匀 349
允 349
孕 349
运 349

Z

za
扎 350
杂 350
zai
灾 350
载 350
再 350
在 350
zan
暂 351
zao
凿 351
早 351
造 351
噪 351
ze
责 351
zeng
增 351
zha
扎 352
轧 352
炸 352
zhai
窄 353
zhan
沾 353
粘 353
展 353
占 353
栈 353
战 353
站 357
zhang
张 357
章 357
长 357
涨 357
掌 357

账 357
障 357
zhao
招 357
爪 357
找 357
兆 357
照 357
罩 357
zhe
遮 357
折 357
锗 358
zhen
针 358
侦 358
帧 358
真 358
砧 359
诊 359
阵 359
振 359
zheng
征 359
蒸 359
整 359
正 360
证 361
政 361
挣 361
zhi
支 361
知 361
织 361
执 361
直 362
值 363
职 363
植 363
止 363
只 363
纸 363
指 363
趾 364
至 364
志 364
制 365
质 366
治 366
致 367
智 367
滞 367
置 367
zhong
中 367
忠 370
终 370
钟 370
种 370
众 370
重 370
zhou
舟 370
周 371
洲 371
啁 371
轴 371
肘 371
宙 371
昼 371
皱 371
zhu
珠 371
诸 371
逐 371
烛 372
主 372
助 373
住 374
注 374
驻 374
柱 374
铸 374
zhuan
专 374
砖 375
转 375
zhuang
装 376
状 377
撞 377
zhui
追 377
锥 377
坠 378
zhun
准 378
zhuo
桌 378
灼 378
卓 378
着 378
zi
咨 378
姿 378
资 379
子 379
紫 379
自 379
字 382
zong
综 382
棕 383
总 383
纵 383
zou
走 384
zu
足 384
阻 384
组 384
zuan
钻 385
zui
最 385
zuo
左 387
作 387
坐 390
座 390
做 390

目　　录

词典正文 ………………………………………………………………… 1-390

数字、英文和其他字符开头的词条 ………………………………………… 391

附录 1　世界空空导弹一览表(按导弹代号和名称排序) ……………………… 393

附录 2　世界空空导弹一览表(按国家/地区名称排序) ……………………… 399

附录 3　国外主要战术导弹主承制商/研发机构一览表 ……………………… 405

附录 4　国外现役先进军用飞机一览表(按军机代号和名称排序) …………… 410

附录 5　国外现役先进军用飞机一览表(按国家名称排序) …………………… 421

参考文献 ………………………………………………………………… 433

a

阿伯丁试验中心 （美国陆军）Aberdeen Test Center
阿达语言 Ada
阿尔卑斯喇叭 alpine horn
阿伏伽德罗常数 Avogadro's number
阿基米德螺蜷天线 Archimedes spiral antenna
阿拉伯联合酋长国 （简称阿联酋）United Arab Emirates（UAE）
阿拉伯联合酋长国空军 United Arab Emirates Air Force（UAEAF）
阿拉斯加北美空天防御司令部防区 Alaska NORAD Region（ANR）
阿拉斯加太平洋太空港发射场 Pacific Spaceport Complex-Alaska（PSCA）
阿勒格尼弹道学实验室 （美国）Allegany Ballistics Laboratory（ABL）
阿龙 （乙酰化高强度粘胶短纤维）Alon
阿姆柯铁 Armco iron
阿诺德工程发展中心 Arnold Engineering Development Center（AEDC）
阿诺德工程发展综合体 Arnold Engineering Development Complex（AEDC）
阿帕奇长弓 （AH-64 武装直升机）Apache Longbow
阿帕奇守护者攻击直升机 Apache Guardian attack helicopter
阿帕奇武装攻击直升机 Apache Attack Helicopter

ai

埃尔比特系统公司 （以色列）Elbit Systems
埃福特环天线 Alford loop antenna
艾格林导弹试验场 Eglin Missile Test Range
艾格林空军基地 Eglin Air Force Base
艾格林空军基地靶场 Eglin AB range
艾格林移动导弹发射架系统 Eglin Mobile Missile Launcher System（EMMLS）
艾伦方差 Allan variance
爱国者 （地空导弹系统）Patriot
爱国者先进能力 Patriot Advanced Capability（PAC）
爱克米螺纹 acme thread
爱沙尼亚国防军 Estonian Defence Forces（EDF）
爱因斯坦透镜 Einstein lens

an

安保机构舱 safe and arm section
安保机构检查挂签 safety-inspection tag
安保系统 safe and arm system
安瓿开口器具 ampoule opening apparatus
安瓿开口装置 ampoule opening apparatus
安瓿清洗槽 ampoule cleaning trough
安瓿支架 ampoule stand
安定面 stabilizer
安定面尺寸和几何形状 stabilizer size and geometry
安定面几何形状 stabilizer geometry
安顿 beddown
安排 arrangement
安排 disposition
安排 placement
安培 ampere（A）
安全 safety（多指不受事故或意外伤害的状态）
安全 security（多指不受外部侵扰或破坏的状态）
安全避难区 safe haven
安全标识 safety flag
安全标识组件 safety flag assembly
安全部队 security forces（SF）
安全部队协助 security force assistance（SFA）
安全部门 security service
安全操作 safe operation
安全操作与维护 safe operation and maintenance
安全处理规程 Render Safe Procedure（RSP）
安全措施 safety provision
安全措施 security measure
安全等级 safety rating
安全等级 security classification
安全电缆 safety cable
安全电缆组件 safety cable kit
安全阀 pressure relief valve
安全阀 relief valve
安全阀 safety valve
安全阀组件 safety valve assembly
安全分离 clean separation
安全分离 safe separation
安全分离发射 safe separation launch
安全分离飞行试验 safe separation flight testing
安全分离试验 safe separation test
安全分离试验 safe separation testing
安全服装 safety attire
安全隔离插头 safety isolating plug

安全隔离插座 safety isolating socket
安全工程 safety engineering
安全观察员 safety observer
安全管 safety tube
安全管分组件 safety tube subassembly
安全罐 safety can
安全规程 safety rule
安全规则 safety rule
安全合作 security cooperation（SC）
安全合作机构 security cooperation organization（SCO）
安全和保障改进项目 Safety and Sustainment Improvement Program（SSIP）
安全环 safety ring
安全缓冲区 （飞机投弹）safety buffer
安全缓冲区高度 （飞机投弹）safety buffer
安全机制 safety mechanism
安全检查 safety check
安全检查 safety inspection
安全检查挂签 safety-inspection tag
安全进近区 funnel
安全距离 safe distance
安全距离 safety distance
安全距离定时电路 safety distance timer circuit
安全距离定时器 safety distance timer
安全卡夹 safety clip
安全开关 safety switch
安全垃圾桶 （带盖）safety can
安全棱 （锉刀）safe edge
安全联锁 safety interlock
安全联锁开关 safety interlock
安全领域改革 security sector reform（SSR）
安全偏置距离 （程序试运行时使刀具离开工件一定的距离）safe offset
安全评级 safety rating
安全屏障 safety barrier
安全启动 safe-start
安全区 safe haven
安全区 safe zone
安全人员 safety officer
安全人员 security personnel（指保安人员）
安全使用 safe operation
安全试验 proof test
安全释放机构 safety release
安全释放机构窗口 safety release window
安全释放旋钮 safety release knob
安全手电筒 safety flashlight
安全索 safety cable
安全锁 safety lock
安全锁线 （气瓶）lock wire
安全锁线 （气瓶）safety wire
安全提升附件 safe-hoisting attachment
安全头盔 safety helmet
安全脱离 *adj. &vt.* clear
安全位置 （发动机的安全与解除保险装置）safe position
安全位置锁定孔 （发动机的安全与解除保险装置）safe locking hole
安全屋 safe house
安全系数 factor of ignorance
安全系数 factor of safety（FOS）
安全系数 safety factor
安全系统大纲事故分析报告 safety system program hazard analysis report
安全销 quick-release pin
安全销 safety pin
安全销 slotted detent wrench
安全销口盖 safety pin hole cover
安全协助 security assistance（SA）
安全协助分队 security assistance team
安全鞋 safety shoes
安全信号 safety signal
安全性 safety
安全性认证试验 safety certification test
安全性严重错误 safety critical error
安全须知 （军事）need to know
安全延迟 safety delay
安全眼镜 safety eye glasses
安全眼镜 safety goggles
安全与解除保险 safety and arming（S&A）
安全与解除保险 Safe-Arm（S-A）
安全与解除保险 safety-arming（S-A）
安全与解除保险 **T** 形扳手 safe-arm T-handle key
安全与解除保险 **T** 形销 safe-arm T-handle key
安全与解除保险扳手 Safe and Arming Key（SAK）
安全与解除保险操作说明牌 safe-arm decal
安全与解除保险测试仪 safe and arm tester
安全与解除保险点火组件 safe-arm ignition assembly
安全与解除保险机构 S-A device
安全与解除保险机构 safe-and-arm device
安全与解除保险机构 safe-and-arming device
安全与解除保险机构 safe-arm mechanism
安全与解除保险机构 safety and arming device
安全与解除保险机构 safety-arming device
安全与解除保险销 Safe and Arming Key（SAK）
安全与解除保险选择开关扳手 SAFE-ARM selector handle
安全与解除保险选择开关组件 S-A selector assembly
安全与解除保险选择开关组件 safe-arm selector assembly
安全与解除保险引信 safe and arm fuze（SAF）
安全与解除保险引信 Safe and Arming Fuze（SAF）
安全与解除保险引信装置 safe-arm fuze device
安全与解除保险装置 safe-and-arm device
安全与解除保险装置 safe-and-arming device
安全与解除保险装置 Safe-Arm Device（SAD）
安全与解除保险装置 safety-and-arming unit

安全与解除保险状态标识 S-A indicator
安全与解除保险状态标识 safe-arm indicator
安全与解除保险组件 safe-arm assembly
安全与职业健康 Safety and Occupational Health (SOH)
安全裕度 margin of safety
安全裕度 safety margin
安全员 safety observer
安全止动器 safe detent
安全注意事项 safety precaution
安全装备 (用于个人防护) safety attire
安全装备 (如火警报警器、灭火设备、急救设备等) safety equipment
安全装置 safeguard
安全装置 safety
安全装置 safety device
安全装置 safety mechanism
安全状态 safe status
安置 placement
安装 implementation (指计算机系统的安装)
安装 installation
安装 mounting (多指产品、设备、装置等在底座或支架上的安装)
安装 setup
安装定位孔 installation positioning hole
安装工具 installation tool
安装和修理实用方法 installation and repair practice
安装环座 (两件式拼合板牙) collar
安装夹具 mounting fixture
安装架 mount
安装架 rack
安装角 incidence
安装结构 built-up structure
安装孔 access hole
安装孔 installation hole
安装孔 mounting hole
安装螺钉 attaching screw
安装螺钉 attachment screw
安装螺钉 mounting screw
安装螺钉孔 mounting screw hole
安装面 mounting surface
安装手册 installation manual
安装系统试验设施 Installed System Test Facility (ISTF)
安装支杆 mounting post
安装支柱 mounting post
安装座 mount
安装座 stabilizer
鞍形连接头 saddle attach fitting
鞍形弹簧垫圈 curved spring
岸基设备 shore-based equipment
按 *vt.* press
按成本设计 design to cost (DTC)
按成本设计的 design-to-cost
按程序做俯仰机动 pitch-over maneuver
按键 button
按键 key
按类个别生产的产品 one-of-a-kind product
按钮 button
按钮 key
按钮 push button
按钮组件 push button assembly
按时交付 on-time delivery
按时交付 time-definite delivery (TDD)
按使用要求配置的产品 operationally configured unit
按图生产 build-to-print
按下 *vt.* depress
按相对角度布局的 (如弹翼、舵面) interdigitated
按照 In Accordance With (IAW)
按最佳成本设计 design to cost (DTC)
按最佳成本设计的 design-to-cost
按作战要求配置的产品 operationally configured unit
胺基 amine group
暗区 dark zone
暗区厚度 dark zone thickness

ao

凹半圆角 concave radius
凹半圆铣刀 (用于铣制凸半圆角) concave cutter
凹槽 pocket
凹槽 recess
凹槽 undercut
凹槽床身 (车床) gap bed
凹槽法兰 female flange
凹带锥轮 (砂轮) relieved wheel
凹痕 dent
凹痕 indentation
凹坑 depression
凹坑 dimple
凹坑 pit
凹坑 (各种形状) pocket
凹坑 recess
凹口天线 notch antenna
凹轮 (砂轮) recessed wheel
凹面的 concave
凹面法兰 female flange
凹面镜 concave mirror
凹面研磨工具 concave grinding tool
凹头螺钉 socket-head screw
凹头销 concave head pin
凹凸垫片 dimpled washer
凹陷 dent
凹陷 depression
凹陷 indentation
凹形的 concave

奥德赛卫星 Odyssey satellite

奥克托今 cyclotetramethylene tetranitramine（HMX）

奥克托今 cyclotetramethylenetetranitramine（HMX）

奥克托今 Her Majesty's Explosive（HMX）

奥克托今基（炸药） HMX-based

奥克托今基压装炸药 HMX-based pressed explosive

奥克托今基炸药 HMX-based explosive

奥氏体不锈钢 austenitic stainless steel

奥斯特 （磁场强度单位）oersted

澳大利亚国防军 Australian Defence Force（ADF）

澳大利亚国防军战术数据链管理局 Australian Defence Force Tactical Data Link Authority（ADFTA）

澳大利亚皇家海军 Royal Australian Navy（RAN）

澳大利亚皇家空军 Royal Australian Air Force（RAAF）

澳大利亚、加拿大、英国程序重调实验室 Australia, Canada, United Kingdom Reprogramming Laboratory（ACURL）

ba

八角星形　eight-pointed star
八联装发射架　eight-round launcher
八木-宇田-夹角-对数周期(阵)　Yagi-Uda-Corner-Log-Periodic (YUCOLP)
八木-宇田-夹角-对数周期阵　YUCOLP array
八木-宇田天线　Yagi-Uda antenna
八木-宇田阵　Yagi-Uda array
巴　(压力单位) bar
巴比涅原理　Babinet's principle
巴基斯坦航空联合体　Pakistan Aeronautical Complex (PAC)
巴基斯坦空军　Pakistan Air Force (PAF)
巴拉特电子有限公司　(印度) Bharat Electronics Ltd (BEL)
巴拉特动力有限公司　(印度) Bharat Dynamics Limited (BDL)
巴黎航展　Paris Air Show
巴仑　(平衡-非平衡转换器) balun
巴特勒矩阵　Butler matrix
拔出　extraction
拔出器　extractor
拔出器　puller
把…从托架上卸下　*vt.*　depalletize
把导引头指引向目标　*vt.*　cue
把…放在托架上　*vt.*　palletize
把手　handle
把…输入　*vt.*　input
靶板　target board
靶板　target plate
靶标　drone
靶标　drone target
靶标　target
靶标放飞　target take-off
靶场　proving ground
靶场　range (R)
靶场　test range
靶场安全　range safety
靶场安全部门　Range Safety
靶场安全控制中心　Range Safety Control Center
靶场安全人员　range safety personnel
靶场安全系统　range safety system
靶场费用　range cost
靶场跟踪需求　range tracking requirement
靶场和目标保障　range and target support
靶场控制飞机　range control aircraft
靶场清空　range clearance
靶场试验　range test
靶场指挥中心　Range Operations Center
靶弹　target guided missile
靶弹　target missile
靶后毁伤　behind-armor damage (BAD)
靶后效应　after-armor effect
靶后效应　behind-armor effect
靶机　drone
靶机　drone aircraft
靶机　target drone
靶机修复费用　target refurbishment cost
靶试　trial
靶试活动　trials campaign
把　(手抓握的部位) stock

bai

白炽灯泡　incandescent bulb
白光　white light
白金　platinum
白热的　incandescent
白沙导弹靶场　(美国) White Sands Missile Range
白星眼制导武器　(美国) Walleye guided weapon
白羊座第一点　first point of Aries
白噪声　white noise
百分比　percentage
百洁布　scouring pad
百万　mega-
百万　million
百万次浮点运算每秒　million floating-point operations per second (MFLOPS)
百眼巨人型天线　Argus antenna
摆动测试　wiggle test

ban

扳机按压　trigger squeeze
扳机松开　trigger release
扳手　spanner (主要是英国用法;美国多指钩形扳手)
扳手　wrench (各种扳手的通用语)
扳手卡槽　key way
班　(军队) squad
班斯莱-弗恩天线　Barnsley-Fern antenna
斑点　(局部大气不均匀性) blob
斑点　spot

斑点探测算法　blob detection algorithms
斑块　（局部大气不均匀性）blob
搬运　handling
搬运把手　lifting arm
搬运手托　（包装箱）lifting bracket
搬运损伤　handling damage
搬运注意事项　handling precaution
搬运装卸设备　handling equipment
搬运装卸设备　yellow gear
板　board
板　plate
板簧　flat spring
板牙扳手　die stock
版本　revision
版本号　Revision Number
钣金材料厚度规　wire gage
钣金件　sheet metal
办公设备　administrative equipment
办公室　office
办事处　office
半波偶极子　half-wave dipole
半波天线　half-wave antenna
半穿甲弹头　semi-armor-piercing warhead
半穿甲的　semi-armor-piercing（SAP）
半穿甲炸弹　semi-armor-piercing bomb
半穿甲战斗部　semi-armor-piercing warhead
半导体　semiconductor
半导体材料　semiconducting material
半导体材料　semiconductor material
半导体掺杂　doping of semiconductor
半导体电流源　semiconductor current source
半导体二极管　semiconductor diode
半导体激光器技术　semiconductor laser technology
半导体器件　semiconductor device
半导体探测器　semiconductor detector
半导体探测器单元　semiconductor detector element
半导体探测元　semiconductor detector element
半导体芯片　semiconductor chip
半导体制造工艺　semiconductor manufacturing process
半对数　semilog
半对数的　semilog
半对数坐标纸　semilog paper
半峰波长　half-peak wavelength
半公开行动　low-visibility operations
半功率波束宽度　half-power beamwidth（HPBW）
半固体切削润滑物　semi-solid cutting compound
半合成切削液　（化学类切削液的一种）semi-synthetics
半活跃扇区　（调制盘）semi-active sector
半角　half-angle
半铰链　hinge half
半解保的　partially armed
半金属　semimetal
半精密布置划线　semi-precision layout
半精密测量　semi-precision measurement
半径　radii（复数）
半径　radius
半径编程　（数控车床）radial programming
半径读数刻度环　radial micrometer collar
半径读数千分尺套圈　radial micrometer collar
半径法　（圆弧插补）radius method
半径杆　（大圆规）beam
半埋导弹　semi-submerged missile
半埋的　semi-recessed
半埋的　semi-submerged
半埋挂点　semi-submerged position
半埋挂装导弹　semi-submerged missile
半剖简图　half-section sketch
半球　hemisphere
半球的　hemispherical
半球形的　hemispherical
半球形聚能装药　hemispherical charge
半球形燃烧室封头　hemispherical chamber end
半球形药型罩　hemispherical liner
半球形装药　hemispherical charge
半实物　hardware-in-the-loop（HITL；HWIL）
半实物仿真　hardware-in-the-loop simulation（HILS）
半实物仿真　hardware-integrated simulation
半衰期　half-life
半无限金属靶　semi-infinite metal target
半无限平板　semi-infinite slab
半无限无量纲干扰　semi-infinite dimensionless interaction
半无限有量纲干扰　semi-infinite dimensional interaction
半稀有材料　semiexotic material
半隐身弹体　semi-stealth airframe
半永久性应急驻地　semipermanent contingency location
半预制破片　controlled fragment
半圆侧　（钻头楔）radius edge
半圆锉　half round file
半圆键槽　woodruff keyseat
半圆键槽铣刀　woodruff keyseat cutter
半圆角立铣刀　（用于切制内圆角）bullnose endmill
半圆角立铣刀　（用于切制内圆角）radius endmill
半遮式防毒面罩　half-mask respirator
半正弦脉冲　half-sine pulse
半主动跟踪系统　semiactive tracking system
半主动激光　semi-active laser（SAL）
半主动激光导引头　SAL seeker
半主动激光导引头　semi-active laser seeker
半主动激光制导　SAL guidance
半主动激光制导　semi-active laser guidance
半主动激光制导导弹　semi-active laser-guided missile
半主动激光制导的　semi-active laser guided
半主动激光制导武器　semi-active laser guided weapon
半主动空空导弹　semi-active air-to-air missile
半主动雷达导引头　semi-active radar seeker

半主动雷达末制导　semi-active radar terminal guidance
半主动雷达替换导引头　semi-active radar alternative head（SARAH）
半主动雷达寻的　semi-active radar homing（SARH）
半主动雷达寻的导引头　semi-active radar homing seeker
半主动雷达寻的制导　semi-active radar homing guidance
半主动雷达制导空空导弹　semi-active radar-guided AAM
半主动雷达制导空空导弹　semi-active radar-guided air-to-air missile
半主动模式　semi-active mode
半主动目标跟踪系统　semi-active target-tracking system
半主动目标回波　semi-active target return
半主动寻的　semi-active homing（SAH）
半主动寻的　semiactive homing
半主动寻的导弹　semi-active homing missile
半主动寻的系统　semiactive homing system
半主动寻的制导　semiactive homing guidance
半主动制导　semi-active guidance
半主动制导导弹　semi-active missile
半主动装置　semi-active device
半锥　semicone
半锥角　half cone angle
半自主多域任务规划　semi-autonomous multi-domain mission planning
半自主飞行器　semi-autonomous vehicle
半自主制导　semi-autonomous guidance
伴飞飞机　chase aircraft
伴飞飞机　chase plane
伴飞飞机摄像机记录情况　chase-plane camera coverage
伴随的　adjoint
伴随仿真　adjoint simulation
伴随模型　adjoint model
伴随与协方差分析　adjoint and covariance analysis

bang

绑带标记　band marker
绑定带　tie-down strap
绑扎编织带　（线缆）lacing tape
棒　bar
棒料　bar
棒料　billet
棒料　rod
棒料进给器　（数控车床）bar feeder
棒料拉出器　（数控车床）bar puller
磅　pound（lb）
磅/平方英寸　（绝对压强）pounds per square inch, absolute（psia）
磅/平方英寸　（表压）Pounds per Square Inch Gauge（PSIG）

bao

包　package
包覆材料　coating material
包覆层　inhibitor
包覆层　liner
包裹　wrap
包裹材料　wrap
包含弹翼接头的弹体段　hub
包角　（进气道）wraparound angle
包络基波　envelope fundamental
包络检波器信号　envelope detector signal
包线　envelope
包装　*v.* pack
包装　*n. & vt.* package
包装　packaging
包装　packing
包装、搬运、储存与运输　packaging, handling, storage, and transportation（PHS&T）
包装材料　packaging
包装衬护材料　packing
包装箱　container
包装箱标记　container marking
包装箱出库　container breakout
包装箱存放　container stowage
包装箱打标记　container marking
包装箱盖　container cover
包装箱检查　container inspection
包装箱密封垫　container sealing gasket
包装箱内的导弹　missile in container
包装箱内压　container pressure
包装箱入库　container stowage
包装箱维护　container maintenance
包装箱研发　container development
包装箱验收检查　container receipt inspection
包装箱准备　container preparation
包装信息　packaging information
包装状态的导弹　missile in container
薄壁的　thin-walled
薄壁结构　thin-wall structure
薄壁壳体　thin-walled shell
薄壁筒　thin cylinder
薄壁圆筒式结构　thin wall cylinder structure
薄的　（薄而脆弱的）flimsy
薄的　thin
薄金属片　foil
*薄壳　thin shell
*薄壳理论　thin-shell theory
*薄膜　film
*薄膜　thin film
*薄膜电阻　thin film resistor
*薄膜冷却　film cooling

*薄膜理论 membrane theory
*薄膜探测器 thin-film detector
薄片 foil
薄片 （粘合衬层）sheet
薄壳 thin shell
薄壳理论 thin-shell theory
薄翼 thin airfoil
薄翼面 thin wing
饱和 saturation
饱和标准 saturation criterion
饱和的 saturated
饱和电流 saturation current
饱和电压 saturation voltage
饱和攻击 saturation attack
饱和区域 saturated region
饱和效应 saturation effect
饱和增益 saturated gain
饱和状态 saturation condition
宝石匠锉刀 die maker's file
宝石匠锉刀 jeweler's file
宝石路 （美国激光制导炸弹）Paveway
保安人员 security personnel
保持 hold
保持架 （轴承）cage
保持架 retainer
保持器 retainer
保持器组件 retainer assembly
保持时间 hold time
保存 *v.* save
保存 preservation
保管 custody
保管 preservation
保管服务 custodial services
保管员 custodian
保护 protection
保护玻璃罩 protective overglass
保护层 （药柱）restrictor
保护垫 cushion
保护垫 dunnage
保护盖 protecting cover
保护盖 protective cap
保护盖 protective cover
保护盖组件 protective cap assembly
保护帽 protective cap
保护帽 retaining cap
保护帽组件 protective cap assembly
保护膜 protective coat
保护器垫板 protector support
保护涂层 protective coating
保护涂层 protective finish
保护罩 boot
保护罩 protective cover
保护装置 protection
保护装置 protective device
保护装置 safety guard
保健计划 wellness
保角变换 conformal transformation
保角映射 conformal mapping
保留 （不经拆解的导弹系统的长期储存）retention
保留部队 residual forces
保留障碍物 reserved obstacle
保密 security
保密报告 restricted reporting
保密部门 security service
保密的 classified
保密等级 classification
保密等级 security classification
保密构件 classified component
保密互联网协议路由器网络 SECRET Internet Protocol Router Network（SIPRNET）
保密审查 security review
保密数据 classified data
保密项目 classified programme
保密信息 classified information
保密性遥测 secure telemetry
保密研究拨款 classified research funding
保密要求 security requirement
保密语音模块 secure voice module
保密资料 classified material
保税仓库 bonded warehouse
保温 （金属热处理）soaking
保险钢丝 （炸弹引信）arming wire
保险杠延长杆 （导弹装配架）bumper extension
保险环 safety ring
保险开关 safety switch
保险螺栓 shear bolt
保险丝 fuse
保险丝 fuze
保险丝 （防止紧固件松动用的金属丝）safety wire
保险锁 safety lock
保险销 detent wrench
保险销 lock pin
保险销 quick-release pin
保险销 safety pin
保险销 slotted detent wrench
保险执行机构 safe-and-arm device
保险执行机构 safe-and-arming device
保险装置 protector
保险状态 safe condition
保险状态 safe status
保形挂载 conformal carriage
保形机载预警(系统) Conformal Airborne Early Warning（CAEW）
保形数据链天线 conformal data link antenna
保形涂敷 conformal coating
保形油箱 conformal fuel tank

保修到期日 warranty expiration date
保修件 warranted item
保修失效日 warranty expiration date
保障 support
保障 sustainment
保障包 （系统）support package
保障服务 sustainment service
保障功能 support function
保障合同 sustainment contract
保障计划 sustainment programme
保障人员 maintainer
保障人员 maintenance crewmen
保障人员 support personnel
保障设备 Support Equipment（SE）
保障设备变更 Support Equipment Change（SEC）
保障设备更换 support equipment replacement
保障设备临时变更 Interim Support Equipment Change（ISEC）
保障设备临时通报 Interim Support Equipment Bulletin（ISEB）
保障设备通报 Support Equipment Bulletin（SEB）
保障设备维护 support equipment maintenance
保障设施 support facility
保障数据 support data
保障套件 （系统）support package
保障性 supportability
保障性目标 supportability goal
保障性演示验证 supportability demonstration
保障资料 support data
保真度 fidelity
保证不点火 （发动机）no fire
保证不发火 （发动机）no fire
保证点火 （发动机）all fire
报废 *vt.* condemn
报废 *vt.* reject
报告部门 reporting activity
报告方 reporting activity
报告机构 reporting activity
报告书 statement
报警蜂鸣器 alarm buzzer
暴动 insurgency
暴风计划 （英国）Tempest project
暴风团队 （英国）Team Tempest
暴风战斧 （即以前的雷神技术公司的小直径炸弹Ⅱ）StormBreaker
暴露 （军事）compromise
暴露 *vt.* expose
暴露 exposure
暴露标准 exposure standard
暴露的翼展 exposed span
暴露的展弦比 exposed aspect ratio
暴露时长 exposure duration
暴露时间 exposure time
暴乱 insurgency
曝光时间 exposure time
爆发的 explosive
爆轰 detonation
爆轰波 detonation wave
爆轰波波形控制器 detonation wave shaper
爆轰波阵面 detonation front
爆轰波阵面 detonation wavefront
爆轰参数 detonation parameter
爆轰产物 detonation product
爆轰反应 detonation reaction
爆轰过程 detonation process
爆轰能量 detonation energy
爆轰热 heat of detonation
爆轰物理学 detonation physics
爆轰现象 detonation phenomena
爆轰性能 detonation performance
爆裂 burst
爆破 burst
爆破 demolition
爆破杀伤战斗部 blast-fragmentation warhead
爆破压力 burst pressure
爆破压强 burst pressure
爆破战斗部 blast warhead
爆燃 deflagration
爆燃 detonation
爆燃极限 deflagration limit
爆燃极限压力 deflagration limit pressure
爆热 heat of detonation
爆速 （炸药）detonation velocity
爆压 detonation pressure
爆炸 blast
爆炸 burst
爆炸 detonation
爆炸 explosion
爆炸变形 detonative deformation
爆炸波阵面超压 blast overpressure
爆炸产物 explosive product
爆炸成型穿甲战斗部 explosively formed penetrator warhead
爆炸成型弹丸 explosively forged projectile（EFP）
爆炸成型弹丸 explosively formed penetrator（EFP）
爆炸成型弹丸 explosively formed projectile（EFP）
爆炸成型侵彻体 explosively forged projectile（EFP）
爆炸成型侵彻体 explosively formed penetrator（EFP）
爆炸成型侵彻体 explosively formed projectile（EFP）
爆炸冲击波杀伤 blast kill
爆炸的 explosive
爆炸反应装甲 explosive reactive armor（ERA）
爆炸反作用装甲 explosive reactive armor（ERA）
爆炸防护 blast protection
爆炸高度 blasting height
爆炸高度 height of burst（HOB）

爆炸高度试验　height of burst testing
爆炸高压杀伤　blast kill
爆炸过压　blast overpressure
爆炸焊接　explosive welding
爆炸机构　explosive mechanism
爆炸机理　explosive mechanism
爆炸距离　burst range
爆炸控制装置　detonation control mechanism
爆炸螺栓　explosive bolt
爆炸破片　blast fragmentation
爆炸/破片战斗部　blast/fragmenting warhead
爆炸破片战斗部　blast-fragmentation warhead
爆炸气浪　（战斗部）blast
爆炸气浪测定仪　blast gage
爆炸切割器　explosive cutter
爆炸驱动的　explosively driven
爆炸驱动套筒　explosively driven liner
爆炸威力　blast effect
爆炸物　*n.* explosive
爆炸物　explosive ordnance
爆炸物安全与风险管理　explosives safety and munitions risk management（ESMRM）
爆炸物标识条带　explosive band
爆炸物处理　explosive ordnance disposal（EOD）
爆炸物处理程序　explosive ordnance disposal procedures
爆炸物处理分队　explosive ordnance disposal unit
爆炸物处理事件　explosive ordnance disposal incident
爆炸物处置　explosive ordnance disposal（EOD）
爆炸物危险　explosive hazard（EH）
爆炸物质　explosive material
爆炸效应　blast effect
爆炸性货物　explosive cargo
爆炸性危险物　explosive hazard（EH）
爆炸压力　blast pressure
爆炸中心　center of blast
爆炸装备　explosive ordnance
爆炸装备处置　explosive ordnance disposal（EOD）
爆炸装药　（战斗部）bursting charge
爆炸装置　explosive device

bei

杯筒　cup
杯筒销　cup pin
杯形件　cup
杯形轮　（砂轮）cup wheel
北大西洋公约组织　North Atlantic Treaty Organization（NATO）
北美防空司令部　North American Air Defense Command（NORAD）
北美空天防御司令部　North American Aerospace Defense Command（NORAD）
北天极　north celestial pole
北约保障与采购局　NATO Support and Procurement Agency（NSPA）
北约电子战车　NATO EW Van（NEWVAN）
北约仿真资源库　NATO Simulation Resource Library（NSRL）
北约辐射源数据库　NATO Emitter Database（NEDB）
北约工业咨询小组　NATO Industrial Advisory Group（NIAG）
北约建模与仿真小组　NATO Modelling and Simulation Group（NMSG）
北约军事委员会　NATO Military Committee
北约库存编号　NATO Stock Numbers（NSN）
北约联合地面监视部队　NATO Alliance Ground Surveillance Force（NAGSF）
北约欧洲战斗机和狂风战斗机管理局　NATO Eurofighter & Tornado Management Agency（NETMA）
贝尔维尔弹簧垫圈　Belleville washer
贝弗瑞行波天线　Beverage antenna
贝尼菲尔德微波暗室　Benefield Anechoic Facility（BAF）
贝塞尔函数　Bessel function
贝塞尔函数公式　Bessel function formula
贝氏弹性垫圈　Belleville washer
备份弹　backup missile
备份的　backup
备份系统　*n.* backup
备件　replacement part
备件　spare
备件　spare part
备件目录　spare parts catalog
备件套装　spares package
备件托盘　spare parts tray
备受瞩目的　high-profile
备选的　alternative
备选方案分析　Analysis of Alternatives（AOA）
备选方案评估　assessment of alternatives（AOA）
备用触发引信　back-up impact fuze
备用弹药　reserve munitions
备用的　backup
备用的　reserve
备用电池　backup battery
备用零件　spare part
备用碰炸引信　back-up impact fuze
备用品　spare
备用系统　*n.* backup
备注　remarks
背景　background
背景辐射　background radiation
背景光子　background photon
背景光子入射度　background photon incidence
背景光子通量　background photon flux

背景光子通量密度 background photon flux density
背景回波 background return
背景计算 background calculation
背景减小 background reduction
背景鉴别 background discrimination
背景强度 background level
背景区分 background discrimination
背景入射 background incidence
背景入射度 background incidence
背景生成载流子 background-generated carrier
背景特征 background signature
背景通量 background flux
背景通量密度 background flux density
背景温度 background temperature
背景限光子探测器 background-limited photon detector
背景限红外光电探测器 background-limited infrared photodetector (BLIP)
背景限红外光子探测器 background-limited infrared photon detector (BLIP)
背景限红外光子探测器 BLIP detector
背景限红外光子探测器极限 BLIP limit
背景限红外探测器 background limited infrared detector
背景限制的 background limited
背景泄漏 background leak
背景抑制 background rejection
背景抑制 background suppression
背景杂波 background clutter
背景直接辐射 direct background radiation
背靠背的 back-to-back
背面照射的 backside illuminated
背射螺旋 back fire helix
背压 ambient pressure
背压 atmospheric pressure
背压 back pressure
背装折叠弹翼 dorsally mounted fold-out wings
倍频程 octave
被爆药 acceptor charge
被测系统 System Under Test (SUT)
被撤离人员 evacuee
被动部队保护 passive force protection
被动的 passive
被动的燃料流率补偿 passive fuel flow compensation
被动段飞行 coast
被动段飞行 coast flight
被动段飞行 coasting flight
被动防御 passive defense (PD)
被动光学导引头技术 Passive Optical Seeker Technique (POST)
被动毫米波 passive millimeter wave
被动毫米波 passive MMW
被动毫米波成像 passive imaging mmW
被动红外 passive infrared
被动红外成像 passive imaging infrared
被动红外成像 passive imaging IR
被动红外导引头 passive IR seeker
被动红外目标探测 passive infrared target detection
被动机载告警系统 Passive Airborne Warning System (PAWS)
被动军力保护 passive force protection
被动雷达 passive radar
被动目标跟踪系统 passive target-tracking system
被动热管理 passive thermal management
被动热管理技术 passive thermal management technology
被动射频/红外双模导引头 dual-mode passive RF/IR seeker
被动式近炸引信 passive proximity fuze
被动式章动阻尼器 passive nutation damper
被动寻的 passive homing
被动寻的系统 passive homing system
被动寻的制导 passive homing guidance
被动遥感 passive remote sensing
被动元件 passive component
被动远程感测 passive remote sensing
被发装药 acceptor charge
被明文确认为安全的材料 Material Documented as Safe (MDAS)
被试件 Unit Under Test (UUT)

ben

本底 background
本底噪声电平 noise floor
本构方程 constitutive equation
本体 body
本体组件 body assembly
本性 identity
本征带隙 intrinsic band gap
本征的 intrinsic
本征能隙 intrinsic energy gap
本征频率 eigenfrequency
本征探测器 intrinsic detector
本征状态 intrinsic regime
本征阻抗 intrinsic impedance
本质 nature
苯酚 phenol
苯酚的 phenolic
苯托力脱装药 Pentolite charge
苯乙烯 styrene
苯乙烯隔热材料 trolite
苯乙烯绝缘材料 trolite
苯乙烯粘合剂 styrene binder

beng

崩掉一小块 *v.* chip

泵　pump

bi

比冲　specific impulse
比冲估算　specific impulse prediction
比冲效率　specific impulse efficiency
比冲性能　specific impulse performance
比动能　specific kinetic energy
比幅　amplitude comparison
比幅测向　amplitude comparison D/F
比幅测向　amplitude comparison direction finding
比辐射率　emissivity
比辐射率　emissivity coefficient
比功率　specific power
比较测量法　comparative measurement
比较测量法　comparison measurement
比较电路　comparator
比较电路　comparator circuit
比较法　comparison method
比较器　comparator
比较器电路　comparator circuit
比较仪　comparator
比例　proportion
比例　ratio
比例尺　scale
比例导航　proportional navigation
比例导引　proportional guidance
比例导引　proportional navigation
比例导引/导航　proportional guidance/navigation
比例导引系数　proportional guidance ratio
比例系数　scale factor
比例寻的导引　proportional homing guidance
比例装配图　scale assembly drawing
比率　index
比率　ratio
比率的　specific
比内能　specific internal energy
比强度　strength-to-density ratio
比热　specific heat
比热比　ratio of specific heat
比热比　specific heat ratio
比热容　specific heat
比热容　specific heat capacity
比容　specific volume
比探测率　specific detectivity
比推进剂消耗　specific propellant consumption
比推力　specific thrust
比吸收率　specific absorption rate (SAR)
比相测向　phase comparison D/F
比相测向　phase comparison direction finding
比值　fraction
比值　ratio
比重　specific gravity
比重　specific weight
笔形波束　pencil beam
笔状波束波瓣图　pencil beam pattern
笔状波束扫描　pencil beam scan
必不可少的　essential
必不可少的　integral
必要条件　requirement (reqmt)
毕奥数　Biot number
闭阀压力　valved-off pressure
闭合　closure
闭合槽　closed slot
闭合解　closed-form solution
闭合模压工艺　closed-molding process
闭环　closed-cycle
闭环　closed-loop
闭环测试　closed loop test
闭环分析/硬件模型　closed-loop analytical/hardware representation
闭环焦-汤型制冷机　closed-cycle Joule-Thompson refrigerator
闭环冷却系统　closed-loop cooling system
闭环洛氏硬度试验机　closed loop Rockwell hardness tester
闭环式制冷机　closed-cycle refrigerator
闭环运算　closed-loop operation
闭环增益　closed-loop gain
闭环制导　closed-loop guidance
闭环致冷系统　closed-loop cooling system
闭路电视　Closed Circuit Television (CCTV)
闭锁点火　(弹射发射架抛放弹点火、但导弹不投放) lock-shut firing
闭锁继电器　latching relay
闭锁装置　stopper
壁　wall
壁板　wall
壁厚　wall thickness
壁面　wall surface
壁面积与开口面积比　wall area-to-opening ratio
壁面摩擦　wall friction
壁面摩擦损失　wall friction loss
壁面凸起　wall protrusion
壁面型面　wall contour
壁面型线　wall contour curve
避免　avoidance
避免自伤　fratricide avoidance
臂　arm

bian

边冲击　edge impact
边界　boundary
边界　margin

边界波　bound wave
边界层　boundary layer
边界层方程　boundary-layer equation
边界层隔板　boundary layer diverter
边界层厚度　boundary layer thickness
边界层控制　boundary layer control
边界层流　boundary layer flow
边界层泄除　boundary layer bleed
边界层转捩　boundary-layer transition
边界点处理　boundary point treatment
边界条件　boundary condition
边界性能限制　extreme performance limit
边界元素　boundary element (BE)
边界元素法　boundary element method (BEM)
边扫描边测距　Range-While-Scan (RWS)
边扫描边跟踪　Track-While-Scan (TWS)
边扫描边跟踪模式　track-while-scan mode
边扫描边跟踪模式　TWS mode
边射阵　broadside array
边条翼　strake
边缘　edge
边缘　margin
边缘　(指周边) periphery
边缘检测　edge detection
边缘模板　edge template
边值问题　boundary-value problem
边撞击　edge impact
编程语言　programming language
编程员　programmer
编队目标　formation target
编队内部定位系统　Intra-Formation Positioning System (IFPS)
编辑模式　(数控机床) edit mode
编码　code
编码　encoding
编码模块　coding module
编码器　encoder
编码正交频分复用　code orthogonal frequency-division multiplexing (COFDM)
编排　arrangement
编入建制　*vt.* assign
编译程序　compiler
编译器　compiler
编织带　tape
编织外层护套　braided outer jacket
编制　(计划、文件等的制作) development
编制　(单位、组织的构成) organization
鞭状天线　whip antenna
扁锉　mill file
扁尾　(钻柄的) tang
变齿距锯条　variable-pitch saw blade
变化　change
变化　effect
变化　variance
变化　variation
变化检测　change detection
变化量　variance
变化率标识　(锥体直径) rate-of-change specification
变换　conversion
变换　transfer
变换　transformation
变换　transition
变换参数　transforming parameter
变换器　converter
变量　variable
变流机　converter
变流机　(直流变交流) inverter
变流机　power converter
变流量掺硼燃料冲压发动机　variable flow boron fuel ramjet
变流量火箭冲压发动机　variable-flow ducted rocket (VFDR)
变流器　current transformer
变频器　converter
变频正弦波发生器　variable frequency sine wave generator
变平　*vi.* level off
变容二极管　varactor
变容二极管电容量测试　varactor capacitance test
变色　discoloration
变色片　color change disc
变熵效应　variable entropy effect
变速手轮　(立式铣床) speed change handwheel
变速箱　gearbox
变速指示盘　(立式铣床) variable-speed dial
变体　variation
变推力　variable thrust
变推力喷管　variable thrust nozzle
变向　diversion
变向装置　deviator
变形　*v.* deform
变形　deformation
变形　distortion
变形　variation
变形　(弹翼、舵面等因弯曲、扭转等造成的) warp
变形　(弹翼、舵面等因弯曲、扭转等造成的) warpage
变形的　deformed
变形的　distorted
变形率　deformation rate
变形速率　deformation rate
变压器　transformer
变压器测试转接器　transformer test adaptor
变压器盒　transformers case
变压器支架　transformer support
变压器组件　transformer unit
变异度　variance

变种八木-宇田天线 Yagi-Uda modification
便捷作战保障 agile combat support (ACS)
便捷作战修理 agile combat repair (ACR)
便捷作战支援 agile combat support (ACS)
便利 facility
便携式 man-portable
便携式 portable
便携式测试设备 portable test set
便携式测试装置 portable test set
便携式导弹 man-portable missile
便携式导引头/探测器/目标特性评估设备 Portable Seeker/Sensor/Signature Evaluation Facility (PSSSEF)
便携式反装甲导弹 man-portable anti-armor missile
便携式防空系统 man-portable air-defense system (MANPADS)
便携式飞行规划软件 portable flight planning software (PFPS)
便携式个人计算机 laptop PC
便携式个人计算机 laptop personal computer
便携式接地电缆 portable ground cable
便携式控制器 portable controller
便携式武器系统 man-portable weapon system
辨别 *v.* discriminate
辨别 discrimination
辨别技术 discrimination technique
辨认 identification (ID)
辨认 *vt.* identify

biao

标称大径 （螺纹）nominal major diameter
标称的 nominal
标称合金含量 nominal alloy content
标称厚度 nominal thickness
标称螺纹直径 nominal thread diameter
标称密度 nominal density
标称应变 nominal strain
标称值 nominal value
标称总冲 nominal total impulse
标尺 scale
标定 calibration
标定标签 calibration sticker
标定的红外地面/机载辐射计 Calibrated Infrared Ground/Airborne Radiometric System (CIGARS)
标定周期 calibration cycle
标度 measure
标度 scale
标度因数 scale factor
标度与指标 measures and indicators
标绘 mapping
标绘图板 plotting board
标记 marking
标记带 （电缆）marker band
标量 scalar
标量方程 scalar equation
标牌 decal
标牌 nameplate
标牌 placard
标签 label
标签 tab
标签 tag
标签挂件 tagout device
标签领取站 tagout station
标枪 （美国反坦克导弹）Javelin
标色海滩 colored beach
标识 designation
标识 marking
标识方法 designation system
标识符 designator
标识系统 designation system
标示 marking
标题栏 title block
标题字 header word
标图板 plotting board
标线 reticle
标志 （如红十字）emblem
标志 （数控编程）flag
标志 （军事）indicator
标志 （数控编程）marker
标志组件指示器 flag assembly indicator
标注 *vt.* label
标注方法 notation
标注线 （带箭头的细实拐角线）leader
标注线 （带箭头的细实拐角线）leader line
标准 criteria (复数)
标准 criterion
标准 standard (STD)
标准安全军用网络 standard secure military network
标准备件 standard spare part
标准比冲 standard specific impulse
标准参考值 standard reference value
标准操作程序 standard operating procedure (SOP)
标准差 standard deviation
标准程序 standard procedure
标准尺寸 standard size
标准齿形 （锯条）regular tooth form
标准齿形 （锯条）standard tooth form
标准大气 standard atmosphere
标准大气条件 standard atmospheric condition
标准大气压 normal atmospheric pressure
标准大小 standard size
标准导弹 （美国）Standard Missile (SM)
标准的 normal
标准的 standard (STD)
标准的 typical
标准放大电路结构 standard amplifier circuit

configuration
标准沸点 normal boiling point（NBP）
标准符号标识 standard notation
标准挂载 standard load
标准化 standardization
标准化测试条件 standardized test condition
标准化的 normalized
标准化的 standardized
标准化/鉴定 standardization/evaluation（STAN/EVAL）
标准化/评估 standardization/evaluation（STAN/EVAL）
标准化协议 （北约）STANdardisation AGreement（STANAG）
标准化协议 （北约）standardization agreement（STANAG）
标准环境条件 standard environmental condition
标准空投训练包裹 standard airdrop training bundle（SATB）
标准模板 master
标准配合 general fit
标准配合 medium fit
标准配合 standard fit
标准配置近距格斗空空导弹 standard short-range dogfight AAM
标准偏差 standard deviation
标准品质因数 standard figure of merit
标准器件 standard device
标准试验发动机 standard test motor
标准探测器 standard detector
标准条件 standard condition
标准通信配装设备 standard communications fit
标准温度日 hot day
标准悬挂 standard suspension
标准样件 master
标准用途陆军飞机飞行航线 standard use Army aircraft flight route（SAAFR）
标准优值 standard figure of merit
标准有效载荷接口 Standard Payload Interface（SPI）
标准约定系统 （导弹姿态）standard convention system
标准炸药 standard explosive
标准状态 standard condition
标准状态 standard state
标准作战程序 standard operating procedure（SOP）
表 gage（gauge 的另一种拼写形式）
表 gauge
表 meter
表 （表格）table
表层 skin
表层瑕疵 first-ply failure
表格 table
表观背景 apparent background
表观量子效率 apparent quantum efficiency
表观响应度 apparent responsivity
表观信号 apparent signal
表面 skin
表面 surface
表面凹陷 dishing
表面波天线 surface wave antenna
表面测微计 surface micrometer
表面粗糙度 （锉刀）coarseness
表面粗糙度 roughness
表面粗糙度 surface roughness
表面粗糙度比较样块 surface roughness comparator gage
表面粗糙度仪 profilometer
表面法线 surface normal
表面分流器 surface shunt
表面高度变化图 topography
表面光洁度 surface finish
表面光学特性 optical surface property
表面积-容积比 surface area to volume ratio
表面接触力 attachment force
表面接触力 surface force
表面精加工 surface finish
表面裂纹 surface crack
表面流 surface flow
表面流可视化 surface flow visualization
表面密度 surface density
表面面积 surface area
表面模型 surface
表面模型 surface model
表面摩擦阻力 skin friction
表面摩擦阻力 skin-friction drag
表面磨损检测装置 surface wear fixture
表面扰动 surface disturbance
表面渗碳硬化 （用于低碳钢）case hardening
表面效应 surface effect
表面压力分布 surface pressure distribution
表面氧化层 surface oxide
表面硬化 surface hardening
表面预处理 surface preparation
表皮硬化 （用于低碳钢）case hardening
表示 indication
表示 representation
表示法 representation
表压 gauge pressure
表针 needle

bing

冰点 freezing point
冰点 freezing temperature
冰堵 ice plug
冰箱 refrigerator
冰浴 ice bath

兵工厂 arsenal
兵工厂委员会 （印度）Ordnance Factory Board（OFB）
兵力 force
兵力分配 apportionment
兵力跟踪 force tracking
兵力规划 force planning
兵力节省 economy of force
兵力可见度 force visibility
兵力可知度 force visibility
兵力来源辨识 force sourcing
兵力使用 employment
兵力使用点 point of employment
兵力投入 employment
兵力投送 force projection
兵力需求编码 force requirement number（FRN）
兵力预先投入 （军事）commit
兵力运用 employment
兵器 arms
兵器、弹药与炸药 Arms, Ammunition and Explosives（AA&E）
兵员补充站 （美军）depot
兵种 arm
丙二醇二硝酸酯 propanediol-dinitrate（PDN）
丙基缩水甘油基硝酸盐 propylglycidyl nitrate（PGN）
丙酮 acetone
丙烷 propane
丙烯腈-丁二烯-苯乙烯 Acrylonitrile Butadiene Styrene（ABS）
丙烯酸酯 acrylate
柄 stock
柄脚 （刀、锉等插入柄中的部分）tang
柄式铣刀 shank type cutter
饼圈形波瓣图 doughnut pattern
饼形图 pie chart
并联 parallel
并联电容器 capacitors in parallel
并联电阻 parallel resistance
并行攻击 parallel attack
并行数据 parallel data
并行数据模块 parallel data module
并行效果 parallel effect
并行效应 parallel effect
并行研制 concurrent development
并行作战 parallel operations
病毒软件 malware

bo

拨动开关 toggle
拨款 appropriation（APPN）
拨款 funding
拨款总授权 Total Obligation Authority（TOA）
波 wave
波瓣图 pattern
波瓣图测量场地 patterns measurement range
波瓣图测量的不确定性 uncertainty of pattern measurement
波瓣图乘法 pattern multiplication
波瓣图零点方向 null direction
波瓣图平滑化 pattern smoothing
波瓣图综合 pattern synthesis
波长 wavelength
波长间隔 wavelength interval
波传播 wave propagation
波导 guide
波导 waveguide
波导缝隙天线 slotted waveguide antenna
波导管 guide
波导管 waveguide
波导天线 waveguide antenna
波导组合 waveguide assembly
波导组件 waveguide assembly
波道 channel
波动 （工件表面）chatter
波动 fluctuation
波动 oscillation
波动 （工件表面）waviness
波动表面 （工件）wavy surface
波动量值图 （加工尺寸）R-chart
波动量值图 （加工尺寸）range chart
波动型外扭 （锯齿）wavy set
波段 band
波段 spectral band
波段 waveband
波段开关 band selector
波段开关 band switch
波段外射频信号 out-of-band RF signal
波段限制 band limiting
波腹 antinode
波戈效应 pogo effect
波激励器 wave launcher
波极化器 wave polarizer
波门位置 wave gate position
波面 wave surface
波普空心铆钉 pop rivet
波前 wave front
波前 wavefront
波束 beam
波束定向器 beam director
波束范围 beam area
波束方向图 beam pattern
波束聚焦 beam focus
波束控制 beam control
波束宽度 beam width
波束宽度 beamwidth
波束立体角 beam solid angle

波束扫描 beam scan
波束扫描 sweep
波束扫描阵 lobe-sweeping array
波束效率 beam efficiency
波束形成器 beamformer
波束形成网络 beam forming network
波束展宽 beam broadening
波束制导 beam-riding guidance
波束制导系统 beam-riding guidance system
波数 wave number
波纹管 bellows
波形 wave shape
波形 waveform
波形成形电路 wave shaper
波形垫圈 wave washer
波形分析器 wave analyzer
波形分析器频率 wave analyzer frequency
波形记录仪 curve tracer
波形控制器 wave shaper
波形弹簧 wave spring
波形调制 waveform modulation
波形调制、编码与密码技术 waveform modulation, coding, and cryptographic technique
波形因子 waveform factor
波形周期 period of the waveform
波音公司 Boeing Company
波阵面 wavefront
波状物 wave
波阻 wave drag
玻尔兹曼常数 Boltzmann constant
玻尔兹曼常数 Boltzmann's constant
玻璃 glass
玻璃窗清洗剂 glass window cleaner
玻璃杜瓦 glass dewar
玻璃酚醛带 glass phenolic tape
玻璃管 glass tube
玻璃护罩 glass wrap
玻璃化温度 glass transition temperature
玻璃加固模压件 glass reinforced molding
玻璃熔珠 glass bead
玻璃软木环氧树脂 glass cork epoxy
玻璃头罩 glass dome
玻璃纤维 fiber glass
玻璃纤维 fiberglass
玻璃纤维 glass fiber
玻璃纤维垫圈 fiberglass washer
玻璃纤维光缆 fiber-optical glass cable
玻璃纤维增强酚醛树脂 fiberglass-reinforced phenolic resin
玻璃纤维增强塑料 fiberglass reinforced plastics
玻璃芯柱 glass stem
玻璃罩 overglass
玻色-爱因斯坦统计 Bose-Einstein statistics
玻色系数 Bose factor
玻色子 boson
剥除 （导线的绝缘层）*vt.* strip
剥离试验 peel test
剥落 chipping
剥蚀坑 erosion pit
剥蚀区域 eroded area
剥线钳 stripper
剥线钳 wire stripper
伯德图 Bode plot
驳船运送 lighterage
驳船装卸 lighterage
泊松比 Poisson ratio
泊松比 Poisson's ratio
泊松机动 Poisson maneuver
铂 platinum
铂电阻温度计 platinum resistance thermometer (PRT)
铂硅 platinum silicide (PtSi)
铂丝 platinum wire
箔片 foil
箔条 chaff
箔条干扰 chaff countermeasures
箔条和红外诱饵弹投放器 chaff and flare dispenser (CFD)
箔条/红外诱饵弹投放器 chaff/flare dispenser (CFD)
箔条区分技术 chaff discrimination technique
箔条投放器 chaff dispenser
箔条投放系统 chaff dispensing system
*薄壁的 thin-walled
*薄壁结构 thin-wall structure
*薄壁壳体 thin-walled shell
*薄壁筒 thin cylinder
*薄壁圆筒式结构 thin wall cylinder structure
*薄的 （薄而脆弱的） flimsy
*薄的 thin
*薄金属片 foil
*薄壳 thin shell
*薄壳理论 thin-shell theory
薄膜 film
薄膜 thin film
薄膜电阻 thin film resistor
薄膜冷却 film cooling
薄膜理论 membrane theory
薄膜探测器 thin-film detector
*薄片 foil
*薄片 （粘合衬层） sheet
*薄壳 thin shell
*薄壳理论 thin-shell theory
*薄翼 thin airfoil
*薄翼面 thin wing

bu

补偿 compensation
补偿电路 compensation network
补偿电子电路 compensation electronics
补偿垫片 compensation shim
补偿片 tab
补偿协议 offset agreement
补充加注 topping
补给 replenishment
补给 supply
补给保障单位 supply support activity（SSA）
补给备件 replenishment spare
补给品 supplies
补给品分类 classes of supply
补给线 line of communications（LOC）
补给线 supply line
补给站 replenishment station
补角 supplement
补角 supplementary angle
补救 *vt.* remedy
补救办法 remedy
补救行动 remediation
补救性培训 remedial training
补缺性培训 remedial training
补燃 afterburning
补燃发动机 afterburning engine
补燃室 afterburner
捕获 capture
捕获 catch
捕获场 acquisition field of view
捕获区域 capture area
捕获视场 acquisition field of view
捕获效率 capture efficiency
捕获装置 （用于发射架弹射试验）catch mechanism
捕鲸叉 （美国反舰导弹）Harpoon
不安全的导弹 unsafe missile
不变的 constant
不变方位角 constant bearing
不变外径 constant diameter
不变外径 straight diameter
不变形穿甲弹 nondeforming penetrator
不产生动力的 nonpropulsion
不成熟技术 immature technology
不成熟设计 immature design
不充分数据 insufficient data
不传热的 nonconducting
不传热的 nonconductive
不传热的 opaque
不纯物 impurity
不带包装的 unpackaged
不带电的 neutral
不导电的 nonconducting
不导电的 nonconductive
不导电的 opaque
不等的 disparate
不等式 inequality
不掉毛的布 （用作擦布、抹布）lint-free cloth
不动产 real estate
不动产 real property
不断变化的威胁 evolving threats
不断升级的威胁 escalating threats
不对称 asymmetry
不对称冲突 asymmetrical conflict
不对称的 asymmetric
不对称的 unsymmetrical
不对称的不确定性分布 skewed uncertainty distribution
不对称分布 unsymmetrical distribution
不对称挂载 asymmetric carriage
不对称几何形状 asymmetric geometry
不对称夹层板 asymmetric sandwich
不对称威胁 asymmetric threat
不对齐 misalignment
不对齐的 misaligned
不对齐状态 misalignment
不对准 misalignment
不对准的 misaligned
不对准状态 misalignment
不反弹软面榔头 （内装沙子或其他固体颗粒）dead blow hammer
不反弹软面榔头 （内装沙子或其他固体颗粒）dead stroke hammer
不规则 irregularity
不规则燃烧 irregular combustion
不规则性 irregularity
不合格导弹 rejected missile
不合格的 defective
不合格的 rejected
不合格品 *n.* reject
不合理的 illegitimate
不合理的 unreasonable
不合理误差 illegitimate error
不活动零件 nonmoving part
不活跃的 inactive
不活跃的 latent
不兼容性 incompatibility
不精确的 inaccurate
不可拔出的机械解除保险销 mechanical nonremovable arming key
不可爆燃的 non-detonable
不可爆燃的 nondetonable
不可分离助推器 non-detachable booster
不可见轮廓线 hidden line
不可逃逸包线 no-escape envelope
不可逃逸发射区 no-escape zone

不可逃逸区 no-escape envelope
不可逃逸区 no-escape zone
不可调整螺母 nonadjustable nut
不可向国外传播 no foreign（NOFORN）
不可卸解除保险扳手 nonremovable arming key
不可卸解除保险销 nonremovable arming key
不可修理件 non-repairable item
不可修理组件 nonrepairable assembly
不可压缩流体 incompressible fluid
不可用的 Not Applicable（N/A）
不可用的 unserviceable
不可用的 unusable
不可用剩余推进剂 unusable remaining propellant
不可知系数 factor of ignorance
不空中加油的作战半径 unrefueled combat radius
不扩散 nonproliferation
不利天气 adverse weather
不连续 discontinuity
不连续的 discontinuous
不连续的 discrete
不敏感的 insensitive
不敏感性 insensitivity
不明亮辐射区 less brilliant emission zone
不模糊距离 unambiguous range
不能重新编程导弹 non-reprogrammable missile
不能起爆的 non-detonable
不能起爆的 nondetonable
不能用的 inoperative
不能用的 unserviceable
不能用的 unusable
不匹配 mismatch
不平 （工件表面）chatter
不平 （工件表面）waviness
不平地形拖车 rough terrain trailer
不平衡 nonequilibrium
不平衡的 nonequilibrium
不确定环境 uncertain environment
不确定交付物、不确定数量 indefinite-delivery/indefinite-quantity（IDIQ）
不确定交付物、不确定数量 Indefinite-Delivery-Indefinite-Quantity（IDIQ）
不确定交付物、不确定数量合同 IDIQ contract
不确定交付物、不确定数量合同 indefinite-delivery, indefinite-quantity contract
不确定交付物、不确定数量合同 indefinite-delivery/indefinite-quantity contract
不确定性 uncertainty
不确定性估计 estimation of uncertainty
不确定性数据块 uncertainty data block
不燃涂层 nonflammable coating
不适用的 Not Applicable（N/A）
不死鸟 （美国远程空空导弹）Phoenix
不停发动机更换乘员 engine running crew change（ERCC）
不停机更换乘员 engine running crew change（ERCC）
不同的 different
不同的 disparate
不同的设计方案 design alternative
不同的外形 alternative configuration
不透光的 opaque
不透光剂 opacifier
不透明材料 opaque material
不透明的 opaque
不透明图案 opaque pattern
不透明物 opaque
不透水的 watertight
不脱絮的布 （用作擦布、抹布）lint-free cloth
不脱絮的布 （用作擦布、抹布）tack-free cloth
不完全膨胀 underexpansion
不完全燃烧 incomplete burning
不稳定 unsteadiness
不稳定的 unstable
不稳定化合物 unstable compound
不稳定力矩 destabilizing moment
不稳定燃烧 chuffing
不稳定燃烧 chugging
不稳定燃烧 combustion instability
不稳定燃烧 combustion resonance
不稳定燃烧 unstable combustion
不稳定燃烧 unsteady combustion
不稳定性 instability
不稳定性 unsteadiness
不稳定性危险 instability hazard
不相干的 （无关的）foreign
不相干的 noncoherent
不锈钢 stainless steel
不锈钢管 stainless steel tube
不锈钢熔模铸件 stainless steel investment casting
不锈钢熔模铸造 stainless steel investment casting
不锈钢刷子 stainless steel brush
不需要的设备 unneeded equipment
不一致 irregularity
不一致性 irregularity
不在飞机上的自检 off-aircraft BIT
不在飞机上的自检 off-aircraft built-in-test
不准确的 inaccurate
不足 deficiency
不足 shortfall
不足的 insufficient
布尔登管式压力计 Bourdon tube
布尔登压力计 Bourdon pressure gage
布局 arrangement
布局 （飞行器总体）configuration
布局 layout
布拉格单元接收机 Bragg cell receiver
布拉莫斯航空航天公司 （俄印合资）BrahMos

Aerospace
布朗到达角定位算法 Brown's AOA location algorithms
布朗方程式 Brown's equation
布雷盖距离方程 Breguet range equation
布撒器 dispenser
布氏硬度试验机 Brinell hardness tester
布氏硬度值 Brinell hardness number (BHN)
布氏硬度值 Brinell hardness scale
布线 cabling
布线 wiring
布线图 wiring diagram
布置 arrangement
布置 laydown
布置 layout
布置安装块 (辅助夹持工件,用于划线或测量) set-up block
布置线 layout line
步兵试验与研发小组 (英国陆军) Infantry Trials and Development Unit (ITDU)
步兵战车 Infantry Fighting Vehicle (IFV)
步长 step
步进电流源 current step source
步进电压源 voltage step source
步骤 procedure
步骤 step
部队 armed forces
部队 force
部队 unit
部队保护 force protection (FP)
部队保护工作组 force protection working group (FPWG)
部队保护情报 force protection intelligence (FPI)
部队保护小分队 force protection detachment (FPD)
部队保护状态 force protection condition (FPCON)
部队地位协定 status-of-forces agreement (SOFA)
部队调动数据 unit movement data (UMD)
部队飞机 (军事) unit aircraft
部队分批部署代码 unit line number (ULN)
部队分序 (部队有序进入或撤出作战区域) force sequencing
部队/机构代号 force/activity designator (F/AD)
部队减员 casualty
部队健康防护 force health protection (FHP)
部队模块 (部队生存标准分组) force module (FM)
部队人员与吨位表 unit personnel and tonnage table (UP&TT)
部队随行物资 troop space cargo
部队信息 (军事) command information
部队信息 (军事) internal information
部队指挥官 commanding officer of troops (COT)
部队驻扎设施 force beddown
部分 part
部分 (分割的) segment
部分动员 partial mobilization
部分起爆 partial detonation
部分任务训练器 part task trainer (PTT)
部分消耗的装药 partially consumed grain
部件 component
部件 unit
部件分解图 exploded view
部件工程 component engineering
部件鉴定试验 verification of components testing
部件维护 component maintenance
部件修理 component repair
部件序列号 unit serial number
部件验证试验 verification of components testing
部门 department
部门 division
部门 sector
部门间的 interagency
部门间的 interdivisional
部门间转账 interdivisional transfer
部门内转账 intradivisional transfer
部署 deployment
部署 employment
部署 laydown
部署部队健康监视 deployment health surveillance
部署的网络控制中心 network control center-deployed (NCC-D)
部署的医疗指挥官 deployed medical commander (DMC)
部署点 point of employment
部署方案 concept of employment (CONEMP)
部署和使用 deployment and utilization
部署计划制订 deployment planning
部署令 deployment order (DEPORD)
部署要求 fielding requirement
部署与分发运管中心 deployment and distribution operations center (DDOC)
部署准备命令 prepare to deploy order (PTDO)
部位 area

ca

擦布　rag
擦地角　grazing angle
擦伤　galling

cai

材料　material
材料安全数据表　Material Safety Data Sheet（MSDS）
材料参数　material parameter
材料常数　material constant
材料管理　material management
材料控制　material control
材料控制码　Material Control Code（MCC）
材料模型　material model
材料切削　material removal
材料寿命　material lifetime
材料特性　material characteristics
材料特性　material property
材料响应　material response
财产　（尤其指土地或地产）property
财力　（多为复数）resource
财年　Fiscal Year（FY）
财务报表　statement
财务管理　financial management（FM）
财务支持　finance support
财物　effects
财政　finance
财政年度　Fiscal Year（FY）
采办　acquisition
采办策略　acquisition strategy
采办成本　acquisition cost
采办电子手册　Acquisition Deskbook
采办管理系统数据表　Acquisition Management System Data List（AMSDL）
采办计划基线　Acquisition Program Baseline（APB）
采办、技术与后勤保障局　（日本防卫省）Acquisition, Technology & Logistics Agency（ATLA）
采办进度表　acquisition schedule
采办决策备忘录　Acquisition Decision Memorandum（ADM）
采办决定　procurement decision
采办类别　Acquisition Category（ACAT）
采办数量　acquisition quantity
采办司令部　acquiring command
采办与互助协定　acquisition and cross-servicing agreement（ACSA）
采购　acquisition
采购　procurement
采购　purchase
采购成本　purchase cost
采购的服务　purchased service
采购费用　acquisition cost
采购合同签订官　procuring contracting officer（PCO）
采购计划　acquisition programme
采购件　purchased item
采购设备清单　purchase equipment list
采购设备清单　purchased equipment listing
采购项目　acquisition programme
采购与保障合同　acquisition and sustainment contract
采购预算　procurement budget
采购指南　procurement guideline
采购周期　acquisition cycle
采购周期　procurement lead time
采集　acquisition
采集　collection
采样　sampling
采样方案　sampling plan
采样间隔　sampling interval
采样率　sampling rate
采样频率　sampling rate
采样器　sampler
采样时刻　sampling instant
采样数量　sampling group
采样速率　sampling rate
采样组　sampling group
彩色海滩　colored beach
彩色头盔显示器　colour helmet-mounted display（CHMD）
菜单按钮　（数控机床）menu button
菜单驱动的　menu driven

can

参考　reference
参考测试条件　Reference Test Condition（RTC）
参考长度　reference length
参考出版物　reference publication
参考点　reference point
参考电压　reference voltage
参考距离　reference range
参考面积　reference area

参考模型 Reference Model (RM)
参考探测器 reference detector
参考天线法 reference antenna method
参考温度 reference temperature
参考文献 reference
参考线 reference line
参考型灵活威慑方案 Informational Flexible Deterrent Options (IFDO)
参考资料 reference material
参考坐标系 reference axis set
参考坐标系 reference frame
参考坐标轴 reference axes (复数)
参考坐标轴 reference axis
参谋评估 staff estimate
参谋长 chief of staff (COS)
参谋长联席会议 Joint Chiefs of Staff (JCS)
参谋长联席会议主席 Chairman, Joint Chiefs of Staff (CJCS)
参谋长联席会议主席手册 Chairman of the Joint Chiefs of Staff manual (CJCSM)
参谋长联席会议主席指令 Chairman of the Joint Chiefs of Staff instruction (CJCSI)
参数 parameter
参数边界 parameter limits
参数测量 parameter measurement
参数限制范围 parameter limits
参议院拨款委员会 (美国) Senate Appropriations Committee
参议院军事委员会 (美国) Senate Armed Services Committee
参照标记 reference mark
残差 residual
残骸 debris
残骸 remains
残骸 wreckage
残留的 residual
残留辐射 residual radiation
残留物 residue
残留系统误差 residual systematic error
残片 sliver
残损 mutilation
残药 residual propellant
残药 sliver
残药 sliver residue
残药比 sliver fraction
残药分数 sliver fraction
残余变形 residual deformation
残余变形试验器 residual deformation tester
残余动能 residual kinetic energy
残余焓 residual enthalpy
残余推进剂 (液体火箭发动机) trapped propellant
残余物 remainder
残余物 residue
残渣效应 (对发射架的) debris effect

cang

仓促开辟通道 hasty breach
仓库 storage
舱 (飞机或飞船携带载荷的隔间,如弹舱) bay
舱 (飞船) module
舱 (导弹的舱段) section
舱段 group
舱段 section
舱段测试 section test
舱段测试仪 section tester
舱段长度 section length
舱段连接件 section joint
舱段试验 section test
舱盖 hatch
舱口 access
舱门 door
舱门 hatch
舱位分配 (运输) space assignment

cao

操控头 (挂弹车) manipulating head
操控装置 steering device
操控装置 steering equipment
操纵 steering
操纵策略 steering policy
操纵舵 control vane
操纵阀 steering valve
操纵阀取出工具 steering valve remover
操纵阀深度量规 steering valve depth gage
操纵阀深度量规 steering valve depth gauge
操纵阀泄漏检测 steering valve leak test
操纵杆 (飞机) control rod
操纵杆 joystick
操纵杆和油门杆位置 stick and throttle positions
操纵力矩 steering-force moment
操纵面 control surface
操纵台 cabinet
操纵台 console
操纵台 control console
操纵推拉杆 (飞机) control rod
操纵线圈 steering solenoid
操纵效能 control efficiency
操纵信号 steering signal
操纵性 controllability
操纵性导数 control derivative
操纵指令 steering command
操纵指令放大器 steering command amplifier
操纵装置 effector
操作 handling

操作 operation
操作程序图 flowsheet
操作方法 operation method
操作工 operator
操作规程 operating procedure
操作机构 action
操作机构 operating mechanism
操作检查 operational checkout
操作检查规程 operational checkout procedure
操作卡 operation card
操作空间 access space
操作空间 operating space
操作流程 operating procedure
操作模式按钮 （数控机床）operational mode button
操作培训课程 operational training courses
操作区 ready-service area
操作区 staging area（SA）
操作人员 operating personnel
操作手 operator
操作手册 operating manual
操作手册 operation manual
操作顺序 sequence of operation
操作系统 operating system
操作训练设备 operational training equipment
操作员 operator
操作者 operator
操作者控制面板 operator control panel
操作注意事项 handling precaution
槽 （装液体的）bath
槽 （固体发动机装药的一种构型，多指纵向的）groove
槽 （位于内外表面，不贯通）groove
槽 （垂直于表面或轴线）slot
槽材 channel
槽钢 channel
槽和管 （药柱）slots and tube
槽口 notch
槽式轮 （砂轮）recessed wheel
槽铣削 slotting
槽液 bath
草酰胺 oxamide（OXM）

ce

侧板 side plate
侧弹舱 （飞机）side bay
侧顶式滚花刀具 bump-type knurling tool
侧风 crosswind
侧滑角 angle of sideslip
侧滑角 sideslip angle
侧滑转弯 Skid-To-Turn（STT）
侧滑转弯机动 skid-to-turn maneuvering
侧滑转弯性能 skid-to-turn performance
侧剪钳 linemen's pliers
侧剪钳 side cutting pliers
侧力翼板 side-force panel
侧力翼片 side-force panel
侧面板 side panel
侧面磨削 （利用砂轮的侧面而不是圆周面进行加工）side grinding
侧面内埋武器舱 internal side bay
侧视图 side view
侧体边条翼 （只在弹体两侧才有的边条翼）side-body strake
侧推 *n.* & *v.* divert
侧武器舱 side bay
侧向 crossing aspect
侧向的 lateral
侧向飞行 beam flight
侧向攻击 beam attack
侧向力 lateral force
侧向力 side force
侧向力系数 side force coefficient
侧向喷注 side injection
侧向载荷 side load
侧翼 （飞行编队）wing
测地线 geodesic line
测定 determination
测定 mensuration
测定 survey
测高雷达 altimeter radar
测功计 dynamometer
测光的 photometric
测光技术 photometry
测光学 photometry
测角系统 angle measurement system
测距不确定性 range ambiguity
测距设备 （如激光、雷达）ranging device
测距系统 distance measuring system（DMS）
测距仪 range finder
测力计 dynamometer
测力计 force gage
测力计 force gauge
测力计校准 dynamometer calibration
测力计校准 force gauge calibration
测量 *n.* & *v.* measure
测量 measurement
测量臂 （量角器）arm
测量场地 measurement range
测量场地对准 range alignment
测量单位制 measurement system
测量电路 measuring circuit
测量范围 measuring range
测量杆 （游标深度尺）sliding rod
测量精度 measurement accuracy
测量距离 measurement distance
测量设施 measurement facility（MF）

测量头 anvil
测量误差 measurement error
测量一致性 measuring coherence
测量用坐标系 coordinates for measurement
测量与特征情报 measurement and signature intelligence (MASINT)
测量与特征情报需求系统 Measurement and Signature Intelligence Requirements System (MRS)
测量噪声 measurement noise
测量值 measurement
测量中的互易性 reciprocity in measurement
测量坐标系 measurement coordinates
测前工作 pretest operation
测试 checkout
测试 test
测试 testing
测试步骤 test procedure
测试程序 test program
测试程序集 test program set (TPS)
测试的 shakedown
测试电缆 test cable
测试杜瓦 test dewar
测试工程师 test engineer
测试工作 test operation
测试规范 test specification
测试过程 test process
测试盒 test box
测试盒 test chamber
测试环境 test environment
测试计划 test plan
测试检验 test inspection
测试件 Unit Under Test (UUT)
测试接口 test interface
测试结果 test result
测试精度 test accuracy
测试平台 testing platform
测试前检查 pretest inspection
测试腔 test chamber
测试人员 test personnel
测试人员编程器 Tester-Programmer
测试设备 instrumentation
测试设备 test equipment
测试设备 test set (多指可以搬动的)
测试设备吊舱 instrumentation pod
测试适配器单元 Test Adapter Unit (TAU)
测试室 test chamber
测试输入 test input
测试数据集 test data set
测试台 bench
测试台 (电子产品、软件等) test bench
测试台 test station
测试条件 test condition
测试头 (指示表) contact
测试未通过的导弹 failed missile
测试系统 testing system
测试项目 test item
测试验证 test verification
测试要求 test requirement
测试仪 tester
测试仪本体 tester body
测试仪操纵台 tester cabinet
测试仪电路图 tester electrical diagram
测试仪后面板 tester rear panel
测试仪机柜 tester cabinet
测试仪校准器 tester calibrator
测试仪前面板 tester front panel
测试仪调试程序 tester debugger
测试站 test station
测试支架 pedestal
测试装置 test set (多指可以搬动的)
测试装置 test setup
测试装置技术要求 test set specification
测试状态 test state
测试作业 test operation
测头 probe
测位规 position gauge
测温二极管 temperature-sensing diode
测隙规 filler gauge
测向 direction finding (DF; D/F)
测向和单脉冲雷达 DF and monopulse radar
测向天线 direction-finding antenna
测向透镜 lenses for D/F
测向透镜 lenses for direction finding
测压管 pressure tube
测压孔 pressure tap
测压器 pressure tester
测砧 (千分尺) anvil
策略 philosophy
策略 policy
策略 strategy

cen

参差 stagger

ceng

层 layer
层 ply
层 tier (多用于防空系统的高低层次)
层次 hierarchy
层叠波束 stacked-beam
层叠波束雷达 stacked-beam radar
层叠式对数周期天线 stacked log periodic antenna
层叠式天线 stacked antenna
层合装甲 laminated armor

层级　hierarchy
层裂　*v.* spall
层裂板　scabbed plate
层裂块　scabbed plate
层裂碎片撞击　spall impact
层裂效应　scabbing effect
层裂应力　spall stress
层流　laminar flow
层流边界层　laminar boundary layer
层流的　laminar
层流后掠激波干扰　laminar swept-shock interaction
层流计算　laminar calculation
层析重建　tomographic reconstruction
层压板　laminate
层压板爆裂　exploding laminate
层压板脱层　delamination
层云　layered stratus cloud
层云　stratus cloud

cha

叉臂　yoke
叉车　forklift
叉车　forklift truck
叉车的叉子　forklift tines
叉车的插槽　forklift pocket
叉车的插槽　forkwell
叉尖　prong
叉头　fork
叉头　prong
叉头端面扳手　face spanner wrench
叉形的　cruciform
叉形端面扳手　face spanner wrench
叉形件　fork
叉形配置　cruciform configuration
叉形支架　yoke
差错　incident
差动放大器　differential amplifier
差动热电偶　differential thermocouple
差分方程　difference equation
差分放大器　differential amplifier
差分模式　differential mode
差分式全球定位系统　Differential Global Positioning System（DGPS）
差距　shortfall
差信号　difference signal
差异　difference
差异　discrepancy
差异　variance
插槽组件　（包装箱）pocket assembly
插件板　card
插件板　printed circuit board（PCB）
插件板机柜　cards cabinet
插件板机柜布线　cards cabinet wiring
插件板机柜组件　cards cabinet assembly
插件板取出器　card extractor
插接电缆　（两端都是插头）patch cable
插孔　（与接线插头相配）jack
插入　cut-in
插入　*vt.* insert
插入　insertion
插入工具　insertion tool
插入件　insert
插头　plug
插头连接器　plug connector
插头选择　plug selection
插头支座　plug holder
插头组件　connector assembly
插头座扳手卡槽　connector key way
插图　figure
插值　extrapolation
插值　*v.* interpolate
插座　female receptacle
插座　receptacle
插座　socket
插座连接器　receptacle connector
茶碟轮　（砂轮）saucer wheel
查表算法　table look-up algorithm
查询　inquiry
查询表　lookup table

chai

拆除　removal
拆除引信　*vt.* disarm
拆解　disassembly
拆开　*vt.* strip
拆卸　disassembly
拆卸　*vt.* dismantle
拆卸　removal
拆卸步骤　disassembly procedure
拆卸程序　disassembly procedure
拆卸/更换　removal/replacement
拆卸工具　removal tool
拆卸工具　remover
拆卸夹具　disassembly fixture

chan

掺杂　doping
掺杂半导体　doped semiconductor
掺杂半导体红外探测器　doped semiconductor IR detector
掺杂硅　doped silicon
掺杂剂　dopant
掺杂剂　doping agent

掺杂浓度 doping density
掺杂锗 doped Ge
掺杂锗 doped germanium
掺杂锗探测器 doped germanium detector
缠绕 winding
缠绕 wrap
缠绕式气动面 wrap-around surface
缠绕式气动面 wraparound surface
缠绕式梯形稳定翼面 wrap-around trapezoidal stabilizing fin
缠绕式稳定翼面 wraparound stabilization fin
产量 production quantity
产量 production run
产品 （军事）asset
产品 product
产品 production
产品 unit
产品电源 product power
产品基线 product baseline
产品基线鉴定 production baseline certification
产品基线认证 production baseline certification
产品技术手册 product technical manual
产品检验 product inspection
产品鉴定试验 product verification testing（PVT）
产品可用性 asset availability
产品可用性 assets availability
产品试验 production test
产品数量 （飞行试验所需）number of assets
产品需求 （飞行试验）asset requirement
产品验证试验 product verification testing（PVT）
产品样本 catalog
产品状态 asset condition
产生 *vt.* create
产生 *v.* form
产生 *vt.* generate
产生 generation
产生 *v.* produce
产生的操纵指令 derived steering command
产生-复合 generation-recombination（GR）
产生-复合噪声 generation-recombination noise
产生-复合噪声 GR noise
产生-复合噪声电流 generation-recombination noise current
产生-复合噪声电压 generation-recombination noise voltage
产生-复合噪声电压 GR noise voltage
产生率 generation rate
产生噪声 generation noise
产物 product
产业基地 industrial base
颤噪声 microphonics
颤噪效应 microphonic effect
颤噪效应 microphonics
颤振 （控制面）buzz
颤振 flutter

chang

长半轴 semimajor axis
长柄钳 （热处理时用于夹持热的工件）long-handled tongs
长波 long wavelength
长波红外 long-wave infrared（LWIR）
长波红外 long wavelength IR
长波红外探测器 long-wave infrared sensor
长波截止 long wavelength rejection
长波探测器 long wavelength detector
长导线天线 long wire antenna
长钉 （以色列反坦克导弹）Spike
长度 length
长度补偿 length compensation
长方体块规 rectangular gage block
长杆 long rod
长杆形爆炸成型弹丸 long-rod EFP
长工作时间火箭发动机 high-endurance rocket motor
长弓海尔法 （舰对舰导弹）Longbow Hellfire
长航时 long endurance
长航时飞机平台 Long Endurance Aircraft Platform（LEAP）
长焦距透镜 long-focus lens
长焦距远距离摄像机 （用于飞行试验观察）intercept ground optical recorder（IGOR）
长颈鹿 （瑞典雷达产品）Giraffe
长径比 L/D ratio
长径比 length-to-diameter ratio（L/D）
长期储存 long-term storage
长期分解 long-term degradation
长期化学反应 long-term chemical reaction
长期退化 long-term degradation
长球面 prolate spheroid
长球体 prolate spheroid
长球形天线 prolate spheroidal antenna
长寿命 long life
长寿命 long lifetime
长寿命材料 long lifetime material
长尾管 （发动机）blast tube
长尾喷管 blast-tube-mounted nozzle
长细比 fineness ratio
长弦钢质蜂窝式翼面 long-chord steel honeycomb wing
长弦翼 long-chord wing
长行程柱塞式指示表 long travel dial indicator
长窄弦翼 long narrow-chord fin
长周期部件 long-lead item
长周期订货材料 long-lead material
长周期项目 long-lead item
长周期振荡 phugoid oscillation

长轴 major axis
常规 convention
常规报告 regular reporting
常规部队 conventional forces (CF)
常规打击 conventional strike
常规打击 normal attack (NA)
常规弹头防区外导弹 Conventionally Armed Stand-Off Missile (CASOM)
常规弹药 conventional ammunition
常规弹药 conventional munitions
常规弹药 conventional ordnance
常规弹药缺陷报告 Conventional Ordnance Deficiency Report (CODR)
常规的 conventional
常规的 regular
常规电压放大器 conventional voltage amplifier
常规端射阵 ordinary end-fire array
常规干扰 conventional countermeasures
常规轰炸机 conventional bomber
常规静态电阻测试 conventional static resistance test
常规空射巡航导弹 Conventional Air-Launched Cruise Missile (CALCM)
常规快速打击(项目) Conventional Prompt Strike (CPS)
常规快速全球打击(项目) Conventional Prompt Global Strike (CPGS)
常规联合作战演练 regular joint war game
常规起飞和降落型飞机 conventional-takeoff-and-landing variant
常规起落 conventional take-off and landing (CTOL)
常规武器 conventional weapon
常规武器技术熟练性检查 Conventional Weapons Technical Proficiency Inspection (CWTPI)
常规旋转式发射架 Conventional Rotary Launcher
常规战斗部 conventional warhead
常规追踪弹道 conventional pursuit trajectory
常化 normalizing
常量公差限定符 (适用于所有特征尺寸的限定符) regardless of feature size modifier
常数 constant
常态的 normal
常态曲线 normal curve
常温 normal temperature
常温工作范围 normal temperature operating range
常用探测器 common detector
常值机动目标 constant maneuvering target
常值推力 constant thrust
常值增益滤波器 constant gain filter
常驻地 home station
常驻空间物体 resident space object (RSO)
厂家培训 factory training
场 field
场波瓣图 field pattern
场地设施 site facility
场地试验 arena test
场地试验 arena testing
场景 scenario
场景 scene
场镜 field lens
场镜镀膜 field lens coating
场强波瓣图 field pattern
场区 field zone
场效应晶体管 field-effect transistor (FET)
场效应晶体管输入运算放大器 FET input operational amplifier
倡议 initiative

chao

超长航时飞机平台 Ultra Long Endurance Aircraft Platform (Ultra LEAP)
超出维护能力 Beyond Capability of Maintenance (BCM)
超大规模集成电路 Very Large Scale Integration (VLSI)
超大型货物 oversized cargo
超低空飞行的 nap-of-the-earth
超低空航线 nap-of-the-earth route
超负荷 *n.* & *vt.* overload
超负荷 overstressing
超高精度加工 ultra high-precision operation
超高速滑翔弹头 (日本正在研发的高超声速武器) Hyper Velocity Gliding Projectile (HVGP)
超高速集成电路 Very High Speed Integrated Circuit (VHSIC)
超高速直升机 ultra-high-speed helicopter
超高真空度 ultrahigh vacuum
超光谱的 hyperspectral
超过目标 *v.* overshoot
超级大黄蜂 (美国舰载战斗机) Super Hornet
超级电容器 ultracapacitor
超级合金 superalloy
超级敏捷近距格斗导弹 super-agile dogfight missile
超级磨料 (砂轮) superabrasive
超级磨料砂轮 superabrasive wheel
超级镍合金 super nickel alloy
超级砂轮 superabrasive wheel
超级眼镜蛇 (美国 AH-1W 武装直升机) Super Cobra
超几何函数 hypergeometric function
超几何级数 hypergeometric series
超近程弹道导弹 (300 海里以内) close-range ballistic missile (CRBM)
超近程防空 very short-range air-defence (VSHORAD)
超近距防空 very short-range air-defence (VSHORAD)
超净间 clean room
超净间 white room

超净间/无菌室 white/sterile room
超瞄距离 （飞行员投放炸弹）aim-off distance
超能力维护 Beyond Capability Maintenance（BCM）
超前 lead
超前偏置 lead bias
超前偏置电路 lead bias circuit
超强度设计的结构 overdesigned structure
超燃冲压发动机 scramjet
超燃冲压发动机 scramjet engine
超燃冲压发动机 supersonic combustion ramjet
超燃冲压发动机驱动的高超声速巡航导弹 scramjet-powered hypersonic cruise missile
超燃冲压发动机燃烧室 scramjet combustor
超燃冲压发动机推进系统 scramjet-powered propulsion
超燃冲压发动机推进系统 scramjet propulsion
超声波 ultrasonic wave
超声波 ultrasound
超声速 supersonic speed
超声速 supersonic velocity
超声速导弹 supersonic missile
超声速的 supersonic
超声速飞行 supersonic flight
超声速飞行器 supersonic flight vehicle
超声速飞行速度 supersonic flight velocity
超声速空射反舰导弹 supersonic air-launched anti-ship missile
超声速流 supersonic flow
超声速流动 supersonic flow
超声速掠海目标 Supersonic Sea-Skimming Target（SSST）
超声速马赫数 supersonic Mach number
超声速喷管 De Laval nozzle
超声速喷管 supersonic nozzle
超声速碰撞 supersonic collision
超声速气动阻力 supersonic drag
超声速气流 supersonic airflow
超声速前弹体压差阻力 supersonic forebody pressure drag
超声速燃烧 supersonic combustion
超声速吸气式推进装置 supersonic air breathing propulsion
超声速巡航导弹 supersonic cruise missile
超声速压差阻力 supersonic pressure drag
超声速翼面法 supersonic panel method
超声速战斗机 supersonic fighter
超视距 beyond visual range（BVR）
超视距空空导弹 beyond-visual-range air-to-air missile（BVRAAM）
超视距齐射攻击 beyond-visual-range salvo attack
超视线 beyond line of sight（BLOS）
超视线 beyond visual line of sight（BVLOS）
超调量 overshoot
超调系数 overshoot factor
超外差接收机 superheterodyne receiver
超温度条件 over-temperature condition
超限应力 overstressing
超小型的 microminiature
超小型的 subminiature
超旋转场天线 super turnstile antenna
超压 overpressure
超压峰值 peak overpressure
超远程的 very-long-range
超远程的 ultra-long-range
超远程空空导弹 very-long-range air-to-air missile（VLRAAM）
超越地平线 over the horizon（OTH）
超越地平线的 over-the-horizon
超越地平线计划 （美国海军）Over-the-Horizon program
超越地平线雷达系统 over-the-horizon radar system
超越地平线两栖作战 over-the-horizon amphibious operation
超越地平线武器系统 （美国海军项目）Over-The-Horizon Weapon System（OTHWS）
超越脱靶弹道 overshooting miss trajectory
潮气 moisture
潮湿的 humid
潮湿的 moist
潮湿的 wet
潮湿空气 moist air
潮湿试验 moisture test

che

车 carriage
车床 lathe
车床床身 lathe bed
车床顶尖 lathe center
车床规格 （用最大工件回转直径和床身长度表示）lathe size
车刀 cutting tool
车刀 lathe tool
车刀 lathe turning tool
车队 convoy
车队护送队 convoy escort
车架拉手 （导弹装配架）frame lever
车间可更换组件 shop replaceable assembly
车间设备 shop equipment
车间现场 shop floor
车辆 vehicle
车辆光学传感器系统 vehicle optics sensor system（VOSS）
车辆汇总与卸载优先顺序表 vehicle summary and priority table（VS&PT）
车辆类货物 vehicle cargo
车轮形(药柱) wagon wheel

车削加工 turning
车削夹具 turning fixture
车削样板 turning template
车削中心 turning center
车载导弹程序装置测试站 truck-mounted guided missile programmer test station
车载导弹系统 vehicle-mounted missile system
车载的 onboard
车载的 vehicle-borne
车载的 vehicle-mounted
车载发射的 vehicle-launched
车载发射架 truck-mounted launcher
车载简易爆炸装置 vehicle-borne improvised explosive device（VBIED）
车载式发射架 vehicle-mounted launcher
车轴 axle
撤离 *v.* evacuate
撤离 evacuation
撤离距离 evacuation distance
撤离距离 withdrawal distance
撤运 retrograde

chen

沉底水雷 bottom mine
沉淀 precipitation
沉淀硬化不锈钢 precipitation hardening stainless steel
沉淀硬化处理 precipitation heat treatment
沉积 accumulation
沉积 *vt.* deposit
沉积 deposition
沉积后 postdeposition
沉积静电 precipitation static（P-STATIC）
沉积物 deposit
沉积物 deposition
沉降静电 precipitation static（P-STATIC）
陈旧 obsolescence
陈述 statement
衬层 inner liner
衬层 liner
衬带 band liner
衬底 substrate
衬垫 dunnage
衬垫 packing
衬垫 pad
衬垫卡箍 dunnage retainer
衬套 bushing
衬套 liner

cheng

撑板 strut
撑杆 strut
成本 cost
成本返还合同 cost-reimbursement contract
成本分析 cost analysis
成本分析改进小组 Cost Analysis Improvement Group
成本分析要求说明 Cost Analysis Requirements Description（CARD）
成本分析指导与程序 Cost Analysis Guidance and Procedures
成本估算 cost estimate
成本估算分配 cost estimate distribution
成本加奖励金 cost plus incentive fee（CPIF）
成本加奖励金合同 cost-plus-incentive-fee contract
成本降低 cost reduction
成本降低计划 Cost Reduction Initiative（CRI）
成本/进度/效能管理 cost/schedule/performance management
成本控制 cost control
成本类合同 cost-type contract
成本评估与计划鉴定 Cost Assessment and Program Evaluation（CAPE）
成本评估与项目鉴定 Cost Assessment and Program Evaluation（CAPE）
成本评估与项目鉴定办公室 （美国国防部）Cost Assessment and Program Evaluation office
成本实报合同 cost-reimbursement contract
成本实效报告 Cost Performance Report（CPR）
成本项目 cost account
成本效益分析 cost effectiveness analysis
成本增加 cost growth
成本账目 cost account
成分 composition
成分 constituent
成分 element
成分 ingredient
成功概率 probability of success
成功率 success rate
成功指标 success indicator（SI）
成批的 bulk
成批生产 mass production
成批生产 serial production
成批生产 series production
成品 end product
成品 unit
成熟度 level of maturity
成熟度试验 maturity testing
成熟技术 mature technology
成套 （工具、仪器等）kit
成套备件 spares package
成套光学系统 complex optics
成套设备 package
成套适配件 adaptation kit（A-Kit）
成套组件零件分解清单 group assembly parts list（GAPL）

成为跳弹 *vi.* ricochet
成像 imagery
成像 imaging
成像导引头 imaging homing head
成像导引头 imaging seeker
成像数据 imaging data
成像探测器 imaging sensor
成像制导系统 imaging guidance system
成形 forming
成形 shaping
成形刀具 form tool
成形滤波器 shaping filter
成形切削 form cutting
成形网络 shaping network
成形铣刀 form milling cutter
成型钢模 forming die
成型装药 shaped charge
成型装药 shaped explosive grain
成型装药撞击 shaped explosive charge impact
成员部队司令员 （联合部队）component commander (CC)
成员国家 member state
诚信 accountability
承包商 contractor
承包商保障 contractor support
承包商成本数据报告 Contractor Cost Data Report (CCDR)
承包商成本数据报告 Contractor Cost Data Reporting (CCDR)
承包商成本数据报告计划 CCDR plan
承包商成本数据报告计划 Contractor Cost Data Reporting plan
承包商成本数据报告系统 Contractor Cost Data Reporting System
承包商地址 contractor location
承包商工程技术服务 Contractor Engineering and Technical Service (CETS)
承包商管理 contractor management
承包商后勤保障 contractor logistics support (CLS)
承包商提供的设备 contractor-furnished equipment (CFE)
承包商增强保障 contractor augmented support
承包商资金状况报告 Contractor Fund Status Report
承力点 （导弹搬运）hard points
承力点 hardpoint
承力壳体 structural case
承屑盘 （数控机床）chip pan
承压牙侧 pressure flank
承制工厂维护 manufacturer maintenance
承制商 contractor
承制商 manufacturer
承制商 vendor
承制商评估发射 contractor evaluation launch
承制商试验设备 contractor test equipment (CTE)
承制商试验与评估 Contractor Test and Evaluation (CTE)
承制商拖车 contractor trailer
承制商演示验证阶段 contractor demonstration phase
承制商演示验证试验 Contractor Demonstration Test (CDT)
乘波体 waverider
乘法 multiplication
乘法器 multiplier
乘法器测试仪 multiplier tester
乘方 （数字的）power
乘机到达 fly-in
乘积 product
乘数 multiplier
程度 level
程控弹 controlled vehicle
程控弹 programmed round
程控弹道试验 on-orbit test
程控弹发射 controlled vehicle launch
程控弹试验 controlled-vehicle test
程控机动 programmed maneuver
程控试验弹 controlled test vehicle (CTV)
程控指令 programmed command
程序 （计算机）code
程序 procedure
程序 process
程序 （计算机）program
程序包 package
程序编码 program code
程序代码 program code
程序导入 （数控机床）program entry
程序段 block
程序段 program block
程序段结束 end of block
程序俯仰 pitchover
程序格式 program format
程序更新 program updating
程序更新 reprogramming
程序号 program number
程序结束 program ending
程序嵌套 routine nesting
程序强制更新 forced reprogramming
程序输入 （数控机床）program entry
程序停止命令 （数控编程）program stop command
程序停止指令 （数控编程）program stop command
程序文件上传 file upload
程序性风险 programmatic risk
程序性管控 procedural control
程序性识别 procedural identification
程序验证 program prove-out
程序员 programmer
程序转弯 pitchover

程序装置 programmer
程序装置 sequencer
程序字 （电台业务通信用语）procedure word（proword）
程序组 work package（WP）
秤 balance
秤 weighing scale

chi

吃刀深度 depth of cut
池 bath
迟炸 late detonation
迟滞作战 delaying operation
持久稳定飞行 sustained flight
持久性地雷 persistent mine
持久性化学战剂 persistent agent
持久性驻地 enduring location（EL）
“持久自由”军事行动 Operation ENDURING FREEDOM（OEF）
持续采办全寿命保障 continuous acquisition life-cycle support（CALS）
持续产品改进计划 continuing product improvement programme
持续产品改进项目 continuing product improvement programme
持续的能力开发与交付 Continuous Capability Development and Delivery（C2D2）
持续飞行 sustained flight
持续机动 sustained manoeuvring
持续全球覆盖 persistent global coverage
持续升级 spiral upgrade
持续时间 duration
持续系统改进 continuing system improvements
持续学习 continuum of learning
尺 （可调直角尺）blade
尺 ruler
尺寸 （图纸标注）dimension
尺寸 （扳手、套筒）drive size
尺寸 size
尺寸比…大的 oversized
尺寸比…小的 undersized
尺寸标注线 dimension line
尺寸标注引出线 extension line
尺寸超标的货物 oversized cargo
尺寸分布 size distribution
尺寸公差 dimension tolerance
尺寸公差 dimensional tolerance
尺寸检验 dimensional inspection
尺寸稳定性 dimensional stability
尺寸、重量和功率 size, weight and power（SWaP）
尺寸、重量和功率都较小的自动电子情报(系统) Small SWAP Auto-ELINT（SSAE）
尺架 （游标卡尺）beam
尺架 （千分尺）frame
齿背 （锯条）tooth back
齿槽 （锯条）gullet
齿槽深度 （锯条）gullet depth
齿-缝对 （齿状轮）tooth-slot pair
齿-缝组合 （齿状轮）tooth-slot combination
齿距 （锯齿）tooth pitch
齿孔直径 pitch diameter
齿宽 （齿状轮）tooth width
齿轮 gear
齿轮齿厚游标卡尺 vernier gear tooth caliper
齿轮传动车床 geared head lathe
齿轮传动床头箱 （钻床）gear-driven head
齿轮传动机构 gear train
齿轮驱动刀架钻床 gear-head drill press
齿轮系 gear train
齿轮箱 gear box
齿面 serration
齿面 （锯条）tooth face
齿面分类 （锉刀）cut classification
齿面分类 （锉刀）tooth classification
齿面倾角 （锯条）rake
齿面倾角 （锯条）tooth rake angle
齿条 rack
齿形 （锯条）tooth form
齿形 （锯条）tooth pattern
齿直线运动 linear tooth motion
齿状轮 toothed wheel
赤道 equator
赤经 right ascension
赤纬 declination

chong

冲程 （振动台）stroke
冲毁 washout
冲毁处理 washout
冲击 impact
冲击 impingement
冲击 impulse
冲击 shock
冲击波 air blast
冲击波 （战斗部）blast
冲击波 blast wave
冲击波 shock wave
冲击波 shockwave
冲击波反射 shock wave reverberation
冲击波速度 shock velocity
冲击波效应 blast effect
冲击波压力 shock pressure
冲击波阵面 shock front
冲击的 ballistic

冲击的 impulsive
冲击力 impact force
冲击力 impulse
冲击敏感度 shock sensitivity
冲击谱 shock spectrum
冲击起爆 shock initiation
冲击强度 shock strength
冲击强化 shock hardening
冲击韧性 dynamic ductility
冲击式套筒扳手 impact wrench
冲击试验 ballistic test
冲击试验机 shock machine
冲击速度 impact velocity（IV）
冲击温度 shock temperature
冲击响应 impulse response
冲击压力 shock pressure
冲击硬化 shock hardening
冲击载荷 impulsive load
冲击载荷 impulsive loading
冲击载荷 shock load
冲击载荷 shock loading
冲击作动器 ballistic actuator
冲量 impulse
冲量质量比 impulse to mass ratio
冲模 blanking die
冲塞 plugging
冲塞过程 plugging process
冲塞剪切 plug shear
冲刷速度 scrubbing velocity
冲突 conflict
冲突预防 conflict prevention
冲洗 rinsing
冲销的费用 offset costs
冲压 ram
冲压发动机 ramjet（RJ）
冲压发动机 ramjet engine
冲压发动机导弹 ramjet-powered missile
冲压发动机点火 ramjet ignition
冲压发动机进气道 ramjet inlet
冲压发动机进气道 ramjet motor air intake
冲压发动机进气道溢流 ramjet inlet spillage
冲压发动机内腔流径几何形状 ramjet internal flowpath geometry
冲压发动机喷管 ramjet nozzle
冲压发动机驱动的巡航导弹 ramjet-powered cruise missile
冲压发动机推进系统 ramjet propulsion
冲压发动机推进系统 ramjet propulsion system
冲压发动机推力 ramjet propulsion thrust
冲压发动机推力交接(速度) ramjet thrust takeover
冲压发动机推力交接马赫数 ramjet thrust takeover Mach number
冲压发动机推力转级(速度) ramjet thrust takeover
冲压发动机推力转级马赫数 ramjet thrust takeover Mach number
冲压恢复 recovery
冲压空气涡轮 （用于发电）ram air turbine（RAT）
冲压空气涡轮发电机 ram air turbine generator
冲压喷管 ramjet nozzle
冲压喷气发动机 ramjet engine
冲压式喷气发动机 aerothermodynamic duct（athodyd）
冲重比 impulse-to-weight ratio
充电 charge
充电 charging
充电电压 charging voltage
充电状态 State of Charge（SOC）
充惰性气体 （油箱）purge
充满 （锉屑在锉刀纹里的）pinning
充气 charging
充气 filling
充气阀 charging valve
充气接头 filling adapter
充气系统 filling system
充气嘴 gas charging nipple
充气嘴 gas filling nipple
虫胶结合剂 （砂轮）shellac bond
重叠 superposition
重叠脉冲模型 overlapping pulse model
重复式螺纹加工固定循环 repetitive canned threading cycle
重复性载荷 repetitive load
重合 superposition
重积分陀螺 double-integrating gyro
重建 reconstitution
重建 reconstruction
重建 *vt.* reintegrate
重试 *v.* &*n.* retest
重现 reconstruction
重新包装 repackaging
重新编程 *vt.* reprogram
重新编程 reprogramming
重新编程能力 reprogrammability
重新部署 redeployment
重新倒计时 recycle
重新调拨 retrograde
重新定位 （刀具）reset
重新定位 repositioning
重新定位误差 repositioning error
重新定位误差 setup error
重新发证 recertification
重新封装 repackaging
重新规划 re-planning
重新鉴定 recertification
重新校准 recalibration
重新认证 recertification
重新设计的 re-designed

重新设计的　re-engineered
重新设计的　redesigned
重新设计的导弹　refined/resized missile
重新设计的软件模块　re-engineered software module
重新设计的杀伤器　Redesigned Kill Vehicle（RKV）
重新使用　recycle
重新使用　*v.* & *n.*　reuse
重新锁定　*vt.*　recage
重新锁定　（陀螺）recaging
重新装箱　repackaging
重新装箱标准　repackaging criteria
重新组合　reassociation
重置　reset
冲床　punch
冲杆　drill drift
冲孔模　piercing die
冲头　punch
冲压机　punch
冲压件　stamping

chou

抽出　extraction
抽空　*v.*　evacuate
抽空　pumpdown
抽排气过程　pump-out process
抽气　pumpdown
抽气能力　pump capacity
抽气循环　pump cycle
抽吸　pumping
抽样试验　sample test
抽运　pumping
抽真空　evacuation
抽真空　pumpdown
抽真空　suction
抽真空时间　pumpdown time
臭氧　ozone

chu

出版　publication
出版号　publication number
出版物　publication
出版物名称　publication title
出处　derivation
出动架次分配信息　sortie allotment message（SORTIEALOT）
出发点　（飞机导航检查点）departure point
出发点　point of origin
出发港　port of embarkation（POE）
出发航空港　aerial port of embarkation（APOE）
出发机场　departure airfield
出发线　line of departure（LD；LOD）
出航准备时间　presail
出口　exit
出口　exit port
出口　（货物、商品）export
出口　outlet
出口　outlet port
出口订单　export order
出口改型　export variant
出口扩张段　diverging exit section
出口面积　（发动机）discharge area
出口面积　（发动机）exit area
出口平面　exit plane
出口速度　exit velocity
出口型号　export model
出口型号　export variant
出口许可证　export license
出口压力　exit pressure
出口压力　outlet pressure
出口压强　exit pressure
出口直径　exit diameter
出口锥　aft exit cone
出口锥　exit cone
出坯杆　ejector rod
出气接头　gas outlet fitting
出气口　exit port
出气口　gas outlet
出气面积　gas escape area
出射度　exitance
出射度峰值　exitance peak
出射度公式　exitance formula
出射辐射　emitted radiation
出射角　exit angle
出射率　exitance
出现不需要的条纹　streaking
出线　（指电气系统接负载）load
初步的　initial
初步的　preliminary
初步的　primary
初步的决算报告　preliminary final report
初步的总结报告　preliminary final report
初步方案研究　initial concept study
初步分析　preliminary analysis
初步救护者　first responder
初步判定　quick-look
初步设计　preliminary design
初步设计方案　first-cut design
初步设计方案　preliminary design concept
初步设计评审　preliminary design review（PDR）
初步验证发射　initial proof firing
初步验证发射试验　initial proof firing
初级编制飞机　primary assigned aircraft（PAA）
初级的　initial
初级的　primary

初级的 rudimentary（多含有原始、粗糙之意）
初级的空对地模式 rudimentary air-to-ground mode
初级护理管理 primary care management（PCM）
初级技能 initial skill
初级培训 initial training
初级阵 primary array
初级职位 entry-level position
初级资格培训 initial qualification training（IQT）
初级资格训练 initial qualification training（IQT）
初具作战能力 initial operating capability（IOC）
初具作战能力 initial operational capability（IOC）
初判数据 quick-look data
初期批量生产 initial full-rate production
初期全速生产 initial full-rate production
初始备件和维修配件 Initial Spares & Repair Parts（IS&RP）
初始打击作战 initial strike operation
初始带宽 original bandwidth
初始点 initial point
初始发射条件 initial launch condition
初始反应部队 initial response force
初始仿真 initial simulation
初始飞行轨迹倾角误差 initial flight path angle error
初始飞行路线角误差 initial flight path angle error
初始飞行试验 initial flight test
初始航向误差 initial heading error
初始合同价格目标 initial contract price target
初始化 initialization
初始加速度 initial acceleration
初始路线图 initial roadmap
初始脉冲 initial pulse
初始密度 initial density
初始面积比 initial area ratio
初始模量 initial modulus
初始模型 preliminary model
初始内能 initial internal energy
初始能力文件 Initial Capabilities Document（ICD）
初始平面 （Z 轴高度间隙平面）initial plane
初始倾斜 initial tilt
初始扰动 initial disturbance
初始设计方案 first-cut design
初始设计方案 preliminary design concept
初始射流半径 initial jet radius
初始生产 initial production
初始生产标准 initial production standard
初始试验计划 initial trials programme
初始试验项目 initial trials programme
初始速度 initial speed
初始速度 initial velocity
初始损伤 prior damage
初始条件 initial condition
初始条件精度 initial conditions accuracy
初始条件模型 initial-conditions model
初始推进剂质量 initial propellant mass
初始推力 initial thrust
初始位置 initial position
初始卸载阶段 initial unloading period
初始型机动近距防空 （美国陆军）Initial Maneuver Short Range Air Defense（IM-SHORAD）
初始压力 initial pressure
初始压强载荷 initial pressure loading
初始药形 virgin grain
初始应急驻地 initial contingency location
初始指导大纲 initial roadmap
初始质量 initial mass
初始质量流量 initial mass flow
初始作战能力 initial operating capability（IOC）
初始作战能力 initial operational capability（IOC）
初始作战试验与评估 Initial Operational Test and Evaluation（IOT&E）
初速 initial speed
初速 initial velocity
初值 initial value
初值定理 initial value theorem
除法 division
除漆剂 paint remover
除漆剂 remover
除气 degassing
除气 *v.* outgas
除气 outgassing
除气电流 degassing current
除气炉 outgassing furnace
除气速率 outgassing rate
除湿筒 desiccant cartridge
除油剂 degreaser
除油器 degreaser
杵体 slug
储备 reserve
储备 stock
储备 stockpile
储备产品 stockpile
储备弹药 reserve munitions
储备的 reserve
储存化学能推进系统 Stored Chemical Energy Propulsion System（SCEPS）
储存量目标 stockage objective
储存期限 shelf life
储存寿命 shelf life
储存温度 storage temperature
储存稳定性控制 pot life control
储罐 reservoir
储气罐 air collector
储油器 accumulator
储运包装箱 shipping and storage container
处理 （把产品废弃的做法）disposal
处理 *vt.* process

处理 processing
处理电路 processing circuitry
处理高度机密隔离情报资料的设施 sensitive compartmented information facility (SCIF)
处理、利用与散发 processing, exploitation, and dissemination (PED)
处理量 throughput
处理器 processor
处理器替换计划 Processor Replacement Program (PRP)
处理器替换项目 Processor Replacement Program (PRP)
处理速度 processing speed
处理意见 disposition
处理与利用 (军事情报) processing and exploitation
处于高度危险状态的人员 high-risk personnel (HRP)
处于最左或最右侧的飞机 (飞行编队) wing
处置 disposal
处 directorate
处 section
触点 contact
触点块 contact block
触点面积 contact area
触发 impact
触发 trigger
触发点火信号 trigger firing signal
触发发射信号 trigger firing signal
触发开关 impact switch
触发开关 trigger switch
触发雷 contact mine
触发脉冲 trigger
触发脉冲 trigger pulse
触发器 (火工品) striker
触发器 toggle
触发器 trigger
触发器线束 trigger harness
触发头 striker
触发引信 contact fuze
触发引信 impact fuze
触发引信灵敏度 contact fuze sensitivity
触摸屏显示器 touchscreen display
触屏显示器 touchscreen display
触头 contact
触头 contact button
触头绝缘帽 contact button insulator

chuan

穿甲弹 armor-piercing projectile
穿甲弹 penetrator
穿甲弹头 squash head
穿甲的 armor-piercing (AP)
穿甲机理 armor-piercing mechanism
穿孔 perforation
穿套活扣 (吊带一头的环口穿过另一头的环口) choker hitch
穿透 penetration
穿透 perforation
穿透 puncture
穿透弹道学 penetration ballistics
穿透辅助装置 penetration aids
穿透切割器 penetrator
穿透深度 penetration
穿透速度 penetration velocity
穿透型电子攻击 Penetrating Electronic Attack (PEA)
穿透型武器 penetrating weapon
穿透型制空 Penetrating Counterair (PCA)
穿透型制空飞机 penetrating counterair aircraft
穿越频率 crossover frequency
传爆链 detonating chain
传爆系列 (引战系统) explosive train
传爆序列 (引战系统) explosive sequence
传爆序列 (引战系统) explosive train
传爆药 booster explosive
传爆药 bursting charge
传爆药 explosive lead
传爆药 lead
传爆药 secondary explosive
传爆药柱 booster pellet
传播 dissemination
传播 propagation
传播 transmission
传播速度 propagation speed
传导 *v.* conduct
传导 conduction
传导发射 conducted emissions (CE)
传导公式 conductance formula
传导率 conductivity
传导热 conducted heat
传导热负载 conducted heat load
传导性 conductivity
传导易感性 conducted susceptibility (CS)
传递 transfer
传递比 transfer ratio
传递标准 transfer standard
传递方程 transfer equation
传递函数 transfer function
传递误差 hand-off error
传递型测量工具 (也称协助型测量工具) transfer type measuring tool
传递阻抗 transfer impedance
传递阻抗 transimpedance
传动杆 driving rod
传动杆组合 driving rod assembly
传动卡爪 (车床) drive dog
传动卡爪 (车床) lathe dog

传动系统 driving system
传动销 driving pin
传动销座 driving pin holder
传动装置 transmission
传感器 pickoff
传感器 probe
传感器 sensor
传感器 transducer
传感器补偿 sensor compensation
传感器到射手 sensor-to-shooter
传感器到射手的连通时间 sensor-to-shooter connectivity time
传感器口径 sensor aperture
传感器融合 sensor fusion
传感器融合武器 Sensor Fused Weapon (SFW)
传感器融合武器 Sensor Fuzed Weapon (SFW)
传感器引爆武器 Sensor Fused Weapon (SFW)
传感器引爆武器 Sensor Fuzed Weapon (SFW)
传感器噪声 sensor noise
传感器指引 sensor cueing
传感器组件 sensor suite
传力杆系 whiffletree
传热 heat transfer
传热测定技术 heat transfer survey technique
传热测量 heat transfer measurement
传热过程 heat transfer process
传热率 heat transfer rate
传热试验 heat transfer testing
传热系数 heat transfer coefficient
传热学 heat transfer
传输 transfer
传输 transmission
传输保密性 transmission security (TRANSEC)
传输比 transfer ratio
传输方程 transfer equation
传输距离 transmission range
传输模 mode
传输模 transmission mode
传输频率和脉冲重复频率控制 transmission frequency and pulse repetition frequency control
传输损耗 transmission loss
传输系数 transmission coefficient
传输线 transfer line
传输线 transmission line
传输线方法 Transmission Line Method (TLM)
传输线公式 transmission line formula
传输效率 transmission efficiency
传输阻抗 transfer impedance
传输阻抗 transimpedance
传送 transfer
传送 transmission
传统电压放大器 conventional voltage amplifier
传统平面角 conventional plane angle
船舶 vessel
船舶连 floating craft company
船舶总称 shipping
船队 convoy
船队护航队 convoy escort
船载的 onboard
船载的 shipborne
船长 captain
船长 master
喘振 (进气道) buzz
喘振 (压气机) surge
串 string
串联 cascade
串联 series
串联的 serial
串联的 tandem
串联电容器 capacitors in series
串联电容器 series capacitors
串联聚能装药 tandem shaped charge
串联式多级导弹 tandem multiple stage missile
串联战斗部 tandem warhead
串联装药战斗部 tandem-charge warhead
串联阻抗 series impedance
串列安装起飞发动机 tandem-mounted launch motor
串列的 in-line
串列的 tandem
串列战斗部 tandem warhead
串列装药战斗部 tandem-charge warhead
串扰 cross-talk
串扰 crosstalk
串行 series
串行的 serial
串行化器/解串器 serializer/deserializer (SERDES)
串音 cross-talk
串音 crosstalk
串音测量 crosstalk measurement

chuang

窗 window
窗口 window
窗口安装基座 window seat
窗口安装支撑面 window seat
窗口板 window plate
窗口材料 window material
窗口强度 window strength
窗口透射率 transmittance of window
床鞍 saddle
床鞍手柄 (立式铣床) saddle crank
床鞍锁定柄 (立式铣床) saddle lock
床颈 (立式铣床) ram
床身 (机床) bed
床身 (机床) column

床身长度 （车床）bed length
床头箱 headstock
创新技术 enabling capability
创新技术 enabling technology
创新技术 innovative technology

chui

吹风试验 wind-tunnel test
吹风试验 wind-tunnel testing
吹砂 sand blasting
吹砂 sandblasting
吹熄口 blow-out port
吹洗 *n.* & *v.* purge
垂面 *n.* vertical
垂尾 （飞机）fin
垂线 *n.* vertical
垂直S形机动 vertical-S maneuver
垂直安定面 vertical fin
垂直补给 （利用直升机进行补给）vertical replenishment（VERTREP）
垂直的 normal
垂直的 perpendicular
垂直的 square
垂直的 vertical
垂直度 perpendicularity
垂直度块规 square
垂直度调整 （立式铣床的铣头）tramming
垂直/短距起降 Vertical/Short Takeoff and Landing（VSTOL）
垂直发射 vertical launch（VL）
垂直发射架 vertical launcher
垂直发射器 vertical launcher
垂直发射试验 vertical firing test
垂直发射系统 vertical launch system（VLS）
垂直发射系统的发射箱 vertical launch system canister
垂直发射系统的发射箱 VLS canister
垂直极化 perpendicular polarization
垂直极化 vertical polarization（VP）
垂直降落 vertical landing
垂直扩散 vertical dispersion
垂直起飞和降落型飞机 vertical-take-off-and-landing variant
垂直起飞无人机系统 vertical-lift unmanned aerial system
垂直起降 vertical take-off and landing（VTOL）
垂直起降 vertical takeoff and landing（VTOL）
垂直扫描模式 vertical scan mode
垂直弹射 vertical ejection
垂直弹射发射架 vertical ejection launcher
垂直稳定性 vertical stability
垂直下刀速度 （刀具下到工件表面的速度）plunge feed rate
垂直主轴平面磨床 Blanchard grinder
垂直主轴平面磨床 vertical spindle surface grinder
垂直装载法 vertical stowage
锤击 *vt.* peen

chun

春分点 first point of Aries
春分点 vernal equinox
纯度 purity
纯度比 purity ratio
纯净空气制备系统 Pure Air Generating System（PAGS）
纯空气管路 pure air line
纯空气筒式过滤器 pure air cartridge filter
纯气相流动 all-gaseous flow
纯延迟 pure delay
纯追踪 pure pursuit
纯追踪法 pure pursuit method
唇缘区 （吊挂）lip radius area
醇酸瓷漆 alkyd enamel

ci

磁场 magnetic field
磁场雷 magnetic mine
磁场强度 magnetic field strength
磁场强度 magnetic force
磁场取向指示器 field orientation indicator
磁带 tape
磁带盒 magazine
磁带信息转储 tape dump
磁导率 magnetic permeability
磁导率 permeability
磁航向 magnetic heading
磁化 magnetization
磁化率 susceptibility
磁化器 magnetizer
磁化强度 magnetic intensity
磁化强度 magnetization
磁化装置 magnetizer
磁极 magnetic pole
磁力 magnetic force
磁力计 magnetometer
磁盘 floppy disk
磁盘 magnetic disk
磁盘操作系统 disk operating system（DOS）
磁盘驱动器 disk drive
磁强计 magnetometer
磁探针 magnetic probe
磁体 magnet
磁铁 magnet
磁隙 magnetic gap

磁隙测试仪 magnetic gap tester
磁芯 core
磁性 V 形块 magnetic V-block
磁性卡盘 magnetic chuck
磁性雷 magnetic mine
磁性正弦卡盘 （正弦盘与磁性卡盘的组合）magnetic sine chuck
磁滞 hysteresis
次反射镜 secondary mirror
次惯性系统 sub-inertial system
次轨迹 secondary trajectory
次基准 secondary datum
次级阵 secondary array
次迹线 secondary trajectory
次平面反射镜 secondary planar mirror
次序 order
次要库存控制方 Secondary Inventory Control Activity (SICA)
次优的 suboptimal
刺发雷管 stab detonator
刺激 stimulus
刺激物 irritant
刺激性的 irritant
刺破 puncture

cong

从动摇臂 idler bellcrank
从动摇臂直枢轴 idler bellcrank straight-pivot shaft
从发射到离梁 launch-to-eject (LTE)
从发射到离梁循环 launch-to-eject cycle
从发射到离梁循环 LTE cycle

cu

粗车 rough turning
粗齿锉刀 （用于木头、塑料等软材料）rasp-tooth file
粗抽泵 roughing pump
粗略辨别 recognition
粗略的毁伤评估 estimated damage assessment (EDA)
粗棉布 cheesecloth
粗切削 rough cutting
粗切削 roughing
粗切削端铣刀 roughing endmill
粗切削立铣刀 roughing endmill
粗纱 roving
粗纱束 roving cluster
粗纹锉刀 rough file
粗纹的 （滚花）coarse
粗线 thick line
粗牙螺纹 coarse pitch thread
粗真空 rough vacuum
簇 cluster

cui

催化剂 catalyst
催泪剂 lachrymator
催泪性毒气 tear gas
摧毁概率 kill probability
摧毁人员的子弹药 anti-personnel sub-munitions
摧毁装备的子弹药 anti-materiel sub-munitions
脆变 embrittlement
脆的 （工具、材料）brittle
脆化 embrittlement
脆弱性 vulnerability
脆性 brittleness
脆性 embrittlement
脆性 （砂轮磨粒）friability
脆性断裂 brittle fracture
脆性钢 brittle steel
淬火 quenching
淬火槽 quenching tank
淬火回火钢 quench and temper steel
淬火介质 quenching media
淬火箱 quenching tank

cun

存储 （电子和计算机系统）memory
存储 storage
存储 *vt.* store
存储 （整齐有序的存放）stowage
存储杜瓦 storage dewar
存储环境 storage environment
存储卡 memory card
存储可靠性 storage reliability
存储空间不足 insufficient storage space
存储库 stowage
存储器 memory
存储器 storage
存储区 storage area
存储设施 storage facility
存储时间 storage time
存储寿命 storage life
存弹架 missile storage rack
存放 stowage
存放程序 stowage procedure
存放架 stand
存放流程 stowage procedure
存放设施 stowage facility
存货 inventory
存货控制 inventory control
存货控制处 inventory control point (ICP)
存取 access
存在 *vi.* exist

存在 presence

cuo

挫折 setback
措施 measure
措施 provision
措施 resource
锉刀 file
锉刀刷 file card
锉光 filing
锉屑 filing
锉屑 pin
锉削夹具 filing fixture
错位保险装置 （发动机）Out-Of-Line Device（OOLD）
错位型引信启动链 out-of-line fuze train
错误 bug（多用于计算机系统中）
错误 error
错误编码 error code

da

搭接线 jumper
达标因子 achievement factor
达到当前最高技术水平的 state-of-the-art (SOTA)
达格威试验场 (美国犹他州) Dugway Proving Ground
达索飞机制造公司 (法国) Dassault Aviation
打包循环 canned cycle
打标记用模板喷涂油墨 marking stencil ink
打击 strike
打击恐怖主义(行动) combating terrorism (CbT)
打击能力 firepower
打击杀伤链 strike kill chain
打击型通用武器数据链 strike common weapon datalink (SCWDL)
打开 *v.* turn on
打开 *v.* unlock (多用于机械构件)
打开密封包装箱 *vt.* decan
打孔 holemaking
打孔冲子 (装药) needle
打孔冲子 (装药) pricker
打捞 salvage
打印 *v.* print
打印机单元 printer unit
打印输出 print
大包角球形头罩 bulbous wide-angle dome
大部队试验活动 Large Force Test Event (LFTE)
大部分 bulk
大长细比 high fineness
大长细比导弹 high fineness missile
大长细比头部 high fineness-ratio nose
大长细比头罩 high fineness dome
大尺寸 bulk
大弹着角 high impact angle
大地基准 geodetic datum
大地基准面 geodetic datum
大地纬度 geodetic latitude
大电流放电 high-current discharge
大动压 high dynamic pressure
大飞机驾驶盘 yoke
大改动 large change
大纲 outline
大纲 program
大功率电机 heavy-duty electric motor
大功率加工 heavy-duty operation
大功率微波 high-power microwave (HPM)
大功率微波武器 high-power microwave weapon
大功率微波战斗部 high-power microwave warhead
大功率自适应定向能系统 High-power Adaptive Directed Energy System (HADES)
大攻角 high angle of attack (HAA)
大规模暴行应对行动 mass atrocity response operations (MARO)
大规模杀伤武器 weapons of mass destruction (WMD)
大规模杀伤武器扩散 weapons of mass destruction proliferation
大规模生产 large-scale production manufacturing
大规模生产 mass production
大规模效应武器 weapons of mass effect (WME)
大规模作战 large-scale operation
大规模作战 major operation
大国冲突 Great Power Conflict
大过载载荷 high-g load
大黄蜂 (美国舰载战斗机) Hornet
大会 convention
大角度的 wide-angled
大径 (螺纹) major diameter
大空域搜索模式 search volume mode
大块头 bulk
大离轴交战 large off-boresight engagement
大离轴角 High Off-Boresight Angle (HOBA)
大离轴角发射 high off-boresight firing
大离轴敏捷性 high off-boresight agility
大离轴系统 High Off-Boresight System (HOBS)
大理石 marble
大量的 massive
大量伤亡 mass casualty
大流量喷水系统 deluge system
大流率进气能力 swallowing capacity
大脉宽 long-duration pulse
大面积区绝热 acreage insulation
大目标响应 large target response
大炮 artillery
大批量存储 bulk storage
大批量生产 high-rate production
大批量生产 high-volume production
大批量生产 mass production
大批量生产加工 high-production operation
大气 atmosphere (ATM)
大气层 atmosphere (ATM)
大气层内导弹 endo-atmospheric missile
大气层内的 endo-atmospheric
大气层内的 endoatmospheric

大气层内拦截弹 endo-atmospheric interceptor
大气层内拦截弹 endo-atmospheric missile
大气层内拦截弹 endoatmospheric interceptor
大气层外弹道导弹防御系统 exo-atmospheric ballistic missile defense system
大气层外的 exo-atmospheric
大气层外的 exoatmospheric
大气层外拦截弹 exo-atmospheric interceptor
大气层外拦截弹 exo-atmospheric missile
大气层外拦截弹 exoatmospheric interceptor
大气层外杀伤拦截器 Exoatmospheric Kill Vehicle (EKV)
大气层与太空 aerospace
大气层噪声 atmospheric noise
大气传输效率 atmospheric transmission efficiency
大气窗口 atmospheric window
大气环境 atmospheric environment
大气密度 atmospheric density
大气数据 air data
大气数据探测器 Air Data Probe (ADP)
大气数据系统 air data system (ADS)
大气衰减 atmospheric attenuation
大气特性 atmospheric property
大气条件 atmospheric conditions
大气污染 air pollution
大气吸收 atmospheric absorption
大气压 (压强单位) atm
大气压 atmospheric pressure
大气压强 atmospheric pressure
大气阻力 air drag
大容量存储 bulk storage
大数据 big data
大数据分析 big data analytics
大数据分析方法 big data analytics
大数据分析学 big data analytics
大探测器阵列 large detector array
大体积 bulk
大头罩误差斜率 high dome error slope
大推力发动机 high thrust motor
大小 magnitude
大小 size
大校 (中国海军) senior captain
大校 (中国空军和陆军) senior colonel
大型飞机红外对抗 Large Aircraft Infrared Countermeasures (LAIRCM)
大型飞机红外对抗 Large Aircraft IR Countermeasures (LAIRCM)
大型飞机红外干扰 Large Aircraft Infrared Countermeasures (LAIRCM)
大型飞机红外干扰 Large Aircraft IR Countermeasures (LAIRCM)
大修 overhaul
大修厂 (美军) depot
大修厂返工 depot rework
大修厂级维护 depot-level maintenance
大修厂维护 depot maintenance
大修厂修理 depot repair
大修/返工 overhaul/rework
大洋洲海军航空站 (美国) Naval Air Station Oceania
大有效载荷多用途战略轰炸机 large-payload multirole strategic bomber
大元物理光学 Large Element Physical Optics (LEPO)
大圆 great circle
大圆规 (用于超出普通圆规能力的圆) trammel
大载荷 (洛氏硬度试验) major load
大振幅振荡 large-amplitude oscillation
大撞击角 high impact angle
大锥角的 (药型罩) wide-angled
大宗购买折扣 bulk discount

dai

代 generation
代办处 agency
代表 agent
代表 representative
代表性环境 representative environment
代号 designator
代价 cost
代价 penalty
代理 (指代理业务) agency
代理 (指代理人) agent
代理 (指代理人) representative
代理机构 agent
代码字 code word
代数表达式 algebraic expression
代数的 algebraic
代用材料 substitute material
代用件 substitute
代用品 substitute
带 belt
带 strip
带 tape
带包装的 packaged
带包装箱的 containerized
带表高度尺 dial height gage
带表卡尺 dial caliper
带表内径规 dial bore gage
带表深度尺 dial depth gage
带槽扳手 slotted wrench
带槽路的 slotted
带槽销 grooved pin
带槽止动扳手 slotted detent wrench
带测量系统的惰性弹 instrumented inert missile
带测量系统的飞行试验弹 instrumented flight test missile

带测量系统的系留弹 instrumented captive carry missile
带尺寸的布局图 dimensioned layout
带动力的武器 powered weapon
带动力的子弹药 powered submunitions
带耳机和送话器的头盔 headset
带分数 mixed number
带箍 band
带核弹头的 nuclear-armed
带化学防护、可空运医院 chemically hardened air transportable hospital (CHATH)
带环螺栓 eye bolt
带肩驱动轴 shouldered-drive shaft
带肩枢轴 shouldered-pivot shaft
带接地面的单锥天线 single cone and ground plane
带接地面的天线 ground plane antenna
带径向槽的管形(药形) radial slotted tube
带锯 band saw
带锯 band-sawing machine
带锯锯条焊接机 band saw blade welder
带宽 bandwidth
带宽对艾伦方差的影响 bandwidth effects on Allan variance
带螺纹孔的销 threaded pin
带内背景入射 in-band background incidence
带内出射度 in-band exitance
带内的 in-band
带内光子入射度 in-band photon incidence
带内入射度 in-band incidence
带内数值 in-band value
带伞照明弹 parachute flare
带色标的 color-coded
带式磨光机 belt sander
带数据链的雷达制导 datalinked radar guidance
带弹簧压力的攻丝定心顶尖 spring-loaded tap center
带天基战区监视的及时告警与拦截 Timely Warning and Interception with Space-based TheatER surveillance (TWISTER)
带通 bandpass
带通滤波器 band pass filter
带通滤波器 bandpass filter
带通滤光片 bandpass filter
带通频率选择表面 band pass frequency selective surface
带通频率选择表面 band pass FSS
带凸缘套管 flanged tube
带推力矢量控制的火箭发动机 thrust-vectored rocket motor
带外出射度 out-of-band exitance
带外透射 out-of-band transmission
带外透射率 out-of-band transmittance
带外泄漏 out-of-band leakage
带尾裙的杆体 flared rod
带隙 band gap
带销紧固套 pinned collar
带遥测系统的导弹 telemetry-configured missile
带遥测系统的飞行试验弹 instrumented flight test missile
带遥测系统的制导试验弹 instrumented GTV
带遥测系统的制导试验弹 instrumented guided test vehicle
带源 ribbon source
带噪声图像 noisy image
带正电荷的 positively charged
带装甲的威胁 armored threat
带状内衬 band liner
带状物 band
带状线 stripline
带状源 ribbon source
带阻滤波器 band stop filter
带阻频率选择表面 band stop frequency selective surface
带阻频率选择表面 band stop FSS
待测天线 antenna under test (AUT)
待定 To Be Determined (TBD)
待发 ready for issue (RFI)
待发射导弹 readied missile
待发整装弹 ready-service all-up round
待发整装弹 ready-service AUR
待发装备库 ready-service magazine
待发装备库 ready-service storage
待发装备库 ready storage
待发状态 ready-service status
待呼唤 on-call
待呼唤打击的目标 on-call target
待解密 to be declassified (TBD)
待命 alert
待命 on-call
待命打击的目标 on-call target
待命后备役人员 Ready Reserve
待确定 To Be Determined (TBD)
待用后备役人员 Standby Reserve
待用/准备好的导弹 ready/ready service missile
待战 alert
戴维宁等效电路 Thevenin equivalent circuit
戴维宁电路 Thevenin circuit

dan

丹麦国防部采购与后勤保障组织 Danish Ministry of Defence Acquisition and Logistics Organization (DALO)
丹麦航电系统测试中心 Avionics Test Center Denmark (ATCD)
丹尼尔动力公司 (南非) Denel Dynamics
担责飞行 Due Regard
担责飞行雷达 (一种用于无人机的空对空多功能雷

达）Due Regard Radar（DRR）
单边卡钳 hermaphrodite caliper
单步 single step
单层膜 single layer coating
单层涂层 single layer coating
单程序段运行模式 （程序验证）single-block mode
单程钻削循环 （加工中心）single-pass drilling cycle
单次使用毁伤能力 kills per use
单导屑槽锥形沉孔钻头 single-flute countersink
单点打磨器 （砂轮）single-point dresser
单点起爆 single-point initiation
单电极 single electrode
单调 uniformity
单独的 independent
单独移爪卡盘 independent chuck
单发弹包装箱 single round container（SRC）
单发动机的 single-engine
单发动机战斗机 single-engine fighter
单发动机战斗机 single-engined fighter
单发费用 cost per shot
单发毁伤能力 kills per use
单发命中概率 single shot hit probability（SSHP）
单发杀伤概率 single shot kill probability
单发战斗机 single-engine fighter
单发战斗机 single-engined fighter
单方向扇形扫描 unidirectional sector scan
单分子炸药 single-molecule explosive
单个的 individual
单个的 single
单个动员扩编人员 individual mobilization augmentee（IMA）
单个零件 individual part
单个起吊军械挂装系统 Single Hoist Ordnance Loading System（SHOLS）
单机经常性出厂(价格) Unit Recurring Flyaway（URF）
单机经常性出厂价格 Unit Recurring Flyaway price
单机经常性出厂价格 URF price
单级的 single-stage
单级固体火箭发动机 single-stage solid rocket motor
单级固体火箭助推系统 single-stage, solid-propellant rocket booster system
单级固体推进剂发动机 single-stage solid-propellant motor
单级固体推进剂火箭助推系统 single-stage, solid-propellant rocket booster system
单级火箭 single-stage vehicle
单级火箭 single-staged vehicle
单级推进系统飞行器 single-stage vehicle
单级推进系统飞行器 single-staged vehicle
单极放大器 single-pole amplifier
单极滤波器 single-pole filter
单价 unit cost
单件的 one-piece
单件铸造弹体 one-piece cast airframe
单晶 single crystal
单晶铝化镍 single crystal nickel aluminide
单脉冲跟踪 monopulse tracking
单脉冲雷达导引头 monopulse radar seeker
单脉冲雷达接收机 monopulse radar receiver
单脉冲裂缝阵天线 monopulse slotted array antenna
单脉冲天线方向图 monopulse antenna pattern
单锚腿系泊(装置) single-anchor leg mooring（SALM）
单枚生产成本 unit production cost
单面 single surface
单面反射率 single surface reflectance
单目标跟踪 （雷达）single target track（STT）
单目标跟踪模式 （雷达）single target track mode
单目标跟踪模式 （雷达）STT mode
单喷管 single-nozzle
单片结构 monolithic structure
单片式 monolithic
单频的 monochromatic
单腔再充气装置 single chamber recharger
单绕螺旋 monofilar helix
单刃刀具 single-point cutting tool
单色的 monochromatic
单色仪 monochrometer
单室双推 single-propellant dual-thrust level
单室双推固体火箭发动机 single-chamber dual-thrust solid rocket motor
单室箱式处理炉 single-chamber box furnace
单探测元 single detector
单通道地面/空中无线电系统 single channel ground/air radio system（SINCGARS）
单通道控制 single-channel control
单头变径式合格/不合格圆柱塞规 （两个尺寸的塞规放在一头,成台阶形状）single-end progressive-type go/no-go plug gage
单头锥流场 single cone flowfield
单位 unit
单位 （数字一）unity
单位波长 unit wavelength
单位成本 unit cost
单位成本报告 Unit Cost Reporting（UCR）
单位带宽 unit bandwidth
单位发射面积 unit emitter area
单位级的 unit-level
单位级费用 unit-level cost
单位级人力 unit-level manpower
单位级消耗 unit-level consumption
单位级消耗费用 unit-level consumption cost
单位级训练装置 unit-level training device
单位级运行 unit operations
单位级作战 unit operations

单位阶跃 unit step
单位阶跃函数 unit step function
单位矩阵 identity matrix
单位类型代码 unit type code（UTC）
单位人力文件 Unit Manpower Document（UMD）
单位识别代码 unit identification code（UIC）
单位体积 unit volume
单位体积的重量 （燃料或推进剂）volumetric performance
单位响应 unity response
单位载荷 unit load
单位增益频率 unity gain frequency
单位资格认证培训 unit qualification training（UQT）
单纹锉刀 single-cut file
单线图 linear plot
单向阀 check valve
单向阀 one-way valve
单向阀壳体 check valve housing
单向公差 unilateral tolerance
单向抗拉强度 unidirectional tensile strength
单向扇扫 unidirectional sector scan
单向数据链 one-way datalink
单项物资可用清单 Individual Material Readiness List（IMRL）
单相的 （材料构成的均质性）homogeneous
单相的 single-phase
单相电池 single-phase battery
单鸭舵控制 single canard control
单药柱推进剂 single-grain propellant
单一管理机构 （军事）single manager
单一化合物的 single-compound
单一军种指挥官 single-service manager
单一任务导弹 boutique missile
单一推进剂双级推力 single-propellant dual-thrust level
单一滞后 single lag
单引擎的 single-engine
单元 block
单元 cell
单元 element
单元 module
单元 unit
单元的 （红外探测器）single-element
单元红外导引头 single element IR seeker
单元化 unitizing
单元级的 unit-level
单元级费用 unit-level cost
单元级人力 unit-level manpower
单元级消耗 unit-level consumption
单元级消耗费用 unit-level consumption cost
单元级训练装置 unit-level training device
单元探测器 single-element detector
单元推进剂 monopropellant
单元序列号 unit serial number
单元装载 unit load
单原子气体 monatomic gas
单滞后制导系统 single-lag guidance system
单轴拉伸试验 uniaxial tensile test
单轴应力 uniaxial stress
单锥体最佳半角 single cone optimum half angle
单锥形前弹体 single cone forebody
单字母符号 single letter symbol
单组元推进剂 monomodal propellant
单座的 single-seat
弹舱 bomb bay
弹长 missile length
弹道 trajectory
弹道摆 ballistic pendulum
弹道测定发动机 ballistic evaluation motor
弹道成形 trajectory shaping
弹道冲击 （战斗部破片）ballistic impact
弹道导弹 ballistic missile（BM）
弹道导弹防御 Ballistic Missile Defence（BMD）
弹道导弹防御导弹 ballistic missile defense missile
弹道导弹防御能力 ballistic missile defense capability
弹道导弹防御系统 Ballistic Missile Defense System（BMDS）
弹道导弹防御组织 Ballistic Missile Defense Organization（BMDO）
弹道导弹拦截弹 ballistic missile interceptor
弹道导弹目标 ballistic missile target
弹道导弹预警系统 Ballistic Missile Early-Warning System（BMEWS）
弹道导弹主动防御 active ballistic missile defense
弹道导弹助推段拦截器 ballistic missile boost phase interceptor
弹道的 ballistic
弹道仿真 trajectory simulation
弹道仿真 trajectory simulation operation
弹道仿真模型 trajectory simulation model
弹道分段 trajectory phases
弹道分析 trajectory analysis
弹道规划 trajectory shaping
弹道火箭 ballistic rocket
弹道极限速度 ballistic limit velocity
弹道模型 trajectory model
弹道目标 ballistic target
弹道倾角 flight-path angle
弹道式飞行轨迹 ballistic trajectory
弹道特性 ballistics
弹道特性 trajectory characteristics
弹道无制导模式 ballistic non-guided mode
弹道系数 ballistic coefficient
弹道性能 ballistic property
弹道修正 trajectory correction
弹道学 ballistics
弹道学家 ballistician

弹道优化　trajectory optimization
弹道优化技术　trajectory optimization
弹道与环境传感器　ballistics and environmental sensor
弹道与环境探测器　ballistics and environmental sensor
弹道撞击　（战斗部破片）ballistic impact
弹径　body diameter
弹径　（子弹、炮弹）caliber（美国拼写形式）
弹径　（子弹、炮弹）calibre（英国拼写形式）
弹径　missile diameter
弹坑壁　crater wall
弹坑直径　crater diameter
弹目几何关系　missile/target geometry
弹目几何关系　missile-target geometry
弹目距离　missile-target distance
弹目距离　missile-to-target range
弹目距离测量　range-to-target measurement
弹目碰撞　missile/target hit
弹目碰撞　missile/target impact
弹片　shrapnel
弹上分布的传感器　distributed sensors over missile
弹身结构组件　structural body assembly
弹膛　chamber
弹体　airframe（A/F）
弹体　body
弹体　missile airframe
弹体　missile body
弹体安装陀螺仪　body mounted gyroscope
弹体半径　body radius
弹体被动段阻力　body power-off drag
弹体壁厚　airframe skin thickness
弹体表面　missile surface
弹体表面边界　body surface boundary
弹体波阻系数　body wave drag coefficient
弹体参考截面积　body reference cross sectional area
弹体参数设计准则　configuration design criteria
弹体长度与头部长度之比　body-length-to-nose-length ratio
弹体长细比　body fineness ratio
弹体底部阻力系数　body base drag coefficient
弹体工作特性　airframe performance characteristics
弹体构形　body buildup
弹体构形气动特性　body buildup aerodynamics
弹体固定式导引头　body-fixed seeker
弹体惯性飞行零升阻力系数　body coast zero-lift drag coefficient
弹体滚转导弹　Rolling Airframe Missile（RAM）
弹体滚转机动　rolling airframe maneuvering
弹体横截面积　body cross-sectional area
弹体横流理论　body cross flow theory
弹体机动　airframe maneuvering
弹体接头　body joint
弹体结构　airframe structure
弹体结构试验　airframe structural test
弹体截面长/短轴之比　body cross section major-to-minor axis ratio
弹体控制电路　airframe control circuitry
弹体模型　airframe representation
弹体模型　body model
弹体气动弹性　airframe aeroelasticity
弹体-裙体外形　body-flare configuration
弹体扰动　body disturbance
弹体升力　body lift
弹体时间常数　airframe time constant
弹体受力和力矩特性　airframe force and moment properties
弹体速率　missile body rate
弹体弯曲　body bending
弹体弯曲模态　body bending mode
弹体弯曲频率　body bending frequency
弹体温度响应　airframe temperature response
弹体稳定性　airframe stability
弹体涡脱落　body vortex shedding
弹体下部的　ventral
弹体线　body line（BL）
弹体响应　airframe response
弹体响应　missile response
弹体形状　missile body shape
弹体一体化　airframe integration
弹体一体化设计　airframe integration
弹体运动　airframe motion
弹体运动　body motion
弹体运动　missile body motion
弹体直径　body diameter
弹体中部的　mid-body
弹体中部的　midbody
弹体中部连接器　mid-body connector
弹体中部连接器　midbody connector
弹体中部连接器保护盖　mid-body connector protective cover
弹体中部折叠翼组件　mid-body fold-out wing assembly
弹体中部致冷剂管路　midbody coolant line
弹体轴　missile axis
弹体阻力　body drag
弹体阻尼比　airframe damping ratio
弹体坐标系　body-fixed coordinate system
弹头　warhead（W/H; WHD）
弹头触发引信　point detonating fuze
弹头壳体　warhead case
弹头起爆引信　point detonating fuze
弹托　sabot
弹丸　bullet
弹丸　pellet
弹丸冲击　bullet impact
弹丸冲击试验　bullet-impact testing
弹丸撞击　bullet impact
弹丸撞击试验　bullet-impact testing

弹药 ammunition（多指小型普通弹药）
弹药 munition
弹药 ordnance
弹药搬运装置 Munitions Handling Unit（MHU）
弹药重新分类系统 Ammunition Reclassification System
弹药存储区 munitions storage area
弹药舰 munition ship
弹药库 ammunition depot
弹药库 magazine
弹药类货物 explosive cargo
弹药能力演示 Ammunition Capability Demonstration（ACD）
弹药批次 ammunition lot
弹药批号 Ammunition Lot Number（ALN）
弹药评估 Ordnance Assessment（OA）
弹药驱动装置 cartridge-actuated device
弹药投放 ordnance delivery
弹药拖车 munitions trailer
弹药武器 armament weapons
弹药武器保障设备 Armament Weapons Support Equipment（AWSE）
弹药效能联合技术协调组 Joint Technical Coordinating Group for Munitions Effectiveness（JTCG/ME）
弹药效能评估 munitions effectiveness assessment（MEA）
弹药信息通告 Ammunition Information Notice（AIN）
弹药应用程序 Munitions Application Program（MAP）
弹药运输车 munition transporter
弹药再分类通知 Notice of Ammunition Reclassification（NAR）
弹药装载系统 munition loading system
弹翼 wing
弹翼尺寸 wing size
弹翼/舵面衬垫托座 wing/fin insert adapter
弹翼和舵面包装箱 wing and fin container
弹翼激波 wing shock wave
弹翼几何形状 wing geometry
弹翼卡座 wing restraint
弹翼控制 wing control
弹翼控制导弹 wing-control missile
弹翼控制舵机 wing-control servo
弹翼面 wing panel
弹翼升力 wing lift
弹翼锁定钢球 wing lock ball
弹翼锁定柱塞 wing lock plunger
弹翼陀螺舵 wing rolleron
弹翼陀螺舵飞轮 wing rolleron wheel
弹翼陀螺舵飞轮组件 wing rolleron wheel assembly
弹翼陀螺舵铰链 wing rolleron hinge
弹翼陀螺舵阻尼器 wing rolleron damper
弹翼陀螺舵阻尼器组件 wing rolleron damper assembly
弹翼陀螺舵组件 wing rolleron assembly
弹翼约束件 wing restraint
弹翼约束/支撑部位 wing restraint/support area
弹翼支座 wing holder
弹翼组件 wing assembly
弹载部件 onboard component
弹载处理 onboard processing
弹载处理器 onboard processor
弹载的 airborne
弹载的 missile-borne
弹载的 onboard
弹载飞行终止接收机/天线 onboard flight termination receiver/antenna
弹载干扰机 onboard jammer
弹载计算机 Missile-Borne Computer（MBC）
弹载试验设备 airborne test equipment
弹载数据设备 airborne data equipment
弹载训练设备 airborne training equipment
弹在机上试验 missile-on-aircraft test（MOAT）
弹珠 pellet
弹着点 impact point
弹着点 point of impact
弹着点分布图 pattern
弹着点算法 impact point algorithm
弹着点预测器 impact predictor
弹着观察通信网 spot net
弹着观察员 spotter
弹着角 impact angle（IA）
弹着目标时间 time on target（TOT）
弹着散布中心 center of impact
弹着速度 impact velocity（IV）
蛋糕切图 pie chart
氮化 （表面硬化的一种）nitriding
氮化硅 silicon nitride
氮化镓 gallium nitride（GaN）
氮化钛 titanium nitride（TiN）
氮化钛镀层 TiN coating
氮化钛镀层 titanium nitride coating
氮气 nitrogen
氮气插头 nitrogen plug
氮气插针 nitrogen pin
氮气插座 nitrogen socket
氮气插座保护塞 nitrogen socket protective plug
氮气插座螺母 nitrogen socket nut
氮气出口 nitrogen outlet
氮气纯度要求 nitrogen purity requirement
氮气阀 nitrogen valve
氮气氛围 nitrogen atmosphere
氮气供气单元 nitrogen supply unit
氮气供气接头 nitrogen supply fitting
氮气供气系统 nitrogen supply system
氮气供气转接头 nitrogen supply adapter
氮气供应 nitrogen supply
氮气供应电磁阀 nitrogen valve
氮气管 nitrogen tube

氮气加注车 nitrogen refill vehicle
氮气净化装置 Nitrogen Purifier Unit
氮气控制阀 nitrogen control valve
氮气瓶 nitrogen receiver
氮气瓶 nitrogen vessel
氮气瓶残余变形 nitrogen receiver residual deformation
氮气瓶充气组件 nitrogen receiver charging unit
氮气瓶组件 nitrogen receiver assembly
氮气气动舵机 nitrogen pneumatic actuator
氮气泄压螺钉 nitrogen release screw
氮气源 nitrogen supply
氮气增压器 nitrogen booster
氮气致冷锑化铟红外导引头 nitrogen-cooled InSb IR seeker
氮气致冷系统 nitrogen cooling system
氮气转接头 nitrogen adapter
氮气转接头组件 nitrogen adapter assembly
氮-水层 nitrogen-water layer

dang

当地攻角 local angle of attack
当地焓 local enthalpy
当地居民和机构 indigenous populations and institutions (IPI)
当地气候 local climate
当地声速 local sonic velocity
当地温度 local temperature
当地压强 local pressure
当地转动惯量 local moment of inertia
当今的作战试验和鉴定 Operational Test and Evaluation to date
当今的作战试验和鉴定 OT&E to date
当局 authority
当量 *n.* equivalent
当量的 equivalent
当年 Then Year (TY)
当前的 current
当前合同价格目标 current contract price target
当事人 party
当事人合同关系 privity of contract
当心 caution
挡板 baffle
挡板 guard
挡光罩 baffle
挡开件 standoff
挡块 stop
挡块机构 blocking mechanism
挡块夹持法 blocking
挡圈 anti-extrusion ring
挡圈 closing ring
挡圈 retainer ring
挡圈 retaining ring
挡圈 ring retainer
挡焰器 trap
挡药板 (固体火箭发动机) trap
* 当年 Then Year (TY)
档案库 data depository
档次 bracket

dao

刀柄 (铣刀) arbor
刀柄 cutting toolholder
刀柄 (机床) holder
刀锉 (一侧厚,一侧薄) knife file
刀杆 (铣刀) arbor
刀杆 (螺丝刀) shank
刀夹 cutting toolholder
刀夹 (机床) holder
刀架 tool post
刀架溜板箱齿轮传动机构 (车床) carriage apron gear train
刀架上最大工件回转直径 (车床) swing over carriage
刀尖半径 (车刀) tool nose radius
刀尖半径补偿 tool nose radius compensation (TNRC)
刀具 cutter
刀具 tool
刀具 (总称) tooling
刀具安装卡座 (数控机床) tool-mounting adapter
刀具存储库 (加工中心) tool storage magazine
刀具法 (锥体车削) tool bit method
刀具方位象限 (数控加工) tool orientation quadrant
刀具高度偏置距离 tool height offset
刀具更换 tool change
刀具轨迹 tool path
刀具轨迹 toolpath
刀具轨迹创建 toolpath creation
刀具几何偏置 tool geometry offset
刀具几何偏置页面 tool geometry offset page
刀具几何形状 tool geometry
刀具几何形状 tool shape
刀具夹持装置 toolholding device
刀具磨床 (被磨刀具固定) tool and cutter grinder
刀具磨损偏置 tool wear offset
刀具坯件 tool bit blank
刀具偏置号 (数控车床) tool offset number
刀具偏置距离 (用于确定刀尖的位置) tool offset
刀具象限方位 tool quadrant orientation
刀具形状 tool geometry
刀具形状 tool shape
刀刃 cutting edge
刀刃 cutting tip
刀刃 edge
刀头 bit
刀头形状 (螺丝刀) tip shape

刀座　cutting toolholder
刀座　tool post
刀座环　ring
导板　guide plate
导板组件　guide plate assembly
导爆管　explosive lead
导爆管　lead
导爆索　detonating cord
导爆索　explosive cord
导槽　（锯条）blade guide
导槽　guide
导程　（螺纹）lead
导出　derivation
导出　*v.* derive
导出的操纵指令　derived steering command
导磁平行条　（用于支承工件）magnetic parallel
导带　conduction band
导带电子　conduction band electron
导弹　guided missile（GM）
导弹　missile（MSL）
导弹安全发射轨迹　missile safety footprint
导弹包装箱　missile container
导弹保持器　missile retainer
导弹保险执行机构　guided missile safety and arming device
导弹编号　Missile No.
导弹编码　Missile Code（MC）
导弹标记　missile marking
导弹标识　missile designation
导弹标识符　guided missile designator
导弹部件　missile component
导弹部件与材料—创新及技术合作（项目）　Missile Components and Materials-Innovation and Technology Partnership（MCM-ITP）
导弹部位　location in missile
导弹舱段　missile section
导弹操纵性　missile controllability
导弹测量设备　missile instrumentation
导弹测试仪　missile tester
导弹测试站　Missile Test Station（MTS）
导弹拆解　missile disassembly
导弹产品　missile asset
导弹承制商　missile developer
导弹承制商　missile manufacturer
导弹初始化　missile initialization
导弹储运发射箱　missile canister
导弹存储库　missile magazine
导弹存放架　missile storage rack
导弹存在　（指令或信号）MISSILE EXIST
导弹存在　（指令或信号）MISSILE PRESENT
导弹存在信号　MISSILE EXIST signal
导弹存在信号　MISSILE PRESENT signal
导弹代号　guided missile designator
导弹弹道　missile trajectory
导弹弹体　guided missile body section
导弹弹体　missile body
导弹弹体长细比　missile body fineness ratio
导弹氮气瓶　missile nitrogen vessel
导弹导轨式发射架　Missile Rail Launcher（MRL）
导弹导引头　missile seeker
导弹的攻击距离　lethal range of the missile
导弹的可探测性　missile observable
导弹的指令自毁系统　missile command destruct system
导弹地面测试　missile ground test
导弹点火失败　missile misfire
导弹电爆电路测试仪　missile electro-explosive circuit tester
导弹电爆管和引信测试仪　missile squib and fuze tester（MSFT）
导弹电池电压　missile battery voltage
导弹电池电源　missile battery power
导弹电池供电　missile battery power
导弹电气互连　missile electrical interconnection
导弹电子部件　missile electronics
导弹吊挂　missile hanger
导弹吊挂　missile hook
导弹吊挂　missile lug
导弹吊挂/滑块　missile hanger/shoe
导弹吊具　missile lifting device
导弹吊装杆　missile hoisting beam
导弹对接架　Guided Missile Assembly Stand
导弹对接架　missile assembly stand
导弹对接台　Guided Missile Assembly Stand
导弹对接台　missile assembly stand
导弹舵机　missile actuator
导弹舵机　missile control actuator
导弹舵面　guided missile fin
导弹发动机　missile motor
导弹发动机滞火　missile hangfire
导弹发射　missile firing
导弹发射　missile launch
导弹发射包线　missile launch envelope（MLE）
导弹发射表　missile-firing table
导弹发射和接近告警器　Missile Launch and Approach Warner（MLAW）
导弹发射滑块　missile launching shoe
导弹发射架　guided missile launcher
导弹发射架　missile launcher
导弹发射架牵引车　missile launcher towing vehicle
导弹发射井　missile silo
导弹发射开锁力　missile launch breakaway force
导弹发射离梁力　missile launch breakaway force
导弹发射离梁时间　missile launch breakaway time
导弹发射器系统　missile launcher system
导弹发射失败　missile misfire
导弹发射时序逻辑　missile firing sequence logic

导弹发射探测系统 missile launch detection system
导弹发射筒 missile tube
导弹发射筒组件 Missile Tube Assembly (MTA)
导弹发射箱 missile tube
导弹发射指令 missile firing command
导弹发射准备 missile launch preparation
导弹发射组件 missile launch assembly (MLA)
导弹方案综合 missile concept synthesis
导弹方位 missile aspect
导弹防御 missile defense (MD)
导弹防御报告 Missile Defense Review
导弹防御局 (美国) Missile Defense Agency (MDA)
导弹防御雷达 missile defense radar
导弹防御配置 missile defense configuration
导弹防御系统 missile defense system
导弹/飞机接口 missile/aircraft interface
导弹分段增强型 (爱国者) Missile Segment Enhancement (MSE)
导弹分类 missile classification
导弹辅助设备 guided missile ancillary equipment
导弹改进软件 missile improvement software
导弹改型 missile variant
导弹高度控制器 guided missile altitude control
导弹告警 missile warning
导弹告警传感器 missile warning sensor
导弹告警探测器 missile warning sensor
导弹告警系统 Missile Warning System (MWS)
导弹跟踪信标 missile tracking beacon
导弹跟踪信号装置 missile tracking beacon
导弹供电 missile power
导弹供电 missile power-up
导弹供电电子部件 missile power electronics
导弹供电继电器单元 missile power relay unit (MPRU)
导弹供电转换电子部件 missile power conversion electronics
导弹构件 missile component
导弹固有频率 missile natural frequency
导弹挂机测试 missile-on-aircraft test (MOAT)
导弹挂载 missile carriage
导弹挂载系统 (包括发射架、挂架、弹/翼连接件) missile-carriage system
导弹挂装 missile loading
导弹挂装 missile uploading
导弹轨迹 missile trajectory
导弹红外源测试仪 guided missile IR source tester
导弹毁伤范围 damage volume of a missile
导弹毁伤区域 damage volume of a missile
导弹机动性 missile maneuverability
导弹机械接口模型 missile mechanical interface model
导弹激活 (信号或指令) MISSILE ACTIVATE
导弹记录设备 missile instrumentation
导弹技术控制约定 Missile Technology Control Regime (MTCR)
导弹加电 missile power-up
导弹加速度计 guided missile accelerometer
导弹加温 missile warm-up
导弹检测 missile checkout
导弹检查 missile check
导弹检查 missile checkout
导弹交付 missile delivery
导弹角加速度 missile angular acceleration
导弹接地 missile ground
导弹接地点 missile ground point
导弹接近告警器 Missile Approach Warner (MAW)
导弹接近告警系统 missile approach warning system (MAWS)
导弹开环抗干扰能力 missile open-loop counter-countermeasure capability
导弹开箱 missile decanning
导弹壳体温度变化率 airframe skin temperature rate
导弹空气力学技术 missile aeromechanics technology
导弹控制 missile control
导弹控制部件 missile control unit (MCU)
导弹控制系统 missile control system (MCS)
导弹来袭告警器 Missile Approach Warner (MAW)
导弹来袭告警系统 missile approach warning system (MAWS)
导弹拦截弹 missile interceptor
导弹拦截器 missile interceptor
导弹雷达跟踪标记 missile radar track symbol
导弹类型 missile type
导弹离梁 missile separation
导弹连 battery
导弹落点定位系统 missile impact location system
导弹履历本 missile logbook
导弹密度制约条件 missile density constraint
导弹敏感器 missile sensor
导弹模拟器 missile simulator
导弹模式 missile mode
导弹末端性能 (指机动能力) missile end-game performance
导弹内场测试仪 missile depot tester (MDT)
导弹内场测试仪校准器 missile depot tester calibrator (MDTC)
导弹脐带电缆 missile umbilical
导弹脐带电缆保护盖 missile umbilical protective cover
导弹脐带电缆连接器 missile umbilical connector
导弹脐带电缆连接器插座 missile umbilical connector receptacle
导弹起控 capture
导弹起重架 missile hoisting frame
导弹气动布局 missile aerodynamic configuration
导弹气动力学技术 missile aeromechanics technology
导弹气动载荷 missile aerodynamic load
导弹前吊挂 forward missile hook

导弹前置角 missile lead angle
导弹潜艇 guided-missile submarine
导弹驱逐舰 guided-missile destroyer
导弹软件 missile software
导弹软件版本 missile software version
导弹软件版本号 Tape
导弹软件逻辑 missile software logic
导弹生产设施 missile production facility
导弹时间常数 missile time constant
导弹识别 missile identification
导弹实际运动 actual missile motion
导弹事件日期文档 Missile Event Date File (MEDF)
导弹试验靶场 missile test range
导弹试验设备 missile test equipment
导弹试验站 Missile Test Station (MTS)
导弹试验装置 missile test set
导弹视轴相关器 missile boresight correlator (MBC)
导弹适配托架 missile adapter
导弹适配托座 missile adapter
导弹首批交付 initial missile delivery
导弹速度 missile velocity
导弹探测器 missile sensor
导弹特性 missile characteristics
导弹特征试验 missile signature test
导弹特种保障设备 missile-peculiar support equipment (MPSE)
导弹替换设备 missile replacement equipment
导弹调谐 (半主动雷达导弹) missile tune
导弹头部 guided missile nose section
导弹头部冷却液探测器 forward missile coolant probe
导弹头锥舱 guided missile nose section
导弹投放 missile release
导弹投放传动系统 missile release linkage
导弹陀螺 missile gyro
导弹外场测试仪 missile field tester
导弹外场测试仪校准器 missile field tester calibrator
导弹外形 missile configuration
导弹维护 missile maintenance
导弹维护/存储架 missile maintenance/storage stand
导弹尾部冷却液探测器 aft missile coolant probe
导弹尾流扰流板 missile exhaust spoiler
导弹尾流阻流板 missile exhaust spoiler
导弹尾翼夹持器 missile retainer
导弹稳定性 missile stability
导弹系统测试仪的效能 missile system tester effectiveness
导弹系统能力 missile system capability
导弹系统试验 missile system test
导弹系统文档编制 missile system documentation
导弹先进性 missile sophistication
导弹限动器 missile retainer
导弹箱内检验 missile in-container inspection
导弹箱外检验 missile out of container inspection
导弹响应 missile response
导弹响应时间 missile response time
导弹向上转运 (从存储舱到飞行甲板) strike-up
导弹向下转运 (从飞行甲板到存储舱) strike-down
导弹卸载 missile downloading
导弹型号 missile variant
导弹性能 missile performance
导弹性能确定 missile performance definition
导弹序列号 missile serial number
导弹寻的改进计划 Missile Homing Improvement Programme (MHIP)
导弹寻的改进项目 Missile Homing Improvement Programme (MHIP)
导弹寻的速度 missile homing velocity
导弹训练营地 Missile Practice Camp (MPC)
导弹研制商 missile developer
导弹业界 missile community
导弹音频 missile audio
导弹音频信号 missile audio
导弹音响 missile audio
导弹音响信号 missile audio
导弹音响信号修改 missile audio modification
导弹用作传感器模式 missile-as-sensor mode
导弹优先发射 missile priority
导弹有源射频制导系统 active RF missile guidance system
导弹与火控 Missiles and Fire Control (MFC)
导弹预判性检验 (判定导弹为可用、修理或不可用的状态) Missile Presentencing Inspection (MPI)
导弹遇靶 missile/target hit
导弹遇靶 missile/target impact
导弹约束 missile restraint
导弹约束装置 Missile Restraint Device (MRD)
导弹运动 missile motion
导弹运动带宽 missile motion bandwidth
导弹战斗部解除保险装置 guided missile warhead arming device
导弹战斗部解除保险装置控制器 guided missile warhead arming device control
导弹战斗部引信舱 guided missile warhead fuzing section
导弹战术能力 missile tactical capability
导弹战术性能 missile tactical capability
导弹振动 missile vibration
导弹整弹套装发射箱 guided missile round pack
导弹整弹套装箱 guided missile round pack
导弹支撑台 missile support stand
导弹制导 Missile Guidance (MG)
导弹制导舱 missile guidance section
导弹制导/导引头舱 missile guidance/seeker section
导弹制导计算机 missile guidance computer
导弹制导装置飞行控制器 missile guidance set flight controller

导弹滞火 missile hangfire
导弹滞留 missile hangfire
导弹重量表单 missile weight statement
导弹轴线 missile axis
导弹专用保障设备 missile-peculiar support equipment (MPSE)
导弹转弯修正速率 missile turning rate correction
导弹转向速率 missile heading rate
导弹转运 missile transfer
导弹转运小车 missile skid
导弹装配 missile assembly
导弹装配工具 missile assembly tool
导弹装配架 Guided Missile Assembly Stand
导弹装配架 missile assembly stand
导弹状态 missile status
导弹准备 missile preparation
导弹准备好 Missile Ready
导弹准备好测试 Missile Ready test
导弹姿态 missile attitude
导弹自动驾驶仪 missile autopilot
导弹自毁系统 missile destruct system
导弹自毁装药 guided missile self-destruct charge
导弹自检 missile Built-In-Test
导弹自检测试装置 Missile BIT Test Set
导弹自由飞行载荷 missile free flight load
导弹综合发射架系统 Missile Integrated Launcher System (MILAS)
导弹综合发射系统 Missile Integrated Launcher System (MILAS)
导弹阻力 missile drag
导弹最低接近速度 minimum missile closure
导电 *v.* conduct
导电电子 conducting electron
导电沟道 conductive channel
导电性 conductance
导杆 guide
导管 conduit
导管 pipe
导管 tube
导管夹头 tube collet
导管紧固件 tube fastener
导管绕制 tube winding
导管绕制装置 tube winding device
导管弯曲夹具 tube bending fixture
导管硬钎焊 tube brazing
导轨 guide
导轨 guide rail
导轨 （发射架）rail
导轨 （机床）way
导轨发射的 rail-launched
导轨润滑油 （机床）way oil
导轨式导弹发射架 rail-type missile launcher
导轨式发射架 rail launcher
导轨式发射架 rail-type launcher
导轨式武器投放架 rail weapon dispenser
导航 navigation
导航比 navigation ratio
导航常数 navigational constant
导航处理器 Navigation Processor (NP)
导航对准 navigation alignment
导航辅助设备 navigational aid
导航更新装置 navigation update device
导航计算 navigation computation
导航控制点 control point
导航台 homer
导航误差 navigation error
导航系统 navigation system
导航与控制舱 navigation and control section (NCS)
导航与控制组件 Navigation and Control Assembly (NCA)
导航与武器瞄准 navigation and weapon-aiming
导航与武器瞄准符号 navigation and weapon-aiming symbology
导航战 navigation warfare (NAVWAR)
导火索 thermal cord
导架 （锯条）blade guide
导块 guide block
导流片 guide vane
导流片 vane
导轮 （无心磨床）regulating wheel
导片 guide plate
导片组件 guide plate assembly
导热箔片 thermal foil
导热硅脂 thermal grease
导热索 thermal cord
导热系数 thermal conductivity
导热性 conductance
导热性 thermal conductance
导数 derivative
导套 （单轴式车削中心）guide bushing
导体 conductor
导体形状的等效 conductor shape equivalence
导通性 continuity
导通性测试仪 continuity tester
导线 conductor
导线 wire
导线夹 wire clip
导向孔 pilot hole
导向轮 （立式带锯机）idler wheel
导向头 （平底沉孔钻头的）pilot
导向装置 guide
导销 guide pin
导屑槽 （麻花钻头）flute
导屑槽数 flute count
导引 guidance
导引臂 （卧式带锯机）guide arm

导引方法 guidance method
导引杆 guide rod
导引更新装置 navigation update device
导引脚 （平行划线卡钳）guiding leg
导引棱边 （测量工具）guiding edge
导引律 guidance law
导引律分析 guidance law analysis
导引头 homing head
导引头 （平底沉孔钻头的）pilot
导引头 seeker
导引头 seeker head
导引头 seekerhead
导引头 target seeker
导引头舱 seeker nose section
导引头舱 seeker section
导引头测试仪 seeker tester
导引头测试仪布线图 seeker tester wiring diagram
导引头电机力矩器 seeker motor torquer
导引头电源 seeker power supply
导引头电源分系统 seeker power subsystem
导引头电子组件 seeker electronics assembly
导引头对目标的横向尺寸分辨率 seeker resolution of target span
导引头对目标的横向尺寸分辨率 seeker span resolution of target
导引头对目标的横向尺寸分辨率 target span resolution by seeker
导引头方位角 seeker look angle
导引头高压电源 seeker high voltage power supply
导引头跟踪 seeker tracking
导引头跟踪器 seeker-tracker
导引头跟踪速率 seeker tracking rate
导引头跟踪误差 seeker tracking error
导引头供电 seeker power supply
导引头光学系统光阑孔面积 seeker optics aperture area
导引头光学系统直径 seeker optics diameter
导引头和战斗部的效能 seeker and warhead effectiveness
导引头激励源 seeker stimulus
导引头角度测量电路 seeker angle measurement circuit
导引头截获 seeker acquisition
导引头截获距离 seeker range
导引头截获能力 seeker acquisition
导引头框架角 seeker gimbal angle
导引头盲距 seeker blind range
导引头模拟件 dummy seeker
导引头模式 seeker mode
导引头目标展宽分辨率 seeker resolution of target span
导引头目标展宽分辨率 seeker span resolution of target
导引头目标展宽分辨率 target span resolution by seeker
导引头平板原理样机 breadboard seeker design
导引头屏蔽罩 seeker shield
导引头前置角 seeker lead angle
导引头试验 target seeker test
导引头试验车 Seeker Test Van (STV)
导引头试验与评估设施 Seeker Test & Evaluation Facility (STEF)
导引头视角 seeker look angle
导引头数据采集 Seeker Data Gathering (SDG)
导引头瞬态响应 seekerhead transient response
导引头伺服控制 seeker servo control
导引头锁定 seeker lock-on
导引头探测距离 seeker detection range
导引头探测能力 seeker detection capability
导引头探测提示信号 seeker detection cue
导引头探测指引信号 seeker detection cue
导引头天线 homing head antenna
导引头天线 seeker antenna
导引头天线罩 seeker radome
导引头调谐 homing head tuning
导引头稳定 seeker head stabilization
导引头稳定 seeker stabilization
导引头稳定回路 seekerhead stabilization loop
导引头稳定回路和角跟踪回路 seekerhead stabilization and angle-tracking loops
导引头系留试验 seeker captive carriage test
导引头性能指标与技术要求的一致性 seeker specification compliance
导引头研发和装配 seeker development and assembly
导引头一侧框架角 seeker look angle
导引头轴线 seeker axis
导引头准备 seeker preparation
导引头组件 seeker assembly
导引头最大框架角 seeker gimbal angle limit
导引头最大框架角 seeker gimbal limit
导引头最大框架角 seeker head gimbal limit
导引头最大框架角 seeker maximum gimbal angle
导引修正率 guidance update rate
导引装置 guidance kit
导正销 guide pin
导座 guide
倒个 （工件）*vt.* flip
倒角 chamfer
倒角 radii
倒角立铣刀 chamfer endmill
倒角研磨 chamfer grinding
倒头 （工件）*vt.* flip
到达 arrival
到达方向 Direction Of Arrival (DOA)
到达概率 probability of arrival (PA)
到达角 angle of arrival (AOA)
到达角位置分析 angle of arrival location analysis
到达率 arrival rate
到达频差 frequency difference of arrival (FDOA)
到达时间差 time difference of arrival (TDOA)
到达时间差/到达频差定位 TDOA/FDOA location

到达时间差定位　TDOA location
到碰撞点的时间　Time To Impact（TTI）
到期日　due date
倒的　inverse
倒计时　countdown
倒计数　countdown
倒计数发生器　countdown generator
倒数　inverse
倒退　*v.* retrograde
倒置　inversion
倒置的　inverse
倒置接收单脉冲半主动导引头　inverse monopulse semi-active seeker
倒置接收单脉冲导引头　inverse monopulse seeker
倒置接收机　inverse receiver
道尔顿定律　Dalton's law
道尔夫-切比雪夫阵　Dolph-Tchebyscheff array
道尔夫-切比雪夫最优分布　Dolph-Tchebyscheff optimum distribution

de

得克萨斯先进计算中心　（美国）Texas Advanced Computing Center（TACC）
得克萨斯仪器公司　（美国）Texas Instruments（TI）
得州仪器公司　（美国）Texas Instruments（TI）
德拜理论　Debye theory
德拜温度　Debye temperature
德国　（国际标准化确定的缩写）DEU
德国　Germany
德国工程师协会　Verband Deutscher Ingenieure（VDI）
德国工程师协会　Verein Deutsche Ingenieure（VDI）
德国工程师协会刀具安装卡座　（数控机床）VDI tool-mounting adapter
德国国防军装备、信息技术与现役保障联邦办公室　German Federal Office of Bundeswehr Equipment, Information Technology and In-Service Support（BAAINBw）
德国海军　German Navy
德国陆军　German Army

deng

灯标　beacon
灯座垫圈　lamp holder spacer
登船　embarkation
登船编制　embarkation organization
登船编制　organization for embarkation
登船编组　organization for embarkation
登船参谋官　embarkation officer
登船大队　embarkation group
登船分队　embarkation element
登船计划　embarkation plans
登船阶段　embarkation phase
登船命令　embarkation order
登船区队　embarkation unit
登船小组　（上到同一只舰船的人员）embarkation team
登船组织　embarkation organization
登机　embarkation
登机命令　embarkation order
登记　register
登记本　register
登记项　entry
登陆编组　organization for landing
登陆部队　landing force（LF）
登陆部队支援队　landing force support party（LFSP）
登陆部队指挥官　commander, landing force（CLF）
登陆部队作战储备物资　landing force operational reserve material（LFORM）
登陆场　beachhead
登陆场　landing site
登陆大队　landing group
登陆海滩　beach
登陆海滩　landing beach
登陆计划　landing plan
登陆前行动　prelanding operations
登陆区　landing area
登陆区图解　landing area diagram
登陆时间表　approach schedule
登陆艇　landing craft
登陆艇航道　boat lane
登陆艇现有数量统计表　landing craft availability table
登陆艇与两栖车辆分配表　landing craft and amphibious vehicle assignment table
登陆图解　landing diagram
等壁厚　constant-wall-thickness
等待时间　latency
等等　and so forth
等分线　bisector
等级　category
等级　class
等级　grade
等级　level
等角螺蜷天线　equiangular spiral antenna
等距的　equally spaced（EQL SP）
等离子态天线　plasma antenna
等离子体　plasma
等离子体包层　plasma sheath
等马赫数控制　constant M control
等马赫数控制　constant Mach number control
等面燃烧　neutral burn
等面燃烧　neutral burning
等面燃烧装药　neutral grain
等曲率　constant curvature
等熵的　isentropic
等熵流　isentropic flow

等熵流动 isentropic flow
等熵流动公式 isentropic flow equation
等熵流动过程 isentropic flow process
等熵流公式 isentropic flow equation
等熵膨胀 isentropic expansion
等熵压缩 isentropic compression
等式 equation
等速度控制 constant velocity control
等同性 equality
等温的 isothermal
等温腔体 isothermal cavity
等温条件 isothermal condition
等温线 *n.* isothermal
等效比 equivalence ratio
等效的 equivalent
等效电路 equivalent circuit
等效电容量 equivalent capacitance
等效电阻 equivalent resistance
等效攻角方法 equivalent angle-of-attack method
等效输入电流噪声 equivalent input current noise
等效输入电压 equivalent input voltage
等效输入电压噪声 equivalent input voltage noise
等效塑性应变 equivalent plastic strain
等效物 *n.* equivalent
等效应变 equivalent strain
等效应力 equivalent stress
等效噪声带宽 equivalent noise bandwidth
等效噪声电流 equivalent noise current
等效质量速度 mass-equivalent velocity
等压的 isobaric
等压线的 isobaric
等值外径 constant diameter
等值外径 straight diameter

di

低爆炸药 low-explosive
低背景 low background
低背景测试 low-background testing
低背景环境 low-background environment
低背景试验 low-background testing
低背景探测器 low-background detector
低成本靶机 low-cost drone
低成本的 inexpensive
低成本的 low-cost
低成本舵机技术 low cost control actuation technology
低成本精确制导武器 low-cost precision weapon
低成本可损耗打击演示验证器 Low Cost Attritable Strike Demonstrator（LCASD）
低成本可损耗飞机技术 Low Cost Attritable Aircraft Technology（LCAAT）
低成本可损耗飞机平台共享 Low Cost Attritable Aircraft Platform Sharing（LCAAPS）
低成本无人机 low-cost drone
低成本制造 low cost manufacturing
低成本自主攻击系统 Low-cost Autonomous Attack System（LOCAAS）
低带宽数据链 low-bandwidth datalink
低地球轨道 low-earth orbit（LEO）
低电平电路 low-level circuitry
低电平示波器前放 low-level oscilloscope preamplifier
低电平探测器信号 low-level detector signal
低电平信号 low-level signal
低电压 low voltage
低电压偏置 low-voltage bias
低电状态测试 （只有交流-直流转换器和致冷器通电，其他分系统不通电）Stand-by Test
低电阻 low resistance
低电阻表面 low-resistance surface
低电阻输入 low-resistance input
低端超声速马赫数 low-supersonic Mach number
低端高超声速马赫数 low-hypersonic Mach number
低发射率表面 low-emissivity surface
低发射率涂层 low emissivity coating
低反射率 low reflectance
低反射率 low reflectivity
低反射率表面 low-reflectivity surface
低反射率材料 low-reflectance material
低功率激光器演示验证器 Low Power Laser Demonstrator（LPLD）
低功率扫频表征 Low Level Swept Characterisation（LLSC）
低功率射频 low-level radio-frequency（LLRF）
低估 *vt. &n.* underestimate
低合金钢 low-alloy steel
低挥发性有机化合物瓷漆 low VOC enamel
低挥发性有机化合物瓷漆 low volatile organic compound enamel
低静稳定度 low static stability
低可观测性尾烟 reduced observable plume
低可见度 low visibility
低可见度行动 low-visibility operations
低可探测性 low observable（LO）
低可探测性材料 low observable material
低可探测性飞机 low-observable aircraft
低可探测性飞行器 Low Observable Vehicle（LOV）
低可探测性蒙皮 low-observable skin
低可探测性涂层 low-observable coating
低可探测性维修能力 low-observable maintenance capacity
低可探测性无人机试验平台 LO UAV testbed（LOUT）
低可探测性无人机试验平台 low-observable UAV testbed（LOUT）
低可探测性信号特征和保障性改进 Low Observable Signature and Supportability Modifications（LOSSM）

低可探测性巡航导弹　low-observable cruise missile
低可信度仿真　（如三自由度数字仿真）low fidelity simulation
低空　low altitude
低空防空导弹截击区　low-altitude missile engagement zone（LOMEZ）
低空飞行的　low-flying
低空飞行的飞机　low-flying aircraft
低空飞行的目标　low-flying target
低空飞行的直升机　low-flying helicopter
低空激光制导炸弹　low-level laser-guided bomb（LLLGB）
低空监视系统　Low Altitude Surveillance System（LASS）
低空目标　low-altitude target
低空通过航线　low-level transit route（LLTR）
低拦截概率　low probability of intercept（LPI）
低脉冲重复频率　Low Pulse Repetition Frequency（LPRF）
低密度　low density
低密度/高需求　low density/high demand（LD/HD）
低能复合推进剂　lower-energy composite propellant
低能见度　low visibility
低能见度进场　low visibility approach（LVA）
低旁瓣阵　low-side-lobe array
低漂移率　low drift rate
低频　low frequency
低频不稳定燃烧　（火箭发动机）rumble
低频滤波器　low-frequency filter
低频运动　low frequency motion
低频噪声　low-frequency noise
低频振荡　low-frequency oscillation
低频振荡模态　（火箭发动机燃烧压力）chuffing mode
低热信号特征目标　low thermal signature target
低熔点金属　low-melting metal
低输出电阻　low output resistance
低速初始生产　low-rate initial production（LRIP）
低速空投　low velocity drop
低速生产　low-rate production
低损耗信号处理　low-loss signal processing
低探测概率　low probability of detection（LPD）
低探测性尾烟　low observable plume
低碳的　low-carbon
低碳钢　low-carbon steel
低碳钢　mild steel
低碳马氏体　low-carbon martensite
低通滤波器　low-pass filter
低头角速度　nose-down angular rate
低危害制造　low-hazard manufacturing
低温　cold temperature
低温　low temperature
低温传送管　cryogenic transfer tube
低温的　cryogenic
低温的　low-temperature
低温电阻式辐射热测量计　low temperature bolometer
低温范围　cryogenic temperature range
低温工作　low temperature operation
低温恒温器　cryostat
低温技术　cryogenics
低温胶　cryogenic adhesive
低温冷却系统　cryogenic cooling system
低温气体　cryogenic gas
低温容器　cryostat
低温设备　cryogenic apparatus
低温温度传感器　cryogenic temperature sensor
低温温度计　cryogenic thermometer
低温学　cryogenics
低温学的　cryogenic
低温应用　cryogenic application
低温制造材料　cryogenic building material
低温致冷　cryogenic cooling
低温致冷器　cryogenic cooler
低温致冷锑化铟导引头　cryogenically-cooled InSb seeker
低温致冷系统　cryogenic cooling system
低信号特征的　low-signature
低信号特征火箭发动机　low-signature rocket motor
低信号特征目标　low-signature target
低信号特征巡航导弹　low-signature cruise missile
低压　low pressure
低压　low voltage
低压伺服机构设计　low-pressure servo design
低压调压器　low pressure regulator
低压压力表　low pressure gauge
低压压力表布线　low pressure gauge wiring
低易损的　insensitive
低易损推进剂　insensitive propellant
低噪声探测器偏置电压　low-noise detector bias voltage
低真空　low vacuum
低真空　rough vacuum
低真空泵　roughing pump
低阻布局　（炸弹）low-drag configuration
低阻飞行器　low drag vehicle
低阻抗　low-impedance
低阻抗光导探测器　low-impedance photoconductive detector
低阻抗偏压电源　low-impedance bias source
低阻抗前放结构　low-impedance preamplifier configuration
低阻抗输出　low-impedance output
低阻抗探测器　low-impedance detector
低阻力　low drag
低阻力冲压发动机进气道　low drag ramjet inlet
低阻力进气道　low drag inlet
低阻尼弹体　lightly damped airframe
低阻尼的　lightly damped

迪尔 BGT 防务公司 （德国迪尔防务公司的前身） Diehl BGT Defence（DBD）
迪尔防务公司 （德国） Diehl Defence
敌对环境 hostile environment
敌对行为 hostile act
敌对意图 hostile intent
敌方 adversary
敌方 enemy
敌方防空系统 adversarial air-defence system
敌方飞机 adversary aircraft
敌方飞机 enemy aircraft（EA）
敌方高价值海上装备 high-value adversarial maritime asset
敌方攻击 hostile fire（HF）
敌方战俘 enemy prisoner of war（EPW）
敌机 enemy aircraft（EA）
敌机 threat
敌军 enemy forces
敌军透明图 adversary template
敌人 adversary
敌人 enemy
敌我识别 identification friend or foe（IFF）
敌我识别 identification, friend or foe（IFF）
敌我识别器 identification friend or foe（IFF）
敌我识别器 identification, friend or foe（IFF）
敌我识别系统 identification friend or foe system
抵达 arrival
抵达 debarkation
抵达港 port of debarkation（POD）
抵达航空港 aerial port of debarkation（APOD）
抵达区 arrival zone
抵抗 resistance
底板 base
底板 base plate
底板 bottom plate
底板 chassis
底板分组件 base plate subassembly
底部截面积 base area
底部排气 base bleed
底部压阻 base pressure drag
底部阻力 base drag
底衬 （砂布、砂纸等） backing
底胶 primer
底胶 primer coating
底盘 chassis
底漆 primer
底漆 primer coating
底线目标 bottom-line objective
底座 base
底座 （台钳） bed
底座 pad
底座 seat
地磁仪 magnetometer
地对空导弹 ground-to-air missile
地对空导弹 surface-to-air missile（SAM）
地脚螺栓 anchor bolt
地空导弹 ground-to-air missile
地空导弹 surface-to-air missile（SAM）
地空导弹系统 surface-to-air missile system
地空绕飞试验 ground-to-air flyover test
地雷 mine
地雷战 mine warfare（MIW）
地理的 geographic
地理定位 geopositioning
地理空间的 geospatial
地理空间工程 geospatial engineering
地理空间情报 geospatial intelligence（GEOINT）
地理空间情报行动 GEOINT operations
地理空间情报行动 geospatial intelligence operations
地理空间信息 geospatial information
地理空间信息和服务 geospatial information and services（GI&S）
地理坐标 geographic coordinates
地貌 topography
地面 ground
地面 land
地面 surface
地面安全保护摇臂 ground safety bellcrank
地面安全注意事项 ground safety precaution
地面搬运 ground handling
地面搬运设备 ground handling equipment
地面搬运训练弹 ground-handling training missile（GHTM）
地面搬运载荷 ground handling load
地面保险销 ground safety pin
地面保障设备 Ground Support Equipment（GSE）
地面部队 land forces
地面车辆 ground vehicle
地面待机 ground alert
地面待命 ground alert
地面发射 surface launch
地面发射导弹系统 ground-launched missile system
地面发射的 ground-launched
地面发射的 land-launched
地面发射的 surface-launched
地面发射的目标 land-launched target
地面发射火箭弹试验 ground-launched ballistic test
地面发射试验 ground-launched testing
地面发射试验 ground-launched trial
地面发射先进中距空空导弹 Surface Launched AMRAAM（SL-AMRAAM）
地面发射小直径炸弹 Ground-Launched Small Diameter Bomb（GLSDB）
地面发射巡航导弹 Ground-Launched Cruise Missile（GLCM）
地面反射测量场地 ground-reflection measurement

range
地面防空雷达阵地 ground-based air-defence radar site
地面防撞系统 Ground Collision Avoidance System (GCAS)
地面放置的 dismounted
地面放置立式钻床 floor model upright drill press
地面跟踪装置 surface tracker
地面化学战防御 ground chemical warfare defense (GCWD)
地面控制 ground control
地面控制的拦截 Ground Controlled Intercept (GCI)
地面控制系统 ground control system
地面控制战 land control operations
地面控制站 ground control station
地面目标 ground target
地面启动 (大型火箭) ground start
地面勤务训练弹 ground-handling training missile (GHTM)
地面试验 ground test
地面试验 ground testing
地面试验 land-based test
地面试验点火 ground-test firing
地面试验发射 ground-test firing
地面试验设施 ground test facility
地面弹射试验 (发射架) ground ejection test
地面效应 surface effect
地面训练 ground training (GT)
地面训练弹 ground-training missile
地面训练弹 ground-training round
地面移动目标 moving ground target
地面移动目标显示 Ground Moving Target Indication (GMTI)
地面移动目标指示 Ground Moving Target Indication (GMTI)
地面移动目标指示器 ground moving target indicator (GMTI)
地面运动目标 moving ground target
地面站 ground station
地面指示器 ground designator
地面综合考核试验 ground integrated qualification test
地面作战导弹 ground combat missile
地面作战导弹 land combat missile
地面作战导弹系统 land combat missile system
地面坐标系 earth-fixed system
地平经圈 azimuth circle
地平线 horizon
地勤人员 ground crew
地勤人员 ground personnel
地球半径 earth radius
地球定位 geolocation
地球固联坐标系 earth fixed coordinate system
地球轨道试验发射 orbital test launch
地球静止卫星 geostationary satellite
地球空间 geospace
地球空间的 geospatial
地球空间情报 geospatial intelligence (GEOINT)
地球同步轨道 geosynchronous earth orbit (GEO)
地球引力 earth gravity
地球引力 gravitational attraction
地球站天线 earth station antenna
地球自转速率 earth rate
地球自转速率单位 earth-rate unit
地球自转速率修正 earth-rate correction
地球坐标系 earth-fixed system
地区 area
地区 region
地区安全官 regional security officer (RSO)
地区司令部 area command
地速 ground speed
地图更新手册 chart-updating manual (CHUM)
地图匹配制导 map-matching guidance
地物掩护 terrain masking (TM)
地下发射设施 underground launcher
地下加固目标 hardened buried target
地下掩体 bunker
地下掩体毁灭导弹 Bunker Buster missile
地下指挥所 underground command post
地下指挥站 underground command post
地线 ground
地线夹 ground wire clip
地心的 geocentric
地心坐标 geocentric coordinates
地形 terrain
地形 topography
地形比较 terrain comparison (TERCOM)
地形参考制导 terrestrial reference guidance
地形测绘 terrain mapping
地形测量 topography
地形等高线匹配 terrain contour-matching (TERCOM)
地形防撞系统 terrain avoidance system
地形分析 terrain analysis
地形辅助导航 Terrain-Aided Navigation (TAN)
地形感知与告警系统 Terrain Awareness and Warning System (TAWS)
地形感知与显示系统 Terrain Awareness and Display System (TADS)
地形跟随 terrain following (TF)
地形跟随/地形回避 terrain following/terrain avoidance (TF/TA)
地形跟踪 terrain following
地形跟踪飞行 contour flight
地形跟踪飞行 nap-of-the-earth flight
地形跟踪飞行 terrain flight
地形跟踪雷达 Terrain-Following Radar (TFR)
地形回避 terrain avoidance (TA)
地形回避系统 terrain avoidance system

地形匹配 terrain contour-matching (TERCOM)
地形匹配辅助惯性导航系统 TERCOM-Aided Inertial Navigation System (TAINS)
地形剖面匹配 Terrain Profile Matching (TERPROM)
地形特征 terrain feature
地形图 topographic map
地形学 topography
地形掩护 terrain masking (TM)
地缘政治的 geopolitical
地杂波 ground clutter
地址 address
地址返回 address return
地址回线 address return
地址奇偶校验 address parity
地中海导弹试验场 (法国) Mediterranean Missile Test Range
递归的 recursive
递加计数 plus count
递降 degradation
递推的 recursive
递增的 incremental
第二代 second generation
第二辐射常数 second radiation constant
第二基准 secondary datum
第二级 second stage
第二类后备役人员 Standby Reserve
第二脉冲 (固体推进剂药柱) second pulse
第二目的地运输 second destination transportation
第三代 third generation
第三代全向攻击红外导弹 third-generation all-aspect infrared missile
第三代全向攻击红外导弹 third-generation all-aspect IR missile
第三的 ternary
第三方飞机 third-party aircraft
第三方瞄准能力 third-party targeting capability
第三方目标定位能力 third-party targeting capability
第三方目标定位数据 third-party targeting data
第三方目标指示 third-party target designation
第三方自主算法 third-party autonomy algorithm
第三基准面 tertiary datum
第三级助推发动机 third-stage kick motor
第四代 fourth generation
第四代导弹 fourth-generation missile
第五代 fifth generation
第五代空中目标 5th Generation Aerial Target (5GAT)
第五代战斗机 fifth-generation fighter aircraft
第一岛链 First Island Chain
第一辐射常数 first radiation constant
第一基准 primary datum
第一类后备役人员 Individual Ready Reserve (IRR)
第一类后备役人员 Ready Reserve
第一零点波束宽度 first null beamwidth (FNBW)
碲镉汞 mercury-cadmium-telluride (HgCdTe; MCT)
碲镉汞技术 HgCdTe technology
碲镉汞探测器 HgCdTe detector
碲化镉 cadmium telluride (CdTe)
碲化汞 mercury telluride (HgTe)

dian

颠覆 subversion
颠覆性的 disruptive
颠覆性技术 disruptive technology
典型爆破压力 typical burst pressure
典型尺寸 typical dimension (TYP)
典型的 representative
典型的 typical
典型的直方图形状 typical histogram shape
典型发射包线 typical firing envelope
典型环境 representative environment
典型路径长度 typical path length
典型目标 typical target
典型目标 typical threat
典型破片 typical fragment
典型威胁 representative threat
典型威胁 typical threat
典型武器挂载量 typical weapons load
点焊 spot welding
点焊钳 spot welding tweezers
点火 *v.* fire
点火 *v.* ignite
点火 ignition
点火安全装置 Ignition Safety Device (ISD)
点火保险组合 firing safety assembly
点火操作 firing operation
点火冲击 ignition shock
点火触头 firing contact
点火触头 firing contact button
点火触头 firing pin
点火触头 striker point
点火触头衬套 striker point bushing
点火传爆药 firing lead
点火导火索 ignition cord
点火电缆 ignition cable
点火电路 firing circuit
点火电路 igniter circuit
点火电压 firing voltage
点火电嘴 igniter plug
点火管 initiator
点火过程 ignition process
点火过程 start-up process
点火盒 firing box
点火火焰 ignition flame
点火剂 igniter
点火继电器 firing relay

点火阶段 ignition stage
点火接触按钮 firing contact button
点火开关 firing switch
点火脉冲 firing pulse
点火起爆管 ignition squib
点火器 （发动机、抛放弹）igniter
点火器 （发动机、抛放弹）ignitor
点火器安全机构 Igniter Safety Mechanism（ISM）
点火器安装凸台 igniter boss attachment
点火器部件 igniter hardware
点火器测试 igniter testing
点火器测试装置 ignitor test set
点火器插座组件 Igniter Receptacle Assembly（IRA）
点火器火帽 igniter cap
点火器气体 igniter gas
点火器燃烧时间 igniter burning time
点火器生成气体 igniter gas
点火器试验组件 igniter testing assembly
点火器托座 igniter bracket
点火器压强 igniter pressure
点火器药柱 ignitor pellet
点火器主燃药 igniter main charge
点火器组件 igniter assembly
点火升压时间 ignition rise time
点火失败 （发动机未点火）*vi.* & *n.* misfire
点火时间 ignition time
点火时间 time of ignition（TIG）
点火时间迟滞 ignition time lag
点火时间延迟 ignition time delay
点火时序 firing sequence
点火速度 （喷气发动机）ignition velocity
点火头 header
点火系统 firing system
点火信号 firing signal
点火信号 ignition signal
点火压力峰 ignition pressure peak
点火压强 ignition pressure
点火延迟 ignition delay
点火延迟时间 ignition delay time
点火药 detonator charge
点火药 igniter propellant
点火药 ignition charge
点火药盒 powder can igniter
点火指令 firing command
点火滞后 ignition lag
点火周期 ignition period
点火装置器件 （安保机构）fire set component
点聚焦 point focus
点扩散函数 point spread function（PSF）
点扩展函数 point spread function（PSF）
点目标 point target
点目标源 point source
点频 dot frequency
点燃 *v.* ignite
点源 point source
点源的定向性 directivities of point source
点源物体 point-source object
点源阵 point sources array
点载荷 point loading
点状腐蚀 pitting
电爆阀门 explosive valve
电爆管 squib
电爆管电阻 squib resistance
电爆管和引信测试仪 squib and fuze tester
电爆管连接器 squib connector
电爆管起爆器 squib initiator
电爆管驱动的锁制机构 squib actuated lock
电爆装置 electro-explosive device（EED）
电波动 electrical variation
电场 electric field
电场光学 electro-optics（EO）
电场光学 electrooptics
电场效应 electrical effect
电池 battery
电池 cell
电池变换器辅助电源 battery inverter accessory power supply（BIAPS）
电池电解液 battery electrolyte
电池电压 battery voltage
电池电压正常 （指令或信号）BATTERY VOLTAGE NORMAL
电池激活 （指令或信号）BATTERY ACTIVATE
电池激活 battery activation
电池夹 battery clamp
电池启动完毕 battery armed
电池致冷剂单元 Battery Coolant Unit（BCU）
电池组 battery
电池组件 battery assembly
电冲击 surge
电触发引信 electrical impact fuze
电触发引信 electronic impact fuze
电触头 electrical contact
电传操纵 Fly-By-Wire（FBW）
电传操纵数字式自动驾驶仪 fly-by-wire digital autopilot
电串扰 electrical crosstalk
电串音 electrical crosstalk
电磁 electromagnetics
电磁 electromagnetism
电磁波 electromagnetic wave
电磁波谱 electromagnetic spectrum（EMS）
电磁冲击 electromagnetic surge
电磁的 electro-magnetic
电磁的 electromagnetic（EM）
电磁动能武器 （称为轨道炮）electromagnetic kinetic weapon

电磁对抗 electromagnetic countermeasures
电磁阀 electrical solenoid
电磁阀 electromagnetic solenoid
电磁阀 solenoid valve
电磁阀托架 solenoid bracket
电磁飞机弹射系统 electromagnetic aircraft launch system (EMALS)
电磁辐射 electromagnetic radiation (EMR)
电磁辐射 radiant emission
电磁辐射 radiation emission
电磁辐射对军械的危害 hazards of electromagnetic radiation to ordnance (HERO)
电磁辐射对燃料的危害 hazards of electromagnetic radiation to fuels (HERF)
电磁辐射对人员的危害 hazards of electromagnetic radiation to personnel (HERP)
电磁辐射管控 emission control (EMCON)
电磁辐射危害 electromagnetic radiation hazard
电磁干扰 electromagnetic countermeasures
电磁干扰 (电子或电气设备受到的) Electromagnetic Interference (EMI)
电磁干扰 (针对敌方作战能力的) electromagnetic jamming
电磁干扰滤波器 electromagnetic interference filter
电磁干扰滤波器 EMI filter
电磁干扰试验 electromagnetic interference test
电磁干扰试验 EMI test
电磁干扰与兼容性 Electromagnetic Interference and Compatibility (EMIC)
电磁轨道炮 Electromagnetic Rail Gun
电磁环境 electro-magnetic environment (EME)
电磁环境 electromagnetic environment (EME)
电磁环境试验 (包括电磁易感性、电磁干扰和电磁脉冲试验) E cubed tests
电磁环境试验 (包括电磁易感性、电磁干扰和电磁脉冲试验) E3 tests
电磁环境试验 electromagnetic environment test
电磁环境试验场 electromagnetic environment test site
电磁环境效应 electromagnetic environmental effects (E3)
电磁环境效应试验 electromagnetic environmental effects test
电磁继电器 electromagnet relay
电磁兼容性 electromagnetic compatibility (EMC)
电磁卡盘 magnetic chuck
电磁脉冲 electromagnetic pulse (EMP)
电磁脉冲试验 electromagnetic pulse test
电磁脉冲试验 EMP test
电磁脉冲战斗部 electromagnetic pulse warhead
电磁脉冲战斗部 EMP warhead
电磁能 electromagnetic energy
电磁频谱 electromagnetic spectrum (EMS)
电磁频谱 EM spectrum
电磁频谱管理 electromagnetic spectrum management
电磁频谱控制 electromagnetic spectrum control (EMSC)
电磁强化 electromagnetic hardening
电磁驱动系统 electromagnetic drive system
电磁驱动系统 electromagnetic driving system
电磁入侵 electromagnetic intrusion
电磁式工件夹持 (如电磁卡盘) magnetic workholding
电磁铁 electromagnet
电磁危险 Electromagnetic Hazards (EMH)
电磁现象 electromagnetic phenomenon
电磁线圈 electrical solenoid
电磁线圈 electromagnetic solenoid
电磁线圈 solenoid
电磁信号特征 electromagnetic signature
电磁学 electromagnetics
电磁学 electromagnetism
电磁易感性 electromagnetic vulnerability (EMV)
电磁易感性试验 electromagnetic vulnerability test
电磁易感性试验 EMV test
电磁灾害 Electromagnetic Hazards (EMH)
电磁战 electromagnetic battle
电磁战 electromagnetic warfare
电磁战管理 electromagnetic battle management (EMBM)
电磁作战环境 electromagnetic operational environment (EMOE)
电导 conductance
电导 electrical conductance
电导率 conductivity
电导率 electrical conductivity
电导体 electrical conductor
电的 electric
电的 electrical
电的 (涉及由化学反应产生的电能) galvanic
电点火器 electric initiator
电点火信号 electrical firing signal
电点火装置 electrical firing device
电动的 electrical
电动的 electromechanical (EM)
电动的 power
电动舵机 electrical actuator
电动舵机 electromechanical actuator
电动舵机系统 EM actuator system
电动弓锯 power hacksaw
电动铰刀 chucking reamer
电动铰刀 machine reamer
电动进给传动啮合手柄 (立式铣床) power feed transmission engagement crank
电动进给机构 (机床) power feed mechanism
电动进给机构 (机床) power feed unit
电动控制系统 electromechanical control system
电动控制系统 EM control system

电动拉杆装置 （立式铣床）power drawbar unit
电动深孔铰刀 jobber's reamer
电动势 electromotive force (EMF)
电动振动台 electro-dynamic shaker
电镀 electroplating
电镀 plating
电镀区域 plated area
电短路 electrical short
电感 inductance
电感器 inductor
电干扰 electrical interference
电功率 electric power
电功率 electrical power
电光学 electro-optics (EO)
电光学 electrooptics
电焊电极 welding electrode
电荷 charge
电荷 electrical charge
电荷传输器件 charge transfer device
电荷分布 charge distribution
电荷耦合器件 charge-coupled device (CCD)
电荷载流子 charge carrier
电弧 arc
电弧放电 arc discharge
电滑环 electrical slip ring
电缓冲连接器 electrical buffer connector
电火花 electric spark
电火花成型加工 ram-type EDM
电火花成型加工 sinker-type EDM
电火花加工 electrical discharge machining (EDM)
电火花线切割加工 wire-type EDM
电击 electrical shock
电击穿 electrical breakdown
电击穿 electrical punch-through
电机 electric motor
电机 motor
电机放大器 amplidyne
电机力矩器 motor torquer
电机扭矩器 motor torquer
电机驱动功率 motor drive power
电激励 electrical stimulus
电极 electrode
电极夹 electrode holder
电极间的 interelectrode
电极间距 interelectrode spacing
电加速火箭发动机 electric propulsion
电加速火箭发动机 electric rocket
电加速火箭发动机 electrical engine
电监视器 electrical monitor
电接插件 electrical connector
电接触 electrical contact
电解液 electrolyte
电解质 electrolyte
电介质材料 dielectric material
电绝缘体 electrical insulator
电绝缘子 electrical isolator
电可擦可编程只读存储器 Electrically Erasable Programmable Read-Only Memory (EEPROM)
电控气动阀 electro-pneumatic valve
电控天线 Electronically Steered Antenna (ESA)
电缆 cable
电缆 （已配装好,随时可插拔）harness
电缆标记带 electrical cable marker band
电缆插头 cable connector
电缆插头块 cable block
电缆颤噪效应 microphonic cable effect
电缆导通性 cable continuity
电缆导通性测试仪 cable continuity tester
电缆电阻 cable resistance
电缆对测量的影响 cable effect on measurement
电缆敷设 cabling
电缆感应颤噪效应 cable-induced microphonics
电缆固定件 cable fastener
电缆夹 cable clamp
电缆夹转接头 cable clamp adapter
电缆接头 cord grip
电缆接线 cable wiring
电缆接线夹具 cable wiring fixture
电缆孔 cable port
电缆口盖 cable port cover
电缆连接器 cable connector
电缆连接器 cord grip
电缆密封套 cable gland
电缆拖链 cable carrier
电缆拖链支架 cable carrier support
电缆约束件 cable restraint
电缆罩 cable cover
电缆支座 cable holder
电缆转接头 cable adapter
电缆走线 cable routing
电缆组件 cable assembly
电缆组件 electrical harness assembly
电雷管 electric detonator
电离 ionization
电离 *v.* ionize
电离探针 ionization probe
电离真空计 ion gauge
电离真空计 ionization gauge
电离真空计 ionization vacuum gauge
电力 electric power
电力 electrical power
电力电缆 power cable
电力配送和控制 power distribution and control
电力线 power line
电连接器 electrical connector
电连接器插入件 electrical connector insert

电连接器插头 electrical connector plug
电连接器底座 electrical connector mount
电连接器盖 electrical connector cover
电连接器固定板 electrical connector retaining plate
电连接支架 electrical standoff
电流 current
电流 electric current
电流表 current meter
电流的 galvanic
电流-电压曲线 current-voltage curve
电流短路 electrical short
电流方程 current equation
电流分布 current distribution
电流分布测量 current distribution measurement
电流互感器 current transformer
电流环路 current loop
电流计跟踪轨迹 galvanometer trace
电流检测单元 current test unit
电流密度 current density
电流模式 current mode
电流模式放大器 current mode amplifier
电流模式前放 current mode preamplifier
电流响应率 current responsivity
电流消耗 current consumption
电流消耗 current draw
电流引线 current lead
电流源 current source
电流噪声 current noise
电流噪声发生器 current noise generator
电路 circuit
电路 （系统或设备的整个电路）circuitry
电路 electrical circuit
电路 （包含多个电路）network
电路板 board
电路板 circuit board
电路板 circuit card
电路板 printed circuit board
电路板组件 Circuit Card Assembly（CCA）
电路传递函数 circuit transfer function
电路分析 circuit analysis
电路盒 circuit box
电路盒 electronic unit
电路结构自锁继电器 circuit configuration latching relay
电路卡组件 Circuit Card Assembly（CCA）
电路控制盒 Electronic Control Unit（ECU）
电路输入电容 circuit input capacitance
电路图 circuitry
电路图 electrical diagram
电路系统 circuitry
电路响应 circuit response
电路性能 electrical circuitry performance
电路学 circuitry
电路增益 circuit gain
电路阻抗 circuit impedance
电滤波器 electrical filter
电能 electric power
电能 electrical power
电偶极子 electric dipole
电耦合 electrical coupling
电偏压功率 electrical bias power
电频宽 electrical bandwidth
电频率 electrical frequency
电平 level
电气安全销 electrical safety pin
电气标记带 electrical marker band
电气布线 electrical wiring
电气布线系统 distributive system
电气测试 electrical test
电气插座 electrical receptacle
电气导通性试验 electric continuity test
电气的 electric
电气的 electrical
电气分离 electrical separation
电气干扰 electrical interference
电气固定板 electrical retaining plate
电气和电子布线安装 electric and electronic wiring installation
电气激励源 electrical stimulus
电气兼容性 electrical compatibility
电气接口 electrical interface
电气接线 electrical wiring
电气开关 electrical switch
电气馈线 electrical feedthrough
电气连接 electrical connection
电气屏蔽带 electrical shielding tape
电气识别标记 electrical identification marker
电气系统 electrical system
电气信号源 electrical stimulus
电气与电子工程师协会 （美国）Institute of Electrical and Electronics Engineers（IEEE）
电气元件 electrical component
电气指令 electrical command
电气装配 electrical assembly
电气走线 electrical wiring run
电桥 bridge
电桥标准导线 bridge wire
电驱动的 electrically powered
电热塞 glow plug
电热丝加热器 electric strip heater
电容 capacitance
电容跨阻放大器 capacitive transimpedance amplifier（CTIA）
电容量 capacity
电容率 dielectric constant
电容率 permittivity

电容器　capacitor
电容器电压　capacitor voltage
电容器放电　capacitor discharging
电容器支架　capacitor holder
电容器座　capacitor holder
电容性负载　capacitive loading
电容性耦合　capacitive coupling
电容值　capacitance value
电势差　potential difference
电视　television (TV)
电视/红外双模导引头　dual-mode TV/IR seeker
电视摄像管　television vidicon
电视摄像管　TV vidicon
电视摄像机　TV camera
电枢　rotor
电输出　electrical output
电位计　potentiometer
电位计支座　potentiometer holder
电线　wire
电小天线　electrical small antenna
电信　telecommunication
电信号　electric signal
电信号　electrical signal
电信号波动　electrical variation
电信号线路　electrical signal line
电学公式　electrical formula
电学效应　electrical effect
电压　electrical voltage
电压　voltage
电压保护器　voltage protector
电压保护装置　voltage protection
电压比　voltage ratio
电压表　voltmeter
电压-电流　voltage-current (V-I)
电压-电流曲线　voltage-current curve
电压电平　voltage level
电压放大器　voltage amplifier
电压尖峰　voltage spike
电压尖峰保护　voltage spike protection
电压降　voltage drop
电压模式　voltage mode
电压模式前置放大器　voltage-mode preamplifier
电压-温度曲线　voltage-temperature curve
电压-温度特性　voltage-temperature characteristics
电压响应率　voltage responsivity
电压引线　voltage lead
电压噪声　voltage noise
电压增益　voltage gain
电引爆器　electric initiator
电引线　electrical lead
电涌　surge
电源　electrical power
电源　power source
电源　power supply (PS)
电源安装工具　power supply installation tool
电源板　power card
电源板　power supply card
电源板　PS card
电源变压器　power transformer
电源布线　power supply wiring
电源插座　outlet
电源电压　supply voltage
电源分系统　power subsystem
电源分组件　supply subassembly
电源管理与配电系统　power management and distribution system
电源柜　power cabinet
电源柜　power supply cabinet
电源盒　power supply cabinet
电源接口连接器转接头　Power Interface Connector Adapter (PICA)
电源绝缘垫板　power supply insulator
电源卡　power card
电源开关　power switch
电源连锁　power interlock
电源连锁继电器接地　power interlock relay ground
电源输出　power output
电源线　line
电源线　power cord
电源线　power line
电源线　power-line cord
电源线束　power supply harness
电源引线　power lead
电源转换　power conversion
电源转换　power switching
电源转换和配送　power conversion and distribution
电源转换器　power converter
电源装置　power device
电源装置　power supply device
电源组件　power supply assembly (PSA)
电源组件　power supply unit (PSU)
电源组件　power unit
电噪声　electrical noise
电子　electron
电子安保机构　electronic safe-and-arm device (ESAD)
电子安全　electronic security
电子安全延迟　electronic safety delay
电子安全与解除保险　Electronic Safe and Arm (ESA)
电子安全与解除保险机构　electronic safe-and-arm device (ESAD)
电子保密　electronic security
电子标准　electron standard
电子部件　electronic unit
电子部件　electronics
电子部件气路软管　electronic unit hose
电子舱　electronic unit

电子层面 electron level
电子成像系统 Electronic Imaging System (EIS)
电子秤 electronic scale
电子处理 electronic processing
电子传导 electronic conduction
电子传感器 electronic sensor
电子单元 electronic unit
电子地面自动炸毁程序装置 electronic ground automatic destruct sequencer (EGADS)
电子地面自动炸毁程序装置按钮 EGADS button
电子点火安全与解除保险装置 electronic ignition safe/arm device
电子电荷 electron charge
电子电路 electronics
电子电路板 electronic card
电子电路板 electronic circuit board
电子电路板 electronic circuit card
电子对抗 Electronic Counter Measures (ECM)
电子对抗 Electronic Countermeasures (ECM)
电子对抗吊舱 electronic countermeasures pod
电子防护 electronic protection (EP)
电子防护措施 Electronic Protection Measures (EPM)
电子防护改进计划 Electronic Protection Improvement Program (EPIP)
电子防护改进项目 Electronic Protection Improvement Program (EPIP)
电子防护能力 electronic protection capability
电子分组件 electronic subassembly
电子干扰 Electronic Counter Measures (ECM)
电子干扰 Electronic Countermeasures (ECM)
电子干扰 electronic jamming
电子干扰接收机 ECM receiver
电子干扰接收机 electronic countermeasures receiver
电子干扰威胁 ECM threat
电子干扰威胁 electronic countermeasures threat
电子跟踪门 electronic tracking gate
电子攻击 Electronic Attack (EA)
电子攻击干扰吊舱 Electronic Attack Jammer Pod (EAJP)
电子攻击技术 electronic attack technique
电子技术 electronics technology
电子监视措施 electronic surveillance measures (ESM)
电子接口 electronic interface
电子阱容量 electron well capacity
电子抗干扰 electronic counter-countermeasures (ECCM)
电子抗干扰能力 ECCM capability
电子-空穴对 electron-hole pair
电子控制单元 Electronic Control Unit (ECU)
电子控制装置 Electronic Control Unit (ECU)
电子雷管 electronic detonator
电子密度 electron density
电子能级 electron level
电子能级 electronic level
电子碰撞频度 electron collision frequency
电子屏蔽 electronic masking
电子欺骗 electronic deception
电子欺骗 spoofing
电子器件 electronics
电子器件技术 electronics technology
电子情报 electronic intelligence (ELINT; EI)
电子情报测量 ELINT measurement
电子扫描 electronic scan
电子设备 electronic equipment
电子手册 electronic deskbook
电子手册 electronic manual
电子束 electron beam
电子束焊 electron-beam welding (EBW)
电子数据表 spreadsheet
电子探测 electronic probing
电子探测器 electronic sensor
电子探测装置 electronic detecting device
电子通信系统 electronic communication systems (ECS)
电子系统 electronic system
电子系统研究部 Electronics Systems Research Division (ESRD)
电子芯片 electronic chip
电子信号处理 electronic processing
电子信号处理舱 electronics processing section
电子信号处理系统 electronics processing system
电子信号处理组件 electronics processing assembly
电子学 electronics
电子掩蔽 electronic masking
电子元件 electronic component
电子元器件 electronic component
电子战 Electronic Combat (EC)
电子战 Electronic Warfare (EW)
电子战成套设备 electronic warfare suite
电子战吊舱 electronic warfare pod
电子战斗序列 electronic order of battle (EOB)
电子战仿真技术 EW Simulation Technology (EWST)
电子战飞机 electronic warfare aircraft
电子战管理系统 electronic warfare management system
电子战规划和管理工具 Electronic Warfare Planning and Management Tool (EWPMT)
电子战环境 electronic warfare environment
电子战计划重新制订 electronic warfare reprogramming
电子战模拟测试能力 electronic warfare simulation test capability
电子战能力 electronic warfare capability
电子战频率协调 electronic warfare frequency deconfliction
电子战试验设施 EW Test Facility (EWTF)
电子战室 Electronic Warfare Chamber (EWC)
电子战系统 electronic warfare system

电子战协调小组　electronic warfare coordination cell (EWCC)
电子战支援　electronic warfare support (ES)
电子战支援　EW Support (ES)
电子战支援作战　electronic warfare operations (EW Ops)
电子战组件　electronic warfare package
电子战作战支援　Electronic Warfare Operational Support (EWOS)
电子侦察　electronic reconnaissance
电子支援　electronic support
电子支援措施　Electronic Support Measures (ESM)
电子支援系统　electronic support system
电子指令信号程序装置　electronic command signals programmer
电子装置　electronic unit
电子装置　electronics
电子装置　electronics unit (EU)
电子装置组合　electronics group
电子组件　electronic assembly
电子组件　electronics assembly
电子组件　electronics unit (EU)
电子组件装配夹具　electronics assembly fixture
电子作战　Electronic Combat (EC)
电子作战任务　electronic combat role (ECR)
电子作战试验场　Electronic Combat Range (ECR)
电子作战系统评估实验室　EC Systems Evaluation Laboratory (ECSEL)
电子作战与侦察　Electronic Combat and Reconnaissance (ECR)
电阻　electrical resistance
电阻　resistance
电阻变化　resistance change
电阻表　ohmmeter
电阻测量　resistance measurement
电阻测试仪　resistance tester
电阻加载天线　resistance loaded antenna
电阻率　resistivity
电阻器　resistor
电阻器接线端　resistor terminal
电阻器热噪声　resistor thermal noise
电阻器稳定处理　resistor stabilization
电阻器阵列　resistor array
电阻器支座　resistor holder
电阻式对接焊机　resistance-type butt welder
电阻式辐射热测量计　bolometer
电阻式辐射热计理论　bolometer theory
电阻特性　resistance characteristics
电阻系数　resistivity
电阻性的　resistive
垫板　backing plate
垫板　filler plate
垫板　saddle
垫撑物　bolster
垫块安装导轨　chock rail
垫片　（用于调整间隔）shim
垫片　（用于调整间隔）spacer
垫片　（用于螺钉和螺栓）washer
垫圈　washer
垫套　filler bushing
淀积　*vt.* deposit
淀积　deposition
淀积物　deposit
淀积物　deposition

diao

吊臂　lifting arm
吊臂式吊车　crane
吊舱　pod
吊舱分离式助推器　podded drop-off booster
吊舱式冲压发动机　podded ramjet
吊舱式大型飞机红外干扰系统　podded LAIRCM system
吊舱式大型飞机红外干扰系统　podded large aircraft infrared countermeasures system
吊舱式激光系统　podded laser system
吊舱式系统　podded system
吊舱式整体火箭冲压发动机　podded integral rocket ramjet
吊带　sling
吊带　（静力试验时用于加力）strap
吊耳高度　lug height
吊耳窝　lug well
吊挂　（导弹）hanger
吊挂　（导弹）hook
吊挂　（导弹）launch lug
吊挂　（导弹）lug
吊挂　（发射架）suspension lug
吊挂端面　hanger facing
吊挂基座　hanger base
吊挂紧固带　hanger strap
吊挂/螺栓　（发射架）suspension lug/bolt
吊挂螺栓　hanger bolt
吊挂模拟器　dummy suspensor jig
吊挂凸台　launch lug boss
吊挂位置量规　hooks position gage
吊挂位置量规　hooks position gauge
吊挂整流罩　hanger fairing
吊环　lifting ring
吊架　gantry
吊具　lifting device
吊篮　basket
吊索　lifting sling
吊索　sling
吊装杆　hoisting beam

吊装横杆 hoisting beam
吊装横杆 spreader bar
吊装组件 hoist assembly
调查 investigation
调查 survey
调查 vetting
调查报告 investigation report
调查报告 reports of investigation (ROI)
调动 (军事) movement
调动计划 (军事) movement plan
调动阶段 (军事) movement phase
调动需求 (军事) movement requirement
调动要求 (军事) movement requirement
调遣 *n.* & *v.* maneuver
调遣 (军事) movement
调遣大队 (军事) movement group
调遣进度表 (军事) movement schedule
调遣控制 (军事) movement control
调遣控制组 (军事) movement control team (MCT)
调遣数据 (军事) movement data
调遣详细安排表 (军事) movement table

die

跌落冲击敏感度 drop shock sensitivity
跌落距离 drop distance
跌落判据 drop criteria
跌落试验 drop test
跌落试验 drop testing
跌落试验 (导弹从地面飞机上弹射) pit test
跌落准则 drop criteria
迭代 iteration
迭代的 iterative
迭代过程 iterative process
迭代设计 iterative design
迭尔林 (聚甲醛树脂) Delrin
谍报技术 tradecraft
谍报人员 agent
叠氮化铅 lead azide
叠氮化铜 copper azide
叠氮化物 azide
叠氮甲基乙氧基共聚物 azidomethyl-methyloxetane copolymer (AMMO)
叠氮类推进剂 azide-type propellant
叠放 *vt.* & *n.* stack
叠放位置 stored position
叠合式阀座 lapped seat
叠合损伤 blended damage
叠加 *vt.* superimpose
叠加 superposition
叠加图像 superimposed graphics
叠加效应 additive effect
碟形凹陷 dishing
碟形轮 (砂轮) dish wheel
蝶形螺母 butterfly nut
蝶形头螺栓 wing-headed bolt
蝶形翼 bow tie trapezoidal

ding

丁基橡胶 butyl rubber
丁基橡胶手套 butyl gloves
丁基橡胶手套 butyl rubber gloves
丁腈橡胶 nitrile rubber
丁三醇三硝酸酯 butanetriol trinitrate (BTTN)
顶部攻击 top attack
顶部控制面板 overhead
顶层出版物 capstone publication
顶层计划 top level plan
顶层需求 top-level requirement
顶出板 ejector plate
顶出杆 (车床) knockout bar
顶出杆头 (车床) knockout bar head
顶点 culminating point
顶吊装置 (集装箱) tophandler
顶盖 dome
顶盖 head closure
顶盖 (坑式处理炉) top lid
顶盖椭圆率 dome ellipse ratio
顶级要求 top-level requirement
顶尖 (车床) center
顶尖之间距离 (车床) distance between centers
顶角 (麻花钻头) drill point angle
顶角 (麻花钻头) included angle
订单 order
订购 order
订购方 contracting activity
订货 order
订货簿 order book
订货至交货的时间 lead time
订货至投产的时间 lead time
定常流 steady flow
定额备用金 imprest fund
定方位 orientation
定距垫圈 distance washer
定理 principle
定理 theorem
定力扳手 torque wrench
定力扳手校准 torque wrench calibration
定力扳手转接头 torque wrench adapter
定力的 torque-limiting
定力工具 torque tool
定力螺丝刀 torque screwdriver
定律 law
定律 principle
定期保养 scheduled maintenance

定期报告 periodic reporting
定期报告 regular reporting
定期测试 periodic test
定期测试 scheduled test
定期的 periodic
定期的 scheduled
定期检查 periodic inspection
定期检查 scheduled check
定期检查/测试 periodic inspection/test
定期检验 periodic inspection
定期交付数量 periodic delivery quantity
定期往返空运 channel airlift
定期维护 periodic maintenance
定期维护 scheduled maintenance
定期维护规程 periodic maintenance procedure
定期自动失效装置 （地雷）sterilizer
定容比热容 specific heat at constant volume
定时交付 time-definite delivery（TDD）
定时器 timer
定时器板 timer card
定时信号 timing signal
定时引信 time fuze
定时有效雷 nonpersistent mine
定速端部条件 fixed-velocity end condition
定态爆轰 steady-state detonation
定位 *vt.* locate
定位 location
定位 positioning
定位、导航和授时 positioning, navigation, and timing（PNT）
定位分析 location analysis
定位公差 location tolerance
定位规 position gauge
定位焊 tack weld
定位环 locating ring
定位环 retaining ring
定位记号 alignment mark
定位检验 positioning inspection
定位精度 location accuracy
定位孔 positioning hole
定位块 stop
定位雷达 locator
定位螺钉 positioning screw
定位螺钉 set screw
定位螺钉 setscrew
定位器 locator
定位器 positioner
定位器 stop
定位器天线 localizer antenna
定位圈 locating ring
定位误差 location error
定位系统 position fixing system
定位系统 positioning system
定位销 alignment pin
定位销 dowel
定位销 dowel pin
定位销 guide pin
定位销 indexing pin
定位销 locating pin
定位销 positioning pin
定位销 stop dowel
定位装置 positioner
定位钻点 spot
定位钻孔 spotting
定位钻头 spot drill bit
定向 orientation
定向高能武器 Directed High-Energy Weapon（DHEW）
定向公差 orientation tolerance
定向航线 constant-bearing course
定向红外干扰装置 Directed Infrared Countermeasures（DIRCM）
定向能 directed energy（DE）
定向能激光器 directed energy laser
定向能实验专项活动 Directed Energy Experimentation Campaign
定向能武器 directed-energy weapon（DEW）
定向能武器模拟器 Directed Energy Weapons Simulator（DEWSIM）
定向能系统 directed energy system
定向能系统集成实验室 Directed Energy Systems Integration Laboratory（DESIL）
定向能战斗部 directed energy warhead
定向能装置 directed-energy device
定向能作战 directed-energy warfare（DEW）
定向破碎 aimable fragmentation
定向杀伤战斗部 directional kill warhead
定向天线 directional antenna
定向推力 directional thrust
定向效能战斗部 oriented-effectiveness warhead
定向性 directivity
定向性/增益法 directivity/gain method
定向圆柱形战斗部 aimed cylindrical warhead
定向战斗部 aimed warhead
定向战斗部 directional warhead
定心规 （用于检测螺纹车刀的头部形状）center gage
定心规 （用于检测螺纹车刀的头部形状）fishtail gage
定心环 centering ring
定心圈 alignment washer
定心头 （组合角尺）center head
定心销 centering pin
定心装置 centering device
定序器 sequencer
定压比热容 specific heat at constant pressure
定制层压板 tailored laminate
定制的 tailored

定制舰艇培训可用性　Tailored Ship's Training Availability（TSTA）
定中心　centering
定轴　boresight
定轴发射　boresight launch
定轴方式　boresight mode
定轴截获系统　boresight acquisition system
定轴瞄准　boresight aiming
定轴模式　boresight mode
定子　stator
定子紧固螺钉　stator fastening screw
定子壳体　stator housing
定子支座　stator holder

diu

丢失的　missing

dong

东道国　host nation（HN）
董事会　directorate
动产　effects
动力　power
动力刀座　live tooling attachment
动力电传　Power-By-Wire（PBW）
动力卡盘　（数控车床）power chuck
动力射程　powered flight range
动力射程　powered range
动力特性　（发动机）power characteristics
动力提升机　power hoist
动力学　dynamics
动力学　kinetics
动力学的　dynamic
动力学理论　kinetic theory
动力学理论计算　kinetic theory calculation
动力学模型　dynamic model
动力压力机　power press
动力源　power
动力装置　power plant
动量守恒　conservation of momentum
动量守恒定律　conservation law of momentum
动量推力　momentum thrust
动目标　moving target
动目标显示雷达的盲速　moving target indication radar blind speed
动目标显示雷达的盲速　MTI radar blind speed
动能　kinetic energy（KE）
动能　kinetic power
动能穿甲弹　kinetic energy penetrator
动能穿甲战斗部　kinetic energy penetrating warhead
动能穿甲战斗部　kinetic energy penetration warhead
动能穿甲战斗部　kinetic energy penetrator warhead
动能穿透　kinetic energy penetration
动能穿透深度　kinetic energy penetration
动能打击　kinetic strike
动能的　kinetic
动能反装甲战斗部　kinetic-energy antiarmor warhead
动能拦截器　kinetic interceptor
动能密度　kinetic energy density
动能侵彻　kinetic energy penetration
动能侵彻深度　kinetic energy penetration
动能侵彻体　kinetic energy penetrator
动能侵彻战斗部　kinetic energy penetrating warhead
动能侵彻战斗部　kinetic energy penetration warhead
动能杀伤　kinetic kill
动能杀伤导弹　kinetic kill missile
动能杀伤飞行器　kinetic kill vehicle（KKV）
动能杀伤器　kinetic kill vehicle（KKV）
动能杀伤战斗部　kinetic kill warhead
动能武器　kinetic effects
动能武器　Kinetic Energy Weapon（KEW）
动能武器　kinetic weapon
动能效应　kinetic effects
动能战斗部　kinetic energy warhead
动能战斗部　kinetic warhead
动平衡　dynamic balance
动平衡系统　dynamic balance system
动手操作技能　hand-on skill
动态的　dynamic
动态发射区　dynamic launch zone（DLZ）
动态范围　dynamic range
动态飞行轨迹　dynamic flight path
动态非弹道飞行轨迹　dynamic non-ballistic flight path
动态俯仰力矩系数　dynamic pitching moment coefficient
动态横滚力矩系数　dynamic rolling moment coefficient
动态加速度　dynamic acceleration
动态拉伸试验　dynamic tension test
动态雷达反射截面试验　dynamic radar cross section test
动态目标瞄准　dynamic targeting
动态目标确定　dynamic targeting
动态偏航力矩系数　dynamic yawing moment coefficient
动态燃速特性　dynamic burn rate behavior
动态韧性　dynamic ductility
动态数据驱动应用系统　Dynamic Data-Driven Application Systems（DDDAS）
动态随机存取存储器　dynamic random access memory（DRAM）
动态特性　dynamics
动态通用反射式瞄准镜火控系统　Dynamic Universal Reflex Sight fire-control system
动态威胁评估　dynamic threat assessment（DTA）
动态响应　dynamic response
动态响应误差　dynamic response error

动态载荷 （包括振动、冲击和声载荷）dynamic load
动态阻抗 dynamic impedance
动态阻抗测试仪 dynamic impedance tester
动压 dynamic pressure
动压载荷 dynamic pressure loading
动员 mobilization（MOB）
动员地点 mobilization site
动员基础 mobilization base
动员解除 demobilization
动员站 mobilization station
动作 action
动作顺序 sequence of operation
冻结音响 freeze tone

dou

抖动 （锉或锯工件时）chattering
抖动 jitter
抖振 buffet

du

毒刺导弹通用发射装置 （美国）Stinger Universal Launcher（SUL）
毒性 toxicity
毒云 toxic cloud
独家采购 sole-source acquisition
独家承包商 sole-source contractor
独家承制商 sole-source contractor
独家多年合同 sole-source，multi-year contract
独家合同 sole-source contract
独立成本估算 Independent Cost Estimate（ICE）
独立的 independent
独立的 noncooperative
独立的 separate
独立的弹道导弹截击 independent ballistic missile engagement
独立的目标识别 noncooperative target identification（NCTID）
独立的软件验证与确认 independent software verification and validation
独立的姿态控制火箭发动机 separate attitude control rocket engine
独立方式 self-contained approach（SCA）
独立费用估算 Independent Cost Estimate（ICE）
独立跟踪源 independent tracking source
独立计时器系统 Independent Timer System（ITS）
独立开孔 separated aperture
独立燃气发生器 separate gas generator
独立推力产生单元 separate thrust-producing unit
独立现象 independent phenomena
独立性 autonomy
独立验证与确认 independent verification and validation（IV&V）
独立验证与审核 independent verification and validation（IV&V）
独立职责医疗技师 independent duty medical technician（IDMT）
独特产品 one-of-a-kind product
读出 （数据）readout
读出电路 readout
读出电路 readout integrated circuit（ROIC）
读出器 readout
读出芯片 readout chip
读卡器 card reader
读卡器弹出机构 card reader ejector mechanism
读数 indication
读数 reading
堵盖 closure
堵头 （机油箱排油）plug
堵转转矩 stall torque
杜里斯托斯复合材料 Durestos
杜瓦 Dewar
杜瓦保持时间 Dewar hold time
杜瓦本体 Dewar body
杜瓦本体支架 Dewar body support
杜瓦本体支架组件 Dewar body support assembly
杜瓦侧壁 Dewar wall
杜瓦尺寸 Dewar dimension
杜瓦抽真空时间 Dewar pumpdown time
杜瓦窗口 Dewar window
杜瓦低温保持时间 Dewar hold time
杜瓦封接装置 Dewar sealing apparatus
杜瓦冷头 Dewar cold end
杜瓦冷头质量 Dewar cold end mass
杜瓦冷指腔 Dewar cold-finger chamber
杜瓦瓶 Dewar
杜瓦瓶底漆涂层 Dewar primer coating
杜瓦瓶基底涂层 Dewar primer coating
杜瓦设计 Dewar design
杜瓦压强 Dewar pressure
杜瓦真空寿命 Dewar vacuum life
杜瓦支架 Dewar holder
杜瓦支架组件 Dewar holder assembly
杜瓦组件 Dewar assembly
杜瓦组件 Dewar package
度 degree（Deg）
度量 *n.* & *v.* measure
镀钯 palladium plating
镀层 coating
镀层 （金属镀层）plating
镀镉 cadmium plating
镀镉的 cadmium plated
镀铬 chromium plating
镀金 gold plating
镀金表面 gold-plated surface

镀铝聚酯薄膜 aluminized Mylar
镀膜 coating
镀膜 （金属膜）plating
镀镍 nickel plating
镀锡 tin plating
镀锡 tinning
镀锡层 tinning
镀银 silver plating

duan

端部紧固圈 （CNC 套筒夹头卡盘）nose collar
端部视图 （天线方向图）end view
端部套圈 （CNC 套筒夹头卡盘）nose collar
端到端测试 end-to-end test
端到端的 end-to-end
端到端能力 end-to-end capability
端盖 end cover
端口 （计算机）port
端面 end
端面 facing
端面加工 end-working
端面加工动力刀座 end-working live tooling attachment
端面切削 facing
端面取向纤维 end grain fiber
端面燃烧药柱 end burner
端面燃烧药柱 end-burner
端面燃烧装药 end-burning grain
端面燃烧装药锥化效应 end-burning grain coning effect
端面铣削 （利用铣刀的端面加工表面）face milling
端面镶刃铣刀 face mill
端面粘接点火器 surface-bonded igniter
端羟基聚丁二烯 hydroxyl-terminated polybutadiene （HTPB）
端羟基聚丁二烯串联双组元推进剂 HTPB tandem bi-propellant
端羟基聚丁二烯粘结剂 HTPB binder
端羟基聚丁二烯粘结剂 hydroxyl terminated polybutadiene binder
端羟基聚丁二烯推进剂 HTPB propellant
端羟基聚丁二烯推进剂 hydroxyl terminated, polybutadiene propellant
端羟基聚醚 hydroxyl-terminated polyether （HTPE）
端羟基预聚物 hydroxyl-terminated prepolymer
端燃的 end-burning
端射天线 end-fire antenna
端射阵 end-fire array
端羧基聚丁二烯 carboxyl-terminated polybutadiene （CTPB）
端铣刀 （端部和圆周都有刀刃）end mill
端铣刀 endmill
端铣刀刀柄 endmill toolholder
短背射天线 short back-fire antenna
短波长 short wavelength
短波红外 short-wavelength infrared
短波截止 short wavelength cut-off
短波截止 short wavelength rejection
短波滤光片 short-wavelength filter
短波天线 short-wave antenna
短波窄带滤光片 short-wavelength narrowband filter
短毫米波波长 short millimeter wavelength
短焦距透镜 short-focus lens
短截线 stub
短距起飞 short takeoff （STO）
短距起飞和垂直着陆 short take-off and vertical landing （STOVL）
短距起飞和降落 Short Take-Off and Landing （STOL）
短距起飞和降落 short takeoff and landing （STOL）
短距起飞和降落型飞机 short-take-off-and-landing variant
短距起降 Short Take-Off and Landing （STOL）
短距起降 short takeoff and landing （STOL）
短路 short circuit
短路背景电流 short circuit background current
短路插头 loopback plug
短路插头 short-circuit plug
短路插头 shorting plug
短路插座 short-circuit socket
短路电流 short-circuit current
短路电流响应率 short-circuit current responsivity
短路盖 shorting cap
短路极限 short-circuit limit
短路帽 shorting cap
短路信号电流 short-circuit signal current
短路噪声电流 short-circuit noise current
短路噪声谱密度 short-circuit noise spectral density
短脉冲宽度激光器 short-pulse-width laser
短偶极子 short dipole
短跑道战术支援 Short Airfield Tactical Support （SATS）
短喷管 stub nozzle
短时脉动 short-duration impulse
短时温度 short duration temperature
短时运动 short term motion
短寿命 short lifetime
短寿命材料 short lifetime material
短型弹测试 （发动机和战斗部用模拟舱段代替）short-round test
短翼 wing stub
短轴 stub
短轴 stud
短柱 stub
短桩形天线 stub antenna
段 sector
段 segment
断层重建 tomographic reconstruction

断电 outage
断电 power down
断电 power interruption
断开 cutoff
断开 *vt.* detach
断开 *vt.* disconnect
断开 *n. & adj. & adv.* off
断口 fracture surface
断裂 breakage
断裂 breakup
断裂 fracture
断裂 *n. & v.* rupture
断裂机理 fracture mechanism
断裂迹线 fracture trajectory
断裂力学 fracture mechanics
断裂模量 modulus of rupture
断裂模型 fracture model
断裂时间 breakup time
断裂试验 fracture test
断裂应变 fracture strain
断裂应力 fracture stress
断路检查试验 electric continuity test
断路器 interrupter
断面 fracture surface
断续器 interrupter
断针 broken pin
锻钢 forged steel
锻模 forging die
锻压 forging
锻压件 forging

dui

堆垛锁制孔 stacking lock hole
堆垛桩 stacking post
堆放 *vt. & n.* stack
堆码起吊装置 stack hoisting device
队 string（多指物）
队 team（多指人）
…对… versus
对比度 contrast
对比度梯度 contrast gradient
对比性能 comparative performance
对边 （直角三角形）opposite side
对称 symmetry
对称边界 symmetry boundary
对称几何形状 symmetric geometry
对称夹层板 symmetric sandwich
对称夹心板 symmetric sandwich
对称脉冲 symmetric pulse
对称剖面 symmetrical profile
对称式指示表 balanced-type dial indicator
对称性 symmetry
对称性检查 symmetry check
对…重新编程 *vt.* reprogram
对刀 （车削加工）touching off
对导弹的正向锁定 （发射架）positive missile lock
对等的 peer-to-peer
对等威胁 peer-to-peer threat
对敌方反太空能力的压制 suppression of adversary counterspace capabilities（SACC）
对敌方防空的联合压制 joint suppression of enemy air defense（JSEAD）
对敌防空系统的摧毁 destruction of enemy air defenses（DEAD）
对敌防空压制 Suppression of Enemy Air Defense（SEAD）
对地（作战） counterland
对地/对海攻击导弹 surface attack guided missile
对地/对海攻击能力 surface attack capability
对地/对空任务型雷达 Ground/Air Task Oriented Radar（G/ATOR）
对地攻击 ground attack
对地攻击 land attack
对地攻击标准导弹 Land Attack Standard Missile（LASM）
对地攻击平台 ground-attack platform
对地攻击微型导弹 Ground Attack Micromissile
对地攻击巡航导弹 land-attack cruise missile（LACM）
对地静止轨道卫星 geostationary orbit satellite
对地静止卫星 geostationary satellite
对地作战 counterland operations
对电磁辐射安全的军械 HERO SAFE ordnance
对电磁辐射不安全的军械 HERO UNSAFE ordnance
对干扰的敏感性 jamming susceptibility
对光圆盘 alignment disk
对海（作战） countersea
对海作战 countersea operations
对环境的影响 environmental impact
对健康的长期影响 chronic health effect
对健康的短期影响 acute health effect
对角线 *n.* diagonal
对角线的 diagonal
对接 mating
对接好的导弹 assembled missile
对接环 coupling ring
对接环卡槽 coupling ring groove
对接环螺钉 coupling ring screw
对接环凸耳 coupling ring boss
对接架 assembly stand
对接接头 butt joint
对接卡槽 coupling groove
对接卡环安装扳手 coupling ring assembly wrench
对静电敏感的 static sensitive
对静电敏感的器件 Electrostatic Sensitive Devices（ESD）

对静电敏感的装置 Electrostatic Sensitive Devices (ESD)
对静电敏感性 static sensitivity
对抗 counter
对抗 counter-measures
对抗 countermeasures (CM)
对抗无人机的干扰机 counter-unmanned aerial vehicle jammer
对抗武器 counter weapon
对空(作战) Counter Air (CA)
对空(作战) counterair
对空导弹 anti-air missile
对空导弹 counter air missile
对空监视 air surveillance
对空武器 anti-air weapon
对空武器系统 antiair weapon system (AAWS)
对空作战 anti-air warfare (AAW)
对空作战 counterair operation
对空作战导弹 anti-air warfare missile
对空作战导弹 counter air missile
对空作战目标 counterair targets
对空作战任务 counterair mission
对流 *v.* convect
对流 convection
对流层 troposphere
对流层散射 troposcatter
对流层散射系统 troposcatter system
对流传热 *v.* convect
对流传热 convective heat transfer
对流的 convected
对流的 convective
对流换热 convective heat transfer
对民事当局的国防支援 defense support of civil authorities (DSCA)
对民事当局的军事援助 military assistance to civil authorities (MACA)
对民事当局的信息支持 civil authority information support (CAIS)
对民事执法部门的军事支援 military support to civilian law enforcement agencies (MSCLEA)
对齐螺钉 alignment screw
对热应力的敏感度 sensitivity to thermal stress
对数 log
对数尺 logarithmic scale
对数放大器 logarithmic amplifier
对数符号 log
对数刻度 logarithmic scale
对数图 log plot
对数周期齿状天线 log-periodic toothed antenna
对数周期螺蜷天线 log spiral antenna
对数周期偶极子阵 log-periodic dipole array
对数周期天线 log-periodic antenna
对数坐标纸 log paper
对数坐标纸 logarithmic paper
对太空(作战) counterspace
对太空作战 counterspace operations
对外军的资金支持 foreign military financing (FMF)
对外军品销售 foreign military sales (FMS)
对外军事销售 foreign military sales (FMS)
对外军售 foreign military sales (FMS)
对外军售合同 foreign military sales contract
对外军售项目 foreign military sales program
对外军售用户 FMS customer
对外援助 foreign assistance
对心器 center finder
对心器 pointed edge finder
对心器 (钻孔加工) wiggler
对性能的直接影响 first-order effect on characteristics
对友方部队的跟踪 friendly force tracking (FFT)
对友方部队的信息需求 friendly force information requirement (FFIR)
对照组 control group
对中 centering
对准 alignment
对准标记 alignment mark
对准程序 alignment process
对准方案 alignment scenario
对准过程 alignment process
对准夹具 aligning fixture
对准螺钉 alignment screw
对准误差 alignment error
对准销 alignment pin
对作战环境的联合情报准备 joint intelligence preparation of the operational environment (JIPOE)

dun

钝度 bluntness
钝度比 bluntness ratio
钝感 desensitization
钝感弹药 insensitive munitions (IM)
钝感弹药安全标准 insensitive munitions safety standard
钝感弹药试验 insensitive munitions test
钝感弹药试验场地 insensitive munitions test site
钝感弹药试验件 insensitive munitions test unit
钝感弹药性能 insensitive munitions performance
钝感的 insensitive
钝感化粘结剂 desensitizing binder
钝感剂 desensitizer
钝感推进剂 insensitive propellant
钝感炸药 insensitive explosive
钝化 (降低灵敏度或敏感度的方式) desensitization
钝化 (金属表面处理的一种方式) passivation
钝化处理 passivation treatment
钝前沿 blunt leading edge
钝前缘 blunt leading edge

duo

多 **P** 型装药 multi-P charge
多 **P** 型装药战斗部 multi-P charge warhead
多爆炸成型弹丸 multiple explosively formed projectiles
多边形战斗部 polygon warhead
多兵种实弹发射演习 combined arms live fire exercise (CALFE)
多波段 multiband
多波段被动射频导引头 multiband passive RF seeker
多波段无源射频导引头 multiband passive RF seeker
多层防御系统 multi-layer defense system
多层间隔靶板 multiple spaced target plate
多层绝热体 multilayer insulation (MLI)
多层快速多极方法 Multi-Level Fast Multipole Method (MLFMM)
多层面作战空间 multi-faceted battlespace
多层膜 multilayer coating
多层涂层 multilayer coating
多层系统 multi-tiered system
多层支座 multilayer bearing
多插口插座 multitap
多插口热电池 multitap thermal battery
多场地舰船 multispot ship
多场地停靠舰船 multispot ship
多重情报 multiple intelligence (Multi-INT)
多处理器系统 multiprocessor system
多传感器 multisensor
多传感器融合 multisensor fusion
多传感器融合系统 multisensor fusion system
多传感器系统 multiple sensor system
多次打击任务 multiple-strike mission
多次发射 multiple launches
多弹连接电缆 multi-missile cable
多弹头分导再入飞行器 Multiple Independently targetable Reentry Vehicle (MIRV)
多弹丸爆炸破片战斗部 multiprojectile blast fragmentation warhead
多弹丸战斗部 multiprojectile warhead
多刀刀夹 (数控机床) gang tool
多导弹攻击 multiple missile attack
多道 **O** 形圈 multiple O-rings
多道进气口 multiple air inlets
多点打磨器 (砂轮) cluster dresser
多点打磨器 (砂轮) cluster-point dresser
多点加油系统 multipoint refueling system
多点起爆 multiple-point initiation
多点起爆器 multi-point initiator (MPI)
多点同步起爆系统 multipoint simultaneous initiation system
多电压电源 multivoltage power source
多对多 many-on-many
多对多交战制导律 many-on-many engagement guidance law
多发能力 (导弹) multiple-shot capability
多发试验 (导弹) multiple-shot test
多发同时打击 Multiple Round Simultaneous Impact (MRSI)
多方合作合同 omnibus contract
多方位防御—快速拦截交战系统 Multi-Azimuth Defense Fast Intercept Round Engagement System (MAD-FIRES)
多个威胁 multiple threats
多功能电子战 Multi-Function Electronic Warfare (MFEW)
多功能反装甲反人员武器系统 Multi-role Anti-armor Anti-personnel Weapon System (MAAWS)
多功能光电全过程试验装置 multi-role electro-optical end-to-end test set
多功能控制参考系统 Multi-Function Control Reference System (MFCRS)
多功能控制台 multifunction console
多功能雷达 Multi-Function Radar (MFR)
多功能模块化天线杆 Multi-function Modular Mast (MMM)
多功能先进数据链 Multifunction Advanced Data Link (MADL)
多功能先进数据链 Multifunction Advanced Datalink (MADL)
多功能显示屏 Multi-Function Display (MFD)
多功能显示屏 multifunction display (MFD)
多功能显示器 Multi-Function Display (MFD)
多功能显示器 multifunction display (MFD)
多功能信息分发系统 Multifunctional Information Distribution System (MIDS)
多功能阵列 multi-functional array (MFA)
多管火箭弹系统 Multiple-Launch Rocket System (MLRS)
多管火箭发射器 multiple rocket launcher (MRL)
多管火箭发射系统 MRL system
多管火箭发射系统 multiple rocket launch system
多光谱的 multispectral
多国部队 Multi-National Force (MNF)
多国部队 multinational force (MNF)
多国部队指挥官 multinational force commander (MNFC)
多国参谋机构 multinational staff
多国的 multinational
多国后勤保障 multinational logistics (MNL)
多国联合部队 coalition force
多国行动 multinational operations
多国训练演习 multinational training exercise
多国综合后勤保障分队 multinational integrated logistic unit (MILU)
多国作战 multinational operations

多国作战原则　multinational doctrine
多合一设计　all-in-one design
多基地雷达　multistatic radar
多基地射频传感器　multi-static radio-frequency sensor
多基地射频探测器　multi-static radio-frequency sensor
多基推进剂　multibase propellant
多级掺混　（指不同尺寸的颗粒掺混）multimodal blend
多级的　multi-stage
多级的　multistage
多级固体火箭发动机　multi-stage solid rocket motor
多家承制商合同　multiple-award contract
多阶段改进计划　Multi-Stage Improvement Program (MSIP)
多阶段改进项目　Multi-Stage Improvement Program (MSIP)
多接槽　gang channel
多进气道　multiple air inlets
多晶的　polycrystalline
多晶石墨　polycrystalline graphite
多径效应　multipath effect
多聚物　polymer
多军种出版物　multi-service publication
多军种作战试验与评估　multi-service operational test and evaluation
多军种作战试验与评估　multi-service OT&E
多军种作战试验与评估报告　multi-service operational test and evaluation report
多孔的　（指设计或打制的孔）multiperforated
多孔的　porous
多孔固体材料　porous solid material
多孔管点火器　perforated tube igniter
多孔炭层　porous char layer
多孔炭黑层　porous black-carbon layer
多孔性　porosity
多孔性陶瓷　porous ceramic
多口径阵　multi-aperture array
多口排气台　multiport vacuum station
多兰　（一种多普勒测距系统）doran
多棱锥的　faceted
多棱锥头罩　faceted dome
多棱锥头罩　pyramidal dome
多硫化合物　polysulfide
多路传输　multiplex
多路传输　multiplexing
多路阀　manifold valve
多路复用　multiplexing
多路复用器　multiplexer (MUX)
多路复用器芯片　multiplexer chip
多路解码　de-multiplex
多路解码　demultiplex
多路系统　manifold
多路循环器件　circulator
多螺旋透镜　multiple-helix lens
多脉冲发动机隔板　multi-pulse motor barrier
多脉冲火箭发动机　multipulse rocket motor
多面刀架　（车床）multi-sided tool block
多面体的　faceted
多模导引头　multi-mode seeker
多模导引头　multimode seeker
多模的　multi-mode
多模的　multimode
多模和多频谱导引头　multimode and multispectral seeker
多模式感测　multimodal sensing
多模式探测　multimodal sensing
多模式战斗部　multi-mode warhead
多模式战斗部　multimode warhead
多模探测器　multi-mode sensor
多模探测器/导引头组件　multimode sensor/seeker package
多模型自适应估计　multiple model adaptive estimation (MMAE)
多目标　multiple targets
多目标打击能力　multiple target capability
多目标攻击能力　multiple target attack capability
多目标毁伤　multiple target kills
多目标毁伤能力　capability for multiple target kills
多目标交战能力　multi-target engagement capability
多目标能力　multi-target capability
多目标响应　multiple target response
多年采购合同　multiyear procurement contract
多年合同　multi-year contract
多年合同　multiyear contract
多年批次性采购　block buy
多年批次性采购合同　block buy contract
多年批量性采购　block buy
多年批量性采购合同　block buy contract
多喷管　multiple nozzles
多频段　multiband
多频谱传感器　multi-spectral sensor
多频谱传感器　multispectral sensor
多频谱的　multi-spectral
多频谱的　multispectral
多频谱瞄准吊舱　multi-spectral targeting pod
多频谱瞄准系统　multi-spectral targeting system
多频谱目标定位吊舱　multi-spectral targeting pod
多频谱目标定位系统　multi-spectral targeting system
多频谱目标定位系统—A 型　Multi-spectral Targeting System-Model A (MTS-A)
多频谱目标定位系统传感器　multi-spectral targeting system sensor
多频谱头罩　multi-spectral dome
多频谱头罩　multispectral dome
多平台的　multi-platform
多普勒测距与导航　Doppler range and navigation (DORAN)

多普勒测速和定位　Doppler velocity and position (DOVAP)
多普勒放大器　Doppler amplifier
多普勒分辨力　Doppler resolution
多普勒分系统　Doppler subsystem
多普勒跟踪　Doppler tracking
多普勒跟踪雷达系统　Doppler tracking radar system
多普勒跟踪型空空导弹　Doppler-tracking air-to-air missile
多普勒回波　Doppler return
多普勒雷达　Doppler radar
多普勒滤波器　Doppler filter
多普勒频率　Doppler frequency
多普勒频谱　Doppler frequency spectrum
多普勒频移　Doppler frequency shift
多普勒频移　Doppler shift
多普勒效应　Doppler effect
多绕螺旋　multifilar helix
多任务导弹　multi-mission missile
多任务导弹　multi-role missile
多任务的　multi-mission
多任务的　multi-role
多任务的　multirole
多任务发射装置　multimission launcher (MML)
多任务攻击战斗机　multi-role attack fighter
多任务截击机　multi-role interceptor
多任务拦截弹　multi-role interceptor
多任务平台　multirole platform
多任务无人机系统　Multi-mission UAS (MM-UAS)
多任务无人机系统　Multi-Mission Unmanned Aerial System (MM-UAS)
多任务武器系统　multi-role weapon system
多任务系统　multi-mission system
多任务先进战术终端　multi-mission advanced tactical terminal (MATT)
多任务隐身平台　multi-role stealth platform
多任务隐身战斗机　multi-role stealth fighter
多任务战斗机　multirole fighter
多任务终端　Multi-Mission Terminal (MMT)
多任务作战飞机　multirole combat aircraft
多射流聚能装药战斗部　multijet shaped charge warhead
多输入、多输出　Multi-Input, Multi-Output (MIMO)
多探测器　multisensor
多探测器融合　multisensor fusion
多探测器融合系统　multisensor fusion system
多探测器系统　multiple sensor system
多天线方法　multiple antenna method
多通管　manifold tube
多头发射吊挂　Morehead launch lug
多头锥流场　multiple cone flowfield
多透镜的　multi-lens
多透镜头罩　multilens dome
多推进系统　multiple propulsion system
多维正交鉴别手段　multidirectional orthogonal discriminants
多相流　multiphase flow
多向纤维　multidirectional fiber
多项的　omnibus
多项目合同　omnibus contract
多项式逼近　polynomial approximation
多项式近似　polynomial approximation
多效串联聚能战斗部　multi-effects tandem shaped-charge warhead
多谐振荡器　multivibrator
多芯片模块　multi-chip module (MCM)
多芯片模块　multichip module (MCM)
多信道干涉仪　multiple channel interferometer
多信号分类　Multiple Signal Classification (MUSIC)
多信号分类算法　MUSIC algorithm
多学科专家辅助设计　Multidisciplinary Expert-Aided Design (MEAD)
多烟的　high-smoke
多烟的　smoky
多烟发动机　high-smoke motor
多引信系统　multifuzing
多用的　omnibus
多用途爆炸破片战斗部　multipurpose blast fragmentation warhead
多用途导弹　multipurpose missile
多用途的　multi-role
多用途的　multipurpose
多用途的　multirole
多用途攻击直升机　multi-role attack helicopter
多用途拦截弹　multi-role interceptor
多用途平台　multirole platform
多用途轻型反坦克导弹系统　Multirole-capable Light Anti-tank Missile System
多用途战斗部　multipurpose warhead (MPWH)
多用途战斗机　multirole fighter
多用途装甲车　Armored Multi-Purpose Vehicle (AMPV)
多用途作战飞机　Multi-Role Combat Aircraft (MRCA)
多用性　versatility
多余物　foreign material
多余物　foreign matter
多余物　foreign object
多域的　multi-domain
多域全体系　multi-domain system-of-systems
多域全系统　multi-domain system-of-systems
多域任务规划　multi-domain mission planning
多域威胁　multi-domain threat
多域指挥与控制　multi-domain command and control (MDC2)
多域自适应请求服务　Multi-domain Adaptive Request Service (MARS)
多域作战　multi-domain operations (MDO)

多域作战环境 multi-domain operations environment
多域作战图景 multi-domain operational picture
多元导引头 multi-detector seeker
多元导引头 multi-element seeker
多元双色导引头 multi-element, dual-color seeker
多元双色导引头 multi-element, two-color seeker
多元推进剂 multipropellant
多元阵列 multielement array
多元阵列 multiple-detector array
多元阵列天线 Argus antenna
多轴钻床 gang drill press
多轴钻床 multiple-spindle drill press
夺取 *vt.* seize
夺取空中优势用的综合控制与航空电子设备 Integrated Control and Avionics for Air Superiority (ICAAS)
舵根 fin root
舵机 actuator
舵机 control actuator
舵机 fin actuator
舵机 servo
舵机 servo actuator
舵机本体 servo housing
舵机本体支架 servo housing support
舵机布线 servo wiring
舵机布线测试仪 servo wiring tester
舵机舱 fin actuator section
舵机舱 servo section
舵机舱 servo unit
舵机测试 actuator testing
舵机测试 servo testing
舵机测试插座 servo test socket
舵机带宽 actuator bandwidth
舵机的速度限制 actuator rate limit
舵机电池 actuator battery
舵机反馈 servo feedback
舵机反馈信号 servo feedback signal
舵机封装 actuator packaging
舵机负载力矩-速度特性 servo torque-speed characteristics
舵机活塞 servo piston
舵机解锁 actuator unlocking
舵机解锁 servo unlocking
舵机控制 servo control
舵机力矩 actuator torque
舵机模拟件 dummy servo
舵机配装 actuator packaging
舵机速率 fin rate
舵机锁定 actuator locking
舵机锁定 servo locking
舵机锁定状态 servo locking state
舵机系统 actuation system
舵机压力调节器 servo pressure regulator
舵机运动 actuator motion
舵机装置 Fin Actuator Unit (FAU)
舵机自检 servo self-test
舵机组件 servo assembly
舵尖 fin tip
舵接头 fin adapter
舵控信号 servo control signal
舵控指令 servo control command
舵面 control fin
舵面 fin
舵面 fin panel
舵面 steering fin
舵面安装 fin installation
舵面安装/拆卸工具 fin installation/removal tool
舵面安装螺钉 fin attachment screw
舵面安装支座 fin mounting bracket
舵面安装座 fin mount
舵面保持器 fin retainer
舵面保持器弹簧 fin retainer spring
舵面保持器支架 fin holder bracket
舵面保持器支架 fin retainer bracket
舵面保持器组件 fin retainer assembly
舵面工具 fin tool
舵面固定器 fin retainer
舵面盒 fin container
舵面解锁系统 fin-unlock system
舵面紧固螺钉 fin retaining screw
舵面螺钉定位器 fin screw retainer
舵面螺钉紧固件 fin screw retainer
舵面啮合螺母 fin engagement nut
舵面配合区 fin mating area
舵面配合斜面 fin ramp
舵面配装检查 fin fit check
舵面偏转 fin deflection
舵面翘曲检验 fin warpage inspection
舵面锁定棘爪 fin lock pawl
舵面压紧弹簧 fin retainer spring
舵面摇臂 fin rocker arm
舵面与舵机配合斜面 fin actuator ramp
舵面支座 fin bracket
舵面支座组件 fin bracket assembly
舵面阻力 fin drag
舵面组件 fin assembly
舵偏角 fin deflection
舵偏角 fin deflection angle
舵片偏转 （燃气舵）vane deflection
舵展 fin span
舵轴 driving shaft
舵轴 fin actuator shaft
舵轴 fin shaft
舵轴 servo shaft
舵轴盖 fin shaft cover
舵轴盖 servo shaft cover

舵轴腔 fin cup
舵轴腔凸缘 cup flange
舵轴腔橡胶密封件 rubber fin seal
舵轴腔摇臂 fin cup rocker arm
舵轴腔组件 fin cup assembly
舵轴套 fin hub
舵轴套插入件 fin hub insert
惰性材料 inert material
惰性弹 inert round
惰性弹药 inert munitions
惰性导弹 inert missile
惰性的 inert
惰性的试验飞行器 inert test vehicle（ITV）
惰性氛围 inert atmosphere
惰性流体 inert fluid
惰性粘结剂 inert binder
惰性气体 inert gas
惰性武器 inert weapon
惰性引信 inert fuze
惰性战斗部 inert warhead
惰性战斗弹 （战斗部为闪光或遥测装置）Inert Operational Missile（IOM）
惰性整装弹 inert all-up-round
惰性整装弹 inert AUR
惰性质量 （即不变质量）inert mass
惰性重量 （即不变重量）inert weight

e

俄罗斯空天部队　Russian Aerospace Force（RuAF；VKS）
额定的　nominal
额定的　normal
额定的　rated
扼流圈　choke
扼流式巴仑　choke balun
恶意软件　malware

er

耳朵保护装备　ear protective device
耳塞　earplug
耳罩　earmuff
耳轴　gudgeon
二氨基三硝基苯(炸药)　DATB
二苯胺　diphenylamine（DPA）
二重积分　double integral
二次反应　secondary reaction
二次流　secondary fluid
二次流体　secondary fluid
二次流注入　secondary fluid injection
二次喷射　secondary injection
二次破片　secondary fragment
二次侵彻　secondary penetration
二次燃烧　secondary combustion
二次燃烧区　secondary combustion zone
二次散射回波　second-time-around echo
二次湍流　secondary turbulent flow
二次型性能指标　quadratic performance index
二次烟　secondary smoke
二道纹锉刀　second-cut file
二等兵　（美国空军）airman，second class
二等分的　bisected
二甘醇二硝酸酯　diethylene glycol dinitrate（DEGDN）
二级炸药　secondary explosive
二级装载物　secondary loads
二极管　diode
二极管测试仪　diode tester
二极管电流　diode current
二极管结区　diode junction
二极管支架　diode holder
二极管支座　diode holder
二阶矩　second moment
二聚二异氰酸酯　dimeryl diisocyanate（DDI）
二硫化钼润滑脂　molybdenum disulfide grease
二硫化铁　iron disulfide
二维边界层　two-dimensional boundary layer
二维表示法　two-dimensional representation
二维的　two-dimensional
二维笛卡尔坐标　two-dimensional Cartesian coordinate
二维方程组　two-dimensional equations
二维干扰　two-dimensional interaction
二维激波膨胀波理论　two-dimensional shock-expansion theory
二维轮廓加工　（加工中心）two-dimensional contouring
二维码　two-dimensional bar code
二维码　2 Dimensional Bar Code（2DBC）
二维条码　two-dimensional bar code
二维条码　2 Dimensional Bar Code（2DBC）
二维外形加工　（加工中心）two-dimensional contouring
二维药柱　（径向或纵向燃烧）two-dimensional grain
二维有限元　two-dimensional finite element
二维有限元分析　two-dimensional finite element analysis
二维阵　two-dimensional array
二维阵列　two-dimensional array
二维轴对称流　two-dimensional axisymmetric flow
二维轴对称流动　two-dimensional axisymmetric flow
二项式　binomial
二项式与边缘分布　binomial and edge distributions
二硝基二苯胺　dinitrodiphenylamine
二硝酰胺铵　ammonium dinitramine（ADN）
二氧化氮　nitrogen dioxide
二氧化硅　silica
二氧化硅　silicon dioxide
二氧化钛　titanium oxide
二氧化碳　carbon dioxide
二乙基二苯　diethyl diphenyl（DED）
二异氰酸盐　di-isocyanate
二异氰酸酯　di-isocyanate
二元燃料推进剂　bipropellant
二元推进剂　bipropellant

fa

发白热光的　incandescent
发电和存储技术　power generation and storage technology
发电机　generator
发动机　engine
发动机　motor（用于火箭发动机时多指固体火箭发动机）
发动机　power plant
发动机舱　motor section
发动机舱　propulsion section
发动机舱/控制舱接头　propulsion/control section joint
发动机缠绕壳体　wound motor case
发动机长尾管　motor blast-tube
发动机长尾喷管　motor blast-tube-mounted nozzle
发动机点火　engine ignition
发动机点火　motor ignition
发动机点火(指令)　（导弹发射）Motor Fire
发动机点火触点　motor ignition contact point
发动机点火电缆插头　motor fire connector（MFC）
发动机点火电缆组件　motor fire cable assembly
发动机点火指令　motor fire command
发动机工作结束　engine burnout
发动机几何限流　motor geometric confinement
发动机壳体　motor case
发动机壳体　motor case body
发动机壳体　motor tube
发动机壳体材料选项　motor case material alternative
发动机壳体的周应力　motor case hoop stress
发动机壳体毛坯　motor case blank
发动机壳体压力试验　motor case pressure testing
发动机捆绑式导弹　parallel cluster missile
发动机内部阻力　burner drag
发动机喷管　motor exhaust nozzle
发动机腔内压强　motor chamber pressure
发动机全权限数字控制　Full Authority Digital Engine Control（FADEC）
发动机燃尽　motor burnout
发动机燃烧　motor burn
发动机燃烧稳定性　motor stability
发动机失效　motor failure
发动机寿命　motor life
发动机外壳　exterior motor case
发动机尾喷流　engine plume
发动机尾喷流　jet exhaust
发动机尾喷流效应试验　engine plume effects test
发动机尾烟　engine plume
发动机尾烟效应试验　engine plume effects test
发动机稳定性　motor stability
发动机无量纲参数　dimensionless motor parameter
发动机消极质量　inert motor mass
发动机需求　motor requirement
发动机药柱　motor grain
发动机圆柱形壳体　motor tube
发动机支座　motor support
发动机质量比　motor mass ratio
发动机轴线　motor axis
发动机/助推器一体化方案　engine/booster integration option
发动机转速　engine speed
发动机装药　motor grain
发动机状态操纵杆　engine condition lever（ECL）
发光的　luminous
发光度　luminance
发光度　radiance
发光亮度　luminous sterance
发光强度　luminous intensity
发火点　ignition point
发火管　initiator squib
发火管　squib
发火线　initiator wire
发火装置　*n.* pyrotechnic
发火装置　pyrotechnics
发那科品牌　Fanuc brand
发泡　foaming
发泡区　foam zone
发热的　exothermic
发热量　heat output
发热物质　pyrogen
发散　divergence
发射　emission（指辐射）
发射　*n.* & *v.* fire
发射　*n.* & *v.* launch
发射　*v.* radiate（指辐射）
发射　shot
发射　transmission（指电磁信号的发送）
发射按钮　firing button
发射包线　firing envelope
发射包线　launch envelope
发射包线扩展　launch envelope expansion
发射保密　emission security
发射表　firing table

发射参数 launch parameter
发射尝试 launch attempt
发射场 launch complex
发射场 launch site
发射场 launching site
发射程序 launch procedure
发射窗口 launch window
发射单元 launcher unit
发射导弹的飞机 firing aircraft
发射导轨 launch rail
发射导轨 launching rail
发射导轨间隙 launch rail clearance
发射点 launch point
发射电路 firing circuit
发射电路逻辑 firing circuit logic
发射发动机 launch motor
发射方位角 launch azimuth
发射/仿真相关分析 launch/simulation correlation
发射功率 transmitted power
发射功率指示 transmitted power indication
发射挂点 （载机）launch station
发射盒 firing box
发射后 post-launch
发射后 postlaunch
发射后不管 fire and forget
发射后不管导弹 fire-and-forget missile
发射后不管的 fire-and-forget
发射后不管方案 fire-and-forget concept
发射后不管空空导弹 fire-and-forget air-to-air missile
发射后不管理念 fire-and-forget concept
发射后不管原则 fire-and-forget principle
发射后测试 postlaunch test
发射后分析 post-launch analysis
发射后锁定 lock-on after launch（LOAL）
发射后锁定能力 LOAL capability
发射后脱离能力 launch-and-leave capability
发射后中止 post-launch abort（PLA）
发射滑块 （导弹）launching shoe
发射环境 launch environment
发射活动 firing campaign
发射机 transmitter
发射机功率 transmitter power
发射机功率泄漏 transmitter power leakage
发射机功率指示 transmitter power indication
发射机构 launch mechanism
发射机会减少 Reduction in Shot Opportunities（RiS）
发射机/接收机 transmitter/receiver（T/R）
发射机频率 transmitter frequency
发射机输出功率 transmitter output power
发射机损耗系数 transmitter loss factor
发射机特性 transmitter characteristics
发射机天线增益 transmitter antenna gain
发射机增益 transmitter gain
发射机占空比 transmitter duty cycle
发射机组件 transmitter assembly
发射基地 （有多个发射场地）launching base
发射基地配置区域 launch base area
发射及回收小分队 launch and recovery element （LRE）
发射极负反馈 emitter degeneration
发射计划 （指发射活动）firing campaign
发射计划 （指发射进度安排）firing schedule
发射继电器 firing relay
发射加密 emission security
发射架 launch rail
发射架 launcher
发射架 launching rack
发射架测试 launcher testing
发射架存在 （指令或信号）LAUNCHER EXIST
发射架/导弹状态检查 launcher/missile status check
发射架导轨 launcher rail
发射架导轨的润滑 launcher rail lubrication
发射架导轨的锁制 launcher rail retention
发射架电缆 launcher cable
发射架电子部件 launcher electronic unit
发射架电子部件测试仪 launcher electronic unit tester
发射架电子电路组件 Launcher Electronics Assembly （LEA）
发射架-飞机接口 launcher-aircraft interface
发射架高压气瓶 launcher pressure vessel
发射架工作情况 launcher operation
发射架挂装螺栓 launcher attachment bolt
发射架挂装螺栓锁紧口 launcher attachment bolt retainer door
发射架合格鉴定 launcher certification
发射架和导弹存放设施 launcher and missile storage structure
发射架环境鉴定试验 launcher environment qualification test
发射架机构组件微动开关 launcher mechanism assembly microswitch
发射架接口 launcher interface
发射架壳体 launcher housing
发射架内场测试仪 launcher depot tester（LDT）
发射架内场测试仪校准器 launcher depot tester calibrator（LDTC）
发射架牵引车 launcher towing vehicle（LTV）
发射架试验 launcher testing
发射架锁制器 launcher detent
发射架锁制器 launcher detent mechanism
发射架锁制器电磁线圈 launcher detent solenoid
发射架外场测试仪 launcher field tester（LFT）
发射架外场测试仪校准器 launcher field tester calibrator（LFTC）
发射架维护 launcher maintenance
发射架选项 launcher alternative

发射架选择 launcher alternative
发射架压脚施加给导弹的压力 foot pressure
发射架转接件 launcher adapter
发射架转接件 launcher adaptor
发射架转接梁 launcher adapter
发射架转接梁 launcher adaptor
发射架自保式继电器 launcher self-hold relay
发射架综合试验 launcher integration test
发射检查表 firing checklist
发射检查清单 firing checklist
发射进度 firing schedule
发射井 silo
发射矩阵 shot matrix
发射拒止区域 launch area denied（LAD）
发射距离 launch range
发射控制 fire control
发射控制单元 Command Launch Unit（CLU）
发射控制台 launch control console
发射链 firing chain
发射梁 launch rail
发射逻辑 launch logic
发射率 emissivity
发射马赫数 launch Mach number
发射面 emitting surface
发射平台 launch platform
发射平台 launch vehicle
发射平台保障设备 launch platform support equipment（LPSE）
发射平台的侧向和长度限制 launch platform lateral and length constraint
发射平台挂载与分离 launch platform carriage and separation
发射平台集成 launch platform integration
发射平台可工作时间 launch platform endurance
发射平台上的挂载阻力 launch platform carriage drag
发射平台硬件/软件集成试验 launch platform hardware/software integration test
发射平台硬件/软件综合试验 launch platform hardware/software integration test
发射启动(指令) Launch Initiate
发射器 emitter（指热、电磁波等的辐射源）
发射器 launcher（指武器的发射装置）
发射器选择面板 launcher selection panel
发射前初始化 pre-launch initialization
发射前初始条件 pre-launch initial condition
发射前存储的输入值 prelaunch stored input
发射前的测试 prelaunch test
发射前多普勒频率 prelaunch Doppler frequency
发射前监控台 pre-launch console
发射前数据 pre-launch data
发射前锁定 lock-on before launch（LOBL）
发射前未激活导弹 pre-launch dormant missile
发射前准备 pre-launch preparation
发射强度 emittance
发射区 launch zone
发射人员 launch crew
发射散布 launching dispersion
发射设备 launch equipment
发射失败 （发动机未点火）*vi. &n.* misfire
发射时机 launch window
发射时机 window
发射时间 T-time
发射时间 time of launch
发射时序 launch sequence
发射速度 launch speed
发射速率 rate of fire
发射锁制器 launch latch
发射台 （包含其相关设备）launch emplacement
发射台 launch pad
发射台 launch stand
发射台 launching pad
发射台 Launching Station（LS）
发射台 pad
发射台冲水冷却 pad deluge
发射特种保障设备 launch-peculiar support equipment（LPSE）
发射体 emitter
发射体温度 emitter temperature
发射天线 radiator
发射筒 canister
发射筒 launch pod
发射筒 launch tube
发射位置 firing position
发射系统 launch system
发射系统 launching system
发射系统软件 launch system software
发射箱 canister
发射箱 launch pod
发射箱单元 Container Unit（CNU）
发射小组 launch crew
发射小组熟练性 launch-crew proficiency
发射斜轨 launching ramp
发射信号特征 launch signature
发射训练 practice firing
发射训练弹 （带烟雾-闪光战斗部,用于显示导弹遇靶情况）firing all-up round
发射训练弹 （带烟雾-闪光战斗部,用于显示导弹遇靶情况）firing AUR
发射演练 launch rehearsal
发射应用软件 launch applications software
发射与控制系统 launch and control system（LCS）
发射站 launch station（LS）
发射站 Launching Station（LS）
发射阵地 （包含其相关设备）launch emplacement
发射指令 firing command
发射指令 launch command

发射重量 launch weight
发射重心 launch center of gravity
发射周期 launch interval
发射专用保障设备 launch-peculiar support equipment (LPSE)
发射装置 launcher
发射装置电源盒 launcher power supply unit
发射装置抛放弹筒 launcher breech housing
发射装置驱动杆 launcher drive lever
发射装置释放机构 launcher release mechanism
发射装置与导弹的电气接口 launcher/missile electrical interface
发生 generation
发生器 generator
*发丝裂纹 hairline crack
发送 transmission
发文者 originator
发现 detection
发现-定位-跟踪-瞄准-交战-评估 find, fix, track, target, engage, assess (F2T2EA)
发现-定位-瞄准-跟踪 find-fix-target-track (F2T2)
发现、定位、瞄准与跟踪 find, fix, target, and track (F2T2)
发烟器 smoke generator
发烟性 smokiness
发运 issue
发运 shipping
发展 development
发展技术 enabling capability
发展技术 enabling technology
阀 valve
阀衬套 valve bushing
阀簧抵座圈 valve lock
阀校准 valve calibration
阀接头 valve adapter
阀控组合 control valve assembly
阀气密性检查 valve leakage inspection
阀体 valve body
阀体组件 valve body assembly
阀支座 valve holder
阀组件 valve assembly
阀座 valve base
法案 act
法-德联合计划 Franco-German project
法典 code
法规 regulation
法拉 farad (F)
法兰 flange
法兰类型 (加工中心所用刀柄) flange type
法兰盘 collar
法令 act
法线 normal
法向的 normal
法向加速度 normal acceleration
法向力 normal force
法向力控制效率导数 normal force control effectiveness derivative
法向力曲线斜率 normal force curve slope
法向力系数 normal force coefficient
法向模螺旋 normal mode helix
法向入射 normal incidence
法则 rule
砝码 weight
发丝裂纹 hairline crack

fan

翻倒 *vi. &n.* tumble
翻滚 *vi. &n.* tumble
翻滚速率 (战斗部杆条) tumble rate
翻新 *vt.* recondition
翻修 overhaul
翻译 interpretation
凡士林 petrolatum
凡士林 vaseline
钒 vanadium
反堡垒 anti-fortification
反暴动行动 counterinsurgency (COIN)
反暴动行动 counterinsurgency operations
反暴乱行动 counterinsurgency (COIN)
反暴乱行动 counterinsurgency operations
反步兵地雷 antipersonnel mine
反车辆地雷 anti-vehicle land mine
反传感器激光器 anti-sensor laser
反大规模杀伤武器 countering weapons of mass destruction (CWMD)
反弹道导弹 Anti-Ballistic Missile (ABM)
反弹道导弹拦截弹 anti-ballistic missile interceptor
反弹道导弹条约 Anti-Ballistic Missile Treaty
反弹道导弹系统 anti-ballistic missile system
反导 missile defence (MD)
反导 missile defense (MD)
反导导弹 anti-missile missile
反导导弹 antimissile missile
反导的 anti-missile
反导的 antimissile
反导条约 Anti-Ballistic Missile Treaty
反导系统 anti-missile system
反的 inverse
反电子装置高能微波先进导弹项目 Counter-Electronics High Power Microwave Advanced Missile Project (CHAMP)
反电子装置高能微波载荷 counter-electronics high power microwave payload
反电子装置高能微波载荷 counter-electronics HPM payload

反飞机 Anti-Aircraft (AA)
反飞机弹炮(结合系统) anti-aircraft gun-missile (AAGM)
反飞机弹炮结合系统 anti-aircraft gun-missile system
反飞机导弹 anti-air missile
反飞机导弹 anti-aircraft guided missile (AAGM)
反飞机导弹 antiaircraft missile
反飞机武器 anti-aircraft weapon
反辐射导弹 anti-radiation missile (ARM)
反辐射导弹 antiradiation missile (ARM)
反辐射导引头 anti-radiation seeker
反辐射寻的 anti-radiation homing (ARH)
反辐射寻的 antiradiation homing (ARH)
反辐射寻的导引头 antiradiation homing seeker
反辐射巡飞弹 anti-radiation loitering munition
反复尝试 trial and error
反轰炸机导弹 anti-bomber missile
反互换 decommutation
反化学、生物、放射性和核危害的 counter-chemical, biological, radiological, and nuclear (C-CBRN)
反化学、生物、放射性、核危害与高能爆炸物 counter-chemical, biological, radiological, nuclear and high-yield explosives (C-CBRNE)
反火箭弹、火炮和迫击炮 Counter-Rocket, Artillery and Mortar (C-RAM)
反击火力 counterfire
反机动作战 countermobility operations
反激光防御技术 anti-laser defensive technology
反监视 countersurveillance
反间谍 counterespionage
反舰弹道导弹 anti-ship ballistic missile (ASBM)
反舰导弹 anti-ship missile (ASM)
反舰导弹 antiship missile (ASM)
反舰的 anti-ship
反舰的 antiship
反舰的 antisurface (A/S)
反舰武器 anti-ship weapon
反舰巡航导弹 anti-ship cruise missile (ASCM)
反舰战斗部 antiship warhead
反舰作战 anti-surface warfare (ASuW)
反舰作战能力 ASuW capability
反介入 antiaccess (A2)
反介入/区域拒止 anti-access/area denial (A2/AD)
反介入/区域拒止环境 anti-access/area denial environment
反介入/区域拒止武器系统 anti-access/area denial weapon system
反空中目标爆炸破片战斗部 blast-fragmentation antiair warhead
反空中目标战斗部 anti-air-target warhead
反恐 antiterrorism (AT)
反恐 counterterrorism (CT)
反恐行动 counter-terror operations
反恐行动 counterterrorism operations
反馈 feedback
反馈比 feedback ratio
反馈电流 feedback current
反馈电路 feedback circuit
反馈电路 feedback network
反馈电阻 feedback resistance
反馈电阻器 feedback resistor
反馈电阻器热噪声 feedback resistor thermal noise
反馈电阻器热噪声电压 feedback resistor thermal noise voltage
反馈电阻值 feedback resistor value
反馈方程 feedback equation
反馈放大器 feedback amplifier
反馈回路 feedback loop
反馈控制 feedback control
反馈模式 feedback mode
反馈模型 feedback model
反馈通道 feedback channel
反馈通道 feedback path
反馈网络 feedback network
反馈增益 feedback gain
反馈装置 positioner
反馈阻抗 feedback impedance
反扩散 (反大规模杀伤武器和导弹扩散) counterproliferation (CP)
反雷达导弹 anti-radar missile (ARM)
反雷达导弹 Antiradar Missile (ARM)
反雷达防空压制导弹 antiradar defense suppression missile
反两栖登陆 anti-amphibious landing
反量 inverse
反跑道武器 runway-denial weapon
反偏电阻 reverse bias resistance
反偏伏安曲线 reverse bias V-I curve
反偏伏安曲线 reverse bias voltage-current curve
反偏击穿 reverse bias breakdown
反偏击穿电压 reverse bias breakdown voltage
反偏压 reverse bias
反欺骗 counterdeception
反潜导弹 anti-submarine warfare missile
反潜的 anti-submarine
反潜火箭弹 Anti-Submarine Rocket (ASROC)
反潜战 Antisubmarine Warfare (ASW)
反潜作战 anti-submarine warfare (ASW)
反潜作战 antisubmarine warfare (ASW)
反潜作战导弹 anti-submarine warfare missile
反潜作战飞机 anti-submarine warfare aircraft
反潜作战直升机 anti-submarine warfare helicopter
反情报(行动) counterintelligence (CI)
反情报保障业务 counterintelligence support
反情报成果 counterintelligence production
反情报调查 counterintelligence investigations

反情报、监视与侦察 counter-intelligence, surveillance, and reconnaissance (C-ISR)
反情报、监视与侦察 counter-ISR (C-ISR)
反情报行动 counterintelligence operations
反情报业务 counterintelligence activities
反情报作战任务分派机构 counterintelligence operational tasking authority (CIOTA)
反射 reflection
反射 reverberation
反射薄膜 reflecting membrane
反射比 reflectance
反射波 reflected wave
反射波 reflection wave
反射材料 reflective material
反射辐射 reflected radiation
反射辐射亮度 reflected sterance
反射光 reflected light
反射激波 reflected shock
反射角 angle of reflection
反射角 reflected angle
反射镜 mirror
反射镜 reflector
反射镜电机 mirror motor
反射镜天线 mirror antenna
反射镜天线测量距离 reflector measurement distance
反射镜支座 mirror holder
反射镜轴 mirror shaft
反射镜组件 mirror assembly
反射炉 air furnace
反射率 reflectance
反射率 reflectivity
反射率测量实验室 Reflectivity Measurement Laboratory
反射面 reflecting surface
反射面 reflector
反射面天线 reflector antenna
反射膜 reflective coating
反射能力 reflectance
反射能量 reflected energy
反射器 reflector
反射器天线 reflector antenna
反射器透镜 reflector lens
反射式光学系统 reflective optics
反射损失 reflective loss
反射体 reflector
反射涂层 reflective coating
反射系数 reflection coefficient
反射信号 reflected signal
反射罩 reflector
反水面舰船导弹 antisurface ship missile
反水面舰船能力 anti-surface capability
反水面舰艇作战 anti-surface warfare (ASuW)
反水面舰艇作战能力 ASuW capability
反坦克导弹 anti-tank guided missile (ATGM)
反坦克导弹 anti-tank missile
反坦克导弹 antitank missile
反坦克导弹发射系统 anti-tank missile launching system (ATMLS)
反坦克底部攻击地雷 antitank belly-attack land mine
反坦克机载火箭弹 antitank aircraft rocket (ATAR)
反坦克战斗部 anti-tank warhead
反坦克制导武器 anti-tank guided weapon (ATGW)
反探测器激光器 anti-sensor laser
反威胁网络 countering threat networks (CTN)
反威胁作战 counter threat operations (CTO)
反威胁作战 counterthreat operations (CTO)
反卫星 anti-satellite (ASAT)
反卫星 antisatellite (ASAT)
反卫星导弹 anti-satellite missile
反卫星导弹 antisatellite missile
反卫星导弹 ASAT missile
反卫星导弹系统 anti-satellite missile system
反卫星武器 ASAT weapon
反无人机 counter-unmanned aerial system (C-UAS)
反无人机 counter-unmanned aerial vehicle (C-UAV)
反无人机导弹 counter-UAS missile
反无人机导弹 counter-unmanned aerial system missile
反无人机能力 anti-drone capability
反无人机武器 counter-drone weapon
反无人机系统 counter-drone system
反无人机系统 counter-UAS (CUAS)
反无人机系统 counter-unmanned aircraft system (C-UAS)
反无线电控制简易爆炸装置电子战 counter radio-controlled IED EW (CREW)
反向偏压击穿 reverse bias breakdown
反向速度梯度 inverse-velocity gradient
反相放大器 inverting amplifier
反相运算放大器 inverting operational amplifier
反型层 inversion layer
反宣传战 counterpropaganda operations
反巡航导弹能力 anti-cruise missile capability
反隐身 antistealth
反应 reaction
反应产物 reaction product
反应剂 (化学) reactant
反应流体 reactive fluid
反应气体 reacting gas
反应区 reaction zone
反应热 heat of reaction
反应速度 reaction velocity
反应物 (化学) reactant
反应物质 (化学) reactant substance
反应性塑化剂 reactive plasticizer
反应装甲 reactive armor
反硬目标战斗部 anti-hard-target warhead

反游击作战　counterguerrilla operations
反战术弹道导弹　Anti-Tactical Ballistic Missile (ATBM)
反制武器　counter weapon
反装甲导弹　anti-armor missile
反装甲导引头　anti-armor seeker
反装甲集束弹药　Anti-armor Cluster Munition (ACM)
反装甲能力　anti-armour capability
反装甲武器　anti-armour weapon
反装甲系统　anti-armour system
反装甲型号　anti-armour version
反装甲战斗部　anti-armor warhead
反作用　reaction
反作用力　reaction
反作用力　reaction force
反作用力天平　reaction balance
反作用射流控制　reaction jet control
反作用射流脉动控制　reaction jet impulse control
反作用射流/射流相互作用控制　reaction jet/jet interaction control
反作用射流推力矢量控制　reaction jet thrust vector control
反作用射流推力矢量控制　reaction jet TVC
反作用装甲　reactive armor
返厂维修件　retrograde
返工　*v.* & *n.*　rework
返回　return (R)
返回点　（加工中心刀具）return point
返回管道　（滚珠丝杠组件的滚珠）return tube
返回基地　return to base (RTB)
返回平面　R-plane
返回平面　return plane
返回式夹角反射器　retro-corner reflector
返回式阵　retro array
范阿塔阵　Van Atta array
范艾伦带　Van Allen belt
范艾伦辐射带　Van Allen belt
范堡罗航展　（英国）Farnborough Airshow
范围　area
范围　bracket
范围　margin
范围　range (R)
范围　region
范围　scope
范围　spectrum

fang

方案　concept（指设计、思路等）
方案　scheme（指东西的匹配组合，如颜色、油漆）
方案阶段　conceptual phase
方案论证　concept definition
方案确定　concept definition
方案设计　conceptual design
方案设计方法　conceptual design method
方案研究　conceptual study
方案研究　paper study
方案验证　proof of concept
方案验证矩阵　proof-of-concept matrix
方案验证试验　proof-of-concept testing
方案征询书　request for proposal (RFP)
方板单元　square plate element
方便　facility
方波　square wave
方波调制　square-wave chopping
方波信号　square-wave signal
方舱　shelter
方差　variance
方程　equation
方锉　square file
方法　approach
方法　method
方法论　methodology
方块图　block diagram
方框天线　quad loop antenna
方面　aspect
方蜷线形单元　square spiral element
方式　approach
方式　mode
方栓　spline
方体导弹　square missile
方位　aspect
方位　bearing
方位　orientation
方位导引天线　azimuth guidance antenna
方位-航向指示器　bearing-heading indicator
方位角　azimuth (az)
方位角　azimuth angle
方位角　bearing
方位角指示器　azimuth indicator
方位仪表着陆系统天线　azimuth ILS antenna
方位仪表着陆系统天线　azimuth instrument landing system antenna
方位指示器　bearing indicator
方向　bearing
方向　direction
方向　orientation
方向舵操纵效能　rudder control effectiveness
方向舵偏转　rudder deflection
方向精度比较　bearing accuracy comparison
方向图　（天线）pattern
方向图方法　pattern method
方向稳定性　directional stability
方向性　directivity
方向余弦　direction cosine
方形齿　square teeth

方形导弹 square missile
方形的 square
方形环天线 square loop antenna
方形螺母 square nut
方形螺旋 square helix
方形探测器 square detector
方形套筒夹头块 square-shaped collet block
方型材 square profile
方针 direction
方锥天线 square cone antenna
芳族聚酰胺 aramid
防爆挡板 blast shield
防爆电气系统 explosion-proof electrical system
防爆设施 explosion-resistant facility
防潮密封盖 moisture sealing cap
防尘防潮密封件 dust and moisture seal
防尘盖 dust cover
防尘呼吸面罩 dust respirator
防尘帽 dust cap
防尘帽 protective dust cap
防尘面罩 dust mask
防毒面罩 mask respirator
防毒面罩 respirator
防范大规模杀伤武器国家军事战略 National Military Strategy to Combat Weapons of Mass Destruction (NMS-CWMD)
防辐射罩 antiradiation cover
防腐 corrosion control
防腐 preservation
防腐处理 corrosion control
防腐的 anticorrosive
防腐的 preservative
防滚转螺旋拉伸弹簧 roll restraint helical tension spring
防滚转直头销 roll restraint straight headed pin
防护 protection
防护 *vt.* safeguard
防护 shielding
防护板 protective panel
防护材料 shielding
防护的 preservative
防护的 protective
防护服 protective clothing
防护盖 protecting cover
防护橡胶垫 protective rubber
防护性雷场 protective minefield
防护压垫 （包装用）gland
防护罩 guard
防护装甲 protective armor
防护装置 protection
防护装置 protector
防滑鞋 slip-resistant shoes
防化任务资格认证培训 chemical defense task qualification training (CDTQT)
防化学品护目镜 chemical goggles
防回流挡板 blow back prevention shield
防火 fire safety
防火花的 spark-proof
防火手套 fire-resistant gloves
防溅护目镜 splash goggles
防静电打火鞋 spark-proof shoes
防静电工作面 antistatic work surface
防静电工作台 static-safe workstation
防卡死螺纹润滑剂 anti-seize thread compound
防卡死润滑剂 anti-seize compound
防空 air defense (AD)
防空部队指挥官 defense force commander (DFC)
防空层 layer of air defence
防空导弹 anti-air missile
防空导弹 antiaircraft missile
防空导弹截击区 missile engagement zone (MEZ)
防空分区 air defense region
防空高炮 air defence gun
防空火炮 air defense artillery (ADA)
防空火炮 Anti-Aircraft Artillery (AAA)
防空火炮 Antiaircraft Artillery (AAA)
防空警报等级 air defense warning condition (ADWC)
防空雷达 air-defence radar
防空能力 air defence capability
防空区 air defense area
防空驱逐舰 Air Warfare Destroyer (AWD)
防空识别区 air defense identification zone (ADIZ)
防空体系 air defence architecture
防空武器 anti-aircraft weapon
防空武器系统 air defense weapon system
防空武器系统 antiair weapon system (AAWS)
防空系统 air defence system
防空小分区 air defense sector
防空小区 air defense sector
防空型(战斗机) air defence variant (ADV)
防空型战斗机 air defence variant fighter
防空与反导 air and missile defense (AMD)
防空与反导技术 air and missile defense technology
防空与反导雷达 Air and Missile Defense Radar (AMDR)
防空与反导系统 air and missile defence system (AMDS)
防空与反导系统 air and missile defense system (AMDS)
防空与反导系统(生产线) （雷神技术公司导弹系统事业部的）Air and Missile Defense Systems (A&MDS)
防空与反导作战 air and missile defense operations
防空作战 anti-air warfare (AAW)
防扩散安全倡议 proliferation security initiative (PSI)
防区内的 stand-in
防区内攻击武器 Stand-in Attack Weapon (SiAW)
防区内进攻性作战 stand-in offensive operations

防区内武器 stand-in weapon
防区外打击 stand-off strike
防区外打击导弹 standoff strike missile
防区外弹药 stand-off munitions
防区外的 stand-off
防区外的 standoff
防区外对地攻击导弹 Standoff Land-Attack Missile (SLAM)
防区外对地攻击导弹—增强型 Standoff Land Attack Missile-Expanded Response (SLAM-ER)
防区外发射生存能力 standoff survivability
防区外干扰 stand-off jamming (SOJ)
防区外干扰机 stand-off jammer (SOJ)
防区外滑翔弹药 stand-off glide munition
防区外监视能力 standoff surveillance capability
防区外进攻性作战 standoff offensive operations
防区外平台 standoff platform
防区外射程 stand-off range
防区外射程 standoff range
防区外武器 stand-off weapon
防区外武器 standoff weapon
防区外巡航导弹 standoff cruise missile
防扰动密封胶 tamper-proof sealant
防渗透纸 barrier paper
防水汽呼吸面罩 vapor respirator
防松垫圈 lock washer
防松螺母 jam nut
防松螺母 locknut
防松螺栓 locking bolt
防卫 defence (英国拼写形式)
防卫 defense (美国拼写形式)
防务 defence (英国拼写形式)
防务 defense (美国拼写形式)
防锈的 anti-rust
防锈的 anticorrosive
防锈的 corrosion inhibiting
防锈的 corrosion-resistant
防锈蚀化合物 corrosion preventive compound
防锈油 petrolatum
防御 defence (英国拼写形式)
防御 defense (美国拼写形式)
防御辅助设备 defensive aids suite (DAS)
防御辅助系统 Defensive Aids System (DAS)
防御辅助装置 defensive aids suite (DAS)
防御辅助子系统 defensive aids sub-system (DASS)
防御管理体系 Defensive Management System (DMS)
防御管理体系现代化 Defensive Management System Modernization (DMS-M)
防御和电子器件局 (英国国防部) Defence and Electronics Components Agency (DECA)
防御设施 defence (英国拼写形式)
防御设施 defense (美国拼写形式)
防御手段 defence (英国拼写形式)
防御手段 defense (美国拼写形式)
防御武器系统 Defensive Weapon System (DWS)
防御系统 defence system
防御性对空(作战) defensive counterair (DCA)
防御性对空作战 defensive counterair operations
防御性对太空(作战) defensive counterspace (DCS)
防御性对太空作战 defensive counterspace operations
防御性雷场 defensive minefield
防御性雷区 defensive minefield
防御性太空控制 defensive space control (DSC)
防御性网络空间作战 defensive cyberspace operations (DCO)
防御性网络空间作战—内部防御措施 defensive cyberspace operations-internal defensive measures (DCO-IDM)
防御性网络空间作战—应对行动 defensive cyberspace operations-response actions (DCO-RA)
防御性信息战 defensive information warfare (DIW)
防御压制 defense suppression
防御研究小组 Defence Research Group (DRG)
防御战略指南 Defense Strategic Guidance (DSG)
防御装备管理局 (瑞典) Defence Materiel Administration
防御作战训练能力 Defence Operational Training Capability
防振块 snubber wedge
防振片 snubber
防振片 snubber blade
防振片安装底座组件 snubber mount fitting assembly
防振片底座 snubber fitting
防振片释放杆 snubber release rod
防振片转换杆 snubber release rod
防振器 snubber
防振器组件 snubber assembly
防振销 snubber pin
防振装置 snubber assembly
防振装置 snubbing device
防止 *vt.* avoid
防止 avoidance
防止 *vt.* prevent
防止 prevention
防撞地软件 anti-ground collision software
防撞雷达 anti-collision radar
防撞软件 anti-collision software
妨碍性雷场 nuisance minefield
仿形车削 contour turning
仿形锯切 contour sawing
仿真 (软件) emulation
仿真 simulation
仿真保障 simulation support
仿真程序 emulation program (在真实的环境中运行)
仿真程序 simulation program (在模拟的环境中运行)
仿真程序 simulator (在模拟的环境中运行)

仿真的 simulated
仿真的空中目标 simulated air target
仿真的威胁 simulated threat
仿真工具 simulation tool
仿真环境开发和执行计划 Simulation Environment Development and Execution Plan（SEDEP）
仿真技术 simulation technique
仿真控制模型 simulation control model
仿真器 emulator（利用真实环境对系统、装置、软件等进行模拟）
仿真器 simulator（利用人工构建的环境对系统、装置、软件等进行模拟）
仿真设备 simulator
仿真条件 simulated condition
仿真/验证技术 simulation/validation technology
仿真运行 simulation run
仿真支持 simulation support
访问 access
访问端口 access port
放大倍数 （透镜）power
放大镜 magnifying glass
放大器 amplifier（Amp）
放大器板 amplifier card
放大器饱和 amplifier saturation
放大器等效输入电流噪声 amplifier equivalent input current noise
放大器等效输入电压 amplifier equivalent input voltage
放大器等效输入电压噪声 amplifier equivalent input voltage noise
放大器电路 amplifier circuit
放大器滚降 amplifier roll-off
放大器接线图 amplifier wiring diagram
放大器结构 amplifier configuration
放大器开环增益 open-loop amplifier gain
放大器跨阻 amplifier transimpedance
放大器输出 amplifier output
放大器输入 amplifier input
放大器输入电流噪声 amplifier input current noise
放大器输入级 amplifier input stage
放大器稳定性 amplifier stability
放大器性能 amplifier performance
放大器噪声 amplifier noise
放大器噪声电压 amplifier noise voltage
放大器增益 amplifier gain
放大器振荡 amplifier oscillation
放大系数 amplification factor
放大因素 amplifying factor
放大因子 amplification factor
放大因子 amplifying factor
放电 discharge
放电加工 electrical discharge machining（EDM）
放气 *v.* outgas
放气 outgassing
放气材料 outgassing material
放气过程 outgassing process
放热的 exothermic
放热化学反应 exothermic chemical reaction
放射性沉降 fallout
放射性沉降 radioactive fallout
放射性沉降物 fallout
放射性沉降物 radioactive fallout
放射性辐射装置 radiological exposure device（RED）
放射性散布装置 （不包括核爆炸装置）radiological dispersal device（RDD）
放射性危害 radiological hazard
放置 placement

fei

飞刀 （单刃，用于铣平面）fly cutter
飞航式导弹 aerodynamic missile
飞机 （尤其是军用飞机）aviation
飞机安装试验 （发射架）aircraft installation test
飞机保障设备 Aircraft Support Equipment（ASE）
飞机编号 Aircraft No.
飞机存储系统 aircraft memory system
飞机/导弹集成 aircraft/missile integration
飞机/导弹系统操作 aircraft/missile system operation
飞机/导弹综合 aircraft/missile integration
飞机/导弹组合(系统) aircraft/missile combination
飞机的流场 aircraft flow field
飞机的目标定位系统 aircraft targeting system
飞机电缆 aircraft cable
飞机抖振 aircraft buffeting
飞机对比度 aircraft contrast
飞机发射挂点 aircraft launch station
飞机发射及回收设备 Aircraft Launch and Recovery Equipment（ALRE）
飞机-发射架-导弹电气系统 aircraft-launcher-missile electrical system
飞机-发射架系统 aircraft-launcher system
飞机挂架 aircraft pylon
飞机海拔高度 aircraft altitude
飞机航空电子系统 aircraft avionics
飞机和发射装置战术接口 aircraft and launcher tactical interface
飞机兼容性 aircraft compatibility
飞机军械技术员 Aircraft Ordnance Technician
飞机军械维护拖车 Aircraft Armament Maintenance Trailer
飞机雷达 aircraft radar
飞机内部时分指令/响应多路传输数据总线 （美国军用标准 MIL-STD-1553）Aircraft Internal Time Division Command/Response Multiplex Data Bus
飞机欧拉角 aircraft Euler angle
飞机配置 aircraft configuration

飞机配装检查　aircraft fit check
飞机平台的生存能力　aircraft platform survivability
飞机平台的生存性　aircraft platform survivability
飞机起降区　landing area
飞机清洗剂　aircraft cleaning compound
飞机软件保障　aircraft software support
飞机上的挂装和卸载　aircraft loading/unloading
飞机生存设备　Aircraft Survivability Equipment (ASE)
飞机适配性检查　aircraft fit check
飞机速度　aircraft velocity
飞机涂料稀释剂　aircraft coating thinner
飞机/外挂物电气互连系统　(美国军用标准 MIL-STD-1760) Aircraft/Store Electrical Interconnection System
飞机外挂物分离试验　aircraft stores separation testing
飞机微波暗室试验设施　Aircraft Anechoic Test Facility (AATF)
飞机维护分队　Aircraft Maintenance Unit
飞机维护项目地面站　aircraft maintenance event ground station (AMEGS)
飞机维修单位　Aircraft Maintenance Unit
飞机位置　aircraft position
飞机武器挂点　aircraft armament station
飞机武器配置　aircraft configuration
飞机武器系统操作　aircraft weapon system operation
飞机形心　airframe centroid of the aircraft
飞机修理厂　aircraft repair plant
飞机研究与开发单位　(澳大利亚皇家空军) Aircraft Research and Development Unit (ARDU)
飞机掩蔽库　shelter
飞机遥测数据采集　aircraft telemetry data acquisition
飞机与人员的战术救援　tactical recovery of aircraft and personnel (TRAP)
飞机与仪表润滑脂　aircraft and instrument grease
飞机炸弹挂架　aircraft bomb rack
飞机制造界　aviation
飞机制造商　aircraft manufacturer
飞机制造商　airframer
飞机制造业　aviation
飞机质心　airframe centroid of the aircraft
飞机中级维护部　Aircraft Intermediate Maintenance Department (AIMD)
飞机状态信息　aircraft status information
飞机总库存　Total Aircraft Inventory (TAI)
飞机总量　Total Aircraft Inventory (TAI)
飞控舱　flight control section
飞控电源　flight control power supply
飞控供电　flight control power supply
飞控计算机　flight control computer
飞控计算机自检　flight control computer self-test
飞控系统传感器　flight control system sensor
飞控自检　flight control self-test
飞控组件　flight control assembly (FCA)
飞控组件　flight control unit (FCU)
飞轮　flywheel
飞轮　wheel
飞轮拉出装置　(陀螺) flywheel extraction device
飞入目标区　fly-in
飞散场　dispersion pattern
飞散角　angle of dispersion
飞散角　ejection angle
飞散面　dispersion pattern
飞向目标的时间　time to target (TTT)
飞行　flight (flt)
飞行　travel
飞行安全操作认证　Safe-For-Flight Operations Certification
飞行安全性　safety of flight
飞行安全性　safety of operation
飞行包线　flight envelope
飞行表演队　demonstration squadron
飞行参数　flight parameter
飞行成本低的飞机　cheap-to-fly aircraft
飞行大队　group
飞行待命　flight readiness
飞行弹道　flight trajectory
飞行弹道分布情况　flight trajectory pattern
飞行弹道规划　flight trajectory shaping
飞行的　airborne
飞行的　flying
飞行动作　flight maneuver
飞行段　segment
飞行方向　flight direction
飞行方向变化　heading change
飞行辅助设备　flight aids
飞行工程师　flight engineer (FE)
飞行管理系统　Flight Management System (FMS)
飞行轨迹　flight path
飞行轨迹　line of flight
飞行轨迹剖面图　flight profile
飞行轨迹倾角　flight-path angle
飞行过载　acceleration
飞行航路　flight path
飞行后分析　debriefing
飞行后分析　post-flight debriefing
飞行后分析　postflight analysis
飞行后汇报　debriefing
飞行后汇报　post-flight debriefing
飞行后检查　postflight examination
飞行环境变化　flight environment variation
飞行机动　flight manoeuvre
飞行机组信息档案　flight crew information file (FCIF)
飞行集成计划　flight integration programme
飞行集成项目　flight integration programme
飞行计算机　Flight Computer (FCP)
飞行计算机组件　Flight Computer Assembly (FCA)
飞行甲板　flight deck

飞行甲板军官 flight deck officer（FDO）
飞行甲板认证 Flight Deck Certification（FDC）
飞行鉴定 flight certification
飞行阶段 flight phase
飞行距离 flight range
飞行距离要求 flight range requirement
飞行可靠性 flight reliability
飞行控制 flight control
飞行控制备选方案 flight control alternative
飞行控制备选方式 flight control alternative
飞行控制传感器 flight-control sensor
飞行控制电池 flight control battery
飞行控制舵机 flight control actuator
飞行控制面展宽 flight control surface span
飞行控制速率动力学特性 flight control rate dynamics
飞行控制算法 flight control algorithm
飞行控制特性 flight control characteristics
飞行控制系统 Flight Control System（FCS）
飞行控制形式 （如尾舵控制、鸭舵控制、翼面控制） type of flight control
飞行控制选项 flight control alternative
飞行控制指令 flight control command
飞行控制组件 flight control assembly（FCA）
飞行控制组件 flight control unit（FCU）
飞行联队 air wing
飞行路径角 flight-path angle
飞行路线 line of flight
飞行马赫数 flight Mach number
飞行模拟器 flight simulator
飞行模拟器光具座 flight simulator optical bench
飞行评估卷宗 flight evaluation folder（FEF）
飞行评估文件夹 flight evaluation folder（FEF）
飞行剖面 flight profile
飞行剖面 profile
飞行剖面编程 flight profile programming
飞行剖面规划 flight profile programming
飞行剖面图 flight profile
飞行剖面图 profile
飞行器 air vehicle
飞行器 vehicle
飞行器电源分系统 air vehicle power subsystem
飞行器惰性质量 inert vehicle mass
飞行器干质量 empty vehicle mass
飞行器干质量 final vehicle mass
飞行器管理系统 vehicle management system（VMS）
飞行器即时质量 instantaneous vehicle mass
飞行器集成工作组 Flight Vehicle integration Panel（FVP）
飞行器静态试验 static vehicle test
飞行器空载质量 empty vehicle mass
飞行器控制系统 vehicle control system
飞行器类型 vehicle type
飞行器类型符号 vehicle type symbol
飞行器试验台 vehicle test stand
飞行器瞬时质量 instantaneous vehicle mass
飞行器质量 vehicle mass
飞行器质量比 vehicle mass ratio
飞行器最终质量 final vehicle mass
飞行前发动机评定试验 preliminary flight rating test（PFRT）
飞行前发动机评定试验设施 PFRT facility
飞行前方位确定 preflight orientation
飞行前评定试验 （发动机）preliminary flight rating test（PFRT）
飞行前评审 pre-flight review
飞行人员 flight crew
飞行认证 flight certification
飞行任务 flight mission
飞行任务 mission（MSN）
飞行升限 flight ceiling
飞行时间 flight time
飞行时间 time of flight（TOF）
飞行时间 time to target（TTT）
飞行试验 flight test
飞行试验 flight trial
飞行试验编辑委员会 Flight Test Editorial Committee（FTEC）
飞行试验弹 flight-test missile
飞行试验/仿真相关分析 flight-test/simulation correlation
飞行试验工程师 flight test engineer
飞行试验几何关系图 flight test geometry
飞行试验计划 flight test program
飞行试验技术小组 Flight Test Techniques Group（FTTG）
飞行试验台 flight table
飞行试验台驱动 flight table drive
飞行试验项目 flight test program
飞行试验中队 Flight Test Squadron
飞行试验转台 flight table
飞行试验转台驱动 flight table drive
飞行数据记录仪 Flight Data Recorder（FDR）
飞行速度 flight speed
飞行速度 flight velocity
飞行损伤 in-flight damage
飞行所需电源 flight electrical power
飞行特性 flight characteristics
飞行梯队 echelon
飞行条件 flight condition
飞行稳定 flight stabilization
飞行稳定性 flight stability
飞行系统 airborne system
飞行系统 flight system
飞行系统军官 flight systems officer（FSO）
飞行小队 flight（flt）
飞行小时数 flight hours

飞行性能 flight performance
飞行性能 flyout performance
飞行性能包线 flight performance envelope
飞行性能敏感度研究 flight performance sensitivity study
飞行性能品质要素 （如重量、射程、机动能力和飞行时间）flight performance measure of merit
飞行性能指标 flight performance measure of merit
飞行学员训练 Undergraduate Pilot Training（UPT）
飞行训练联队 Flight Training Wing（FTW）
飞行验证 flight demonstration
飞行员 airman
飞行员 pilot
飞行员/飞行器接口 Pilot/Vehicle Interface（PVI）
飞行员手册 pilot's manual
飞行员训练基础设施 pilot training infrastructure
飞行员助手 Pilot's Associate（PA）
飞行执勤时间 flight duty period（FDP）
飞行中 mid-flight
飞行中重新定位 in-flight retargeting
飞行中重新瞄准 in-flight retargeting
飞行中的 in-flight
飞行中的 inflight
飞行中的报告 inflight report（INFLTREP）
飞行中段 （弹道导弹）midcourse phase
飞行中目标定位 in-flight targeting
飞行中目标数据更新 in-flight target update（IFTU）
飞行终止系统 Flight Termination System（FTS）
飞行状态 flight regime
飞行状态图 flight regime
飞行准备 flight preparation
飞行姿态 flight attitude
飞行综合计划 flight integration programme
飞行综合项目 flight integration programme
飞鱼 （法国反舰导弹）Exocet
飞越 flyover
飞越架次 flyover sortie
飞越近炸引信 proximity fly-over fuze
飞越试验 fly-over test
飞越试验 （引信）flyover test
非半无限干扰 non-semi-infinite interaction
非保单大修厂修理 non-warranty depot repair
非保单内场修理 non-warranty depot repair
非保修件 non-warranted item
非本征的 extrinsic
非本征光电导探测器 extrinsic photoconductor detector
非本征光电导体 extrinsic photoconductor
非本征红外探测器 extrinsic IR detector
非本征探测器 extrinsic detector
非本征锗光电导体 extrinsic germanium photoconductor
非本征状态 extrinsic regime
非标准术语 nonstandard term
非拨款经费 nonappropriated funds（NAF）
非常规飞行控制 unconventional flight control
非常规协助救援 nonconventional assisted recovery（NAR）
非常规协助救援 unconventional assisted recovery（UAR）
非常规协助救援协调室 unconventional assisted recovery coordination cell（UARCC）
非常规作战 unconventional warfare（UW）
非成像红外系统 nonimaging IR system
非成像探测器 non-imaging detector
非成像制导系统 non-imaging guidance system
非冲击式喷嘴 nonimpinging injector
非重现的 non-recurring
非重现的 nonrecurring
非传统型情报、监视和侦察 non-traditional intelligence, surveillance and reconnaissance（NTISR）
非等温壁效应 nonisothermal wall effect
非典型目标 （如无人机和小型飞机）atypical target
非电子情报数据 non-electronic intelligence data
非电子情报数据 non-ELINT data
非定常 unsteadiness
非定常流 unsteady flow
非定常流动 unsteady flow
非定常性 unsteadiness
非定期维护 unscheduled maintenance
非动力部件 nonpropulsive equipment
非动力的 nonpropulsion
非动力的 nonpropulsive
非动能导弹 non-kinetic missile
非动能的 non-kinetic
非动能攻击 non-kinetic attack
非动能积极防御系统 non-kinetic active defense
非动能武器 non-kinetic effects
非动能武器 non-kinetic weapon
非动能效应 non-kinetic effects
非动能主动防御系统 non-kinetic active defense
非对称变形 asymmetrical distortion
非对称的 asymmetric
非对称的 asymmetrical
非对称的 nonsymmetric
非对称的 nonsymmetrical
非对称反应 asymmetrical response
非对称分离 nonsymmetric separation
非对称挂载 asymmetric carriage
非对称剖面 nonsymmetrical profile
非对称作战 asymmetric operations
非对齐的 unaligned
非对准的 unaligned
非反射材料 non-reflective material
非腐蚀性的 non-corrosive
非各向同性的 non-isotropic
非各向同性点源阵 non-isotropic point sources array
非关键性改动 noncritical change

非核大规模杀伤武器 nonnuclear weapons of mass destruction
非核弹头 non-nuclear warhead
非核战斗部 non-nuclear warhead
非环境的 nonenvironmental
非混合自燃的 non-hypergolic
非机动飞行 nonmaneuvering flight
非机动目标 non-maneuvering target
非加速飞行 nonaccelerating flight
非金属材料 nonmetal material
非金属的 nonmetallic
非金属刷 non-metallic brush
非金属研磨垫 non-metallic abrasive mat
非金属硬毛刷 nonmetallic stiff bristle brush
非紧急目标 non-time-critical target
非紧迫目标 non-time-critical target
非经常性成本 non-recurring cost
非经常性成本 nonrecurring cost
非经常性成本数据 non-recurring cost data
非经常性工程支持 non-recurring engineering support
非竞争性程序 non-competitive procedure
非绝热结构材料 uninsulated structure material
非军事化 demilitarization
非均匀密度 uneven density
非均匀密度体 uneven density
非均匀响应 nonuniform response
非均匀性 nonuniformity
非均匀性补偿 nonuniformity compensation (NUC)
非空气动力学的受力 nonaerodynamic force
非空中平台 non-airborne platform
非控制滚转 *vi.* roll off
非控制滚转 roll-off
非累积抖动 noncumulative jitter
非离子型去污剂 non-ionic detergent
非离子型洗涤剂 non-ionic detergent
非理想炸药 nonideal explosive
非密网络 unclassified network
非瞄准发射的 non-line-of-sight (NLOS)
非瞄准线目标 non-line-of-sight target
非模糊距离 unambiguous range
非磨蚀擦垫 non-abrasive pad
非目标 non-target
非目标相关导引 non-target-related guidance
非粘性的 inviscid
非欧姆式压降 nonohmic voltage drop
非耦合自动驾驶仪通道 uncoupled autopilot channel
非配合表面 non-mating surface
非配合表面 nonmating surface
非配合面 non-mating surface
非配合面 nonmating surface
非频变天线 frequency independent antenna
非平衡壁面压强 unbalanced wall pressure
非平衡态 nonequilibrium
非破坏性电子战 nondestructive electronic warfare
非侵入光学法 nonintrusive optical method
非软件的 nonsoftware
非设计条件 off-design condition
非设计状态 off-design condition
非实根 unrealistic root
非实时仿真 non-real time simulation
非视线的 non-line-of-sight (NLOS)
非视线攻击导弹 non-line-of-sight missile
非视线目标 non-line-of-sight target
非弹性现象 nonelastic behavior
非碳氢胶体燃料 nonhydrocarbon gelled fuel
非突防型飞机 non-penetrating aircraft
非稳定流 unsteady flow
非稳定流动 unsteady flow
非稳态传热分析 transient heat transfer analysis
非现役训练 inactive duty training
非线性 nonlinearity
非线性的 nonlinear
非线性可压缩性 nonlinear compressibility
非线性流 nonlinear flow
非线性流动 nonlinear flow
非线性粘弹性特征 nonlinear viscoelastic behavior
非线性粘弹性应力理论 nonlinear viscoelastic stress theory
非线性气动效应 nonlinear aerodynamic effect
非线性探测器 nonlinear detector
非线性效应 nonlinear effect
非线性修正 nonlinear correction
非相参积累 noncoherent integration
非相参雷达 noncoherent radar
非相干的 incoherent
非相干的 noncoherent
非相干雷达 noncoherent radar
非相似点源阵 dissimilar point sources array
非协调的 unaligned
非研发项目—弹载测量单元 Non-Developmental Item-Airborne Instrumentation Unit (NDI-AIU)
非研制项目 nondevelopment items (NDI)
非一次性可损耗的 attritable
非一次性可损耗无人机 attritable UAS
非一次性可损耗无人机 attritable unmanned aerial system
非隐身布局 non-stealth configuration
非隐身长航时无人机系统 non-stealth long-endurance UAS
非隐身的 non-stealth
非隐身的 non-stealthy
非隐身飞机 non-stealth aircraft
非隐身攻击机 non-stealth strike aircraft
非隐身配置 non-stealth configuration
非隐身亚声速巡航导弹 non-stealth subsonic cruise missile

非永久雷 nonpersistent mine
非预期目标 unanticipated target
非预期效果 unintended effect
非预期效应 unintended effect
非预期仪表气象条件 inadvertent instrument meteorological conditions (IIMC)
非圆砂轮 out-of-round grinding wheel
非圆升力弹体 noncircular lifting body
非圆形弹体 noncircular body
非圆形弹体导弹 noncircular missile
非圆形弹体空气动力学 noncircular body aerodynamics
非圆形截面 noncircular cross section
非战斗弹 （包括各种训练弹）nonservice missile
非战斗负伤 nonbattle injury (NBI)
非战斗装载 administrative loading
非战斗装载 commercial loading
非战术导弹 （包括各种训练弹）nonservice missile
非折叠的 nonfolding
非振荡的 nonoscillatory
非正规目标 irregular target
非正规战争 irregular warfare (IW)
非正入射角 non-normal angle
非政府组织 nongovernmental organization (NGO)
非制导导弹发射 unguided missile launch
非制导的 dumb
非制导的 unguided
非制导分离发射 unguided separation launch
非制导分离试验 unguided separation test
非制导火箭弹 unguided rocket
非制导炮弹 unguided projectile
非制导炸弹 dumb bomb
非质保件 non-warranted item
非致冷红外导引头 uncooled IR seeker
非致冷硫化铅导引头 uncooled lead sulfide seeker
非致冷硫化铅导引头 uncooled PbS seeker
非致冷探测器 uncooled detector
非致命参照点 nonlethal reference point (NLRP)
非致命武器 non-lethal weapon (NLW)
非致命武器 nonlethal weapon (NLW)
非中心切削端铣刀 non-center-cutting endmill
非中心切削立铣刀 non-center-cutting endmill
非洲航空航天与防务(展览会) African Aerospace and Defence (AAD)
非轴对称弹体 nonaxisymmetric airframe
非轴对称的 non-axisymmetric
非轴对称的 nonaxisymmetric
非轴对称武器 non-axisymmetric weapon
非轴向运动命令 （数控车床）non-axis motion command
非轴向运动指令 （数控车床）non-axis motion command
非装载的 dismounted
非自燃的 diergolic
非自燃的 non-hypergolic
非作战撤离人员 noncombatant evacuees
非作战撤离行动 noncombatant evacuation operation (NEO)
非作战撤离行动跟踪系统 noncombatant evacuation operation tracking system (NTS)
非作战软件 non-tactical software
菲涅耳波瓣图 Fresnel pattern
菲涅耳区 Fresnel zone
废料 scrap
废料 waste
废料处理 waste treatment
废品 salvage
废品 scrap
废品处理 salvage
废弃 *vt.* discard
废弃 disposal
废弃处理指引 disposal guidance
废弃物 *n.* discard
废物处理 waste treatment
沸点 boiling point
沸点温度 boiling temperature
沸腾温度 boiling temperature
费马原理 Fermat's principle
费效比 cost-effect ratio
费效分析 cost effectiveness analysis
费用 cost
费用超支 cost overrun
费用估算 budget estimate
费用估算 cost estimate
费用估算分配 cost estimate distribution
费用可承受的 affordable
费用可承受的快速反应导弹演示样机 Affordable Rapid Response Missile Demonstrator (ARRMD)

fen

分包商/供应商审查 subcontractor/vendor review
分贝 decibel (dB)
分贝波瓣图 decibel pattern
分辨单元 resolution element
分辨率 resolution
分辨率测试卡 resolution chart
分辨率极限 resolution limit
分布 distribution
分布函数 distribution function
分布式地面通用系统 distributed common ground system (DCGS)
分布式地面站 distributed ground station (DGS)
分布式仿真工程实验流程 Distributed Simulation Engineering Experimentation Process (DSEEP)
分布式空中作战 distributed air operations
分布式孔径半主动激光导引头 distributed aperture

semi-active laser seeker（DASALS）
分布式孔径系统 Distributed Aperture System（DAS）
分布式联合作战 distributed joint operations
分布式任务实施 Distributed Mission Operations（DMO）
分布式任务训练 Distributed Mission Training（DMT）
分布式数据库 distributed database
分布式总线 distributed bus
分布式作战 distributed operations
分部 branch
分部 section
分层防御 layered defense
分层激光防御(系统) Layered Laser Defense（LLD）
分定基线 allocated baseline
分度法 indexing
分度规 （立式铣床）protractor
分度环 indexing ring
分度夹具 indexing fixture
分度孔 （分度头）indexing hole
分度器 indexer
分度手摇柄 （分度头）index crank
分度手摇柄 （分度头）indexing crank
分度手摇柄固定销 （分度头）index crank plunger pin
分度台 （加工过程中转动工件）rotary table
分度头 dividing head
分度头 index
分度头 indexing head
分度销 indexing pin
分段 section
分段 segment
分段管 segmented tube
分段射流 segmented jet
分段装药 segmented grain
分队 cell
分队 team
分队 unit
分发 dissemination
分发 distribution
分发点 distribution point
分发计划 distribution plan
分发渠道 distribution pipeline
分发系统 distribution system
分发主管 distribution manager
分幅相机 framing camera
分割段 division
分割段 section
分割物 partition
分隔器 （刀具存储盒）divider
分隔线 （情报资料）tear line
分构件 sub-part
分光波长 spectral wavelength
分光光度计 spectrometer
分光光谱仪 optical dispersing instrument
分光光谱仪 spectral dispersing instrument
分光仪 spectrometer
分划盘 disk
分阶段保障计划 phased support plan
分解 decomposing（用于化合物）
分解 decomposition（用于化合物）
分解 degradation（用于化合物）
分解 *v.* degrade
分解 disintegration（多指物体破碎）
分解 dissociation（用于化合物）
分解产物 decomposition product
分解的固体推进剂区 degraded solid propellant zone
分解点 （指分解温度）decomposition point
分解能 decomposition energy
分解器 resolver
分解器测试仪 resolver tester
分解器机械接头 resolver mechanical joint
分解器基座 resolver base
分解器接头 resolver adapter
分解器接头 resolver joint
分解器连接销 resolver joint pin
分解器摩擦力矩测试器 resolver friction moment tester
分解器调平衡装置 resolver balancing device
分解器轴承 resolver bearing
分解器轴承取出工具 resolver bearing remover
分解区 degradation zone
分解图 breakdown figure
分解物 decomposition product
分界线 boundary
分界线 （军事）line of demarcation
分界线 （指分模线）split line
分开 detachment
分类 categorization
分类 classification
分类标识 category designation
分类的 classified
分类号 classification number
分离 detachment
分离 （化学）extraction
分离 separation
分离舱 fallaway section
分离插头 separation connector
分离插头 separation plug
分离插座 separation socket
分离的 discrete
分离的 separate
分离的 separated
分离的 split
分离仿真 separation simulation
分离仿真预测 separation simulation prediction
分离火箭 （使下级火箭减速并分离）posigrade rocket
分离激波结构 separation shock-wave structure
分离建模 separation modeling

分离流动　separated flow
分离能级　discrete energy level
分离频率　discrete frequencies
分离气流　separated flow
分离器　extractor
分离情况　separation behavior
分离区　separated region
分离式霍普金森杆　split Hopkinson bar
分离式霍普金森压杆　split Hopkinson bar
分离试验　（发动机已点火；导轨式和弹射式发射架都适用）separation test
分离试验导弹　separation trials missile
分离效应　（炸弹投放）separation effect
分离信号　separation signal
分离与程控试验弹　separation and control test vehicle (SCTV)
分离与程控试验弹　separation-control test vehicle (SCTV)
分离与程控试验弹　separation/controlled test vehicle (SCTV)
分立的　discrete
分立电子元件　discrete electronic component
分立元件　discrete component
分立作战　（属于分布式作战，但相距较远）split operations
分量　component
分量误差　component error
分流　shunt
分流电阻器　diverter
分流电阻器　shunt
分流器　shunt
分路　arm
分路　branch
分路　shunt
分路转换　decommutation
分模线　split line
分母　denominator
分派　*vt.* assign
分配　allocation
分配　*vt.* assign
分配　distribution
分配基线　allocated baseline
分配经理　distribution manager
分配盘　distributor plate
分配器　distributor
分配请求　allocation request (ALLOREQ)
分配需求　allocation request (ALLOREQ)
分频表面　dichroic surface
分遣　*vt.* detach
分遣队　detachment
分区的　zonal
分区的　zoned
分区防空指挥官　sector air defense commander (SADC)
分区透镜　zoned lens
分区域防空指挥官　（为区域防空指挥官的下属）regional air defense commander (RADC)
分散　dispersion
分散控制　decentralized control
分散实施　decentralized execution
分散执行　decentralized execution
分散作战　distributed operations
分束器　beam splitter
分数　fraction
分数运算　fractional operation
分数值测量　fractional measurement
分数值刻度尺　fractional rule
分数钻头　（英制）fractional drill bit
分析　analysis
分析保障构想　Analysis Support Construct (ASC)
分析带宽　analysis bandwidth
分析法　analytical method
分析仿真　analytical simulation
分析、关联与融合　analysis, correlation, and fusion (ACF)
分析、关联与融合分队　analysis, correlation, and fusion team (ACFT)
分析论证　analytical study
分析师　analyst
分析天平　analytical balance
分析天平校准　analytical balance calibration
分析与结果　analysis and production
分析与评估　analysis and assessments
分析员　analyst
分系统　sub-system (SS)
分系统　subsystem (SS)
分系统布局　subsystem layout
分系统测试　subsystem test
分系统试验　subsystem test
分系统性能　subsystem performance
分系统之间的相互影响　subsystem interrelationship
分系统质量特性　subsystem mass property
分系统组装　subsystem packaging
分线盒　junction box
分相器　phase separator
分形天线　fractal antenna
分压　（指压力、压强）partial pressure
分压　（指电压）voltage division
分支　arm
分支机构　branch
分钟　minute
分子　（化学）molecule
分子　（数学）numerator
分子量　molecular weight
分子量　relative molecular mass
分子流　（一种气体流态）molecular flow

分子路径长度 molecular path length
分子密度 molecular density
分子筛干燥剂 molecular sieve desiccant
分子体积 molecular volume
分子运动论 kinetic theory
分子质量 molecular mass
分组件 subassembly
分组交错型外扭 （锯齿）raker set
分组交错型外扭 （锯齿）raker tooth setting pattern
氛围 atmosphere（ATM）
酚醛的 phenolic
酚醛隔热层 phenolic insulation
酚醛基体 phenolic matrix
酚醛绝缘层 phenolic insulation
酚醛树脂 phenolic resin
焚烧 incineration
粉末投放床 bed of casting powder
粉末压机 powder press

feng

风暴前兆 （MBDA 导弹系统公司的防区外空面导弹）Storm Shadow
风标 vane
风标气动面 weather-cocking surface
风洞 tunnel
风洞 wind tunnel
风洞模拟的飞行环境 wind tunnel-simulated flight environment
风洞模型漆流/油流 wind-tunnel model paint/oil flow
风洞模型油流 wind-tunnel model oil flow
风洞试验 wind-tunnel test
风洞试验 wind-tunnel testing
风力修正弹药布撒器 Wind Corrected Munitions Dispenser（WCMD）
风帽 ballistic cap
风帽 false ogive
风帽 windshield
风门 register
风扇开关 fan switch
风险管理 risk management（RM）
风险管理计划 Risk Management Program（RMP）
风险计划 enterprise
风险降低 risk mitigation
风险降低 risk reduction（RR）
风险评估 risk assessment（RA）
风险评估、分析和确认 risk assessment, analysis, and validation
封闭凹坑 closed pocket
封闭槽 closed slot
封闭环 closing ring
封闭解 closed-form solution
封闭空间 confined spaces
封闭熔炉 closed furnace
封面 cover page
封入物 enclosure
封装 package（指包装）
封装 packaging（指包装）
封装 potting（指电子部件的灌封）
封装材料 potting material
封装装置 packaged unit
峰峰信号 peak-to-peak signal
峰峰值 peak-to-peak value
峰间值 peak to peak value
峰值 peak
峰值波长 peak wavelength
峰值波长出射度 exitance at the peak wavelength
峰值电压 peak voltage
峰值功率 peak power
峰值光谱辐射出射度 peak spectral radiant exitance
峰值光谱响应度 peak spectral responsivity
峰值加速度 peak acceleration
峰值力 peak force
峰值生产 peak production
峰值透射率 peak transmittance
峰值响应 peak response
峰值响应度 peak responsivity
峰值压力 peak pressure
锋角 （麻花钻头）drill point angle
锋角 （麻花钻头）included angle
蜂蜡 beeswax
蜂群无人机 swarming drone
蜂群系统 swarm system
蜂群战术 swarm tactics
蜂群自主性 swarm autonomy
蜂窝材料 honeycomb
蜂窝电话测量距离 cell phone measurement distance
蜂窝电话天线 cell phone antenna
蜂窝结构 honeycomb
蜂窝式舵面结构 honeycombed fin structure
蜂窝式发射装置 honeycomb launcher
蜂窝-塔树 cell-tower trees
蜂窝通信卫星 Teledesic satellite
蜂窝芯材 honeycomb core
缝隙 slot
缝隙天线 slot antenna

fu

夫琅和费波瓣图 Fraunhofer pattern
夫琅和费区 Fraunhofer zone
敷镀金属 metallization
敷贴 lay-up
敷贴 layup
弗里斯传输公式 Friis transmission formula
伏安 voltage-current（V-I）

伏安曲线 V-I curve
伏安曲线 voltage-current curve
伏特 volt（V）
服务 service
服务合同 service contract
服务期限 viability
服现役令 activation
服现役义务 active duty service commitment（ADSC）
服役 operational service
服役 service
服役的 in-service
服役飞机 in-service aircraft
服役期 service life（S/L）
服役期间的工程改进 in-service engineering
服役期内可用时间 Serviceable-In-Service-Time（SIST）
服役期限 life span
服役期限 service life（S/L）
服役日期 In-Service Date（ISD）
氟 fluorine
氟化钡 barium fluoride
氟化钙 calcium fluoride
氟化锂 lithium fluoride
氟化镁 magnesium fluoride
氟利昂 Freon
氟橡胶 Viton
浮动船连 floating craft company
浮动滚珠轴承组件 floating ball bearing assembly
浮动丝锥柄 floating tap holder
浮力 buoyant force
符号 notation
符号 symbol
符号学 symbology
符合钝感弹药标准的火箭发动机 insensitive munition-compliant rocket motor
符合钝感弹药标准的推进剂 IM-compliant propellant
符合钝感弹药标准的推进剂 insensitive munition-compliant propellant
符合钝感弹药标准的战斗部 insensitive munition compliant warhead
幅度调制 amplitude modulation（AM）
幅度锥削阵 amplitude taper array
幅值 amplitude（Amp）（指波动的最大值）
幅值 magnitude（指量值）
幅值辨别 amplitude discrimination
幅值起伏 （目标的回波功率）amplitude scintillation
辐射 emission（强调辐射物质的产生和释放过程）
辐射 *v.* radiate
辐射 radiation（强调辐射能量的传输过程）
辐射暴露状态 radiation exposure status（RES）
辐射波长 emission wavelength
辐射测量 radiation measurement
辐射测量参数 radiometric parameter
辐射测量的 radiometric
辐射测量法 radiometry
辐射测量符号 radiometric symbol
辐射测量公式 radiometric formula
辐射测量计算 radiometric calculation
辐射测量技术 radiometry
辐射测量术语 radiometric nomenclature
辐射常数 radiation constant
辐射出射度 radiant exitance
辐射传递 radiative transfer
辐射传输 radiant transfer
辐射传输 radiative transfer
辐射的 radiant
辐射的 radiative
辐射电阻 radiation resistance
辐射度 radiant emittance
辐射度 radiant sterance
辐射度 radiometric sterance
辐射度的 radiometric
辐射度学 radiometry
辐射发射 Radiated Emission（RE）
辐射负载 radiant load
辐射干扰 Radiated Emission（RE）
辐射干扰 radiated interference
辐射功率 radiant power
辐射功率 radiated power
辐射功率 radiation power
辐射功率因子 radiation power factor
辐射光谱亮度 radiant spectral sterance
辐射光子入射度 radiant photon incidence
辐射环境 radiant environment
辐射计法 radiometer method
辐射计量标准 radiometric standard
辐射计量测试 radiometric test
辐射计量测试装置 radiometric test set
辐射计量的 radiometric
辐射计量定标 radiometric calibration
辐射计量检验 radiometric verification
辐射计量输入量 radiometric input
辐射计量术语 radiometric term
辐射计量特性 radiometric characteristics
辐射计量预测 radiometric prediction
辐射计算尺 radiation slide rule
辐射剂量 radiation dose
辐射剂量率 radiation dose rate
辐射角强度 （每单位立体角通过的辐射通量）radiant intensity
辐射孔遮板安放 shutter placement
辐射孔遮板材料 shutter material
辐射控制 emission control（EMCON）
辐射控制 emissions control（EMCON）
辐射亮度 radiance
辐射亮度 radiant sterance

辐射亮度 radiometric sterance
辐射亮度 sterance
辐射漏热 radiated heat leak
辐射率 emissivity
辐射率 radiant emittance
辐射能量 radiant energy
辐射屏蔽罩 radiation shield
辐射屏蔽组件 radiation shield assembly
辐射器 radiation emitter
辐射器 radiator
辐射强度 emission intensity
辐射强度 emittance
辐射强度 （每单位立体角通过的辐射通量）radiant intensity
辐射强度 radiation intensity
辐射曲线 emissive curve
辐射热测量仪 bolometer
辐射热电堆 radiation thermopile
辐射热负载 radiative heat load
辐射入射度 radiant incidence
辐射输入 radiant input
辐射探测器 radiation detector
辐射体 emitter
辐射体 *n.* radiant
辐射体 radiator
辐射通量 radiant flux
辐射危害 Radiation Hazard（RADHAZ）
辐射吸收 radiation absorption
辐射系数 emissivity
辐射系数 emissivity coefficient
辐射效率 radiation efficiency
辐射信号 radiant signal
辐射型威胁 radiation-emitting threat
辐射易感性 Radiated Susceptibility（RS）
辐射源 emitter
辐射源 radiation emitter
辐射源 radiation source
辐射源 radiator
辐射源 source
辐射源表面 source surface
辐射源定位 emitter location
辐射源定位系统 Emitter Locating System（ELS）
辐射源面积 source area
辐射源识别 emitter ID
辐射源识别 emitter identification
辐射源温度 source temperature
辐射源支座 radiation source holder
辐射致冷器 radiation cooler
辐射状齿 radial teeth
辐射状分发点 spoke
辐射阻抗 radiation impedance
辐照度 incidance（incidence 的另一种拼写形式）
辐照度 incidence
辐照度 irradiance
辐照通量密度 irradiance
俯冲角 dive angle
俯角 （飞机投放炸弹）depression angle
俯视图 top view
俯仰 pitch
俯仰建模 pitch modeling
俯仰力矩 pitch moment
俯仰力矩 pitch torque
俯仰力矩 pitching moment
俯仰力矩控制效率 pitching moment control effectiveness
俯仰力矩控制效率导数 pitching moment control effectiveness derivative
俯仰力矩稳定性 pitching moment stability
俯仰力矩系数 pitching moment coefficient
俯仰耦合通道 coupled pitch channel
俯仰与偏航位置 pitch-and-yaw position
俯仰轴 pitch axis
俯仰轴支撑 pitch axis support
俯仰自动驾驶仪 pitch lateral autopilot
辅助板 auxiliary card
辅助的 accessory
辅助的 ancillary
辅助的 auxiliary
辅助底座 auxiliary base
辅助电源 accessory power supply（APS）
辅助电源系统 auxiliary power system
辅助电源装置 auxiliary power unit（APU）
辅助吊挂 auxiliary hanger
辅助动力系统 auxiliary power system
辅助动力源 accessory power supply（APS）
辅助动力装置 auxiliary power unit（APU）
辅助工具 auxiliary tool
辅助功能 （数控机床编程）miscellaneous function
辅助技术 aiding
辅助卡 accessory card
辅助控制按钮 （数控机床）auxiliary control
辅助抛投 auxiliary jettison
辅助设备 ancillary equipment
辅助设备 auxiliary equipment
辅助推进系统 auxiliary propulsion system
辅助推力室 auxiliary thrust chamber
辅助卸货船 causeway
辅助性的 subsidiary
辅助性登陆 subsidiary landing
辅助悬挂设备 accessory suspension equipment（ASE）
辅助训练装置 auxiliary training device
腐蚀 *v.* corrode
腐蚀 corrosion
腐蚀 *v.* erode
腐蚀 erosion
腐蚀剂 *n.* corrosive

腐蚀坑　erosion pit
腐蚀坑　pit
腐蚀区域　eroded area
腐蚀效应　corrosion effect
腐蚀性的　corrosive
腐蚀性氯化物　corrosive chlorine compound
腐蚀性物质　*n.* corrosive
负电荷载流子　negative carrier
负电荷载流子　negative charged carrier
负电势　negative potential
负反馈　degeneration
负反馈　negative feedback
负反馈电阻器　degeneration resistor
负公差检查规　undersized gage
负公差圆柱塞规　minus size pin gage
负荷　load
负配合容差　（即过盈最大）negative allowance
负偏压　reverse bias
负前角　（车刀）negative back rake
负温度系数　negative temperature coefficient
负载　load
负载电阻　load resistance
负载电阻器　load resistor
负载流子　negative carrier
负载模拟器　load simulator
负载模拟器基板　load simulator base
负载线　load line
负载周期　duty cycle
负载阻抗　load impedance
负责办公室　responsible office
负责采办的空军助理部长　Assistant Secretary of the Air Force for Acquisition（ASAFA）
负增量升力　negative incremental lift
负增益　negative gain
负栅偏压　negative gate bias
附带脉内调制　incidental intrapulse modulation
附加安全系数　additional factor of safety
附加的　accessory
附加的　additional
附加的　additive
附加力　additive force
附加燃面　additional burning surface
附加效应　additive effect
附件　accessory
附件　attachment
附件盒　accessory box
附件卡　accessory card
附件箱　accessory case
附近　proximity
附录　appendix
附面层　boundary layer
附面层厚度　boundary layer thickness
附属的　accessory
附着　adhesion
附着力　adhesion
复传递函数　complex transfer function
复合　recombination
复合标准偏差　composite standard deviation
复合材料　*n.* composite
复合材料　composite material
复合材料发动机壳体　composite motor case
复合材料基体　composite matrix
复合材料基体取向　composite matrix orientation
复合材料结构　composite structure
复合材料壳体　composite case
复合弹体材料　composite airframe material
复合的　composite
复合的　compound
复合改性双基(推进剂)　composite-modified double-base（CMDB）
复合改性双基推进剂　composite-modified double-base propellant
复合高氯酸铵推进剂　composite ammonium perchlorate propellant
复合固体推进剂　composite solid propellant
复合固体推进剂药柱　composite solid propellant grain
复合结构材料　composite structure material
复合拉挤成形　composite pultrusion
复合双基推进剂　composite double-based propellant
复合推进剂　composite propellant
复合纤维缠绕　composite filament winding
复合纤维增强塑性材料　composite fiber-reinforced plastic material
复合硝铵推进剂　composite ammonium nitrate propellant
复合引信　combination fuze
复合硬体和导弹尾烟　Composite Hard-body And Missile Plume（CHAMP）
复合噪声　recombination noise
复合噪声曲线　composite noise plot
复合正弦板　compound sine plate
复合正弦盘　compound sine plate
复合制导　combined guidance
复合中心钻　center drill bit
复合中心钻　combination drill and countersink bit
复可见度　complex visibility
复偏差因子　complex deviation factor
复燃　afterburning
复燃区　afterburning region
复式刀架　compound rest
复式刀架法　（锥体车削）compound-rest method
复式刀架横向进给　compound rest in-feed
复数△**T** 直方图　complex delta-T histogram
复苏救护　resuscitative care
复位　reset
复位杆　return pin

复位销 reset rivet
复员 demobilization
复原 recovery
复原信息共享 resilient information sharing
复杂波形 （振动类型）complex waveform
复杂脉冲 complex pulse
复杂情况 complicated situation
复杂形状 complex shape
副 set
副瓣 minor-lobe
副瓣最大方向 minor-lobe maxima
副后刀面 （麻花钻头）margin
副偏角 （车刀）end cutting-edge angle
副切削刃 （车刀）end cutting edge
副切削刃 （车刀）front edge
副切削刃倾角 （车刀）side rake angle
副翼操纵效能 aileron control effectiveness
副翼偏转 aileron deflection
副油箱 drop-tank
副主轴 （数控车床）sub-spindle
赋形反射镜 shaped reflector
赋形偶极子八木-宇田阵 Landsdorfer array
傅科 （法国物理学家）Foucault
傅里叶变换 Fourier transform
傅里叶变换仪 Fourier transform instrument
傅里叶分量 Fourier component
傅里叶分析 Fourier analysis
傅里叶基波分量 fundamental Fourier component
富含粘结剂的复合推进剂 binder-rich composite propellant
富集的 concentrated
富燃料的 fuel-rich
富燃燃气 fuel-rich decomposed gas
富燃燃气发生器 fuel-rich gas generator
富燃推进剂 fuel-rich propellant
富碳材料 carbon-rich material
富氧环境 oxygen-rich environment
富氧燃气 oxidizer-rich decomposed gas
腹板 （梁的）web
腹部的 ventral
腹部二元进气道 underslung two-dimensional inlet
腹部挂载的 belly-mounted
腹部挂载的 underslung
腹部轴对称进气道 underslung axisymmetric inlet
腹点 antinode
腹挂式的 belly-mounted
覆盖 cover
覆盖区 （卫星发射机或传感器）footprint

G

ga

伽马射线　gamma ray

gai

改变　*v.* alter
改变　*n.* & *v.* change
改变　effect
改变路径或目的地　diversion
改变游戏规则的技术　game changer
改变游戏规则的技术　game changing technology
改变游戏规则的能力　game-changing capability
改变游戏规则者　game changer
改进　adaptation
改进　enhancement
改进　*v.* improve
改进　improvement
改进　modification
改进　*v.* modify
改进　*v.* refine
改进　update
改进办法　remedy
改进的　improved
改进的　modified (mod)
改进的综合障碍物透明图　modified combined obstacle overlay (MCOO)
改进设计的导弹　refined/resized missile
改进型常规弹药　improved conventional munitions (ICM)
改进型点防御地面导弹系统　Improved Point Defense Surface Missile System (IPDSMS)
改进型点防御水面导弹系统　Improved Point Defense Surface Missile System (IPDSMS)
改进型海麻雀导弹　（美国）Evolved SeaSparrow Missile (ESSM)
改进型目标截获系统　Improved Target Acquisition System (ITAS)
改进型杀伤战斗部　Improved Lethality Warhead (ILW)
改进型设计　replacement design
改进型一次性使用运载火箭　Evolved Expendable Launch Vehicle (EELV)
改进型诱饵测试仪编程器　Improved Decoy Tester-Programmer (IDTP)
改进型战术空射诱饵　Improved Tactical Air-Launched Decoy (ITALD)
改良常规弹药　improved conventional munitions (ICM)
改型　adaptation
改型　derivative
改型　（英国标识）mark (Mk)
改型　modification (mod)
改型　*v.* & *n.* retrofit
改型　variant
改型的　modified (mod)
改性复合推进剂　modified composite propellant
改性剂　modifier
改装　adaptation
改装　conversion
改装　modification (mod)
改装　*v.* & *n.* retrofit
改装的　modified (mod)
改装套件　mod kit
改装套件　modification kit
改装套件　retrofit kit
改装型　conversion
改装组件　modification kit
盖　cap
盖　closure
盖　cover
盖　enclosure
盖板　access panel
盖板　cover
盖板　cover plate
盖板压簧　cover spring
盖板组件　cover assembly
盖分组件　cover subassembly
盖烈特翼　（即高超声速导弹用的尖脊翼）caret wing
盖刷瓶　brush-cap bottle
盖体　cover housing
盖轴　cover shaft
盖轴撑耳　cover shaft support
概率　probability
概率分析　probabilistic analysis
概率密度函数　probability density function
概念　concept
概述　introduction
概要　*n.* general
概要计划　（军事）concept plan (CONPLAN)

gan

干膜厚度　dry film thickness

干膜润滑剂 dry lubricant
干扰 counter-measures
干扰 countermeasures (CM)
干扰 disturbance
干扰 interaction (指相互影响)
干扰 interference
干扰 jamming
干扰电平 interference level
干扰非定常性 interaction unsteadiness
干扰环境 jamming environment
干扰机 jammer
干扰机发射机功率 jammer transmitter power
干扰技术 jamming technology
干扰技术中心 Center for Countermeasures (CCM)
干扰距离 jamming range
干扰投放器 countermeasure dispenser
干扰投放系统 Countermeasures Dispensing Systems (CMDS)
干扰物 obscurant
干扰效应 interference effect
干扰信号回波 interfering signal return
干涉 interference
干涉度 degree in interference
干涉条纹 fringe
干涉图形 interference pattern
干涉效应 interference effect
干涉仪 interferometer
干式发射台 (没有针对尾焰的喷水冷却系统) dry emplacement
干式发射台 (没有针对尾焰的喷水冷却系统) dry stand
干信比 Jamming-to-Signal ratio (J/S)
干燥氮气 dry nitrogen gas
干燥剂 desiccant
干燥剂盒 desiccant container
干燥剂筐 desiccant basket
干燥剂装填孔 desiccant filling port
干燥筒 desiccant cartridge
甘油三乙酸酯 triacetin (TA)
坩埚 crucible
酐 anhydride
杆 bar
杆 (可调直角尺) beam
杆端 U 形接头 rod end clevis
杆端连接块 rod end connector
杆管(装药) rod and tube
杆件 rod
杆式内测千分尺 rod-style inside micrometer
杆式破片 rodlike fragment
杆形的 rod-shaped
感兴趣目标 Targets of Interest (TOI)
感应表面硬化 (用于中碳钢) induction hardening
感应地雷 influence mine
感应电机 induction motor
感应电流 induced current
感应器 inductor
感应区 induction zone
感应扫雷 influence sweep
感应式火箭发射器 induction rocket launcher
感应水雷 influence mine
感应系数 inductance
感应硬化 (用于中碳钢) induction hardening
干线 main
干线 main line

gang

刚度 rigidity
刚度 stiffness
刚度弹 structurally-representative missile
刚体 rigid body
刚体运动 rigid body motion
刚体转动 rigid body rotation
刚性 rigidity
刚性导弹 (忽略弹体变形) rigid missile
刚性攻丝 (丝锥是紧固不动的) rigid tapping
刚性连接件 rigid connecting link
刚性驱动连接件 rigid drive connecting link
刚性丝锥柄 (与浮动丝锥柄相对) rigid tap holder
刚性支架 rigid stand
刚性支柱 rigid stand
钢带层压壳体 steel strip laminate case
钢壳体发动机 steel-cased motor
钢坯 billet
钢球 steel ball
钢丝锯 wire saw
钢丝螺套 helical coil insert
钢丝螺套 helicoil
钢丝螺套 helicoil insert
钢丝螺套 insert
钢丝螺套 threaded helical coil insert
钢丝绳 wire rope
钢丝绳拉手 wire rope handle
钢质靶标 steel target
钢质杆条束 steel rod bundle
钢质壳体 steel shell
钢质目标 steel target
钢质球形压头 (洛氏硬度试验) ball penetrator
缸膛 cylinder bore
岗位名称 job title
岗位培训 on-the-job training (OJT)
港口 harbor
港口 port
港口保卫 port security
港口保障机构 port support activity (PSA)
港口统一管理机构 single port manager (SPM)

港口作业大队 port operations group（POG）
杠杆 lever
杠杆机构 leverage
杠杆率 leverage
杠杆式机械指示表 dial test indicator
杠杆式指示表 test-type indicator
杠杆式指针指示表 dial test indicator
杠杆系 leverage
杠杆组件 lever assembly
杠杆作用 leverage

gao

高保真度的 high-fidelity
高保真度可回收靶机 high-fidelity recoverable target
高保真度可回收目标机 high-fidelity recoverable target
高爆穿甲弹 （即聚能射流战斗部）High-Explosive Armor-Piercing（HEAP）
高爆的 high-explosive（HE）
高爆定向破片战斗部 HE directed fragmentation warhead
高爆反坦克(破甲弹) high-explosive anti-tank（HEAT）
高爆反坦克战斗部 HEAT warhead
高爆反坦克战斗部 high-explosive anti-tank warhead
高爆反装甲(弹) high-explosive antiarmor（HEAA）
高爆反装甲战斗部 high-explosive antiarmor warhead
高爆分子 high-explosive molecule
高爆连续杆战斗部 HE continuous rod warhead
高爆破片定向战斗部 HE blast/fragmentation directable warhead
高爆破片战斗部 explosive blast fragmentation warhead
高爆破片战斗部 HE blast fragmentation warhead
高爆破片战斗部 HE blast/fragmentation warhead
高爆破片战斗部 high-explosive blast fragmentation warhead
高爆破片战斗部 high-explosive fragmentation warhead
高爆破片装填 high-explosive blast fragmentation filling
高爆双用途(弹药) high-explosive, dual-purpose（HEDP）
高爆塑性炸药 high-explosive plastic（HEP）
高爆碎甲弹 high explosive squash head（HESH）
高爆药粉 HE powder
高爆药粉 high-explosive powder
高爆预制破片战斗部 HE pre-fragmented warhead
高爆炸药 high blast explosive（HBX）
高爆炸药 high explosive
高爆战斗部 HE warhead
高爆战斗部 high-explosive warhead
高爆装药 high-explosive charge
高背景 high background
高不点火电流型电爆管 high no-fire current squib
高层体系架构 High Level Architecture（HLA）
高层体系结构 High Level Architecture（HLA）
高超声速 （马赫数≥5）hypersonic speed
高超声速常规打击武器 Hypersonic Conventional Strike Weapon（HCSW）
高超声速常规导弹 hypersonic conventional missile
高超声速冲压发动机导弹 hypersonic ramjet missile
高超声速导弹 hypersonic missile（HM）
高超声速的 （马赫数≥5）hypersonic
高超声速飞行 hypersonic flight
高超声速飞行器 hypersonic vehicle
高超声速飞行验证弹 （美国）HyFly
高超声速风洞 hypersonic wind tunnel
高超声速滑翔弹 hypersonic glider
高超声速滑翔器 hypersonic glide vehicle（HGV）
高超声速滑翔器 hypersonic glider
高超声速技术 hypersonic technology
高超声速技术验证飞行器 （印度）Hypersonic Technology Demonstrating Vehicle（HSTDV）
高超声速技术验证飞行器 （印度）Hypersonic Technology Demonstrator Vehicle（HSTDV）
高超声速结构材料 hypersonic structure material
高超声速绝热材料 hypersonic insulation material
高超声速拦截弹 hypersonic interceptor
高超声速目标 hypersonic target
高超声速炮弹 hypersonic-speed projectile
高超声速武器 hypersonic weapon
高超声速武器技术研发计划 hypersonic weapons technology development program
高超声速武器技术研发项目 hypersonic weapons technology development program
高超声速吸气式武器方案 Hypersonic Air-breathing Weapon Concept（HAWC）
高超声速系统 hypersonic system
高超声速巡航导弹 hypersonic cruise missile
高超声速有效载荷 hypersonic payload
高超声速与弹道跟踪天基传感器 Hypersonic and Ballistic Tracking Space Sensor（HBTSS）
高超声速远程精确打击导弹 hypersonic long-range precision strike missile
高超声速助推滑翔飞行器 hypersonic boost-glide vehicle
高冲击 high impact
高处的 overhead
高带宽紧凑型遥测模块 High-Bandwidth Compact Telemetry Module（HCTM）
高导无氧铜 OFHC copper
高导无氧铜 oxygen-free high-conductivity copper
高低角 elevation
高/低转速选择手柄 （立式铣床）high/low range lever
高电压 high voltage
高电压检测 high voltage test
高电压试验 high voltage test
高电阻率 high resistivity

高动压 high dynamic pressure

高度 altitude（指海拔高度）

高度 height

高度 level

高度比冲 altitude specific impulse

高度变化 altitude variation

高度尺 height gage

高度尺 height gauge

高度规 height gage

高度规 height gauge

高度回波 altitude return

高度机密的隔离情报资料 sensitive compartmented information（SCI）

高度集成传感器/处理器 highly integrated sensor/processor

高度计 altimeter

高度游标卡尺 vernier height gage

高端超声速的 （5>马赫数>3）high supersonic

高端超声速马赫数 （5>马赫数>3）high-supersonic Mach number

高端作战能力 high-end warfighting capability

高反射率表面 high-reflectivity surface

高反射系数 high coefficient of reflectivity

高分辨率 high resolution

高分辨率的 high-resolution

高分辨率双目系统 high-resolution binocular system

高分辨率双色红外成像导引头 high-resolution dual-colour IIR seeker

高分辨率图像 high-resolution image

高分辨率中波红外探测器 high-resolution mid-wave infrared sensor

高负载循环 high-duty cycle

高功率电磁波 high power electromagnetics（HPEM）

高功率定向能 high power directed energy

高功率放大器模块 high-power amplifier module

高功率密度电动舵机 high power density electromagnetic actuator

高固体含量聚氨酯密封剂 high solids polyurethane sealing compound

高固体含量聚氨酯涂料 high solids polyurethane coating

高固体含量抗腐蚀环氧底漆 high solids resistant epoxy primer coating

高固体聚氨酯密封剂 high solids polyurethane sealing compound

高固体聚氨酯涂料 high solids polyurethane coating

高固体抗腐蚀环氧底漆 high solids resistant epoxy primer coating

高光谱成像 hyperspectral imagery（HSI）

高光谱的 hyperspectral

高回报目标 high-payoff target（HPT）

高机动多用途轮式车 High Mobility Multipurpose Wheeled Vehicle（HMMWV）

高机动发射装置 High Mobility Launcher（HML）

高机动工程挖掘机 high mobility engineer excavator（HMEE）

高机动火箭炮系统 High Mobility Artillery Rocket System（HIMARS）

高机动性卡车 high-mobility truck

高级合同签订官 senior contracting official（SCO）

高级机场指挥官 senior airfield authority（SAA）

高级气象与海洋军官 senior meteorological and oceanographic officer（SMO）

高级视频处理 high level video processing

高级语言 Higher Order Language（HOL）

高价值飞机产品 high-value aircraft asset（HVAA）

高价值紧急威胁 high-value time-critical threat

高价值空中装备 high-value airborne asset（HVAA）

高价值空中装备保护 high-value airborne asset protection

高价值目标 high-value target（HVT）

高价值装备 high-value asset

高价值资产 high-value asset

高架传感器 elevated sensor

高架单轨吊车 trolley hoist

高架起吊系统 overhead hoisting system

高架探测器 elevated sensor

高架栈桥系统 elevated causeway system（ELCAS）

高阶导引律 higher-order guidance law

高阶积分 higher order integration

高阶制导律 higher-order guidance law

高接近速度拦截 high closure velocity intercept

高精度打击 pinpoint strike

高精度打击导弹 high-precision strike missile

高精度光学跟踪仪 cinetheodolite

高精度加工 high-precision operation

高精度武器公司 （俄罗斯）High-Precision Weapons Company（HPWC）

高精确度 pinpoint accuracy

高精确度 pinpoint precision

高空 high altitude

高空比冲 altitude specific impulse

高空长航时 （指无人机）High-Altitude, long-Endurance（HAE）

高空长航时 （指无人机）high-altitude long-endurance（HALE）

高空长航时无人机 high-altitude long-endurance UAS

高空长航时系统 high altitude long endurance system

高空传感器网络 overhead sensor network

高空电磁脉冲 High-Altitude Electromagnetic Pulse（HEMP）

高空防空导弹截击区 high-altitude missile engagement zone（HIMEZ）

高空轰炸 high altitude bombing

高空拦截能力 high altitude intercept capability

高空模拟室 altitude chamber

高空目标 high-altitude target
高空平台 high altitude platform
高空探测器网络 overhead sensor network
高空无人机 high-altitude unmanned air vehicle
高空巡逻无人作战飞机 overhead loitering unmanned combat air vehicle
高空预留区 altitude reservation (ALTRV)
高莱池 Golay cell
高莱管 Golay cell
高莱探测器 Golay detector
高氯酸铵 ammonium perchlorate (AP)
高氯酸铵颗粒 AP particle
高氯酸铵-铝-聚胺酯推进剂 ammonium perchlorate-aluminum-polyurethane propellant
高氯酸铵推进剂 ammonium perchlorate propellant
高氯酸钾 potassium perchlorate (KP)
高氯酸钠 sodium perchlorate
高氯酸盐 perchlorate
高脉冲重复频率 High Pulse Repetition Frequency (HPRF)
高密度封装技术 high-density packaging technique
高密度膏状燃料 high-density slurry fuel
高密度挂载 high density carriage
高密度合成烃类推进剂 high density synthetic hydrocarbon propellant
高密度集成电路 high-density integrated circuit
高密度浆体燃料 high-density slurry fuel
高密度空域控制区 high-density airspace control zone (HIDACZ)
高密度燃料 high density fuel
高模设施 simulated altitude facility
高模试验 simulated altitude test
高能材料 energetic material
高能分系统 energetic subsystem
高能辐射 high-energy radiation
高能复合固体推进剂 high-energy composite solid propellant
高能激光 high-energy laser (HEL)
高能激光拦截器 high-energy laser effector
高能激光器 high-energy laser (HEL)
高能激光器对抗反舰巡航导弹(项目) High Energy Laser Counter-ASCM (HELCA)
高能激光器和带监视的一体化光学炫目器 High Energy Laser and Integrated Optical-dazzler with Surveillance (HELIOS)
高能激光武器 high-energy laser weapon
高能激光武器系统 high-energy laser weapon system (HELWS)
高能激光武器演示验证器 high-energy laser weapon demonstrator
高能激光系统 high energy laser system
高能交联双基复合推进剂 high energy cross-linked double base composite
高能交联双基复合推进剂 high energy XLDB composite
高能量密度战斗部 high energy density warhead
高能品 (指高能部件、高能材料) energetics
高能微波 High-Power Microwave (HPM)
高能物质 energetic material
高能炸药 high-energy explosive
高能炸药 high explosive
高能炸药粉末 HE powder
高能炸药粉末 high-explosive powder
高扭矩密度舵机 high torque density actuator
高扭矩平头螺钉 high torque flat head screw
高抛弹道 lofted trajectory
高频 high frequency (HF)
高频波 high-frequency wave
高频测试 high frequency testing
高频单元 high frequency unit
高频滤波器 high-frequency filter
高频谱的 hyperspectral
高频探测器信号 high-frequency detector signal
高频限带器 high-frequency band limiter
高频响应 high-frequency response
高频压力振荡 high-frequency pressure oscillation
高频运动 high frequency motion
高频振荡 high-frequency oscillation
高频振动 dither
高强度冲突 high-end conflict
高强度低合金钢 high-strength low-alloy steel
高强度辐射场 High Intensity Radiated Field (HIRF; HiRF)
高强度钢 high strength steel
高强度合金钢 high-strength alloy steel
高强度金属 high-strength metal
高强度纤维 high-strength fiber
高清晰度视频 high definition video
高燃速推进剂 high-burn-rate propellant
高燃速指数推进剂 high burn rate exponent propellant
高热点火器 pyrogen igniter
高热剂 thermite
高射炮 air defense artillery (ADA)
高射炮 Anti-Aircraft Artillery (AAA)
高射炮 anti-aircraft gun
高射炮 Antiaircraft Artillery (AAA)
高升力 high lift
高识别率 high probability of recognition
高输入电阻 high input resistance
高熟练性训练 proficiency training
高斯 (磁场强度单位) gauss
高斯分布 Gaussian distribution
高斯假设 Gaussian assumption
高斯统计 Gaussian statistics
高斯噪声 Gaussian noise
高速度 high speed

高速舵机系统 high speed actuation system
高速反辐射导弹 High-Speed Anti-Radiation Missile (HARM)
高速反辐射导弹 High-Speed Antiradiation Missile (HARM)
高速反辐射导弹控制舱改进 HARM Control Section Modification (HCSM)
高速钢 high-speed steel (HSS)
高速钢刀片 HSS blade
高速工具钢 high-speed steel (HSS)
高速工具钢 high-speed tool steel
高速工具钢锯条 high-speed steel blade
高速工具钢锯条 HSS blade
高速航空火箭弹 High Velocity Aerial Rocket (HVAR)
高速缓冲存储器 cache
高速计算机 high-speed computer
高速截击机 high-speed interceptor
高速军用处理器 high speed military processor
高速空投 high velocity drop
高速快门 high-speed shutter
高速拦截弹 high-speed interceptor
高速模拟计算机 fast analog computer
高速目标 high-speed target
高速喷气机 fast jet
高速射流 high-speed jet
高速摄影 high-speed photography
高速相机 high-speed camera
高速引战系统 high velocity fuzing
高塔试验 tower test
高台试验 tower test
高碳钢 high-carbon steel
高通滤波 high-pass filtering
高通滤波器 high-pass filter
高推力固体推进剂发动机 higher-thrust solid-propellant motor
高椭圆度轨道 highly elliptical orbit (HEO)
高威胁环境 high-threat environment
高温分解 pyrolysis
高温复合材料 high temperature composite
高温计 pyrometer
高温金属材料 high temperature metal
高温排气 high-temperature pumping
高温燃烧室 high temperature combustor
高温巡航 high-temperature cruise
高响应度 high responsivity
高效加工 high-performance operation
高效微粒空气吸尘器 High-Efficiency Particulate Air Vacuum
高效用兵 economy of force
高性能导弹制导电子部件 high performance missile guidance electronics
高性能喷气动力无人机系统 high-performance jet-powered unmanned aerial drone system
高性能炸药 high-performance explosive
高性能战斗部 high-performance warhead
高性能战术数据链 high-performance tactical datalink
高压 (指压力、压强) High Pressure (HP)
高压 (指电压) high voltage
高压传感器 high-pressure transducer
高压纯净空气制备装置 High Pressure Pure Air Generator (HiPPAG)
高压电容器 high-voltage capacitor
高压放电 high-voltage discharge
高压检测 high pressure test
高压检测 high voltage test
高压进气阀 high pressure inlet valve
高压脉冲 high-voltage pulse
高压气瓶 high-pressure gas cylinder
高压气瓶 pressure bottle
高压气瓶 pressure vessel
高压气体 high-pressure gas
高压气体 highly compressed gas
高压容器 high-pressure tank
高压容器 pressurized reservoir
高压软管 high pressure hose
高压试验 high pressure test
高压试验 high voltage test
高压试验系统 high pressure testing system
高压室 plenum chamber
高压楔 wedge
高压压力计 high pressure gauge
高压压缩机 high-pressure compressor
高压压缩机 HP compressor
高亚声速常规精确制导防区外反舰导弹 high-subsonic conventional precision-guided standoff anti-ship missile
高烟发动机 high-smoke motor
高增益高灵敏度的 High Gain High Sensitivity (HGHS)
高真空阀 Hi-vac valve
高真空阀 high vacuum valve
高真空模式 high-vacuum mode
高真空系统 high vacuum system
高真空油扩散泵 high-vacuum oil diffusion pump
高蒸气压的成分 high-vapor-pressure ingredient
高质量图像 high quality picture
高/中/低控制柄 (立式铣床) high/neutral/low lever
高装填系数 high loading fraction
高自适应多任务雷达 Highly Adaptable Multi-Mission Radar (HAMMR)
高阻布局 (炸弹) high-drag configuration
高阻恒流源 high-impedance constant-current source
高阻抗 high-impedance
高阻抗电路 high impedance circuit
高阻抗电源 high-impedance source
高阻抗光导探测器 high-impedance PC detector

高阻抗光导探测器 high-impedance photoconductor detector
高阻抗光伏探测器 high-impedance photovoltaic detector
高阻抗光伏探测器 high-impedance PV detector
高阻抗探测器 high-impedance detector
高阻抗信号 high-impedance signal
高阻抗引线 high-impedance lead
膏状燃料 slurry fuel
膏状体 slurry
告警 alarm（指信号、声响等）
告警 warning（指行为、状态）
告警与提醒通知 warning and alert notification
锆 zirconium
锆粉 zirconium powder
锆陶瓷 zirconium ceramic

ge

格雷戈里馈源 Gregorian feed
格林尼治平时 Greenwich mean time（GMT）
格尼常数 Gurney constant
格尼方程 Gurney equation
格尼公式 Gurney equation
格尼公式 Gurney formula
格尼关系式 Gurney relation
格尼能 Gurney energy
格尼速度 Gurney velocity
格式 format
格式化 *vt.* format
格栅 （指网格）grid
格栅 （格栅舵的）lattice
格栅舵 lattice fin
格栅控制面 lattice control surface
格栅式尾舵控制 lattice tail control
隔板 baffle
隔板 diaphragm
隔板 （刀具存储盒）divider
隔板 partition
隔爆安全性 primary explosive safety
隔爆传爆序列 interrupted explosive train
隔爆滑块 （传爆系列）slider
隔爆件 interrupter
隔爆闸板 （传爆系列）shutter
隔爆装置 （传爆系列）shutter
隔舱 compartment
隔舱 module
隔间 cell
隔框 bulkhead
隔框 frame
隔框位置 bulkhead location
隔离 （热、声、电）insulation
隔离 （化学、计算机系统）isolation
隔离存放 segregation storage
隔离电阻器 isolation resistor
隔离垫 （物体、产品之间的）padding
隔离度 isolation
隔离件 standoff
隔离片 spacer
隔离器 isolator
隔离物 insulator
隔离状态 isolation state
隔膜 diaphragm
隔膜 membrane
隔膜喇叭 septum horn
隔热 thermal insulation
隔热 thermal isolation
隔热箔片 thermal foil
隔热层 heat shield
隔热层 insulating layer
隔热层 insulation
隔热的 thermal
隔热的 thermally-insulated
隔热面罩 heat-resistant face shield
隔热完善性 thermal integrity
隔热完整性 thermal integrity
隔热罩 heat shield
隔套 bushing（多用于径向隔离）
隔套 sleeve spacer
隔套 spacer（多用于纵向隔离）
镉板 cadmium plate
个人财物 personal effects（PE）
个人定位信标 personal locator beacon（PLB）
个人动产 personal property
个人防护装备 individual protective equipment（IPE）
个人防护装备 Personal Protective Equipment（PPE）
个人计算机 Personal Computer（PC）
个人计算机存储卡国际协会 Personal Computer Memory Card International Association（PCMCIA）
个人视觉系统 individual vision system
个人数字助理 personal digital assistant（PDA）
个体单元 individual element
个体效应 individual effect
个性能力 personal skill
个性能力 soft skill
各向同性点源阵 isotropic point sources array
各向同性天线 isotropic antenna
各种结果 effects
铬 chrome
铬 chromium
铬钒合金钢 chromium-vanadium steel
铬钼合金钢 chrome-moly steel
铬钼合金钢 chromium-molybdenum steel
铬镍铁合金 Inconel
铬酸 chromic acid
铬酸盐底漆 chromate primer

铬酸盐钝化处理 chromatizing
铬酸盐转化涂层 chromate conversion coating

gei

给定公差 （标注在尺寸旁边）local tolerance
给定公差 （标注在尺寸旁边）specified tolerance
给定功率 given power
给定基线 allocated baseline
给定推力曲线 shaped-thrust profile
给…提示 *vt.* cue

gen

根部 （锉刀）heel
根部 root
根部被打成蘑菇形 （冲子、凿子等）mushrooming
根据 In Accordance With（IAW）
根弦 root chord
跟刀架 （车床）follower rest
跟进 follow-up
跟进运输舰 follow-up shipping
跟进支援 follow-up
跟踪 *n.* & *vt.* track
跟踪 tracking
跟踪板 tracking card
跟踪板测试仪 tracking card tester
跟踪场 field of regard（FOR）
跟踪场 tracking field of view
跟踪电子电路 tracking electronics
跟踪电子装置 tracking electronics
跟踪阀 tracking valve
跟踪阀接头 tracking valve adapter
跟踪阀深度量规 tracking valve depth gauge
跟踪阀线圈 tracking valve solenoid
跟踪阀柱塞 tracking valve plunger
跟踪干扰源 Home on Jam（HOJ）
跟踪功率放大器 tracking power amplifier
跟踪和锁定能力 tracking and lock-on capabilities
跟踪回路 tracking loop
跟踪频率 tracking frequency
跟踪器 tracker
跟踪器在回路中（测试） tracker-in-the-loop（TITL）
跟踪式扫描 tracking scan
跟踪速率 tracking rate
跟踪文件 track file
跟踪稳定性 tracking stability
跟踪误差信号 tracking error signal
跟踪系统 tracking system
跟踪相关 track correlation
跟踪信息管理 track management
跟踪应答机 tracking transponder
跟踪与制导指令信号 tracking and guidance command signals
跟踪指令 tracking command

geng

更改目的 purpose of change
更换 replacement
更换件 replacement
更新 update
更新处理 update processing
更优购买力 Better Buying Power（BBP）

gong

工兵保障计划 engineer support plan（ESP）
工厂设备 shop equipment
工厂试验 factory test
工程兵 （军事）engineer
工程调查 Engineering Investigation（EI）
工程更改建议 engineering change proposal（ECP）
工程规范 engineering specification
工程和技术服务 engineering and technical services
工程和制造研制 engineering and manufacturing development（EMD；E&MD）
工程和制造研制阶段 engineering and manufacturing development phase
工程鉴定 engineering judgement
工程经验 engineering experience
工程设计 engineering design
工程设计模型 Engineering Design Model（EDM）
工程审查 engineering judgement
工程师 engineer
工程试验夹具 engineering test fixture
工程试验型架 engineering test fixture
工程手册 engineering manual
工程数据 engineering data
工程图纸 engineering drawing
工程图纸 print
工程研判 engineering judgement
工程研制 engineering development
工程研制飞行试验 engineering development flight
工程研制/工装/质量控制/制造成本数据附加报告 engineering/tooling/quality control/manufacturing cost data addendum report
工程研制模型 engineering development model（EDM）
工程用滑石粉 technical talc
工程与样机试制车间 engineering and model shop
工程资料 engineering data
工件 work
工件 workpiece
工件固定夹 hold-down clamp
工件夹持辅助工具 workholding accessory
工件夹持装置 workholding device

工件偏置距离 （工件坐标系与机床坐标系之间的距离）work offset
工件偏置距离 （工件坐标系与机床坐标系之间的距离）workpiece offset
工件偏置距离 （工件坐标系与机床坐标系之间的距离）workshift
工件偏置距离设定 work offset setting
工件倾斜装夹 angular workholding
工件限位器 work stop
工件支撑架 （砂轮机、手持工件磨床）tool rest
工件支撑台面 （钻床）worktable
工件支撑座 （砂轮机、手持工件磨床）tool rest
工件支架 （无心磨床）work rest
工件装载站 （加工中心）workpiece loading station
工件坐标系 （位置可变）work coordinate system (WCS)
工具 tool
工具 （总称）tooling
工具包 tool kit
工具钢 tool steel
工具和试验设备 tooling and test equipment
工具磨床 （被磨刀具固定）tool and cutter grinder
工具磨床 tool grinder
工具砂轮机 tool grinder
工具头 bit
工具显微镜 （用于微小零件）toolmaker's microscope
工具箱 tool box
工具箱 tool kit
工具制造工 toolmaker
工序 operation
工序 procedure
工序 process
工业标准 industry standard
工业纯铁 Armco iron
工业等级 industrial grade
工业等级乙二醇 industrial grade ethylene glycol
工业动员 industrial mobilization
工业基地 industrial base
工业设施 industrial facility
工业战备 industrial preparedness
工业战备计划 industrial preparedness program
工业战备状态 industrial preparedness
工艺大纲 process plan
工艺规程 process
工艺计划 process plan
工艺流程卡 route card
工艺流程卡 router
工艺设计员 mechanical designer
工艺助剂 processing aid
工质 working fluid
工质 working medium
工装 （夹紧工件并定位，同时导引刀具）jig
工装 tooling
工作 activity
工作 employment
工作 operation
工作 service
工作 work
工作包 work package (WP)
工作包线 operating envelope
工作插头 operating plug
工作插座 operating socket
工作场所安全性 workplace safety
工作点 operating point
工作电流 operating current
工作电路 operating circuit
工作电压 operating voltage
工作订单 work order
工作范围 operating range
工作分解结构 work breakdown structure (WBS)
工作负荷 workload
工作极限 operating limit
工作记录 log
工作理念 work ethic
工作量 workload
工作流程负责人 process owner
工作流体 operating fluid
工作模式 operational mode
工作频率 operating frequency
工作频谱范围 operating spectral range
工作区 work area
工作去污 operational decontamination
工作任务单 work order
工作时间 action time
工作时间 operating time
工作时间内燃烧室平均压力 action time average chamber pressure
工作时间平均推力 action time average thrust
工作授权 work authorization
工作授权书 work authorization
工作说明 Statement of Work (SOW)
工作速度 operating velocity
工作台 bench
工作台 table
工作台 workbench
工作台 workstation
工作台 （钻床）worktable
工作台手柄 （立式铣床）table crank
工作台锁定柄 （立式铣床）table lock
工作台锁定夹 （钻床）table clamp
工作特性 operating characteristics
工作特性 operational characteristics
工作特性 performance characteristics
工作温度 operating temperature
工作效率 operational efficiency
工作循环 duty cycle

工作循环推力 duty cycle thrust
工作压力 operating pressure (OP)
工作业绩报告书 performance work statement (PWS)
工作站 workstation
工作质量 workmanship
工作周期 duty cycle
工作周期 operating cycle
工作周期 turnaround
工作周期间歇时间 duty cycle timeout
工作周期暂停时间 duty cycle timeout
工作组 working group (WG)
弓架 (千分尺、手持弓锯) frame
弓形槽 chute
弓形激波 bow shock wave
弓形件 segment
公差 tolerance
公差标注 tolerance specification
公差补偿量 bonus tolerance
公差带 (标识在特征控制框里的总公差) tolerance zone
公差规范 tolerance specification
公差框格 compartment
公差栏 tolerance block
公差限 limit
公称尺寸 basic size
公告 notice
公共的 public
公共事务 public affairs (PA)
公共事务评估 public affairs assessment
公共事务指导 public affairs guidance (PAG)
公海 high seas
公海 international waters
公开的 open
公开的 overt
公开的 public
公开的 unclassified (指不需保密的)
公开的弹药应用程序 Unclassified Munitions Application Program (UMAP)
公开竞争 open competition
公开来源情报 open-source intelligence (OSINT)
公开来源信息 open-source information
公开信息 public information
公开行动 overt operation
公认的 standard (STD)
公式 formula
公式 formulae (复数)
公司资助的研究项目 company-funded study
公约 convention
公制 metric system
公制刻度尺 metric rule
公制系列螺纹 M-series thread
公制钻头 metric drill bit
公众的 public
功 work
功率 power
功率比 power ratio
功率变换 power conversion
功率波瓣图 power pattern
功率定理 power theorem
功率估计 power estimation
功率交换公式 power exchange formula
功率密度 power density
功率谱 power spectrum
功率谱密度 power spectral density
功率损耗 power dissipation
功率损耗 power loss
功率调节 power conditioning
功率系数 specific power
功率消耗 power consumption
功率因子 power factor
功率增益 power gain
功能 function
功能标签 (数控机床) function label
功能测试 functional test
功能测试 functional testing
功能处理机 functional processor
功能达成试验 functional performance test
功能构件 functional component
功能毁伤评估 functional damage assessment
功能基线 functional baseline
功能技术状态审查 Functional Configuration Audit (FCA)
功能检测 functional test
功能检测 functional testing
功能检查 functional check
功能检查飞行 functional check flight (FCF)
功能描述 functional description
功能模块 functionality
功能配置检查 Functional Configuration Audit (FCA)
功能评估 functional assessment (FA)
功能审查 functional audit
功能适用性 functionality
功能说明 functional description
功能性 functionality
功能性计划 functional plan (FUNCPLAN)
功能性影响 functional effect
功能原理图 functional schematic diagram
功能正常的导弹 functioning missile
功能指示灯 function indicator lamp
攻击 attack
攻击 strike
攻击(目标) *v.* engage
攻击波 (军事) wave
攻击大队 attack group
攻击航向 attack heading
攻击机 attack aircraft

攻击机　shooter
攻击机　strike aircraft
攻击角度　attack angle
攻击开始时间　H-hour
攻击令　（防空与反导）*n.* engage
攻击能力　attack capability
攻击评估　raid assessment
攻击任务　attack mission
攻击协调和侦察　strike coordination and reconnaissance (SCAR)
攻击性的　aggressive
攻击直升机　attack helicopter
攻角　angle of attack (AOA)
攻角的　angle-of-attack
攻角对转弯速率的敏感度　angle of attack sensitivity to turn rate
攻角敏感度　angle of attack sensitivity
攻螺纹　tapping
攻丝　*vt.* tap
攻丝　tapping
攻丝扳手　tap wrench
攻丝定心顶尖　tap center
供氮　nitrogen supply
供电　electric power
供电　power supply (PS)
供电插头　power plug
供电插座　power socket
供电电压　supply voltage
供电连接器　power supply connector
供电线　power line
供电线干扰　power-line interference
供电需求　power requirement
供电异常　power anomaly
供电转换　power conversion
供电装置　power supply device
供货与验收协议书　Letter of Offer and Acceptance (LOA)
供给　*n.* & *vt.* supply
供给系统　feed system
供偏置用电池　bias battery
供气　gas supply
供应　provision
供应　*n.* & *vt.* supply
供应保障　supply support
供应保障管理计划　Supply Support Management Plan (SSMP)
供应和后勤保障　supply and logistics support
供应链　supply chain
供应链管理　supply chain management
供应品　store
供应商　vendor
供应商代码　vendor code
供应物资　supplies
供应线　supply line
汞　mercury
汞扩散泵　mercury diffusion pump
汞铊　mercury thallium
汞蒸汽　mercury vapor
汞柱　mercury column
拱点　apsis
拱线　apsides
拱线　line of apsides
共轭的　adjoint
共轭法　adjoint method
共轭矩阵　adjoint
共发射极　common emitter
共轨反卫星武器　co-orbital anti-satellite weapon
共轨反卫星武器　co-orbital ASAT weapon
共基极　common base
共集电极　common collector
共漏极　common drain
共栅极　common gate
共同使用　common use
共同体　community
共线天线　collinear antenna
共享勤务　（军种间）common servicing
共形燃料箱　conformal fuel tank
共用地面运输　common-user land transportation (CULT)
共用海运　common-user sealift
共用海运终点站　common-user ocean terminal
共用后勤保障　common-user logistics (CUL)
共用后勤保障牵头军种或机构　lead Service or agency for common-user logistics
共用集装箱　common-use container
共用军需品　common-user item
共用空运服务　common-user airlift service
共用勤务　（军种间）common servicing
共用锁件　lockout hasp
共用物品　common-user item
共用物资　common item
共用性　commonality
共用运输　common-user transportation
共源极　common source
共源极增益　common source gain
共振　resonance
共振　syntony（仅用于电气系统）
共振频率　resonance frequency
共振频率　resonant frequency
共振频率　resonating frequency
共振腔　resonating cavity

gou

勾股定理　Pythagorean theorem
沟　（固体发动机装药的一种药形结构，多指纵向的）

groove
沟 slot
沟槽 （固体装药的一种药形结构,多指横向的）slot
沟道饱和 （场效应晶体管）channel saturation
沟道尺寸 （场效应晶体管）channel dimension
沟道几何形状 （场效应晶体管）channel geometry
沟道宽长比 （场效应晶体管）channel width/length ratio
沟道扩散 （场效应晶体管）channel diffusion
钩 hook
钩尺 （测量时钩住零件的一侧）hook rule
钩头扳手 （钩形扳手的一种）hook spanner wrench
钩形扳手 （通用语,包含钩头扳手、销头扳手、叉头扳手等）spanner
钩形扳手 （通用语,包含钩头扳手、销头扳手、叉头扳手等）spanner wrench
钩状齿形 （锯条）hook tooth form
狗骨形(药柱) dog bone
构件 component
构件 element
构件开箱 component unpackaging
构件维护 component maintenance
构建 buildup
构建 *vt.* construct
构建合作能力 building partnership capacity（BPC）
构建形式 build
构想 concept
构想 construct
构形 buildup
构型 configuration
构造 construction
购买的服务 purchased service

gu

估计 *n.* &*v.* estimate
估算 *n.* &*v.* estimate
箍 hoop
箍圈 ferrule
股 （绳）ply
股份有限公司 incorporated（Inc）(美国用法)
股份有限公司 limited（Ltd）(英国用法)
钴 cobalt
鼓包 blister
鼓包的 blistered
鼓包的 bubbling
鼓泡的推进剂 bubbling propellant
鼓胀 bulging
毂盘 hub
固定 anchoring
固定 *v.* attach
固定 attachment
固定 *v.* fasten
固定 fastening
固定 *v.* fix
固定 *vt.* retain
固定板 retaining plate
固定臂 retainer arm
固定臂垫圈 retainer arm spacer
固定边条翼 fixed strake
固定波束宽度 constant beamwidth
固定槽 （用于夹紧工件）clamping slot
固定尺寸铰刀 （机用铰刀的一种）chucking reamer
固定底座台钳 fixed base vise
固定点 attachment point
固定法兰 mounting flange
固定费用 overhead
固定杆 retainer rod
固定港 fixed port
固定规 fixed gage
固定环 securing clamp
固定夹 clamp
固定夹 retaining clip
固定夹压臂 clamp arm
固定价格 Firm Fixed Price（FFP）
固定价格 fixed price（FP）
固定价格、成本加固定酬金、成本不确定合同 firm-fixed-price, cost-plus-fixed-fee, cost-only undefinitized contract
固定价格、成本加固定酬金、工时与材料合同 firm-fixed-price, cost-plus-fixed-fee, time-and-material contract
固定价格合同 firm-fixed-price contract
固定价格合同 fixed price contract
固定价格加奖励合同 fixed-price-incentive-firm contract
固定价格加奖励金(固定目标) fixed price incentive (firm target)（FPIF)
固定价格加奖励金(固定目标) fixed price incentive/firm（target）（FPIF）
固定价格加奖励金(连续目标) fixed price incentive/successive（target）（FPIS）
固定价格加奖励目标合同 fixed-price-incentive-firm-target contract
固定件 fastener
固定件 holder
固定卡箍 securing clamp
固定卡脚 （游标卡尺）solid jaw
固定卡爪 （台钳）solid jaw
固定孔径 fixed aperture
固定螺钉 attaching screw
固定螺钉 retaining screw
固定脉冲重复间隔 constant PRI
固定脉冲重复间隔 constant pulse repetition interval
固定面 mounting surface
固定目标 fixed target
固定目标 stationary target

固定喷管 fixed nozzle
固定气动面 fixed surface
固定气动面 stationary flight surface
固定器 anchor
固定前置翼面 fixed forward fin
固定燃速指数 constant burning rate exponent
固定三角翼 fixed delta wing
固定生产设备 fixed tooling
固定式尾翼 fixed tail
固定手柄 （套筒扳手）solid handle
固定衰减 fixed attenuation
固定套筒 （千分尺）barrel
固定套筒 （千分尺）sleeve
固定通信设施 fixed communication facility
固定推力 constant thrust
固定销 latch pin
固定循环 canned cycle
固定循环发动机 fixed-cycle engine
固定鸭式翼 fixed canard
固定翼飞机 fixed-wing aircraft
固定支架 （车床）steady rest
固定装置 fastening device
固化 cure
固化 curing
固化剂 curing agent
固化炉 curing oven
固化支架 curing stand
固件 firmware
固紧槽 （用于夹紧工件）clamping slot
固紧螺栓 （立式铣床回转头）clamping bolt
固溶热处理 solution heat treatment
固溶退火 solution heat treatment
固态电子器件 solid-state electronics
固态电子装置 solid-state electronics
固态淀积 solid state deposition
固态发射机/接收机 solid-state transmitter/receiver
固态放大器 Solid State Amplifier（SSA）
固态改型 solid-state variant
固态激光技术成熟化 Solid State Laser Technology Maturation（SSLTM）
固态激光器 solid-state laser（SSL）
固态激光武器 solid state laser effects
固态雷达 solid state radar（SSR）
固态雷达集成站 Solid State Radar Integration Site（SSRIS）
固态热粒子含量 hot-solid-particle content
固态射频导引头 solid-state RF seeker
固态主动雷达导引头 solid-state active radar seeker
固体含量 solid content
固体含量 solid loading
固体喉栓发动机 solid pintle motor
固体火箭发动机 solid-propellant rocket motor（SPRM）
固体火箭发动机 solid rocket motor（SRM）
固体火箭发动机壳体 solid propellant rocket motor case
固体火箭发动机喷管 solid rocket motor nozzle
固体火箭续航发动机 solid rocket sustainer
固体火箭助推器 solid rocket booster（SRB）
固体金属燃料 solid metal fuel
固体脉冲发动机 solid pulse motor
固体膜润滑 solid film lubrication
固体膜润滑剂 solid film lubricant
固体硼燃料 solid boron fuel
固体切削润滑物 solid cutting compound
固体燃料冲压发动机 solid fuel ramjet
固体燃料火箭冲压发动机 Solid Fuel Ducted Ramjet（SFDR）
固体燃料火箭发动机 solid-fuel rocket motor
固体碳氢燃料 solid hydrocarbon fuel
固体添加量 solid loading
固体推进剂 solid propellant
固体推进剂初温 initial ambient solid propellant temperature
固体推进剂发动机 solid propellant motor
固体推进剂火箭发动机 solid-propellant rocket motor（SPRM）
固体推进剂密度 solid propellant density
固体推进系统 solid propulsion system
固体氧化剂晶体 solid oxidizer crystal
固体炸药 solid explosive
固体炸药晶体 solid explosive crystal
固体装填比 solid loading ratio
固相颗粒 solid particle
固相微粒 solid particle
固有的 inherent
固有的 intrinsic
固有精度 inherent accuracy
固有噪声电平 noise floor
固有振源 natural source
故障 anomaly
故障 bug（多用于计算机系统中）
故障 defect
故障 failure
故障 fault
故障 malfunction
故障安全防护装置 fail-safe device
故障安全装置 fail-safe device
故障报告、分析与纠正措施系统 failure reporting, analysis, and corrective action system（FRACAS）
故障舱段 （导弹）defective section
故障舱段 （导弹）faulty section
故障测试 fault test
故障产品 faulty product
故障产品 holdback
故障导弹 failed missile
故障导弹 faulty missile
故障导弹 malfunctioning missile

故障导弹分系统 malfunctioning missile subsystem
故障点 trouble spot
故障定位装置 fault locating unit (FLU)
故障分析 failure analysis
故障隔离 fault isolation
故障检测 troubleshooting
故障检测规程 troubleshooting procedure
故障检测设备 failure detection device
故障检测、识别与修复 Fault Detection, Identification, Recovery (FDIR)
故障率 failure rate
故障模式 failure mode
故障模式 fault mode
故障模式危险度 failure modes criticality
故障模式与影响分析 failure modes and effects analysis (FMEA)
故障容限 fault tolerance
故障审查 failure review
故障审核 fault verification
故障审评 failure review
故障验证 fault verification
故障诊断 troubleshooting
故障诊断规程 troubleshooting procedure
故障自动防护要求 fail-safe requirement
顾问的 advisory
雇用 employment
雇主非系统培训 (针对某项当前或未来的工作在现场进行的培训) unstructured employer training
雇主系统培训 (通过正式培训计划进行的培训) structured employer training

gua

刮伤 gouge
刮伤 gouging
刮削 shaving
挂标签 tagout
挂弹车 loader
挂弹车 missile loader
挂弹架 bomb rack
挂点 attachment
挂点 hardpoint
挂点 (飞机) station (STA)
挂点供电 (飞机) station power
挂飞 captive carry
挂飞 captive-carry flight
挂飞 captive flight
挂飞吊舱 captive-carry pod
挂飞吊舱 captive pod
挂飞段 captive flight phase
挂飞过的导弹 captive-flown missile
挂飞架次 captive flight sorties
挂飞可靠性 captive carry reliability (CCR)
挂飞可靠性 captive reliability
挂飞率 captive flight rate
挂飞能力 captive-carry capability
挂飞牵引系统 Carriage Extraction System (CES)
挂飞试验 captive flight test
挂飞试验 captive-flight testing
挂飞试验弹 captive test missile
挂飞试验装置 Captive Test Unit (CTU)
挂飞性能弹 Captive Performance Missile (CPM)
挂飞悬挂载荷 carriage suspension load
挂飞训练 captive-flight training
挂飞训练弹 air training missile
挂飞训练弹 Captive Air Training Missile (CATM)
挂飞训练弹 captive all-up-round
挂飞训练弹 captive AUR
挂飞训练弹 captive-flight training missile
挂飞训练弹 flight AUR
挂飞训练弹 flight training AUR
挂飞训练弹制导装置 Captive Air Training Missile Guidance Unit
挂飞训练弹制导装置 CATM guidance unit
挂飞训练模拟弹 Dummy Air Training Missile (DATM)
挂飞载荷 carriage flight load
挂飞载荷 carriage load
挂飞振动 captive vibration
挂机地面试验 aircraft ground test
挂机前目视检查 (导弹) preload visual inspection
挂架 pylon
挂架 rack
挂架 suspension provision
挂架电接口 pylon connector
挂架电连接器 pylon connector
挂架挂载 pylon carriage
挂架挂载的导弹 pylon-mounted missile
挂架后转接板 aft pylon adapter
挂架后转接梁 aft pylon adapter
挂架前转接板 forward pylon adapter
挂架前转接板组件 forward pylon adapter assembly
挂架前转接梁 forward pylon adapter
挂架转接梁 pylon adapter
挂片 tab
挂绳 lanyard
挂锁 lockout
挂条 streamer
挂载 carriage
挂载车 loader
挂载和安全分离鉴定 carriage and safe separation certification
挂载和发射的可探测性 carriage and launch observables
挂载环境 carriage environment
挂载量 load
挂载轮廓 (进气道) carriage envelope

挂载试验 carriage trial
挂载物 load-out
挂载限制 carriage constraint
挂载限制条件 carriage restriction
挂载制约条件 carriage constraint
挂装 *v.* load
挂装 loading
挂装 uploading
挂装标识牌 loading decal
挂装规程 loading procedure
挂装后的 postloading
挂装模拟弹 inert handling missile
挂装模拟弹 inert handling vehicle
挂装前的 preloaded
挂装区 loading area
挂装人员 load crew
挂装人员训练弹 Load Crew Training Missile（LCTM）
挂装设备 loading equipment
挂装试验 loading trial
挂装手册 loading manual
挂装训练弹 Load Drill Trainer（LDT）
挂装训练装置 Load Drill Trainer（LDT）

guai

拐点 inflection
拐点 inflection location
拐角流 corner flow
拐角频率 corner frequency
拐角效应 corner effect

guan

关闭 *v.* cut off
关闭 （火箭发动机）cutoff
关闭 off
关闭 shutdown
关车 （发动机）power cutoff
关车质量 （发动机）shutdown mass
关机 power down
关机时间 （从给出发动机关闭信号到推力消失的时间）shutdown duration
关键备件清单 critical spares list
关键部件 critical component
关键参数 driver
关键参数 driving parameter
关键尺寸 critical dimension
关键的 critical
关键的 driving
关键的 key
关键地带 key terrain
关键地区 key terrain
关键基础设施保护 critical infrastructure protection（CIP）
关键基础设施和关键资源 critical infrastructure and key resources（CI/KR）
关键技术 critical technology
关键技术 key technology
关键技术参数 Critical Technical Parameter（CTP）
关键技术特性 critical technical characteristics
关键决策点 **D** Key Decision Point-D（KDP-D）
关键联合职责任命职位 critical joint duty assignment billet
关键路径 critical path
关键路线 critical path
关键目标要素 critical target element（CTE）
关键能力 breakthrough capability
关键能力 critical capability
关键器件 critical component
关键情报 critical intelligence
关键情报资料 critical information
关键任务部件 mission-critical component
关键设计评审 critical design review（CDR）
关键数据 critical data
关键位置 key position
关键物资清单 （军事）critical item list（CIL）
关键信息 critical information
关键性 criticality
关键性能参数 Key Performance Parameter（KPP）
关键性能指标 Key Performance Indicator（KPI）
关键性能指标 Key Performance Parameter（KPP）
关键性评估 criticality assessment（CA）
关键需求 critical requirement
关键要素 criticality
关键要素评估 criticality assessment（CA）
关键易损性 critical vulnerability（CV）
关键因素 driver
关键资产 critical asset
关键资产清单 critical asset list（CAL）
关键作战问题 Critical Operational Issues（COI）
关系 relation
关系式 relation
关押行动 detainee operations
关注领域 area of concern
关注目标 Targets of Interest（TOI）
关注目标区域 target area of interest（TAI）
关注区域 area of interest（AOI）
关注问题 area of concern
观测 observation
观测角 viewing angle
观测时间 observation time
观测数据 observation
观察 observation
观察窗 sight glass
观察窗口 observation window
观察弹着点偏离情况 （用以校正火力）*vt.* spot

观察孔 sight glass
观察-判断-决策-行动 observation-orientation-decision-action（OODA）
观察-判断-决策-行动 observe, orient, decide, act（OODA）
观察-判断-决策-行动循环 observation-orientation-decision-action loop
观察-判断-决策-行动循环 OODA Loop
观点 view
观念 concept
官方信息 official information
管 duct
管 pipe
管 tube
管扳手 pipe wrench
管壁厚度千分尺 tube micrometer
管道 conduit
管道 duct
管夹 tube clamp
管件 plumbing
管脚 pin
管接头 adapter
管接头 coupling
管接头 nipple
管理 management
管理层 management
管理成本 management cost
管理方式 governance
管理费用 management cost
管理费用 overhead
管理机构 authority
管理局 authority
管理局 directorate
管理控制 administrative control（ADCON）
管理控制系统 management control system（MCS）
管理权 governance
管理数据 management data
管理信息电子链路 electronic management information link
管理员 custodian
管理资料 management data
管路 circuit
管路 pipe
管路 plumbing
管路 plumbing line
管路支承环 tube support ring
管炮 tube artillery
管膨胀塞 tube expanding plug
管钳 pipe wrench
管射小型无人机 tube-launched small unmanned aircraft
管式发射的 tube-launched
管式内测千分尺 tubular-style inside micrometer
管制 control
管制区 （军事）（从地面上方规定限制线往上延伸的管制空域）control area
管制区域 （军事）（从地面向上延伸至规定上限的管制空域）control zone
管制物品 controlled substance
管制域 （军事）（从地面向上延伸至规定上限的管制空域）control zone
管制员 controller
管轴撑耳 tube shaft support
管状内孔燃烧药柱 internal burning tube
管状燃烧器 strand burner
管状燃烧试验燃烧速率 strand burning rate
管状装药 hollow charge
管子 pipe
管子 tube
管座 stem
惯例 convention
惯量 inertia
惯性 inertia
惯性测量系统 Inertial Measurement System（IMS）
惯性测量装置 Inertial Measurement Unit（IMU）
惯性测量装置电子信号处理器 inertial measuring unit electronics processor
惯性传感器 inertial sensor
惯性导航 inertial navigation
惯性导航系统 inertial navigation system（INS）
惯性地形辅助制导 Inertial Terrain-Aided Guidance（ITAG）
惯性飞行 coast
惯性飞行 coast flight
惯性飞行 coasting flight
惯性飞行距离 coast range
惯性飞行速度 coast velocity
惯性过载 inertial load factor
惯性基准 inertial reference
惯性基准部件 inertial reference unit
惯性基准漂移 inertial reference drift
惯性基准平台 inertial reference platform
惯性基准软件 inertial reference software
惯性基准系统 inertial reference system
惯性基准装置 inertial reference unit
惯性激活器 inertial activator
惯性激活装置 inertial activator
惯性激励源 inertial stimulus
惯性加速度 inertial acceleration
惯性矩 moment of inertia（MOI）
惯性距离 coast range
惯性空间基准 inertial space reference
惯性力 g-force
惯性力 inertial force
惯性力显示器 g-indicator
惯性力指示器 g-indicator
惯性敏感器 inertial sensor

惯性器件　inertial device
惯性上面级　inertial upper-stage（IUS）
惯性速度　coast velocity
惯性系统　inertial system
惯性效应　inertial effect
惯性载荷　inertial load
惯性载荷因数　inertial load factor
惯性制导　inertial guidance
惯性制导的　inertial-guided
惯性制导系统　inertial guidance system
惯性制导装置　inertial guidance unit
惯性中制导　inertial mid-course guidance
惯性组件　inertial cluster
灌封　potting
灌封硬度测试仪　potting hardness tester
灌装　charge
罐　tank（TK）

guang

光斑尺寸　spot size
光斑分辨率　spot resolution
光测高温计　optical pyrometer
光测通量　photometric flux
光程　optical distance
光程　optical length
光程　optical path
光出射度　luminous exitance
光串扰　optical crosstalk
光导碲镉汞　PC Mercury-Cadmium-Telluride
光导碲镉汞　photoconductor Mercury-Cadmium-Telluride
光导电流　PC current
光导电流　photoconductor current
光导电流方程　PC current equation
光导散弹噪声　PC shot noise
光导散粒噪声　PC shot noise
光导探测器　PC detector
光导探测器　photoconducting detector
光导探测器　photoconductive detector
光导探测器　photoconductor detector
光导探测器电路　PC circuit
光导探测器负载电阻器　PC load resistor
光导探测器偏置电路　PC bias circuit
光导探测器偏置电路　photoconductor bias circuit
光导探测器偏置电压　photoconductor biasing
光导探测器元　photoconductive detector element
光导信号　PC signal
光导信号电流　PC signal current
光导型电流方程　photoconductive current equation
光导噪声　PC noise
光导噪声电流　PC noise current
光的　optical
光的二象性　duality of light
光点轮廓　spot profile
光点扫描　spot scan
光点扫描　spot scanning
光点扫描系统　spot scanning system
光点扫描仪　spot scanner
光点探测器　spot detector
光电倍增管　photomultiplier（PM）
光电倍增器　photomultiplier（PM）
光电成像传感器　electro-optic imaging sensor
光电成像探测器　electro-optic imaging sensor
光电池　photoelectric cell
光电传感器　electro-optic sensor
光电导的　photoconducting（PC）
光电导的　photoconductive（PC）
光电导红外探测器　photoconducting infrared detector
光电导探测器　photoconductive detector
光电导体　photoconductor（PC）
光电导体电流方程　photoconductor current equation
光电导引头　electro-optical seeker
光电导引头　EO seeker
光电导增益　PC gain
光电导增益　photoconductive gain
光电的　electro-optical（EO；E/O）
光电对抗　electro-optical countermeasures（EOCM）
光电多频谱导引头　electro-optic multispectral seeker
光电分布式孔径系统　Electro-Optical Distributed Aperture System（EODAS）
光电分配器　electrooptical distributor
光电辐射　EO emission
光电干扰　electro-optical countermeasures（EOCM）
光电跟踪无线制导导弹　optically tracked wireless-guided missile
光电管　photoelectric cell
光电/红外的　electro-optic/infrared（EO/IR）
光电/红外的　electro-optical/infrared（EO/IR）
光电红外干扰　electro-optical-infrared countermeasure（EO-IR CM）
光电/红外瞄准吊舱　EO/IR targeting pod
光电检测器　photo-detector
光电抗干扰能力　electro-optical counter-countermeasures capability
光电抗干扰能力　EO CCM capability
光电瞄准吊舱　electro-optical targeting pod
光电瞄准系统　Electro-Optical Targeting System（EOTS）
光电目标定位吊舱　electro-optical targeting pod
光电目标定位系统　Electro-Optical Targeting System（EOTS）
光电目标模拟器　electro-optical target simulator
光电探测器　electro-optic sensor
光电探测器　photodetector
光电系统　electro-optical system（EOS）

光电系统 electro-optics (EO)
光电效应 photoelectrical effect
光电型导弹制导 electro-optical missile guidance
光电引信 electro-optical fuze
光电照相机 electro-optical camera
光电制导 electro-optical guidance
光电昼/夜相机 electro-optic day/night camera
光电装置 electro-optics (EO)
光电子学 optoelectronics
光度测量术语 photometric term
光度的 photometric
光度学 photometry
光伏的 photovoltaic (PV)
光伏电池 photovoltaic cell
光伏电路 photovoltaic circuit
光伏电路 PV circuit
光伏红外探测器 photovoltaic infrared detector
光伏结区 PV junction
光伏探测器 photovoltaic detector
光伏探测器 PV detector
光伏探测器元 photovoltaic detector element
光伏探测器噪声 PV detector noise
光伏型电流方程 photovoltaic current equation
光伏型探测器噪声等效功率 photovoltaic noise equivalent power (PV NEP)
光伏型锑化铟 photovoltaic indium antimonide (PV InSb)
光伏型锑化铟探测器 PV InSb detector
光伏型噪声等效功率 photovoltaic noise equivalent power (PV NEP)
光伏噪声 photovoltaic noise
光伏噪声 PV noise
光辐射 optical radiation
光辐射测量 optical radiation measurement
光辐射探测器 optical radiation detector
光杆销 headless pin
光管 light pipe
光焊接 photocoagulation
光滑 V 形天线 smooth vee antenna
光具座 optical bench
光刻 photolithography
光刻法 photolithography
光刻工艺 photolithographic process
光刻胶 photoresist
光刻胶烘箱 photoresist oven
光刻掩模 photolithographic mask
光刻掩模板 photolithographic mask
光孔塞规 plain gage
光孔圆柱塞规 plain pin gage
光孔圆柱塞规 plain plug gage
光阑 aperture
光阑 orifice
光阑 stop
光阑盘 aperture disk
光阑盘 aperture plate
光阑盘支架 aperture plate holder
光缆 fiber-optic cable
光棱 (锉刀) safe edge
光量子 photon
光密度 optical density
光面台钳卡口 smooth vise jaws
光敏材料 photosensitive material
光敏电阻 photoconductor (PC)
光敏电阻 photoresistor
光敏电阻偏置电路 PC bias circuit
光敏电阻偏置电路 photoconductor bias circuit
光敏电阻偏置电压 photoconductor biasing
光敏感面面积 sensitive area
光敏感区域 sensitive area
光敏红外探测器 photosensitive IR detector
光敏探测器 photodetector
光盘 compact disk (CD)
光谱 spectrum
光谱波长 spectral wavelength
光谱参数 spectral parameter
光谱出射度 spectral exitance
光谱带宽 spectral bandwidth
光谱带通 spectral bandpass
光谱带通滤光片 spectral bandpass filter
光谱的 spectral
光谱范围 spectral range
光谱分布 spectral distribution
光谱辐射出射度 spectral radiant exitance
光谱辐射亮度 spectral sterance
光谱辐射率 spectral radiance
光谱辐射强度 spectral radiance
光谱辐射强度 spectral radiant intensity
光谱功率 spectral power
光谱光子出射度 spectral photon exitance
光谱光子入射度 spectral photon incidence
光谱积分 spectral integral
光谱积分 spectral integration
光谱计算 spectral calculation
光谱技术要求 spectral specification
光谱校准 spectral calibration
光谱滤波 spectral filtering
光谱滤波器 spectral filter
光谱滤光片 spectral filter
光谱区域 spectral region
光谱曲线 spectral curve
光谱入射度 spectral incidence
光谱数值 spectral value
光谱特性 spectral characteristics
光谱条纹 spectral streaking
光谱透射比 spectral transmittance
光谱限制 spectral limitation

光谱响应 spectral response
光谱响应度 spectral responsivity
光谱响应曲线 spectral response curve
光谱效应 spectral effect
光谱仪 spectrometer
光谱抑制 spectral rejection
光入射度 luminous incidence
光栅光谱仪 grating spectrometer
光栅扫描 raster scan
光栅扫描技术 raster scan technique
光栅扫描模式 raster-scan pattern
光栅显示器 raster display
光生电流 photon-generated current
光生电流 photon-induced current
光生电压的 photovoltaic (PV)
光生散弹噪声 photon-generated shot noise
光生载流子 photon-generated carrier
光生噪声 photon-generated noise
光蚀刻 photoetch
光蚀刻加工 photoetching
光束 beam
光束 shaft
光束板 beam plate
光束指向器 beam director
光速 speed of light
光速 velocity of light
光探测与测距 Light Detection and Ranging (LIDAR)
光通量 luminous flux
光瞳 pupil
光纤 fiber (美国拼写形式)
光纤 fiber-optic cable
光纤 fibre (英国拼写形式)
光纤 fibre-optic cable
光纤的 fiber-optic
光纤激光器 fiber laser
光纤激光器技术 fiber laser technology
光纤激光器系统 fiber laser system
光纤激光源 fibre laser source
光纤技术 fiber optic technology
光纤连接 fiber-optic connection
光纤链路 fibre optic link
光纤数据链 fibre-optic datalink
光纤拖曳式诱饵 Fiber-Optic Towed Decoy (FOTD)
光纤陀螺 fiber optic gyroscope
光纤陀螺 fibre optic gyro (FOG)
光线追迹 ray trace
光楔 wedge
光行差 aberration
光学 optics
光学比较仪 optical comparator
光学布局简图 optical schematic
光学材料 optical material
光学测量 optical measurement
光学串音 optical crosstalk
光学窗口 optical window
光学导引头 optical seeker
光学的 optical
光学对焦装置 optical focusing device
光学对准 optical alignment
光学反射 optical reflection
光学干涉效应 optical interference effect
光学和红外吊舱 optical and infrared pod
光学黑体 optical black
光学厚度 optical thickness
光学畸变 optical distortion
光学焦平面 optical focal plane
光学校准台 optical calibration bench
光学晶体 optical crystal
光学开关 optical switch
光学开关座 optical switch holder
光学路径 optical path
光学滤波器 optical filter
光学滤光片 optical filter
光学膜层 optical coating
光学目标探测器 optical target detector (OTD)
光学器件 optics
光学器件基座 optics mount
光学散射 optical scattering
光学失真 optical distortion
光学探测与测距 visual detection and ranging (ViDAR)
光学特性 optical property
光学调制 optical modulation
光学透镜 optical lens
光学透镜 optically transparent lens
光学望远镜 optical telescope
光学系统 optical system
光学系统 optics
光学效应 optical effect
光学信号背景比 optical signal-to-background ratio
光学信噪比 optical signal-to-noise ratio
光学性能 optical property
光学引信 optical target detector (OTD)
光学元件 optical component
光学元件 optical element
光学转台 optical turning bench
光学准直 optical alignment
光焰 luminous flame
光源 light source
光源 source
光再生烘烤 light recovery bake
光照度 illuminance
光照度 luminous incidence
光照度 luminous sterance
光致凝结 photocoagulation
光轴 optical axis

光子 photon
光子变化量 photon variance
光子出射度 photon exitance
光子出射度峰值 photon exitance peak
光子出射度积分 integrated photon exitance
光子传输 photon transfer
光子到达率 photon arrival rate
光子等价 photon equivalent
光子辐照度 photon sterance
光子极限 photon limit
光子强度 photon intensity
光子入射度 photon incidence
光子散弹噪声 photon shot noise
光子生成 photon generation
光子数等价 photon equivalent
光子速率 photon rate
光子探测二极管 photon detecting diode
光子探测器 photon detector
光子通量 photon flux
光子通量密度 photon flux density
光子通量入射度 photon-flux incidence
光子响应度 photon responsivity
光子信号 photon signal
光子信号入射度 photon signal incidence
光子噪声 photon noise
广泛机构公告 Broad Agency Announcement (BAA)
广告牌天线 billboard antenna
广角的 wide-angled
广角式摄像头 fisheye camera
广域监视 wide-area surveillance
广域目标截获 wide area target acquisition
广域全球定位增强 Wide Area GPS Enhancement (WAGE)
广域全球定位增强模式 wide area GPS enhancement mode
广域全球定位增强系统 Wide Area GPS Enhancement (WAGE)
广域搜索与跟踪 wide-area search and track

gui

归航 homing
归航台 homer
归航仪 homing adaptor
归一化 normalization
归一化 normalizing
归一化的 normalized
归一化的欧几里得距离 normalized Euclidean distance (NED)
归一化时间 normalized time
归一化探测率 normalized detectivity
归一化因子 normalization factor
规避 avoidance
规避 evasion
规避机动 evasive maneuver
规程 instruction
规程 order
规程 procedure
规程 protocol
规程 regulation
规程清单 （军事舰船的）bill
规定 （指合同、协议中的限定条款）provision
规定 regulation
规定的胜任能力 institutional competencies
规定的维护日期 Maintenance Due Date (MDD)
规范 specification
规范要求 specification requirement
规格 （如厚度、直径、口径）gage（gauge 的另一种拼写形式）
规格 （如厚度、直径、口径）gauge
规格 specification
规划 plan
规划 （指设计）shaping
规划处 plans directorate
规划的试验条件 Planned Test Condition (PTC)
规划阶段 planning phase
规划命令 planning order (PLANORD)
规划系数 planning factor
规划系数数据库 planning factors database (PFDB)
规划小组 planning team
规划与指导 planning and direction
规则 principle
规则 regulation
规则 rule
规章 regulation
硅 silicon (Si)
硅二极管 silicon diode
硅非本征红外探测器 silicon extrinsic IR detector
硅酚醛带 silica phenolic tape
硅/酚醛内衬 silica/phenolic insert
硅化铂 platinum silicide (PtSi)
硅基片 silicon substrate
硅技术 silicon technology
硅晶片 silicon wafer
硅晶体管电路 silicon transistor circuit
硅锰钢 silicon-manganese steel
硅片 silicon wafer
硅青铜 silicon bronze
硅润滑脂 silicone compound
硅石 silica
硅酸盐结合剂 （砂轮）silicate bond
硅探测器 Si detector
硅探测器 silicon detector
硅碳棒 globar
硅酮 silicone
硅橡胶 silicone rubber

硅橡胶内衬　silicone elastomer insert
硅有机化合物　silicone
硅有机树脂　silicone
轨道　（引信试验）track
轨道参数　orbit parameter
轨道机动　orbit maneuver
轨道炮　railgun
轨道倾斜角　orbit inclination angle
轨道通信卫星　Orbcomm satellite
轨道元素　orbit parameter
轨道元素　orbital element
轨道站位置保持　orbit station keeping
轨道中继系统卫星　Orblink satellite
轨迹　path
轨迹　trajectory
轨迹分析　trajectory analysis
鬼怪　（美国 F-4 战斗机）Phantom
癸二酸二辛酯　dioctyl sebacate（DOS）
贵金属　precious metal

gun

辊轴　roll mandrel
滚动　roll
滚动　rolling
滚动弹体　rolling airframe（RA）
滚动方向　roll orientation
滚动控制　roll control
滚花　knurling
滚花刀具　knurling tool
滚花卡紧环　（刀具）knurled collar
滚花螺母　knurled nut
滚花锁定螺钉　knurled locking screw
滚轮　（滚花刀具）roll
滚轮　roller
滚筒轴　roll mandrel
滚压渗碳　rolling
滚针轴承　needle bearing
滚针轴承衬套　needle bearing bushing
滚珠紧固件　（用于固定某些导弹的翼面）ball fastener
滚珠螺母　（滚珠丝杠组件）ball nut
滚珠丝杠　ball screw
滚珠丝杠组件　ball screw assembly
滚珠锁销　ball lock pin
滚珠轴承　ball bearing
滚珠轴承分离环　ball cage
滚柱　（正弦工具）roll
滚柱　roller
滚转　roll
滚转　rolling
滚转弹体　rolling airframe（RA）
滚转方向　roll orientation
滚转-俯仰-偏航交叉耦合不稳定　roll-pitch-yaw cross coupling instability
滚转建模　roll modeling
滚转交叉耦合　roll cross coupling
滚转控制偏差输入　roll control bias input
滚转控制偏置输入　roll control bias input
滚转力矩　roll moment
滚转力矩　roll torque
滚转力矩　rolling moment
滚转速率　roll rate
滚转速率　rotation rate
滚转稳定　roll stabilization
滚转稳定操纵舵　roll-stabilization control vane
滚转姿态　roll attitude
滚转自动驾驶仪　roll autopilot
滚转阻尼　roll damping
滚装卸货设施　roll-on/roll-off discharge facility（RRDF）
滚子　roller

guo

国产零部件　indigenous component
国产主动雷达导引头　indigenously-developed active-radar seeker
国防　defence（英国拼写形式）
国防　defense（美国拼写形式）
国防安全合作局　（美国）Defense Security Cooperation Agency（DSCA）
国防安全局　（英国）Defence Safety Authority（DSA）
国防部　defence ministry
国防部　（美国）Department of Defense（DoD; DOD）
国防部　（加拿大）Department of National Defence
国防部　Ministry of Defence（MoD）
国防部　Ministry of Defense（MoD）
国防部　Ministry of National Defense（MND）
国防部常务副部长　（美国）Deputy Defense Secretary
国防部常务副部长　（美国）Deputy Secretary of Defense（DepSecDef）
国防部代理部长　（美国）Acting Secretary of Defense
国防部副部长　（美国）under-secretary of defense（USD）
国防部副部长　（美国）undersecretary of defense
国防部规程　Department of Defense instruction（DODINST）
国防部规范与标准索引　DoD index of specifications and standards（DoDISS）
国防部集装箱系统　Department of Defense container system
国防部建造机构　Department of Defense construction agent
国防部建制单位　Department of Defense components
国防部情报信息系统　Department of Defense Intelligence Information System（DODIIS）

国防部识别码 Department of Defense Identification Code (DODIC)
国防部文职人员 Department of Defense civilian
国防部协调军官 defense coordinating officer (DCO)
国防部信息网络 Department of Defense information network (DODIN)
国防部信息网络运作中心 Department of Defense information network operations
国防部信息网络运作中心 DODIN operations
国防部长 Defence Minister
国防部长 (美国) Secretary of Defense (SecDef)
国防部长办公室 (美国) Office of the Secretary of Defense (OSD)
国防部指令 Department of Defense directive (DODD)
国防部自动寻址系统 (美国) Defense Automatic Addressing System (DAAS)
国防采办管理信息检索 (美国) Defense Acquisition Management Information Retrieval (DAMIR)
国防采办计划管理局 (韩国) Defense Acquisition Program Administration (DAPA)
国防采办局 (英国) Defence Procurement Agency (DPA)
国防采办委员会 (印度) Defence Acquisition Council (DAC)
国防采办委员会 (美国) Defense Acquisition Board (DAB)
国防采办执行官 (美国) Defense Acquisition Executive (DAE)
国防测绘局 (美国) Defense Mapping Agency (DMA)
国防创新分队 (美国国防部) Defense Innovation Unit (DIU)
国防大臣 (英国) Secretary of State for Defence
国防发展局 (韩国) Agency for Defense Development (ADD)
国防工业 defense industry
国防工业基地 defense industrial base (DIB)
国防关键基础设施 defense critical infrastructure (DCI)
国防合同管理局 (美国) Defense Contract Management Agency (DCMA)
国防和火箭支持服务部 (美国克瑞托斯公司) Defense & Rocket Support Services (DRSS)
国防后备役舰队 National Defense Reserve Fleet (NDRF)
国防后勤保障局 (美国) Defense Logistics Agency (DLA)
国防机构建设 defense institution building (DIB)
国防交换网 Defense Switched Network (DSN)
国防开发计划 Defence Lines of Development (DLOD)
国防科技集团 Defence Science and Technology Group (DSTG)
国防科技局 Defence Science and Technology Agency (DSTA)
国防科学技术实验室 (英国) Defence Science and Technology Laboratory (DSTL)
国防科学技术研究分析 Analysis for Science & Technology Research in Defence (ASTRID)
国防联邦采办条例 Defense Federal Acquisition Regulations (DFAR)
国防气象卫星 Defense Meteorological Satellites
国防气象卫星计划 Defense Meteorological Satellite Program (DMSP)
国防情报局 Defense Intelligence Agency (DIA)
国防人工情报执行官 defense human intelligence executor (DHE)
国防授权法案 National Defense Authorization Act (NDAA)
国防太空体系结构 National Defense Space Architecture (NDSA)
国防威胁降低局 (美国国防部) Defense Threat Reduction Agency (DTRA)
国防系统采办评审委员会 (美国国防部) Defense Systems Acquisition Review Council (DSARC)
国防系统管理学院 Defense Systems Management College (DSMC)
国防系统软件开发 Defense System Software Development
国防协调军官 defense coordinating officer (DCO)
国防协调小分队 defense coordinating element (DCE)
国防信息基础设施 defense information infrastructure (DII)
国防信息系统局 Defense Information Systems Agency (DISA)
国防信息系统网 Defense Information Systems Network (DISN)
国防研究与发展局 (以色列) Directorate of Defense Research and Development (DDR&D)
国防研究与发展组织 (印度) Defence Research and Development Organisation (DRDO)
国防预先研究计划局 (美国) Defense Advanced Research Projects Agency (DARPA)
国防运输系统 Defense Transportation System (DTS)
国防战略 National Defense Strategy (NDS)
国防战略指南 Defense Strategic Guidance (DSG)
国防支援计划 Defense Support Program (DSP)
国防装备与保障局 (英国国防部) Defence Equipment and Support (DE&S)
国会预算办公室 (美国) Congressional Budget Office (CBO)
国际标准化组织 International Standardization Organization (ISO)
国际标准化组织公制螺纹系统 ISO metric screw thread system
国际单位制 international system of Units (SI)
国际单位制 metric system
国际防务安全与装备(展览会) (英国) Defence

Security and Equipment International（DSEI）
国际防务安全与装备展览会 （英国）Defence Security and Equipment International exhibition
国际防务展览会 （阿布扎比）International Defence Exhibition（IDEX）
国际防务展览会 （阿布扎比）International Defence Exhibition and Conference（IDEX）
国际国防工业博览会 International Defence Industry Fair（IDEF）
国际海防展 International Maritime Defence Show（IMDS）
国际海事卫星 international maritime satellite（INMARSAT）
国际海事组织 International Maritime Organization（IMO）
国际合金标识系统 International Alloy Designation System（IADS）
国际化学、生物、放射性与核反应 international chemical, biological, radiological, and nuclear response（ICBRN-R）
国际机工及航空航天工人协会 International Association of Machinists and Aerospace Workers（IAM）
国际集装箱安全公约 International Convention for Safe Containers（CSC）
国际健康专家 international health specialist（IHS）
国际军备交易管理条例 （美国）International Traffic in Arms Regulations（ITAR）
国际军事教育与训练 international military education and training（IMET）
国际联合项目办公室 International Joint Project Office（IJPO）
国际通信卫星 Intelsat satellite
国际通信卫星组织 International Telecommunications Satellite Organization（INTELSAT）
国际委员会 international committee
国际协定 international agreement
国际协议 international agreement
国际用户 international user
国际预测公司 （美国）Forecast International
国际战争法 law of armed conflict（LOAC）
国际战争法 law of war
国际照明委员会 International Commission on Illumination（CIE）
国际直升机博览会 （美国）HAI HELI-EXPO
国家安全 national security
国家安全局 National Security Agency（NSA）
国家安全空间 national security space
国家安全空间系统 national security space
国家安全利益 national security interests
国家安全委员会 National Security Council（NSC）
国家安全战略 national security strategy（NSS）
国家保障小分队 national support element
国家标准管螺纹 （美国）National Pipe Thread（NPT）
国家导弹防御 National Missile Defense（NMD）
国家导弹防御系统 National Missile Defense（NMD）
国家地理空间情报局 National Geospatial-Intelligence Agency（NGA）
国家地理空间情报系统 National System for Geospatial Intelligence（NSG）
国家飞机标准 （美国）National Aircraft Standards（NAS）
国家海洋与大气管理局 National Oceanic and Atmospheric Administration（NOAA）
国家航空航天局 （美国）National Aeronautics and Space Administration（NASA）
国家环境保护局 National Environmental Protection Agency（NEPA）
国家环境政策法案 （美国）National Environmental Policy Act
国家机载指挥中心 （美国）National Airborne Operations Center（NAOC）
国家机载作战中心 （美国）National Airborne Operations Center（NAOC）
国家技术系统公司 （美国）National Technical Systems, Inc.（NTS）
国家解密政策 national disclosure policy（NDP）
国家解密政策委员会 National Disclosure Policy Committee（NDPC）
国家军事战略 National Military Strategy（NMS）
国家军事指挥系统 National Military Command System（NMCS）
国家军械与弹道试验中心 National Ordnance and Ballistic Test Center
国家科学基金会 national science foundation（NSF）
国家空天情报中心 （美国）National Air and Space Intelligence Center（NASIC）
国家空域系统 National Airspace System（NAS）
国家库存编号 National Stock Numbers（NSN）
国家力量体现手段 instruments of national power
国家能力的战术利用 tactical exploitation of national capabilities（TENCAP）
国家评估 national assessment（NA）
国家情报 national intelligence
国家情报处 Directorate of National Intelligence（DNI）
国家情报支持小组 national intelligence support team（NIST）
国家首都地区 National Capital Region（NCR）
国家特殊安全事项 national special security event（NSSE）
国家通信系统 National Communications System（NCS）
国家突发事件管理系统 National Incident Management System（NIMS）
国家外交团队 country team（CT）
国家先进面空导弹系统 National Advanced Surface to

Air Missile System (NASAMS)
国家消防协会 (美国) National Fire Protection Association (NFPA)
国家信息公开政策 national disclosure policy (NDP)
国家行动中心 (用于国内突发事件管理) national operations center (NOC)
国家应急响应体系 National Response Framework (NRF)
国家运输管理局 national shipping authority (NSA)
国家灾难医疗系统 National Disaster Medical System (NDMS)
国家战备 national preparedness
国家侦察办公室 (美国) National Reconnaissance Office (NRO)
国家政策 national policy
国家职业安全与健康研究所 (美国) National Institute for Occupational Safety and Health (NIOSH)
国家治理 governance
国民警卫队 (美国) National Guard
国内安全 internal security
国内防卫和发展 internal defense and development (IDAD)
国内紧急状态 domestic emergencies
国内开发 internal development
国内情报 domestic intelligence
国内市场 domestic market
国内治安 internal security
国土 homeland
国土安全 homeland security (HS)
国土安全部 (美国) Department of Homeland Security (DHS)
国土安全法案 Homeland Security Act (HSA)
国土防御 homeland defense (HD)
国土防御雷达 Homeland Defense Radar
国外竞争试验 Foreign Competitive Testing (FCT)
国外救灾 foreign disaster relief (FDR)
国外客户 foreign customer
国外情报 foreign intelligence (FI)
国外情报实体 foreign intelligence entity (FIE)
国外仪器设备信号情报 foreign instrumentation signal intelligence (FISINT)
国外仪器设备信号情报 foreign instrumentation signals intelligence (FISINT)
国外灾害 foreign disaster
国外灾难 foreign disaster
国外战场 overseas battlefield
国务院 (美国) Department of State (DOS)
国营的 state-owned
国营公司 state-owned company
国营企业 state-owned firm
国有的 state-owned
国有公司 state-owned company
国有企业 state-owned firm
过程 behavior (美国拼写形式)
过程 behaviour (英国拼写形式)
过程 process
过程控制 process control
过程噪声 process noise
过冲系数 overshoot factor
过顶持续红外系统 Overhead Persistent Infrared (OPIR)
过顶非成像红外 overhead non-imaging infrared (ONIR)
过渡 transition
过渡衬套 (用于砂轮孔大于轮轴的情况) reducing bushing
过渡的 transient
过渡的 transitional
过渡过程 transient
过渡配合 locational fit
过渡区 transit zone
过渡性保障 interim support
过渡性保障计划 interim support plan
过渡性承包商保障 Interim Contractor Support (ICS)
过渡支撑环 sabot
过流保护 overcurrent protection
过路部队 transient forces
过氯酸铵 ammonium perchlorate (AP)
过氯酸铵氧化剂 ammonium perchlorate oxidizer
过滤单元 filtering unit
过滤器 filter
过滤器安装基座 filter mount module
过滤器安装基座 filter mounting block
过滤器安装模块 filter mount module
过滤器安装模块 filter mounting block
过滤器分组件 filter subassembly
过滤器接头 filter adapter
过滤器进气滤筒 inlet filter cartridge
过滤器卡夹 filter clamp
过滤器壳体 filter housing
过滤器壳体支撑卡箍 filter housing support clamp
过滤器支架 filter carrier
过滤器组件 filter assembly
过滤装置 filtering unit
过膨胀流动工作状态 overexpanded flow operation
过膨胀喷管 overexpanded nozzle
过热 overheating
过热条件 over-temperature condition
过时 obsolescence
过时部件 obsolete part
过时的 obsolete
过时的 outdated
过时设备 obsolete equipment
过时信息 outdated information
过时元器件 obsolete component
过调节 *v.* overshoot

过往载荷情况 load history
过压 （指压力、压强）overpressure
过压 （指电压）overvoltage
过压标度 overpressure scaling
过氧化氢 hydrogen peroxide
过盈 （配合）interference
过盈配合 （用 FN 表示）force fit
过盈配合 interference fit
过载 （飞行器飞行时的）acceleration
过载 （飞行器飞行时的）g-force
过载 （结构系统和电气系统）load factor
过载 （载荷、负载超出设计值）overload
过早点火 premature ignition

ha

哈斯特镍合金　Hastelloy
铪陶瓷　Hafnium ceramic

hai

海岸火力控制队　shore fire control party（SFCP）
海岸勤务队　beach group
海岸勤务队　shore party
海拔高度　elevation height
“海豹”突击队　SEAL team
“海豹”运送队　SEAL delivery vehicle team
海驳船　sea barge
海盗　（A-7 攻击机）Corsair
海毒液　（MBDA 导弹系统公司的反舰导弹）Sea Venom
海恩斯合金　（钴铬钨镍合金）Haynes
海尔法导弹　（美国）Hellfire missile
海港　seaport
海基　sea based
海基平台　sea-based platform
海军　fleet
海军　navy
海军安全和职业健康计划手册　Navy Safety and Occupational Health Program Manual
海军保障日期　Navy Support Date（NSD）
海军补给系统司令部　Naval Supply Systems Command（NAVSUP）
海军补给系统司令部指令　Naval Supply Systems Command Instruction（NAVSUPINST）
海军部　（美国）Department of the Navy（DON）
海军部长　（美国）Secretary of the Navy
海军部长指令　Secretary of the Navy Instruction（SECNAVINST）
海军打击导弹　Naval Strike Missile（NSM）
海军打击与空战中心　（美国）Naval Strike and Air Warfare Center（NSAWC）
海军弹道导弹　Fleet Ballistic Missile（FBM）
海军弹药供应站　naval magazine station（NAVMAGSTA）
海军弹药后勤保障编码　Navy Ammunition Logistics Code（NALC）
海军弹药库　naval ammunition depot（NAD）
海军弹药司令部　Naval Munitions Command（NMC）
海军二等兵　seaman apprentice
海军二级军士长　senior chief petty officer
海军防空系统　naval air defence system
海军飞机　naval aircraft
海军飞机　naval aviation
海军飞行军官　naval flight officer（NFO）
海军光学炫目阻断器　Optical Dazzling Interdictor, Navy（ODIN）
海军海上系统司令部　（美国）Naval Sea Systems Command（NAVSEA）
海军航空兵　Naval Air Force
海军航空兵司令员指令　Commander, Naval Air Forces Instruction（COMNAVAIRFORINST）
海军航空兵训练与作战程序标准化　Naval Air Training and Operating Procedures Standardization（NATOPS）
海军航空兵训练与作战程序标准化手册　Naval Air Training and Operating Procedures Standardization manual
海军航空兵训练与作战程序标准化准则　Naval Air Training and Operating Procedures and Standardization guidelines
海军航空出版物索引　Naval Aeronautic Publications Index
海军航空工程中心　Naval Air Engineering Center（NAEC）
海军航空技术服务设施　（美国）Naval Air Technical Services Facility（NAVAIRTECHSERVFAC）
海军航空技术数据工程服务司令部　Naval Air Technical Data Engineering Services Command（NATEC）
海军航空技术数据和工程服务中心　Naval Air Technical Data and Engineering Service Center（NATEC）
海军航空武器维护分队　Naval Air Weapons Maintenance Unit（NAWMU）
海军航空武器维护分队　Naval Airborne Weapons Maintenance Unit（NAWMU）
海军航空站　Naval Air Station（NAS）
海军航空装备　naval aviation
海军航空装备后方维修基地　Naval Aviation Depot（NADEP）
海军航空装备维护计划　Naval Aviation Maintenance Program
海军机载武器维护大纲　Naval Airborne Weapons Maintenance Program（NAWMP）
海军技术评估　Navy Technical Evaluation（NTE）
海军舰队必备专用飞机　Navy-unique fleet essential aircraft（NUFEA）

海军舰炮火力支援 naval gunfire support (NGFS)
海军舰艇 naval vessel
海军军事行动 naval operation
海军军械管理策略 Naval Ordnance Management Policy (NOMP)
海军军械试验站 (现已改名为海军武器中心) Naval Ordnance Test Station (NOTS)
海军军械系统司令部 (现已并入海军海上系统司令部) Naval Ordnance Systems Command
海军军械站 Naval Ordnance Station (NOS)
海军/空军联合项目办公室 joint Navy/Air Force project office
海军空战中心飞机分部 Naval Air Warfare Center Aircraft Division (NAWC-AD; NAWCAD)
海军空战中心武器分部 Naval Air Warfare Center Weapons Division (NAWCWD; NAWCWPNDIV)
海军空中系统司令部 Naval Air Systems Command (NAVAIR)
海军空中系统司令部指令 Naval Air Systems Command Instruction (NAVAIRINST)
海军陆战队 (美国) Marine Corps
海军陆战队航空兵大队 Marine Air Group (MAG)
海军陆战队航空兵后勤中队 Marine Aviation Logistics Squadron (MALS)
海军陆战队航空兵训练管理评估计划 Marine Aviation Training Management Evaluation Program (MATMEP)
海军陆战队航空站 Marine Corps Air Station (MCAS)
海军陆战队空中指挥与控制系统 Marine air command and control system (MACCS)
海军陆战队特种作战部队 Marine Corps special operations forces (MARSOF)
海军陆战队战术航空指挥中心 Marine TACC
海军陆战队战术航空指挥中心 Marine tactical air command center
海军前方后勤保障基地 naval advanced logistic support site (NALSS)
海军前方后勤站 naval forward logistic site (NFLS)
海军全战区 Navy Theater Wide (NTW)
海军三级军士长 chief petty officer
海军上将 admiral
海军上士 petty officer, first class
海军上尉 lieutenant
海军上校 (美国、英国) captain
海军少将 rear admiral
海军少尉 ensign
海军少校 lieutenant commander
海军水面火力支援 naval surface fire support (NSFS)
海军水面作战激光武器系统 Surface Navy Laser Weapon System (SNLWS)
海军水面作战中心 Naval Surface Warfare Center (NSWC)
海军滩头大队 naval beach group (NBG)
海军特种作战 naval special warfare (NSW)
海军特种作战部队 Navy special operations forces (NAVSOF)
海军特种作战大队 naval special warfare group
海军特种作战特遣大队 naval special warfare task group (NSWTG)
海军特种作战特遣小队 naval special warfare task unit (NSWTU)
海军五星上将 (美国) fleet admiral
海军武器试验中队 Naval Weapons Test Squadron
海军武器站 naval weapons station (NWS; NAVWPNSTA)
海军武器中心 Naval Weapons Center (NWC)
海军武器中心靶场 Naval Weapons Center Range
海军物资搬运营 Navy cargo-handling battalion (NCHB)
海军下士 petty officer, third class
海军信息战中心 Naval Information Warfare Center (NIWC)
海军修建部队 naval construction force (NCF)
海军研究实验室 (美国) Naval Research Laboratory (NRL)
海军一等兵 seaman, first class
海军一级军士长 master chief petty officer
海军远征后勤保障大队 Navy expeditionary logistics support group (NAVELSG)
海军战术航空控制中心 Navy TACC
海军战术航空控制中心 Navy tactical air control center
海军支援小分队 Navy support element (NSE)
海军职业安全与健康(计划) (美国) Navy Occupational Safety and Health (NAVOSH)
海军中将 vice admiral
海军中士 petty officer, second class
海军中尉 lieutenant, junior grade
海军中校 commander (CDR)
海军装备司令部 Naval Materiel Command (NAVMAT)
海军准将 commodore
海军综合火控—防空(系统) (美国) Naval Integrated Fire Control-Counter Air (NIFC-CA)
海军作战部长指令 Chief of Naval Operations Instruction (OPNAVINST)
海军作战行动 naval operation
海况 sea state
海里 nautical mile
海里/小时 knot (kt)
海陆空应用中心 Air Land Sea Application Center (ALSA)
海伦积分方程 Hallen's integral equation
海面 surface
海面发射 surface launch
海面发射的 surface-launched
海面跟踪装置 sea tracker
海面跟踪装置 surface tracker

海平面　sea level (SL)
海平面推力　sea-level thrust
海上安全计划　Maritime Security Program (MSP)
海上安全行动　maritime security operations (MSO)
海上靶试　sea trial
海上霸权　maritime supremacy
海上部队　maritime forces
海上打击　maritime strike
海上打击战斧　Maritime Strike Tomahawk (MST)
海上的　afloat
海上的　maritime
海上发射巡航导弹　Sea-Launched Cruise Missile (SLCM)
海上环境　maritime　environment
海上监视　maritime surveillance
海上监视飞机　maritime surveillance aircraft
海上监视雷达　maritime surveillance radar
海上军事装备　maritime asset
海上拦截行动　maritime interception operations (MIO)
海上拦截者　(MBDA 导弹系统公司研发的防空系统) Sea Ceptor
海上力量　maritime forces
海上力量投送　maritime power projection
海上目标　maritime target
海上目标　sea-based target
海上区域　sea areas
海上试验　at-sea test
海上试验　sea trial
海上梯队　sea echelon
海上梯队计划　sea echelon plan
海上梯队转换区　sea echelon area
海上巡逻机　maritime patrol aircraft (MPA)
海上盐雾腐蚀　sea salt corrosion
海上移动目标　Moving Maritime Target (MMT)
海上优势　maritime superiority
海上预置部队　afloat pre-positioning force (APF)
海上预置部队　maritime pre-positioning force (MPF)
海上预置部队作战　maritime pre-positioning force operation
海上预置部队作战　MPF operation
海上预置舰船　maritime pre-positioning ships (MPS)
海上预置行动　afloat pre-positioning operations
海上驻扎　seabasing
海上装备　maritime asset
海事的　maritime
海滩　beach
海滩勤务队　beachmaster unit (BMU)
海外环境基准指导文件　Overseas Environmental Baseline Guidance Document (OEBGD)
海外应急作战　overseas contingency operations (OCO)
海外战场　overseas battlefield
海湾战争　Gulf War
海洋管理局第一类后备役部队　Maritime Administration Ready Reserve Force (MARAD RRF)
海洋环境　maritime environment
海洋学　oceanography
海域　maritime domain
海域意识　maritime domain awareness (MDA)
海员　seaman
海运加强装置　sealift enhancement features (SEF)
海杂波　sea clutter
海杂波背景　sea clutter background
海战评估中心　Naval Warfare Assessment Center (NWAC)
氦气　helium
氦气泄漏测试　helium leak test

han

含奥克托今炸药　HMX-containing explosive
含黑索金炸药　RDX-containing explosive
含铝高氯酸铵复合推进剂　composite AP-Al propellant
含铝固体推进剂　aluminized solid propellant
含铝浇注塑性粘结炸药　aluminized castable PBX
含铝推进剂　aluminized propellant
含铝压装塑性粘结炸药　aluminized pressed PBX
含铝炸药　aluminized explosive
含氯氟烃　chlorofluorocarbon (CFC)
含能基体　energetic binder
含能粘结剂　energetic binder
含能塑化剂　energetic plasticizer
含能增塑剂　energetic plasticizer
含硼固体燃料　boron-containing solid fuel
含气腔体　gaseous cavity
含水的　aqueous
含碳量　carbon content
函数　function
函数变换　functional transform
焓　enthalpy
焓降　enthalpy drop
涵道　duct
涵道比　(喷气发动机) bypass ratio
韩国海军陆战队　Republic of Korea Marine Corps (RoKMC)
韩国航空航天工业公司　Korea Aerospace Industries (KAI)
韩国空军　Republic of Korea Air Force (ROKAF)
韩国战斗机试验项目　Korean Fighter Experimental (KFX)
焊缝　weld
焊工　welder
焊痕　weld flash
焊机　welder
焊机　welding machine
焊剂　flux
焊接　*v.*　solder

焊接 soldering（用熔化的焊料把两种金属连接起来）
焊接 *v.* &*n.* weld
焊接 welding（用直接热熔的方式把两种金属连接起来）
焊接操作柄 welding lever
焊接操作杆 welding lever
焊接触点 solder contact
焊接工具 soldering tool
焊接工具 welding tool
焊接工作台 welding table
焊接管件 welded tube
焊接夹具 soldering fixture
焊接夹具 welding fixture
焊接件 weldment
焊接接头 solder joint
焊接结构 weldment
焊接强度测试仪 welding strength tester
焊接试件 welding coupon
焊炬 torch
焊炬支架 torch holder
焊料 filler
焊料 solder
焊料 welding filler metal
焊瘤 weld flash
焊盘 bond pad
焊丝 welding wire
焊条 filler
焊条 filler metal
焊条 welding rod
焊条钳 electrode holder
焊珠 bead

hang

行 line
行 row
行 string
行业 business
航测图 aerial map
航程指示器 range indicator
航电成套设备 avionics suite
航电设备检测 avionics checkout
航电体系结构 avionics architecture
航电系统试验集成设施 Integration Facility for Avionic Systems Testing（IFAST）
航电系统试验综合设施 Integration Facility for Avionic Systems Testing（IFAST）
航电综合 Avionic Integration（AI）
航电综合平台 avionics integration platform
航电综合设备 avionics suite
航电总线 avionics bus
航海暮光之末 end of evening nautical twilight（EENT）
航海曙光之始 begin morning nautical twilight（BMNT）
航迹 flight path
航迹 track
航迹射程 along-track range
航迹推算系统 dead reckoning system
航迹相关 track correlation
航空 aviation
航空兵力分配 air apportionment
航空弹道导弹 aeroballistic missile
航空弹药控制站 aviation ordnance control station（AOCS）
航空导弹 aerial missile
航空电缆 aircraft cable
航空电子设备 avionics
航空电子设备吊舱 avionics pod
航空电子系统 avionics
航空电子系统简化测试语言 abbreviated test language for avionics system（ATLAS）
航空发展局 （印度）Aeronautical Development Agency（ADA）
航空港 aerial port
航空港 port
航空港飞行小队 aerial port flight（APF）
航空港中队 aerial port squadron（APS）
航空航天的 aerospace
航空航天防御 aerospace defense
航空航天技术中心 （巴西）Aerospace Technology Centre（CTA）
航空航天科学与技术部 （巴西空军）Department of Aerospace Science and Technology（DCTA）
航空航天与防务展览会 Aerospace and Defense Exhibition（ADEX）
航空航天运载设备 aerospace vehicular equipment（AVE）
航空航天制造商 aerospace manufacturer
航空和导弹研发和工程中心 （美国陆军）Aviation & Missile Research, Development and Engineering Center（AMRDEC）
航空环境公司 （美国）AeroVironment
航空火箭 aircraft rocket（AR）
航空火箭弹 aircraft rocket（AR）
航空集散站 air terminal
航空技术 aviation
航空军械变更 Aviation Armament Change（AAC）
航空军械临时变更 Interim Aviation Armament Change（IAAC）
航空军械临时通报 Interim Aviation Armament Bulletin（IAAB）
航空军械通报 Aviation Armament Bulletin（AAB）
航空军械员 Aviation Ordnanceman（AO）
航空军械中心 Air Armaments Center（AAC）
航空母舰 aircraft carrier（CV）

航空母舰 carrier
航空喷气洛克达因公司 （美国）Aerojet Rocketdyne
航空器 air vehicle
航空情报大队 air intelligence group（AIG）
航空情报局 Air Intelligence Agency（AIA）
航空情报中队 air intelligence squadron（AIS）
航空实践中心 （法国）Aviation Practical Experimentation Centre
航空试验和评估 aeronautical test and evaluation
航空试验与鉴定中队 Test and Evaluation Squadron（VX）（VX 为美国海军代码）
航空图 aerial map
航空危险物品清单 Aviation Hazardous Materials List（AHML）
航空维护训练系列化系统 Aviation Maintenance Training Continuum System（AMTCS）
航空维护在役培训 Aviation Maintenance In-Service Training（AMIST）
航空维护在役训练 Aviation Maintenance In-Service Training（AMIST）
航空系统研究部 Aeronautical Systems Research Division（ASRD）
航空训练司令部 Air Training Command
航空医疗后送 aeromedical evacuation（AE）
航空医疗后送机组人员 aeromedical evacuation crew（AEC）
航空医疗后送控制分队 aeromedical evacuation control team（AECT）
航空医疗后送能力 aeromedical evacuation capability
航空医疗后送支援小组 aeromedical evacuation support cell（AESC）
航空医疗后送中转管理小组 aeromedical evacuation stage management team（ASMT）
航空医学 aviation medicine
航空与导弹技术联合会 Aviation and Missile Technology Consortium（AMTC）
航空与导弹中心 （美国陆军）Aviation and Missile Center（AvMC）
航空炸弹 aerial bomb
航空站 aerial port
航空装备 aviation
航空资源管理系统 Aviation Resource Management System（ARMS）
航空作战顾问队 combat aviation advisory team（CAAT）
航路 route
航路点 waypoint
航路段 segment
航母打击群 carrier strike group（CSG）
航母飞行联队 carrier air wing（CVW）
航母控制区 carrier control zone
航母适应性 （适应航母的弹射起飞和拦阻着陆）carrier suitability
航母适应性试验 carrier suitability tests
航母战斗群 aircraft carrier battle group
航母战斗群 carrier battle group
航炮 cannon
航摄图 aerial map
航天 space flight
航天的 space
航天气象 space weather
航天器 spacecraft
航天器 spaceship（多指有人的）
航天器发射场 cosmodrome（苏联）
航天器发射场 spacecraft launch complex
航天器间链路 spacecraft link
航天中继卫星 Astrolink satellite
航图 chart
航线 route
航线起点 （飞机导航检查点）departure point
航向 heading
航向变化 heading change
航向的 forward（FWD）
航向位移 （炸弹）range displacement
航向误差 heading error（HE）
航向信标 localizer（LOC）
航向指示器 course indicator
航向指针 bug
航行中的 underway
航行自由行动 freedom of navigation operations
航运保护 protection of shipping
航运站 maritime terminal
航运站 water terminal
航运终端 maritime terminal
航运终端 water terminal
航站楼 air terminal

hao

毫米波 millimeter wave（MMW；mmW）
毫米波 millimetric wave（MMW）
毫米波测量 millimeter wave measurement
毫米波导引头 millimeter wave seeker
毫米波辐射源、雷达和干扰系统 Millimeter Wave Emitters, Radars, and Jamming System（MERAJS）
毫米波干扰物表征系统 millimeter wave obscurant characterization system
毫米波雷达 millimeter wave radar
毫米波雷达导引头 millimeter wave radar seeker
毫秒 millisecond
耗材 consumable materials
耗材 consumables
耗尽 depletion
耗尽模式 depletion mode
耗尽模式漏极特性曲线 depletion-mode drain curve
耗尽模式器件 depletion-mode device

耗油率　specific fuel consumption

he

合并　coalescence
合并　combination
合并　incorporation
合成　composition
合成　fusion
合成　synthesis
合成的　composite
合成的　compound
合成的　resultant
合成的　synthetic
合成孔径雷达　synthetic aperture radar（SAR）
合成品　synthetics
合成切削液　（化学类切削液的一种）synthetics
合成生物学　synthetic biology
合成视线模型　synthetic line-of-sight model
合成数据　synthetic data
合成速度　resultant velocity
合成烃类推进剂　synthetic hydrocarbon propellant
合成图像　synthetic imagery
合成物　*n.* composite
合成橡胶　elastomer
合成橡胶　synthetic rubber
合成信号　resulting signal
合成有机塑化剂　synthetic organic plasticizer
合成作战指挥官　composite warfare commander（CWC）
合格/不合格　go/no-go
合格/不合格环规　go/no-go ring gage
合格-不合格技术规范　pass-fail specification
合格/不合格量规　go/no-go gage
合格/不合格量规　go-no-go gage
合格/不合格螺纹环规　go/no-go thread ring gage
合格/不合格螺纹环规　thread go/no-go ring gage
合格/不合格螺纹塞规　go/no-go thread plug gage
合格/不合格螺纹塞规　thread go/no-go plug gage
合格/不合格圆柱塞规　go/no-go plug gage
合格的　certified
合格的　passing
合格的　qualified
合格范围　acceptable range
合格分离　acceptable separation
合格鉴定　（范围较广，包括管理和技术）accreditation
合格鉴定　（批准可以生产或服役）qualification
合格准则　compliance criteria
合格准则　passing criteria
合金　alloy
合金钢　alloy steel
合金元素　alloying element
合金组分　alloy composition
合理高度　reasonable altitude
合理化　rationalization
合理性检查　sanity check
合适性　adequacy
合同编号　contract number
合同变更　contract modification
合同工具　（政府采购合同许可证）contract vehicle
合同管理　contract administration
合同管理军官　administrative contracting officer（ACO）
合同规定的技术规范　contract specification
合同号　contract number
合同价格　contract price
合同监管　contract administration
合同奖励金　contract incentives
合同类型　contract type
合同名称　contract name
合同启动　contract initiation
合同签订部门　contracting activity
合同签订部门　contracting agency
合同签订部门　contracting agent
合同签订部门负责人　head of contracting activity（HCA）
合同签订官　contracting officer
合同签订官代表　contracting officer representative（COR）
合同识别信息　contract identification
合同授予　contract award
合同数据管理　contractual data management
合同数据需求表　contract data requirements list（CDRL）
合同修订　contract modification
合同需求陈述　contract statement of requirement（CSOR）
合同选项　contract option
合同注册项目编号　Contract Line Item Number（CLIN）
合同资料　contract data
合同资料管理　contractual data management
合同最高限额　contract ceiling
合页的一半　hinge half
合页片　butt hinge leaf
合资公司　joint venture
合作　collaboration
合作　cooperation
合作的　co-operative
合作的　cooperative
合作协议　co-operative agreement
合作型安全场所　cooperative security location（CSL）
和　sum
和（或）　and/or
和平构建　peace building（PB）
和平建立　peacemaking（PM）

和平维持 peacekeeping
和平行动 peace operations (PO)
和信号 sum signal
河岸区作战 riverine operations
荷兰皇家海军 Royal Netherlands Navy (RNLN)
荷兰皇家空军 Royal Netherlands Air Force (RNLAF)
核动力弹道导弹潜艇 nuclear-powered ballistic-missile submarine
核动力导弹潜艇 Nuclear-powered Guided-missile submarine (SSGN)
核动力的 nuclear-powered
核动力攻击潜艇 Nuclear-powered attack submarine (SSN)
核动力航空母舰 aircraft carrier, nuclear (CVN)
核辐射技术鉴定 technical nuclear forensics
核辐射烧伤 flash burn
核能学 atomics
核实 verification
核实 *vt.* verify
核事故 nuclear incident
核危害 nuclear hazard
核威慑力量 nuclear deterrence force
核武器中心 (美国) Nuclear Weapons Center
核心 core
核心价值 core values
核心任务 core task
核验 validation
核验 verification
核准 *vt.* validate
核准 validation
核作战 nuclear operations
盒式缝隙天线 boxed slot antenna
盒子 box
赫尔姆霍茨模态 Helmholtz mode
赫尔姆霍茨谐振腔模态 Helmholtz resonator mode
赫兹 hertz (Hz)
赫兹偶极子 Hertz's dipole

hei

黑火药 black powder
黑火药 gun powder
黑腔体 black cavity
黑色化的金属 blackened metal
黑色金属 ferrous metal
黑色阳极化铝 black anodized aluminum
黑索金基(炸药) RDX-based
黑体 black body
黑体 blackbody (BB)
黑体测试台 blackbody test set
黑体测试装置 blackbody test setup
黑体发射体 blackbody emitter
黑体-峰值响应转换因子 blackbody-to-peak conversion factor
黑体-峰值转换因子 blackbody-to-peak conversion factor
黑体辐射 blackbody radiation
黑体辐射亮度 blackbody sterance
黑体辐射面积 blackbody area
黑体辐射面积限定光阑孔 blackbody area defining aperture
黑体辐射器 blackbody radiator
黑体辐射曲线 blackbody radiation curve
黑体辐射源光阑孔 blackbody aperture
黑体辐射源光阑孔直径 blackbody aperture diameter
黑体辐射源光阑盘 blackbody aperture plate
黑体辐射源光轴 blackbody axis
黑体辐照度 blackbody incidence
黑体校准 BB calibration
黑体校准 blackbody calibration
黑体空腔 blackbody cavity
黑体模拟器 blackbody simulator
黑体模拟器空腔 blackbody simulator cavity
黑体模拟器空腔孔 blackbody simulator cavity aperture
黑体模拟器孔 blackbody simulator aperture
黑体能量 blackbody energy
黑体-调制盘组合 blackbody-chopper combination
黑体温度 blackbody temperature
黑体响应率 blackbody responsivity
黑体信号 blackbody signal
黑体源 blackbody source
黑体支座 black body holder
黑体转接件 black body adapter
黑体装置 blackbody setup
黑箱方法 black box approach
黑鹰 (美国武装直升机) Black Hawk

heng

亨利 (电感单位) henry (H)
恒等式 identity
恒定表面速度 (数控车床) constant surface speed (CSS)
恒定的 constant
恒定入射辐射 constant incidence
恒定视线弹道 constant line-of-sight trajectory
恒定速率 constant rate
恒定应变率 constant strain rate
恒定应力水平 constant stress level
恒流源 current source
恒面燃烧 neutral burn
恒面燃烧 neutral burning
恒面燃烧装药 neutral grain
恒温曲线 *n.* isothermal
恒星日 sidereal day
恒星时角 sidereal hour angle

珩磨 honing
桁条 stringer
横波 transverse wave
横杆 （游标卡尺、大圆规）beam
横滚 roll
横滚建模 roll modeling
横滚力矩 rolling moment
横滚力矩导数 rolling moment derivative
横滚力矩系数 rolling moment coefficient
横滚速率 roll rate
横滚自动驾驶仪 roll autopilot
横截面 cross section
横截面积 cross-sectional area
横截面几何形状 cross-sectional geometry
横梁 beam
横梁 crossbeam
横梁 crossmember
横流分离 cross-flow separation
横流分析 cross-flow analysis
横刃 （麻花钻头）chisel edge
横刃 （麻花钻头）dead center
横刃斜角 （麻花钻头）dead center angle
横向 crossrange
横向锉 （沿锉刀的宽度方向运动）draw filing
横向的 cross（与轴向相对）
横向的 lateral（强调侧向）
横向的 transverse（与轴向相对）
横向构件 crossmember
横向过载 maneuver acceleration
横向和纵向自动驾驶仪 lateral autopilot
横向滑架 cross slide
横向晃动目标 weaving target
横向加工 cross-working
横向加工动力刀座 cross-working live tooling attachment
横向加速度 lateral acceleration
横向加速度信号 lateral acceleration signal
横向进给 cross feed
横向进给手轮 cross-feed hand wheel
横向距离 cross range
横向距离 crossrange
横向流 cross flow
横向流 crossflow
横向流动 cross flow
横向模态 transverse mode
横向气流 crossflow
横向强度 transverse strength
横向速度 lateral velocity
横向速度 transverse velocity
横向位移 （炸弹）cross-range displacement
横向位移 lateral displacement
横向谐振模态 resonant transverse mode
横向走刀 cross feed
横向阻抗 transverse impedance
横旋转刀 （单刃，用于铣平面）fly cutter
横振频率 transverse oscillation frequency
横轴 horizontal axis
横坐标 abscissa
横坐标 horizontal axis
横坐标值 abscissa

hong

轰炸机 bomber
轰炸机特遣部队 Bomber Task Force（BTF）
烘烤 *v.* & *n.* bake
烘烤 baking
烘箱 oven
烘箱固化的 oven-cured
烘箱控制器 oven controller
红橙色 burnt orange
红队 red team
红马中队 （快速工程部署重型抢修工程中队）Rapid Engineering Deployable Heavy Operational Repair Squadron, Engineering（RED HORSE）
红外波长 infrared wavelength
红外测量热电偶 IR-detecting thermocouple
红外成像 infrared imagery
红外成像导引头 imaging infrared seeker
红外成像导引头 infrared imaging seeker
红外成像的 imaging infrared（IIR）
红外成像的 infrared imaging
红外成像系统 imaging infrared system
红外成像系统尾部/推力矢量控制的（导弹） Infra-Red Imaging System Tail/Thrust Vector-Controlled（IRIS-T）
红外成像系统—尾舵控制的（导弹） Infrared Imaging System-Tail control（IRIS-T）
红外成像响尾蛇 Infrared Imaging Sidewinder（IRIS）
红外传感器 infrared sensor
红外窗口 infrared window
红外窗口 IR window
红外导弹 infrared-guided missile
红外导弹干扰 infrared missile countermeasures
红外导引头 infrared homing head
红外导引头 infrared seeker
红外导引头 infrared seeker head
红外导引头 IR homing head
红外导引头 IR seeker
红外导引头组件 infrared seeker assembly
红外导引头组件 IR seeker assembly
红外的 infra-red（IR）
红外的 infrared（IR）
红外对抗 Infrared Countermeasures（IRCM）
红外对抗 IR countermeasures（IRCM）
红外对抗能力 IR countermeasures capability

红外对抗系统 infrared countermeasure system
红外发黑涂覆 infrared black coating
红外发射率 infrared emissivity
红外反射 infrared reflection
红外反射 IR reflectance
红外反射比 IR reflectance
红外反射镜 infrared mirror
红外反射率 IR reflectance
红外反射能力 IR reflectance
红外范围 infrared range
红外范围 IR region
红外方式导引头 infrared alternative head（IRAH）
红外辐射 infrared radiation
红外辐射 IR emission
红外辐射 IR radiation
红外辐射目标 IR radiating target
红外干扰 Infrared Countermeasures（IRCM）
红外干扰 IR countermeasures（IRCM）
红外干扰系统 infrared countermeasure system
红外跟踪 infrared tracking
红外功率 infrared power
红外功率 IR power
红外/光电背景 infrared/electro-optical background
红外/光电背景 IR/EO background
红外光谱 IR spectrum
红外光学 IR optics
红外光学材料 infrared optical material
红外光学材料 IR optical material
红外光源 infrared source
红外光源 IR source
红外光子 IR photon
红外行业 IR business
红外和紫外双模导引头 dual-mode IR and UV seeker
红外集成电路引信 IR-integrated circuit fuse
红外技术 infrared technology
红外焦平面阵列 infrared focal-plane array（IRFPA）
红外接收器 （包括探测器和光学器件）infrared receiver
红外界 IR community
红外近炸引信 IR proximity fuze
红外抗干扰 infrared counter-countermeasures（IRCCM）
红外抗干扰能力 IRCCM capability
红外领域 infrared field
红外末制导 IR terminal guidance
红外末制导 IR terminal homing
红外末制导拦截弹 IR terminal homing effector
红外能量 infrared energy
红外凝视探测器阵列 infrared staring detector array
红外区域 IR region
红外全景系统 infrared panoramic system
红外热压材料窗口 Irtran window
红外入射度 IR incidence
红外实验室 IR lab
红外视频自动跟踪 Infrared Video Automatic Tracking（IRVAT）
红外手册 infrared handbook
红外输入 IR input
红外搜索与跟踪 infrared search and track（IRST）
红外搜索与跟踪探测器 infrared search-and-track sensor
红外搜索与跟踪系统 infrared search-and-track system
红外搜索与跟踪系统 IR search-and-tracking system
红外探测 infrared detection
红外探测 IR detection
红外探测器 infrared detector
红外探测器 infrared sensor
红外探测器 IR detector
红外探测器面阵 infrared detector planar array
红外探测器线列 infrared detector linear array
红外探测器阵列 IR detector array
红外特征 infrared signature
红外特征 IR signature
红外特征受到抑制的目标 suppressed-infrared-signature target
红外替换型导引头 infrared alternative head（IRAH）
红外头罩 infrared dome
红外头罩 IR dome
红外透过材料 infrared transparent material
红外透过材料 IR transmitting material
红外图像 infrared imagery
红外系统 infrared system
红外系统工程 infrared system engineering
红外线 infra-red（IR）
红外线 infrared（IR）
红外线扫描 Infrared Line Scan（IRLS）
红外相机 infrared camera
红外信号 IR signal
红外型威胁 infrared threat
红外寻的 IR homing
红外寻的导弹 infrared-homing missile
红外寻的系统 infrared homing system
红外业务 IR business
红外抑制系统 Infrared Suppressor System（IRSS）
红外引信 infrared fuze
红外引信 IR fuze
红外引信可靠性 IR fuze reliability
红外诱饵弹 flare
红外诱饵弹 IR decoy
红外诱饵弹 IR decoy flare
红外诱饵弹布撒器 flare dispenser
红外诱饵弹干扰组件 flare countermeasure assembly
红外诱饵弹区分 flare discrimination
红外诱饵弹投放器 flare dispenser
红外诱饵弹投放系统 flare dispensing system
红外诱饵弹抑制电路 flare rejection circuit
红外源 infrared source

红外增强器 flare pot
红外指示器 infrared pointer
红外指示器 IR pointer
红外制导 infrared guidance
红外制导 IR guidance
红外制导导弹 infrared-guided missile
红外制导的 infrared-guided
红外制导的 IR-guided
红外制导空空导弹 infrared-guided air-to-air missile
红外制导空空导弹 IR-guided AAM
红烟硝酸 red fuming nitric acid
红移 redshift

hou

喉部 throat
喉部 throat segment
喉部面积 throat area
喉部面积要求 throat area requirement
喉部区域 throat region
喉部速度 throat velocity
喉部温度 throat temperature
喉部型面 throat contour
喉部压强 throat pressure
喉部直径 throat diameter
喉衬 throat insert
喉道径向侵蚀 radial throat erosion
喉道面积 throat area
喉道入口 throat inlet
喉栓 pintle
喉栓式推力可调发动机 pintle motor
后半球攻击 rear hemisphere attack
后半球交战 rear hemisphere engagement
后半球目标 rear-hemisphere target
后瓣 back lobe
后备队 reserve
后备役 reserve
后备役部队 Reserve Component (RC)
后波导 aft waveguide
后部数据链 rear data link (RDL)
后部响应 rear response
后舱 rear section
后处理 post-processing
后处理 postprocessing
后处理能力 post-processing capability
后触头 aft contact button
后大圆 aft equator
后弹体 aft-body
后弹体 afterbody
后弹体舱 aftbody section
后弹体长细比 aftbody fineness
后弹体结构 aft body structure
后弹体涡脱落模型 afterbody vortex-shedding model
后弹翼安装座 aft fin stabilizer
后挡板 aft plate
后挡板 aft shield
后挡板 back shield
后挡件 aft detent
后挡件 aft stop
后挡件指示器 aft stop indicator
后挡块 aft stop
后挡块 rear stop
后刀面 (麻花钻头) heel
后导弹从动摇臂 aft missile idler bellcrank
后导轨 aft rail
后点火触头 (沿航向) aft striker point
后吊挂 (导弹) aft hanger
后吊挂 (导弹) aft hook
后吊挂 (导弹) aft launch hook
后吊挂 (发射架) rear lug
后吊挂滑动面磨损检测装置 aft hanger skid surface wear fixture
后吊挂样规 aft hanger template
后吊挂组件 aft hanger assembly
后堵盖 aft closure
后端 aft end
后端面 (工件) backside
后对接环 aft coupling ring
后对接环组件 aft coupling ring assembly
后方 rear quarter
后方获取 reachback
后防尘盖 aft dust cover
后防振片安装底座组件 aft snubber mount fitting assembly
后防振器 aft snubber
后防振器楔块 aft snubber wedge
后封头 aft closure
后封头 aft head
后封头 dome closeout
后盖 back cover
后盖 rear cover
后盖板 aft closure plate
后隔框 aft bulkhead
后挂架 (飞机) aft pylon
后果 effect
后果严重性 hazard severity
后缓冲器 aft snubber
后缓冲器量规 aft snubber gauge
后机身 aft fuselage
后机身 afterbody
后继弹研制 follow-on missile development
后继弹研制计划 follow-on missile program
后继弹研制计划 new missile system follow-on program
后继导弹系统 follow-on missile system
后继项目 follow-on program
后夹持接触面 (舵面) aft clip interface

后夹持面 （舵面）aft clip interface
后检查口 aft access door
后减振销 aft snubber pin
后角 （车刀）side clearance angle
后接触按钮 aft contact button
后接触口 aft access door
后金属气管组合 aft metal-gas tube assembly
后壳 （电气插头）backshell
后框 aft skirt
后棱 （吊挂）aft edge
后冷却液接头 aft coolant connector
后连接隔框 aft bulkhead
后联动组件 aft linkage assembly
后掠 sweep
后掠舵面 swept fin
后掠俯仰-偏航舵面 swept pitch-and-yaw control fin
后掠激波 swept shock wave
后掠激波干扰 swept-shock interaction
后掠尖舵面 sharp swept fin
后掠角 sweep angle
后掠矩形弹翼 swept rectangular wing
后掠前沿 aft swept leading edge
后掠前缘 aft swept leading edge
后掠压缩拐角 swept compression corner
后掠翼面 aft swept surface
后面板 rear panel
后摩擦面 （舵面）aft clip interface
后切线角平分线法 aft tangent bisector method
后勤保障 logistics
后勤保障 logistics support
后勤保障成本 logistics cost
后勤保障方案 concept of logistics support（COLS）
后勤保障费用 logistics cost
后勤保障分析 logistics support analysis（LSA）
后勤保障分析记录 Logistics Support Analysis Record （LSAR）
后勤保障规划 logistics support planning
后勤保障海岸作业 logistics over-the-shore operations
后勤保障海岸作业 LOTS operations
后勤保障海岸作业区 logistics over-the-shore operation area（LOA）
后勤保障设备 Logistics Support Equipment（LSE）
后勤保障试验 logistics testing
后勤保障网络 logistics network
后勤保障系统 logistics system
后勤保障信息与数据采集系统 logistics information and data collection system
后勤保障性 logistics supportability
后勤保障性分析 logistics supportability analysis （LSA）
后勤保障需求 logistic requirement
后勤保障影响分析 logistics-support impact analysis
后勤保障指挥权 directive authority for logistics
（DAFL）
后勤处 logistics directorate
后勤分队训练 logistics team training（LTT）
后裙 aft skirt
后十字尾舵组件 rear cruciform tail control fin set
后视图 back view
后视图 rear view
后送 evacuation
后锁钩 （发射架）aft hook
后锁钩刚性连接杆 aft hook rigid connecting link
后锁钩连接杆 aft hook connecting link
后锁钩连接块 aft hook attachment
后锁钩直枢轴 aft hook straight-pivot shaft
后锁钩组件 aft hook assembly
后锁栓组合 aft latch assembly
后弹射器 （弹射式发射架）aft ejector
后弹射器压脚 aft ejector foot
后弹射器压脚组件 aft ejector foot assembly
后弹射器止摆压脚 aft ejector foot
后弹射器止摆压脚组件 aft ejector foot assembly
后线缆罩 aft harness cover
后线缆罩卡箍组件 aft harness cover clamp assembly
后向安装 rearward mounting
后向安装的 rearward-mounted
后向滑动方案 aft sliding concept
后向兼容 backward compatibility
后向喷流 backblast
后向散射 backscatter
后向散射模型 backscatter model
后向折叠式中弹体弹翼 fold-around mid-body wing
后续订货 follow-on order
后续合同 follow-on contract
后续技术支持 Follow-On Technical Support（FOTS）
后续培训 follow-on training
后续试验与鉴定 follow-on Test and Evaluation （FOT&E）
后续试验与评估 follow-on Test and Evaluation （FOT&E）
后续作战行动 sequel
后沿 （吊挂）aft edge
后缘 （翼型）trailing edge（TE）
后缘钝度阻力 trailing-edge bluntness drag
后缘襟翼控制 trailing edge flap control
后缘翼尖 trailing-edge tip
后约束指示器连接块 aft restraint indicator link
后罩 （电气插头）backshell
后整流罩 aft fairing
后整流罩插入件 aft fairing insert
后整流罩锁定盖组件 aft fairing latch assembly
后整流罩组件 aft fairing assembly
后支撑 aft support
后止动器 aft stop
后置放大器 postamplifier

后置角 lag angle
后置可分离助推器 aft drop-off booster
后置内燃发动机 rear-mounted internal combustion engine
后置十字形轴对称进气道 aft cruciform axisymmetric inlets
后置轴对称进气道 aft axisymmetric inlets
后作动筒组件 aft cylinder assembly
厚板 plank
厚度规 feeler gage
厚度规 feeler gauge
厚度规 thickness gage
厚度规 thickness gauge
厚弦比 thickness ratio
厚重装甲 heavy armor
候机楼 terminal
候选目标清单 candidate target list（CTL）

hu

呼号 call sign（CS）
呼吸阀 breathing valve
呼吸面罩 respirator
呼吸系统 respiratory system
弧长 arc length
弧度 radian（rad）
弧度球 radian sphere
弧分 minute
弧秒 second（Sec）
蝴蝶结梯形翼 bow tie trapezoidal
互补表面 complementary surface
互补金属氧化物半导体 complimentary metal-oxide semiconductor（CMOS）
互补天线 complementary antenna
互操作性 interoperability
互电阻 mutual resistance
互换机 commutator
互换性 interchangeability
互连板 interconnect board
互相关功能 cross-correlation function
互相关函数 cross-correlation function
互相支援 mutual support
互易性定理 reciprocity theorem
互用性 interoperability
互助服务 cross-servicing
互阻抗 mutual impedance
护板 protecting plate
护肤化合物 protective skin compound
护肤霜 protective skin compound
护航 escort
护航飞机 escort
护航作战 escort operation
护孔环 grommet
护栏 safety barrier
护目镜 goggles
护目镜 safety glasses
护目镜 safety goggles
护圈 back-up ring
护圈装配夹具 back-up ring assembly jig
护套 sheath
护卫舰 frigate
护罩 shield

hua

花岗岩 granite
花岗岩平板 granite surface plate
花岗岩平台 granite surface plate
花键 spline
花盘 （用于装夹不规则工件）faceplate
划痕 mar
划痕 scratch
划伤 scoring
划伤 *n.* & *v.* scratch
华盛顿联络组 Washington Liaison Group（WLG）
华氏温度 Fahrenheit（F）
滑板 slide
滑板 slide plate
滑板刀架 （车床）carriage
滑道 ramp
滑动 skid
滑动 slide
滑动 sliding
滑动 （刀具头）walking
滑动触头 slider
滑动垫木 （包装箱）skid
滑动机构 slide
滑动卡尺 slide caliper
滑动卡规 slide caliper
滑动螺母 sliding nut
滑动脉冲重复间隔 sliding PRI
滑动脉冲重复间隔 sliding pulse repetition interval
滑动面 （吊挂）skid surface
滑轨适配架 skid adapter
滑轨调整柄 （立式铣床）ram adjusting lever
滑轨调整螺母 （立式铣床）ram adjusting nut
滑环 slip ring
滑环组件 slip-ring assembly
滑架 carriage
滑架 （立式铣床）ram
滑架 slide
滑架组件 （导弹装配架上的）trolley assembly
滑块 （导弹吊挂上的）shoe
滑块 slide
滑块宽度 shoe width
滑轮 pulley sheave

滑膛炮 smoothbore mortar
滑翔 glide
滑翔弹道 glide trajectory
滑翔弹药 glide munitions
滑翔飞行器 glide vehicle
滑翔式高超声速系统 glide hypersonic system
滑翔炸弹 glide bomb
滑翔着陆天线 glide slope antenna
滑翔阻断器 （一种高超声速武器拦截弹）Glide Breaker
滑翔阻断者 （一种高超声速武器拦截弹）Glide Breaker
滑行 skid
滑移界面 sliding interface
滑移流 slipstream
滑移线 slide line
滑移线 slip line
滑跃 ski jump
滑跃起飞 ski jump
滑跃式起飞试验 ski-jump take-off test
滑跃式斜坡 ski-jump ramp
滑轴钳 slip joint pliers
滑座 slide
化合物 chemical compound
化合物 compound
化学 chemistry
化学变性 chemical deterioration
化学变质 chemical deterioration
化学成分 chemical composition
化学成分 chemical constituent
化学成分 chemical ingredient
化学处理 chemical treatment
化学弹头 chemical warhead
化学当量混合 stoichiometric mixture
化学当量混合比 stoichiometric mixture ratio
化学当量混合物 stoichiometric mixture
化学的 chemical
化学发光 chemical luminescence
化学发光 chemiluminescence（CL）
化学反应 chemical reaction
化学反应动力学 chemical reaction kinetics
化学反应物 chemical reactant
化学防御资格认证培训 chemical defense task qualification training（CDTQT）
化学非平衡 chemical nonequilibrium
化学非平衡态 chemical nonequilibrium
化学分析 chemical analysis
化学火箭 chemical rocket
化学火箭推进系统 chemical rocket propulsion system
化学激光器 chemical laser
化学计量的 stoichiometric
化学计算的 stoichiometric
化学计算混合 stoichiometric mixture
化学计算混合物 stoichiometric mixture
化学胶体氧化剂 chemical gelled oxidizer
化学类切削液 chemical-based cutting fluid
化学类切削液浓缩液 chemical-based cutting fluid concentrate
化学能 chemical energy
化学能战斗部 chemical energy warhead
化学抛光 chemical polishing
化学配料 chemical ingredient
化学平衡 chemical equilibria（复数形式）
化学平衡 chemical equilibrium
化学气相沉积 chemical vapor deposition（CVD）
化学气相淀积 chemical vapor deposition（CVD）
化学燃料 chemical fuel
化学燃烧 chemical combustion
化学溶液 chemical solution
化学、生物、放射性和核危害 CBRN hazard
化学、生物、放射性和核危害 chemical, biological, radiological, and nuclear hazard
化学、生物、放射性和核危害的 chemical, biological, radiological, and nuclear（CBRN）
化学、生物、放射性和核危害防御 CBRN defense
化学、生物、放射性和核危害防御 chemical, biological, radiological, and nuclear defense
化学、生物、放射性和核危害环境 CBRN environment
化学、生物、放射性和核危害环境 chemical, biological, radiological, and nuclear environment
化学、生物、放射性、核危害与高能爆炸物 chemical, biological, radiological, nuclear, and high yield explosives（CBRNE）
化学、生物、放射性或核事故 chemical, biological, radiological, or nuclear incident
化学实体 chemical species
化学实体 species
化学式 chemical formula
化学势 chemical potential
化学推进系统信息局 Chemical Propulsion Information Agency（CPIA）
化学危害 chemical hazard
化学危险品 chemical hazard
化学位 chemical potential
化学武器 chemical weapon
化学物质 chemical species
化学物质 species
化学相容的 chemically compatible
化学氧化剂 chemical oxidizer
化学增压 chemical pressurization
化学战 chemical warfare（CW）
化学战斗部 chemical warhead
化学制品 *n.* chemical
化学转化镀层 chemical conversion coating
化学转化膜 chemical conversion coating
化学转化涂层 chemical conversion coating

化学转化涂料 chemical conversion coating
化学组成 chemical composition
化学组分 chemical species
化学组分 species
化学组分冻结气流 chemically-frozen-composition flow
化学作用 chemical action
划线板 rule
划线板 ruler
划线布置图 （加工）layout
划线工具 layout tool
划线器 scriber
划线颜料 layout dye
划线颜料 layout fluid
划线液 brush-cap bottle
划线液 layout dye
划线液 layout fluid
划线液清除剂 layout dye remover
划线液清除剂 layout fluid remover

huai

坏血性毒剂 blood agent

huan

还原 reduction
还原化合物 reducing compound
还原剂 reducing agent
还原剂 reducing compound
还原作用 reduction
环 hoop
环 loop
环 ring
环保局 （美国）Environmental Protection Agency (EPA)
环爆破片 annular blast fragmentation (ABF)
环爆破片战斗部 annular-blast fragmentation warhead
环爆形态 annular blast pattern
环的公式 loop formula
环规 ring gage
环己二异氰酸酯 hexamethylene diisocyanate (HMDI)
环架 ring gimbal
环境 atmosphere (ATM)
环境 condition
环境 environment
环境 scenario
环境安全条例 environmental safety regulation
环境保护 environmental protection
环境保护计划 environmental protection program
环境暴露 environmental exposure
环境测试 environmental test
环境传感器 environmental sensor
环境大气 ambient air
环境大气压强 ambient pressure
环境大气状态 ambient air condition
环境隔离 environmental seal
环境基线勘察 environmental baseline survey (EBS)
环境极限 environmental limits
环境极限条件 environmental limits
环境鉴定试验 environmental qualification test
环境鉴定试验 environmental verification testing (EVT)
环境考虑事项 environmental considerations
环境控制 environmental control
环境控制包装箱 can
环境控制设施 environmental control facility
环境密封 environmental seal
环境密封盖 weather seal
环境密封件 environmental seal
环境评估计划 environmental assessment programme
环境评估项目 environmental assessment programme
环境试验 environmental test
环境试验弹 environmental test missile
环境试验弹 environmental test round
环境试验弹 environmental test vehicle (ETV)
环境数据采集 Environmental Data Gathering (EDG)
环境数据采集导弹 environmental data gathering missile
环境探测器 probe
环境条件 environmental conditions
环境温度 ambient temperature
环境温度下工作 ambient temperature operation
环境温度限定值 ambient temperature limit
环境验证试验 environmental verification testing (EVT)
环境因素 environment
环境因素 environmental considerations
环境影响因素 environment
环境应力 environment
环境应力 environmental stress
环境准备 preparation of the environment (PE)
环聚硝胺 cyclic polynitramine
环路 loop
环绕的 circumferential
环三甲撑三硝胺 （俗称黑索金）cyclotrimethylene trinitramine (RDX)
环三甲撑三硝胺 （俗称黑索金）cyclotrimethylenetrinitramine (RDX)
环三甲撑三硝胺 （俗称黑索金）Royal Demolition Explosive (RDX)
环四甲撑四硝胺 cyclotetramethylene tetranitramine (HMX)
环四甲撑四硝胺 cyclotetramethylenetetranitramine (HMX)
环四甲撑四硝胺 Her Majesty's Explosive (HMX)
环烷酸钴 cobalt naphthenate
环向 circumferential direction

环向焊缝 girth weld
环形爆炸形态 annular blast pattern
环形单元 loop element
环形回流区 annular recirculation zone
环形激光陀螺 ring-laser gyro
环形激光陀螺 ring-laser gyroscope（RLG）
环形激光陀螺滚转传感器 ring-laser gyro roll sensor
环形起爆 peripheral initiation
环形天线 loop
环形天线 loop antenna
环形凸起 ring-shaped bump
环氧标记油墨 epoxy marking ink
环氧材料 epoxy material
环氧底漆 epoxy primer
环氧底漆 epoxy primer coating
环氧基 epoxy group
环氧树脂 epoxy
环氧树脂 epoxy resin
环氧树脂基体 epoxy matrix
环氧树脂胶 epoxy adhesive
环氧树脂胶 epoxy resin adhesive
环氧树脂粘接剂 epoxy resin adhesive
环氧树脂漆 epoxy paint
环氧树脂漆去除剂 epoxy paint remover
环氧树脂体系 epoxy system
环氧树脂粘接剂 epoxy resin adhesive
环状头部进气道 annular nose inlet
缓冲 buffer
缓冲材料 buffer material
缓冲地带 buffer zone（BZ）
缓冲垫 buffer
缓冲连接器 buffer connector
缓冲器 buffer（既用于机械系统也用于电气系统）
缓冲器 pad
缓冲器 shock absorber
缓冲器 snubber
缓冲器量规 snubber gauge
缓冲区 buffer zone（BZ）
缓冲系统 cushion system
缓冲纸垫 （砂轮）blotter
缓慢的 slow
缓慢的 sluggish
缓慢化学反应 slow chemical reaction
幻影 （法国战斗机）Mirage
换刀命令 （数控车床）tool-change command
换刀循环 tool-change cycle
换刀指令 （数控车床）tool-change command
换能器 transducer
换热 heat exchange
换算 conversion
换算 reduction
换算系数 conversion factor
换算系数 scale factor
换算系数 scaling factor
换算因子 scaling factor
换向器 commutator
唤醒时间 （导弹）wakeup time

huang

皇家国际航空展示会 （英国）Royal International Air Tattoo（RIAT）
皇家海军 （英国）Royal Navy（RN）
皇家海军二等兵 （英国）ordinary seaman
皇家海军航空兵 （英国）Royal Navy aviation
皇家海军舰艇 （英国）His/Her Majesty's Ship（HMS）
皇家海军上士 （英国）chief petty officer
皇家海军下士 （英国）petty officer, second class
皇家海军一等兵 （英国）able seaman
皇家海军中士 （英国）petty officer, first class
皇家航空学会 （英国）Royal Aeronautical Society
皇家军械增强装药炸弹 （英国）Bomb Royal Ordnance Augmented Charge（BROACH）
皇家空军 （英国）Royal Air Force（RAF）
皇家空军二等兵 （英国）leading aircraftman
皇家空军上将 （英国）air chief marshal
皇家空军上士 （英国）flight sergeant
皇家空军上尉 （英国）flight lieutenant
皇家空军少将 （英国）air vice-marshal
皇家空军少尉 （英国）pilot officer
皇家空军少校 （英国）squadron leader
皇家空军一等兵 （英国）senior aircraftman
皇家空军中将 （英国）air marshal
皇家空军中尉 （英国）flying officer
皇家空军中校 （英国）wing commander
皇家空军准将 （英国）air commodore
黄道 ecliptic
黄金 gold
黄金峡谷作战行动 Operation El Dorado Canyon
黄色条带 yellow band
黄铜 brass

hui

灰度标尺 grayscale
灰体 graybody
灰体辐射体 gray body radiator
灰鹰 （美国陆军无人机）Gray Eagle（GE）
灰鹰增程型 （美国陆军无人机）Gray Eagle Extended Range（GE-ER）
灰铸铁 gray cast iron
挥发性有机化合物 volatile organic compound（VOC）
挥发性有机化学制品 volatile organic chemical（VOC）
恢复 reconstitution
恢复 recovery
恢复 restoration

恢复温度 （即绝热恢复温度）recovery temperature
恢复温度测量 recovery temperature measurement
恢复与重建 recovery and reconstitution
徽章 （如红十字）emblem
回避 avoidance
回波 return（R）
回波功率 power return
回波脉冲 return pulse
回波起伏 glint
回波起伏 scintillation
回波信号 returned signal
回归 regression
回归测试 regression testing
回国 repatriation
回火 drawing
回火 tempering
回磷碳钢 rephosphorized carbon steel
回流 recirculation
回流区 recirculation zone
回流涡量 reverse-flow vorticity
回硫碳钢 resulphurized carbon steel
回路 circuit
回路 loop
回路 （指返回通路）return（R）
回收 recovery
回收 salvage
回收品 salvage
回收系统 recovery system
回送插头 loopback plug
回位销 return pin
回形针 paper clip
回折角 turn-back angle
回折线极化器 meander-line polarizer
回转 slewing（多用于陀螺旋转轴和雷达天线）
回转 swing
回转 swivel
回转半径 radius of gyration
回转泵 rotary pump
回转定位 indexing
回转工作台 （加工过程中转动工件）rotary table
回转接头 swivel
回转盘 （立式铣床）turret
回转炮塔 turret
回转头 （立式铣床）turret
回转轴 revolving shaft
回转轴 （回转工作台）rotary axis
毁容 disfigurement
毁伤 damage
毁伤 kill
毁伤半径 kill radius
毁伤半径 lethal radius
毁伤范围 damage volume
毁伤概率 destructive probability
毁伤概率 probability of damage（PD）
毁伤机构 damage mechanism
毁伤机理 damage mechanism
毁伤机理 kill mechanism
毁伤距离 burst range
毁伤距离 lethal range
毁伤模式 （战斗部）kill mode
毁伤能力 damage capability
毁伤能力 kill capability
毁伤能力 lethality
毁伤能力预估 lethality projection
毁伤能力增强弹药 Lethality Enhanced Ordnance（LEO）
毁伤判据 damage criteria
毁伤评估 damage assessment
毁伤评估 damage evaluation
毁伤区域 damage volume
毁伤效应 destructive effect
毁伤载荷 lethal payload
汇编语言 assembly language
汇合 convergence
汇合 fusion
汇流 convergence
会合 rendezvous
会合和接近操作 rendezvous and proximity operation（RPO）
会合和接近行动 rendezvous and proximity operation（RPO）
会合区 rendezvous area
会话式编程 conversational programming
会议 conference
会议 convention
会议 meeting
绘图 mapping
绘图 plot
绘图员 draftsperson
惠更斯原理 Huygens principle
惠勒帽法 Wheeler cap method
慧差波瓣 coma lobe

hun

混成焦平面 hybrid focal plane
混成式肖特基焦平面阵列 hybrid Schottky focal plane array
混合 blend
混合 mixing
混合 mixture
混合比 mixing ratio
混合比 mixture ratio
混合层 mixing layer
混合长度单位 mixed length unit
混合的 blended

混合的 compound
混合的 hybrid
混合的 mixed
混合电力航空装备 hybrid electric aviation
混合电驱动 hybrid electric drive (HED)
混合火箭 hybrid rocket
混合火箭发动机 hybrid rocket
混合火箭推进系统 hybrid rocket propulsion system
混合计算机 hybrid computer
混合器 mixer
混合区 mixing region
混合燃料发动机 hybrid fuel engine
混合损伤 blended damage
混合物 composition
混合物 compound
混合物 mixture
混合箱 mixer
混合型天线罩 hybrid radome
混合压缩进气道 mixed compression inlet
混合载荷 mixed loads
混合炸药 composite explosive
混合自燃的 hypergolic
混频 mixing
混频器 mixer
混响 reverberation

huo

活顶尖 live center
活动 activity
活动 event
活动 function
活动扳手 adjustable wrench
活动半径 radius of action
活动测杆 (千分尺) spindle
活动卡夹 (游标卡尺) moveable jaw
活动卡爪 (台钳) moveable jaw
活动控制面 movable control surface
活动零件 moving part
活动密封件 moving seal
活动气动面 movable surface
活动套管 (车床) drawtube
活接式导弹天线罩 articulating missile radome
活节 eye joint
活节紧固螺栓 (平面高度划线规) swivel bolt
活泼金属 reactive metal
活塞 piston
活塞顶 piston head
活塞杆 piston rod
活塞固定座套筒扳手 piston retainer socket wrench
活塞环 piston ring
活塞回收弹簧 (弹射发射架) piston return spring
活塞排气口 (弹射发射架) piston bleed hole
活塞弹簧 piston spring
活塞头 piston head
活塞头 piston ram
活塞位移开关 (弹射发射架) piston-displacement switch
活塞组件 piston assembly
活塞组件 piston unit
活性干燥剂 activated desiccant
活性金属 reactive metal
活性流体 reactive fluid
活性增塑剂 reactive plasticizer
活跃扇区 (调制盘) active sector
火车 train
火工品 explosive components
火工品 ordnance
火工品 *n.* pyrotechnic
火工品 pyrotechnic item
火工品 pyrotechnics
火工品传爆板 pyrotechnic relay panel
火工品传爆序列 ordnance explosive train
火工品的 pyrotechnic
火工品构成元素 ordnance component
火工品构件 ordnance component
火工装置 *n.* pyrotechnic
火工装置 pyrotechnics
火花塞 igniter plug
火花熄灭 (磨削加工,说明砂轮不再磨削工件,工件表面光洁度已经达到要求) sparking out
火花隙 spark gap
火箭 rocket (rkt)
火箭冲压发动机 ducted rocket
火箭冲压发动机推进系统 ducted rocket propulsion
火箭弹 ballistic missile (BM)
火箭弹 rocket (rkt)
火箭弹吊舱 rocket pod
火箭弹试验 ballistic test
火箭发动机 rocket engine (多指液体火箭发动机)
火箭发动机 rocket motor (RM)(多指固体火箭发动机)
火箭发动机舱 rocket motor section
火箭发动机测试装置 rocket motor test set
火箭发动机簇 cluster
火箭发动机导弹 rocket-powered missile
火箭发动机点火 rocket motor ignition
火箭发动机点火器电缆 rocket motor igniter cable
火箭发动机电缆 rocket motor cable
火箭发动机短路帽 rocket motor shorting cap
火箭发动机工作时间 rocket operation duration
火箭发动机构件 rocket motor component
火箭发动机解除保险销 rocket motor arming key
火箭发动机壳体 rocket motor case
火箭发动机排气喷管 rocket motor exhaust nozzle
火箭发动机喷管 rocket nozzle

火箭发动机试验弹 rocket motor test vehicle
火箭发动机推力大小控制 rocket motor thrust magnitude control
火箭发动机尾喷管 rocket motor exhaust nozzle
火箭发动机尾喷流 rocket motor blast
火箭发动机尾喷流 rocket motor plume
火箭发动机尾喷流对载机及外挂物的冲击 rocket motor plume impingement
火箭发动机需求 rocket motor requirement
火箭发动机要求 rocket motor requirement
火箭发动机装填 rocket motor loading
火箭发射场地 rocket launch site
火箭发射模块 rocket launch module
火箭发射器 rocket launcher
火箭发射阵地 rocket launch site
火箭方程 rocket equation
火箭飞行器 rocket vehicle
火箭滑橇 rocket sled
火箭橇 rocket sled
火箭橇 sled
火箭橇试验 sled test
火箭橇试验设施 sled test facility
火箭筒式巴仑 bazooka balun
火箭推进榴弹 rocket-propelled grenade（RPG）
火箭推进系统 rocket propulsion
火箭推进系统 rocket propulsion system
火箭推进系统静态试验 static rocket propulsion system test
火箭推进系统试验台 rocket propulsion test stand
火箭性能 rocket performance
火箭助推发射 rocket-boosted firing
火箭助推炮弹 rocket-assisted gun munitions
火箭助推起飞 rocket-assisted take-off（RATO）
火箭助推器 rocket booster
火警 fire alarm
火炬 torch
火控和瞄准系统 fire-control and aiming system
火控计算机主模式变换 fire control computer master mode transition
火控雷达 Fire Control Radar（FCR）
火控品质的复合跟踪 fire control quality composite track
火控系统 fire-control system（FCS）
火控系统误差 fire control system error
火力 fire
火力 firepower
火力 fires
火力单元 fire unit
火力分配中心 Fire Distribution Center（FDC）
火力计划 scheme of fires
火力控制 fire control
火力控制系统 fire-control system（FCS）
火力协调线 coordinated fire line（CFL）
火力侦察兵 （无人直升机）Fire Scout
火力支援 fire support
火力支援操作区 fire support area（FSA）
火力支援分队 fire support team（FIST）
火力支援攻击区 zone of fire（ZF）
火力支援军官 fire support officer（FSO）
火力支援小分队 fire support element（FSE）
火力支援协调 fire support coordination
火力支援协调措施 fire support coordination measure（FSCM）
火力支援协调线 fire support coordination line（FSCL）
火力支援协调员 fire support coordinator（FSCOORD；FSC）
火力支援协调中心 fire support coordination center（FSCC）
火力支援阵位 fire support station（FSS）
火力支援主任 chief of fires（COF）
火力指挥中心 fire direction center（FDC）
火帽 cap
火帽 （战斗部）primer
火棉 gun cotton
火炮 artillery
火炮 cannon
火炮发射的制导炮弹 gun-fired guided projectile
火炮发射的制导炮弹 gun-launched guided projectile
火炮射击 gunfire
火炮式导弹 （一种有线或无线电指令制导的近距导弹）artillery guided missile
火球 fireball
火山口–烟嘴形天线 volcano-smoke antenna
火星 （MBDA 导弹系统公司研发的反舰导弹）Marte
火星挡板 spark arrester
火星挡板 spark breaker
火星拦截器 spark arrester
火星拦截器 spark breaker
火焰 flame
火焰表面硬化 （用于中碳钢）flame hardening
火焰测量 flame measurement
火焰传播时间 flame-spreading interval
火焰传播速率 flame spreading rate
火焰结构 flame structure
火焰喷射机 （美国克瑞托斯公司生产的靶机）Firejet
火焰区 bright flame zone
火焰温度 flame temperature
火焰稳定面 flame holder plane
火焰稳定器 flameholder
火焰熄灭 flame extinguishment
火焰效应 （对发射架的）flame effect
火药 gun powder
火药柱 cartridge
伙伴国 partner nation（PN）
货车 truck
货机发射的增程型可消耗航空器 （一种实验型巡航导

弹）Cargo Launch Expendable Air Vehicle with Extended Range（CLEAVER）
货架产品 off-the-shelf item
货物增量号 cargo increment number
货物装载法 commodity loading
货运飞机 cargo plane
货运飞行器 Cargo Air Vehicle（CAV）
霍尔棒 Hall bar
霍尔电压 Hall voltage
霍尔条 Hall bar
霍尔系数 Hall coefficient
霍尔效应 Hall effect
霍曼转移椭圆轨道 Hohmann transfer ellipse
霍斯塔纶聚丙烯纤维 Hostalen

ji

击沉演习　sinking exercise (SINKEX)
击穿　breakdown (用于电气系统)
击穿　penetration
击穿　punch-through (用于电子系统)
击穿　puncture
击穿电压　breakdown voltage
击穿现象　punch-through
击针　firing pin
击中目标的破片数　number of hits
机舱容许载荷　allowable cabin loads (ACL)
机侧短翼　(用于挂装武器、油箱或其他外挂物) sponson
机场　(尤其指军用机场) airfield
机场　airport
机场　field
机场监视雷达　airport surveillance radar (ASR)
机场损毁快速修理　rapid airfield damage repair (RADR)
机场以上高度　height above airfield (HAA)
机床　machine tool
机床工作台　machine table
机床虎钳　machine vise
机床技工　machinist
机床控制单元　machine control unit (MCU)
机床控制装置　machine control unit (MCU)
机床模式选择钮　(数控机床) machine mode knob
机床模式选择钮　(数控机床) machine mode selector
机床原点位置　machine home position
机床坐标系　(位置不变) machine coordinate system (MCS)
机弹分离试验　aircraft stores separation testing
机弹干扰　aircraft/missile interference
机弹干扰试验　aircraft-missile interference test
机弹干扰效应　aircraft/missile interference effects
机弹接口　aircraft/missile interface
机弹接口　missile/aircraft interface
机弹近区分离　missile/aircraft near-field separation
机弹一体化　missile/aircraft integration
机弹一体化技术　missile/aircraft integration technology
机弹综合　missile/aircraft integration
机弹综合技术　missile/aircraft integration technology
机弹组合　missile/aircraft combination
机电部件　electromechanical component
机电的　electro-mechanical (EM)
机电的　electromechanical (EM)
机电舵机　electro-mechanical servo
机电舵机　electro-mechanical servo actuator
机电舵机　electromechanical actuator
机电检查　electromechanical check
机电解除保险系统　electro-mechanical arming system
机电控制舱　electromechanical control section
机电器件　electromechanical component
机电伺服机构　electromechanical servo
机电伺服机构　EM servo
机电伺服机构电池　EM servo battery
机电伺服执行机构　electro-mechanical servo actuator
机电系统　electromechanical system
机电振动台　electromechanical shaker
机电装置　electromechanical device
机电作动器　electro-mechanical servo actuator
机动　*n.* & *v.* maneuver (美国拼写形式)
机动　*n.* & *v.* manoeuvre (英国拼写形式)
机动安全部队　mobile security force (MSF)
机动部队主任　director of mobility forces (DIRMOBFOR)
机动的　maneuvering (用于飞行器、部队)
机动的　mechanical (用于地面装备)
机动的　mobile (用于地面装备)
机动方案　maneuver alternative
机动方式　maneuver alternative
机动高速导弹　maneuvering high-speed missile
机动过载　maneuver acceleration
机动航空兵部队　mobility air forces (MAF)
机动火力综合实验　Maneuver Fires Integrated Experiment (MFIX)
机动计划　scheme of maneuver
机动舰船目标　manoeuvring boat target
机动截击导弹　Mobile Interceptor Missile (MIM)
机动近程防空　Maneuver Short Range Air Defense (M-SHORAD)
机动空军部队　mobility air forces (MAF)
机动控制偏转方式　maneuver control deflection alternative
机动拦截弹　Mobile Interceptor Missile (MIM)
机动陆基防空系统　Mobile Ground Based Air Defence System
机动目标　maneuvering target
机动能力　maneuver capability
机动能力　maneuver footprint
机动能力　maneuverability
机动能力需求研究　Mobility Capability Requirements

Study (MCRS)
机动频率 maneuver frequency
机动式火炮系统 mobile artillery system
机动性 agility (用于飞行器)
机动性 maneuverability (用于飞行器)
机动性 mobility (多用于地面装备)
机动性演示试验 mobility demonstration
机动再入飞行器 Maneuvering Reentry Vehicle (MaRV)
机动走廊 mobility corridor
机队 fleet
机队靶试保障 fleet firing support
机队保障 fleet support
机队保障功能实施 fleet support functions implementation
机队保障小组 Fleet Support Team (FST)
机队服务期限委员会 Fleet Viability Board (FVB)
机队首次装备 fleet introduction
机队武器保障小组 Fleet Weapon Support Team (FWST)
机腹挂点 belly station
机构 activity (指职能部门)
机构 agency (指职能部门)
机构 device (指机械装置)
机构 enterprise (指企业类组织)
机构 facility (指职能部门)
机构 gear (指机械装置)
机构 mechanism (指机械装置)
机构 organization (指组织)
机构/火工品释放试验 mechanism/pyrotechnic deployment test
机构/火工品投放试验 mechanism/pyrotechnic deployment test
机构间的 interagency
机构间的 interdivisional
机构组件 mechanism assembly
机构组件接口 mechanism assembly interface
机关炮 cannon
机柜 cabinet
机柜布线 cabinet wiring
机柜布线图 cabinet wiring drawing
机柜框架 cabinet frame
机柜装配图 cabinet assembly drawing
机加操作工 machinist
机加车间 machine shop
机架 airframe structure
机架 chassis
机架 rack
机架组件 rack assembly
机降 airland
机降行动 airland operation
机理 mechanism
机密 secret
机内自检 built-in self-test (BIST)
机内自检 Built-In Test (BIT)
机炮控制单元 gun control unit
机炮射击 gunfire
机器 (总称) machinery
机器编程语言 machine programming language
机器编码 machine code
机器对机器接口 machine-to-machine interface
机器配置技工 set-up technician
机器配置技术员 set-up technician
机器人 robot
机器调试技工 set-up technician
机器调试技术员 set-up technician
机器学习 machine learning
机器学习算法 machine learning algorithm
机群 flight (flt)
机上传感器 onboard sensor
机上待飞时间 station time
机上导弹 onboard missile
机上炮手 aerial gunner (AG)
机上前线空中管制 airborne forward air control (AFAC)
机上射手 aerial gunner (AG)
机上摄像机记录情况 onboard-camera coverage
机上试验 on-aircraft testing
机上探测器 onboard sensor
机身 airframe (A/F)
机身 (飞机) fuselage
机身间隙 airframe clearance
机身稳定性 airframe stability
机身下挂架挂点 under-fuselage pylon station
机身悬挂 fuselage suspension
机身中线内埋武器舱 centerline internal weapons bay
机身中线油箱 centerline fuel tank
机体方向余弦 body direction cosine
机体角度 body angle
机投 airland
机投行动 airland operation
机外传感器 off-board sensor
机外目标定位数据 off-board targeting data
机外探测器 off-board sensor
机箱 cabinet
机箱 chassis
机箱底座 cabinet base
机箱框架 cabinet frame
机械 (总称) machinery
机械安保装置 mechanical arming handle
机械泵 mechanical pump
机械编排 mechanization
机械变形 mechanical deformation
机械部件 mechanical component
机械齿轮传动和连杆机构 mechanical gear train and linkage assembly

机械触发引信 mechanical impact fuze
机械挡板 mechanical barrier
机械的 mechanical
机械隔板 mechanical barrier
机械工程技术员 mechanical engineering technician
机械工程师 mechanical engineer
机械构件 mechanical component
机械化部队 mechanized forces
机械加工 machining
机械加工专业人员 machining professional
机械解除保险销 mechanical arming handle
机械连杆 mechanical linkage
机械连杆组件 mechanical linkage assembly
机械连接 mechanical linkage
机械脉冲载荷 mechanical pulse load
机械瞄准功能 mechanical aiming function
机械模型 mechanical model
机械磨蚀 mechanical abrasion
机械能 mechanical energy
机械碰撞 mechanical impact
机械强度 mechanical integrity（定性说法）
机械强度 mechanical strength（专业说法）
机械扫雷 mechanical sweep
机械扫描红外成像导引头 mechanical scanning IIR seeker
机械扫描雷达 mechanically scanned radar
机械扫描雷达 mechanically scanning radar
机械式光阑 mechanical aperture
机械手 robot
机械受力 mechanical loading
机械特性 mechanical property
机械头盔 mechanical helmet
机械完整性 mechanical integrity
机械系统 mechanical system
机械学 mechanics
机械引信 mechanical fuze
机械应力 mechanical stress
机械运动 mechanical movement
机械载荷循环 mechanical load cycle
机械指示表 dial indicator
机械指示表 dial indicator gage
机械装配 mechanical assembly
机械装置 mechanism
机械撞击感度 mechanical impact sensitivity
机械阻尼器 mechanical damper
机修技术员 machine tool service technician
机翼更换计划 Wing Replacement Program（WRP）
机翼挂点 wing station
机翼挂装吊舱 wing-mounted pod
机翼内侧不对称挂载 inboard asymmetric carriage
机翼内侧不对称载荷限制 inboard asymmetric load limit
机翼内侧挂载 inboard carriage
机翼内侧油箱 inboard fuel tank
机翼扭曲 wing twist
机翼扭转 wing twist
机翼外侧不对称挂载 outboard asymmetric carriage
机翼外侧不对称载荷限制 outboard asymmetric load limit
机翼外侧挂点 outboard wing station
机翼外侧挂载 outboard carriage
机翼悬挂 underwing carriage
机用攻丝头 （带离合器，能反转）tapping head
机用铰刀 chucking reamer
机用铰刀 machine reamer
机油 oil
机油箱 reservoir
机载部件 onboard component
机载处理 onboard processing
机载处理器 onboard processor
机载导弹 air-carried missile
机载导弹 air-launched guided missile
机载导弹 air-launched missile
机载导弹 airborne missile
机载导弹发射架 aircraft guided missile launcher
机载导弹发射装置 aircraft missile launcher
机载导弹控制系统 Airborne Missile Control System（AMCS）
机载的 air-launched
机载的 airborne
机载的 onboard
机载电子攻击 airborne electronic attack（AEA）
机载电子攻击武器系统 airborne electronic attack weapon system
机载电子战 airborne electronic warfare
机载电子战设备 onboard electronic warfare equipment
机载定向能武器 airborne directed energy weapon
机载动能反卫星武器 airborne kinetic ASAT weapon
机载惰性导弹模拟器 Airborne Inert Missile Simulator（AIMS）
机载惰性气体产生系统 onboard inert gas generating system（OBIGS）
机载发射 airborne firing
机载发射 airborne launch
机载发射试验 airborne firing trial
机载发射装置 aircraft launcher
机载防区外干扰系统 airborne stand-off jammer（Air SOJ）
机载飞行计算机 on-board flight computer
机载非动能反卫星武器 airborne non-kinetic ASAT weapon
机载干扰机 onboard jammer
机载高速火箭弹 high-velocity aircraft rocket（HVAR）
机载告警与控制系统 Airborne Warning and Control System（AWACS）
机载光谱红外测量系统 Airborne Spectral Infrared

Measurement System (ASIMS)
机载火箭 aircraft rocket (AR)
机载火箭弹 aircraft rocket (AR)
机载激光器 airborne laser
机载激光通信系统 airborne laser communication system
机载激光演示验证器 airborne laser demonstrator
机载拦截弹 Airborne Interceptor (AI)
机载拦截系统 Airborne Interceptor (AI)
机载雷达 airborne radar
机载雷达 aircraft radar
机载模拟导弹 Airborne Inert Missile Simulator (AIMS)
机载凝视红外辐射计 Airborne Staring Infrared Radiometric System (ABSTIRRS)
机载软件变更 Airborne Software Change (ASC)
机载试验平台 airborne testbed
机载试验设备 airborne test equipment
机载数据处理 onboard data processing
机载数据设备 airborne data equipment
机载武器 airborne weapon
机载武器搬运设备 airborne weapons handling equipment
机载武器保障设备 Airborne Weapons Support Equipment (AWSE)
机载武器变更 Airborne Weapons Change (AWC)
机载武器挂装手册 airborne weapons loading manual
机载武器通报 Airborne Weapons Bulletin (AWB)
机载武器系留记录表 Airborne Weapons Captive-Carry Log
机载武器系统 airborne weapon system
机载武器系统交战模型 Airborne Weapon System Engagement Model (AWSEM)
机载武器装配手册 airborne weapons assembly manual
机载系统 airborne system
机载信号情报载荷 Airborne Signals Intelligence Payload (ASIP)
机载训练设备 airborne training equipment
机载氧气产生系统 onboard oxygen generating system (OBOGS)
机载移动目标指示器 airborne moving target indicator (AMTI)
机载战术观察与监视 Airborne Tactical Observation and Surveillance (ATOS)
机载战术数据系统 Airborne Tactical Data System
机载指挥、控制、情报、监视与侦察 Airborne Command & Control, Intelligence, Surveillance and Reconnaissance (AC2ISR)
机载转塔红外测量系统 Airborne Turret IR Measurement System (ATIMS)
机长 captain
机制 mechanism
机组成员 flight crew
机组人员 aircrew
机组人员化学防御集成 aircrew chemical defense ensemble (ACDE)
机组人员生存性 aircrew survivability
机组人员训练装置 aircrew training device (ATD)
机组人员眼睛与呼吸道保护系统 aircrew eye and respiratory protection system (AERPS)
*奇点 irregularity
*奇点 singularity
奇偶性 parity
奇数沟千分尺 V-anvil micrometer
积分 integral
积分 integration
积分步长 integration interval
积分步长 integration step size
积分传导率 integrated conductivity
积分的 integral
积分方程法 integral-equation method
积分加速度计 integrating accelerator
积分器 integrator
积分球 integrating sphere
积分热导率 integrated thermal conductivity
积分时间 integration time
积分噪声 integrated noise
积极弹道导弹防御 active ballistic missile defense
积极的 active
积极防空 active air defense
积极防御 active defense
积极进取的 aggressive
积极控制 positive control
积累 accumulation
积累 buildup
积碳 carbon deposit
积碳 soot
积雨云 cumulonimbus clouds
基板 base
基本标识符 basic designator
基本参数 fundamental parameter
基本常数 fundamental constant
基本尺寸 basic size
基本的 basic
基本的 essential
基本的 fundamental
基本的 primary
基本点防御水面导弹系统 Basic Point Defense Surface Missile System (BPDSMS)
基本费用 baseline costs
基本辐射方程式 basic radiation equation
基本工作 essential task
基本功能 functionality
基本护理 essential care
基本机理 primary mechanism
基本计划 base plan (BPLAN)

基本技能训练器 Basic Skill Trainer（BST）
基本假设 underlying hypothesis
基本理念声明 foundational doctrine statement（FDS）
基本目标 bottom-line objective
基本任务 essential task
基本任务能力 basic mission capable（BMC）
基本任务能力资格 basic mission capable（BMC）
基本使命任务 mission essential task（MET）
基本武器配套 basic weapons package
基本型 basic variant
基本原则声明 foundational doctrine statement（FDS）
基本载荷 basic load
基本造型 generic shape
基本装备量 （军事）basic load
基本资料汇编 （军事目标）basic encyclopedia（BE）
基波分量 fundamental component
基波频率 fundamental frequency
基波输出 fundamental output
基波调制频率 fundamental chopping frequency
基础 base
基础 basis
基础 cornerstone
基础出版物 keystone publications
基础地理空间情报数据 foundation geospatial intelligence data
基础加速度 base acceleration
基底材料 base material
基底材料 substrate material
基地 base
基地 installation
基地安全区 base security zone
基地备件套装 base spares package
基地成套备件 base spares package
基地防空区 base defense zone（BDZ）
基地防御 base defense
基地防御作战中心 base defense operations center（BDOC）
基地分界线 base boundary
基地服役 basing
基地建设 base development
基地群 base cluster
基地群指挥官 base cluster commander
基地群作战中心 base cluster operations center（BCOC）
基地土建工程师 base civil engineer（BCE）
基地信息基础设施 base information infrastructure（BII）
基地运作综合保障 base operations support-integration（BOS-I）
基地装备 basing
基地作战保障 base operating support（BOS）
基地作战保障集成者 base operating support-integrator（BOS-I）
基地作战综合保障 base operations support-integration（BOS-I）
基垫 （刀架）base
基极 （晶体管）base
基极电流 base current
基极电流限制电阻器 base current limiting resistor
基极电阻 base resistance
基极-发射极二极管电阻 base-emitter diode resistance
基极-发射极结 base-emitter junction
基极接线端 base terminal
基年 Base Year（BY）
基片 substrate
基石 cornerstone
基石出版物 keystone publications
基数级的 unit-level
基台天线 base station antenna
基体 binder（多用于固体火箭发动机）
基体 matrix（多用于机械工程）
基体 substrate（多用于电气、一般工程和化学工业）
基体结构 substructure
基体裂纹 matrix cracking
基线 baseline（BL）
基线构型 baseline configuration
基线配置 baseline configuration
基线状态 baseline configuration
基于 **Ada** 语言的集成控制系统 Ada-Based Integrated Control System（ABICS）
基于…的 based
基于…的 enabled
基于对象的产品 （军事）object-based production（OBP）
基于对象的情报产品 （军事）object-based production（OBP）
基于挂架的红外导弹告警系统 pylon-based infrared missile warning system
基于航母的 carrier-based
基于活动的情报 activity-based intelligence（ABI）
基于计算机的培训 Computer-Based Training（CBT）
基于计算机的训练 Computer-Based Training（CBT）
基于科学论证的情报 forensic-enabled intelligence（FEI）
基于生物测量学的情报 biometrics-enabled intelligence（BEI）
基于时段的兵力与部署数据 time-phased force and deployment data（TPFDD）
基于太空的 space-based
基于线性规划的自适应遗传算法 adaptive LP-based genetic algorithm（ALPBGA）
基于效果的 effects-based
基于效果的作战 effects-based operations（EBO）
基于效果的作战方式 effects-based approach to operations（EBAO）
基于效能的后勤保障 Performance-Based Logistics

（PBL）
基于效能的后勤保障合同　performance-based logistics contract
基准　baseline（BL）
基准　（指基础）basis
基准　（机械加工、几何测量）datum（复数为 datums）
基准　reference
基准尺寸　characteristic dimension
基准导弹　baseline missile
基准点　datum（复数为 datums）
基准点　reference point
基准对齐　reference alignment
基准对准　reference alignment
基准光束　reference beam
基准回位　reference return
基准零位确定　（精密测量）mastering
基准面　datum（复数为 datums）
基准年　Base Year（BY）
基准频率　reference frequency
基准线　datum（复数为 datums）
基准线　reference line
基准线圈　reference coil
基准线圈灌封　reference coil potting
基准线圈绕制　reference coil winding
基准信号　reference signal
基准延迟　reference delay
基准延时　reference delay
基准炸药　standard explosive
基准坐标轴　reference axes
基座　base
基座　pedestal
基座　seat
基座组件　base assembly
畸变　distortion
激波　shock
激波　shock wave
激波　shockwave
激波/边界层相互作用　shock-wave/boundary layer interaction
激波角　shock wave angle
激波膨胀波理论　shock-expansion theory
激波强度　shock strength
激波效应　shock wave effect
激发　excitation
激光波束　laser beam
激光测距仪　laser range finder（LRF）
激光测距仪　laser rangefinder（LRF）
激光测速仪　laser velocimeter
激光成像探测器　laser imaging sensor
激光导引头　laser seeker
激光导引系统　laser-guidance system
激光点　laser spot
激光淀积　laser deposition
激光二极管　laser diode
激光发射机　laser transmitter
激光干扰　laser jamming
激光告警接收机　laser warning receiver
激光告警系统　Laser Warning System（LWS）
激光光斑　laser spot
激光光斑跟踪器　Laser Spot Tracker（LST）
激光焊接　laser welding
激光加工　laser machining
激光驾束制导　laser beam rider guidance
激光接收机　laser receiver
激光近炸引信　laser proximity fuze
激光雷达　Laser Radar（LADAR）
激光脉冲　laser pulse
激光瞄准吊舱　laser targeting pod
激光目标照射器　laser target designator（LTD）
激光目标指示器　laser target designator（LTD）
激光器件　laser device
激光器能量提升　laser scaling
激光探测和测距　laser detection and ranging（LADAR）
激光探测和测距探测器　laser detection and ranging sensor
激光通信系统　laser communications system
激光陀螺　laser gyroscope
激光武器　laser weapon
激光武器系统　Laser Weapon System（LaWS）
激光武器系统演示验证器　Laser Weapon System Demonstrator（LWSD）
激光武器站　laser weapon station
激光修整　laser trimming
激光演示验证器　laser demonstrator
激光引信　laser fuze
激光源　laser source
激光照射打击　laser-illuminated attack（LIA）
激光照射观察与测距　Laser Illuminated Viewing and Ranging（LIVAR）
激光指示器　laser designator
激光指示系统　laser designation system
激光制导　laser guidance
激光制导导弹　laser-guided missile
激光制导的微型导弹系统　laser-guided miniature missile system
激光制导火箭弹　laser-guided rocket
激光制导联合直接攻击弹药　Laser JDAM
激光制导联合直接攻击弹药　Laser Joint Direct Attack Munition
激光制导武器　laser-guided weapon（LGW）
激光制导响尾蛇　Laser-guided Sidewinder（LaGS）
激光制导炸弹　laser-guided bomb（LGB）
激光制导组件　laser guidance kit
激活　*vt.* activate
激活　activation
激浪带　surf zone

激浪线 surf line
激励 excitation
激励 stimulus
激励点阻抗 driving-point impedance
激励器 stimulator
激励信号 excitation signal
激励源 stimulus
激烈对抗的 aggressive
激烈对抗电子战环境 aggressive electronic warfare environment
吉布斯自由能 Gibbs free energy
级 （指等级、能级）level
级 stage
级间分离 staging
级联 cascade
级联过程 cascade
级轮 （皮带传动钻床）step pulley
级数 series
级质量分数 （用于多级发动机）stage-mass fraction
极板 plate
极端环境条件 environment extremes
极轨道 polar orbit
极化 polarization
极化比 polarization ratio
极化参量 polarization parameter
极化测量 polarization measurement
极化平面 polarization plane
极化器 polarizer
极化器转接件 polarizer adapter
极化损失 polarization loss
极化态 polarization state
极化选择器 polarization selector
极角 polar angle
极其细小的 ultrafine
极微小孔径 infinitesimal aperture
极微小探测器 infinitesimally small detector
极限 limit
极限安全系数 ultimate factor of safety
极限爆速 limiting detonation velocity
极限电压 voltage limit
极限公差 limit tolerance
极限环 limit cycle
极限环振荡 Limit Cycle Oscillation（LCO）
极限抗拉强度 ultimate tensile strength
极限性能限制 extreme performance limit
极限载荷 ultimate load
极限值 limit
极小信号特征目标 very low signature target
极压添加剂 （用于切削油）extreme pressure additive
极远红外 extreme infrared
极远红外波段 extreme infrared band
极坐标 polar coordinate
极坐标波瓣图 polar pattern
极坐标误差角 polar-coordinate error angle
极坐标系 polar coordinate system
即插即用数据链 plug-and-play data link
即时的 instantaneous
即时推力 instantaneous thrust
即用备件套装 readiness spares packages（RSP）
急救设备 first aid equipment
急性放射综合征 acute radiation syndrome（ARS）
急性辐射剂量 acute radiation dose
急转-骤停偏转方式 race-break deflection profile
疾病和非战斗受伤 disease and nonbattle injury（DNBI）
棘轮 ratchet
棘轮定力装置 （千分尺）ratchet stop
棘轮卡定 ratcheting
棘轮手柄 （套筒扳手）ratcheting handle
棘爪 ratchet
棘爪弹簧 pawl spring
集成 *vt.* integrate
集成 integration
集成的 integrated
集成电路 Integrated Circuit（IC）
集成防空系统 Integrated Air Defence System（IADS）
集成防空系统 integrated air defense system（IADS）
集成防御 integrated defense
集成化产品和过程开发 integrated product and process development（IPPD）
集成评估 （机弹）integration evaluation
集成试验 Integrated Test（IT）
集成数据环境/全球运输网络融合 Integrated Data Environment/Global Transportation Network Convergence（IGC）
集成显示头盔 integrated display helmet
集成战术网络 Integrated Tactical Network（ITN）
集成真空密封装置 integrated vacuum-sealed unit
集成组件 integration package
集成、组装和检测 integration, assembly and checkout（IACO; I,A&CO）
集成作战系统和探测器分部 （洛克希德·马丁公司）Integrated Warfare Systems and Sensors
集电极 collector
集电极电流 collector current
集电极负载电阻器 collector load resistor
集电极-基极结 collector-base junction
集电极特性曲线 collector curve
集结 marshalling
集结 staging
集结待命区 staging area（SA）
集结地 marshalling area
集结区域 marshalling area
集群对抗 （通过持续的技术进步来获取精确打击的优势，同时有效防御对方的精确打击）salvo competition
集束弹箱 dispenser

集束炸弹 cluster
集束炸弹 cluster bomb unit（CBU）
集束炸弹 cluster munitions
集束战斗部 cluster warhead
集体防护 collective protection（COLPRO）
集团 group
集线器 hub
集中控制 centralized control
集中润滑系统 one-shot lubrication system
集中润滑系统 one-shot oiling system
集中式卡尔曼滤波器 centralized Kalman filter
集中式数据库 centralized database
集中维修厂 centralized repair depot
集中载荷 concentrated load
集中指挥 centralized control
集装箱 container
集装箱搬运设备 container-handling equipment（CHE）
集装箱船 containership
集装箱管控军官 container control officer（CCO）
集装箱管理 container management
集装箱停机坪载荷 container ramp load（CRL）
几何尺寸和公差的标注 geometric dimensioning and tolerancing（GD&T）
几何光学 geometrical optics
几何光学的 geometrical optical（GO）
几何光学法 geometric optics（GO）
几何积分 geometrical integration
几何结构 geometrical structure
几何精度下降 geometric dilution of precision（GDOP）
几何燃烧律 geometrical burning law
几何绕射理论 geometric theory of diffraction（GTD）
几何数据 geometric data
几何图形 （构成零件图的所有实体）geometry
几何图形的类型 geometry type
几何外形 geometric configuration
几何外形刚度 geometric stiffness
几何形状 geometry
几何形状完整性 geometric integrity
几何学 geometry
几何因子 geometrical factor
几何制图 geometry creation
己二酸二辛酯 dioctyl adipate
己方部队前线 forward line of own troops（FLOT）
挤压 *v.* extrude
挤压 extrusion
挤压 *vt.* pinch（从两侧实施）
挤压成形 extrusion
挤压成形弹翼 extruded wing
挤压弹头 squash head
挤压加工 extrusion
挤压件 extrusion part
挤压双基(推进剂) extruded double-base（EDB）
挤压双基推进剂 extruded double-base propellant
挤压推进剂 extruded propellant
计 gage（gauge 的另一种拼写形式）
计 gauge
计划 initiative
计划 plan
计划 program
计划 scheme
计划采办单位成本 Program Acquisition Unit Cost（PAUC）
计划的战区空运航路系统 scheduled theater airlift routes system（STARS）
计划分析与评估处 （美国国防部）Program Analysis and Evaluation（PA&E）
计划风险 programmatic risk
计划风险分析 program risk analysis
计划目标 scheduled target
计划内目标 （军事用语，包括计划目标和待呼唤打击的目标）planned target
计划外的部队 nonscheduled units
计划外的登陆部队 nonscheduled units
计划外目标 unscheduled target
计划项目 Program Element（PE）
计划要素 Program Element（PE）
计划执行办公室 Program Executive Office（PEO）
计划执行官 Program Executive Officer（PEO）
计划状态审查 program status review
计量 measurement
计量和校准 Metrology and Calibration（METCAL）
计量器重复性 meter repeatability
计量器校准 meter calibration
计量器刻度 meter scale
计量器量程 meter scale
计量学 metrology
计时器 timer
计时信号 timing signal
计数表 counter-dial
计数器 counter
计数器板 counter card
计算 calculation
计算 computation
计算电磁学建模 Computational EM Modelling（CEM）
计算机安全性 computer security（COMPUSEC）
计算机保障设备 computer support equipment
计算机程序识别编号系统 Computer Program Identification Number System（CPINS）
计算机的 cyber
计算机断层成像 computed tomography（CT）
计算机辅助采办与后勤保障 computer-aided acquisition and logistics support（CALS）
计算机辅助教学 Computer Aided Instruction（CAI）
计算机辅助设计 computer-aided design（CAD）
计算机辅助制造 computer-aided manufacturing（CAM）

计算机管理教学 Computer Managed Instruction (CMI)
计算机接口 computer interface
计算机科学 computer science
计算机控制的喷嘴系统 computer-controlled injector system
计算机软件配置项 computer software configuration item (CSCI)
计算机视觉 (一种人工智能形式) computer vision
计算机视觉软件 computer vision software
计算机数字控制 computerized numerical control (CNC)
计算机网络攻击 computer network attack (CNA)
计算机系统 computer system
计算机应急响应小组 computer emergency response team (CERT)
计算机语言 computer language
计算机轴向断层成像 computerized axial tomography (CAT)
计算机轴向断层成像扫描 computerized axial tomographic scanning
计算机资源工作组 Computer Resource Working Group (CRWG)
计算机资源全寿命周期管理规划 Computer Resources Life Cycle Management Plan (CRLCMP)
计算精度 accuracy of calculation
计算流体动力学 computational fluid dynamics (CFD)
计算流体力学 computational fluid dynamics (CFD)
计算图表 nomogram
计算网格 calculation grid
计算误差 computational error
计算值 computed value
记录 record
记录 register
记录表 register
记录卡 log card
记录器 recorder
记录器 register
记录仪 recorder
记录资料 record
记录资料存放盒 (包装箱) record holder
记忆 retention
记忆力 retention
技能教育 career and technical education
技能教育 vocational education
技术 technique (多指技艺和方法)
技术 technology (多指与科学和工程密切相关的系统知识和应用手段)
技术保障 technical support
技术策略 technical strategy
技术成熟度 technical readiness level
技术成熟度 technology readiness level (TRL)
技术成熟化与风险降低 technical maturation and risk reduction (TMRR)
技术成熟性 technical maturity
技术程序 technical procedure
技术出版物 technical publication
技术出版物缺陷报告 Technical Publication Deficiency Report (TPDR)
技术出版物缺陷报告 Technical Publications Deficiency Report (TPDR)
技术出版物修订 technical publications revision
技术电子情报 tech-ELINT
技术方案 technology solution
技术方法 technique
技术分析 technical analysis
技术风险 technical risk
技术风险 technology risk
技术服务 technical service
技术更新 technology refresh
技术规程 technical order
技术规程 technical procedure
技术规范树 specification tree
技术过渡 technology transition
技术监视对抗措施 technical surveillance countermeasures (TSCM)
技术交流会议 technical interchange meeting
技术可行日期 technology availability date (TAD)
技术可用日期 technology availability date (TAD)
技术控制 technical control
技术领域 technical area
技术领域计划 Technology Area Plan (TAP)
技术秘密 know-how
技术难点 technical difficulty
技术能力 technical skill
技术评估 technical assessment
技术评估 technical evaluation (TECHEVAL)
技术评估 technology assessment
技术评估计划 Technology Assessment Programme (TAP)
技术评估外场小组 technical assessment field team (TAFT)
技术情报 technical intelligence (TECHINT)
技术审查 technical review
技术审核 technical review
技术审核机构 technical review authority (TRA)
技术手册 technical manual (TM)
技术手册更改 technical manual change
技术数据 technical data
技术数据维护 technical data maintenance
技术特性 technical characteristics
技术突破 technological breakthrough
技术图纸 technical drawing
技术推动 technology push
技术/维护服务 technical/maintenance service
技术文档 technical documentation

技术文档控制 technical documentation control
技术文件 technical documentation
技术文件控制 technical documentation control
技术协助 technical assistance
技术协助外场小组 Technical Assistance Field Team (TAFT)
技术信息 technical information
技术性能 technical performance
技术性能测定 technical performance measurement
技术研究本部 (日本) Technical Research and Development Institute (TRDI)
技术研究和开发所 (日本) Technical Research and Development Institute (TRDI)
技术研制和鉴定 technology development and validation
技术研制路线图 technology development roadmap
技术研制路线图 technology roadmap
技术研制指导大纲 technology development roadmap
技术研制指导大纲 technology roadmap
技术演示项目 Technical Demonstration Programme (TDP)
技术演示验证 technology demonstration
技术演示验证弹 technology demonstration missile
技术演示验证弹项目 Technology Demonstrator Program (TDP)
技术要求 specification
技术要求 technical requirement
技术要求数据 specification data
技术引入 technology insertion
技术与作战评估 technical-operational evaluation
技术支持 technical support
技术执行官 Technology Executive Officer (TEO)
技术指标 specification
技术指标数据 specification data
技术指标要求 specification requirement
技术指令 technical directive (TD)
技术指令相符性 Technical Directive Compliance
技术专家 technologist
技术转化 technology transition
技术转让 technology transfer
技术转让 Transfer of Technology (ToT)
技术状态 configuration
技术状态标识 configuration identification
技术状态标识与控制 configuration identification and control
技术状态管理 configuration management
技术状态控制 configuration control
技术状态一览表 Configuration Summary Form
技术资料 technical data
技术资料 technical information
技校 technical school
技艺 technique
季戊四醇四硝酸酯(炸药) pentaerythritol tetranitrate (PETN)
剂 agent
迹象 indication
继电开关 contactor
继电器 relay
继电器基板 relay base
继电器逻辑 relay logic
继电器组件 relay assembly
继电式控制 bang-bang control
继续/不可继续 go/no-go
继续使用 *v. &n.* reuse
寄存器 register
寄生电容 stray capacitance
寄生电压 stray voltage
寄生效应 parasitic effect
寄生噪声 extraneous noise

jia

加长的战场救护 prolonged field care
加长电缆 extension cable
加电指令 power-up command
加法 addition
加法电路 summing circuit
加高电压指令 High Voltage command
加高压指令 High Voltage command
加工 operation
加工 *vt.* process
加工模式按钮 (数控机床) operational mode button
加工屑 shaving
加工质量 workmanship
加工中心 (带自动换刀的数控铣床) machining center
加固结构 (能承受核武器攻击) hardened structure
加固结构侵彻炸弹 hardened structures penetrator bomb
加固目标 hardened target
加脊喇叭 ridge horn
加力燃烧室 afterburner
加密 encryption
加密的 encrypted
加密机 encryptor
加密器 encryptor
加密通信 encrypted communication
加密卫星通信 encrypted satellite communication
加密遥测 encrypted telemetry
加密遥测系统 encrypted telemetry system
加拿大皇家空军 Royal Canadian Air Force (RCAF)
加拿大空中护卫队 Team SkyGuardian Canada (TSC)
加农炮 cannon
加农炮弹 cannon shot
加铅黄铜 leaded brass
加铅磷青铜 leaded phosphor bronze
加铅铜 leaded copper
加铅锡黄铜 red leaded brass
加铅锡青铜 leaded tin bronze

加强 buildup
加强 *v.* strengthen
加强板 stiffener
加强件 doubler
加强件 reinforcement
加强件 stiffener
加强性障碍物 reinforcing obstacles
加权函数 weighting function
加权立体角 weighted solid angle
加权平均 weighted average
加权平均 weighted mean
加权因子 weighting factor
加热 *v.* heat
加热 heating
加热板 heating plate
加热板 hot plate
加热硫化的 oven-cured
加热器 heater
加热器控制电路 heater control circuit
加热器组件 heater assembly
加热速率 heating rate
加热套 heating jacket
加热线圈 heating coil
加热线圈支架 heating coil holder
加热效应 heating effect
加热元件 heating element
加速 acceleration
加速的机械脉冲载荷 accelerated mechanical pulse load
加速度 acceleration
加速度饱和 acceleration saturation
加速度比 acceleration ratio
加速度补偿 acceleration compensation
加速度反馈 acceleration feedback
加速度分量 acceleration component
加速度基准 acceleration reference
加速度计 accelerometer
加速度计动态特性 accelerometer dynamics
加速度解除保险机构 acceleration-arming device
加速度敏感度 acceleration sensitivity
加速度敏感性 acceleration sensitivity
加速度偏差 acceleration bias
加速度谱 acceleration spectrum
加速度谱密度 acceleration spectral density (ASD)
加速度矢量 acceleration vector
加速度跳跃 g-jump
加速度突变 g-jump
加速度熄火 acceleration blowout
加速度限制 acceleration limit
加速度优势 acceleration advantage
加速度指令 acceleration command
加速过载解除保险机构 acceleration-arming device
加速能力 acceleration capability
加速性能 acceleration capability
加温 warm-up
加温计时 warm-up time
加温时间 warm-up time
加压 pressing
加压 pressurizing
加压冲 compression pin
加压的液压液 pressurized hydraulic fluid
加压固化 pressure cure
加压硫化 pressure cure
加压气体 pressurizing gas
加压输送系统 pressure feed system
加油车 tanker
加油机 tanker aircraft
加油机空运控制小分队 tanker airlift control element (TALCE)
加油机空运控制中心 tanker airlift control center (TACC)
加油嘴 （用于加润滑脂）zerk
加载 *v.* load
加载 loading
加载程序 loader
加载杆系 whiffletree
加载螺栓 load bolt
加载试验 loading trial
加载途径 loading path
加载循环 loading cycle
加载指示器 loading indicator
加注 charge
加注 charging
加注 filling
加注 refill
加注口 （机油箱）filler
加注系统 filling system
夹层结构 sandwich
夹层式频率选择表面 sandwich frequency selective surface
夹层式频率选择表面 sandwich FSS
夹层式支座 sandwich mount
夹层装甲 laminated armor
夹持环型棒料拉出器 （数控车床）gripping ring type bar puller
夹持环型杆件拉出器 （数控车床）gripping ring type bar puller
夹持力 （卡盘、套筒夹头）clamping pressure
夹持力 （卡盘、套筒夹头）gripping pressure
夹持器 （数控车床）gripper
夹持装置 holding device
夹角 included angle
夹角-八木-宇田混合天线 corner-Yagi-Uda hybrid antenna
夹角反射器 corner reflector
夹角反射器公式 corner reflector formula
夹角反射器频带宽度 corner reflector bandwidth

夹紧臂 clamping arm
夹紧机构 （可调直角尺）clamping mechanism
夹紧块 clamping block
夹紧螺钉 clamping screw
夹紧螺栓 clamping screw
夹紧组件 clamp assembly
夹具 （夹紧工件并定位但不导引刀具）fixture
夹具孔 fixture hole
夹钳 clamp
夹头紧固螺钉 collet fastening screw
夹心结构 sandwich
夹直角反射器 square-corner reflector
夹子 clip
伽利略天线 Galileo antenna
痂斑板 scabbed plate
痂斑块 scabbed plate
甲板状态灯 deck status light
甲苯 toluene
甲苯-2,4-二异氰酸酯 toluene-2,4-diisocyanate (TDI)
甲基乙基酮溶剂 methyl ethyl ketone solvent
甲基乙基酮溶液 methyl ethyl ketone (MEK)
甲醛 formaldehyde
甲烷 methane
钾 potassium
假的 dummy
假定 assumption
假分数 improper fraction
假雷场 phony minefield
假目标 decoy
假目标 *n.* dummy
假目标 false target
假设 assumption
假设 hypotheses（复数）
假设 hypothesis
假想光伏探测器 hypothetical photovoltaic detector
假想探测器 hypothetical detector
价带 valence band
价带电子 valence band electron
价值工程 value engineering
驾驶舱 cockpit
驾驶舱 flight deck（航天器和大型飞机的）
驾驶舱控制单元 Cockpit Control Unit (CCU)
驾驶舱熟悉训练器 cockpit familiarization trainer (CFT)
驾驶舱透明材料构件 cockpit transparency
驾驶舱显示器 cockpit display
驾驶舱自动化技术 Cockpit Automation Technology (CAT)
驾束 Beam Riding (BR)
驾束制导 beam-riding guidance
驾束制导系统 beam-riding guidance system
架次 sortie
架弹比 launcher-to-missile ratio
架构 architecture

jian

尖叉 tine
尖端雷达技术 cutting-edge radar technology
尖端设备 cutting-edge equipment
尖根比 taper ratio
尖晶石 spinel
尖头 （圆头榔头的）peen
尖弦 tip chord
尖嘴钳 needle nose pliers
坚固的 robust
坚固性 ruggedness
间 cabinet
*间断齿形 （锯条）skip tooth form
*间断连续波 interrupted continuous wave
*间断音响 intermittent tone
*间隔 interval（时间和空间的）
*间隔 spacing（空间的）
*间隔靶板 spaced target plate
*间隔板 spaced plate
*间隔装甲 spaced armor
*间接保障 indirect support
*间接费用 indirect cost
*间接火力防护能力 Indirect Fire Protection Capability (IFPC)
*间接效果 indirect effect
*间接效应 indirect effect
*间接支援 indirect support
间距 pitch
间距 separation
间距 spacing
*间隙 （齿轮、螺纹等）backlash
*间隙 clearance
*间隙 （齿轮、螺纹等）play
*间隙配合 clearance fit
*间隙配合 running and sliding fit
*间隙平面 （数控加工）clearance plane
肩部整流片 （进气道）shoulder fairing
肩扛式导弹 shoulder-fired missile
肩扛式红外导弹 shoulder fired infrared guided missile
肩射多用途攻击武器 shoulder-fired multipurpose assault weapon (SMAW)
肩射式 shoulder-fired
肩射式 shoulder-launched
肩射式导弹 shoulder-launched missile
肩射式武器系统 shoulder-launched weapon system
肩射无后坐力武器系统 shoulder-fired recoilless weapon system
监测 surveillance
监测器 monitor

监测器布线　monitor wiring
监测设备　monitoring device
监测系统　monitoring system
监禁　custody
监控　monitor
监控测试　surveillance testing
监控频率　guarded frequencies
监控器　monitor
监视　*v.* monitor
监视　surveillance
监视雷达　surveillance radar
监视、评估、计划与实施　monitor, assess, plan, and execute（MAPE）
监视器　monitor
监视器适配器　monitor adapter
监视天线　surveillance antenna
监听站　listening watch
兼容平台　compatible platform
兼容性　compatibility
兼容性矩阵　compatibility matrix
检波后分类　postdetection sorting
检波器　detector
检波器　rectifier
检波前处理　predetection processing
检波前数据　predetection data
检测　checkout
检测　detection
检测概率　detection probability
检测台　checkout console
检测站　checkout station
检测质量　proof mass
检测装置　fixture
检查　checkout
检查　*v.* inspect
检查　inspection
检查　vetting
检查表　checklist
检查程序　inspection procedure
检查点　control point
检查记录　inspection record
检查孔　access hole
检查口　access
检查口　access door
检查口盖　access panel
检查清单　checklist
检查站　checkout station
检定　（批准可以生产或服役）qualification
检漏仪　leak detector
检相器　phase detector（PD）
检修口盖　access cover
检修口盖窗口　access cover window
检修口盖组件　access cover assembly
检修口开关　access door release
检验　*v.* inspect
检验　inspection
检验标准　inspection criteria
检验程序　inspection procedure
检验点　inspection point
检验方案　inspection plan
检验工具　inspection tool
检验极限值　inspection limit
检验记录　inspection record
检验内容　inspection point
检验判据　inspection criteria
检验台　checkout console
检验与测定委员会　（美国海军）Board of Inspection and Survey（BIS）
检验与测定委员会摸底试验　（美国海军）BIS trial
检验员　inspector
减程训练火箭弹　Reduced-Range Practice Rocket（RRPR）
减法　subtraction
减反射的　anti-reflective
减反射膜　anti-reflective coating
减反射膜　antireflection coating
减活化炉　deactivation furnace
减面燃烧　regressive burning
减面燃烧特性　regressive burning characteristics
减面燃烧装药　regressive grain
减敏　desensitization
减少　*v. &n.* decrease
减少　*v.* reduce
减少　reduction
减速伞　drogue
减速伞　drogue parachute
减缩因子　reduction factor
减压　decompression
减压阀　relief valve
减压阀支座　relief valve holder
减员率　casualty rate
减振　*vt.* absorb
减振卡夹组件　snubber clamp assembly
减振器　snubber
减振阻尼块　snubber clamp assembly
减震垫　cushion
减震垫　shock pad
减震器　absorber
减震器　shock absorber
减震座　shock mount
减阻帽　ballistic cap
减阻帽　false ogive
减阻帽　windshield
剪刀式挂弹车　scissors loader
剪力栓　shear bolt
剪切　*vt.* clip（利用工具进行的）
剪切　*n. &v.* shear（外力实施或造成的）

剪切变形　shear deformation
剪切带　shear zone
剪切的　breakaway
剪切断裂　shear fracture
剪切轨迹　shear trajectory
剪切迹线　shear trajectory
剪切控制方法　shear-control method
剪切力　shearing force
剪切螺钉　breakaway screw
剪切螺钉　shear screw
剪切螺栓　shear bolt
剪切率　shear rate
剪切模量　shear modulus
剪切喷嘴　shearing nipple
剪切喷嘴组件　shearing nipple assembly
剪切破片　shear fragment
剪切强度　shear strength
剪切弹性模量　elastic shear modulus
剪切应变　shear strain
剪切应力　shear stress
剪切应力　shearing stress
剪切载荷　shear load
剪应力　shear stress
剪应力　shearing stress
简并化　degeneration
简单分度法　（分度头）simple indexing
简单分度盘　（分度头）simple index plate
简单干涉仪　simple interferometer
简单立体角　simple solid angle
简单密钥加载器　Simple Key Loader（SKL）
简单平均　simple mean
简化　reduction
简化的数据　reduced data
简介　introduction
简练形式　compact form
简码　brevity code
简要计划　（军事）concept plan（CONPLAN）
简要命令　fragmentary order（FRAGORD；FRAGO）
简易爆炸装置　improvised explosive device（IED）
简易核装置　improvised nuclear device（IND）
简易野战发火装置　flame field expedient（FFE）
碱　alkali
碱金属　alkali metal
碱金属叠氮化物　alkali metal azide
碱土金属硫酸盐　alkaline earth sulfate
碱土金属碳酸盐　alkaline earth carbonate
碱性　alkali
见证板　（战斗部试验）witness panel
见证板　（战斗部试验）witness plate
间断齿形　（锯条）skip tooth form
间断连续波　interrupted continuous wave
间断音响　intermittent tone
间隔　interval（时间和空间的）
间隔　spacing（空间的）
间隔靶板　spaced target plate
间隔板　spaced plate
间隔装甲　spaced armor
间接保障　indirect support
间接费用　indirect cost
间接火力防护能力　Indirect Fire Protection Capability（IFPC）
间接效果　indirect effect
间接效应　indirect effect
间接支援　indirect support
*间距　pitch
*间距　separation
*间距　spacing
间隙　（齿轮、螺纹等）backlash
间隙　clearance
间隙　（齿轮、螺纹等）play
间隙配合　clearance fit
间隙配合　running and sliding fit
间隙平面　（数控加工）clearance plane
建模　modeling
建模　modelling
建模、仿真与分析　modeling, simulation, and analysis（MS&A）
建模、仿真与综合环境　Modelling, Simulation and Synthetic Environments（MS&SE）
建模与仿真　Modelling and Simulation（M&S）
建模与仿真合同—框架和工具　Modeling and Simulation Contract-Framework and Tools（MASC-F）
建设　development
建压　（发动机）pressure buildup
建压　（发动机）start-up
建压过程　（发动机）start-up
建议偏压　recommended bias voltage
建议性的　advisory
建议性规则　advisory regulation
建议性要求　advisory requirement
建造　construction
建制的　organic
建筑上可接受的天线　architecturally acceptable antenna
建筑物　building
建筑物　structure
建筑物上仿形天线　architecturally acceptable antenna
健康促进　health promotions（HP）
健康服务保障　health service support（HSS）
健康监测　health monitoring
健康监测　health surveillance
健康监测系统　health monitoring system（HMS）
健康危害　health hazard
健康威胁　health threat
舰船防御系统　naval defence system
舰船零件管理中心　Ships Parts Control Center（SPCC）
舰船目标　ship target

舰船适应性 （适应舰船上的存储、搬运、挂装、卸载等） ship suitability
舰船适应性试验 ship suitability test
舰船作战系统 ship combat system
舰队 fleet
舰队保障 fleet support
舰队保障小组 Fleet Support Team (FST)
舰队发运单元装载(标签) Fleet Issue Unit Load (FIUL)
舰队陆战队 Fleet Marine Force (FMF)
舰队使用和保障 fleet operations and support
舰队首次装备 fleet introduction
舰队通信卫星 Fleetsatcom satellite
舰队武器保障小组 Fleet Weapon Support Team (FWST)
舰队现场维护 fleet organizational maintenance
舰队中级维护 fleet intermediate maintenance
舰队作战和保障 fleet operations and support
舰对舰导弹单元 surface-to-surface missile module (SSMM)
舰对舰导弹发射单元 surface-to-surface missile module (SSMM)
舰基作战 ship-based operations
舰上备件套装 afloat spares package
舰上成套备件 afloat spares package
舰上储存 afloat storage
舰上的 afloat
舰上的 shipboard
舰上飞行阵位 flight quarters
舰上试验 shipboard test
舰上总值班军官 officer of the deck (OOD)
舰艇 ship
舰艇发射导弹系统 ship-launched missile system
舰艇发射防空导弹 ship-launched air defence missile
舰艇发射、空中拦截导弹 ship-launched, intercept-aerial, guided missile
舰艇发射面空导弹 ship-launched surface-to-air missile
舰艇发射巡航导弹 Ship-Launched Cruise Missile (SLCM)
舰艇自卫系统 Ship Self-Defense System (SSDS)
舰载冲击试验 shipboard shock test
舰载弹道导弹 Fleet Ballistic Missile (FBM)
舰载的 shipboard
舰载环境 shipboard environment
舰载兼容性试验 shipboard compatibility test
舰载设备 shipboard equipment
舰载生存能力 shipboard survivability
舰载生存性 shipboard survivability
舰载武器 ship weapon
舰长 captain
舰至岸运动 ship-to-shore movement
渐进式研制项目 incremental development program
渐晕 vignetting
鉴别 discrimination
鉴别和跳变 sniff and hop
鉴别器 discriminator
鉴别器噪声 discriminator noise
鉴定 certification（较为严格广泛）
鉴定 evaluation（评判与标准、规范的相符性，强调产品）
鉴定 qualification（批准可以生产或服役）
鉴定报告 qualification report
鉴定飞行试验 qualification flight
鉴定评审 qualification review
鉴定试验 certification trial
鉴定试验 qualification test
鉴定试验 qualification testing
鉴频器 discriminator
鉴相器 discriminator
键 key
键 spline
键槽 key seat
键槽 key way
键槽 keyseat
键槽 keyway
键槽 spline
键槽嵌件 keyway insert
箭式武器系统 Arrow Weapon System (AWS)
箭头 arrowhead
箭头按键 arrow button
箭头按键 arrow key
箭头按钮 arrow button
箭头按钮 arrow key

jiang

将军 general
浆体燃料 slurry fuel
浆状液体推进剂 slurried liquid propellant
桨毂 boss
桨叶 blade
桨叶 paddle
降低 *v.* degrade
降低 *v.* reduce
降低 reduction
降低的电磁信号特征 reduced electromagnetic signature
降低的红外信号特征 reduced infrared signature
降低额定值 derating
降解 degradation
降解 *v.* degrade
降落 landing
降落伞 chute
降落伞 parachute
降落位置 （直升机在舰船上的）spot
降水 precipitation
降温 cool-down

降温时间 cool-down time
降雨率 rain rate
降噪技术 noise-reduction technology

jiao

交变的 alternative
交变辐射源 alternating source
交变应力 repeated stress
交叉乘载 cross-loading
交叉的 cross
交叉点 intersection
交叉服务 cross-servicing
交叉极化 cross polarization (X-Polar)
交叉检查 cross-check
交叉检验 cross-check
交叉流动 cross flow
交叉偶极子 crossed dipoles
交叉耦合 cross coupling
交叉耦合 cross-coupling
交叉纹滚花 diamond knurl
交叉装载 cross-loading
交错型外扭 (锯齿) alternate set
交错型外扭 (锯齿) alternate tooth setting pattern
交点 intersection point
交付 delivery
交付比冲 delivered specific impulse
交付计划 delivery schedule
交付前培训 pre-delivery training
交付使用前的备件保障 preoperational spares support (PSS)
交付物 *n.* deliverable
交付周期 delivery schedule
交付周期 lead time
交感 coupling
交感作用 coupling
交互式操作 interactive operation
交互式电子技术手册 interactive electronic technical manual
交互式防御航电系统/多任务先进战术终端 interactive defense avionics system/multi-mission advanced tactical terminal (IDAS/MATT)
交互式课件 Interactive Courseware (ICW)
交互式快视显示器 interactive quick-look display
交互式协作环境 Interactive Collaborative Environment (ICE)
交互通信分系统 inter-communication subsystem
交换机 commutator
交会 encounter
交会角 encounter angle
交会条件 encounter conditions
交火 action
交接班 (制导) handover
交接马赫数 takeover Mach number
交界处 juncture
交界点 juncture
交联剂 crosslinker
交联剂 crosslinking agent
交联双基 cross-linked double base (XLDB)
交联双基推进剂 cross-linked double-base propellant
交流表 ac meter
交流的 alternating
交流电 alternate current (ac; AC)
交流电 alternating current (ac; AC)
交流电压 ac voltage
交流电源 ac power
交流电源板 ac power card
交流电源开关 ac power switch
交流放大器 ac amplifier
交流控制卡 ac control card
交流耦合 ac coupling
交流耦合电路 ac coupling network
交流耦合电容器 ac coupling capacitor
交流输入 ac input
交流稳压器 ac regulator
交流响应 ac response
交流信号 alternating-current signal
交流信号耦合 ac signal coupling
交平面误差 cross-plane error
交替插入/拉出 alternate insertion/extraction (AIE)
交替的 alternative
交通告警与防撞系统 traffic alert and collision avoidance system (TCAS)
交通管理 traffic management
交通管制点 control point
交通线 line of communications (LOC)
交战 engagement
交战仿真 engagement simulation
交战管理系统技术 engagement management system technology
交战规则 Rules Of Engagement (ROE)
交战控制站 Engagement Control Station (ECS)
交战模式 engagement mode
交战区 engagement zone
交战权 engagement authority
交战授权 engagement authority
交战斜距 slant-engagement range
交战状态分享 engagement status exchange
交战状态交换 engagement status exchange
浇注 *v.* &*n.* cast
浇注改性双基药 cast-modified double-base propellant
浇注井 casting pit
浇注双基(药) cast double-base (CDB)
浇注双基药 cast double-base propellant
浇注推进剂 cast propellant
浇注温度 casting temperature

浇注炸药 castable explosive
浇注装药 cast explosive charge
浇铸 casting
浇铸口 sprue
浇铸漏斗 casting funnel
胶 adhesive
胶 glue
胶带 tape
胶接 *v.* glue
胶接缝 sealant joint
胶体 gel
胶体推进剂 gelled liquid propellant
胶筒式点火器 jellyroll igniter
胶粘 *v.* glue
胶粘式工件夹持 adhesive-based workholding
胶粘涂层 adhesive coating
焦橙色 burnt orange
焦点 （空气动力学）aerodynamic center
焦点 （光学、热学）focal point
焦耳 joule（J）
焦耳-汤普逊液化器 Joule-Thompson liquefier
焦距 focal length
焦平面 focal plane
焦平面阵 focal-plane array（FPA）
焦平面阵列 focal-plane array（FPA）
焦平面阵列导引头 focal-plane array seeker
焦平面阵列读出芯片 focal plane readout chip
焦炭残渣 carbon residue
焦-汤型致冷器 J-T cooler
焦-汤型致冷器 Joule-Thompson liquefier
角板 angle plate
角尺头 （组合角尺）square head
角冲击 corner impact
角动量 angular momentum
角动量守恒 conservation of angular momentum
角度 angle
角度变换 angle transformation
角度标注 （锥体）angular specification
角度测量 angular measurement
角度更新 angle update
角度划线布置图 angular layout
角度截获指令 angle acquisition command
角度精度 angle accuracy
角度可调动力刀座 adjustable angle-head live tooling attachment
角度刻度盘 angular scale
角度块规 angle block
角度块规 angle gage
角度生成 angle generation
角度套圈 （立式铣床）protractor
角度误差 angle error
角度铣刀 angled cutter
角度预置 angle preset
角度增量 angle increment
角度增量 delta angle
角反射器 corner reflector
角反射体 corner reflector
角反射体载荷 corner reflector payload
角分辨率 angular resolution
角钢 angle
角跟踪 angle tracking
角跟踪电子电路 angle tracker electronics
角跟踪电子电路 angle tracking electronics
角跟踪电子装置 angle tracker electronics
角跟踪电子装置 angle tracking electronics
角跟踪回路 angle tracking loop
角跟踪回路响应 angle tracking loop response
角跟踪能力 angular tracking capability
角跟踪线性度 angle-tracking linearity
角规 angle gage
角加速度 angular acceleration
角解算器 resolver
角块 angle block
角偏转 angular deflection
角频率 radian frequency
角平分线 bisector
角速度 angular velocity
角速率 angular rate
角随动速率 angle slew rate
角铁 angle
角铁 angle block
角系数 angle factor
角系数线性代数 angle factor algebra
角形件 angle
角因数 angle factor
角域流 corner flow
角运动 angular motion
角撞击 corner impact
铰刀 reamer
铰接点 hinge point
铰接夹钳 hinged clamp
铰接式导弹天线罩 articulating missile radome
铰孔 reaming
铰链 hinge
铰链固定螺钉 hinge retaining screw
铰链力矩 hinge moment（HM）
铰链片 butt hinge leaf
铰链线 hinge line（HL）
铰链销 hinge pin
铰链销 pivot pin
铰链组件 hinge assembly
铰支点 pivot point
铰支接头 anchor
铰轴夹钳 hinged clamp
铰轴卡钳 firm-joint caliper
脚标 subscript

脚蹬 pedal
脚轮 caster
脚面安全鞋 safety-toe shoes
搅拌器 mixer
缴获物资联合开发利用中心 joint captured materiel exploitation center（JCMEC）
校靶 harmonization
校正密度 corrected density
校正系数 correction factor
校正性维护 corrective maintenance
校准 calibration
校准标准 calibration standard
校准波长 calibration wavelength
校准步骤 calibration procedure
校准程序 calibration procedure
校准电位计 calibration potentiometer
校准器 calibration unit
校准器 calibrator
校准曲线 calibration curve
校准设备 calibration equipment
校准设备 calibration unit
校准设备 calibrator
校准设备的维护 calibration equipment maintenance
校准台 alignment station
校准维护 calibration maintenance
较大的 major
较重要的 major
较主要的 major
教科书 textbook
教学 instruction
教学系统开发 Instructional System Development（ISD）
教育 （注重于创造性地解决问题）education
教员初级课程 instructor preparatory course（IPC）
教员预修课程 instructor preparatory course（IPC）

jie

阶 （数学）order
阶段 phase
阶段决策部门 （美国）Milestone Decision Authority（MDA）
阶段线 phase line（PL）
阶梯推力火箭 step-thrust rocket
阶梯形垫块 riser
阶梯形垫块 riser block
阶梯形垫块 step block
阶梯形垫块固定夹 riser block clamp
阶梯形垫块固定夹 step block clamp
阶梯形垫块固定夹 step clamp
阶梯形垫铁 riser
阶梯形垫铁 riser block
阶梯形垫铁 step block
阶梯形垫铁固定夹 riser block clamp
阶梯形垫铁固定夹 step block clamp
阶梯形垫铁固定夹 step clamp
阶跃 step
阶跃函数入射 step function incidence
阶跃机动 step maneuver
阶跃式加速度指令 step acceleration command
阶跃响应 step response
接触 contact
接触按钮 contact button
接触保密材料许可 security clearance
接触表面面积 contact surface area
接触程序 （军事）contact procedure
接触传导率 contact conductance
接触空间 access space
接触口 access door
接触块 contact block
接触面 contact surface
接触面积 contact area
接触器 contactor
接触区域 interface region
接触式探极 contact probe
接触应力 attachment stress
接待 reception
接敌调遣 （军事）movement to contact
接敌运动 （军事）movement to contact
接地 *n.* &*v.* ground
接地 grounding
接地带 ground strap
接地带 grounding strap
接地电缆 grounding harness
接地方案 grounding scheme
接地方法 grounding method
接地回路 ground return
接地孔 grounding hole
接地螺栓 ground bolt
接地螺柱 ground stud
接地母带 ground strap
接地母线 ground strap
接地片 ground lug
接地线 ground wire
接地线夹 ground clip
接地线夹 grounding clip
接地线路 grounding scheme
接地销 ground pin
接缝 seam
接合 *n.* &*v.* fay
接合 *vt.* joint
接合 junction
接合表面 fay surface
接合处 joint
接合螺栓 draw bolt
接合螺栓 drawbolt

接合区域　interface region
接近　approaching
接近　（飞行器之间的）closure
接近　proximity
接近传感器　proximity sensor
接近路径　avenue of approach（AA）
接近脉冲　（近炸引信）approaching pulse
接近速度　（导弹和目标之间的）closing velocity
接近速度　（导弹和目标之间的）range rate
接近速度　（导弹和目标之间的）velocity of closure
接口　（水、电等）hookup
接口　interface
接口板　interface card
接口部件　interface unit
接口的　interfacial
接口电缆　interface cable
接口电路　interface circuit
接口电路　interface wiring
接口电子装置　interface electronics unit
接口电子组件　interface electronics package
接口盒　interface box
接口技术　interfacing
接口/检查飞行试验　interface/checkout flight
接口卡　interface card
接口控制文件　Interface Control Document（ICD）
接口连接　interface wiring
接口适配单元　Interface Adapter Unit（IAU）
接口要求规范　Interface Requirements Specification（IRS）
接口状态　interface status
接力药管　relay
接入　cut-in
接收　（产品的）acceptance
接收　reception
接收传输损耗　receiving transmission loss
接收船　receiving ship
接收到的脉冲密度　received pulse density
接收功率　received power
接收机　receiver
接收机标称温度　nominal receiver temperature
接收机带宽　receiver bandwidth
接收机动态范围　receiver dynamic range
接收机固有灵敏度　installed receiver sensitivity
接收机灵敏度　receiver sensitivity
接收机灵敏度　sensitivity of receiver
接收机灵敏度阈值　receiver threshold sensitivity
接收机天线增益　receiver antenna gain
接收机增益　receiver gain
接收、集结、赶赴前线与整合　reception, staging, onward movement, and integration（RSO&I）
接收检验　receiving inspection
接收检验/测试　receiving inspection/test
接收距离　receiving range
接收灵敏度　receiving sensitivity
接收灵敏度　reception sensitivity
接收器　collector
接收器　receiver
接收器表面　receiver surface
接收器面积　collector area
接收器面积　receiver area
接收日期　acceptance date
接收天线　receiving antenna
接受支援的部队　supported unit
接受支援的指挥官　supported commander
接通　activation
接通　on
接头　connector
接头　fitting（多指管路的）
接头　joint
接头　junction
接头　splice（多指导线、绳索的）
接线　wiring
接线板　board
接线板　terminal board
接线板　wiring board
接线表　connection table
接线端　terminal
接线端　terminal lug
接线端子板　terminal board
接线端子板　terminal strip
接线盒　interface box
接线盒　wiring box
接线夹具　wiring fixture
接线片　terminal lug
接线图　wiring diagram
接线柱　terminal
接线柱　terminal post
节　（速度单位）knot（kt）
节　（一章的）section
节点　node
节点　（进度安排）schedule
节点分析　node analysis
节点后推　schedule slip
节点失守　schedule slip
节点延迟　schedule delay
节流比　throttle ratio
节流器　restrictor
节流式转向与姿态控制系统　Throttling Divert and Attitude Control System（TDACS）
节气门　shutter
节圆直径　pitch diameter
杰达姆　Joint Direct Attack Munition（JDAM）
洁净构型　clean configuration
洁净间　clean room
结　（半导体）junction
结冰试验　icing test

结构 architecture（多指体系）
结构 configuration（多指构型）
结构 construction
结构 structure
结构安全性裕度 structural safety margin
结构布局限制条件 configurational constraint
结构的 organic（指组织的、系统的）
结构的 structural
结构分析 structural analysis
结构化观测数据管理 （情报）structured observation management（SOM）
结构毁伤 structure kill
结构件 structural component
结构件 structural member
结构件 structure
结构静态载荷 structural static load
结构壳体 structural housing
结构框架 structural framework
结构模态 structural mode
结构频率 structural frequency
结构强度 structural integrity（定性说法）
结构强度 structural strength（专业说法）
结构设计 structural design
结构设计 structure design
结构审查 physical audit
结构失效 structural failure
结构试验 structural test
结构试验 structure test
结构试验弹 structural test vehicle
结构损坏 structural failure
结构特性 structural property
结构凸起 bulge
结构弯曲 structural bending
结构弯曲 structural flexure
结构弯曲模态 structure bending mode
结构完整性 structural integrity
结构效率 structural efficiency
结构型壳体 structural case
结构性隔板 structural bulkhead
结构性隔框 structural bulkhead
结构性毁伤 structural kill
结构修改 structural modification
结构硬件 structural hardware
结构载荷 structural load
结构自振频率 structural frequency
结构组件 structure assembly
结果 effect
结果 product
结果 result
结合 coupling
结合剂 bonding agent
结合类型 （砂轮的砂粒）bond type
结晶的 crystalline
结块 agglomeration
结论 conclusion
结面积 junction area
结型场效应晶体管 junction FET
结型场效应晶体管 junction field-effect transistor（JFET）
结型场效应晶体管噪声 JFET noise
结型晶体管 junction transistor
捷变 agility
捷变波束火控雷达 Agile Beam fire control Radar（ABR）
捷变波束雷达 agile beam radar
捷变多波束 Agile Multi-Beam（AMB）
捷变性 agility
捷联惯性导航 strapdown inertial navigation
捷联惯性制导 strapdown inertial guidance
捷联式 strapdown
捷联式惯性测量装置 strapdown inertial measurement unit
捷联式红外成像导引头 strap-down IIR seeker
捷联式红外成像导引头 strapdown imaging infrared seeker
捷联系统 strapdown system
截短 *vt.* clip
截断 cutoff
截断 parting
截断 parting-off
截断误差 truncation error
截断纤维的环氧树脂复合材料 chopped epoxy composite
截割式巴仑 cutaway balun
截获 *vt.* acquire
截获 acquisition
截获概率 probability of acquisition
截获概率 （电子情报用语）probability of intercept（POI）
截获概率的同步效应 synchronization effects on POI
截获/跟踪/交接班逻辑 acquisition/tracking/handover logic
截获接收机 （电子情报用语）intercept receiver
截获距离 acquisition range
截获雷达 acquisition radar
截获逻辑 acquisition logic
截获时间 （电子情报用语）intercept time
截获特性 （导引头）acquisition characteristics
截获系统特性 （电子情报用语）intercept system characteristics
截获训练弹 acquisition training missile
截获音响信号 acquisition tone
截获、指示与跟踪 Acquisition，Pointing，and Tracking（APT）
截获周期 （电子情报用语）intercept duration
截击 engagement

截击 intercept
截击点 intercept point
截击点 point of intercept
截击概率 probability of intercept (POI)
截击机 interceptor aircraft
截击几何关系 intercept geometry
截击区 engagement zone
截尖前缘 cropped leading edge
截距 intercept
截面 cross section
截面 section
截面类型 section type
截止 *v.* cut off
截止 cutoff
截止波长 cutoff wavelength
截止波长 turn-off wavelength
截止频率 cutoff frequency
截止频率 limiting frequency
解 solution
解除保险 *v.* arm
解除保险 arming
解除保险扳手 arming key
解除保险到准备发射 （导弹从安全状态进入准备点火状态）arm-to-arm
解除保险的 armed
解除保险电路 arming circuit
解除保险电容器 arming capacitor
解除保险杆 arming rod
解除保险和点火装置 arming and firing device
解除保险和引信装置 arming and fuzing device
解除保险和引信装置 arming and fuzing equipment
解除保险计数器 （近炸引信）arming counter
解除保险开关 arming switch
解除保险拉索 arming lanyard
解除保险位置 （发动机的安全与解除保险装置）arm position
解除保险销 arming key
解除保险销和信号旗组件 arming key and flag assembly
解除保险与点火装置 arm and fire device (AFD)
解除保险与点火装置 Arm/Fire Device (AFD)
解除保险与点火装置窗口 AFD window
解除保险与点火装置窗口 arm/fire device window
解除保险与点火装置观察窗口 AFD window
解除保险与点火装置观察窗口 arm/fire device window
解除军控 demilitarization
解除锁定 break lock
解读 interpretation
解法 solution
解决办法 solution
解码 decoding
解码 decryption
解码器 decoder
解密机 decryptor
解密器 decryptor
解耦 *vt.* decouple
解耦 decoupling
解算 resolution
解算器 resolver
解锁 *vt. &n.* uncage
解锁 *v.* unlatch
解锁 （弹射发射架）unlatching
解锁 *v.* unlock
解锁的 uncaged
解锁阀 release valve
解锁阀线圈 release valve solenoid
解锁阀柱塞 release valve plunger
解锁杆 （舵面）lock release lever
解锁力测定 release force test
解锁模式 uncage mode
解锁系统 uncage system
解锁状态 uncage state
解锁状态 unlocking state
解调 demodulation
解调器 demodulator
解调器板 demodulator card
解析 analysis
解析变换 analytical transformation
解析表达式 closed-form analytical expression
解析的 closed-form
解析方法 closed-form analytical method
解析解 analytic solution
解析解 analytical solution
解析解 closed-form solution
解析型 closed form
解压 decompression
介电常数 dielectric constant
介电常数 permittivity
介电驰豫时间 dielectric relaxation time
介电驰豫时间限制的 dielectric relaxation-time-limited
介电损耗 dielectric loss
介电特性 dielectric characteristics
介电液 （用于电火花加工）dielectric fluid
介质 medium
介质杆天线 polyrod antenna
介质平板波导 dielectric slab waveguide
介质强度 dielectric strength
介质天线罩 dielectric radome
介质透镜 dielectric lens
界 community
界 sector
界面 interface
界面的 interfacial
界面密封件 interfacial seal
界面粘合 interface bond
界限 boundary

界限 limit

jin

金 gold
金刚砂 emery
金刚石 diamond
金刚石-安泰公司 （俄罗斯）Almaz-Antey
金刚石打磨器 diamond dresser
金刚石磨料砂轮 diamond abrasive wheel
金刚石磨轮 diamond-impregnated wheel
金刚石砂轮 diamond abrasive wheel
金刚石修整器 diamond dresser
金刚石压头 （洛氏硬度试验）Brale diamond penetrator
金公共电极 gold common
金键合焊盘 gold bond pad
金鸟弹 （不带战斗部、推进系统和控制舱）Golden Bird
金属 metal
金属 U 形钉 metal staple
金属板材 sheet metal
金属板透镜 metal-plate lens
金属包装箱 metal container
金属薄膜电阻器 metal film resistor
金属成形 metal forming
金属带/树脂层压板 strip metal/epoxy laminate
金属弹体材料 metallic airframe material
金属锭料 ingot
金属杜瓦 metal dewar
金属废料 scrap metal
金属粉末 powdered metal
金属腐蚀 metal corrosion
金属隔板 metal spacer
金属化 metallization
金属化基片 metallized substrate
金属环 metal ring
金属加速 metal acceleration
金属加速的 metal-accelerating
金属加速炸药 metal-accelerating explosive
金属件 （如工具、管接件、连接件等）hardware
金属结合剂 （用于超级砂轮）metal bond
金属卡箍 metal clamp
金属壳体 metal case
金属密封垫 metal gasket
金属密封件 metal seal
金属内衬 （发动机）metallic insert
金属盘 metal disk
金属坯 billet
金属球 metal sphere
金属燃料 metal fuel
金属丝 wire
金属丝网 gauze
金属天线罩 metal radome
金属条带 flat metal strip
金属网带 metal mesh tape
金属镶嵌件 （发动机）metallic insert
金属屑 filing
金属-氧化物-半导体场效应晶体管 metal-oxide-semiconductor field-effect transistor（MOSFET）
金属-氧化物-半导体场效应晶体管噪声 MOSFET noise
金属氧化物场效应晶体管 metal-oxide field-effect transistor
金属-有机化合物 metallo-organic compound
襟板 flap
襟翼 flap
襟翼控制 flap control
紧凑形式 compact form
紧凑型对空导弹 compact counter air missile
紧凑型对空作战导弹 compact counter air missile
紧凑型机载武器装载车 Compact Loader for Aircraft Weapons（CLAW）
紧凑型激光武器系统 Compact Laser Weapons System（CLaWS）
紧凑型框架安装天线 compact gimballed antenna
紧定螺钉 fastening screw
紧定螺钉 set screw
紧定螺钉 setscrew
紧公差 close tolerance
紧公差 tight tolerance
紧公差螺钉 close tolerance screw
紧固带 strap
紧固件 fastener
紧固螺钉 fastening screw
紧固螺钉 retaining screw
紧固帽 retaining cap
紧固旋塞 （用于紧固加工中心主轴上的锥形刀柄）retention knob
紧急的 emergency
紧急定位信标 emergency locator beacon
紧急关机程序 emergency shut-down procedure
紧急救护者 first responder
紧急空中支援 immediate air support
紧急目标 time-critical target（TCT）
紧急目标 time-sensitive target（TST）
紧急目标 time-urgent target
紧急情报 critical intelligence
紧急情况 *n.* emergency
紧急情况安全高度 emergency safe altitude（ESA）
紧急情况必要雇员 emergency-essential employee
紧急去污 emergency decontamination
紧急去污 immediate decontamination
紧急事件管理 incident management
紧急事件指挥系统 incident command system（ICS）
紧急停止按钮 （数控机床）emergency stop button
紧急响应 immediate response

紧密耦合的多处理器　tight-coupled multiprocessor
紧耦合 GPS/IMU 制导　tightly coupled GPS/IMU guidance
紧耦合 GPS/INS　tightly coupled GPS/INS
紧配合　close fit
紧缩的测量场地　compact measurement range
紧缩的天线测量场地　compact antenna test range（CATR）
进场　approach
进刀　（机械加工）advancement
进刀　（机械加工）feed
进刀杆　feed rod
进刀速度　feed rate
进动　precession
进动力矩　precession torque
进度　schedule
进度安排延迟　schedule delay
进度计划　timeline
进度控制　schedule control
进度里程碑　schedule milestone
进度图　roadmap
进攻发起日　D-day
进攻位置　attack position
进攻性部队保护　offensive force protection
进攻性电子战　offensive electronic warfare
进攻性对空（作战）　offensive counterair（OCA）
进攻性对空作战　offensive counterair operations
进攻性对太空（作战）　offensive counterspace（OCS）
进攻性对太空作战　offensive counterspace operations
进攻性反情报行动　offensive counterintelligence operation（OFCO）
进攻性反水面装备作战　Offensive Anti-surface Warfare（OASuW）
进攻性防空（作战）　offensive counterair（OCA）
进攻性防空突击作战　OCA attack operations
进攻性防空突击作战　offensive counterair attack operations
进攻性防空作战　offensive counterair operations
进攻性蜂群实现战术（项目）　OFFensive Swarm-Enabled Tactics（OFFSET）
进攻性高超声速武器　offensive hypersonic weapon
进攻性航电系统　Offensive Avionics System（OAS）
进攻性军力保护　offensive force protection
进攻性空间控制　offensive space control（OSC）
进攻性网络空间作战　offensive cyberspace operations（OCO）
进攻性信息战　offensive information warfare（OIW）
进化型海麻雀导弹　（美国）Evolved SeaSparrow Missile（ESSM）
进给　feed
进给变换钮　feed change knob
进给变换手柄　feed change lever
进给齿条　feed rack
进给反向控制钮　（立式铣床）feed reversing knob
进给反向钮　feed reverse knob
进给反向手柄　feed reverse lever
进给杆　feed rod
进给控制离合器　feed control clutch
进给控制手柄　（立式铣床）feed control lever
进给量/转　feed per revolution（FPR）
进给率修调旋钮　（数控机床）feed rate override knob
进给选择控制器　（旋臂钻床）feed selection control
进给暂停按钮　（数控机床）feed hold button
进近　approach
进口　（货物、商品）import
进口　inlet
进口压力　inlet pressure
进气道　air inlet
进气道　air intake
进气道　inlet
进气道　intake duct
进气道出口　diffuser exit
进气道喘振　inlet buzz
进气道唇口　inlet cowl lip
进气道喉部　inlet throat
进气道激波损失　inlet shock loss
进气道可选方案　inlet option
进气道流场　inlet flow field
进气道起动　inlet start
进气道设计捕获面积　inlet design capture area
进气道数量　number of inlets
进气道效率　inlet efficiency
进气道斜板角　inlet ramp angle
进气道一体化设计　inlet integration
进气道溢流　inlet spillage
进气道溢流估算　inlet spillage prediction
进气道在弹体上的位置　location of the inlet on the body
进气道整流罩唇口　inlet cowl lip
进气过滤器　air intake filter
进气接头　gas inlet fitting
进气接头扳手　gas inlet spanner wrench
进气口　inlet port
进气口类型　type of opening
进气流量　intake airflow
进气滤嘴　air intake filter
进气温度　intake temperature
进入　approach
进入　entry
进入角　approach angle
进入路径　avenue of approach（AA）
进退式钻削　peck drilling
进退式钻削　pecking
进线　line
进行中的　underway
近岸的　littoral

近岸反水面舰艇作战 littoral anti-surface warfare
近岸攻击快艇 Fast Inshore Attack Craft（FIAC）
近岸区 *n.* littoral
近岸卸载区 （军事）inner transport area
近岸作战 littoral warfare
近岸作战舰 littoral combat ship（LCS）
近岸作战武器 littoral warfare weapon
近场测量 near field measurement
近场测量场地 near-field measurement range
近场传感器 proximity sensor
近场区 near fields zone
近场探测器 proximity sensor
近程弹道导弹 （作战距离为300~600海里）short-range ballistic missile（SRBM）
近程导弹 short-range missile（SRM）
近程防空交战区 short-range air defense engagement zone（SHORADEZ）
近程防空系统 short-range air defense system
近程防空阵地模拟器 Short-Range Air Defence Site Simulator
近程平台 （这里指军用飞机）short-range platform
近程武器系统 Close-in Weapon System（CIWS）
近垂直入射 near-normal incidence
近地点 perigee
近地点幅角 argument of perigee
近地轨道 low-earth orbit（LEO）
近地轨道天线 low-earth orbit antenna
近地轨道卫星 low-earth orbit satellite
近点角 anomaly
近防作战武器系统 Close-in Weapon System（CIWS）
近海的 maritime
近海目标 maritime target
近红外 near infrared
近红外 near-infrared
近红外 near IR
近红外波段 near infrared band
近距导弹 short-range guided missile
近距导弹 short-range missile（SRM）
近距反舰导弹 short-range anti-ship missile
近距格斗 dogfight
近距格斗 short-range combat
近距格斗导弹 dog-fight missile
近距格斗型空空导弹 short-range dogfight air-to-air missile
近距攻击导弹 Short-Range Attack Missile（SRAM）
近距交战 short-range engagement
近距空空导弹 short-range AAM
近距空空导弹 short-range air-to-air missile（SRAAM）
近距空战 close-in combat
近距空战 short-range air combat
近距空中拦截导弹 short-range air-intercept missile
近距空中支援 close air support（CAS）
近距空中支援作战 close air support operation
近距离的 stand-in
近距离干扰 stand-in jamming
近距离干扰机 stand-in jammer
近距离支援 close support
近距离支援区 close support area
近距陆基防空导弹系统 short-range ground-based air defence missile system
近距陆基防空能力 short-range ground-based air-defence capability
近距起爆功能 proximity fuzing function
近距危险 danger close
近距尾后追击导弹 close-range，tail-chase missile
近距引爆 proximity fusing
近距作战 short-range combat
近邻危险 danger close
近临界静稳定性 near-neutral static stability
近日点 perihelion
近实时的 near-real-time
近瞬时的 near instantaneous
近似计算 approximate calculation
近似球形的 near-spherical
近头部区域 near nose region
近星点 periapsis
近炸 proximity burst
近炸引信 proximity fuse（没有 proximity fuze 常用）
近炸引信 proximity fuze（PF）
近炸引信测试仪 proximity fuze tester
近炸引信导通性 proximity fuze continuity
近炸引信发射机模拟器 PF transmitter simulator
近炸引信壳体 proximity fuze case
近炸引信可靠作用距离 reliable operating distance of proximity fuze
近炸引信灵敏度 sensitivity of proximity fuze
近炸引信模拟件 dummy proximity fuze
近炸引信内场测试仪 PF depot tester
近炸引信内场测试仪 proximity fuze depot tester
近炸引信天线 proximity fuze antenna
近炸引信延迟时间 proximity fuze delay time
近炸引信作用距离 maximum operating distance of proximity fuze
近中程防空解决方案 short-to-medium range air defence solution
近中距空空导弹 short-to-medium range AAM
浸胶槽 dip tank
浸胶辊 roll coater
浸没透镜 immersion lens
浸润面积 wetted area
浸透的 saturated
浸涂设备 dip coater
浸蘸渗碳 dipping
浸渍 impregnation
浸渍容器 impregnation container
浸渍树脂碳 resin impregnated carbon

禁带宽度 band gap
禁带宽度 energy gap
禁飞区 no-fly zone
禁区 exclusion zone
禁区 restricted area
禁邮 mail embargo
禁运 embargo
禁止打击目标清单 no-strike list (NSL)
禁止攻击区 no-fire area (NFA)
禁止扩散 nonproliferation

jing

经常费用 overhead
经常性成本 recurring cost
经常性成本数据 recurring cost data
经常性工作 recurring effort
经常性投资 recurring investment
经典失效理论 classical failure theory
经费需求 funding requirement
经过实战检验的 combat-proven
经过战斗考验的 battle-tested
经过战斗考验的系统 battle-tested system
经济可承受的 affordable
经济可承受性 affordability
经济性 efficiency
经理 manager
经理 supervisor
经历时间指示器 Elapsed Time Indicator (ETI)
经平衡的导弹设计 balanced missile design
经纬仪 theodolite
经验常数 empirical constant
经验的 empirical
经验法 empirical method
经验修正系数 empirical correction factor
经营费用 (包括采购、使用和维护费用) cost of ownership
经由导弹进行的跟踪 track-via-missile (TVM)
晶锭 ingot
晶粒 grain
晶片 wafer
晶体 crystal
晶体变化 crystalline change
晶体材料 crystalline material
晶体的 crystalline
晶体粉末 crystalline powder
晶体管 transistor
晶体管集电极电流 transistor collector current
晶体管集电极电压 transistor collector voltage
晶体管-晶体管逻辑 transistor-transistor logic (TTL)
晶体管-晶体管逻辑电路 transistor-transistor logic (TTL)
晶体管座 transistor holder
晶体结构 crystal structure
晶体密度 crystal density
晶体视频接收机 crystal video receiver
晶体氧化剂 crystal oxidizer
晶体氧化剂 crystalline oxidizer
晶轴 crystal axis
精车 finish turning
精度 accuracy
精度等级 accuracy class
精度类别 accuracy class
精密玻璃管 precision glass tube
精密布置划线 precision layout
精密测量 precision measurement
精密测量设备实验室 Precision Measurement Equipment Laboratory (PMEL)
精密的 precision
精密地形测绘 precision mapping
精密公差 close tolerance
精密公差 tight tolerance
精密固定规 (用于进行比较测量) precision fixed gage
精密进场雷达系统 precision approach radar system
精密磨床 (通用语) precision grinder
精密铸模 precision die
精密铸造 precision casting
精密钻床 (即微型钻床) precision drill press
精切削 finish cutting
精切削 finishing
精确打击 precision strike
精确打击弹药 precision strike munition
精确打击导弹 Precision Strike Missile (PrSM)
精确打击的 precision-strike
精确打击能力 precision strike capability
精确打击武器 precision-strike weapon
精确弹药 precision munition
精确导航和定位 precision navigation and positioning (PNP)
精确导航系统 precision navigation system
精确地形辅助导航 (用于战术战斧导弹) Precision Terrain Aided Navigation (PTAN)
精确度 exactness
精确对地/对海攻击导弹 precision surface attack missile
精确解 exact solution
精确瞄准激光器 precision aiming laser
精确时间和时间间隔 precise time and time interval (PTTI)
精确整形 (如使磨床砂轮圆度高,无跳动) truing
精确制导弹药 precision-guided munition (PGM)
精确制导弹药 smart munition
精确制导导弹 precision-guided missile
精确制导的 precision
精确制导的 smart
精确制导低连带毁伤滑翔弹药 precision-guided low-

collateral-damage glide munition
精确制导防区外反舰导弹 precision-guided, anti-ship standoff missile
精确制导滑翔弹药 precision glide munitions
精确制导滑翔武器 precision-guided glide weapon
精确制导滑翔炸弹 precision glide bomb
精确制导空面导弹 precision-guided air-to-surface missile
精确制导空面武器 precision air-to-surface weapon
精确制导炮弹 precision-guided projectile
精确制导武器系统 precision weapon system
精确制导系统 precision guidance system
精确制导炸弹 precision-guided bomb
精确制导炸弹 smart bomb
精确制导炸弹套件 precision-guided bomb kit
精确制导子弹药 smart submunitions
精确制导组件 Precision Guidance Kit（PGK）
精细的 fine
精细数据通道 fine data channel
精选后备役人员 Selected Reserve
精益制造 lean manufacturing
井盖 pit cover
井式发射发动机 silo launched motor
肼 hydrazine
颈缩 necking
景象 scene
景象 vision
景象匹配技术 scene-matching technology
景象匹配算法 scene-matching algorithm
警报 alarm
警报 alert
警报 warning
警报令 alert order（ALERTORD）
警报器 alarm
警报信号 alarm
警报性情报 warning intelligence
警告 warning
警告挂条 warning streamer
警告牌 warning decal
警戒状态 alert
警用雷达 police radar
径流式压气机 （发动机）radial compressor
径向 radial direction
径向覆盖 radial coverage
径向沟槽 radial groove
径向回归法 radial return method
径向角 radial angle
径向燃烧药形 radial burning grain
径向速度 radial velocity
径向脱靶距离 radial miss distance
径向应力 radial stress
净抽真空速率 net pump speed
净电流 net current
净化 decontamination（强调去污）
净化 *v.* purify
净化 purifying（强调去杂质）
净化单元 purifying unit
净化器 purifier
净化器框架 purifier frame
净化筒 purifier
净化装置 purifying unit
净气体输入 net gas input
净热噪声 net Johnson noise
净热噪声电压 net Johnson noise voltage
净熵值 net entropy
净剩的 net
净透射 net transmittance
净透射率 net transmittance
净销售额 net sales
净形布局 clean configuration
净形制造 net-shape manufacturing
净噪声电流 net noise current
净噪声电压 net noise voltage
净值 net
净重 net
净重 net weight
竞标设计 competitive design
竞争采购 competitive procurement
竞争设计 competitive design
竞争性采购 competitive procurement
竞争性合同 competitive contract
竞争性阶段定价 competitive phase pricing（CPP）
竞争性研制合同 competitive development contract
竞争性演示验证与风险降低 competitive demonstration and risk reduction（CD&RR）
竞争性招标 competitive solicitation
静不稳定弹体 statically unstable body
静不稳定导弹 statically unstable missile
静电 *n.* static
静电 static electricity
静电安全性 static safety
静电保护 static protection
静电暴露 static exposure
静电的 electrostatic
静电的 static
静电电荷 static charge
静电放电 Electro-Static Discharge（ESD）
静电放电 Electrostatic Discharge（ESD）
静电放电 static discharge
静电干扰 *n.* static
静电积累 static electricity buildup
静电累积 electrostatic charging
静电势 electrostatic potential
静电损伤 static damage
静电位 electrostatic potential
静电影响 static exposure

静焓 static enthalpy
静力 *n.* static
静力的 static
静默攻击 silent attack
静态 *n.* static
静态的 static
静态点火 static firing
静态点火试验 static fire test
静态点火试验 static fire testing
静态点火试验 static firing test
静态点火试验场 static firing site
静态电阻 static resistance
静态电阻测试 static resistance test
静态电阻测试仪 static resistance tester
静态工作点 quiescent operating point
静态校准 static calibration
静态校准误差 static calibration error
静态目标 static target
静态试验 static test
静态试验 （火箭发动机）static testing
静态推力 static thrust
静态稳定性 static stability
静态误差 static error
静态阻力 static resistance
静稳定性 static stability
静稳定裕度 static margin（SM）
静稳定裕度要求 static margin requirement
静压 *n.* static
静压的 static
静止激波 stationary shock
静止目标 stationary target
镜面反射 specular reflection
镜面反射 specularity
镜面反射率 mirror reflectance
镜面反射率 specular reflectance
镜像理论 image theory
镜像抑制 image rejection

jiu

纠正 *v.* correct
纠正 *vt.* remedy
纠正措施 corrective action
纠正措施请求书 Corrective Action Request
救生技术 life-saving technology
救援 recovery
救援 salvage
救援地点 recovery site
救援分队 recovery team（RT）
救援机构 recovery mechanism（RM）
救援交通工具 recovery vehicle
救援协调中心 rescue coordination center（RCC）
救援行动 recovery operations
救援行动空中战斗巡逻 rescue combat air patrol （RESCAP）

ju

拘留行动 detainee operations
局 agency
局 bureau
局部流场 local flow field
局部剖视图 cutaway view
局部气动加热 localized aerodynamic heating
局部失稳 localized buckling
局部失稳应力 localized buckling stress
局部应力 localized stress
局部应力集中 localized stress concentration
矩 moment
矩量法 Method of Moment（MoM）
矩量法 moment method（MoM）
矩心 centroid
矩形齿 （齿状轮）rectangular teeth
矩形弹翼 rectangular wing
矩形舵面 rectangular control fin
矩形舵面 rectangular fin
矩形光阑 rectangular aperture
矩形孔径 rectangular aperture
矩形口径 rectangular aperture
矩形喇叭 rectangular horn
矩形坯料 rectangular blank
矩形前置舵面 rectangular forward fin
矩形视场 rectangular field of view
矩形翼 rectangular planform
矩形阵 rectangular array
矩阵 matrix
矩阵差分方程 matrix difference equation
矩阵微分方程 matrix differential equation
巨型空中爆炸弹药 Massive Ordnance Air Blast
巨型钻地弹 Massive Ordnance Penetrator（MOP）
拒收 *vt.* reject
拒收标准 rejection criteria
拒收导弹 rejected missile
拒收判据 rejection criteria
拒止 denial
拒止 negation
拒止措施 denial measure
拒止环境 denied environment
拒止环境中的协同作战 Collaborative Operations in Denied Environment（CODE）
拒止空域 denied battlespace
拒止区域 denied area
具体的 particular
具体的 specific
具有成本效益的 cost effective
具有高机动后向攻击能力的 back-flipping

具有高机动后向攻击能力的　backflipping
具有全任务能力的　full mission capable
具有上射攻击能力的　snap-up
具有上射能力的　snap-up
具有下射攻击能力的　snap-down
具有下射能力的　snap-down
剧烈反应　violent reaction
距离　distance
距离　（飞行器、装备等）range（R）
距离比　range ratio
距离变化率　range rate
距离标记天线　range marker antenna
距离测量精度　range measurement accuracy
距离测量设备　distance measuring equipment（DME）
距离方程　range equation
距离分辨率　range discrimination
距离分辨率　range resolution
距离分辨能力　range discrimination
距离分辨能力　range resolution
距离跟踪　range tracking
距离截止　（引信）range cutoff
距离精度　range accuracy
距离控制器　range controller
距离鲁棒性　range robustness
距离门　range gate
距离模糊　range ambiguity
距离内灵敏度　（引信）in-range sensitivity
距离偏差　range deviation
距离识别　range discrimination
距离衰减　range attenuation
距离/速度模糊度　range/velocity ambiguity
距离无关噪声　range independent noise
距离相关噪声　range dependent noise
距离效应　range effect
距离信号选通　range gating
距离延迟　（引信）range delay
距离指示器　range indicator
锯齿的外扭形式　（有交错型、分组交错型和波动型）tooth set
锯齿螺纹　buttress thread
锯齿形随机　（振动）pink random
锯齿状边缘反射镜　sawtooth edge reflector
锯齿状边缘反射镜　serrated edge reflector
锯床　saw
锯床　sawing machine
锯刀　saw blade
锯缝　（锯条锯出的）kerf
锯条　（手持弓锯）blade
锯条　saw blade
锯条剪　blade shear
锯条剪　blade snip
锯条松紧调整手柄　（锯床）tension crank
聚氨酯　polyurethane（PU）
聚氨酯泡沫　polyurethane foam
聚氨酯涂料　polyurethane coating
聚苯撑　polyphenylene（PPE）
聚变　fusion
聚丙二醇　polypropylene glycol（PPG）
聚丙烯　polypropylene
聚丁二烯　polybutadiene
聚丁二烯丙烯腈　polybutadiene acrylonitrile（PBAN）
聚丁二烯丙烯酸　polybutadiene acrylic acid（PBAA）
聚丁二烯基体　polybutadiene binder
聚丁二烯推进剂　polybutadiene propellant
聚合　polymerization
聚合　*v.* polymerize
聚合固化　polymerization cure
聚合物　polymer
聚合物基体　polymer binder
聚合物粘结剂　polymer binder
聚合橡胶　polymeric rubber
聚集　（锉屑在锉刀上的）loading
聚集物　accumulation
聚己酸内酯多元醇　polycaprolactone polyol（PCP）
聚己酸内酯聚合物　polycaprolactone polymer（PCP）
聚焦光束　focused beam
聚硫化物　polysulfide
聚硫化物胶封　polysulfide bead
聚硫橡胶密封剂　polysulfide rubber sealant
聚氯乙烯　polyvinyl chloride（PVC）
聚醚　polyether
聚醚醚酮　polyetheretherketone（PEEK）
聚醚酮　polyetherketone（PEK）
聚能光学器件　collecting optics
聚能装药　shaped charge
聚能装药　shaped explosive grain
聚能装药技术　shaped charged technology
聚能装药射流　shaped charge jet
聚能装药战斗部　shaped charge warhead
聚水器　water trap
聚四氟乙烯　Teflon
聚四氟乙烯衬套　Teflon bushing
聚四氟乙烯垫圈　Teflon disk
聚四氟乙烯垫圈　Teflon washer
聚四氟乙烯堵头　Teflon plug
聚四氟乙烯胶带　Teflon tape
聚碳酸酯介质电容器　polycarbonate dielectric capacitor
聚酰亚胺　polyimide
聚酰亚胺胶带　Kapton tape
聚酰亚胺胶带　polyimide tape
聚乙二醇　polyethylene glycol（PEG）
聚乙二醇己二酸酯　polyglycol adipate（PGA）
聚乙烯　polyethylene（PE）
聚乙烯保护垫　polyethylene cushion
聚异丁烯　polyisobutylene（PIB）
聚酯　polyester

聚酯基体 polyester binder
聚酯膜片电容器 polyester capacitor
聚酯粘合剂 polyester binder
聚酯树脂 laminac

juan

卷边 crimping
卷边反射镜 rolled edge reflector
卷边喇叭 rolled-edge horn
卷尺 tape
卷积 convolution
卷曲天线 curl antenna
卷筒 drum
卷筒 spool
卷轴 spool
卷宗 file

jue

决策 decision
决策 decision-making
决策点 decisive point
决策回路 decision loop
决策控制过程 decision control process
决策循环 decision cycle
决策优势 decision superiority
决策支持工具 decision support tools (DST)
决策支持透明图 decision support template (DST)
决策支持系统 decision support system (DSS)
决定 decision
决断 decision
决断点 decision point
决断高度 decision height (DH)
决算报告 final report
决心 decision
决心 determination
决议 resolution
绝大部分的 best
绝对编码器 （数控机床）absolute encoder
绝对测量 absolute measurement
绝对定位系统 absolute positioning system
绝对动压 absolute dynamic pressure
绝对法 absolute method
绝对飞行器速度 absolute vehicle velocity
绝对飞行速度 absolute vehicle velocity
绝对辐射计量标准 absolute radiometric standard
绝对高度 absolute altitude
绝对光谱响应 absolute spectral response
绝对空中优势 air supremacy
绝对速度 absolute velocity
绝对太空优势 space supremacy
绝对温度 absolute temperature
绝对响应 absolute response
绝对响应率 absolute responsivity
绝对值 absolute value
绝对滞止温度 absolute stagnation temperature
绝密 top secret
绝热 insulation
绝热 thermal insulation
绝热壁 adiabatic wall
绝热材料 insulation
绝热材料 insulation material
绝热材料 insulator
绝热材料 thermal insulator
绝热参数 insulation parameter
绝热层 insulating layer
绝热层 insulation
绝热层 insulation layer
绝热层 thermal insulation
绝热层厚度效率 insulation thickness efficiency
绝热的 adiabatic
绝热的 thermally insulated
绝热火焰温度 adiabatic flame temperature
绝热技术 insulation technology
绝热加热 adiabatic heating
绝热壳体 thermally insulated housing
绝热流动 adiabatic flow
绝热内衬 insulation insert
绝热喷管 insulator nozzle
绝热膨胀 adiabatic expansion
绝热体 insulator
绝热体 thermal insulator
绝热条件 adiabatic condition
绝热温度 adiabatic temperature
绝热罩 thermally insulated housing
绝热指数 adiabatic exponent
绝缘 insulation
绝缘箔片 insulating foil
绝缘材料 insulating material
绝缘材料 insulation
绝缘材料 insulation material
绝缘材料 insulator
绝缘层 insulating layer
绝缘层 insulation
绝缘垫圈 insulation washer
绝缘隔离片 insulating spacer
绝缘孔圈 grommet
绝缘螺母 insulation nut
绝缘片 insulating spacer
绝缘套 insulation sleeving
绝缘套 insulator
绝缘套管 bushing insulator
绝缘体 insulator
绝缘体 isolator
绝缘液 （用于电火花加工）dielectric fluid

jun

军 （美国陆军）Army corps
军备竞赛 arms race
军队 military
军法参谋 staff judge advocate（SJA）
军方 military
军方库存 military inventory
军方最终用户 military end user
军舰 naval vessel
军舰 warship
军力保护 force protection（FP）
军力保护情报 force protection intelligence（FPI）
军力保护状态 force protection condition（FPCON）
军力规划 force planning
军力规划构想 force planning construct（FPC）
军力开发 force development
军力平衡 balance of power
军力支援结束时间 force closure
军民合作小组 civil-military team
军民合作行动 civil-military operations（CMO）
军民合作行动中心 civil-military operations center（CMOC）
军民联合行动特遣部队 joint civil-military operations task force（JCMOTF）
军品 military product
军士长 （美国空军）chief master sergeant
军事部门 military service
军事的 military（MIL）
军事法庭法官 judge advocate（JA）
军事干涉 military intervention
军事供应系统 military supply system
军事管制政府 military government
军事海运司令部 Military Sealift Command（MSC）
军事海运司令部部队 Military Sealift Command force
军事技术人员 military technician（MILTECH）
军事建造 Military Construction（MILCON）
军事建筑 Military Construction（MILCON）
军事健康系统 Military Health System（MHS）
军事接触 military engagement
军事理念 military doctrine
军事平台 military platform
军事欺骗 military deception（MILDEC）
军事情报委员会 Military Intelligence Board（MIB）
军事人员飞行小队 military personnel flight（MPF）
军事申请与发放标准程序 military standard requisitioning and issue procedure（MILSTRIP）
军事审判统一法典 Uniform Code of Military Justice（UCMJ）
军事枢纽 military hub
军事卫星通信 military satellite communication
军事项目法案 Military Programme Law
军事效用 military utility
军事信息支援行动 military information support operations（MISO）
军事行动 military operation
军事行动范围 range of military operations（ROMO）
军事行动开始日 D-day
军事行动连续性 continuity of operations（COOP）
军事演习 war exercise
军事演习 war game
军事用途 military use
军事援助顾问团 military assistance advisory group
军事运输与调动标准程序 military standard transportation and movement procedures（MILSTAMP）
军事占领 military occupation
军事战略、战术与中继（卫星系统） military strategic, tactical and relay（MILSTAR）
军事支援主任 Director of Military Support（DOMS）
军事专业 Military Occupational Specialty（MOS）
军事专业代码 military occupational specialty code
军事专业领域 Military Occupational Specialty（MOS）
军事装备 （如武器、车辆、导弹等）hardware
军事装备 materiel
军事资料搜集行动 military source operations
军械 armament
军械 ordnance
军械搬运 ordnance handling
军械搬运设备 Armament Handling Equipment（AHE）
军械搬运设备 ordnance handling equipment（OHE）
军械测试设备 armament test set
军械处 armament directorate
军械接口 armament interface
军械库 arsenal
军械人员 ordnance personnel
军械手册 ordnance pamphlet
军械说明书 ordnance pamphlet
军械系统试验设备 Armament Systems Test Equipment（ASTE）
军械信息系统 Ordnance Information System（OIS）
军械总控 master arm
军械总控选择 master arm select
军需品 munitions
军用靶场 military test range
军用标准 military standard（MS; MIL STD）
军用的 military（MIL）
军用电子器件 military electronics
军用飞机 military aircraft
军用规范 military specification（MIL; MILSPEC）
军用规范集装箱 military specification container
军用规范集装箱 MILSPEC container
军用航空鉴定中心 （法国）Military Aviation Expertise Centre
军用技术 military technology

军用试验场　military test site
军用物资　materiel
军用物资发放命令　materiel release order (MRO)
军用物资计划制订　materiel planning
军用物资库存目标　materiel inventory objective
军用物资需要量　materiel requirements
军用系统　military system
军用邮局　military post office (MPO)
军用运输机　military transport plane
军用炸药　military explosive
军用直升机　military helicopter
军邮勤务　Military Postal Service (MPS)
军邮勤务局　Military Postal Service Agency (MPSA)
军中服役　military service
军种　service
军种部　Military Department (MILDEP)
军种部队　component
军种部队拥有的集装箱　component-owned container
军种部队拥有的集装箱　Service-unique container
军种费用状况　Service Cost Position (SCP)
军种共用　Service-common
军种间的　inter-service
军种间支援　inter-Service support
军种建制的运输资源　Service-organic transportation asset
军种联合作战需求　Joint Service Operational Requirement (JSOR)
军种通用包装箱　joint service container
军种运输司令部　transportation component command (TCC)
军种专用集装箱　component-owned container
军种专用集装箱　Service-unique container
军种组成部队司令部　Service component command
均方根　root mean square (rms)
均方根变化　rms variation
均方根测量仪　rms meter
均方根电压　rms voltage
均方根偏差　rms deviation
均方根脱靶量　RMS miss distance
均方根值　rms value
均热　(金属热处理) soaking
均势作战　symmetric operations
均匀的　homogeneous
均匀的　uniform
均匀度　uniformity
均匀分布　uniform distribution
均匀分布载荷　uniform loading
均匀化热处理　solution heat treatment
均匀频谱密度　uniform spectral density
均匀温度　uniform temperature
均匀响应　uniform response
均匀性　uniformity
均匀照射的圆孔径　uniformly illuminated circular aperture
均值　mean
均值图　(加工尺寸) X-bar chart
均质的　homogeneous

ka

卡　card
卡车　truck
卡车装载发射架　truck-mounted launcher
卡尺　caliper
卡尔曼滤波器　Kalman filter
卡箍　clamp
卡箍组件　clamp assembly
卡规　snap gage
卡环　clamp
卡环　clamp ring
卡环　coupling ring
卡环　retainer ring
卡环　retaining ring
卡环　snap ring
卡环入位工具　ring seating tool
卡夹　clamp
卡夹　clip
卡夹　（游标卡尺）leg
卡夹式滚花刀具　clamp-type knurling tool
卡脚　（游标卡尺）leg
卡脚　（游标卡尺）moveable jaw
卡口　bayonet
卡口　（开口扳手）gripping jaws
卡曼航空航天集团　（美国）Kaman Aerospace Group
卡盘　chuck
卡盘扳手　（车床）chuck key
卡盘扳手插孔　（车床）socket
卡盘夹持环　（车床）chucking ring
卡片　card
卡普顿胶带　Kapton tape
卡圈　retainer ring
卡圈　retaining ring
卡圈　ring retainer
卡圈　snap ring
卡塞格伦馈源　Cassegrain feed
卡塞格伦型反射镜　Cassegrain-type reflector
卡森规则　Carson's rule
卡死　seizing
卡塔尔埃米尔空军　Qatar Emiri Air Force（QEAF）
卡套组件衬套　sleeve-block assembly bushing
卡特彼勒公司　（美国）Caterpillar Inc.（CAT）
卡头　chuck
卡爪　（钻头卡）jaw
卡滞　（钻头）binding
卡滞翼面　（无法卸下来）stuck wing
卡住　*vt.*　seize
卡座　retainer

kai

开槽　slotting
开槽的管型（药柱）　slotted tube
开槽锯　（铣床）slitting saw
开尔文　（开尔文温标的计量单位）kelvin（K）
开发　development
开发性教育　developmental education（DE）
开放式架构　open architecture（OA）
开放式接口　open interface
开放式结构体系　open architecture system
开放式任务系统　Open Mission System
开放式任务系统标准　Open Mission Systems Standard
开放式体系结构　open architecture（OA）
开放式系统架构　open systems architecture
开放式系统结构　open systems architecture
开放试验场　Open Air Range（OAR）
开放系统采办计划　（美国空军）Open System Acquisition Initiative（OSAI）
开缝金属天线罩　slotted-metal radome
开缝式圆形板牙　split round die
开缝柱形（天线）　slotted cylinder
开缝钻头夹套　（用于夹持刀具）split drill bushing
开关　key
开关　switch
开/关按钮　on/off button
开关电源　DC-DC converter
开关和测试设备　switching and test equipment
开关盒　switch box
开关盒　switching box
开关护套　switch boot
开关模块　switch module
开关罩　switch cover
开关支座　switch holder
开关座　switch holder
开合螺母　（车床溜板箱）half nut
开合螺母　（车床溜板箱）split nut
开合螺母操纵柄　（车床溜板箱）half-nut lever
开合螺母操纵柄　（车床溜板箱）split-nut lever
开环　open cycle
开环　open loop
开环传递函数　open-loop transfer function
开环的　open-loop

开环电压增益　open-loop voltage gain
开环过程　open-cycle process
开环洛氏硬度试验机　dead weight Rockwell hardness tester
开环洛氏硬度试验机　open loop Rockwell hardness tester
开环配置　open-loop configuration
开环式制冷机　open-cycle refrigerator
开环式致冷器瓶　open-cycle cooler bottle
开环试验　open-loop test
开环性能试验　open-loop performance test
开环增益　open-loop gain
开环自动驾驶仪　open-loop autopilot
开机　power-up
开机时间　start duration
开胶　debond
开胶　debonding
开坑　cratering
开口　port
开口凹坑　open pocket
开口扳手　open-end wrench
开口销　cotter pin
开路　open circuit
开路背景电压　open circuit background voltage
开路电压　open-circuit voltage
开路电压响应率　open-circuit voltage responsivity
开路极限　open-circuit limit
开路信号电压　open circuit signal voltage
开辟通道　（军事）reduction
开始　onset
开始　*v.* &*n.*　start
开始行动指令　initiating directive（ID）
开氏温标　kelvin scale
开氏温标　kelvin temperature scale
开锁　*v.*　unlatch
开锁按钮　latch button
开锁力测定　release force test
开箱　decanning
开箱　*v.*　unpack
开箱　unpackaging
开箱　unpacking
开箱的　unpacked
开源发动机　Open Source Engine
开源情报　open-source intelligence（OSINT）
凯夫拉　Kevlar
凯夫拉纤维　Kevlar fiber
铠装　（电缆）sheath

kan

勘测　survey
坎德拉　（发光强度单位）candela（cd）
看法　view

kang

康复　*vt.*　reintegrate
康复　restoration
康复治疗　rehabilitative care
康复治疗　restorative care
康斯伯格防务与航空航天公司　（挪威）Kongsberg Defence & Aerospace
抗反射　antireflection（AR）
抗反射的　anti-reflective
抗反射膜　anti-reflective coating
抗反射膜　antireflection coating
抗反射膜　AR coating
抗反射涂层　anti-reflective coating
抗反射涂层　antireflection coating
抗反射涂层　AR coating
抗腐蚀的　corrosion-resistant
抗腐蚀涂层　erosion resistant coating
抗腐蚀涂料　erosion resistant coating
抗干扰　anti-jam（A/J）
抗干扰　anti-jamming
抗干扰　counter-countermeasures（CCM）
抗干扰　countermeasures resistance
抗干扰　jamming immunity
抗干扰 **GPS** 导航系统　jam-resistant GPS navigation system
抗干扰接收机　anti-jam receiver
抗干扰能力　anti-jamming capability
抗干扰能力　counter-countermeasure capability
抗干扰能力　jamming-resistance capability
抗干扰能力　jamming-resistant capability
抗干扰全球定位系统　anti-jam Global Positioning System（AJ-GPS）
抗干扰全球定位系统　anti-jamming GPS
抗干扰性能　antijam performance
抗红外诱饵弹能力　flare-rejection capability
抗拉强度　tensile strength
抗老化剂　inhibitor
抗雷措施　mine countermeasures（MCM）
抗雷达箔条干扰　anti-radar chaff
抗力　resisting force
抗磨性　wear resistance
抗侵蚀的　erosion resistant
抗热性　heat resistance
抗烧蚀的　erosion resistant
抗速度拖引　Anti-Velocity Gate Pull-Off（AVGPO）
抗弯强度　flexural strength
抗锈蚀的　corrosion inhibiting
抗锈蚀的　corrosion-resistant
抗压强度　compressive strength
抗压稳定性　compression stability
抗氧化剂　antioxidant

抗氧化绝热层　oxidation resistant insulation
抗氧化物　antioxidant
抗雨蚀涂层　rain erosion resistant coating
抗振工具钢　shock-resisting tool steel

kao

考虑因素　consideration
考纽蜷线　Cornu spiral
烤燃　cook-off
烤燃试验　cook-off test
烤伤　flash burn
靠近　proximity
靠模　jig
靠模　template

ke

柯林斯航空航天公司　（美国）Collins Aerospace
科　section
科伐合金　（一种铁镍钴合金）Kovar
科技战略　science and technology strategy
科学和技术　science and technology
科学与技术情报　scientific and technical intelligence（S&TI）
科研靶试　developmental firing
颗粒　grain
颗粒　particle
颗粒成分　particle composition
颗粒尺寸分布　particle-size distribution
颗粒碰撞侵蚀　particle impingement erosion
颗粒陶瓷　bulk ceramics
颗粒吸收剂　granular absorbent
壳　cover
壳　enclosure
壳体　（发动机、战斗部等）case
壳体　housing
壳体　（战斗部、包装箱等）shell
壳体　（飞行器）skin
壳体壁厚　case thickness
壳体材料　case material
壳体舱段　skin section
壳体超压　case overpressure
壳体导热性　skin conductivity
壳体段　case segment
壳体厚度　case thickness
壳体厚度　skin thickness
壳体技术　case technology
壳体结构　case configuration
壳体模拟件　dummy case
壳体破片　shell fragment
壳体设计　case design
壳体设计参数　case design parameter
壳体凸台　shell boss
壳体温度上升速率　skin temperature rate of increase
壳体泄压塞　skin plug
壳体-炸药交界面　casing-explosive interface
壳体组件　case assembly
壳体组件　（发射架）housing assembly
壳体组件　structure assembly
可拔出的　detachable
可拔出式解除保险销　detachable arming key
可报告事故　reportable incident
可爆燃的　detonable
可爆炸的　detonable
可编程逻辑电路　programmable logic
可编程数字信号处理器　programmable digital signal processor
可编程遥测系统　programmable telemetry system
可变的　variable
可变电容器　variable capacitor
可变电阻器　rheostat
可变电阻器　variable resistor
可变光阑　iris
可变后掠翼飞机　swing-wing aircraft
可变面积喷管　variable area nozzle
可变燃速指数　variable burning rate exponent
可变相速连续阵　variable phase velocity continuous array
可变形进气道　variable geometry inlet
可变形瞄准定向战斗部　aimable deformable warhead
可变形喷管　variable geometry nozzle
可变移相器　variable phase shifter
可变炸高传感器　variable height-of-burst sensor
可部署的空中交通管制与着陆系统　Deployable Air Traffic Control and Landing System（DATCALS）
可部署的网络作战与安全中心　network operations and security center-deployable（NOSC-D）
可擦可编程只读存储器　erasable programmable read-only memory（EPROM）
可测试性　testability
可测试组件　testable assembly
可测信号　measurable signal
可拆卸的　detachable
可拆卸的　removable
可拆卸托架　removable pallet
可持续性　sustainability
可重复使用固体火箭发动机　reusable solid rocket motor（RSRM）
可重复使用无人航天器　reusable unmanned spacecraft
可重新编程导弹　reprogrammable missile
可重新编程的　reprogrammable
可重新编程数字计算机　reprogrammable digital computer
可重新编程微处理机　reprogrammable microprocessor（RMP）

可重新编程微处理器 reprogrammable microprocessor (RMP)
可重新编程武器 reprogrammable weapon
可重新点火推进剂 re-ignitable propellant
可定制的 tailorable
可动喷管 movable nozzle
可动喷管推力矢量控制 movable nozzle thrust vector control
可动喷管推力矢量控制 movable nozzle TVC
可读 legibility
可读性 legibility
可锻材料 malleable material
可锻性 ductility
可锻铸铁 malleable cast iron
可多次点火火箭发动机 restartable rocket motor
可分辨的信号 discernible signal
可分辨光点直径 resolvable spot diameter
可复原性 recoverability
可改变规模的 scalable
可更换零件 replaceable part
可更换零件清单 replaceable parts list
可挂装的导弹 ready-service missile
可忽略的 negligible
可忽略的损伤 negligible damage
可忽略的噪声 negligible noise
可互操作的 interoperable
可互换导引头 interchangeable seeker head
可互换导引头组件 interchangeable homing-head assembly
可互换的 interchangeable
可互换的引信和战斗部组合 interchangeable fuze and warhead combination
可互用的 interoperable
可换测砧千分尺 multiple-anvil micrometer
可恢复性 recoverability
可回收靶机 recoverable target
可回收部分 *n.* recoverable
可回收的 recoverable
可回收件 *n.* recoverable
可回收目标机 recoverable target
可回收性 recoverability
可活动联轴器 flexible shaft coupling
可挤压塑性粘结炸药 extrudable PBX
可挤压塑性粘结炸药 extrudable plastic bonded explosive
可挤压炸药 extrudable explosive
可加工性 machinability
可检测性判据 criterion of detectability
可见的 visible
可见度 visibility
可见度函数 visibility function
可见光 visible light
可见光波段电荷耦合器件导引头 visual-band charge-coupled device seeker
可见光导引头 visible seeker
可见光电荷耦合器件导引头 visual CCD seeker
可见光辐射 visible radiation
可见光谱 visible spectrum
可见火焰长度 visible flame length
可见轮廓线 object line
可见轮廓线 visible line
可交付的 deliverable
可交付的成品 deliverable end item
可交付的维护工具 deliverable maintenance tool
可交付系统 deliverable system
可接受发射区 launch-acceptability region (LAR)
可接受发射区 launch-acceptability regions (LARS)
可接受性 acceptability
可靠识别 positive identification (PID)
可靠性 reliability
可靠性大纲 reliability program
可靠性分配 reliability allocation
可靠性分析 reliability analysis
可靠性改进计划 reliability improvement initiative
可靠性改进行动 reliability improvement initiative
可靠性工程 reliability engineering
可靠性和电磁环境试验弹 reliability and electromagnetic-environment test missile
可靠性和可维修性信息系统 Reliability and Maintainability Information System (REMIS)
可靠性/环境试验设施 reliability/environment test facility
可靠性计划 reliability plan
可靠性实验室试验 reliability lab test
可靠性试验 reliability test
可靠性小组 reliability team
可靠性验证 reliability demonstration
可靠性要求 reliability requirement
可靠性与可维护性工程 reliability and maintainability engineering
可靠性预测 reliability prediction
可靠性增长 reliability growth
可靠性增长试验 reliability growth testing
可靠性/质量保证保障 reliability/quality assurance support
可空中加油的 air refuellable
可控导弹 controlled missile
可控破碎 controlled fragmentation
可控性 controllability
可快速复原的 resilient
可快速恢复的 resilient
可瞄准定向战斗部 (起爆前改变战斗部毁伤方向) aimable warhead
可瞄准机械重排定向战斗部 aimable mechanically rearranged warhead
可瞄准圆柱形定向战斗部 aimable cylindrical warhead

（ACW）
可逆化学反应 reversible chemical reaction
可逆膨胀过程 reversible expansion process
可抛零件 ejecta
可抛弃火箭发动机喷管 ejectable rocket nozzle
可抛弃火箭发动机喷管喉衬 ejectable rocket nozzle
可抛嵌入件方案 （发动机）droppable insert concept
可配置导轨式发射架 Configurable Rail Launcher （CRL）
可起爆的 detonable
可起降飞行器的舰船 air-capable ship（ACS）
可切削性 machinability
可切削性指标 machinability rating
可切削性指数 machinability rating
可倾斜台钳 angle vise
可区分部分 distinguishing part
可燃的 combustible
可燃的 flammable
可燃壳点火器 combustible case igniter
可燃物 *n.* combustible
可燃性 ignitability
可烧蚀的 ablative
可升级的 scalable
可升级的指挥与控制(系统) Scalable Command and Control（SC2）
可升级捷变波束雷达 scalable agile beam radar （SABR）
可升级捷变波束雷达—全球打击 Scalable Agile Beam Radar-Global Strike（SABR-GS）
可生产性 producibility
可生产性能力提升计划 Producibility Enhancement Program（PEP）
可生产性能力提升项目 Producibility Enhancement Program（PEP）
可识别的图形 recognizable pattern
可识别的信号 discernible signal
可视探测距离 visual detection range
可视探测与测距 visual detection and ranging （ViDAR）
可视特征 visual observable
可视信息 visual information（VI）
可塑的 plastic
可缩放的 scalable
可锁住的 lockable
可探测到的现象或结果 （军事）observable
可探测量 observable
可探测性 detectability
可探测性 observable
可探测性判据 criterion of detectability
可替换战斗部 Alternative Warhead（AW）
可调挡块 adjustable stop
可调的 adjustable
可调的 tunable
可调底板 adjustable base plate
可调刻度环 （立式铣床升降台手柄）adjustable micrometer collar
可调平行块 adjustable parallel
可调千分尺套圈 （立式铣床升降台手柄）adjustable micrometer collar
可调式铰刀 （调节幅度比扩张式铰刀要大）adjustable reamer
可调锁扣 adjustable latch
可调停止挡块 （冲击试验）adjustable stop
可调推进系统 tunable propulsion system
可调武器适配架 adjustable weapons adapter
可调谐的 tunable
可调谐偶极子 tunable dipole
可调预紧力 adjustable prestress
可调整螺母 adjustable nut
可调直角尺 adjustable square
可调转向发动机 throttleable divert engine
可维持性 sustainability
可维护性 maintainability
可维护性大纲 maintainability program
可维护性分析 maintainability analysis
可维护性验证试验 maintainability demonstration test
可销售产品 marketable product
可信度 confidence
可信度 Confidence Level（CL）
可信度 degree of confidence
可行的运输 transportation feasible
可行的运输方案 transportation feasible
可行性 feasibility
可行性评估 feasibility assessment（FA）
可修复的库存编号项目清单 Repairable Stock Numbered Items List
可修复的轻微损伤 repairable minor damage
可修复的损伤 repairable damage
可修复性 recoverability
可修理备件 repairable spare
可修理件 repairable item
可修理件 repairables
可修理组件 repairable assembly
可旋转底座 rotatable base
可旋转螺旋 rotatable helix
可旋转螺旋相控阵 rotatable helix phased array
可选的 alternative
可选的 optional
可选方案 option
可选项目 option
可选择目标的 target selective
可选择使用精度的反欺骗模块 Selective Availability Anti-Spoofing Module（SAASM）
可选择使用精度的能力 （美国国防部对用户使用 GPS 的精度进行的管控）selective availability
可压缩流体 compressible fluid

可压缩泡沫 crushable foam
可压缩性 compressibility
可压缩性效应 compressibility effects
可延伸喷管 extendible nozzle
可移动性 mobility
可移动性演示试验 mobility demonstration
可移植性 （软件）portability
可疑探测结果 competing observable
可疑现象 competing observable
可以/不可以 go/no-go
可以发射 （指令）Launch Enable
可以执行全部任务的 full mission capable
可用的 available
可用的 serviceable
可用的对接架 serviceable assembly stand
可用的装配架 serviceable assembly stand
可用过载 available load factor
可用过载 overload capacity
可用两栖车辆一览表 amphibious vehicle availability table
可用率 availability rate
可用性 availability
可用性 serviceability
可预测的作战空间感知 predictive battlespace awareness（PBA）
可预知的作战空间感知 predictive battlespace awareness（PBA）
可运输性 transportability
可再次使用的 recoverable
可再次使用的 reusable
可展开的翼组件 deployable wing assembly
可胀套筒夹头 （用于夹持带内孔而要进行外表面加工的工件）expanding collet
可执行任务的比率 mission-capable rate
可执行任务的飞机的比率 mission-capable rate
可昼夜使用的红外成像导引头 day/night-capable imaging infrared seeker
可转动底座 rotatable base
可转移导弹发射架 relocatable missile launcher
可转移的 relocatable
可转移目标 re-locatable target
可转移目标 relocatable target
可追溯封条 traceable seal
可追溯性 traceability
可追踪性 traceability
克分子 mole
克分子分数 mol fraction
克分子量 formula weight
克分子浓度 molar concentration
克拉克轨道卫星 Clarke-orbit satellite
克拉克静地轨道卫星 Clarke-orbit satellite
克劳福德燃烧器 Crawford burner
克瑞托斯国防与安全解决方案公司 （美国）Kratos Defense & Security Solutions, Inc.
刻度 graduation
刻度 increment
刻度 scale
刻度尺 rule
刻度尺 ruler
刻度盘 scale
刻度值 increment
刻字 engraving
刻字 inscription
客观的 objective
客户需求 customer requirements
客户要求 customer requirements
课程结业证书 course completion certificate
课程培训标准 course training standards（CTS）
课堂战术训练 academics tactics training
课题专家 subject matter expert（SME）

keng

坑式处理炉 pit furnace
坑式处理炉 pit-type furnace
坑投试验 （导弹从地面飞机上弹射）pit test

kong

空爆效应 air burst effect
空的 empty
空的 void
空对地打击任务 air-to-ground mission
空对地导弹 air-to-ground guided missile（AGM）
空对地导弹 air-to-ground missile（AGM）
空对地反人员打击 air-to-ground anti-personnel strike
空对地反装甲打击 air-to-ground anti-armor strike
空对地模式 air-to-ground mode
空对地能力 air-to-ground capability
空对地任务 air-to-ground mission
空对空 air-to-air（ATA；AA）
空对空导弹 air-to-air guided missile
空对空导弹 air-to-air missile（AAM）
空对空发射后锁定模式 air-to-air LOAL mode
空对空发射装置 air-to-air launcher（ATAL）
空对空攻击管理 Air-to-Air Attack Management（AAAM）
空对空交战 air-to-air engagement
空对空交战情景 air-to-air engagement scenario
空对空交战情况 air-to-air engagement scenario
空对空任务 air-to-air mission
空对空任务 air-to-air role
空对空杀伤 air-to-air kill
空对空数据链 air-to-air datalink
空对空折叠尾翼式机载火箭弹 air-to-air folding-fin aircraft rocket（AAFAR）

空对空作战　air-to-air combat
空对空作战　air-to-air operation
空对空作战场景　air-to-air combat scenario
空对空作战能力　air-to-air combat capability
空对空作战任务　air-to-air combat role
空对空作战任务　air-to-air role
空对空作战条件　air-to-air combat scenario
空对空作战训练　air-to-air operational training
空对面　air to surface (ATS)
空对面　air-to-surface (ATS)
空对面导弹　air-to-surface guided missile
空对面导弹　air-to-surface missile (ASM)
空对面高超声速武器　air-to-surface hypersonic weapon
空对面火箭弹吊舱　air-to-surface rocket pod
空对面火箭弹发射筒　air-to-surface rocket pod
空对面任务　air-to-surface role
空对面作战任务　air-to-surface role
空对面作战训练　air-to-surface operational training
空对潜导弹　air-to-underwater missile (AUM)
空管员　air controller
空管员　controller
空间测量　spatial measurement
空间传感器　space sensor
空间的　spatial
空间电荷层　space charge layer
空间电荷区　space charge region
空间对比度　spatial contrast
空间发射和靶场系统(部)　Space Launch and Range Systems
空间范围　spatial extent
空间分辨率　spatial resolution
空间分布　spatial distribution
空间积分　spatial integral
空间积分　spatial integration
空间均匀性　spatial uniformity
空间控制　space control (SC)
空间灵敏度　spatial sensitivity
空间滤波　spatial filtering
空间滤波技术　spatial filtering technique
空间能力　space capability
空间频率　spatial frequency
空间频率响应　spatial frequency response
空间平台　space platform
空间入射度分布　spatial incidence profile
空间态势感知　space situational awareness (SSA)
空间态势感知能力　space situational awareness capability
空间探测器　space sensor
空间调制　spatial modulation
空间系统　space system
空间下行链路系统　space downlink system
空间响应　spatial response
空间优势　space superiority
空间运管中心　space operations center (SOC)
空间织物　space cloth
空间资产　space asset
空间阻抗　space impedance
空间坐标　spatial coordinate
空降步兵　airborne infantry
空降场　airhead
空降场界线　airhead line
空降区　drop zone (DZ)
空降区　landing area
空降突击　airborne assault
空降作战　airborne operation
空军　air force
空军北部司令部　（美国）Air Forces Northern (AFNORTH)
空军部　（美国）Department of the Air Force (DAF)
空军部队　Air Force forces (AFFOR)
空军部队指挥官　commander, Air Force Forces (COMAFFOR)
空军部长　（美国）Secretary of the Air Force
空军场站　Air Force Station (AFS)
空军大学　Air University (AU)
空军弹药安全委员会　（美国）Air Force Ammunition Safety Committee
空军弹药库　Air Force Magazine
空军费用分析局　（美国）Air Force Cost Analysis Agency (AFCAA)
空军辐射评估分队　Air Force radiation assessment team (AFRAT)
空军官兵　airman
空军国家安全紧急状态备战局　Air Force National Security Emergency Preparedness Agency (AFNSEP)
空军国民警卫队　（美国）Air National Guard (ANG)
空军-海军　Air Force-Navy (AN)
空军航天保障小组　Air Force space support team (AFSST)
空军航天司令部　Air Force Space Command (AFSPC)
空军航天司令部司令员　Commander, Air Force Space Command (AFSPC/CDR)
空军后备役部队　Air Reserve Component (ARC)
空军后备役司令部　Air Force Reserve Command (AFRC)
空军后勤保障中心　air logistics center (ALC)
空军基本任务清单　Air Force mission essential task list (AFMETL)
空军基地　air base (AB)
空军基地　Air Force base (AFB)
空军基地　Air Force Station (AFS)
空军基地防御　air base defense
空军基地中队　air base squadron (ABS)
空军计算机应急响应分队　Air Force computer emergency response team (AFCERT)
空军技术专业代码　Air Force specialty code (AFSC)

空军教育与培训司令部 Air Education and Training Command (AETC)
空军救援部队 air rescue and recovery service (ARRS)
空军军务监察小组 Air Force Service Watch Cell (AFSWC)
空军军械试验实验室 (美国) Air Force Armament Test Laboratory (AFATL)
空军联络官 air liaison officer (ALO)
空军联络小分队 Air Force liaison element (AFLE)
空军列兵 aircraftman (英国)
空军列兵 airman (美国)
空军民间后备队 Air Force Auxiliary (AFAUX)
空军民间后援队 Air Force Auxiliary (AFAUX)
空军情报、监视与侦察局 Air Force Intelligence, Surveillance and Reconnaissance Agency (AFISRA)
空军任务 Air Force task (AFT)
空军任务保障系统 Air Force Mission Support System (AFMSS)
空军任务清单 Air Force Task List (AFTL)
空军设备维护大纲 Air Force Equipment Maintenance Program
空军试验中心 Air Force Test Center (AFTC)
空军寿命周期管理中心 Air Force Life Cycle Management Center (AFLCMC)
空军寿命周期管理中心军械部 Air Force Life Cycle Management Center Armament Directorate (AFLCMC/EB)
空军太平洋司令部 Air Forces Pacific (AFPAC)
空军特别调查办公室 Air Force Office of Special Investigations (AFOSI)
空军特种作战部队 Air Force special operations forces (AFSOF)
空军特种作战部队指挥官 commander Air Force special operations forces (COMAFSOF)
空军特种作战分遣队 Air Force special operations detachment (AFSOD)
空军特种作战航空分队 Air Force special operations air component (AFSOAC)
空军特种作战航空分遣队 Air Force special operations air detachment (AFSOAD)
空军特种作战司令部 Air Force Special Operations Command (AFSOC)
空军特种作战小分队 Air Force special operations element (AFSOE)
空军条例 Air Force Regulation
空军条令文件 Air Force doctrine document (AFDD)
空军网络作战 Air Force network operations (AFNETOPS)
空军网络作战安全中心 Air Force network operations security center (AFNOSC)
空军网络作战中心 Air Force Network Operations Center (AFNOC)
空军卫星控制网络 Air Force Satellite Control Network (AFSCN)
空军五星上将 (美国) general of the air force
空军先进技术与训练中心 (美国) Air Force Advanced Technology and Training Center
空军协会 (美国) Air Force Association (AFA)
空军信息战中心 Air Force Information Warfare Center (AFIWC)
空军信息支援作战中心 Air Force Information Operations Center (AFIOC)
空军研究实验室 Air Force Research Laboratory (AFRL)
空军研究实验室弹药部 Air Force Research Laboratory Munitions Directorate (AFRL/RW)
空军研究实验室弹药部合同分部 Air Force Research Laboratory Munitions Directorate, Contracting Division (AFRL/RWK)
空军研究实验室定向能部 Air Force Research Laboratory Directed Energy Directorate (AFRL/RD)
空军一线(职位) line of the Air Force (LAF)
空军医疗部队 Air Force Medical Service (AFMS)
空军医疗后勤运管中心 Air Force Medical Logistics Operation Center (AFMLOC)
空军意外事件管理系统 Air Force Incident Management System (AFIMS)
空军应急管理计划 Air Force Emergency Management Program
空军远征部队 air expeditionary force (AEF)
空军远征部队中心 Air Expeditionary Force Center (AEFC)
空军远征大队 air expeditionary group (AEG)
空军远征联队 Air Expeditionary Wing (AEW)
空军远征特遣部队 air expeditionary task force (AETF)
空军远征小分队 air expeditionary detachment (AED)
空军远征中队 air expeditionary squadron (AES)
空军炸药 Air Force explosive (AFX)
空军战略规划 Air Force Strategic Plan (AFSP)
空军战术、技术与程序 Air Force tactics, techniques, and procedures (AFTTP)
空军政策指令 Air Force policy directive (AFPD)
空军职位线 line of the Air Force (LAF)
空军指令 Air Force instruction (AFI)
空军制造技术办公室 Air Force ManTech office
空军中部司令部 (美国) Air Forces Central (AFCENT)
空军助理部长 Assistant Secretary of the Air Force (ASAF)
空军专业代码 Air Force specialty code (AFSC)
空军装备司令部 Air Force Materiel Command (AFMC)
空军作战大队 Air Force Operations Group (AFOG)
空军作战试验与鉴定中心 Air Force Operational Test and Evaluation Center (AFOTEC)

空客公司 （法国）Airbus
空空导弹 air-to-air guided missile
空空导弹 air-to-air missile（AAM）
空空导弹蜂群 air-to-air missile swarming
空空导弹集群 air-to-air missile swarming
空空导弹武器系统 air-to-air missile system
空空导弹制导系统 air-to-air-missile guidance system
空空武器挂载量 air-to-air weapons loadout
空空型毒刺（导弹） air-to-air Stinger（ATAS）
空空型西北风（导弹） air-to-air Mistral（ATAM）
空面 air to surface（ATS）
空面 air-to-surface（ATS）
空面导弹 air-to-surface missile（ASM）
空面火箭弹 air-to-surface rocket
空面巡航导弹 air-to-surface cruise missile
空面作战 air-to-surface combat
空气 atmosphere（ATM）
空气补燃火箭发动机 air-augmented rocket
空气处理炉 atmospheric control furnace
空气处理炉 atmospheric furnace
空气纯度要求 air purity requirement
空气动力弹道 aerodynamic trajectory
空气动力导弹的先进设计 Advanced Design of Aerodynamic Missiles（ADAM）
空气动力系统 （指弹体系统）aerodynamics
空气动力学 aerodynamics
空气动力学的 aerodynamic
空气动力学试验 aerodynamics test
空气动力学特性 aerodynamics
空气动力增益 aerodynamic gain
空气力学 （含空气静力学和空气动力学） aeromechanics
空气流量 airflow
空气泡 air bubble
空气喷射发动机 air-breathing jet engine
空气喷射发动机 atmospheric jet engine
空气喷射推进系统 air-breathing jet propulsion system
空气喷射推进系统 atmospheric jet propulsion system
空气收集器 air collector
空气温度 air temperature
空气涡轮火箭发动机 air turborocket engine
空气涡轮驱动的线性执行机构 air turbine driven linear actuator
空气污染 air pollution
空气压缩机 air compressor
空气引射泵 air ejector pump
空气阻力 air drag
空腔 cavity
空腔 （发动机）port cavity
空腔 void
空腔结构 cavity configuration
空腔截面轮廓 port cross-sectional profile
空腔面积 （发动机）port cavity
空腔容积 cavity volume
空腔效应 cavity effect
空腔型黑体模拟器 cavity type blackbody simulator
空腔装药 hollow charge
空勤人员 airman
空燃比 fuel-to-air ratio
空射弹道导弹 air-launched ballistic missile（ALBM）
空射导弹 air-launched guided missile
空射导弹 air-launched missile
空射的 air-launched
空射地面/水面攻击导弹 air-launched，surface-attack，guided missile
空射动能拦截导弹 air-launched kinetic energy interceptor missile
空射反辐射导弹 air-launched anti-radiation missile
空射反潜导弹 air-launched anti-submarine warfare missile
空射反潜作战导弹 air-launched anti-submarine warfare missile
空射反卫星（武器） air-launched ASAT
空射反装甲武器 Air-launched Anti-Armor Weapon（AAAW）
空射防区外导弹 air-launched stand-off missile
空射精确制导武器 air-launched precision-guided weapon
空射快速反应武器 Air-launched Rapid Response Weapon（ARRW）
空射拦截弹 air-launched interceptor
空射碰撞杀伤 Air-Launched Hit-To-Kill（ALHTK）
空射武器 air launched weapon
空射武器挂载车 air-launched weapons loader
空射武器技术员 Air Launched Weapons Technician
空射效应（系统） Air Launched Effect（ALE）
空射巡航导弹 Air-Launched Cruise Missile（ALCM）
空射训练弹 air-launched，training guided missile（ATM）
空速 air speed
空天 aerospace
空天部队 air and space forces
空天的 aerospace
空天防御 aerospace defense
空天管控警戒状态 Aerospace Control Alert（ACA）
空天未来能力军事演习 Aerospace Future Capabilities Wargame（AFCW）
空天系统地面设备 aerospace ground equipment（AGE）
空天协同性委员会 Air and Space Interoperability Council（ASIC）
空天心理作战 air and space psychological operations
空天心理作战 air and space PSYOP
空天优势 air and space superiority
空投 airdrop
空投高度 drop altitude

空投区 drop zone (DZ)
空袭 air assault (由直升机或倾转旋翼机实施)
空袭 air attack (由战机实施)
空袭 air strike (由战斗机、轰炸机或攻击机实施)
空袭 airstrike
空心铆钉 blind rivet
空心装药 cavity charge
空穴 hole
空域 air domain
空域 airspace
空域管理 airspace management
空域管理与监视 airspace management and surveillance
空域管制 airspace control
空域管制规程 airspace control procedures
空域管制计划 airspace control plan (ACP)
空域管制命令 airspace control order (ACO)
空域管制区 airspace control area
空域管制系统 airspace control system (ACS)
空域管制指挥官 airspace control authority (ACA)
空域控制 air control
空域控制 airspace control
空域协调措施 airspace coordinating measures (ACM)
空域协调区 airspace coordination area (ACA)
空域预留区 altitude reservation (ALTRV)
空域作战管理 airspace battle management
空运 airlift
空运 fly-in
空运机动性 airlift mobility
空运控制飞行小队 airlift control flight (ALCF)
空运控制小组 airlift control team (ALCT)
空运能力 airlift capability
空运任务指挥官 airlift mission commander
空运梯队 (突击跟进) fly-in echelon (FIE)
空运行 (程序验证) dry run
空运要求 airlift requirement
空载质量 empty mass
空载转场航程 ferry range
空战大队 air operations group (AOG)
空战导弹 air combat missile
空战环境试验与评估设施 Air Combat Environment Test and Evaluation Facility (ACETEF)
空战机动 air combat maneuvering (ACM)
空战机动测量仪器 Air Combat Maneuvering Instrumentation (ACMI)
空战机动抛投 air combat maneuvering jettison
空战机队 air combat fleet
空战进化(项目) Air Combat Evolution (ACE)
空战平台 air combat platform
空战司令部 Air Combat Command (ACC)
空战系统 air combat system
空战训练 aerial combat training
空战训练系统 air combat training system
空战演习 aerial combat exercise
空战云 Air Combat Cloud (ACC)
空战中心 air operations center (AOC)
空中靶标 airborne drone target
空中报告 inflight report (INFLTREP)
空中爆炸 air blast
空中打击 air strike
空中打击主计划 master air attack plan (MAAP)
空中带弹试验 airborne missile on aircraft test
空中待命 airborne alert
空中待命电子战 airborne alert electronic warfare (XEW)
空中待命防御性对空(作战) airborne alert defensive counterair (XDCA)
空中待命攻击 airborne alert attack (XATK)
空中待命近距空中支援 airborne alert close air support (XCAS)
空中待命搜索与救援 airborne alert search and rescue (XSAR)
空中待命阻滞 airborne alert interdiction (XINT)
空中待战 airborne alert
空中的 airborne
空中的 in-air
空中的 in-flight
空中的 inflight
空中的 overhead
空中吊运车 trolley
空中对准 in-air alignment
空中发射 air launch
空中发射 airborne firing
空中发射 airborne launch
空中发射、空中拦截导弹 air-launched, aerial-intercept guided missile
空中发射、空中拦截导弹 air-launched, intercept-aerial, guided missile
空中发射试验 air-launch test
空中发射试验 airborne launch test
空中发射试验率 air-launch test rate
空中发射演示验证弹 air-launched demonstrator (ALD)
空中非成像红外 overhead non-imaging infrared (ONIR)
空中格斗 dogfight
空中格斗导弹 dogfight missile
空中攻击 air attack
空中管制 air control
空中航路 air route
空中航线 air route
空中机动 air mobility
空中机动部队主任 director of mobility forces (DIRMOBFOR)
空中机动控制小组 air mobility control team (AMCT)
空中机动快速通道 air mobility express (AMX)
空中机动联络官 air mobility liaison officer (AMLO)

空中机动师 air mobility division (AMD)
空中机动司令部 Air Mobility Command (AMC)
空中机动性 airborne agility
空中机动运作大队 air mobility operations group (AMOG)
空中机动运作控制中心 air mobility operations control center (AMOCC)
空中机动运作中队 air mobility operations squadron (AMOS)
空中机动中队 air mobility squadron (AMS)
空中加油 aerial refueling (AR)
空中加油 air refueling (AR)
空中加油 air-to-air refueling
空中加油的受油探管 air-to-air refueling probe
空中加油机 aerial refueling tanker
空中加油机 air refueling tanker
空中加油机 air refueling tanker aircraft
空中加油机 tanker
空中加油控制小组 air refueling control team (ARCT)
空中加油联队 air refueling wing (ARW)
空中监视和拦截能力 Airborne Surveillance and Interception Capability
空中交通管理 air traffic management (ATM)
空中交通管制 air traffic control (ATC)
空中交通管制处 air traffic control section (ATCS)
空中交通管制分队 air traffic control section (ATCS)
空中交通管制与着陆系统 Air Traffic Control and Landing System (ATCALS)
空中均势 air parity
空中客车公司 (法国) Airbus
空中快速机动 air mobility express (AMX)
空中拦截 air intercept
空中拦截导弹 (包括空空导弹和地空导弹) air-intercept missile (AIM)
空中拦阻战斗巡逻 barrier combat air patrol
空中力量 air power
空中力量 airpower
空中力量分配 air apportionment
空中力量协作系统 Airpower Teaming System (ATS)
空中敏捷性 airborne agility
空中目标 aerial target
空中目标 air target
空中目标 airborne target
空中目标截获 aerial target acquisition
空中目标演示验证器 aerial target demonstrator
空中平台 air platform
空中平台 airborne platform
空中桥梁 (一种空中加油方式) air bridge
空中情况 air situation
空中任务分派令 air tasking order (ATO)
空中任务分配令 air tasking order (ATO)
空中任务协调官 airborne mission coordinator (AMC)
空中试验 airborne test
空中试验发射 airborne test firing
空中输送 air movement
空中随时备用加油机 reliability tanker
空中投放武器 air-delivered weapon
空中突击 air assault
空中突击部队 air assault force
空中突击旅 Air Assault Brigade
空中突击作战 air assault operation
空中图像 air picture
空中威胁 aerial threat
空中威胁 air threat
空中威胁 airborne threat
空中训练 in-flight training
空中训练模式 in-flight training mode
空中优势 air superiority
空中优势战斗机 air superiority fighter
空中优势作战 air superiority operations
空中与导弹防御 air and missile defense (AMD)
空中与导弹防御技术 air and missile defense technology
空中与导弹防御作战 air and missile defense operations
空中预警 airborne early warning (AEW)
空中预警和控制 Airborne Early Warning and Control (AEWC; AEW&C)
空中战斗巡逻 combat air patrol (CAP)
空中侦察 air reconnaissance
空中支援控制处 air support control section (ASCS)
空中支援控制分队 air support control section (ASCS)
空中支援请求 air support request (AIRSUPREQ)
空中支援中心 air support center (ASC)
空中支援作战中心 air support operations center (ASOC)
空中状况 air situation
空中准备测试 aerial preparation test
空中走廊 air corridor
空中阻滞 air interdiction (AI)
空中阻滞/对地攻击 interdiction/strike (IDS)
空中阻滞攻击机 interdiction strike aircraft
空中作战 air operations
空中作战管理系统 Airborne Battle Management System (ABMS)
空中作战战术 aerial combat tactics (ACT)
空中作战指令 air operations directive (AOD)
空中作战指南 air operations directive (AOD)
空中作战中心 air operations center (AOC)
空重 (战斗部) empty weight
孔 hole
孔 port
孔凹陷 (发动机装药) perforation valley
孔板 orifice
孔保护盖 hole protective cover
孔加工刀柄 hole-working toolholder
孔尖端 (发动机装药) perforation tip

孔径 aperture
孔径 aperture diameter
孔径 bore
孔径闭塞 aperture blockage
孔径尺寸 aperture dimension
孔径-齿宽比 aperture diameter-to-tooth width ratio
孔径盘 aperture disk
孔径盘 aperture plate
孔径盘支架 aperture plate holder
孔口刮平 （以便于安装螺栓、螺母和垫圈）spotfacing
孔隙 pore
孔隙度 porosity
孔型通道 port passage
恐怖威胁等级 terrorist threat level
恐怖主义 terrorism
空白面板 blank panel
空缺工作岗位 job opening
空隙 void
控制 control
控制 dominance（指主导）
控制 steering
控制板 control card
控制柄 lever
控制舱 control section
控制舱/锥形弹尾接头 control section/boattail joint
控制单元 control unit
控制点 control
控制点 control point
控制电缆 control cable
控制电路 control circuit
控制电路 control circuitry
控制舵机 control actuator
控制舵机 control servo
控制舵机电子电路 CAS electronics
控制舵机电子电路 control actuation system electronics
控制舵机电子电路卡箍组件 CAS electronics clamp assembly
控制舵机系统 control actuation system（CAS）
控制舵机系统 control actuator system（CAS）
控制舵机系统电池 control actuator system battery
控制阀 control valve
控制阀组件 control valve assembly
控制方式 （如侧滑转弯、倾斜转弯）steering approach
控制柜 control cabinet
控制柜布线 control cabinet wiring
控制和舵机系统 Control and Actuation System（CAS）
控制和舵机系统隔离垫 CAS spacer
控制和散布 control and dispersion（CD）
控制盒 control box
控制盒面板 control box panel
控制火箭 （小型姿态控制推进器）control rocket
控制机构 control mechanism
控制机构 control unit
控制卡 control card
控制力 control
控制逻辑 control logic
控制面 control surface
控制面 fin
控制面板 control panel
控制面板按钮 （数控机床）control panel button
控制面板布线 control panel wiring
控制面尺寸和几何形状 control surface size and geometry
控制面偏转 control-surface deflection
控制面偏转方式 control surface deflection alternative
控制面偏转角 control-surface deflection
控制面指令 control-surface command
控制面转矩 control-surface torque
控制破碎 controlled fragmentation
控制器 control
控制器 controller
控制器和显示器 controls and displays（C&D）
控制室 control room
控制速率 control rate
控制台 console
控制台 control console
控制台/设施布局 console/facilities layout
控制体 control volume
控制体容积 control volume
控制通道 control channel
控制图 control chart
控制推进器 control thruster
控制系统 control system
控制信号 control signal
控制一体化专家参数系统 Control Integrated Expert Parameter System（CEPS）
控制与报告中心 control and reporting center（CRC）
控制员 controller
控制增益 control gain
控制站 control station
控制指标 （军事情报）control
控制指令 control command
控制指示器单元 control indicator unit
控制装置 control unit
控制组 control group
控制组件 control unit

kou

口 door
口盖 door
口盖 port cover
口径 aperture
口径 （枪、炮）caliber（美国拼写形式）
口径 （枪、炮）calibre（英国拼写形式）
口径 （扳手、套筒）drive size

口径分布 aperture distribution
口径合成 aperture synthesis
口径匹配喇叭 aperture-matched horn
口径平面 aperture plane
口径天线 aperture antenna
口径效率 aperture efficiency
口径-远场关系图表 aperture-far-field relations chart
扣紧弹簧 retaining spring
扣留物 seizures
扣锁紧固件 latch-lock fastener

ku

苦味酸 （一种炸药）picric acid
苦味酸铵 ammonium picrate
苦味酸铵 explosive D
苦味酸盐 picrate
库存 inventory
库存 stock
库存 stockpile
库存产品 stockpile
库存产品可靠性试验 Stockpile Reliability Testing （SRT）
库存产品随机监测 random stockpile surveillance
库存管理 inventory management
库存清单 stocklist
库房 storage
库仑 （电量单位）coulomb（C）

kua

垮塌 collapse
跨部队调拨 （军事）cross-leveling
跨部队征用 （军事）cross-leveling
跨部门的 interagency
跨部门协调 interagency coordination
跨导 transconductance
跨国的 （公司）multinational
跨国的 transnational
跨国威胁 transnational threat
跨机构的 interagency
跨机构协调 interagency coordination
跨架 bridge
跨接 bridge
跨平台的 cross-platform
跨平台兼容性 cross-platform compatibility
跨全境运输 cross-country transportation
跨声速 transonic speed
跨声速的 transonic
跨声速范围 transonic speed range
跨声速飞行 transonic flight
跨声速飞行范围 transonic flight region
跨声速飞行区域 transonic flight region
跨声速飞行速度 transonic flight velocity
跨声速前弹体压差阻力 transonic forebody pressure drag
跨声速区 transonic speed range
跨声速压差阻力 transonic pressure drag
跨声速自由流 transonic free stream
跨声速阻力 transonic drag
跨职能团队 Cross Functional Team（CFT）
跨阻放大器 transimpedance amplifier（TIA）
跨阻放大器电路 TIA circuit
跨阻抗 transimpedance
跨阻前置放大器 transimpedance preamplifier
跨组织合作 interorganizational cooperation

kuai

会计制度 accounting system
块 block
块规 gage block
块规 gauge block
块规组合 gage block build
块体陶瓷 bulk ceramics
快动固定夹 quick action clamp
快换刀柄 quick-change toolholder
快换刀夹 quick-change toolholder
快换刀架 quick-change tool post
快烤 fast cook-off
快烤 fast cookoff
快门 shutter
快视数据站 quick look data station
快速变换齿轮箱 quick-change gear box
快速变速齿轮箱 quick-change gear box
快速部署空降步兵特别行动队 Rangers
快速拆卸 quick release
快速处理 fast turnaround
快速创新中心 Center for Rapid Innovation（CRI）
快速读出图形 fast-reading graphics
快速多极方法 Fast Multi-Pole Method（FMM）
快速反应 quick reaction
快速反应的 expeditionary
快速反应的 quick-reaction
快速反应警戒状态 Quick Reaction Alert（QRA）
快速反应能力 Quick Reaction Capability（QRC）
快速反应能力办公室 （英国皇家空军）Rapid Capabilities Office
快速反应能力与关键技术办公室 （美国陆军）Rapid Capabilities and Critical Technologies Office （RCCTO）
快速飞行的威胁 fast-flying threat
快速傅里叶变换 fast Fourier transform
快速更换丝锥转接套 quick-change tap adapter
快速攻击艇 fast attack craft
快速横动 rapid traverse

快速检查 quick look
快速进退式钻削循环 chip-break drilling cycle
快速进退式钻削循环 fast-peck drilling cycle
快速进退式钻削循环 high-speed drilling cycle
快速近岸攻击艇 Fast Inshore Attack Craft (FIAC)
快速烤燃 fast cook-off
快速烤燃 fast cookoff
快速缆绳插入和拉出系统 fast rope insertion and extraction system (FRIES)
快速响应 fast response
快速响应 rapid response
快速响应能力 rapid-response capability
快速响应型开源发动机 Responsive Open Source Engine
快速泄压 rapid depressurization
快速移动 rapid traverse
快速移动控制旋钮 (数控机床) rapid override knob
快速原型法 rapid prototyping (RP)
快速原型试制 rapid prototyping (RP)
快速原型制造 rapid prototyping (RP)
快速运动目标 fast-moving target
快速周转 fast turnaround
快速装配 quick attachment
快速准备 fast turnaround
快速自燃 fast cook-off
快速自燃 fast cookoff
快卸插座 quick disconnect receptacle
快卸的 quick-disconnect
快卸的 quick-release
快卸销 quick-release pin
快卸销 safety pin
快卸销口盖 safety pin hole cover
快装/快卸战术工作站系统 roll-on/roll-off tactical workstation system

kuan

宽带 broadband
宽带 wide band
宽带 wideband
宽带不确定性分布 broad uncertainty distribution
宽带辐射源 broadband source
宽带宽 wide bandwidth
宽带随机 (振动类型) broadband random
宽带通 broad bandpass
宽带通 wide bandpass
宽带通电滤波器 wide bandpass electrical filter
宽带通光谱计算 wide bandpass spectral calculation
宽带通滤光片 wide bandpass filter
宽带信号 broadband signal
宽带噪声 broadband noise
宽带噪声电平 broadband noise level
宽光谱带 broad spectral band
宽光谱带 wide spectral band
宽光谱带积分 wideband spectral integral
宽光谱带滤光片 wideband spectral filter
宽光谱的 broad spectral
宽脉冲 long-duration pulse
宽谱辐射源 broad spectral source
宽视场 wide field of view
宽视场探测器 wide field of view sensor

kuang

狂风 (欧洲战斗机) Tornado
矿石 ore
矿脂 petrolatum
框架 frame
框架 (即万向支架) gimbal
框架环固定螺钉 (导引头) gimbal ring screw
框架极限 gimbal limit
框架角 gimbal angle
框架结构 frame structure
框架力矩器 gimbal torquer
框架平台 gimbal platform
框架式导引头 gimbaled seeker
框架式探测器系统 gimballed detector system
框架系统 gimbal system
框架协议 framework agreement
框架组件 frame assembly
框条 plank
框图 block diagram

kui

亏舱 broken stowage
亏舱系数 broken stowage factor
馈电 feed
馈电网络 feeding network
馈电系统 feed system
馈通试验 feed-through test
馈源 feed

kun

捆 package
捆绑式火箭发动机 cluster
捆绑式火箭发动机 strap-on
捆扎带 (包装箱) banding strap
捆扎带 tie-down strap
捆扎带组件 strap assembly

kuo

扩爆板 booster plate
扩爆管 (战斗部) booster

扩爆药 （战斗部）booster
扩爆药 （战斗部）booster charge
扩爆药 （战斗部）booster explosive
扩爆药柱 booster pellet
扩大战果 exploitation
扩口工具 （管件）flaring tool
扩口直径检测仪 flare diameter tester
扩频 spread spectrum
扩散 diffusion
扩散 dissemination
扩散泵 diffusion pump
扩散层 diffusion layer
扩散管 bell
扩散结合 diffusion bonding
扩散炉 diffusion furnace
扩散粘结 diffusion bonding
扩散体 bell
扩散系数 diffusion coefficient
扩压器 （发动机）diffuser
扩展板 extension card
扩展比例导引 augmented proportional guidance
扩展比例导引 Augmented Proportional Navigation (APN)
扩展的技术鉴定 Extended Technical Evaluation (ETE)
扩展的试验与鉴定 extended test and evaluation
扩展电路 expander
扩展卡 extension card
扩展卡尔曼滤波 extended Kalman filtering
扩展卡尔曼滤波器 extended Kalman filter
扩展目标集 expanded target set
扩展器 expander
扩展系统 augmented system
扩展型自检测试仪 Extended BIT Tester
扩展性保障 augmented support
扩张 divergence
扩张半角 divergence half angle
扩张角 divergence angle
扩张式铰刀 （机用铰刀的一种）expansion reamer
扩张损失 divergence loss

la

拉长　elongation
拉长　stretching
拉出器　puller
拉丁美洲航空航天与防务(展览会)　Latin American Aerospace and Defence（LAAD）
拉东模糊变换　Radon ambiguity transform（RAT）
拉放试验　pull test
拉菲尔先进防御系统公司　（以色列）Rafael ADS
拉菲尔先进防御系统公司　（以色列）Rafael Advanced Defense Systems Ltd
拉杆　（运弹车）draw bar
拉杆　（立式铣床）drawbar
拉杆扳手　（立式铣床）drawbar wrench
拉杆组合　rod assembly
拉格朗日乘数　Lagrangian multiplier
拉格朗日网格　Lagrangian grid
拉格朗日网格　Lagrangian mesh
拉格朗日坐标系　Lagrangian coordinates
拉环　tab
拉火绳　lanyard
拉挤成形　pultrusion
拉力　tension
拉姆塞原理　Rumsey's principle
拉平　*vi.* level off
拉普拉斯变换　Laplace transform
拉普拉斯逆变换　inverse Laplace transform
拉普拉斯算子　Laplace operator
拉伸　stretching
拉伸变形　tensile deformation
拉伸的　tensile
拉伸强度　tensile strength
拉伸试验　tensile test
拉伸速率　stretching rate
拉伸应变　tensile strain
拉伸应变率　tensile strain rate
拉绳组件　lanyard assembly
拉索挂片　lanyard tab
拉索组件　lanyard assembly
拉脱试验　pull test
拉瓦尔喷管　De Laval nozzle
拉应力　tensile stress
拉应力　tension
喇叭波束宽度　horn beamwidth
喇叭馈源　horn feed
喇叭天线　horn antenna
喇叭天线测量距离　horn measurement distance
喇叭吸波器　horn absorber
喇叭形回转体表面　bell-shaped cylindrical surface
喇叭形结构　trumpet configuration
喇叭形扩口管　flare
喇叭形天线　horn
喇叭形药型罩　trumpet liner
喇叭形药柱　trumpet grain
喇叭形中心眼钻头　bell-type center drill
蜡　wax

lai

来波到达角　incoming wave angle
来流空气　oncoming air
来袭导弹　incoming missile
来袭目标　incoming target
来袭威胁　incoming threat
来源　derivation
来源　source
来源地　source zone
来源、维护和可复原性　source, maintenance, and recoverability（SM&R）
来源、维护和可复原性编码　source, maintenance, and recoverability code
来自东道国的援助　host-nation support（HNS）
莱昂纳多公司　（意大利）Leonardo
莱特肯尼弹药中心　（美国）Letterkenny Munitions Center
莱茵金属公司　（德国）Rheinmetall
铼　rhenium
铼合金　rhenium alloy

lan

兰卡威国际海事与航空航天展　（马来西亚）Langkawi International Maritime & Aerospace Exhibition（LIMA）
兰开斯特宫　（英国）Lancaster House
兰开斯特宫协议　（英法两国 2010 年签署）Lancaster House treaty
兰氏温标　Rankine
拦截　intercept
拦截弹　effector
拦截弹道　intercept trajectory
拦截导弹　effector

拦截导弹 interceptor
拦截导弹 interceptor guided missile
拦截导弹 interceptor missile
拦截点 intercept point
拦截概率 probability of intercept (POI)
拦截攻击 lead-collision attack
拦截轨迹 intercept trajectory
拦截机 interceptor
拦截机轨迹 interceptor trajectory
拦截机-目标多普勒信号 interceptor-target Doppler
拦截机-目标几何关系 interceptor-target geometry
拦截机速度 interceptor velocity
拦截激波 intercepting shock
拦截器 effector
拦截器 interceptor
拦截前置角 intercept lead angle
拦截试验 intercept test
拦截作战中心 Engagement Operations Center (EOC)
拦射型空空导弹 air-intercept missile
拦射型空空导弹 air-to-air interceptor missile
拦阻索 arrestment cable
拦阻网 barrier
拦阻着舰 trap
拦阻着陆 (飞机) arrested landing
栏 (表格) column
蓝宝石 sapphire
蓝宝石窗口封接 sapphire window sealing
蓝宝石头罩 sapphire dome
蓝军跟踪(技术) blue force tracking (BFT)
蓝图 blueprint
蓝牙 bluetooth
缆 cable
缆 cord
缆绳和吸震系统 cable and shock absorber system

lang

榔头 (头部为木质或毡材) mallet
朗伯的 Lambertian
朗伯辐射源 Lambertian source
朗伯体的 Lambertian
浪涌 surge

lao

劳保鞋 safety-toe shoes
劳动密集型 labor intensive
劳伦斯利弗莫尔国家实验室 (美国) Lawrence Livermore National Laboratory (LLNL)
老虎钳 linemen's pliers
老虎钳 side cutting pliers
老化 aging
老化 (电子元器件) burn-in
老化的推进剂 aged propellant
老化极限 aging limit
老化判据 aging criteria
老化试验 burn-in testing
老化试验箱 burn-in tester
老化特性 aging property
老旧部件重新设计 obsolescence redesign
老旧的 obsolescent
老旧设备 obsolescent equipment
老炼 (电子元器件) burn-in
老型号的 legacy
老型号飞机 legacy aircraft
老型号战斗机 legacy fighter
铑 rhodium
烙铁 soldering iron
烙铁头 bit

le

勒莫尔海军航空站 (美国) Naval Air Station Lemoore

lei

雷场 minefield
雷场报告 minefield report
雷场记录 minefield record
雷达 radar
雷达 radio detection and ranging
雷达背景 RF background
雷达波 radar wave
雷达波长 radar wavelength
雷达波束制导系统 beam-riding radar guidance system
雷达波吸收材料 Radar Absorbent Material (RAM)
雷达波吸收结构 radar absorbent structure
雷达波吸收结构 radar absorbing structure
雷达参数 radar parameter
雷达测风仪 rawin
雷达导引头 radar homing head
雷达导引头 radar seeker
雷达导引头作用距离 radar seeker's range
雷达发射机 radar transmitter
雷达发射机功率 radar transmitter power
雷达反射截面 radar cross section (RCS)
雷达反射截面积 radar cross section (RCS)
雷达反射信号 radar reflection
雷达方程 radar equation
雷达辅助近炸引信 radar-assisted proximity fuze
雷达干扰吊舱 radar jamming pod
雷达高度表 radar altimeter
雷达告警接收机 Radar Warning Receiver (RWR)
雷达规避弹体 radar-evading airframe
雷达规避攻击机 radar-evading strike aircraft
雷达规避隐身技术 radar-dodging stealth technology

雷达回波　radar echo
雷达回波　radar reflection
雷达回波　radar return
雷达技术　radar technique
雷达驾束制导系统　beam-riding radar guidance system
雷达接收机/告警器技术　radar receiver/warner technology
雷达截面积　radar cross section（RCS）
雷达近炸引信　radar proximity fuze
雷达近炸引信　RF proximity fuze
雷达距离　radar range
雷达距离方程　radar range equation
雷达距离公式　radar range equation
雷达模块化组件　radar modular assembly（RMA）
雷达模式变换　radar mode transition
雷达末制导　RF terminal guidance
雷达目标跟踪轨迹　radar target track
雷达目标散射设施　radar target scatter facility（RATSCAT）
雷达目标散射设施　RATSCAT facility
雷达频率　radar frequency
雷达频率感应电流　radar-frequency-induced current
雷达启动近炸引信　radar-activated proximity fuze
雷达区域制导　Radar Area Guidance（RADAG）
雷达扫描周期　radar scan period
雷达闪烁　radar glint
雷达输入　radar input
雷达随动　radar slaving
雷达随动模式　radar slaving mode
雷达锁定　radar lock-on
雷达探测　radar detection
雷达信号　radar signal
雷达信号处理　radar signal processing
雷达型威胁　radar threat
雷达性能　radar capability
雷达寻的系统　radar homing system
雷达寻的与告警接收机　Radar Homing and Warning Receiver（RHWR）
雷达寻的与告警系统　radar homing and warning system
雷达压制　radar suppression
雷达站　radar site
雷达照射　radar illumination
雷达制导　radar guidance
雷达制导导弹　radar-guided missile
雷达制导导弹　RF-guided missile
雷达制导的　radar-guided
雷达制导的　RF-guided
雷达制导空空导弹　air-to-air radar-guided missile
雷达制导空空导弹　air-to-air RF-guided missile
雷达制导型导弹　radar-guided missile
雷达制导型导弹　RF-guided missile
雷达装置　Radar Set（RS）
雷达最大探测距离　maximum radar detection range
雷管　cap
雷管　（战斗部）detonator
雷管装药　detonator charge
雷内镍基高温耐蚀合金　Rene
雷诺类比因子　Reynolds analogy factor
雷诺数　Reynolds number
雷神公司　（雷神技术公司的前身）Raytheon Company
雷神公司导弹系统事业部　Raytheon Missile Systems（RMS）
雷神公司空战系统分部　Raytheon Air Warfare Systems
雷神公司陆战系统分部　Raytheon Land Warfare Systems
雷神公司生产的　Raytheon Company-built
雷神公司生产的　Raytheon-produced
雷神公司先进导弹系统分部　Raytheon Advanced Missile Systems
雷神技术公司　Raytheon Technologies Corporation
雷战　mine warfare（MIW）
累积抖动　cumulative jitter
累积力学效应　cumulative mechanical effect
累积内爆效应　cumulative internal blast effect
累积损伤　cumulative damage
累积损伤现象　cumulative-damage phenomenon
累积效应　cumulative effect
累积液力效应　cumulative hydraulic effect
累加器　accumulator
肋条　rib
类比　analogy
类比常数　analogous constant
类别　category
类光子　photon analog
类光子数　photon analog
类球体天线　spheroidal antenna
类似　analogy
类似　similarity
类型　category
类型　nature
类型标识　category designation

leng

棱边　edge
棱镜　prism
棱镜仪器　prism instrument
棱柱　prism
棱柱体　prism
棱锥喇叭　pyramidal horn
棱锥形头罩　pyramidal-shaped dome
棱锥形吸波器　pyramid absorber
冷沉　cold sink
冷垂直发射系统　soft-vertical launch system
冷锻工具钢　cold-work tool steel
冷发射　（导弹离开发射箱后发动机再点火）soft

launch
冷光阑 cold aperture
冷结构 cold structure
冷浸 cold soak
冷阱 cold trap
冷锯 （采用金属切割片）cold saw
冷锯 （采用金属切割片）metal cutting circular saw
冷空 cold sky
冷流试验 cold-flow test
冷目标 cold target
冷凝 condensation
冷凝排气 cryopumping
冷凝尾迹 contrail
冷凝温度 condensation temperature
冷屏 cold shield
冷屏蔽体 cold shield
冷启动 cold start
冷气气动系统 pneumatic cold gas system
冷气枪 （冷却刀具和工件）cold air gun
冷气致冷导引头 cold gas-cooled seeker
冷清洗 cold cleaning
冷却 cool-down
冷却 cooldown
冷却 cooling
冷却剂 coolant
冷却剂 cryogen
冷却器 radiator
冷却时间 cool-down time
冷却系统 cooling system
冷却液 coolant
冷却液槽 coolant tank
冷却液罐 coolant tank
冷却液驱动型棒料拉出器 （数控车床）coolant-powered hydraulic bar puller
冷却液驱动型杆件拉出器 （数控车床）coolant-powered hydraulic bar puller
冷适应 cold soak
冷台 cold stage
冷头 cold finger
冷头 cold stage
冷轧钢 cold-rolled steel（CRS）
冷指 cold finger

li

厘米 centimeter（cm）
离岸 *adv.* offshore
离岸的 offshore
离岸散装燃料传输系统 offshore bulk fuel system（OBFS）
离岸散装燃料系统 offshore bulk fuel system（OBFS）
离岸石油传送系统 offshore petroleum discharge system（OPDS）
离地高度 Above Ground Level（AGL）
离轨角速度 tip-off angular rate
离轨误差 tip off error
离合器驱动机构 （机床）clutch drive mechanism
离解 disassociation
离解 dissociation
离解作用 disassociation
离开机身的 outboard
离开脉冲 （近炸引信）receding pulse
离梁角速度 tip-off angular rate
离梁误差 tip off error
离目标的距离 range-to-go
离散的 discrete
离散杆 （战斗部）discrete rod
离散杆战斗部 discrete rod warhead
离散能级 discrete energy level
离散系统 discrete system
离水面高度 above water level（AWL）
离隙 relief
离线分析 off-line analysis
离心机 centrifuge
离心力 centrifugal force
离心压气机 （发动机）radial compressor
离站作战 off-station operation
离轴的 off-axis
离轴的 off-boresight
离轴发射 off-boresight launch
离轴反射 off-axis reflection
离轴反射镜 off-axis mirror
离轴飞行 off-boresight flight
离轴跟踪场 off-boresight field of regard
离轴攻击能力 off-boresight capability
离轴机动 off-boresight maneuvering
离轴机动能力 off-boresight maneuverability
离轴角 off-boresight
离轴角 off-boresight angle
离轴角测量 off-boresight measurement
离轴截获 off-boresight acquisition
离轴目标 off-boresight target
离轴能力 off-boresight capability
离轴视场 off-boresight field of view
离轴视场 off-boresight FOV
离轴视角 off-boresight look angle
离轴限制 off-boresight limitation
离轴圆盘 off-axis disk
离轴圆形视场 off-axis circular field of view
离子泵 ion pump
离子发动机 ion engine
离子规 ion gauge
离子规 ionization gauge
离子规灯丝 ion gauge filament
黎卡提方程 Riccati equation
李氏塞 Lee plug

李氏塞装配工具　Lee plug assembly tool
里程碑　milestone（MS）
里程碑决策机构　（美国）Milestone Decision Authority（MDA）
里斯本协定　Treaty of Lisbon
理论　doctrine
理论　theory
理论比冲　theoretical specific impulse
理论弹道　theoretical trajectory
理论的　theoretical
理论方程　theoretical equation
理论仿真　analytical simulation
理论极限　theoretical limit
理论排气速度　theoretical exhaust velocity
理论最大密度　theoretical maximum density（TMD）
理想爆轰　ideal detonation
理想背景限红外光子探测器噪声　ideal BLIP noise
理想成像直径　ideal image diameter
理想冲压发动机　ideal ramjet
理想弹道　ideal trajectory
理想点光源　ideal point source
理想电压　ideal voltage
理想二极管　ideal diode
理想发射体　ideal emitter
理想发射体　perfect emitter
理想放大器性能　ideal amplifier performance
理想光导探测器　ideal PC detector
理想光导探测器　ideal photoconductive detector
理想光伏二极管　ideal photovoltaic diode
理想光伏二极管　ideal PV diode
理想光伏探测器　ideal photovoltaic detector
理想光伏探测器　ideal PV detector
理想光谱带通滤光片　ideal spectral bandpass filter
理想光子探测器　ideal photon detector
理想黑色　ideal black
理想黑体　ideal blackbody
理想火箭发动机　ideal rocket
理想聚焦点　ideal focused point
理想空腔　ideal cavity
理想马赫数　ideal Mach number
理想排气速度　ideal exhaust velocity
理想配比的　stoichiometric
理想配比燃烧　stoichiometric combustion
理想喷气速度　ideal exhaust velocity
理想膨胀　ideal expansion
理想气体　ideal gas
理想气体　perfect gas
理想气体定律　ideal gas law
理想气体定律　perfect gas law
理想热探测器　ideal thermal detector
理想速度　ideal velocity
理想探测器　ideal detector
理想条件　ideal condition
理想吸收体　ideal absorber
理想吸收体　perfect absorber
理想炸药　ideal explosive
理想状况　ideal condition
锂电池　lithium battery
锂离子电池　lithium-ion battery
锂离子聚合物电池　lithium ion polymer battery
锂-铝电池　lithium-aluminum battery
锂热电池组件　lithium thermal battery pack
鲤鱼钳　slip joint pliers
力　force
力臂　arm
力臂　moment arm
力反馈　force feedback
力矩　moment
力矩　torque
力矩测试仪　torque tester
力矩电机　torque motor
力矩法　Method of Moment（MoM）
力矩法　moment method（MoM）
力矩方程式　moment equation
力矩杆　torque rod
力矩过大　overtorquing
力矩核验　torque verification
力矩计　torquemeter
力矩平衡舵机系统　torque-balance servo system
力矩平衡控制　torque-balance control
力矩平衡控制系统　torque balance control system
力矩平衡伺服系统　torque-balance servo system
力矩器　torquer
力矩器测试仪　torquer tester
力矩器杆　torquer rod
力矩器销　torquer pin
力矩器转接头　torquer adapter
力矩设定的　torque-limiting
力矩验证　torque verification
力矩要求　torque requirement
力能学　energetics
力学　mechanics
力学的　mechanical
力学特性　mechanical property
历年　Calendar Year（CY）
历史载荷　load history
历元　epoch
立方氮化硼　cubic boron nitride（CBN）
立方氮化硼砂轮　CBN wheel
立方氮化硼砂轮　cubic boron nitride wheel
立方体块规　square gage block
立方体破片　cube fragment
立方英尺　cubic foot
立方英寸　cubic inch
立杆　（平面高度划线规）spindle
立式带锯机　vertical band saw

立式加工中心 vertical machining center（VMC）
立式磨床 pedestal grinder
立式砂轮机 pedestal grinder
立式铣床 knee mill
立式铣床 vertical mill
立式铣床 vertical spindle milling machine
立式钻床 upright drill press
立体的 three-dimensional（3D）
立体弧度 steradian（sr）
立体角 solid angle
立铣刀 （端部和圆周都有刀刃）end mill
立铣刀 （端部和圆周都有刀刃）endmill
立轴 vertical shaft
立柱 column
立足点 lodgment
利益相关方 stakeholder
利用 application
利用 exploitation
利用 utilization
利用因子 utilization factor
例外 exception（多指不适用）
例外 irregularity（多指异常情况）
粒度 （砂轮）grain size
粒度 （砂轮）grit size
粒子 particle
粒子束 particle beam
粒子速度 particle velocity

lian

连板组合 plate assembly
连带毁伤 collateral damage（CD）
连带毁伤降低 collateral damage reduction
连带毁伤控制 collateral damage control
连带毁伤评估法 collateral damage methodology（CDM）
连带损伤 collateral damage（CD）
连带效应 collateral effect
连杆 connecting rod
连杆 link
连杆衬套 connecting rod bushing
连杆机构 linkage
连杆机构 linkage mechanism
连接 *v.* attach
连接 attachment
连接 *v.* connect
连接 coupling
连接 fastening
连接 interfacing
连接 *vt.* joint
连接 *v.* link
连接 linkage
连接板 connecting plate
连接臂 connecting arm
连接导线 connecting wire
连接点 attach point
连接点 attachment point
连接法兰 connecting flange
连接杆 attachment rod
连接杆 connecting link
连接杆 connecting rod
连接环 continuous ring
连接件 attaching part
连接件 joint（多指对接用的）
连接螺栓 attachment bolt
连接螺栓 connecting bolt
连接螺栓垫片 attaching bolt washer
连接螺栓扭矩 attaching bolt torque
连接片 connector
连接器 connector
连接器 coupling
连接器扳手 connector wrench
连接器扳手卡槽 connector key way
连接器插针 connector pin
连接器盖 connector cover
连接器固定环 connector retaining ring
连接器固定圈 connector retaining ring
连接器接线 connector wiring
连接器卡夹 connector clamp
连接器密封垫 connector sealing gasket
连接器维修工具 connector repair tool
连接器右支架 connector right holder
连接器粘接装置 connector bonding device
连接器支架 connector holder
连接器支座 connector support
连接器转接头 connector adapter
连接器组件 connector assembly
连接器左支架 connector left holder
连接器座 connector seat
连接完整性 attachment integrity
连接线 feedthrough
连接线 hook-up wire
连接销 dowel
连接性 connectivity
连锁反应 cascading effect
连锁效应 cascading effect
连通性 connectivity
连续波 continuous wave（CW）
连续波截获雷达 Continuous-Wave Acquisition Radar（CWAR）
连续波雷达导引头 continuous-wave radar homing head
连续波模式 continuous wave mode
连续波信号 CW signal
连续冲压模 progressive die
连续传输系统 continual transfer system
连续的 back-to-back（指一次接一次的）

连续的 continuous
连续的导弹发射 back-to-back missile firings
连续的导弹试验 back-to-back missile tests
连续杆捆扎战斗部 continuous rod bundle warhead
连续杆战斗部 continuous-rod warhead
连续供气全遮面罩 full face-piece continuous-flow supplied air respirator
连续环 continuous ring
连续计算弹着点 Continuously Computed Impact Point (CCIP)
连续介质 continuum
连续介质力学 continuum mechanics
连续介质流 continuum flow
连续流 continuum
连续流 continuum flow
连续流热辐射能量 continuum radiation emission energy
连续式指示表 continuous-type dial indicator
连续系统 continuous system
连续纤维 roving
连续信号 continuous signal
连续性 continuity
连续性方程 continuity equation
连续音响 continuous tone
连续阵 continuous array
连指手套 （仅拇指分开）mitten
帘幕形阵 curtain array
联氨 hydrazine
联邦标准化编目手册 federal standardization cataloging handbook
联邦采办条例 （美国）Federal Acquisition Regulations (FAR)
联邦法规汇编 （美国）Code of Federal Regulations (CFR)
联邦服役 （军事）federal service
联邦航空管理局 （美国）Federal Aviation Administration (FAA)
联邦军队 federal military forces
联邦军事力量 federal military forces
联邦开发和执行流程 Federation Development and Execution Process (FEDEP)
联邦库存号 Federal Stock Number (FSN)
联邦商业机会 Federal Business Opportunities (FedBizOpps)
联邦物料编号 Federal Stock Number (FSN)
联邦协调官 federal coordinating officer (FCO)
联邦应急管理局 Federal Emergency Management Agency (FEMA)
联邦应急医疗系统 Federal Emergency Medical System (FEMS)
联邦援助请求 request for federal assistance (RFA)
联队 wing
联合 alliance
联合安全地域 joint security area (JSA)
联合安全协调官 joint security coordinator (JSC)
联合安全协调中心 joint security coordination center (JSCC)
联合安全援助训练 joint security assistance training (JSAT)
联合兵力战斗队 combined arms team
联合部队 joint force
联合部队地面组成部队指挥官 joint force land component commander (JFLCC)
联合部队分队 component
联合部队海上组成部队指挥官 joint force maritime component commander (JFMCC)
联合部队军医 joint force surgeon (JFS)
联合部队空军司令员 （多国）combined force air component commander (CFACC)
联合部队空军司令员 joint force air component commander (JFACC)
联合部队司令员 （多国）combined force commander (CFC)
联合部队司令员 joint force commander (JFC)
联合部队特种作战组成部队司令员 joint force special operations component commander (JFSOCC)
联合部队组成分队 component
联合部署与分发运作中心 joint deployment and distribution operations center (JDDOC)
联合部署与分发综合体 joint deployment and distribution enterprise (JDDE)
联合参谋部 joint staff (JS)
联合参谋部条令处 Joint Staff doctrine sponsor (JSDS)
联合参谋机构 joint staff (JS)
联合参谋人员 joint staff (JS)
联合城市作战 joint urban operations (JUO)
联合筹划 joint planning
联合筹划流程 joint planning process (JPP)
联合筹划组 joint planning group (JPG)
联合出版物 joint publication (JP)
联合初级飞机教练系统 Joint Primary Aircraft Training System (JPATS)
联合打击导弹 Joint Strike Missile (JSM)
联合打击目标清单 joint target list (JTL)
联合单位人员编配表 joint table of distribution (JTD)
联合弹药效能手册 joint munitions effectiveness manual (JMEM)
联合的 （指多国部队之间的联合行动）combined
联合的 （指不同军种之间的联合行动）joint
联合地面作战 joint land operations
联合地面作战计划 joint land operations plan
联合地球空间情报系统 Allied System for Geospatial Intelligence (ASG)
联合电磁非动能打击 Joint Electromagnetic Non-Kinetic Strike (JENKS)
联合电磁频谱管理行动 joint electromagnetic spectrum management operations (JEMSMO)

联合电磁频谱作战 joint electromagnetic spectrum operations (JEMSO)
联合电子战核心参谋人员 (北约) Joint EW Core Staff (JEWCS)
联合多效应战斗部系统 Joint Multiple Effects Warhead System (JMEWS)
联合发射联盟 (美国洛克希德·马丁公司和波音公司组建的合资公司) United Launch Alliance (ULA)
联合反情报分队 joint counterintelligence unit (JCIU)
联合方案研究 Joint Concept Study
联合防区外武器 Joint Stand-Off Weapon (JSOW)
联合防区外武器 Joint Standoff Weapon (JSOW)
联合防区外武器系统 Joint Standoff Weapon System
联合防御对地攻击巡航导弹空中组网传感器系统 (美国) Joint Land-Attack Cruise Missile Defense Elevated Netted Sensor System (JLENS)
联合仿真环境 Joint Simulation Environment (JSE)
联合飞行前弹药与电子系统集成 Joint-Preflight Integration of Munitions and Electronic Systems (J-PRIMES)
联合分发 joint distribution
联合分派 joint distribution
联合分析中心 joint analysis center (JAC)
联合港区 port complex
联合公共事务支援小分队 Joint Public Affairs Support Element (JPASE)
联合攻击战斗机 (即 F-35) Joint Strike Fighter (JSF)
联合管理出版物 Allied Administrative Publication (AAP)
联合规划 joint planning
联合规划和实施机构 joint planning and execution community (JPEC)
联合国 United Nations (U. N.; UN)
联合国安全理事会 UN Security Council
联合海岸后勤保障 joint logistics over-the-shore (JLOTS)
联合海岸后勤保障指挥官 joint logistics over-the-shore commander
联合海岸后勤保障作业 JLOTS operations
联合海岸后勤保障作业 joint logistics over-the-shore operations
联合航空兵种协调小分队 joint air component coordination element (JACCE)
联合后勤保障 joint logistics
联合后勤保障运作中心 joint logistics operations center (JLOC)
联合后勤保障综合体 joint logistics enterprise (JLEnt)
联合会 consortium
联合火力 joint fires
联合火力观察员 joint fires observer (JFO)
联合火力小分队 joint fires element (JFE)
联合火力支援 joint fire support
联合机载/空运适应性训练 joint airborne/air transportability training (JA/ATT)
联合基地 joint base
联合技术公司 (美国) United Technologies Corporation (UTC)
联合技术架构 Joint Technical Architecture (JTA)
联合技术架构—空军 Joint Technical Architecture-Air Force (JTA-AF)
联合监视与目标攻击雷达系统 Joint Surveillance and Target Attack Radar System (JSTARS)
联合交战区 joint engagement zone (JEZ)
联合接待协调中心 joint reception coordination center (JRCC)
联合接口控制军官 joint interface control officer (JICO)
联合接收、集结、前送与整合 joint reception, staging, onward movement, and integration (JRSOI)
联合精确进近与着陆系统 Joint Precision Approach and Landing System (JPALS)
联合军事演习 joint military exercise
联合军种综合后勤保障计划 Joint Service Integrated Logistics Support Plan (JILSP)
联合军种作战需求 (美国) Joint Service Operational Requirement (JSOR)
联合可部署情报支持系统 joint deployable intelligence support system (JDISS)
联合空地一体化中心 joint air-ground integration center (JAGIC)
联合空对地导弹 (美国) Joint Air-to-Ground Missile (JAGM)
联合空对面防区外导弹 Joint Air-to-Surface Standoff Missile (JASSM)
联合空战计划 joint air operations plan (JAOP)
联合空战中心 combined air operations center (CAOC)
联合空战中心 joint air operations center (JAOC)
联合空中攻击分队 joint air attack team (JAAT)
联合空中评估流程 joint air estimate process (JAEP)
联合空中请求网 joint air request net (JARN)
联合空中作战 joint air operations
联合、跨部门、跨政府和多国的 joint, interagency, intergovernmental, and multinational (JIIM)
联合跨部门特遣队 joint interagency task force (JIATF)
联合跨机构协调组 joint interagency coordination group (JIACG)
联合扩编人员 joint individual augmentee (JIA)
联合末段攻击控制员 joint terminal attack controller (JTAC)
联合末段攻击控制员训练 joint terminal attack controller training
联合目标定位协调委员会 joint targeting coordination board (JTCB)
联合评估工作组 combined assessment working group (CAWG)

联合评估工作组 joint assessment working group (JAWG)
联合气象与海洋学军官 joint meteorological and oceanographic officer (JMO)
联合签约保障委员会 joint contracting support board (JCSB)
联合勤务 joint servicing
联合轻型战术车 Joint Light Tactical Vehicle (JLTV)
联合情报 joint intelligence
联合情报搜集管理委员会 joint collection management board (JCMB)
联合情报体系 joint intelligence architecture
联合情报行动中心 joint intelligence operations center (JIOC)
联合情报支援小分队 joint intelligence support element (JISE)
联合情报作战中心 joint intelligence operations center (JIOC)
联合区域医疗规划办公室 joint regional medical planning office (JRMPO)
联合全球情报通信系统 Joint Worldwide Intelligence Communications System (JWICS)
联合全域指挥与控制 Joint All-Domain Command and Control (JADC2)
联合缺陷报告系统 Joint Deficiency Reporting System (JDRS)
联合人工智能中心 (美国国防部) Joint Artificial Intelligence Center (JAIC)
联合人力计划 joint manpower program (JMP)
联合人员处理中心 joint personnel processing center (JPPC)
联合人员救援中心 joint personnel recovery center (JPRC)
联合人员问责调解和报告 joint personnel accountability reconciliation and reporting (JPARR)
联合人员训练和跟踪机构 joint personnel training and tracking activity (JPTTA)
联合任务规划系统 Joint Mission Planning System (JMPS)
联合伤病员运送需求中心 joint patient movement requirements center (JPMRC)
联合设施利用委员会 joint facilities utilization board (JFUB)
联合审讯行动 joint interrogation operations (JIO)
联合审讯与询问中心 joint interrogation and debriefing center (JIDC)
联合试行出版物 joint test publication (JTP)
联合试验与评估 Joint Test and Evaluation (JTE)
联合受限频率清单 joint restricted frequency list (JRFL)
联合数据网络作战军官 joint data network operations officer (JDNO)
联合双任务制空导弹 Joint Dual-Role Air Dominance Missile (JDRADM)
联合司令部 unified combatant command
联合司令部 unified command
联合司令部规划 Unified Command Plan (UCP)
联合太空作战计划 joint space operations plan (JSOP)
联合太空作战中心 joint space operations center (JSpOC)
联合特遣队 joint task force (JTF)
联合特遣队演习 joint task force exercise (JTFE)
联合特种作战部队司令员 joint special operations component commander (JSOCC)
联合特种作战航空兵司令员 joint special operations air component commander (JSOACC)
联合特种作战航空小分队 joint special operations air detachment (JSOAD)
联合特种作战区域 joint special operations area (JSOA)
联合特种作战特遣队 joint special operations task force (JSOTF)
联合提议者 joint proponent
联合体 consortium
联合条令计划会议 Joint Doctrine Planning Conference (JDPC)
联合条令制订共同体 joint doctrine development community (JDDC)
联合条令制订系统 Joint Doctrine Development System
联合通信网 joint communications network (JCN)
联合头盔安装瞄准系统 Joint Helmet-Mounted Cueing System (JHMCS)
联合头盔安装提示系统 Joint Helmet-Mounted Cueing System (JHMCS)
联合头盔瞄准系统 Joint Helmet-Mounted Cueing System (JHMCS)
联合头盔提示系统 Joint Helmet-Mounted Cueing System (JHMCS)
联合网络作战控制中心 joint network operations control center (JNCC)
联合威胁辐射源 Joint Threat Emitter (JTE)
联合文件开发利用中心 joint document exploitation center (JDEC)
联合系统项目办公室 Joint System Program Office (JSPO)
联合先进打击技术 Joint Advanced Strike Technology (JAST)
联合先进战术导弹 Joint Advanced Tactical Missile (JATM)
联合项目办公室 Joint Program Office
联合效应工作组 joint effects working group (JEWG)
联合心理战特遣队 joint psychological operations task force (JPOTF)
联合新型空空导弹 Joint New Air-to-Air Missile (JNAAM)
联合信息中心 joint information center (JIC)

联合行动 unified action
联合需求监督委员会 Joint Requirements Oversight Council（JROC）
联合需求审查委员会 joint requirements review board（JRRB）
联合训练系统 Joint Training System（JTS）
联合研制的 co-developed
联合研制的 jointly developed
联合野战办事处 joint field office（JFO）
联合一体化委员会 joint integration board（JIB）
联合一体化优先目标清单 joint integrated prioritized target list（JIPTL）
联合一体化优先情报搜集清单 joint integrated prioritized collection list（JIPCL）
联合一体化作战委员会 combined integration board（CIB）
联合移动红外干扰试验系统 Joint Mobile Infrared Countermeasures Test System（JMITS）
联合预期弹着点 joint desired point of impact（JDPI）
联合预期命中点 joint desired point of impact（JDPI）
联合远征分队 joint expeditionary team（JET）
联合运输委员会 Joint Transportation Board（JTB）
联合战略规划系统 Joint Strategic Planning System（JSPS）
联合战略能力计划 Joint Strategic Capabilities Plan（JSCP）
联合战术地面站 joint tactical ground station（JTAGS）
联合战术航空控制员 joint tactical air controller（JTAC）
联合战术空空导弹 Joint Tactical Air-to-Air Missile（JTAAM）
联合战术空空导弹领导小组 Joint Tactical AAM Steering Group
联合战术无线电系统 Joint Tactical Radio System（JTRS）
联合战术信息发布系统 Joint Tactical Information Distribution System（JTIDS）
联合战术自主空中补给系统 Joint Tactical Autonomous Aerial Resupply System（JTAARS）
联合直接攻击弹药 Joint Direct Attack Munition（JDAM）
联合职能 joint functions
联合职能部队司令部 Joint Functional Component Command（JFCC）
联合作战 coalition operations（多指多国联合作战）
联合作战 joint operations
联合作战分析中心 Joint Warfare Analysis Center（JWAC）
联合作战基本任务 joint mission-essential task（JMET）
联合作战计划与实施系统 Joint Operations Planning and Execution System（JOPES）
联合作战区 joint operations area（JOA）
联合作战区域预报 （预报气象和海洋学状况）joint operations area forecast（JOAF）
联合作战条令 joint doctrine
联合作战需求 allied operational requirement
联合作战中心 joint operations center（JOC）
联机的 on-line
联机通信 on-line communication
联军的 combined
联络点 （军事）contact point（CP）
联络官 liaison officer（LNO）
联盟 alliance（长久、宽泛的）
联盟 coalition（短时、具体的）
联盟作战 coalition operations
联盟作战需求 allied operational requirement
联锁槽 interlocking groove
联锁回馈 interlock return
联锁机构 interlock
联锁开关 interlocking switch
联锁销 interlock pin
联锁信号 interlock signal
联系 contact
联系 link
联系 relation
联系程序 （军事）contact procedure
联系点 Point of Contact（POC）
联系方式 Point of Contact（POC）
联运的 intermodal
联轴器 coupling
联装孔 connecting hole
廉价材料 inexpensive material
廉价的 inexpensive
练习战斗部 exercise warhead
链环 chain ring
链接 chaining（用于计算机领域）
链接 link（用于通信和计算机领域）
链路 link
链式阵 chain array
链条 chain
链系 chain

liang

梁 beam
量表总读数 total indicator reading（TIR）
量程 range（R）
量程控制器 range controller
量规 gage（gauge 的另一种拼写形式）
量规 gauge
量角器 protractor
量角器深度尺 protractor depth gage
量角器深度规 protractor depth gage
量角器头 （组合角尺）protractor head
量具 measurement tool
量具 measuring tool

量器 measure
两倍 σ 极限 two sigma limit
两侧 both sides
两单元干涉仪 two-element interferometer
两端 both ends
两机系留试验 two plane captives
两级火箭发动机 dual-stage rocket motor
两级喷管 two-step nozzle
两级维护 two-level maintenance
两级助推和续航发动机 two-stage boost and sustainer motor
两件拼合式板牙 two-piece die
两轮手推车 hand truck
两轮手推车 truck
两面夹角反射器 dihedral corner reflector
两栖车辆 amphibious vehicle
两栖车辆投入计划 amphibious vehicle employment plan
两栖撤退 amphibious withdrawal
两栖防御区 amphibious defense zone (ADZ)
两栖飞机 amphibious aircraft
两栖空中交通管制中心 amphibious air traffic control center (AATCC)
两栖履带式步兵战车 amphibious tracked infantry fighting vehicle
两栖散装液体传送系统 amphibious bulk liquid transfer system (ABLTS)
两栖特遣部队 amphibious task force (ATF)
两栖特遣部队指挥官 commander, amphibious task force (CATF)
两栖突击 amphibious assault
两栖突击车辆发起区 amphibious assault vehicle launching area
两栖突击分队 amphibious assault unit
两栖突击舰 amphibious assault ship
两栖突破 amphibious breaching
两栖突袭 amphibious raid
两栖先遣部队 amphibious advance force
两栖修建营 amphibious construction battalion (PHIBCB)
两栖佯动 amphibious demonstration
两栖战备群 amphibious ready group (ARG)
两栖中队 amphibious squadron (PHIBRON)
两栖作战 amphibious operation (PHIBOP)
两栖作战部队 amphibious force (AF)
两栖作战舰 amphibious warfare ship
两栖作战目标区 amphibious objective area (AOA)
两维表示法 two-dimensional representation
两相的 two-phase
两相流 two-phase flow
两用/改良常规弹药 dual-purpose/improved conventional munitions (DP/ICM)
两轴飞行控制 two-axis flight control
亮点 bright point
亮点 highlight
亮度 brightness
亮度 intensity
亮度 luminance
亮度波动 brightness fluctuation
亮度调制显示器 intensity modulated indicator
亮化 *vt.* highlight
谅解备忘录 memorandum of understanding (MoU)
量纲 dimension
量化误差 quantization error
量级 magnitude
量值 magnitude
量子 quanta (复数)
量子 quantum
量子计算 quantum calculation
量子理论 quantum theory
量子探测器 quantum detector
量子效率 quantum efficiency

lie

列 column
列编职位标识码 rated position indicator (RPI)
列表 (数据) listing
列表项 listing
列线图 nomogram
列装率 (飞机) readiness rate
猎雷 minehunting
猎鹰重型运载火箭 Falcon heavy launch vehicle
裂缝 crack
裂解 degradation
裂口 breach
裂纹 crack
裂纹扩散 crack propagation
裂纹扩展 crack propagation

lin

邻苯二甲酸二丁酯 dibutyl phthalate (DBP)
邻苯二甲酸二甲酯 dimethyl phthalate (DMP)
邻苯二甲酸二辛酯 dioctyl phthalate (DOP)
邻苯二甲酸二乙酯 diethyl phthalate (DEP)
邻边 (直角三角形) adjacent side
临界波长 critical wavelength
临界的 critical (指引起重要改变的某个量值)
临界的 neutral (指某种平衡或稳定状态)
临界角 critical angle
临界静稳定性 neutral static stability
临界静稳定裕度 neutral static margin
临界马赫数 critical Mach number
临界频率 critical frequency
临界数据 threshold data

临界速度 critical velocity
临界性 criticality
临界压强 critical pressure
临界载荷 critical load
临界直径 critical diameter
临界转折角 critical turning angle
临界状态 criticality
临界自燃温度 auto-ignition temperature
临界自燃温度 critical cookoff temperature
临界总压恢复 critical total pressure recovery
临近空间 near space
临时靶场 Interim Test Range (ITR)
临时保障计划 interim support plan
临时点焊 tack weld
临时调派 *v.* attach
临时挂飞训练弹 Temporary Captive Carry Air Trainer (TEMPCAT)
临时军政权 transitional military authority
临时目标 target of opportunity
临时派遣 *v.* attach
临时任务 temporary duty (TDY)
临时任务支付费 temporary duty pay
临时维护 interim maintenance
临时应急驻地 temporary contingency location
临时增加任务支付费 temporary additional duty pay
临时职责 temporary duty (TDY)
淋雨 precipitation
淋雨试验 rain testing
磷青铜 phosphor bronze
磷酸二氢钠 monobasic sodium phosphate
磷酸钠 sodium phosphate
磷酸盐 phosphate

ling

灵活的 flexible
灵活反应 flexible response
灵活威慑方案 Flexible Deterrent Options (FDO)
灵活性 agility (指敏捷性)
灵活性 flexibility (指方便性)
灵活驻扎计划 agile-basing plan
灵活作战运用(策略) Agile Combat Employment (ACE)
灵敏的 sensitive
灵敏度 sensitivity
灵巧精确碰撞与成本效益型 (以色列空面制导组件) Smart, Precise Impact and Cost-Effective (SPICE)
菱形背弹翼 diamondback wing
菱形天线 rhombic antenna
菱形天线公式 rhombic antenna formula
菱形纹滚花 diamond knurl
零长度发射 zero launch
零长度发射装置 (只支撑导弹,点火后不引导导弹方向) zero-length launcher
零点之间的波束宽度 null-to-null beamwidth
零电压电平 zero voltage level
零多普勒 zero Doppler
零负载电阻 zero load resistance
零件 component
零件 part
零件尺寸 part size
零件方位 part orientation
零件方向 part orientation
零件分解 parts breakdown
零件分解图 illustrated parts breakdown (IPB)
零件工作面 part face
零件工作平面 part face
零件号 part number (P/N)
零件计数器 part counter
零件名称 part name
零件明细 parts breakdown
零件清单 parts list
零件数量 parts count
零件特征 (如台阶、孔、槽等) part feature
零件之间的可重复性 part-to-part repeatability
零阶保持 zero-order hold
零阶保持电路 zero-order hold
零均值 zero mean
零控脱靶量 zero effort miss
零拍接收机 homodyne receiver
零偏 bias
零偏电压 zero bias voltage
零前角 (车刀) neutral back rake
零升波阻系数 zero-lift wave drag coefficient
零升力波阻系数 zero-lift wave drag coefficient
零升力弹道 zero lift trajectory
零升阻力 zero-lift drag
零升阻力系数 zero-lift drag coefficient
零位基准回位模式 (数控机床) zero-reference return mode
零位基准回位模式 (数控机床) zero-return mode
零线 neutral
零信号区 (天线方向图) null
零滞后比例导引寻的回路 zero-lag proportional navigation homing loop
零滞后的 zero-lag
零滞后制导系统 zero-lag guidance system
领导力 leadership
领导能力 leadership
领队飞机 lead aircraft
领海 maritime domain
领海 territorial waters
领海意识 maritime domain awareness (MDA)
领结形偶极子 bow-tie dipole
领结形偶极子天线 bow-tie dipole antenna
领空 air sovereignty

领空 airspace
领空 territorial airspace
领空主权 air sovereignty
领域 field
领域 sector
另一个的 alternative

liu

溜板箱 （车床）apron
留空时间 loiter time
留置装备 remain-behind equipment
流 flow
流变性 rheological property
流变性能 rheological property
流变应力 flow stress
流场 flow field
流场 flowfield
流场测绘 flowfield mapping
流场分类 cataloging of flow fields
流场绘图 flowfield mapping
流场计算 flow field calculation
流场区域 flowfield region
流场试验 flowfield test
流场弯曲度 flowfield angularity
流程 procedure
流程图 flow chart
流程图 flow diagram
流程图 flow sheet
流出 efflux
流出量 discharge
流出物 effluent
流出物 efflux
流导 conductance
流道 flow path
流道 flowpath
流动 flow
流动成像显示 flow mapping visualization
流动分布 flow distribution
流动功 flow work
流动绘图显示 flow mapping visualization
流动可视化 flow visualization
流动可视化方式 flow visualization pattern
流动模型 flow model
流动特性 flow property
流动通道 flow passage
流动障碍 flow obstruction
流动振荡 flow oscillation
流化床 fluidized bed
流径 flow path
流径 flowpath
流量 flow
流量 flow rate
流量 flux
流量检测 flow rate check
流量检测接头 flow rate check adapter
流量密度 flux density
流量限制器 flow restrictor
流量修正系数 discharge correction factor
流率 flow rate
流率调节能力 throttle capacity
流明 （光通量单位）lumen（lm）
流体 fluid
流体动力计算 hydrodynamic calculation
流体动力流 hydrodynamic flow
流体动力流可视化 hydrodynamic flow visualization
流体动力学 fluid dynamics
流体动力学程序 hydrocode
流体动力学软件 hydrocode
流体静力压缩 hydrostatic compression
流体静压 hydrostatic pressure
流体绝对静温 static absolute fluid temperature
流体力学 fluid mechanics
流体力学 hydraulics（多指水力学）
流线 streamline
流线型 streamline
流转时间 flow time
硫 sulfur
硫 sulphur
硫化 cure
硫化 curing
硫化处理碳钢 resulphurized carbon steel
硫化和氯化的切削油 sulfurized and chlorinated cutting oil
硫化炉 curing oven
硫化铅 lead sulfide（PbS）
硫化铁 iron sulfide
硫化锌 zinc sulfide
硫磺石 （MBDA 公司的空地导弹）Brimstone
硫酸 sulfuric acid
硫酸钾 potassium sulfate
榴弹发射器 grenade launcher
榴弹炮 howitzer
六边环形单元 hexagon element
六边形板单元 hexagon plate element
六角的 hex
六角键螺丝刀 Torx screwdriver
六角开槽普通螺母 hexagon slotted plain nut
六角螺母 hex nut
六角螺丝刀 Torx screwdriver
六角套筒扳手 Allen wrench
六角套筒扳手 hex driver
六角套筒扳手 six-point socket wrench
六角套头扳手 six-point box-end wrench
六角头的 hex-head
六角形套筒夹头块 hex-shaped collet block

六氢邻苯二甲酸酐 hexahydrophthalic anhydride
六硝基六氮杂异伍兹烷 hexanitrohexaazaisowurtzitane (CL-20)
六自由度 six-degree-of-freedom
六自由度 6-degree-of-freedom (6-DOF)
六自由度气动模型 six-degree-of-freedom aerodynamic model

long

龙卷风雷达 tornado radar
笼 cage
隆起 upheaval

lou

楼顶试验 roofhouse test
漏波天线 leaky wave antenna
漏电 leakage
漏电电阻 leakage resistance
漏电检测仪 leakage indicator
漏电指示仪 leakage indicator
漏斗 funnel
漏光 light leak
漏极 (场效应晶体管) drain
漏极电极 drain electrode
漏极电流 drain current
漏极电容 drain capacitance
漏极扩散 drain diffusion
漏极特性曲线 (场效应晶体管) drain curve
漏气检测仪 gas leakage detector
漏热 heat leak
漏泄电流 stray current
漏炸 failed detonation
漏整流电流 leakage current
露趾鞋 open-toe shoes

lu

炉壳 furnace enclosure
炉罩 furnace enclosure
鲁棒的 robust
鲁棒性 robustness
鲁尼伯格透镜 Luneberg lens
陆地范围 land domain
陆地环境空中描绘设备 (英国陆军) Land Environment Air Picture Provision (LEAPP)
陆地域 land domain
陆海军联合(部队) joint army-navy (JAN)
陆基传感器 ground-based sensor
陆基的 ground-based
陆基的 land-based
陆基定向能武器 ground-based directed energy weapon
陆基防空 ground-based air defense (GBAD)
陆基防空能力 ground-based air-defence capability
陆基防空系统 ground-based air defence system
陆基光电深太空监视 Ground Based Electro-Optical Deep Space Surveillance (GEODSS)
陆基光电远太空监视 Ground Based Electro-Optical Deep Space Surveillance (GEODSS)
陆基拦截弹 Ground-based Interceptor (GBI)
陆基雷达 ground-based radar
陆基平台 land-based platform
陆基试验 ground-based test
陆基探测器 ground-based sensor
陆基巡航导弹 ground-based cruise missile
陆基巡航导弹 land-based cruise missile
陆基战略威慑计划 (美国空军) Ground Based Strategic Deterrent (GBSD)
陆基中段防御 Ground-based Midcourse Defense (GMD)
陆基中段防御系统 Ground-based Midcourse Defense System
陆基作战 land-based operation
陆军部 (美国) Department of the Army (DA)
陆军部队司令部 Army Service component command (ASCC)
陆军合同管理司令部 Army Contracting Command (ACC)
陆军空地协调系统 Army air-ground system (AAGS)
陆军轻型航空兵 (法国) Army Light Aviation (ALAT)
陆军特种作战部队 Army special operations forces (ARSOF)
陆军特种作战航空司令部 Army Special Operations Aviation Command (ARSOAC)
陆军未来司令部 Army Futures Command (AFC)
陆军五星上将 (美国) general of the army
陆军战术导弹系统 Army Tactical Missile System (ATACMS)
陆军支援区域 Army support area
陆军综合防空和反导(项目) Army Integrated Air and Missile Defense (AIAMD)
陆军作战实验 Army Warfighting Experiment (AWE)
陆上储存 ashore storage
陆上拦截者 (MBDA 导弹系统公司研发的防空系统) Land Ceptor
录音带 tape
路肩 shoulder
路径 path
路径 route
路径长度 path length
路径损耗 path loss
路径损耗动态范围 path loss dynamic range
路线 route
路线图 roadmap

露天爆破 （导弹处置的一种方法）open detonation
露天烧毁 （导弹处置的一种方法）open burning
露天试验 open-air test
露天试验 open-air testing
露天试验台 open-air test stand
露趾鞋 open-toe shoes

lü

旅作战队 brigade combat team（BCT）
铝 aluminium（英国拼写形式）
铝 aluminum（美国拼写形式）
铝靶标 aluminum target
铝板 aluminum plate
铝箔 aluminum foil
铝沉积 aluminum agglomeration
铝电解型 aluminum electrolytic type
铝反射镜 aluminum mirror
铝粉 aluminium powder
铝粉 aluminum powder
铝粉 powdered aluminum
铝合金 aluminum alloy
铝合金尾罩 aluminum alloy aft fairing
铝化钛 titanium aluminide
铝颗粒 aluminum particle
铝壳体 aluminum housing
铝镍合金 alumel
铝青铜 aluminum bronze
铝燃料 aluminum fuel
铝热剂 thermite
铝丝绒(擦垫) aluminum wool
铝型材 aluminium profile
铝质蒙皮 aluminum skin
铝质铸件 aluminum casting
履带 track
履带 tread
履带式混合模块化步兵系统 Tracked Hybrid Modular Infantry System
履带式移动发射装置 tracked mobile launcher
履历 record
履历本 log
履历本 logbook
履历本 record
履历本存放盒 （包装箱）logbook compartment
履历本存放盒 （包装箱）record holder
绿色排气 green exhaust
绿色指示带 （翼面安装）green indicator
氯 chlorine
氯丁橡胶 neoprene
氯丁橡胶 neoprene rubber
氯丁橡胶片 neoprene strip
氯丁橡胶手套 neoprene gloves
氯化钠 sodium chloride
氯化氢 hydrogen chloride
氯化氢尾迹 hydrogen chloride contrail
氯化物 chloride
氯气 chlorine
氯气 chlorine gas
滤波器 filter
滤波器板 filters card
滤波器带宽 filter bandwidth
滤波器衰减 filter attenuation
滤波整流器组件 filter rectifier assembly
滤光方案 filtering scheme
滤光片 filter
滤光片带外透射率 out-of-band filter transmittance
滤光片镀膜 filter coating
滤光片校准 filter calibration
滤光片起始波长 filter cut-on wavelength
滤光片粘接 filter bonding
滤光片制备 filter preparation
滤筒 （过滤器）cartridge
滤筒 （过滤器）filter cartridge
滤网 sieve

luan

卵磷脂 lecithin

lüe

掠海飞行 sea skimming flight
掠海飞行导弹 sea-skimming missile
掠海飞行空中目标 sea-skimming aerial target
掠海高度 sea-skimming altitude
掠射 grazing
掠射角 grazing angle
掠射角反射率 grazing angle reflectance

lun

轮 wheel
轮挡 block
轮挡 chock
轮挡 wheel chock
轮毂 boss
轮毂 hub
轮架 wheel frame
轮孔根部 （发动机装药）root of wagonwheel perforation
轮孔尖端 （发动机装药）tip of wagonwheel perforation
轮廓 profile
轮廓测量 profile measurement
轮廓测量技术 profile measurement technique（PMT）
轮廓公差 profile tolerance
轮廓切割 contour sawing

轮式磨光机 disc sander
轮胎胎面 tread
轮体 wheel body
轮凸缘 wheel flange
轮系 train
轮轴 axle

luo

罗伯特巴仑 Roberts balun
罗尔斯-罗伊斯公司 （英国）Rolls-Royce（R-R）
罗克韦尔·柯林斯公司 （美国）Rockwell Collins
罗纳德·里根弹道导弹防御试验场 （美国陆军） Ronald Reagan Ballistic Missile Defense Test Site
逻辑 logic
逻辑板 logic card
逻辑触发信号 logic triggering signal
逻辑电路 logic
逻辑电路 logic circuit
逻辑门 gate
逻辑信号 logic signal
螺钉 machine screw（螺杆直径不变，用于金属零件）
螺钉 screw
螺钉紧固件 screw fastener
螺钉头 screw head
螺钉组合 screw assembly
螺钉组件 screw assembly
螺杆 bolt
螺杆 screw
螺尖丝锥 （主要用于通孔的攻丝）gun tap
螺尖丝锥 （主要用于通孔的攻丝）spiral-point tap
螺距 （螺纹）pitch
螺距规 screw pitch gage
螺帽 nut
螺帽组合 nut assembly
螺帽组件 screw cap assembly
螺母 nut
螺蜷天线 spiral antenna
螺塞 threaded plug
螺栓 bolt（大多与螺母配合使用）
螺栓 cap screw（不用螺母）
螺栓 machine screw（螺杆直径不变，用于金属零件）
螺栓安装的 bolt-on
螺栓安装的舵面 bolt-on fin
螺栓分布圆 bolt circle
螺栓固紧的 bolt-on
螺栓固紧的舵面 bolt-on fin
螺栓固紧式刀具安装卡座 （数控机床）bolt-on tool-mounting adapter
螺栓滑盖 bolt door
螺丝刀 screwdriver
螺纹 screw thread
螺纹 thread
螺纹防松 thread locking
螺纹滑扣 stripped thread
螺纹环规 thread ring gage
螺纹紧固胶 threadlocker
螺纹卡规 thread snap gage
螺纹卡紧环 （主轴头部）threaded collar
螺纹孔钻头尺寸 tap drill size
螺纹量针 （直径精密的线材，用于螺纹中径的三针测量）thread wire
螺纹乱扣 crossed thread
螺纹磨损 thread wear
螺纹千分尺 screw thread micrometer
螺纹千分尺 thread micrometer
螺纹切刀 （两件拼合式板牙）cutter
螺纹切制齿 （板牙的）thread-cutting teeth
螺纹切制退刀槽 thread relief groove
螺纹切制退刀槽 thread undercut
螺纹切制指示盘 thread dial
螺纹切制指示盘 threading dial
螺纹清理 thread cleaning
螺纹区域 threaded area
螺纹塞规 thread plug gage
螺纹深度 （从牙顶到牙底的距离）thread depth
螺纹深度百分比 percentage of thread
螺纹深度百分比 percentage of thread height
螺纹锁固 thread locking
螺纹套 （套筒夹头卡盘）threaded cap
螺纹通/止环规 thread go/no-go ring gage
螺纹通/止塞规 thread go/no-go plug gage
螺纹系列 thread series
螺纹牙高 （从牙顶到牙底的距离）thread depth
螺纹牙高百分比 percentage of thread
螺纹牙高百分比 percentage of thread height
螺纹牙型 thread form
螺旋槽 （钻头）spiral flute
螺旋槽丝锥 （带有螺旋导屑槽，切屑后行）spiral-flute tap
螺旋缠绕金属带 spiral-wound metal ribbon
螺旋的 helical
螺旋的 spiral
螺旋的 spiraling
螺旋管 coiled tube
螺旋管分组件 coiled tube subassembly
螺旋管硬钎焊夹具 coiled tube brazing fixture
螺旋轨迹 spiral trajectory
螺旋机动 corkscrew maneuver
螺旋极化器 helix polarizer
螺旋桨调制 （雷达回波）propeller modulation
螺旋角 （麻花钻头、螺纹）helix angle
螺旋聚束天线 helical beam antenna
螺旋馈源 helix feed
螺旋拉伸弹簧 helical extension spring
螺旋密封塞 helical labyrinth

螺旋扫描 spiral scan
螺旋式升级 spiral upgrade
螺旋弹簧 helical spring
螺旋弹簧 spiral spring
螺旋天线 helical antenna
螺旋天线 helix antenna
螺旋天线公式 helix formula
螺旋天线图表 helices chart
螺旋线 （螺纹）helix
螺旋线的 spiral
螺旋形物 （如螺旋线、螺旋管等）*n.* spiral
螺旋压缩弹簧 helical compression spring
螺旋压缩弹簧固定筒 helical compression spring retainer
螺旋移频器 helix frequency shifter
螺旋移相器 helix phase shifter
螺旋终端 helix termination
螺柱 bolt
裸弹体 （无控制的）bare airframe
裸露的金属 bare metal
裸露装药 bare charge
裸装药 bare charge
洛必达法则 L'Hopital's rule
洛克希德·马丁公司 （美国）Lockheed Martin
洛克希德·马丁公司导弹与火控业务部 Lockheed Martin Missiles and Fire Control
洛克希德·马丁公司航空航天展 Lockheed Martin Space and Air Show（LMSAS）
洛克希德·马丁公司航空业务部 Lockheed Martin Aeronautics Corporation subsidiary
洛伦兹比 Lorenz ratio
洛氏硬度 Rockwell Hardness
洛氏硬度试验 Rockwell hardness testing
洛氏硬度值 Rockwell hardness scale
洛斯阿拉莫斯国家科学实验室 （美国）Los Alamos National Scientific Laboratory（LANSL）
洛斯阿拉莫斯国家实验室 （美国）Los Alamos National Laboratory（LANL）
落入预定靶区 （表示导弹飞行试验取得成功）down the slat

ma

麻花钻　twist drill
麻雀　（美国 AIM-7 空空导弹）Sparrow
麻雀和标准导弹的红外改进　Infra-Red Improvement of Sparrow and Standard（IRISS）
马赫角　Mach angle
马赫盘　Mach diamond
马赫盘　Mach disk
马赫数　Mach
马赫数　Mach number
马赫数表　Machmeter
马赫数范围　Mach number range
马赫数范围　Mach regime
马赫数范围　regime
马可尼方锥环天线　Marconi's square conical loop antenna
马来西亚皇家空军　Royal Malaysian Air Force（RMAF）
马力　horsepower
马洛塔纯净空气压缩技术　Marotta Pure Air Compression Technology（MPACT）
马门卡箍　Marmon band clamp
马门卡箍罩　Marmon band clamp cover
马赛克战　（一种新型作战理念）mosaic warfare
马氏体　martensite
马氏体不锈钢　martensitic stainless steel
马氏体时效钢　maraging steel
码字　code word

mai

埋地天线　submerged antenna
埋没渗碳　packing
埋入　*vt.* embed
埋入　*vt.* imbed（embed 的另一种拼写形式）
埋头孔深度　depth of counterbore
迈克特隆公司　（巴西）Mectron
麦道公司　McDonnell Douglas
麦克斯韦方程组　Maxwell's equations
麦克唐纳·道格拉斯公司　McDonnell Douglas
脉冲　impulse（持续时间极短）
脉冲　pulse
脉冲持续时间　pulse duration
脉冲重复间隔　Pulse Repetition Interval（PRI）
脉冲重复间隔比　PRI ratio
脉冲重复间隔参差　PRI stagger
脉冲重复间隔抖动　PRI jitter
脉冲重复间隔分析　PRI analysis
脉冲重复间隔分析技术　PRI analysis technique
脉冲重复间隔捷变　PRI agility
脉冲重复间隔类别　categories of PRI
脉冲重复间隔声音　PRI sound
脉冲重复率　pulse repetition rate
脉冲重复频率　pulse rate
脉冲重复频率　pulse repetition frequency（PRF）
脉冲重复频率捷变　PRF agility
脉冲重复周期　Pulse Repetition Interval（PRI）
脉冲串　pulse burst
脉冲串　pulse train
脉冲单值性　pulse nonambiguity
脉冲的包络参数　pulse envelope parameter
脉冲的分类/聚类　pulse sorting/clustering
脉冲电容器　pulse capacitor
脉冲多普勒　pulse Doppler（PD）
脉冲多普勒雷达　pulse-Doppler radar
脉冲多普勒雷达　pulsed Doppler radar
脉冲多普勒雷达导引头　pulsed Doppler radar seeker
脉冲多普勒模式　PD mode
脉冲多普勒模式　pulse Doppler mode
脉冲发动机　pulse motor
脉冲发动机　pulsed motor
脉冲发生器　pulse generator
脉冲幅度　pulse amplitude
脉冲幅度调制　pulse amplitude modulation（PAM）
脉冲幅值　pulse amplitude
脉冲固体火箭发动机　pulsed solid rocket motor
脉冲光源　pulsed source
脉冲火箭　pulse rocket
脉冲积累　pulse integration
脉冲计数器　pulse counter
脉冲加速度响应函数　impulse acceleration response function
脉冲宽度　pulse width（PW）
脉冲宽度调制　pulse-width modulation（PWM）
脉冲宽度调制的　pulse-width-modulated（PWM）
脉冲宽度调制电动机　pulse-width-modulated electric motor
脉冲宽度调制电动机　PWM electric motor
脉冲描述字　Pulse Descriptor Word（PDW）
脉冲频率　pulse rate
脉冲式激光源　pulsed laser source
脉冲式喷气发动机　pulsejet

脉冲输出 pulse output
脉冲输入 pulse input
脉冲输入波形 pulse input waveform
脉冲数 number of pulses
脉冲速率 pulse rate
脉冲调幅 pulse amplitude modulation (PAM)
脉冲调频 frequency modulation on pulse (FMOP)
脉冲调制 pulse modulation
脉冲响应 impulse response
脉冲响应 pulse response
脉冲信号 pulse signal
脉冲信号 pulsed signal
脉冲形状 pulse shape
脉冲型输入 pulse-type input
脉冲型信号 pulsed signal
脉冲序列 pulse train
脉冲序列频谱 pulse train spectrum
脉冲压缩 pulse compression
脉冲源 pulsed source
脉冲振幅 pulse amplitude
脉冲之间激光能量的变化 pulse-to-pulse variation of the laser energy
脉冲制导 pulsed guidance
脉动 impulse（持续时间极短）
脉动 pulse
脉动机动 impulse maneuver
脉动控制 impulse steering
脉动喷气发动机 pulsejet
脉动喷气发动机 pulsejet engine
脉动式激光源 pulsed laser source
脉动式喷气发动机 aeropulse
脉内 intrapulse
脉内分析 intrapulse analysis
脉内调频 intrapulse FM
脉内调频 intrapulse frequency modulation
脉压强度 fluctuating pressure level (FPL)

man

满足生产质量的材料 production-quality material
漫反射 diffuse reflection
漫反射比 diffuse reflectance
漫反射壁 diffuse wall
漫反射系数 diffuse reflectance
漫射 diffusion
慢波 slow wave
慢进给模式 （数控机床）jog mode
慢进给旋钮 （数控机床）jogging handwheel
慢烤 slow cook-off
慢烤 slow cookoff
慢速烤燃 slow cook-off
慢速烤燃 slow cookoff
慢速自燃 slow cook-off
慢速自燃 slow cookoff

mang

盲插 blind mate
盲插机构 blind insertion device
盲插机构 blind mate mechanism
盲距 blind range
盲孔 blind hole
盲孔铆钉 blind rivet
盲孔丝锥 bottoming chamfer tap
盲区 blind zone
盲区 dead zone

mao

毛刺 burr
毛料 stock
毛坯 blank
毛细玻璃管 capillary glass tube
毛毡头涂液器 （工件划线用）felt-tip applicator
毛重 gross weight
锚雷 moored mine
锚型单元 anchor element
铆钉 rivet
铆钉倾斜 rivet tilt
铆接 *vt.* rivet
铆接 riveting
铆接工具 riveting tool
冒险计划 enterprise
帽 cap

mei

玫瑰线扫描 rosette scan
梅花扳手 box-end wrench
媒介 medium
媒体联合体 media pool
媒体与路径控制系统 media and routing control system (MARCS)
煤油 kerosene
霉菌试验 fungus test
每飞行小时的成本 Cost per Flight Hour (CPFH)
每飞行小时的运作成本 operational cost per flying hour (OCPFH)
每飞行小时的作战成本 operational cost per flying hour (OCPFH)
每分钟表面英尺数 （指表面切削或磨削加工的线速度）surface feet per minute (SFPM)
每分钟转数 revolutions per minute (RPM)
每个波束宽度的脉冲数 pulses per beamwidth
每平方英寸 Per Square Inch (PSI)
每小时飞行成本 per-flight hour cost

每英尺锥度变化 taper per foot (TPF)
每英寸齿数 (锯条) teeth per inch (TPI)
每英寸螺纹数 threads per inch (TPI)
每英寸锥度变化 taper per inch (TPI)
美国 United States (US; U. S.)
美国本土 continental United States (CONUS)
美国本土以外 outside the continental United States (OCONUS)
美国大陆 continental United States (CONUS)
美国大陆以外 outside the continental United States (OCONUS)
美国独立日 Independence Day
美国法人 United States person
美国钢铁学会 American Iron and Steel Institute (AISI)
美国国防部 U. S. Defense Department
美国国防采办委员会 US Defense Acquisition Board
美国国会 US Congress
美国国家标准学会 American National Standards Institute (ANSI)
美国国家小组 US country team
美国国务院 US State Department
美国海关与边境保护局 U. S. Customs and Border Protection
美国海军 U. S. Navy
美国海军 United States Navy (USN)
美国海军 US Navy
美国海军船只 United States Naval Ship (USNS)
美国海军空中系统司令部空空导弹系统项目办公室 US Naval Air Systems Command AAM Systems program office
美国海军陆战队 United States Marine Corps (USMC)
美国海军陆战队 US Marine Corps (USMC)
美国机械工程师协会 American Society of Mechanical Engineers (ASME)
美国军舰 United States Ship (USS)
美国军事力量 US forces
美国空军 United States Air Force (USAF)
美国空军安全部队 PHOENIX RAVEN
美国空军参谋长 Chief of Staff, United States Air Force (CSAF)
美国空军驻欧洲部队 United States Air Forces Europe (USAFE)
美国空军总部的军法总长 Judge Advocate General at HQ USAF (JAG)
美国联合部队司令部司令员 Commander, United States Joint Forces Command (CDRUSJFCOM)
美国陆军 US Army
美国陆军特种作战司令部 US Army Special Operations Command
美国陆军协会 Association of the United States Army (AUSA)
美国陆军研究实验室 US Army Research Laboratory
美国陆军尤马试验场 U. S. Army Yuma Proving Ground
美国试验与材料协会 American Society for Testing and Materials (ASTM)
美国文电格式 United States message text format (USMTF)
美国武装部队 Armed Forces of the United States
美国武装部队 United States Armed Forces
美国武装部队 US forces
美国线规 American Wire Gauge (AWG)
美国有效控制的舰船 effective United States-controlled ships (EUSCS)
美国政府 U. S. government (USG)
美国自然人 United States person
美国总统 President of the United States (POTUS)
美军北部司令部 United States Northern Command (USNORTHCOM)
美军非洲司令部 United States Africa Command (USAFRICOM)
美军联合部队司令部 United States Joint Forces Command (USJFCOM)
美军南部司令部 United States Southern Command (USSOUTHCOM)
美军欧洲司令部 United States European Command (USEUCOM)
美军欧洲司令部司令员 Commander, United States European Command (CDRUSEUCOM)
美军太空司令部 United States Space Command (USSPACECOM)
美军太平洋司令部 United States Pacific Command (USPACOM)
美军太平洋司令部司令员 Commander, United States Pacific Command (CDRUSPACOM)
美军特种作战司令部 United States Special Operations Command (USSOCOM)
美军网电司令部 United States Cyber Command (USCYBERCOM)
美军印度洋-太平洋司令部 US Indo-Pacific Command (USINDOPACOM)
美军印太司令部 US Indo-Pacific Command (USINDOPACOM)
美军运输司令部 United States Transportation Command (USTRANSCOM)
美军运输司令部司令员 Commander, United States Transportation Command (CDRUSTRANSCOM)
美军战略司令部 United States Strategic Command (USSTRATCOM)
美军战略司令部司令员 Commander, United States Strategic Command (CDRUSSTRATCOM)
美军中部司令部 United States Central Command (USCENTCOM)
美军中部司令部空军部队 United States Central Command Air Forces (USCENTAF)

美军中部司令部司令员 Commander, United States Central Command (CDRUSCENTCOM)
美利坚合众国 United States of America (USA)
镁 magnesium
镁合金 magnesium alloy
镁燃烧弹 magnesium incendiary bomb

men

门 door
门电路 gate
门控开关 gate controlled switch (GCS)
门控视频跟踪器 gated-video tracker (GVT)
门限 threshold
门限比较器 threshold comparator
门限电路 threshold circuit
门限电平 threshold level
门限检测 threshold detection
门限检测器 threshold detector
门限数据 threshold data
门限值 threshold
门阵列 gate array

meng

蒙皮 skin
蒙特卡洛方法 Monte Carlo approach
蒙特卡洛仿真 Monte Carlo simulation
蒙特卡洛模拟 Monte Carlo simulation
盟军作战行动 (北约) Operation Allied Force
猛度 (炸药) brisance
猛禽 (F-22 战斗机) Raptor
猛炸药 secondary explosive
锰 manganese
锰铜 manganin

mi

糜烂性毒剂 blister agent
糜烂性毒剂 vesicant agent
米 meter (m)
米兰 (法德合作研制的反坦克导弹) Milan
米氏电磁散射 Mie electromagnetic scattering
秘藏处 cache
秘藏物 cache
秘密撤出 (军事) exfiltration
秘密的 confidential
秘密级的 confidential
秘密行动 clandestine
秘密行动 clandestine operation
秘密行为 clandestine
密度 density
密度函数 density function
密封 seal
密封 sealing
密封舱 capsule
密封槽 seal groove
密封垫 gasket
密封垫 packing
密封垫 sealing gasket
密封堵头 seal plug
密封堵头 sealer
密封阀 seal valve
密封法兰 sealing flange
密封盖 seal cap
密封盖 seal cover
密封盖 sealing cap
密封盖 sealing cover
密封盖扳手 seal cover wrench
密封环 seal ring
密封环 sealing ring
密封剂 sealant
密封剂 sealing compound
密封检测 leak check
密封件 seal
密封胶 sealant
密封胶 sealing compound
密封面 sealing surface
密封圈 gasket
密封圈 packing
密封套 gland
密封凸缘 sealing flange
密封物 sealer
密封箱 can
密封真空包装 sealed vacuum package
密封装置 sealing device
密烘铸造 meehanite casting
密集城市环境 dense urban environment
密集度 concentration
密集火力 massed fire
密集正弦波 sine burst
密距端射阵 W8JK array
密距阵 close-spaced array
密码与通信安全装置 cryptographic and communication security device
密码字 code word
密排四偶极子阵 W8JK array
密排四元阵 W8JK array
密切热接触 intimate thermal contact
密实钢丝绳 swage-wire rope
密实钢丝绳套管 swage-wire rope sleeve
密实球形(战斗部) compact shape
密实球形体 compact spheroid
密实形(战斗部) compact shape
密钥重新装入机 key reloader
幂 (数字的) power

幂次谱　power law spectra
幂定律　power law
幂律谱　power law spectra

mian

棉火药　gun cotton
棉签　cotton swab
免受干扰系统　countermeasure-immune system
面　（锉刀）face
面板　panel
面板　（用作测量或划线的基准）surface plate
面层　（油漆等）topcoat
面冲击　flat impact
面对空　surface-to-air（STA）
面对面　surface-to-surface（STS）
面对面导弹　surface-to-surface missile（SSM）
面对面导弹单元　surface-to-surface missile module（SSMM）
面对面导弹发射单元　surface-to-surface missile module（SSMM）
面对潜导弹　surface-to-underwater missile（SUM）
面辐射强度　radiant emittance
面积　area
面积比　area ratio
面积-长度比　area-to-length ratio
面积定义孔径　area defining aperture
面积-距离平方比　area-over-distance-squared
面空导弹　surface-to-air missile（SAM）
面空导弹系统　surface-to-air missile system
面空型怪蛇和德比（导弹系统）（以色列）Surface-to-air PYthon and DERby（SPYDER）
面空型号　surface-to-air version
面轮廓度　profile of a surface
面目标　area target
面目标　（包括地面和海面目标）surface target
面目标撞击速度　surface target impact velocity
面漆　finish coat
面漆喷涂方法　finish system
面射型中程红外成像系统—尾部/推力矢量控制的（导弹）InfraRed Imaging System-Tail/Thrust Vector Controlled-Surface-Launched, Medium range（IRIS-T-SLM）
面向产品的　product-oriented
面向分立任务的防护态势　split-mission oriented protective posture
面向分立任务的防护态势　split-MOPP
面向机身的　inboard
面向技术的　technology-oriented
面向任务的防护态势　mission-oriented protective posture（MOPP）
面向任务的防护态势装备　mission-oriented protective posture gear
面向任务的防护态势装备　MOPP gear
面心立方金属　face-centered cubic metal
面元法　panel method
面元法　paneling method
面罩　face shield
面罩　mask
面阵　planar array
面阵探测器　matrix sensor
面阵探测器　planar array detector
面阵探测器　planar array sensor
面撞击　flat impact

miao

描述　description
瞄准点　aim point
瞄准点　aimpoint
瞄准点偏置　aim point bias
瞄准吊舱　Targeting Pod（TGP）
瞄准和火控系统　aiming and fire-control system
瞄准精度　aiming accuracy
瞄准精度　targeting accuracy
瞄准算法　targeting algorithm
瞄准误差　boresight error
瞄准误差　targeting error
瞄准线　boresight
瞄准线　line of sight（LOS）
瞄准线半主动控制　Semi-Active Command to Line-of-Sight（SACLOS）
瞄准线的　line-of-sight
瞄准线目标　line-of-sight target
瞄准线指令（导引）　command to line of sight（CLOS）
瞄准效果分队　targeting effects team（TET）
瞄准用前视红外　Targeting Forward-Looking Infrared（TFLIR）
秒　second（Sec）

mie

灭火程序与注意事项　firefighting procedures and precautions
灭火器　fire extinguisher
灭火设备　fire-fighting equipment

min

民防系统　warden system
民航储备机队　（美国）Civil Reserve Air Fleet（CRAF）
民间-军事医疗行动　medical civil-military operations（MCMO）
民间空中巡逻　Civil Air Patrol（CAP）
民间扩展计划　civil augmentation program（CAP）

民事　civil affairs (CA)
民事当局　civil authorities
民事环境　civil environment
民事紧急状态　civil emergency
民事-军事医学　civil-military medicine
民事搜救　civil SAR
民事搜救　civil search and rescue
民事信息　civil information
民事信息管理　civil information management (CIM)
民事行动　civil affairs operations (CAO)
民事侦察　civil reconnaissance (CR)
民事支援联合特遣部队　Joint Task Force-Civil Support (JTF-CS)
民营企业　private sector
民用电子产品　commercial electronics
民用工程技术调查　civilian engineering technical survey (CETS)
民用工程技术勘察　civilian engineering technical survey (CETS)
民用技术　commercial technology
民用暮光之末　end evening civil twilight (EECT)
民用市场　commercial market
民用曙光之始　begin morning civil twilight (BMCT)
民用炸药　commercial explosive
民政　civil administration (CA)
民政当局　civil authorities
民政管理机构　civil administration (CA)
民政事务　civil affairs (CA)
闵可夫斯基分形天线　Minkowski fractal antenna
敏感场所　sensitive site
敏感的　sensitive
敏感的粉末烟火剂　sensitive powdered pyrotechnic
敏感度　sensitivity
敏感度参数　sensitivity parameter
敏感度分析　sensitivity analysis
敏感度曲线　sensitivity curve
敏感面面积　sensitive area
敏感器　sensor
敏感区域　sensitive area
敏感信息　sensitive information
敏感性　sensitivity
敏捷近距格斗导弹　agile dogfight missile
敏捷空中格斗导弹　agile dogfight missile
敏捷性　agility
敏捷制造　agile manufacturing
敏捷制造能力　agile manufacturing capability

ming

名称　nomenclature
名称标牌　nomenclature decal
名义应变　nominal strain
明火抑制剂　visible flame suppressant
明亮的　luminous
明亮火焰　luminous flame
明区　bright flame zone
明细等级　(运输资料) level of detail
明细分级　(运输资料) level of detail
铭牌　nameplate
命令　command (CMD)
命令　direction
命令　*n.* directive
命令　instruction
命令　order
命名的关注地域　named area of interest (NAI)
命名法　nomenclature
命中　*n. & vt.* hit
命中　impact
命中点　impact point
命中点　point of impact
命中点算法　impact point algorithm
命中概率　hit probability
命中精度　hit accuracy
命中率　hit rate
命中确认　impact confirmation

mo

* 模板　template
* 模工角尺　die maker's square
模糊的界面　fuzzy interface
模糊函数　ambiguity function
模糊距离　ambiguous range
模糊性　ambiguity
* 模件　module
* 模具　die (主要用于金属材料)
* 模具　mold (美国拼写形式)
* 模具　mould (英国拼写形式)
* 模具钢　mold steel
模块　module
模块化　modular
模块化程度　modularity
模块化弹身　modular airframe
模块化改进　modular upgrade
模块化机身　modular airframe
模块化开放系统方法　Modular Open Systems Approach (MOSA)
模块化控制系统　modular control system (MCS)
模块化任务计算机　modular mission computer
模块化设计　modular design
模块化升级　modular upgrade
模块化升降发射装置　modular elevating launcher
模块化有效载荷　modular payload
模块化主动保护系统　Modular Active Protection Systems (MAPS)
模块化装甲车　Armoured Modular Vehicle (AMV)

模块化装填系统 Modular Charge System (MCS)
模块化综合防护系统 Modular Integrated Protection System (MIPS)
模块可更换件 Module Replaceable Unit
模块式导弹发射系统 modular missile launch system
模量 module
模量 modulus
模拟 *n.* analog
模拟 (软件) emulation
模拟板 analog card
模拟表 analog meter
模拟参数 analog parameter
模拟舱 (试验时用于代替发动机舱和战斗部舱) adapter section
模拟测量 analog measurement
模拟乘法器测试仪 analog multiplier tester
模拟程序 simulation program
模拟弹 dummy missile
模拟弹 dummy round
模拟弹 inert missile
模拟弹 Missile Simulation Round (MSR)
模拟导弹 dummy missile
模拟导弹 dummy round
模拟导弹 inert missile
模拟导弹 Missile Simulation Round (MSR)
模拟的 analog (与数字的相对)
模拟的 dummy (指假的)
模拟的 inert (指惰性的或非真实的)
模拟的 simulated (指仿真的)
模拟的空中目标 simulated air target
模拟的威胁 simulated threat
模拟电路 analog circuit
模拟电路 analog circuitry
模拟杜瓦瓶 dummy Dewar
模拟复制件 inert replica
模拟干扰 meaconing
模拟攻击 simulated attack
模拟后弹体 (与真实制导舱对接后用于挂飞训练) dummy assembly body section
模拟环境 simulated environment
模拟火箭发动机 inert rocket motor
模拟计算机 analog computer
模拟件 *n.* dummy
模拟件 dummy component
模拟近距格斗 mock dogfighting
模拟扩爆管 dummy booster
模拟连接器 dummy connector
模拟目标 simulated target
模拟脐带电缆 dummy umbilical cable
模拟脐带电缆组件 dummy umbilical cable assembly
模拟气瓶 dummy receiver
模拟气瓶包装 dummy receiver packing
模拟器 emulator (利用真实环境对系统、装置、软件等进行模拟)
模拟器 simulator (利用人工构建的环境对系统、装置、软件等进行模拟)
模拟前部组件 inert forward component
模拟输入 synthetic input
模拟-数字的 analog-to-digital (A/D)
模拟条件 simulated condition
模拟武器 inert weapon
模拟训练弹 inert all-up-round
模拟训练弹 inert AUR
模拟引信 inert fuze
模拟战斗部 inert warhead
模式 mode (多指方式)
模式 pattern (多指样式、形态)
模式代码 modal code
模式转变 paradigm shift
模数 module
模-数的 analog-to-digital (A/D)
模数转换 A/D conversion
模数转换 analog-to-digital conversion
模数转换模块 A/D module
模数转换模块 Analog-to-Digital Module
模数转换器 Analogue-to-Digital Converter (ADC)
*模塑粉 molding powder
模态 mode
模态代码 modal code
*模套 bolster
*模芯 mandrel
模型 *n.* dummy (指模仿件)
模型 mockup (多指全尺寸的)
模型 model
模型 pattern (多指铸造领域使用的)
模型 representation (指表示方法)
模型尺度效应 model scale effect
*模压钢丝绳 swage-wire rope
*模制电缆组件 molded cable assembly
*模座 die block
膜层 coating
膜片 iris
膜片 membrane
摩擦 *v.* abrade (指打磨或清理表面)
摩擦 friction (指相对运动产生的阻力)
摩擦定力微分筒 (千分尺) friction thimble
摩擦力 friction
摩擦力矩 frictional moment
摩尔 mole
摩尔比热容 molar specific heat
摩尔分数 mol fraction
摩尔分数 molar fraction
摩尔浓度 molar concentration
磨床 grinder
磨床 grinding machine
磨床台钳 grinding vise

磨钝 （砂轮）glazing
磨光 （砂轮）glazing
磨粒 abrasive grain
磨粒 grain
磨料 abrasive
磨料含量 （砂轮）abrasive concentration
磨料搅拌器 abrasive stirrer
磨料类型 abrasive type
磨料粒 abrasive grain
磨料密度 （砂轮）abrasive concentration
磨砂材料 abrasive material
磨石 abrasive stone
磨石 bench stone
磨蚀 abrasion
磨蚀 *v.* erode
磨蚀 erosion
磨蚀擦垫 abrasive pad
磨损 abrasion
磨损 chafing
磨损 galling
磨损 wear
磨损保护系统 Wear Protection System（WPS）
磨损的皮带 frayed belt
磨损的线束 frayed wiring
磨损形式 wear pattern
磨损样式 wear pattern
磨削 *v.* grind
磨削 grinding
磨削加工 abrasive machining
磨削加工 grinding
磨削夹具 grinding fixture
末端 endgame
末端 terminal
末端弹道学 terminal ballistics
末端机动 end-game manoeuvre
末端交会 endgame encounter
末端交会 terminal encounter
末端交战 endgame
末端交战机动 end-game manoeuvre
末端交战瞄准 end-game targeting
末端交战目标定位 end-game targeting
末端交战性能 end-game performance
末端拦截 endgame intercept
末端速度 terminal velocity
末端效应 end effect
末端效应装置 end-effect mechanism
末段 endgame
末段 terminal
末段 terminal phase
末段弹道 terminal trajectory
末段导弹防御拦截器 terminal missile defense interceptor
末段导引头 terminal seeker
末段高空区域防御 Terminal High Altitude Area Defense（THAAD）
末段攻击控制 terminal attack control
末段红外成像导引头 terminal imaging infrared seeker
末段截获 terminal acquisition
末段截获参数 terminal acquisition parameter
末段截获距离 terminal acquisition range
末段控制 terminal control
末段区域防御 terminal area defense
末段寻的 terminal homing
末段制导 terminal guidance
末段制导跟踪点 terminal guidance track point
末段制导模式 terminal guidance mode
末段主动导引 terminal active guidance
末制导 terminal guidance
末制导弹头 Terminally Guided Warhead（TGW）
末制导交接班 terminal guidance hand-over
末制导交接班 terminal guidance handover
末制导战斗部 Terminally Guided Warhead（TGW）
末制导子弹药 Terminally Guided Sub-Munition（TGSM）
莫氏硬度 Mohs hardness
莫氏锥度 Morse taper
莫氏锥度延伸转接套筒 （用于减小工具柄部的尺寸）Morse taper extension socket
莫氏锥度延伸转接套筒 （用于减小工具柄部的尺寸）Morse taper extension socket adapter
莫氏锥度转接套 （用于增加工具柄部的尺寸）Morse taper sleeve
莫氏锥度转接套 （用于增加工具柄部的尺寸）Morse taper sleeve adapter
莫氏锥度转接头 Morse taper adapter
莫氏锥套 Morse taper
莫氏锥套附件 Morse taper accessory
莫斯科国际航空航天展 MAKS
默认值 default value

mu

模板 template
模工角尺 die maker's square
模件 module
模具 die（主要用于金属材料）
模具 mold（美国拼写形式）
模具 mould（英国拼写形式）
模具钢 mold steel
模塑粉 molding powder
模套 bolster
模芯 mandrel
模压钢丝绳 swage-wire rope
模制电缆组件 molded cable assembly
模座 die block
母公司 parent company

母体 precursor
拇指螺钉 finger screw
木铲 wooden shovel
木棍 wooden stick
木聚糖 xylan
木块 wooden block
木箱 wooden crate
木支架 wooden support
木质包装箱 wooden container
目标 destination（指目的地）
目标 objective（指目的或地面军事行动所攻击的对象）
目标 target（指攻击的对象或想要达到的目的）
目标薄弱点 target vulnerability
目标保障 target support
目标背景对比度 target-to-background contrast
目标表面回波 target skin return
目标参照点 target reference point（TRP）
目标侧向 beam aspect
目标产生器 （模拟各种目标和背景组合形式）target generator
目标尺寸 target size
目标重新截获 target re-acquisition
目标存在 （指令或信号）TARGET EXIST
目标代码 object code
目标-导弹多普勒信号 target-missile Doppler
目标的雷达反射截面 target radar cross section
目标的前向距离和横向距离 down range and cross range of the target
目标的瞬时定位 instantaneous location of the target
目标的瞬时位置 instantaneous location of the target
目标电缆 target cable
目标定位 targeting
目标定位吊舱 Targeting Pod（TGP）
目标定位精度 targeting accuracy
目标定位算法 targeting algorithm
目标定位误差 target error（TE）
目标定位误差 target location error（TLE）
目标定位误差 targeting error
目标定位系统 targeting system
目标定位信息 targeting information
目标多普勒信号 target Doppler
目标方位角 target aspect
目标放飞 target presentation
目标放飞能力 target-presentation capability
目标分析 target analysis
目标分析与确定专家 targeteer
目标辐照度 target incidence
目标高度 target altitude
目标跟踪 target track
目标跟踪 target tracking
目标跟踪传感器 target-tracking sensor
目标跟踪雷达 target tracking radar
目标跟踪数据 target track data
目标跟踪速率 target track rate
目标跟踪探测器 target-tracking sensor
目标功率设定 target power setting
目标功率设定值 target power setting
目标构建 target development
目标光阑盘 target disk
目标光阑盘 target orifice
目标轨迹 target trajectory
目标横向尺寸 target span
目标后向 tail aspect
目标后向交战 tail-aspect engagement
目标回波 target echo
目标回波 target return
目标回收 target recovery
目标毁伤 target damage
目标毁伤 target kill
目标机柜 target cabinet
目标集 target set
目标鉴别 target discrimination
目标角度误差 target angle error
目标截获 target acquisition（TA）
目标截获方式 target acquisition mode
目标截获雷达 target-acquisition radar
目标截获瞄准具 target-acquisition sight
目标截获试验 target acquisition test
目标截获系统 target acquisition system
目标截获与跟踪 target acquisition and track
目标截获与跟踪 target acquisition and tracking
目标截获与识别 target acquisition and identification
目标进入角 aspect angle
目标进入角 target aspect
目标进入角 target aspect angle
目标可工作时间 target endurance
目标控制 target control
目标拦截航路 target intercept course
目标类别 target set
目标类型 target type
目标瞄准系统 Target Sight System（TSS）
目标模拟光阑盘 target disk
目标模拟光阑盘 target orifice
目标模拟器 （模拟各种目标和背景组合形式）target generator
目标模拟器 target simulator
目标模拟系统 target representation
目标判据 target criteria
目标剖面面积 target profile area
目标前向 high aspect
目标强化反射器 Luneberg lens
目标情报 target intelligence
目标区域 objective area（OA）
目标区域 target area
目标确定 targeting

目标认领清单 target nomination list（TNL）
目标闪烁 glint
目标射频图像形心 target RF centroid
目标识别 target discrimination（把目标与背景或其他目标区分开）
目标识别 target identification（精确识别）
目标识别 target recognition（粗略识别）
目标识别、跟踪与地理定位系统 target identification, tracking, and geopositioning system
目标识别攻击复式传感器 Target-Recognition Attack Multisensor（TRAM）
目标识别能力 target discrimination capability
目标识别、区分和截获能力 capability for target recognition, discrimination, and acquisition
目标识别与截获系统 Target Identification and Acquisition System（TIAS）
目标视角 target viewing angle
目标视线 target line-of-sight
目标伺服机构 target servo
目标搜索导弹 target-seeking missile
目标速度 target velocity
目标锁定 target lock
目标锁定延迟时间 target latency time
目标探测 target detection
目标探测器 （即引信）target detector（TD）
目标探测器保护盖 target detector protective cover
目标探测器保护盖 TD protective cover
目标探测器舱 target detector section
目标探测器测试装置 target detector test set
目标探测器窗口 target detector window
目标探测器功能测试 TD functional test
目标探测与跟踪范围 target detection and tracking range
目标探测与跟踪距离 target detection and tracking range
目标探测装置 （即引信）target-detecting device（TDD）
目标探测装置 （即引信）target-detection device（TDD）
目标探测装置盖板 TDD cover
目标探测装置盖板框架螺钉 TDD cover frame screw
目标探测装置天线 target detecting device antenna
目标探测装置天线 TDD antenna
目标探测装置天线罩 TDD antenna radome
目标特性 target characteristics
目标特征 target signature
目标提示数据 target cueing data
目标体系 target system
目标体系分析 target system analysis（TSA）
目标体系评估 target system assessment
目标体系组成部分 target system component
目标投放 target presentation
目标投放能力 target-presentation capability
目标投影分系统 target-projection subsystem
目标图像 target image
目标图像 target picture
目标图像分辨 target images discrimination
目标托架 target carrier
目标完成日期 target completion date
目标位置 target position
目标温度 target temperature
目标文件夹 （军事）target folder
目标相关导引 target-related guidance
目标相关器 target correlator
目标信号回波 target signal return
目标信号特征 target signature
目标信息 target information
目标信息更新 target update
目标信息中心 target information center（TIC）
目标信噪比 target-signal-to-noise ratio
目标形状 target shape
目标选定效果分队 target effects team（TET）
目标选取清单 target nomination list（TNL）
目标延迟时间 （导引头锁定目标与上次目标位置更新之间所花费的时间）target latency time
目标要素 target element
目标易损性 target vulnerability
目标易损性模型 target vulnerability model
目标硬度 target hardness
目标与场景的光谱与带内辐射度量成像 Spectral and In-band Radiometric Imaging of Targets and Scenes（SPIRITS）
目标预置计算机 destination preset computer
目标源 target source
目标运动 target motion
目标噪声 target noise
目标展宽 target span
目标照射 target illumination
目标逐渐消失 target fading
目标状态估算器 target state estimator
目标姿态 target attitude
目标资料 target materials
目标自适应制导 target adaptive guidance（TAG）
目标自适应制导电路 target-adaptive guidance circuitry
目标组成部分 target component
目标坐标 target coordinate
目的 purpose
目的地 destination
目录 catalog（书目、产品、项目等的索引）
目录 table of contents（一本图书正文之前的章节列表）
目视检查 visual inspection
目视镜 eyepiece
目视镜 viewfinder
目视目标截获系统 Visual Target Acquisition System（VTAS）

目视耦合的截获与瞄准系统 Visually-Coupled Acquisition and Targeting System（VCATS）
目视气象条件 visual meteorological conditions（VMC）
目视识别距离 visual recognition range
目视探测距离 visual detection range
目视下降点 visual descent point（VDP）
苜蓿叶形天线 clover-leaf antenna
钼 molybdenum
钼衬 molybdenum insert
钼内衬 molybdenum insert
钼酸锌 zinc molybdate
钼酸锌底漆 zinc molybdate primer coating
穆古角海军航空站 （美国）Naval Air Station Point Mugu
穆古角海上靶场 Point Mugu Sea Range

na

纳 （即十亿分之一）nano-
纳维尔-斯托克斯方程 Navier-Stokes equations
纳维尔-斯托克斯方程组 Navier-Stokes equations
钠 sodium

nai

氖 neon
氖气 neon
奈基 **1** 型 （美国地对空导弹）NIKE AJAX
奈基 **2** 型 （美国地对空导弹）NIKE HERCULES
奈基-宙斯导弹 NIKE ZEUS missile
耐腐蚀 corrosion resistance
耐腐蚀的 corrosion-resistant
耐高温/短时飞行结构 high temperature/short duration structure
耐高温金属 refractory metal
耐高温陶瓷 pyroceram
耐高温陶瓷天线罩 pyroceramic radome
耐高温陶瓷头罩 pyroceram dome
耐高温陶瓷头罩 pyroceramic radome
耐化学品与溶剂型环氧树脂底漆 chemical and solvent resistant epoxy primer coating
耐火陶瓷材料 ceramic refractory material
耐久性 durability
耐久性 viability
耐磨性 wear resistance
耐热不锈钢 heat and corrosion resistant steel
耐热材料 heat-resistant material
耐热结构 hot structure
耐热性 heat resistance
耐热炸药 heat-resistant explosive
耐溶性 solvent resistance
耐烧蚀金属 refractory metal
耐烧蚀金属内衬 refractory metal insert
耐湿试验 moisture test
耐蚀性 erosion resistance
耐酸刷 （一次性的）acid brush
耐用的 robust
耐用高能激光器 Ruggedized High Energy Laser （RHEL）

nan

南非空军 South African Air Force（SAAF）

nao

挠度 deflection
挠曲 flexure
挠性 flexibility
挠性爆破炸药 flexible demolition explosive
挠性的 flexible
挠性管 flexible tube
挠性联轴器 flexible shaft coupling
挠性梁 flexural beam
挠性密封喷管 flexible seal nozzle
挠性喷管 flexible nozzle
挠性轴承 flexible bearing

nei

内爆 *v.* implode
内爆式爆破战斗部 internal blast warhead
内爆圆柱套筒 imploding cylindrical liner
内壁 inner wall
内壁面 inner wall
内表面 inner surface
内表面 internal surface
内表面刻槽 internal groove
内部闭环低温致冷系统 internal closed-circuit cryogenic cooling system
内部闭回路低温致冷系统 internal closed-circuit cryogenic cooling system
内部布局 inboard layout
内部布局图 inboard layout
内部槽 inner slot
内部电缆 internal harness
内部电源 internal power
内部发射架 internal launcher
内部封装效率 internal packaging efficiency
内部构件鉴定 （导弹）internal-component qualification
内部挂载 internal carriage
内部规范/图纸控制系统 （承包商）internal specification/drawing control system
内部集成 internal integration
内部绝热材料 internal insulator
内部绝热层 internal insulation

内部绝热层 internal insulator
内部开发 internal development
内部前视红外及瞄准系统 Internal Forward-looking infrared and Targeting System (IFTS)
内部区域 inner zone
内部燃烧管孔 internal burning tube
内部热能 internal thermal energy
内部视图 inboard profile
内部听众 internal audience
内部通信分系统 inter-communication subsystem
内部武器舱 internal weapons bay
内部线束 internal harness
内部信息 (军事) command information
内部信息 (军事) internal information
内部压缩 internal compression
内部研究与开发 internal research and development (IRAD)
内部噪声 internal noise
内部炸弹舱 internal bomb bay
内部转折 internal turning
内部组件 internal assembly
内侧的 (机翼) inboard
内侧挂架 inboard pylon
内测千分尺 inside micrometer
内测主尺 (游标卡尺) internal main scale
内插 *v.* interpolate
内场部件修理 depot component repair
内场测试仪 depot tester
内场测试仪的维护 depot tester maintenance
内场返工 depot rework
内场级可修理件 depot level repairable
内场级可修理件 depot level repairable item
内场维护 depot maintenance
内场维修机构 depot repair activity
内场维修人员 depot maintenance personnel
内场维修中心 centralized repair depot
内场修理 depot repair
内场整装弹级维护 depot AUR-level maintenance
内衬 inner liner
内衬 liner
内存加载程序验证器 memory loader verifier (MLV)
内存加载验证器 memory loader verifier (MLV)
内弹道特性 internal ballistic property
内弹道学 interior ballistics
内弹道学 internal ballistics
内倒角 fillet
内点 interior point
内阁安全委员会 (印度) Cabinet Committee on Security (CCS)
内阁投资委员会 (法国) Ministerial Investment Committee
内回路 inner loop
内建电场 internal field
内角 (三角形) interior angle
内角螺钉 socket-head screw
内接的 inscribed
内径 bore
内径 internal diameter (ID)
内径量规 ID gauge
内径千分尺 bore micrometer
内径千分尺 internal micrometer caliper
内径千分卡尺 internal micrometer caliper
内卡钳 inside caliper
内刻槽 internal groove
内刻槽破碎壳体 internally grooved fragmentation casing
内孔 inner bore
内孔 internal bore
内孔燃烧药柱 internal burning grain
内孔燃烧装药 internal burning grain
内孔燃烧装药空腔 internal burning grain cavity
内孔药形 center cavity grain
内孔装药 propellant grain cavity
内孔装药容积密度 propellant grain cavity loading
内孔装药装填系数 propellant grain cavity loading
内框架 inner gimbal
内六角扳手 hex key wrench
内六角螺钉 socket head cap screw
内六角螺栓 socket head cap screw
内六角头衬套 hex drive insert
内六角头嵌入件 hex drive insert
内陆石油分发系统 inland petroleum distribution system (IPDS)
内螺母 inner nut
内螺纹 internal thread
内埋式挂载 submerged carriage
内埋武器舱 internal weapons bay
内埋炸弹舱 internal bomb bay
内能 internal energy
内能 internal thermal energy
内屏蔽罩 inner shield
内嵌的 **Windows XP** Windows XP Embedded (WINXPE)
内嵌式传感器 embedded sensor
内嵌式金属丝 embedded metal wire
内腔 cavity
内腔孔 port inside cavity
内腔流径 internal flow path
内腔容积 internal cavity volume
内切的 inscribed
内圈 inner ring
内圈区域 inner zone
内通道 internal passage
内-外燃管形(药柱) internal-external burning tube
内效率 internal efficiency
内卸载区 (军事) inner transport area

内压 internal pressure
内翼片 （折叠翼）inner wing section
内圆角 fillet
内圆磨床 ID grinder
内圆磨床 inside diameter grinder
内运能力 clearance capacity
内在的 inherent
内置燃气舵推力矢量控制 jet vane thrust vector control
内置燃气舵推力矢量控制 jet vane TVC
内置式天线 internal antenna
内装的 incorporated
内装燃油 （区别于飞机副油箱或可卸油箱内的燃油） internal fuel
内组件 internal unit

neng

能耗 energy consumption
能耗 energy loss
能级 energy level
能见度 visibility
能力 capability
能力保障计划 Capability Sustainment Programme （CSP）
能力差距 capability gap
能力达成率 capability rate
能力达成文件 Capability Production Document（CPD）
能力对等型作战 symmetric operations
能力开发文件 Capability Development Document （CDD）
能力评分 capability rating
能力评价 capability rating
能力生产文件 Capability Production Document（CPD）
能力说明 Statement of Capability（SOC）
能力信息征询书 capability request for information
能力支持计划 Capability Sustainment Programme （CSP）
能联网的 network-enabled
能量存储系统 energy storage system
能量管理 energy management
能量密度 energy density
能量平衡 energy balance
能量平衡方程 energy balance equation
能量释放 energy release
能量释放效率 energy release efficiency
能量守恒 conservation of energy
能量守恒定律 conservation law of energy
能量输入 input energy
能量损失 energy loss
能量形心 power centroid
能量学 energetics
能量源 energy source
能量转化效率 energy conversion efficiency
能流 stream
能溶解其他物质的 solvent
能隙 energy gap
能用的 available
能用的 serviceable
能用的 usable
能源 energy
能源 energy source
能源 power
能源 power source
能源 source
能源部 （美国）Department of Energy（DOE）
能源消耗 energy consumption

ni

尼尔森工程与研究(公司) Nielsen Engineering and Research（NEAR）
尼奎斯特噪声 Nyquist noise
尼龙 nylon
尼龙搭扣 Velcro
尼龙榔头 nylon hammer
尼龙绳 nylon cord
尼龙线 nylon thread
逆的 inverse
逆合成孔径雷达 Inverse Synthetic Aperture Radar （ISAR）
逆拉普拉斯变换 inverse Laplace transform
逆时针的 counterclockwise（CCW）
逆温 inversion
逆温层 inversion layer
逆铣 conventional milling
逆行 *v.* retrograde

nian

年产量 production rate
*粘尘布 tack cloth
粘度 viscosity
粘度测量 viscosity measurement
粘度球 viscosity ball
粘附概率 sticking probability
*粘合 bond
*粘合层 adhesive coating
*粘合的 adhesive
*粘合剂 adhesive
*粘合剂 binder
*粘合剂 binding agent
*粘合剂 glue
*粘合剂的制备 glue preparation
*粘合力 bond
*粘接 bonding
*粘接的 adhesive

*粘接剂 adhesive
*粘接剂 bonding agent
*粘接夹具 bonding fixture
*粘接夹具 bonding jig
*粘接强度 adhesive strength
*粘接强度 bonding strength
*粘接强度试验 bonding strength test
*粘接终止点 bond termination point
*粘结剂 glue
粘塞 （磨削下来的软金属材料在砂轮上的）loading
粘塑性变形 viscoplastic deformation
粘塑性的 viscoplastic
粘弹性材料 viscoelastic material
粘弹性的 viscoelastic
粘弹性多聚物基体 viscoelastic polymer binder
粘弹性多聚物粘合剂 viscoelastic polymer binder
粘弹性弯曲 viscoelastic flexure
粘土烧结剂 （砂轮）vitrified bond
粘性的 adhesive
粘性阻尼 viscous damping
粘滞流 viscous flow
粘滞效应 viscous effect
粘着 adhesion
粘着力 adhesion

nie

啮合 engagement
啮合长度 （螺纹）length of engagement
啮合齿轮 mating gear
啮合螺母 engagement nut
镍 nickel
镍铬合金 chromel
镍铬合金 Nichrome
镍铬合金钢 nickel-chromium steel
镍铬钼合金钢 nickel-chromium-molybdenum steel
镍基超耐热合金 nickel super alloy
镍铝化合物 nickel aluminide
镍钼合金钢 nickel-molybdenum steel
镍青铜 nickel bronze

ning

凝固点 freezing point
凝固汽油 napalm
凝固汽油弹 napalm
凝胶 gel
凝胶推进剂发动机 gel propellant motor
凝胶推进系统 gel propulsion
凝胶推进装置 gel propulsion
凝结 condensation
凝结速率 condensation rate
凝结温度 condensation temperature
凝结物 condensed material
凝结物 condensing material
凝结液滴 condensed liquid droplet
凝聚 agglomeration
凝聚相 condensed phase
凝视红外辐射度量系统 Staring Infrared Radiometric System（STIRRS）
凝视焦平面阵列导引头 staring focal-plane array seeker
凝视焦平面阵列导引头 staring FPA seeker
凝视阵列 staring array
凝相 condensed phase
拧紧 （螺钉、螺栓）*vt.* snug
拧紧 *v.* tighten

niu

牛顿第二定律 Newton's second law
牛顿碰撞理论 Newtonian impact theory
牛皮纸 Kraft paper
扭杆 torsion bar
扭结 kink
扭矩 torque
扭矩放大 torque amplification
扭矩杆 torque rod
扭矩过大 overtorquing
扭矩计 torquemeter
扭力弹簧 torsion spring
扭转 torsion
扭转断裂 torsion fracture
扭转试验 torsion test

nong

农作物油 （切削液用）agricultural-based oil
浓度 concentration
浓度值 concentration level
浓缩 concentration
浓缩的 concentrated
浓缩物 concentration

nu

努力方向 line of effort（LOE）
努塞尔数 Nusselt number
努氏硬度 Knoop hardness

nü

钕/YAG 激光器 neodymium/YAG laser

nuan

暖瓶 thermos

暖瓶 thermos bottle

nuo

挪威国防装备局 Norwegian Defence Materiel Agency (NDMA)

挪威皇家空军 Royal Norwegian Air Force (RNoAF)

挪威武装部队 Norwegian Armed Forces

诺顿等效电路 Norton equivalent circuit

诺顿电路 Norton circuit

诺恩大型短波广播天线 Nauen antenna

诺斯罗普·格鲁门公司 Northrop Grumman

ou

欧拉方程　Euler equation
欧拉方程　Euler's equation
欧拉角　Euler angle
欧拉空间推进法　Euler space marching method
欧拉网格　Eulerian grid
欧拉网格　Eulerian mesh
欧拉坐标系　Eulerian coordinates
欧盟　European Union（EU）
欧姆　ohm
欧姆定律　Ohm's law
欧姆计　ohmmeter
欧洲防务局　European Defence Agency（EDA）
欧洲防御基金　European Defence Fund（EDF）
欧洲分阶段适应路线　（反导计划）European Phased Adaptive Approach（EPAA）
欧洲国防工业发展计划　European Defence Industrial Development Programme（EDIDP）
欧洲航天局　European Space Agency（ESA）
欧洲跨声速风洞　European Transonic Wind Tunnel（ETW）
欧洲天空公路系统卫星　Euroskyway satellite
欧洲威慑计划　（美国）European Deterrence Initiative（EDI）
欧洲战斗机　Eurofighter
欧洲战区保障一揽子计划　European Theater Support Package
偶发的　incident
偶极天线　dipole antenna
偶极子　dipole
偶极子单元　dipole elements
偶极子加载单元　dipole loaded elements
偶极子天线　dipole antenna
偶极子阵　dipoles array
偶极子阻抗　dipole impedance
耦合　coupling
耦合电容器　coupling capacitor

pa

帕雷托敏感度　Pareto sensitivity
帕斯卡　（国际单位制中压强单位）pascal

pai

排　row
排　string
排出量　discharge
排出气流　exhaust flow
排出物　effluent
排刀　（数控机床）gang tool
排刀板　（排刀式车削中心）top plate
排刀盘　（排刀式车削中心）top plate
排刀式车削中心　（刀具排成一排，用于换装）gang-tool-type turning center
排放　discharge
排放　drainage（多指液体的）
排放　emission（多指发动机的）
排放物　emission
排气　discharge
排气　exhaust
排气　*v.* outgas
排气　outgassing（气体从金属或其他材料中释放）
排气　venting
排气成分　exhaust gas composition
排气堵头　venting plug
排气阀　exhaust valve
排气阀　vent valve
排气阀组件　exhaust valve assembly
排气管　exhaust pipe
排气管　exhauster
排气机　exhauster
排气孔　exhaust port
排气孔　vent hole
排气口　exhaust port
排气口塞　exhaust plug
排气流　exhaust flow
排气螺塞　discharge plug
排气面积　gas escape area
排气能力　pumping capacity
排气喷管喉　exhaust nozzle throat
排气射流　exhaust jet
排气速度　exhaust velocity
排气速率　outgassing rate
排气台　vacuum station
排气温度　exhaust gas temperature
排气系数　discharge coefficient
排气羽流　exhaust plume
排气羽流　exhaust plume gas
排气羽流流场模型　exhaust plume flowfield model
排气羽流特性　exhaust plume characteristics
排气罩　fume hood
排气状态　exhaust condition
排式钻床　gang drill press
排式钻床　multiple-spindle drill press
排水孔　drain hole
排屑槽　groove
排序程序　sequencer
排油孔　drain hole
排油口　（机油箱）drain
牌号　grade
迫击炮　mortar
迫击炮弹　mortar round
派勒克斯耐热玻璃　Pyrex
派遣　*vt.* detach

pan

潘丁靶场　（英国）Pendine range
盘片式铣刀刀杆　stub arbor
盘式磨光机　disc sander
盘头螺钉　pan head screw
盘头螺栓　pan head bolt
盘问　debriefing
盘形轮　（砂轮）straight wheel
盘形螺纹　scroll
盘形螺纹机构　（车床卡盘）scroll mechanism
盘锥天线　discone antenna
盘锥形天线　discone antenna
判别式　discriminant
判别手段　discriminant
判定分系统　（近炸引信）decision subsystem
判定计数器　（近炸引信）decision counter
判读　interpretation
判断　*v.* estimate
判据　criteria（复数）
判据　criterion
叛乱　insurgency

pang

庞加莱球　Poincaré sphere
旁瓣　side lobe
旁瓣　sidelobe
旁瓣波束宽度　sidelobe beam width
旁瓣电平　side lobe level（SLL）
旁瓣电平　sidelobe level
旁瓣杂波　sidelobe clutter
旁瓣杂波回波　sidelobe clutter return
旁锋余隙角　（车刀）side clearance angle
旁路式巴仑　bypass balun
旁通涵道　（发动机）bypass duct

pao

抛出式点火器　（发动机）ejectable igniter
抛出式喷管　（冲压发动机）ejectable nozzle
抛放弹　cartridge
抛放弹　ejection cartridge
抛放弹　impulse cartridge
抛放弹　（弹射发射架）pyrotechnic cartridge
抛放弹仓　breech housing
抛放弹仓　breech housing cylinder
抛放弹仓　cartridge chamber
抛放弹仓组件　cartridge chamber assembly
抛放弹弹筒　cartridge sleeve
抛放弹点火　cartridge ignition
抛放弹卡座固定组件　cartridge holder retainer assembly
抛放弹模拟衬套　dummy cartridge spacer
抛放弹弹射　pyrotechnic cartridge ejection
抛放弹筒　（弹射发射架）breech
抛放弹筒　（弹射发射架）breech housing
抛放弹筒盖板　breech housing cover plate
抛放弹筒腔体　cartridge breech cavity
抛放弹筒组件　breech assembly
抛放弹退弹轴　cartridge extractor spool
抛放弹组件　cartridge assembly
抛放筒腔弹射单元　breech chamber ejection unit
抛光　lapping
抛光　*vt.* polish
抛光　polishing
抛射的　ballistic
抛投　jettison
抛投继电器　jettison relay
抛物弹道　ballistic trajectory
抛物面　parabola
抛物面的　parabolic
抛物面反射镜　parabolic mirror
抛物面反射镜　parabolic reflector
抛物面反射镜天线　parabolic reflector antenna
抛物面喷管　parabolic nozzle
抛物面形物　parabola
抛物曲线　parabolic curve
抛物线　parabola
抛物线的　parabolic
抛物线型机动　parabolic maneuver
咆哮者　（美国电子战飞机）Growler
跑道入口以上高度　height above threshold（HAT）
跑道中断武器　runway-denial weapon
泡棉胶带　foam tape
泡沫　foam
泡沫　froth
泡沫刷　foam brush
泡沫塑料　plastic foam
泡沫推进剂　foamed propellant
泡沫橡胶垫　foam-rubber pad
炮兵　artillery
炮兵部队　artillery forces
炮兵连　battery
炮兵阵地　battery
炮弹　cannon shot
炮弹　projectile（P）
炮弹速度　projectile velocity
炮弹碎片　shrapnel
炮管　barrel
炮目线　gun-target line（GTL）

pei

培训　training
培训方案　training concept
培训服务　training service
培训合格工人　journeyperson
培训计划　training program
培训课程教材　training course material
培训实施计划　training implementation plan
培训项目　training program
培训硬件　training hardware
培训装置　training device
赔偿费　solatium
配比　allotment
配电　distribution
配电盘　distributor
配电系统　distributive system
配额　allotment
配方　formula
配合　fay
配合　fit
配合　fitting
配合　mating
配合表面　mating surface
配合等级　class of fit
配合/对准/装配工具　mating/alignment/assembly tooling

配合/对准/装配工装 mating/alignment/assembly tooling
配合分类 classification of fits
配合间隙 clearance
配合检查 fit check
配合零件 mating part
配合面 mating surface
配合面 seat
配合容差 allowance
配合种类 classification of fits
配件 attachment
配件 fitting
配件箱 accessory case
配料 ingredient
配水 distribution
配套装备 package
配制 preparation
配置 configuration（指系统中主要部件的空间布置）
配置 setup（多指机器、设备的准备）
配置可分离助推器的吊舱式冲压发动机 podded ramjet with a drop-off booster
配置手册 configuration manual
配置数据 configuration data
配置信息 configuration data
配重 balancing weight
配重 ballast（多指模拟载荷）
配重 counterbalance
配重 counterweight
配重 mass balance（用于飞行控制面，防止颤振）
配重气瓶 bottle ballast
配装 fit
配装 fitment
配装兼容性 fitment compatibility
配装检查 fit check
配装武器的 weaponized

pen

喷出物 ejecta
喷管 exhaust nozzle
喷管 nozzle
喷管材料选项 nozzle material alternative
喷管衬层 nozzle liner
喷管尺寸 nozzle size
喷管出口 nozzle exit
喷管出口唇部 nozzle exit lip
喷管出口截面积 nozzle exit area
喷管出口速度 nozzle exit velocity
喷管出口速度 nozzle outlet velocity
喷管出口压强 nozzle exit pressure
喷管出口锥 nozzle exit cone
喷管出口锥半角 nozzle exit cone half angle
喷管段 nozzle section
喷管对准 nozzle alignment
喷管法兰压力密封件 nozzle flange pressure seal
喷管构型 nozzle configuration
喷管过膨胀工作状态 overexpanded nozzle operation
喷管喉部 nozzle throat
喷管喉部烧蚀 nozzle throat erosion
喷管喉衬 nozzle throat insert
喷管环 nozzle diaphragm
喷管环 nozzle ring
喷管技术 nozzle technology
喷管角 nozzle angle
喷管结构 nozzle configuration
喷管绝热层浇注 nozzle insulation casting
喷管扩张半角 nozzle exit cone half angle
喷管扩张段 diverging nozzle section
喷管扩张角 nozzle angle
喷管理想排气速度 ideal nozzle exhaust velocity
喷管轮廓 nozzle contour
喷管密封盖 nozzle seal
喷管面积比 nozzle area ratio
喷管面积膨胀比 nozzle expansion area ratio
喷管内壁 nozzle-interior wall
喷管内表面 nozzle-interior wall
喷管内气体膨胀过程 nozzle gas expansion process
喷管膨胀 nozzle expansion
喷管膨胀比 nozzle expansion ratio
喷管柔性连接 flexible nozzle joint
喷管入口形状 nozzle inlet shape
喷管设计 nozzle design
喷管石墨内衬 graphite nozzle insert
喷管收敛段 converging nozzle section
喷管收缩比 nozzle contraction ratio
喷管收缩段 converging nozzle section
喷管特性 nozzle characteristics
喷管外形 nozzle contour
喷管消极质量 inert nozzle mass
喷管效率 nozzle efficiency
喷管形状 nozzle shape
喷管型面 nozzle contour
喷管性能 nozzle performance
喷管诱导激波 nozzle-induced shock
喷管重量 nozzle weight
喷管轴线 nozzle axis
喷管组件 nozzle assembly
喷管最优膨胀 optimum nozzle expansion
喷管座 nozzle mount
喷喉面积 nozzle throat area
喷孔 nozzle orifice
喷口 nozzle orifice
喷口 orifice
喷流 blast
喷流 jet
喷流试验弹 Blast Test Vehicle（BTV）

喷瓶 spray bottle（喷流较散）
喷瓶 squirt bottle（喷流较集中）
喷漆 painting
喷气发动机 jet engine
喷气发动机调制 （雷达回波）jet engine modulation
喷气发动机推进剂 jet propellant（JP）
喷气教练机 jet trainer
喷气扰流片推力矢量控制 jet tab thrust vector control
喷气扰流片推力矢量控制 jet tab TVC
喷气式飞机 jet
喷气式飞机 jet aircraft
喷气速度 exhaust velocity
喷气推进 jet propulsion
喷气推进发动机 jet propulsion power plant
喷气组合件 air nozzle assembly
喷枪 spray gun
喷洒 dispersion
喷砂 sand blasting
喷砂 sandblasting
喷砂 sanding
喷射 blast
喷射 injection（指向燃烧室注入）
喷射 jet
喷射动力 jet power
喷射流 blast
喷射流 jet
喷射器 injector
喷水射流加工 water jet machining
喷桶 spray bottle（喷流较散）
喷桶 squirt bottle（喷流较集中）
喷涂 painting
喷涂 spraying
喷涂绝热层 spray-on insulation
喷涂模板 stencil
喷雾 spray
喷雾系统 （施加切削液方法的一种）mist system
喷焰偏转器 blast deflector
喷嘴 injection nozzle
喷嘴 injector
喷嘴 nozzle
喷嘴 orifice
喷嘴环 nozzle diaphragm
喷嘴环 nozzle ring
喷嘴直径 orifice diameter

peng

硼 boron
硼硅酸玻璃 Pyrex
硼燃料 boron fuel
膨胀 expansion
膨胀 rarefaction
膨胀比 expansion ratio
膨胀波 expansion wave
膨胀波组 expansion fan
膨胀过程 expansion process
膨胀环 expanding ring
膨胀激波 expansion shock
膨胀流动损失 flow expansion loss
膨胀面积比 expansion area ratio
膨胀气体 expanding gas
膨胀扇面 expansion fan
膨胀式刀柄 expansion arbor
膨胀式涂料 intumescent paint
膨胀式心轴 expansion arbor
膨胀系数 coefficient of expansion
膨胀系数 expansion coefficient
膨胀心轴 expansion mandrel
碰头点 （军事）contact point（CP）
碰炸 impact burst
碰炸引信 contact fuze
碰炸引信 impact fuze
碰撞 collision
碰撞 hit
碰撞 impact
碰撞 impingement
碰撞弹道 collision course
碰撞点 collision point
碰撞方向 impact orientation
碰撞攻角 impact angle of attack
碰撞毁伤 hit-to-kill（HTK）
碰撞毁伤导弹 hit-to-kill missile
碰撞毁伤精度 hit-to-kill accuracy
碰撞毁伤模式 hit-to-kill mode
碰撞毁伤战斗部 hit-to-kill warhead
碰撞角 angle of impact
碰撞角 impact angle（IA）
碰撞开关 impact switch
碰撞拦截弹道 collision intercept trajectory
碰撞起火 impact flash
碰撞三角形 collision triangle
碰撞杀伤 hit-to-kill（HTK）
碰撞杀伤精度 hit-to-kill accuracy
碰撞引爆高爆破片战斗部 impact-detonated HE blast fragmentation warhead

pi

批 lot
批 *n.* serial
批产前的硬件 （用于试验与鉴定）preproduction hardware
批次 batch
批次 block
批次 lot
批次 *n.* serial

批次改进 block upgrade
批次验收 lot acceptance
批次验收试验 lot acceptance test（LAT）
批量 batch
批量 lot
批量生产 full-rate production（FRP）
批量生产 mass production
批量生产 rate production
批量生产 serial production
批量生产 series production
批量生产车削中心 production turning center
批量折扣 bulk discount
批准的搬运设备 approved handling equipment
批准的搬运设备 authorized handling equipment
批准服役 fielding authorization
批准使用 authorized use
批准使用的搬运设备 approved handling equipment
批准使用的搬运设备 authorized handling equipment
坯件 blank
坯料 stock
皮 （即万亿分之一）pico-
皮尺 tape
皮带 belt
皮带传动车床 belt drive lathe
皮带传动床头箱 （钻床）belt-driven head
皮带组件 belt assembly
皮肤直接与接地金属的接触 bare skin-to-metal contact
皮肤直接与金属的接触 bare skin-to-metal contact
皮卡货车 pick-up truck
皮托静压探头 pitot static pressure probe
毗邻区 contiguous zone
铍 beryllium（Be）
铍粉 powdered beryllium
疲劳 fatigue
匹配短截线 matching stub
匹配记录 match score
匹配滤波器理论 matched filter theory
匹配效果 match score
匹配性矩阵 compatibility matrix

pian

偏差 aberration
偏差 deviation
偏差 dispersion
偏差 excursion
偏差 variation
偏导数 partial derivative
偏航 yaw
偏航角 yaw angle
偏航力矩 yaw moment
偏航力矩 yaw torque
偏航力矩 yawing moment
偏航力矩系数 yawing moment coefficient
偏航与横滚耦合通道 coupled yaw and roll channels
偏航自动驾驶仪 yaw lateral autopilot
偏近点角 eccentric anomaly
偏离 bias
偏离 deflection
偏离 deviation
偏离额定设计条件 off-nominal design condition
偏流板 deflector surface
偏梯形螺纹 buttress thread
偏微分方程 partial differential equation
偏向器 diverter
偏心 *adv.* off-center
偏心的 eccentric
偏心的 off-center
偏心的 off-centered
偏心轮 eccenter
偏心率 eccentricity
偏心起爆 eccentric initiation
偏心驱动摇臂 overcenter drive bellcrank
偏心锁 （包装箱）cam lock
偏心锁 （包装箱）over-center latch
偏压 bias
偏压 bias voltage
偏压 biasing
偏压极限 biasing limit
偏压条件 biasing condition
偏移 bias
偏移 dispersion
偏移 excursion
偏应力 deviator stress
偏照 offset illumination
偏照馈电 offset feed
偏置 bias
偏置比例导引 biased proportional navigation
偏置电池 bias battery
偏置电流 bias current
偏置电路 bias circuit
偏置电压 bias voltage
偏置电压调节器 bias voltage regulator
偏置电源 bias source
偏置电源电压 bias supply voltage
偏置电源滤波 bias supply filtering
偏置电源旁路电容器 bias supply bypass capacitor
偏置电源旁通 bias supply bypassing
偏置电源纹波 bias supply ripple
偏置电阻器 bias resistor
偏置方案 biasing scheme
偏置螺丝刀 offset screwdriver
偏置条件 bias condition
偏置尾座法 （锥体车削）offset tailstock method
偏轴的 off-axis
偏轴反射镜 off-axis mirror

偏轴反射镜天线 off-axis reflectors antenna
偏轴光学挡板 off-axis optical baffle
偏轴光学隔板 off-axis optical baffle
偏转 deflection
偏转角 deflection
偏转角 deflection angle
偏转控制面 deflected control surface
片 （可调直角尺）blade
片 segment
片 sheet
片簧 leaf spring
片上系统 system on a chip（SOC）
片式点火器 sheet igniter
片弹簧 flat spring
片状粉末 flake

piao

漂移 drift
漂移 excursion
漂移率 drift rate
漂移速率 drift velocity
漂移温度 shifted temperature
漂移误差 drift error
漂洗 rinsing

pin

贫燃料的 fuel-lean
贫氧加硼推进剂 oxygen-deficient boron-loaded propellant
贫铀 depleted uranium（DU）
频次 frequency
频带 band
频带 frequency band
频带宽度 frequency bandwidth
频带内射频信号 in-band RF signal
频带限制元件 bandlimiting component
频点 frequency point
频度 frequency
频分制多路遥测系统 frequency division multiplexing telemetry system
频率 frequency
频率波动 frequency fluctuation
频率测量 frequency measurement
频率测量精度 frequency measurement accuracy
频率成分 frequency component
频率覆盖范围 frequency coverage
频率干扰 frequency interference
频率功率谱 frequency power spectrum
频率捷变 frequency agility
频率起伏的均方根 RMS frequency fluctuation
频率扫描栅格形阵 frequency-scanning grid array
频率扫描阵 frequency scanning array
频率调制 frequency modulation（FM）
频率跳变截获概率 frequency hop POI
频率稳定度 frequency stability
频率稳定性 frequency stability
频率稳定性测量 frequency stability measurement
频率响应 frequency response
频率消除冲突 （导弹/雷达）frequency deconfliction
频率选择表面 frequency selective surface（FSS）
频率选择表面的单元 elements of FSS
频率选择表面的极化 polarization of FSS
频率选择表面的频带宽度 bandwidth of FSS
频率选择性 frequency selectivity
频率依赖关系 frequency dependence
频率综合器 frequency synthesizer
频谱 frequency spectrum
频谱 spectrum
频谱成分 spectral content
频谱带宽 spectral bandwidth
频谱带通 spectral bandpass
频谱的 spectral
频谱范围 spectral range
频谱辐射率 spectral radiant emittance
频谱辐射强度 spectral radiant emittance
频谱管理 spectrum management
频谱谱线宽度 spectral line width
频谱区域 spectral region
频谱曲线 spectral plot
频谱特性 spectral characteristics
频谱响应 spectral response
频谱响应波段 spectral-response band
频谱响应测试装置 spectral-response test set
频散 dispersion
频移测量 frequency drift measurement
频域 frequency domain
频域稳定性度量 frequency domain stability measure
品牌 brand
品质要素 measure of merit（MOM）
品质因数 figures of merit
品质因数 quality factor

ping

平板 （用作测量或划线的基准）surface plate
平板窗口 flat-plate window
平板电容器 parallel plate capacitor
平板反射器天线 flat sheet reflector antenna
平板架 flatrack
平板天线 flat plate antenna
平板拖车 dolly
平窗口头罩 flat window dome
平窗式头罩 flat window dome
平锉 flat file

平底沉孔 counterbore
平底沉孔 spotface
平底沉孔钻头 counterbore bit
平底工作鞋 flat-soled work shoes
平底埋头孔 counterbore
平底埋头孔 spotface
平底丝锥 bottoming chamfer tap
平垫圈 flat washer
平顶波束阵 W8JK array
平动 translational motion
平方 square
平方根 square root
平方根号 square root sign
平方公里阵 square kilometer array (SKA)
平方和 sum of the squares
平方和的平方根 root of the sum of the squares (rss)
平方和的平方根 root-sum-of-the-squares (RSS)
平方英尺 square foot
平放的 horizontal
平衡 balance
平衡 equilibria (复数)
平衡 equilibrium
平衡 trim (指飞行姿态)
平衡变换器 balanced transformer
平衡常数 equilibrium constant
平衡锤 balancing weight
平衡舵偏角 trim fin deflection
平衡攻角 trimmed angle of attack
平衡控制能力 trim control power
平衡块 balance
平衡块 counterbalance
平衡块 counterweight
平衡重量 balancing weight
平滑 smoothing
平滑化 smoothing
平接铰链 butt hinge
平接接头 butt joint
平近点角 mean anomaly
平均 average (AVG)
平均 mean
平均比冲 average specific impulse
平均采购单位成本 Average Procurement Unit Cost (APUC)
平均传导率 average conductivity
平均发射时间 mean-time-to-launch (MTTL)
平均反射 average reflection
平均反射率 average reflectance
平均分子量 average molecular mass
平均辐射率 average emissivity
平均故障间隔时间 mean time between failures (MTBF)
平均挂装时间 mean-time-to-load (MTTL)
平均关键任务故障间隔飞行小时 Mean Flight Hours Between Mission Critical Failures (MFHBMCF)
平均海平面 mean sea level (MSL)
平均均方根振动强度 average RMS vibration level
平均脉冲重复间隔 PRI average
平均偏差量 (炸弹离瞄准点的) dispersion
平均漂移速率 mean drift rate
平均漂移速率 mean drift velocity
平均气动压心 mean aerodynamic center
平均气动翼弦 mean aerodynamic chord (mac)
平均气动翼弦的前缘 leading edge of the mean aerodynamic chord
平均燃烧面积 average burning area
平均燃烧速率 mean burning rate
平均寿命 mean lifetime
平均速度 average velocity
平均速率 average rate
平均透射率 average transmittance
平均推力 average thrust
平均维修间隔时间 Mean Time Between Maintenance (MTBM)
平均系留故障间隔时间 mean time between captive carriage failures (MTBCCF)
平均响应度 average responsivity
平均响应计 average responding meter
平均修复时间 mean repair time (MRT)
平均修复维护时间 mean-corrective-maintenance-time (MCMT)
平均修理时间 mean repair time (MRT)
平均修理时间 mean-time-to-repair
平均压力 average pressure
平均压强 average pressure
平均压强 mean pressure
平均有效增益 mean effective gain
平均预防性维修间隔时间 mean-time-between-maintenance, preventive (MTBMP)
平均载流子密度 average carrier density
平均振动响应 average vibration response
平均值 average value
平均值 mean value
平均重大故障间隔飞行小时 mean flight hours between critical failures (MFHBCF)
平均重大故障间隔时间 mean time between critical failures
平均装配时间 mean-time-to-assemble (MTTA)
平均自由程 mean free path
平均最大修复时间 mean-maximum-corrective-time
平面 (指平整表面) flat surface
平面 plane
平面波 plane wave
平面波发生器 plane wave generator
平面布置图 floor plan
平面次反射镜 secondary planar mirror
平面弹翼 planar wing
平面的 planar

平面度 flatness
平面反射镜 planar mirror
平面反射镜 plane mirror
平面反射镜镀膜 plane mirror coating
平面反射镜支座 plane mirror holder
平面反射镜组件 plane mirror assembly
平面高度规 surface gage
平面高度划线规 surface gage
平面角 plane angle
平面螺蜷天线 planar spiral antenna
平面磨床 surface grinder
平面内力矩 in-plane moment
平面内误差 in-plane error
平面位置指示器 Plan Position Indicator (PPI)
平面铣刀 flat-surface milling cutter
平面镶刃铣刀 face mill
平面镶刃铣刀刀柄 face-mill toolholder
平面阵 planar array
平面阵列单脉冲天线 planar-array monopulse antenna
平民居住区域 civilian area
平齐的 flush
平视显示器 head-up display (HUD)
平台 platform
平台 (用作测量或划线的基准) surface plate
平台集成 platform integration
平台生存能力 platform survivability
平台生存性 platform survivability
平台试验 platform test
平台推进剂 plateau propellant
平台系统集成商 Platform Systems Integrator (PSI)
平台装备武器系统 platform-employed weapon system
平坦响应 flat response
平头螺钉 flat head screw
平头螺钉 flathead screw
平头铣刀 flat end mill
平稳温度 equilibrium temperature
平稳状态温度 equilibrium temperature
平显 head-up display (HUD)
平行度 parallelism
平行反射镜 parallel reflector
平行光 parallel light
平行光管 collimator
平行光管窗口 collimator window
平行光管支架 collimator support
平行光线 parallel ray
平行划线卡钳 hermaphrodite caliper
平行极化 parallel polarization
平行极化能量 parallel polarized energy
平行夹钳 parallel clamp
平行面 parallel
平行输出光束 collimated output beam
平行条 (用于支撑工件进行划线或测量) parallel
平行网格 parallel grid
平行纤维 parallel fiber
平行线 parallel
平行指挥链 parallel chains of command
平行指挥系统 parallel chains of command
平移加速度 translational acceleration
平移速度 translation velocity
平移速度 translational velocity
平移运动 translational motion
平整度 flatness
平整度规 straight edge
平直随机 (振动) flat random
评定 assessment
评估 assessment
评估 *v.* & *n.* estimate
评估 (评判与标准、规范的相符性,强调产品) evaluation
评估 vetting
评估表 evaluation sheet
评估参考日期 evaluation reference date (ERD)
评估机构 assessment agent (AA)
评估机构 evaluation agent
评估技术 evaluation technique
评估性情报 estimative intelligence
评估与反馈 evaluation and feedback
评估者 evaluator
评估组 evaluator
评价 (评判与标准、规范的相符性,强调产品) evaluation
评论 *v.* & *n.* review
评判 *v.* & *n.* estimate
评判 (评判与标准、规范的相符性,强调产品) evaluation
评审 *v.* & *n.* review
屏蔽 *n.* & *vt.* mask
屏蔽 screening
屏蔽 shielding
屏蔽箔片 shielding foil
屏蔽电缆 shielded cable
屏蔽方案 shielding scheme
屏蔽控制室 Shielded Control Room (SCR)
屏蔽物 shielding
屏蔽线 shielded cable
屏蔽线路 shielding scheme
屏蔽装甲 spaced armor
瓶装燃气 bottled gas

po

坡道 ramp
坡印廷矢量 Poynting vector
珀尔帖效应 Peltier effect
破坏 breach (指违反法律、条约、规定、承诺等)
破坏 *n.* & *v.* damage

破坏 *v.* destroy
破坏臭氧层化学物质 ozone depleting chemical (ODC)
破坏概率 destructive probability
破坏效应 destructive effect
破坏形式 failure mode
破坏者 destroyer
破口 breach
破裂 breakage
破裂 fracture
破裂轨迹 fracture trajectory
破裂机理 fracture mechanism
破裂速度 fragmentation speed
破片 (战斗部) fragment
破片尺寸 fragment size
破片冲击 fragment impact
破片冲击试验 fragment-impact testing
破片穿甲率 armor-piercing ratio of fragment
破片大小 fragment size
破片发生器 fragment generator
破片飞散 (战斗部) fragment expansion
破片飞散 (战斗部) fragmentation
破片飞散特性 (战斗部) fragmentation characteristics
破片分布 fragment distribution
破片分布模式 fragment distribution pattern
破片覆盖 fragment coverage
破片回收 fragment recovery
破片加速 fragment acceleration
破片扩散 (战斗部) fragment expansion
破片流 fragment shower
破片能量 fragment energy
破片区 (战斗部) fragment field
破片散布形态 fragmentation pattern
破片杀伤 (导弹) fragment kill
破片束 fragment beam
破片束宽度 fragment beam width
破片速度 fragment speed
破片速度 fragment velocity
破片速度分布 fragment velocity distribution
破片投射器 fragment projector
破片形状 fragment shape
破片性能 fragment performance
破片云 debris cloud
破片云 fragment cloud
破片战斗部 fragment warhead
破片战斗部 fragmentation warhead
破片战斗部 fragmenting warhead
破片质量分布 fragment mass distribution (FMD)
破片重量 fragment weight
破片重量-数量分布 fragment weight-number distribution
破片撞击 (炸药受到的) fragment attack
破片撞击 fragment impact
破片撞击 fragmentation impact
破片撞击动能 fragment impact kinetic energy
破片撞击试验 fragment-impact testing
破碎 fracture
破碎 fragmentation (多指战斗部形成碎片)
破碎式钢质战斗部壳体 fragmenting steel warhead case
破碎速度 fragmentation speed
破碎型战斗部 fragmenting warhead
破损的弹簧圈 broken coil

pou

剖面 cross section
剖面 profile
剖面 section
剖面图 section view
剖面线 crosshatch
剖面线 section line
剖切线 cutting plane line
剖视图 cross-sectional view
剖视图 section view

pu

铺路鹰 (美国 HH-60 直升机) Pave Hawk
普朗克常数 Planck's constant
普朗克出射度函数 Planck exitance function
普朗克定律 Planck's law
普朗克方程 Planck's equation
普朗克辐射定律 Planck's radiation law
普朗克辐射函数 Planck radiation function
普朗克函数 Planck function
普朗克射电天文学会 Max Planck Institute for Radio Astronomy
普朗特-迈耶膨胀 Prandtl-Meyer expansion
普朗特数 Prandtl number
普鲁士蓝 (检查锥孔用) Prussian blue
普罗大蚕蛾天线 Promethea moth antenna
普通车床 engine lathe
普通机床 conventional machine tool
普通机床 manual machine tool
普通键槽 plain keyseat
普通量角器 plain protractor
普通碳钢 plain carbon steel
普通炸弹 general-purpose bomb
普通炸弹 iron bomb
普通直径效应 general diameter effect
谱 spectrum
谱带 spectral band
谱段辐射 spectral emission
谱密度 spectral density
蹼形横截面 (药柱) web cross section

qi

期望的响应特性　desired response characteristics
期望的指向角　（导引头）desired pointing angle
期望效果　intended effect
期望效应　intended effect
期望值　expected value
期望值方法　（目标易损性建模）expected-value approach
欺骗　（军事）ruse
欺骗　spoofing
欺骗动作　deception event
欺骗对象　deception target
欺骗方案　deception concept
欺骗构想　deception concept
欺骗活动　deception action
欺骗目标　deception goal
欺骗目的　deception objective
欺骗情景　deception story
欺骗式干扰　deceptive jamming
欺骗事件　deception event
欺骗手段　deception means
欺骗行动　deception action
漆面修复　paint touchup
齐纳二极管　Zener diode
齐射　multiple launches
齐射　salvo fire
齐射　salvo launch
齐射导弹　missiles in a salvo
其他交易协议　Other Transaction Agreement（OTA）
奇点　irregularity
奇点　singularity
奇偶性　parity
奇数沟千分尺　V-anvil micrometer
奇异性　irregularity
奇异性　singularity
歧管　manifold
歧管分组件　manifold subassembly
歧义性　ambiguity
脐带电缆　umbilical
脐带电缆　umbilical cable
脐带电缆　umbilical cord
脐带电缆安装孔　umbilical mounting hole
脐带电缆保护帽　umbilical protective cap
脐带电缆插脚　umbilical cable pin
脐带电缆插头　umbilical cable connector
脐带电缆插头　umbilical connector
脐带电缆插头　umbilical plug
脐带电缆插头　umbilical plug connector
脐带电缆插头块　umbilical block
脐带电缆插头块　umbilical cable block
脐带电缆插头块弹簧销　umbilical block spring pin
脐带电缆插头拉拔钳　umbilical connector puller
脐带电缆插头支架　umbilical hook support assembly
脐带电缆插座　umbilical socket
脐带电缆导管绕制　umbilical cable tube winding
脐带电缆导通性测试　umbilical continuity test
脐带电缆定位销　umbilical guide pin
脐带电缆短路测试　umbilical short test
脐带电缆防潮密封盖　umbilical cable moisture sealing cap
脐带电缆分离　umbilical separation
脐带电缆盖板　umbilical cover
脐带电缆钩　umbilical hook
脐带电缆机构连杆组合　umbilical mechanism rod assembly
脐带电缆机构组件　umbilical mechanism assembly
脐带电缆基座　umbilical base
脐带电缆基座定位销　umbilical base guide pin
脐带电缆基座螺钉　umbilical base screw
脐带电缆剪切插入件　umbilical shear-off insert
脐带电缆剪切插头　umbilical shear wafer
脐带电缆剪切螺钉　umbilical breakaway screw
脐带电缆剪切螺钉　umbilical shear screw
脐带电缆接线　umbilical cable wiring
脐带电缆绝缘套　umbilical insulation
脐带电缆壳体　umbilical housing
脐带电缆连接　（弹架）umbilical connection
脐带电缆连接器　umbilical cable connector
脐带电缆连接器　umbilical connector
脐带电缆连接器插座　umbilical connector receptacle
脐带电缆连接器导座　umbilical connector guide
脐带电缆连接器拉杆组件　umbilical connector lever assembly
脐带电缆螺钉　umbilical cable screw
脐带电缆密封垫　umbilical gasket
脐带电缆提供的信号　umbilical signal
脐带电缆摇臂　umbilical bellcrank
脐带电缆约束环　umbilical restraining loop
脐带电缆支撑组件　umbilical hook support assembly
脐带电缆支架扭簧　umbilical arm hook spring
脐带电缆支座测试仪　umbilical cable holder tester
脐带电缆组件　umbilical assembly

脐带电缆组件 umbilical cable assembly
脐带电缆组件保护盖 umbilical cable assembly protective cap
脐带电缆组件保护盖测试 umbilical cable assembly protective cap test
脐带电缆组件测试 umbilical cable assembly test
脐带电缆组件插头 umbilical cable assembly connector
脐带电缆组件绝缘套 umbilical cable assembly insulation
脐带电缆组件连接器 umbilical cable assembly connector
崎岖地形集装箱搬运设备 rough terrain container handler（RTCH）
旗杆式天线 flagpole antenna
旗舰 flagship
企鹅导弹 （美国、挪威合作）Penguin missile
企业 enterprise
启动 activation
启动 on
启动 power-up
启动 *v.* start
启动 start-up（发动机的）
启动 switch on
启动 *vt.* & *n.* trigger（多指利用脉冲进行触发）
启动 turn on
启动按钮 start button
启动电路 firing circuit
启动过程 start-up process
启动主轴随后停止 （磨床）*vt.* jog
启封 decanning
启用 （指令、信号或标识）ENABLE
起爆 burst
起爆 detonation
起爆点 burst point
起爆点 detonation point
起爆点 initiation point
起爆点 point of detonation
起爆点控制 burst point control
起爆电容器 detonating capacitor
起爆管 （战斗部）detonator
起爆管 （战斗部）initiator
起爆管 （战斗部）primer
起爆脉冲 firing pulse
起爆面 detonation surface
起爆器 initiator
起爆器 initiator squib
起爆索 primacord
起爆系统 detonation system
起爆系统 initiating system
起爆信号 detonation signal
起爆信号 firing signal
起爆序列 firing train
起爆延时模式 detonation time-delay mode
起爆药 （用于化学炮弹、地雷或炸弹中）burster
起爆药 detonating charge
起爆药 ignition charge
起爆药 initiator charge
起爆药 primary explosive
起爆药 primer charge
起爆引信 detonating fuze
起爆装置 initiation device
起点 point of origin
起吊带 lifting sling
起吊环 lift eye
起吊环 lifting eye
起吊环 lifting ring
起吊索 lifting sling
起吊装置 lifting device
起动 run-up
起飞 （火箭、飞船、直升机等）lift-off
起飞 （火箭、飞船、直升机等）liftoff
起飞 （固定翼飞机、火箭等）take-off
起飞 （固定翼飞机、火箭等）takeoff
起飞燃油量 takeoff fuel
起飞线 flight line
起飞与降落数据 take-off and landing data（TOLD）
起飞质量 takeoff mass
起伏 fluctuation
起火时间 fire-initiation time
起机线 flight line
起机线检查/测试 flight line inspection/test
起降平台 （直升机）pad
起鳞 scaling
起落 sortie
起落航线 circuit
起落架 landing gear
起模板 ejector plate
起模顶杆 stripper pin
起模器 ejector
起模销 ejector pin
起泡的 blistered
起皮 （涂层）peeling
起始波长 cut-on wavelength
起始燃面面积 initial burning surface area
起始扰动 initial disturbance
起始钻头 starter drill bit
起炸药 （用于化学炮弹、地雷或炸弹中）burster
起重设备 （如吊车、绳索式起重机）lifting equipment
气 fume（多指难闻或有害的）
气爆 air blast
气爆机械装置 air-blast mechanism
气爆机制 air-blast mechanism
气爆战斗部 air-blast warhead
气电连接接口 electro-pneumatic interface
气垫系统 cushion system
气动安全延迟 pneumatic safety delay

气动扳手 impact wrench
气动布局 aerodynamic configuration
气动参数 aerodynamic parameter
气动参数 aerodynamics
气动弹体 aerodynamic airframe
气动导流片 aerodynamic vane
气动导数 aerodynamic derivative
气动的 aerodynamic
气动舵机 pneumatic actuator
气动舵机 pneumatic servo
气动阀 pneumatic valve
气动飞行控制 aerodynamic flight control
气动副翼 aerodynamic aileron
气动构型 aerodynamic configuration
气动和推进系统试验 aerodynamic and propulsion test
气动和运动模型 aerodynamic and kinematic model
气动回路 pneumatic circuit
气动技术 pneumatics
气动加热 aerodynamic heating
气动加热 aeroheating
气动加热分析 aerodynamic heating analysis
气动加热效应 aerothermal effect
气动简图 pneumatic schematic diagram
气动铰链力矩反馈 aerodynamic hinge moment feedback
气动襟翼 aerodynamic flap
气动控制面 aerodynamic control surface
气动控制面板 pneumatic control panel
气动控制式导弹 aerodynamic missile
气动力 aerodynamic force
气动力面控制 aerodynamic surface control
气动力学 aeromechanics（指在开敞系统中利用空气压力进行工作的技术）
气动力学 pneumatics（指在封闭系统中利用气体压力进行工作的技术、装置等）
气动力学的 aeromechanical
气动力学吊舱 （用于检查吊舱气动外形的适航性） aeromechanical pod
气动面 aero surface
气动面 aerodynamic surface
气动面 aerosurface
气动面 surface
气动面控制 aerodynamic surface control
气动面平面面积 planform area
气动面平面形状 planform
气动模型 aerodynamic model
气动耦合 aerodynamic coupling
气动剖面 aerodynamic profile
气动扰动气流 aerodynamic turbulence
气动塞式喷管 aerospike nozzle
气动升力 aerodynamic lift
气动升力面 aerodynamic lifting surface
气动数据 aerodynamic data
气动弹射器 gas-driven ejector
气动弹性 aeroelasticity
气动弹性不稳定 aeroelastic instability
气动弹性稳定性 aeroelastic stability
气动弹性效应 aeroelastic effects
气动特性 aerodynamic property
气动特性 aerodynamics
气动条件 aerodynamic condition
气动湍流 aerodynamic turbulence
气动推杆 pneumatic push-rod
气动外形 aerodynamic configuration
气动外形 aerodynamic shape
气动外形 aerodynamics
气动外形尺寸确定参数 aerodynamic configuration sizing parameter
气动外形设计 aerodynamic configuration shaping
气动稳定性 aerodynamic stability
气动稳定性和操纵性 aerodynamic stability and control
气动系数 aerodynamic coefficient
气动系数和导数 aerodynamic coefficients and derivatives
气动系统 aeromechanics（指在开敞环境中利用空气压力进行工作的系统）
气动系统 pneumatic system（指在封闭环境中利用气体压力进行工作的系统）
气动系统 pneumatics（指在封闭环境中利用气体压力进行工作的系统）
气动效率 aerodynamic efficiency
气动性能 aerodynamic performance
气动压力 aerodynamic pressure
气动压心 center of pressure
气动与推进系统试验单元(设施) Aerodynamic and Propulsion Test Unit
气动元件 pneumatic component
气动载荷 aerodynamic load
气动载荷 air load
气动载荷分布 air-load distribution
气动振动器 pneumatic vibrator
气动中心 aerodynamic center
气动装置 pneumatics
气动阻力 aerodynamic drag
气动阻力系数 aerodynamic drag coefficient
气动阻尼 aerodynamic damping
气氛 atmosphere（ATM）
气缸拆卸工具 cylinder removal tool
气罐 gas tank
气候变化 climate change
气孔 pore
气冷防护罩 gas-cooled shield
气冷锑化铟红外导引头 gas-cooled indium antimonide IR seeker
气冷硬化 air-hardening
气流 air blast（用于吹洗或冷却的）

气流 airflow（流经飞行器的）
气流 airstream（同 airflow）
气流 flow（同 airflow）
气流 gas flow（燃气的）
气流 gas stream（燃气或爆炸的）
气流防护板 （尾罩）blast shield
气流分布 airflow distribution
气流分离 flow separation
气流畸变 flow distortion
气流匹配 airflow matching
气路简图 pneumatic schematic diagram
气路接头 pneumatic adapter
气路控制柜 pneumatic cabinet
气路控制盒 pneumatic control box
气路控制面板 pneumatic control panel
气路系统 pneumatic circuit
气密密封 airtight seal
气密性测试仪 air tightness tester
气密性检查 air tightness testing
气泡 air bubble
气泡 blister
气泡能 bubble energy
气瓶 gas bottle
气瓶 gas cylinder
气瓶 receiver
气瓶 vessel
气瓶保持架 bottle holder
气瓶架 vessel stand
气瓶接头 vessel adapter
气瓶卡箍组件 retention receiver assembly
气瓶腔 gas bottle cavity
气瓶软管 receiver hose
气瓶软管螺母 receiver hose nut
气瓶软管转接头 receiver hose adapter
气瓶压力 gas bottle pressure
气瓶转接头 receiver adapter
气瓶组件 receiver assembly
气热处理炉 gas-fired furnace
气态的 gaseous
气态物质 gaseous material
气体 gas
气体爆轰产物 gaseous detonation product
气体材料 gaseous material
气体参数 gas parameter
气体产物 gas product
气体常数 gas constant
气体成分 gas composition
气体传导 gaseous conduction
气体的 gaseous
气体动力学 gas dynamics
气体分子 gas molecule
气体回流 gas recirculation
气体粒子密度 gas particle density
气体流量控制 （弹射发射架）gas flow control
气体脉动 gas pulsation
气体粘性 gas viscosity
气体燃料火炬 gas-fueled torch
气体热传导 gaseous heat conduction
气体推进剂 gas propellant
气体温度 gas temperature
气体物性 gas property
气体限流 gas confinement
气体性质 gas property
气体致冷器 gas cooler
气体注入推力矢量控制 gas injection thrust vector control
气体注入推力矢量控制 gas injection TVC
气体组成特征信号 gas composition signature
气温 climatic temperature
气雾喷瓶 （划线液）aerosol spray
气雾喷桶 （划线液）aerosol spray
气隙 （推进剂箱）ullage
气相 gaseous phase
气相反应 gas-phase reaction
气相燃烧区 gaseous combustion zone
气相组分 gas composition
气象风标天线 weather-vane antenna
气象雷达 weather radar
气象学 meteorology
气象与海洋的 meteorological and oceanographic（METOC）
气象与海洋评估 meteorological and oceanographic assessment
气象与海洋数据 meteorological and oceanographic data
气象与海洋信息 meteorological and oceanographic information
气压表 gas manometer
气压的 pneumatic
气压舵机 pneumatic actuator
气压阀 pneumatic valve
气压高度表 barometric altimeter
气压式红外探测器 pneumatic infra-red detector
气压式热探测器 pneumatic heat detector
气压式探测器 pneumatic detector
气压试验 pneumatic test
气液弹射发射架 pneudraulic ejection launcher
气源机柜 pneumatic cabinet
气源控制 gas supply control
气源装置 gas supply unit
迄今的研制试验和鉴定 DT&E to date
弃投 jettison
汽车工程师学会 （美国）Society of Automotive Engineers（SAE）
汽缸 cylinder
汽化 *vi.* boil off
汽化 *n.* boil-off

汽化 vaporization
汽化 *v.* vaporize
汽化热 heat of vaporization
器件跨导 device transconductance
器具 apparatus
器械 equipment

qian

千分尺 micrometer
千分尺套圈 micrometer collar
千分尺调整扳手 micrometer wrench
千分尺调整螺母 （立式铣床）micrometer adjusting nut
千分定位器 （机床）micrometer stop
千赫兹 kilohertz（kHz）
千斤顶 jack
千瓦 kilowatt（kW）
千源代码行 kilo-source lines of code（KSLOC）
千兆赫兹 gigahertz（GHz）
迁移 （组分、离子、原子等）migration
迁移 （组分、离子、原子等）migratory transfer
迁移 transfer
迁移率 mobility
迁移率测量 mobility measurement
迁移率-寿命乘积 mobility-lifetime product
迁移屏障 migration barrier
钎焊 brazing
牵头单位 （美军）lead agent（LA）
牵头机构 （美国政府）lead
牵头机构 （美国政府）lead agency
牵头联邦机构 lead federal agency（LFA）
牵引车 prime mover
牵引车 towing vehicle
牵引杆 tow bar
牵引螺栓 draw bolt
牵引螺栓 drawbolt
牵制 diversion
铅 lead
铅垂导引天线 vertical guidance antenna
铅垂极化 vertical polarization（VP）
铅垂偶极子 vertical dipole
铅垂天线 vertical antenna
铅封 lead and wire seal
铅封 metallic lead and wire seal
铅封钳 seal crimper
铅盐 lead salt
铅盐探测器 lead salt detector
铅盐探测器阵列 lead salt detector array
前半球攻击 forward hemisphere attack
前部舵机装置 forward servo unit
前部连接器 （弹体）forward connector
前部响应 front response
前舱 forward section
前触头 forward contact button
前大圆 forward equator
前弹体 fore-body
前弹体 forebody
前弹体舱 forebody section
前挡板 front shield
前挡件 forward detent
前挡件 forward stop
前挡件 latch
前挡块 forward stop
前导轨 forward rail
前点火触头 （沿航向）forward striker point
前吊挂 （导弹）forward hanger
前吊挂 （导弹）forward launch hook
前吊挂 （发射架）front lug
前吊挂保护盖 forward hanger protective cover
前吊挂保护盖 forward hanger protector cover
前吊挂螺钉 forward hanger screw
前吊挂样规 forward hanger template
前吊挂组件 forward hanger assembly
前端 forward end
前端信号处理 front-end signal processing
前对接环 forward coupling ring
前对接环组件 forward coupling ring assembly
前舵面 front control fin
前方部署的 forward-deployed
前方存在 forward presence
前方弹药与燃料补给点 forward arming and refueling point（FARP）
前方复苏性护理 forward resuscitative care（FRC）
前方观察员 forward observer（FO）
前方航空作战工程 forward aviation combat engineering（FACE）
前方空中管制员 Forward Air Controller（FAC）
前方作战场地 forward operating site（FOS）
前方作战基地 forward operating base（FOB）
前防振片 forward snubber
前防振销 forward snubber pin
前风扇 （喷气发动机）front fan
前封头 forward bulkhead
前封头 forward closure
前盖 front cover
前后升力面配置方向 （如交错、同位）tandem surface orientation
前缓冲器 forward snubber
前缓冲器量规 forward snubber gauge
前机身 forward fuselage
前机身保形挂架 （F-14 战机）forward fuselage pallet
前级 precursor
前级阀 foreline valve
前级装药 precursor charge
前检查口 forward access door
前角 （车刀）back rake

前角 （车刀）top rake
前接触按钮 forward contact button
前接触口 forward access door
前金属气管组合 forward metal-gas tube assembly
前襟板 forward flap
前进波 progressive wave
前进/后退开关 （机床）forward/reverse switch
前孔 forward orifice
前孔腔 forward orifice cavity
前框 forward skirt
前馈 feedforward
前馈项 feedforward term
前棱 （吊挂）forward edge
前冷却液接头 forward coolant connector
前联动部件 front linkage mechanism
前掠 forward sweep
前掠气动面 forward swept surface
前掠前沿 forward swept leading edge
前掠前缘 forward swept leading edge
前掠翼面 forward swept wing
前面板 front panel
前面板刻字 front panel engraving
前面的 forward（FWD）
前脐带电缆 forward umbilical
前起落架 nose gear
前裙 forward skirt
前视红外 forward-looking infrared（FLIR）
前视红外探测器 forward-looking infrared sensor
前视图 frontal view
前锁钩 forward hook
前锁钩连接杆 forward hook connecting link
前锁钩连接件 forward hook attachment
前锁钩直枢轴 forward hook straight-pivot shaft
前锁钩组件 forward hook assembly
前弹射器 （弹射式发射架）fore ejector
前弹射器 （弹射式发射架）forward ejector
前弹射器安装块组件 forward ejector block assembly
前弹射器检查口 forward ejector access door
前弹射器压脚 forward ejector foot
前弹射器压脚组件 forward ejector foot assembly
前弹射器止摆压脚 forward ejector foot
前弹射器止摆压脚组件 forward ejector foot assembly
前提 prerequisite
前体 precursor
前卫 advance guard
前线部队 front-line forces
前线缆罩 forward harness cover
前线移动手术队 mobile field surgical team（MFST）
前线作战部队 front-line combat unit
前向 forward aspect
前向安装 forward mounting
前向安装的 forward-mounted
前向的 forward（FWD）
前向飞行 forward flight
前向飞行 straight-ahead flight
前向距离 down range
前向雷达 forward-facing radar
前向通道 forward path
前向推力 forward thrust
前向运动 forward movement
前沿 （吊挂）forward edge
前沿 （机翼、弹翼等）leading edge（LE）
前沿地区防空 Forward Area Air Defense（FAAD）
前沿截面角 leading edge section angle
前沿锯齿形 （冲击试验脉冲形式）leading-edge sawtooth
前叶扇 （喷气发动机）front fan
前缘 （机翼、弹翼等）leading edge（LE）
前缘钝度阻力 leading-edge bluntness drag
前缘截面角 leading edge section angle
前罩 （发射架）forward fairing
前罩组合 forward fairing assembly
前整流罩 （发射架）forward fairing
前整流罩固定螺钉 （发射架）forward fairing retaining screw
前整流罩框架 forward fairing frame
前整流罩耐磨插入件 forward fairing wear insert
前整流罩锁钩组件 forward fairing latch assembly
前整流罩止动螺钉 forward fairing stop screw
前整流罩组件 forward fairing assembly
前支撑 forward support
前止动器 forward stop
前置舵面 actuated forward fin
前置舵面 forward control fin
前置放大 preamplification
前置放大器 preamplifier
前置放大器板 preamplifier card
前置放大器测试仪 preamplifier test set
前置放大器电压源 preamplifier voltage supply
前置放大器电源 preamplifier power supply
前置放大器卡 preamplifier card
前置放大器输出 preamplifier output
前置放大器输出噪声 preamplifier output noise
前置放大器输入电流噪声 preamplifier input current noise
前置放大器噪声性能 preamplifier noise performance
前置放大器增益 preamplifier gain
前置角 lead
前置角 lead angle
前置角法 lead angle method
前置量 lead
前置瞄准 lead
前置气动面 （包括固定翼、边条翼、鸭式翼）forward surface
前置十字形轴对称进气道 forward cruciform axisymmetric inlet

前置助推器 forward-located booster
前转接件 forward adapter
前锥 nose cone
前作动筒组件 forward cylinder assembly
钳工工作 benchwork
钳口 （台钳）jaw
钳子 pliers
潜藏的 latent
潜电路 sneak circuit
潜对空导弹 underwater-to-air missile（UAM）
潜对面导弹 underwater-to-surface missile（USM）
潜伏时间 latency
潜热 latent heat
潜入式喷管 submerged nozzle
潜射布拉莫斯改型 submarine-launched BrahMos variant
潜射弹道导弹 submarine-launched ballistic missile （SLBM）
潜射导弹 submarine-launched missile
潜射发动机 submarine launched motor
潜射反舰导弹 submarine-launched anti-ship missile
潜射型号 submarine-launched version
潜射巡航导弹 Submarine-Launched Cruise Missile （SLCM）
潜艇 submarine
潜艇作战指挥官 submarine operating authority （SUBOPAUTH）
潜通路 sneak circuit
潜在目标 emerging target
潜在作战适用性 potential operational suitability
潜在作战效能 potential operational effectiveness
遣返 repatriation
欠膨胀 underexpansion
欠膨胀喷管 underexpanded nozzle
嵌入 *vt.* embed（多指埋入）
嵌入 *vt.* imbed（embed 的另一种拼写形式）
嵌入 *vt.* insert
嵌入式处理器 embedded processor
嵌入式盘形天线 flush disk antenna
嵌入式全球导航系统 embedded global navigation system
嵌入式全球定位/惯性导航系统 Embedded GPS/ Inertial Navigation System（EGI）
嵌入式全球定位系统 embedded global positioning system
嵌入式信号处理舱段/装置 embedded signal processing section/unit
嵌套逻辑 nested logic

qiang

枪管 barrel
枪炮控制单元 gun control unit
枪骑兵 （B-1 轰炸机）Lancer
枪式丝锥 （主要用于通孔的攻丝）gun tap
枪式丝锥 （主要用于通孔的攻丝）spiral-point tap
腔 cavity
腔 chamber
腔体 cavity
腔体温度 cavity temperature
腔体效应 cavity effect
强爆炸 detonation
强冲击 high impact
强大火力 high firepower
强调 *vt.* highlight
强度 intensity（多指热、光、声、电的）
强度 strength（多指机械、结构、信号、电磁场的）
强度和刚度 strength and rigidity
强度-密度比 strength-to-density ratio
强度模型 strength model
强度试验 strength test
强度特性 strength property
强度-重量比 strength-to-weight ratio
强对抗的 contested
强对抗环境 contested environments
强对抗环境 highly contested environments
强对抗空域 contested airspace
强化 hardening（指硬化）
强化 *v.* strengthen
强化层 fortification layer
强击机 attack aircraft
强击机 strike aircraft
*强迫 coercion
强酸 strong acid
强行进入 forcible entry
强杂波环境 heavy clutter environment
强制 coercion
强制撤离 ordered departure
强制实现和平 peace enforcement
强制性测试 mandatory test
强制性的 mandatory
强制性规则 mandatory regulation
强制性维护 mandatory maintenance
强制性要求 mandatory requirement
强制者导弹 （MBDA 德国公司研制）Enforcer missile
强制者空射型导弹 （MBDA 德国公司研制）Enforcer Air missile
羟基 hydroxyl
强迫 coercion

qiao

敲入螺钉 drive screw
敲入式螺钉 drive screw
敲入销 drive pin
乔治布朗绕杆式天线 George Brown turnstile antenna

桥接焊 bridge welding
桥丝 bridge wire
桥丝测试仪 bridge wire tester
桥丝焊接 bridge welding
桥形件 bridge
翘曲 warp
翘曲 warpage

qie

切槽 grooving
切点 point of tangency
切断 *v.* cut off
切断 cutoff
切断威胁资金行动 counter threat finance（CTF）
切割 cutting
切割 dicing
切割 slicing
切割机 cutoff machine
切割索 Linear Shaped Charge
切管夹具 tube cutting fixture
切换 （制导）handover
切换 switching
切换箱 switching box
切口 groove
切口 notch
切入 cut-in
切梢舵面 clipped fin
切梢固定前置翼面 clipped-tip fixed forward fin
切梢三角舵面 clipped-tip delta control fin
切梢三角形尾部控制面 clipped delta tail control surface
切梢三角形尾舵 clipped delta tail control surface
切梢三角翼 clipped delta wing
切梢翼面 clipped wing
切丝板牙 （用于切制外螺纹）thread cutting die
切丝板牙 （用于切制外螺纹）threading die
切线 tangent
切线的 tangent
切向模态 tangential mode
切向应力 tangential stress
切屑 chip
切屑传送控制键 chip conveyer control
切削刀具 cutter
切削刀具 cutting tool
切削刃 （麻花钻头）lip
切削刃后角 （麻花钻头）lip clearance
切削润滑物 cutting compound
切削深度 depth of cut
切削速度 （用表面速度表示）cutting speed
切削液 cutting fluid
切削油 cutting oil
切削油 straight oil
切削走刀量 chip load
切制螺纹 threading

qin

侵爆破片 penetrating blast fragmentation（PBF）
侵爆破片战斗部 penetrating blast fragmentation warhead
侵爆战斗部 penetrating blast warhead
侵彻 penetration
侵彻/爆炸破片战斗部 penetrator/blast fragmentation warhead
侵彻弹 penetrator
侵彻弹道学 penetration ballistics
侵彻过程 penetration process
侵彻孔体积 penetration hole volume
侵彻能力 penetration capability
侵彻深度 penetration depth
侵彻速度 penetration velocity
侵彻体 penetrator
侵彻体积 penetration volume
侵彻威力 penetration power
侵彻武器 penetrating weapon
侵彻性能 penetration performance
侵彻炸弹 penetrator bomb
侵彻战斗部 penetrating warhead
侵彻战斗部 penetrator warhead
侵扰 intrusion
侵蚀 *v.* erode
侵蚀 erosion
侵蚀环境 erosive environment
侵蚀燃烧 erosive burning
侵蚀速率 erosion rate
侵蚀性的 erosive
勤务保障 logistics

qing

青铜 bronze
轻便性 portability
轻敲 *n.* &*vt.* tap
轻型材料 lightweight material
轻型弹药 lightweight munition
轻型的 lightweight
轻型多用途导弹 Lightweight Multirole Missile（LMM）
轻型反坦克武器 light antitank weapon（LAW）
轻型飞机 lightweight aircraft
轻型攻击机 light attack aircraft
轻型攻击平台 light-attack platform
轻型攻击/武装侦察机 light attack/armed reconnaissance aircraft
轻型攻击直升机 light attack helicopter

轻型挂飞训练弹 Lightweight Captive Air Training Missile (LCATM)
轻型货车 pick-up truck
轻型歼击机 lightweight fighter aircraft
轻型静态目标 light-weight static target
轻型数字发射装置 lightweight digital launcher
轻型突击武器 Light Assault Weapon (LAW)
轻型外挂物 light-weight store
轻型巡航导弹 lightweight cruise missile
轻型训练弹 Lightweight Training Guided Missile (LTGM)
轻型移动目标 light-weight moving target
轻型约束 light confinement
轻型战斗机 Light Combat Aircraft (LCA)
轻型战斗机 lightweight fighter aircraft
轻型战斗直升机 Light Combat Helicopter (LCH)
轻型战术空面制导滑翔弹 lightweight tactical air-to-surface guided glide munition
轻型装甲 light armor
轻型装甲车 light armored vehicle
轻型装甲车辆 light armored vehicle
轻型装甲目标 lightly armored target
轻型装甲系统 lightly armored system
轻型作战飞机 Light Combat Aircraft (LCA)
轻质材料 lightweight material
氢 hydrogen
氢脆 hydrogen embrittlement
氢氟酸气体 hydrofluoric acid gas
氢化钛 titanium hydride
氢气 hydrogen
氢氧化钾溶液 potassium hydroxide solution
氢氧基 hydroxyl
倾角 inclination
倾角 obliquity angle
倾斜度 angularity
倾斜误差 tilt error
倾斜转弯 Bank-To-Turn (BTT)
倾斜转弯导弹 bank-to-turn missile
倾斜转弯飞行 bank-to-turn flight
倾斜转弯机动 bank-to-turn maneuvering
倾斜转弯控制 bank-to-turn control
倾转旋翼机 tiltrotor
倾转旋翼平台 tilt-rotor platform
清除剂 remover
清除油脂 *vt.* degrease
清洁剂 detergent
清洁要求 cleaning requirements
清晰度 definition
清晰度 sharpness
清洗 *n. & v.* purge
清洗槽 cleaning tank
清洗和腐蚀控制 cleaning and corrosion control
清洗剂 cleaner
清洗剂 cleaning compound
清洗溶剂 cleaning solvent
清洗要求 cleaning requirements
清洗与充气口 purge and fill port
情报 intelligence
情报报告 intelligence report
情报报送 intelligence reporting
情报产品需求 (军事) production requirement (PR)
情报产品需求矩阵 (军事) production requirements matrix (PRMx)
情报处理 intelligence process
情报处 intelligence directorate
情报规划 intelligence planning (IP)
情报活动 intelligence
情报获取途径 (军事) access
情报机构 (军事) agency
情报机构 collection agency
情报机构 intelligence
情报、监视和侦察 intelligence, surveillance, and reconnaissance (ISR)
情报、监视和侦察平台 intelligence, surveillance, and reconnaissance platform
情报、监视、目标截获与侦察 intelligence, surveillance, target acquisition and reconnaissance (ISTAR)
情报、监视、目标指示与侦察 Intelligence, Surveillance, Targeting, And Reconnaissance (ISTAR)
情报、监视与侦察可视化 intelligence, surveillance, and reconnaissance visualization
情报、监视与侦察可视化 ISR visualization
情报、监视与侦察主任 chief of intelligence, surveillance, and reconnaissance (CISR)
情报界 intelligence community (IC)
情报来源 intelligence source
情报联盟 intelligence federation
情报判断 intelligence estimate
情报渠道 (军事) conduits
情报确认 (军事) asset validation
情报人员 (军事) agency
情报人员 collection agency
情报任务管理 intelligence mission management (IMM)
情报融合小组 intelligence fusion cell
情报上报 intelligence reporting
情报审核 (军事) asset validation
情报审问 intelligence interrogation
情报生产 intelligence production
情报搜集 collection
情报搜集策略 collection strategy
情报搜集管理 collection management
情报搜集管理者 collection manager (CM)
情报搜集管理指挥官 collection management authority (CMA)

情报搜集规划　collection planning
情报搜集计划　collection plan
情报搜集计划制订　collection planning
情报搜集行动管理　collection operations management (COM)
情报搜集形势　collection posture
情报搜集需求　collection requirement
情报搜集需求管理　collection requirements management (CRM)
情报搜集需求矩阵　collection requirements matrix (CRMx)
情报搜集状态　collection posture
情报搜集资源　collection asset
情报搜集资源　collection resource
情报系统　intelligence system
情报行动　intelligence operations
情报行动方案　concept of intelligence operations
情报需求　information requirement (IR)
情报需求　intelligence requirement (IR)
情报学　intelligence discipline
情报用户　（军事）consumer
情报源登记册　source registry
情报源管理　source management
情报摘要　intelligence summary (INTSUM)
情报专业　intelligence discipline
情报资料报告　intelligence information report (IIR)
情报资源　intelligence asset
情报作业方案　concept of intelligence operations
情景　scenario
情况　behavior（美国拼写形式）
情况　behaviour（英国拼写形式）
情况　scenario
情况　situation
情况报告　situation report (SITREP)
氰化渗碳　（表面渗碳硬化的一种）cyaniding
氰化物　cyanide
请求　*n.* & *vt.* request
请求书　letter of request (LOR)
请求信　letter of request (LOR)

qiu

求导　derivation
求积分　*vt.* integrate
求解　derivation
求逆　inversion
球阀加油器　（润滑用）ball oiler
球面爆炸　spherical blast
球面的　spherical
球面度　steradian (sr)
球面反射镜　spherical mirror
球面反射镜　spherical reflector
球面反射镜定中心　spherical mirror centering
球面反射镜镀膜　spherical mirror coating
球面反射镜支座　spherical mirror holder
球墨铸铁　ductile cast iron
球缺形药型罩　hemispherical liner
球头铣刀　ball endmill
球头铣刀　ballmill
球头铣刀　ballnose endmill
球窝接头　ball-and-socket joint
球形爆炸成型弹丸　ball-shaped EFP
球形表面　spherical surface
球形表面面积　spherical surface area
球形的　global
球形的　spherical
球形广角头罩　bulbous wide-angle dome
球形壳体　spherical shell
球形铝粉　powdered spherical aluminum
球形罩　（战斗部）spherical liner
球座　ball cage

qu

区　sector
区　zone
区脆化　zone embrittlement
区分　*v.* discriminate
区分　discrimination
区间　bracket
区域　area
区域　region
区域　zone
区域的　regional
区域的　zonal
区域反应协调中心　regional response coordination center (RRCC)
区域防空计划　area air defense plan (AADP)
区域防空指挥官　area air defense commander (AADC)
区域攻击武器　area-attack weapon
区域供应中队　regional supply squadron (RSS)
区域拒止　area denial (AD)
区域空中运送控制中心　regional air movement control center (RAMCC)
区域搜索　area search
区域损害控制　area damage control (ADC)
曲率　curvature
曲率效应　curvature effect
曲纹锉刀　curved-tooth file
曲线　curve
曲线　profile
曲线描绘仪　curve tracer
曲线图　graph
曲折密封狭缝　labyrinth slot
驱动拨杆　（车床驱动盘）drive lug
驱动拨销　（车床驱动盘）drive lug

驱动槽 （车床驱动盘）drive slot
驱动电流 drive current
驱动电压 drive voltage
驱动电子装置 drive electronics
驱动功率 actuation power
驱动机构 actuating mechanism
驱动力 actuating force
驱动轮 driving wheel
驱动盘 （车床）drive plate
驱动系统 driving system
驱动信号 driving signal
驱动摇臂 drive bellcrank
驱动摇臂止动块 drive bellcrank stop
驱动摇杆 drive bellcrank lever
驱动轴 driving shaft
驱动组件 actuating assembly
驱水的 water-displacing
驱水防腐化合物 water-displacing corrosion preventive compound
驱逐舰 destroyer
屈服 yield
屈服安全系数 yield factor of safety
屈服函数 yield function
屈服强度 yield strength
屈服应力 yield stress
屈服载荷 yield load
屈曲 buckling
取出工具 remover
取向 orientation
取样数据中段更新 （导弹制导）sampled data midcourse update
取证鉴定 （较为严格广泛）certification
去除 removal
去除油脂 *vt.* degrease
去磁 degaussing（多指舰船的）
去磁 demagnetization
去活化炉 deactivation furnace
去交错 deinterleaving
去交错脉冲序列 deinterleaving pulse train
去交错算法 deinterleaving algorithm
去交错性能 deinterleaver performance
去毛刺 *vi.* deburr
去耦 decoupling
去湿 dewetting
去污 decontamination
去污剂 detergent
去油脂 degreasing
去油脂溶剂 degreasing solvent

quan

圈 loop
权衡 trade-off
权衡 tradeoff
权衡分析 trade-off analysis
权衡分析 trade study
权利 authority
权利委托 delegation of authority
权威 authority
权限 authority
权重因子 weighting factor
全般支援 general support（GS）
全般支援火力加强 general support-reinforcing（GSR）
全半球 full hemisphere
全包覆型夹具 all-enclosing fixture
全包线大离轴角能力 full envelope, high off-boresight capability
全波长 all-wavelength
全波天线 full-wave antenna
全部硬化 direct hardening
全部硬化 through hardening
全厂数据报告 Plant Wide Data Report
全程飞行模拟器 full-flight simulator（FFS）
全程序试验 end-to-end test
全程寻的 Homing All the Way（HAW）
全程寻的杀伤器 （MIM-23 霍克面空导弹）homing all-the-way killer（HAWK）
全程制导试验 guide-to-hit trial
全尺寸 full scale
全尺寸标注的 fully dimensioned
全尺寸的 full-scale
全尺寸发动机 full-scale motor
全尺寸发动机点火试验 full-scale motor-firing test
全尺寸工程研制 full-scale engineering development（FSED）
全尺寸静态点火试验 full-scale static fire test
全尺寸模型 full-scale mockup
全尺寸模型 full-scale model
全尺寸模型 full-size model
全尺寸模型 mock-up
全尺寸模型 mockup
全尺寸目标 full-scale target
全尺寸、全过程点火试验 full-scale, full-duration test fire
全尺寸、全过程试车 full-scale, full-duration test fire
全尺寸生产 full-scale fabrication
全尺寸样弹 full-scale prototype missile
全尺寸样机 full-scale mockup
全尺寸样机 mock-up
全尺寸样机 mockup
全尺寸自适应发动机 full-scale adaptive engine
全弹测试台 all-up-round tester（AURT）
全弹试验 all-up-round test（AURT）
全地形越野车 all-terrain vehicle
全动式 all movable
全动式控制 all movable control

全发火 （发动机）all fire
全方位探测 all-aspect detection
全功能导弹 fully functional missile
全功能武器系统 fully functional weapon system
全惯性制导 all-inertial guidance
全惯性制导系统 all-inertial guidance system（AIGS）
全规模 full scale
全规模的 full-scale
全规模生产 full-scale fabrication
全规模生产 full-scale production
全国机床制造商（协会） （美国）National Machine Tool Builder（NMTB）
全国机床制造商协会系列锥体 （美国）National Machine Tool Builder series taper
全国机床制造商协会锥体 （美国）NMTB taper
全国紧急状态 national emergency
全过程的 end-to-end
全过程发射与飞行试验 end-to-end launch and flight test
全过程能力 end-to-end capability
全过程全制导试验 fully-guided end-to-end trial
全过程实弹发射 end-to-end live-fire launch
全过程实弹发射 end-to-end live-fire shot
全过程试验 end-to-end test
全过程制导发射 end-to-end guided firing
全过程综合飞行试验 integrated end-to-end flight test
全环境 all environment
全环境的 all-environment
全景显示 panoramic display
全景座舱显示电子装置 Panoramic Cockpit Display Electronic Unit
全局的 global
全领域威胁响应计划 full spectrum threat response program（FSTR）
全领域优势 full-spectrum superiority
全面 full scale
全面的 full-scale
全面的 global
全面动员 full mobilization
全面工程研制 full-scale engineering development（FSED）
全面护理 definitive care
全面模拟器试验 intensive simulator testing
全面消除污染 thorough decontamination
全面研制 full-scale development（FSD）
全面研制合同 full-scale development contract
全面研制阶段 full-scale development phase
全谱优势 full-spectrum superiority
全球安全环境 global security environment
全球备件套装 global spares package
全球兵力管理 global force management（GFM）
全球成套备件 global spares package
全球持续感知 global persistent awareness
全球打击 global strike
全球打击能力 global strike capability
全球导弹防御 global missile defense
全球导航卫星系统 global navigation satellite system（GNSS）
全球导航卫星系统 Global navigation-satellite system（Glonass）
全球导航系统 global navigation system
全球的 global
全球定位系统 global positioning system（GPS）
全球定位系统/惯性导航系统 global positioning system/inertial navigation system（GPS/INS）
全球定位系统接收机 global positioning system receiver
全球反恐战争 Global War on Terrorism（GWOT）
全球防务市场 global defense market
全球覆盖 global coverage
全球海事合作伙伴关系 global maritime partnership
全球加密中心 Global Cryptologic Center（GCC）
全球交战 Global Engagement（GE）
全球精确打击 global precision strike
全球精确攻击作战 global precision attack operations
全球决策支持系统 Global Decision Support System（GDSS）
全球空中机动保障系统 global air mobility support system（GAMSS）
全球空中运输执行系统 Global Air Transportation Execution System（GATES）
全球快速机动能力 rapid global mobility
全球配送 （军事）global distribution
全球区域参考系统 Global Area Reference System（GARS）
全球伤病员运送需求中心 Global Patient Movement Requirements Center（GPMRC）
全球信息网格 Global Information Grid（GIG）
全球星卫星 Globalstar satellite
全球一体化情报、监视和侦察 global integrated intelligence, surveillance, and reconnaissance
全球一体化情报、监视和侦察 global integrated ISR
全球一体化情报、监视和侦察行动 global integrated ISR operations
全球运输管理 global transportation management（GTM）
全球运输网络 Global Transportation Network（GTN）
全球战役计划 global campaign plan（GCP）
全球指挥与控制系统 Global Command and Control System（GCCS）
全球装备供应 global distribution of materiel
全球装备输送 global distribution of materiel
全球作战联合保障系统 Global Combat Support System-Joint（GCSS-J）
全权限数字电子控制 Full Authority Digital Electronics Control（FADEC）
全权限数字电子控制系统 Full Authority Digital

Electronics Control system
全权限数字发动机控制 Full Authority Digital Engine Control（FADEC）
全任务模拟器 full mission simulator
全任务能力达成率 full mission capability rate
全杀伤链性能 full kill-chain performance
全时序测试 all sequence testing
全寿命周期 life cycle
全寿命周期保障 life-cycle support
全寿命周期费用估算 life-cycle cost estimate
全寿命周期费用模型 life-cycle cost model
全寿命周期费用要素 life-cycle cost element
全寿命周期阶段划分 life-cycle stage
全数字的 all digital
全数字制导舱设计 all-digital guidance section design
全速生产 full-rate production（FRP）
全套发射设施 launch complex
全套资料 data package
全体系 system of systems
全体系分析 system of systems analysis（SOSA）
全天候 all weather
全天候的 all-weather
全天候的 round-the-clock
全天候能力 all-weather capability
全天候有效交战 all-weather effective engagement
全天候作战能力 all-weather capability
全跳动 total runout
全推进系统试验 complete propulsion system test
全位势方程 full-potential equation
全位势方法 full-potential method
全息法测量 hologram measurement
全系统 system of systems
全系统的 system-of-system
全系统分析 system of systems analysis（SOSA）
全系统集成与试验 system-of-system integration and test
全向的 all-aspect（多以目标为中心）
全向的 omnidirectional
全向发射能力 all-aspect launch capability
全向攻击 all-aspect attack
全向攻击能力 all-aspect capability
全向交战 all-aspect engagement
全向交战能力 all-aspect engagement capability
全向能力 all-aspect capability
全向天线 omnidirectional antenna
全向战斗部 omnidirectional warhead
全向作战包线 all-aspect operational envelope
全效导弹 fully functional missile
全续航发动机 all-sustain motor
全续航设计发动机 all-sustain configuration motor
全源情报 all-source intelligence
全真产品 all-live unit
全真发动机火箭 full-motored rocket
全制导弹 fully-guided missile
全制导试验 fully-guided test
全主动的 fully active
全助推发动机 all-boost motor
全助推设计发动机 all-boost configuration motor
全组件零件分解清单 group assembly parts list（GAPL）
全作战环境 all environment
醛 aldehyde

que

缺点 weakness
缺少量 deficiency
缺省值 default value
缺损扇片的抛物面 paraboloid with missing sector
缺陷 bug（多用于计算机系统中）
缺陷 defect
缺陷 deficiency
缺陷 flaw
缺陷 weakness
缺陷报告 deficiency report（DR）
缺陷修复试验 deficiency correction testing
缺源阵 missing sources array
确保安全的 failsafe
确定 determination
确定性的 definitized（多指合同、计划）
确定性的 deterministic
确定性合同 definitized contract
确定性识别 positive identification（PID）
确定性系统 deterministic system
确认 accreditation
确认 （强调过程）*vt.* validate
确认 （强调过程）validation

qun

裙体 flare
裙体 skirt
裙体角 flare angle
裙雾 （从湿式发射台发射导弹时发动机周围形成的）skirt fog
裙状雾 （从湿式发射台发射导弹时发动机周围形成的）skirt fog
群 cluster（多指物）
群 group
群目标 formation target
群目标打击能力 formation target capability
群目标交战 cluster target engagement
群目标识别 formation target discrimination
群体 community

ran

燃爆低限　lower explosive limit（LEL）
燃爆低限　lower flammable limit（LFL）
燃爆高限　upper explosive limit（UEL）
燃爆高限　upper flammable limit（UFL）
燃点　ignition point
燃喉比　ratio of burning area to nozzle throat area
燃尽　（发动机）burnout
燃尽马赫数　burnout Mach number
燃尽速度　burnout velocity
燃尽重量　burnout weight
燃料　fuel
燃料成分　fuel ingredient
燃料电池　fuel cell
燃料晃荡　（液体火箭发动机）sloshing
燃料混合　fuel mixing
燃料集液腔　fuel manifold
燃料空气炸药　fuel-air explosive（FAE）
燃料冷却式超燃冲压发动机　fuel-cooled scramjet engine
燃料喷射　fuel injection
燃料喷嘴　（发动机）fuel injector
燃料燃速　fuel burn rate
燃料热值　fuel heating value
燃料热值　heating value of fuel
燃料添加剂　fuel additive
燃料箱　fuel tank
燃料消耗率　specific fuel consumption
燃料效率　fuel efficiency
燃料与空气混合比　fuel-to-air ratio
燃料着火　fuel fire
燃料重量　fuel weight
燃料组分　fuel ingredient
燃面面积　burn surface area
燃面面积　burning surface area
燃面退移　surface regression
燃面退移速率　surface regression rate
燃气　combustion gas
燃气　gas
燃气残余效应　gas residue effects
燃气舵　control vane
燃气舵　jet vane
燃气舵控制　Jet Vane Control（JVC）
燃气发生器　gas generator
燃气发生器　gas grain generator
燃气发生器点火器　gas generator igniter
燃气发生器推进剂　gas generator propellant
燃气-颗粒流　gas-particle flow
燃气流　gas flow
燃气流量　gas flow
燃气流量控制　（弹射发射架）gas flow control
燃气扰流板　jet tab
燃气温度　gas temperature
燃气压力控制的机械锁　gas pressure-operated mechanical lock
燃气注入推力矢量控制　gas injection TVC
燃烧　burning
燃烧　combustion
燃烧波　combustion wave
燃烧不稳定性　combustion instability
燃烧产物　combustion product
燃烧持续时间　burning duration
燃烧弹　incendiary
燃烧弹　incendiary projectile
燃烧的　incendiary
燃烧段　combustion section
燃烧方向　burning direction
燃烧过程　combustion process
燃烧过滤器　（固体火箭发动机）trap
燃烧机理　combustion mechanism
燃烧面　burning surface
燃烧面积要求　burn area requirement
燃烧模型　combustion model
燃烧炮弹　incendiary shell
燃烧器腔体　burner cavity
燃烧腔　combustion cavity
燃烧区　combustion zone
燃烧热　heat of combustion
燃烧热　heat output
燃烧时间　burn time
燃烧时间　（发动机）burning time
燃烧时间平均燃烧室压力　burn time average chamber pressure
燃烧时间平均燃烧室压力　burning time average chamber pressure
燃烧时间平均推力　burn time average thrust
燃烧时间平均推力　burning time average thrust
燃烧时间总冲　burn time impulse
燃烧室　combustion chamber
燃烧室　combustor
燃烧室　firing chamber
燃烧室出口　combustor exit

燃烧室段 combustion chamber section
燃烧室工作压强 operating chamber pressure
燃烧室火焰稳定器入口面积 combustor flame holder entrance area
燃烧室壳体 chamber case
燃烧室壳体 combustion case
燃烧室面积 combustor area
燃烧室平衡压强 equilibrium chamber pressure
燃烧室腔体 chamber cavity
燃烧室容积 chamber volume
燃烧室收缩比 chamber contraction ratio
燃烧室填充时间 chamber-filling interval
燃烧室温度 chamber temperature
燃烧室压力 chamber pressure
燃烧室压强 chamber pressure
燃烧速度 burn rate
燃烧速率 burning rate
燃烧损失 combustion loss
燃烧温度 combustion temperature
燃烧稳定性 combustion stability
燃烧稳定性改进 combustion stability remedy
燃烧稳定性评价 combustion stability assessment
燃烧效率 combustion efficiency
燃烧压强 burn pressure
燃速 burning rate
燃速催化剂 burn rate catalyst
燃速催化剂 burning-rate catalyst
燃速的温度敏感度 temperature sensitivity of burning rate
燃速-环境温度关系 burning rate relation with ambient temperature
燃速换算系数 burn rate scale factor
燃速试验 burn rate testing
燃速数据 burning rate data
燃速调节剂 burn rate modifier
燃速调节剂 burning-rate modifier
燃速压力指数 burning rate pressure exponent
燃速-压强关系 burning rate relation with pressure
燃速指数 burn rate exponent
燃速指数 burning rate exponent
燃速指数 combustion index
燃油 fuel
燃油容量 fuel capacity
燃油箱 fuel cell
燃油总管 fuel manifold

rao

扰动 disturbance
扰动 perturbation
扰流板 spoiler
扰流片 spoiler
扰流片 tab（多指喷管中的）
绕杆式天线 turnstile antenna
绕射 diffraction
绕射边缘 diffraction edge
绕丝增强塑料 wound filament reinforced plastics
绕丝增强塑料壳体 wound-filament-reinforced plastic case
绕线夹具 winding fixture
绕制 winding
绕制夹具 winding fixture
绕组 winding

re

热 heat
热安定性 thermal stability
热安全性裕度 thermal safety margin
热边界层 hot boundary layer
热波动 thermal fluctuation
热沉 heat sink
热成像机载激光照射器 Thermal Imaging Airborne Laser Designator（TIALD）
热成像仪 thermal imager
热冲击 thermal shock
热处理 heat treatment
热处理吊筐 heat treatment basket
热处理工艺 heat treatment process
热处理炉 furnace
热处理炉 heat-treating furnace
热处理设备 heat-treating equipment
热传导 heat conduction
热传导 heat transfer
热传导 thermal conduction
热带汇流区 Inter-Tropical Convergence Zone（ITCZ）
热导 conductance
热导 thermal conductance
热导率 thermal conductivity
热导体 thermal conductor
热的 thermal（thrm）
热等静压工艺 hot isostatic pressing（HIP）
热等静压机 hot isostatic press
热电池 thermal battery（thrm bat）
热电池电爆管 thermal battery squib
热电的 thermoelectric（TE）
热电动势 thermal electromotive force
热电动势 thermal EMF
热电堆 thermopile
热电堆电压 thermopile voltage
热电偶 thermocouple（TC）
热电偶电动势 thermocouple electromotive force
热电偶对 thermocouple pair
热电偶校准 TC calibration
热电偶校准 thermocouple calibration
热电偶接头 thermocouple junction

热电偶类型 thermocouple type
热电偶线 thermocouple wire
热电偶效应 thermocouple effect
热电偶引线 thermocouple feedthrough
热电偶真空计 TC gauge
热电偶真空计 thermocouple gauge
热电偶支座 thermocouple holder
热电偶装置 thermocouple setup
热电致冷 thermo-electrical cooling
热电致冷硫化铅导引头 thermo-electrical cooled PbS seeker
热电致冷器 TE cooler
热电致冷器 thermoelectric cooler
热短路 thermal short
热锻工具钢 hot-work tool steel
热防护 thermal protection
热防护层 thermal overwrap
热防护涂层 thermal coating
热防护系统 thermal protection system
热分解 pyrolysis
热分析 thermal analysis
热辐射 radiant emission
热辐射 radiation emission
热辐射 thermal radiation
热辐射探测器 thermal detector
热辐射特性 thermal radiative property
热辐射信号特征 heat signature
热辐射源 hot source
热负载 heat load
热负载部件 heat load component
热负载计算 heat load calculation
热附面层 hot boundary layer
热跟踪空空导弹 heat-seeking air-to-air missile
热跟踪能力 heat-seeking capability
热功率 heat output
热固性材料 thermoset
热固性树脂 thermoset resin
热管理 thermal management
热管理系统 thermal management system
热惯性 thermal inertia
热焓 enthalpy
热核武器 thermonuclear weapon
热化学 thermochemistry
热化学的 thermochemical
热化学特性 thermochemical property
热环境 thermal environment
热激发 thermal excitation
热激励 thermal excitation
热极限 thermal limit
热交换 heat exchange
热解垫盘 pyrolytic disk
热解垫圈 pyrolytic washer
热解石墨 pyrolytic graphite
热解石墨垫圈 pyrolytic graphite washer
热浸 thermal soak
热/静态点火试验 hot/static fire
热/静态试车 hot/static fire
热扩散泵 hot diffusion pump
热扩散系数 thermal diffusivity
热力的 thermal（thrm）
热力工程 thermal engineering
热力系统 thermal system
热力学 thermodynamics
热力学第一定律 first law of thermodynamics
热力学试验 thermodynamics test
热力学原理 thermodynamic principle
热量 heat
热量的 thermal（thrm）
热量释放 heat release
热量输入 heat input
热量吸收 heat absorption
热流 heat flow
热流 heat flux
热流量 heat flow
热流量 heat flux
热流量输入 heat flux input
热能 caloric energy
热能 heat energy
热能 thermal energy
热能工程 thermal engineering
热喷射发动机 thermal jet engine
热喷射推进系统 thermal jet propulsion system
热膨胀 thermal expansion
热膨胀系数 thermal coefficient of expansion
热漂移 thermal drift
热平衡 thermal equilibrium
热平衡态 thermal equilibrium
热启动 warm start
热启动排放系统 Thermally Initiated Venting System（TIVS）
热燃气侧向喷注 hot-gas-side injection
热燃气阀 hot gas valve
热燃气喷注 hot gas injection
热燃气喷注推力矢量控制 hot gas injection thrust vector control（HGITVC）
热燃气烧蚀 hot gas erosion
热容量 heat capacity
热熔塞 thermal plug
热熔塑料 thermoplastics
热熔塑料聚合物基体 thermoplastic polymer matrix
热软化 thermal softening
热设计 thermal design
热生成 thermal generation
热生电流 thermal current
热生电流 thermally generated current
热生电流 thermally induced current

热生电流方程 thermal current equation
热生散弹噪声 thermally generated shot noise
热生施主 thermally generated donor
热生载流子 thermally generated carrier
热生噪声 thermally generated noise
热水瓶 thermos
热水瓶 thermos bottle
热损失 heat loss
热缩枪 heat shrink gun
热缩套管 heat shrinkable sleeving
热缩载荷 thermal shrinkage load
热探测 thermal detection
热探测器 heat detector
热探测器 thermal detector
热特性 thermal characteristics
热梯度 thermal gradient
热通量 heat flux
热稳定性 thermal stability
热物理性能 thermophysical property
热物理学 thermal physics
热系统 thermal system
热相关环境 thermally-relevant environment
热相交 thermal crossover
热效应 thermal effect
热性能 thermal performance
热学特性 thermal property
热学性能 thermal property
热寻的能力 heat-seeking capability
热寻的器 heat seeker
热循环 thermal cycling
热压多晶块 hot-pressed polycrystalline compact
热压罐 autoclave
热压炉 autoclave
热应力 thermal stress
热应力故障点 thermal stress trouble spot
热源 heat source
热载荷 thermal load
热噪声 Johnson noise
热噪声 thermal noise
热噪声电流 Johnson noise current
热噪声电压 Johnson noise voltage
热噪声电压 thermal noise voltage
热噪声公式 Johnson noise formula
热轧钢 hot-rolled steel（HRS）
热涨落 thermal fluctuation
热胀式涂料 intumescent paint
热障 heat barrier
热障 thermal barrier
热真空 Thermal Vacuum（TVAC）
热真空试验 thermal vacuum test
热值 heating value
热致排放系统 Thermally Initiated Venting System（TIVS）
热滞 thermal lag
热滞后 thermal lag
热阻 thermal resistance

ren

人道主义救援 humanitarian operation
人道主义扫雷行动 humanitarian mine action（HMA）
人道主义扫雷援助 humanitarian demining assistance
人道主义行动中心 humanitarian operations center（HOC）
人道主义与民事援助 humanitarian and civic assistance（HCA）
人道主义援助 humanitarian operation
人道主义援助协调中心 humanitarian assistance coordination center（HACC）
人的能力 human performance
人的因素 human factors
人-蜂群组队协作 human-swarm teaming
人工操作的 human operated
人工干预控制器 （数控机床）override control
人工模量 artificial modulus
人工粘性 artificial viscosity
人工情报 human intelligence（HUMINT）
人工时效 precipitation heat treatment
人工数量 workforce
人工脱粘 stress relief flap
人工音响发生器 artificial audio tone generator
人工音响发生器 artificial tone generator
人工智能 artificial intelligence（AI）
人工智能驱动的网络化传感器系统 artificial-intelligence-driven networked sensor system
人工智能软件 artificial intelligence software
人工智能选择的摄影测量对象和景象的目标定位 Targeting of AI-selected Photogrammetric Objects and Sights（TAPOS）
人机工程 human engineering
人机接口 human-machine interface（HMI）
人机接口 Man-Machine Interface（MMI）
人机界面 human-machine interface（HMI）
人机界面 Man-Machine Interface（MMI）
人类因素 human factors
人类因素工程 human engineering
人类致癌物 human carcinogen
人类智能 human intelligence（HUMINT）
人力 manpower
人力估算报告 Manpower Estimate Report（MER）
人力管理 manpower management
人力需求 manpower requirement
人力需求量 manpower requirement
人身危害 physical hazard
人事部门 personnel
人素工程 human engineering

人素工程 human factors engineering
人为表现 human performance
人为干扰 jamming
人为绩效 human performance
人为误差 human error
人因工程 human factors engineering
人员 personnel
人员保障 personnel support
人员处 personnel directorate
人员技能 personnel skill
人员救援 personnel recovery (PR)
人员救援参考资料 personnel recovery reference product (PRRP)
人员救援协调小组 personnel recovery coordination cell (PRCC)
人员配备 manning
人员勤务保障 personnel services support (PSS)
人员杀伤地雷 antipersonnel mine
人员信息可核查性 (军事) personnel accountability
人员要求 personnel requirement
人在回路 man in the loop
人在回路的决策 man-in-the-loop decision-making
人在回路目标截获 man-in-the-loop target acquisition
人在回路上 (人不是决策回路的一部分,回路自动决策,但人可以监控、干预决策结果) operator-on-the-loop
人在回路系统 man-in-the-loop system
人在回路中 (人是决策回路的一部分,需要与回路互动才能出结果) operator-in-the-loop
人造的 artificial
人造的 synthetic (指合成的)
人造介质透镜 artificial dielectric lens
人质营救 hostage rescue (HR)
壬酸异癸酯 isodecyl pelargonate (IDP)
刃倾角 (车刀) side rake angle
刃形孔 knife-edged aperture
认出 identification (ID)(精确认出)
认出 recognition (粗略认出)
认定安全规程 Render Safe Procedure (RSP)
认可的可靠性等级 accepted reliability level (ARL)
认可的质量等级 accepted quality level (AQL)
认为不能用 *vt.* condemn
认为不适用 *vt.* condemn
认证 (较为严格广泛) certification
任务 mission (MSN)
任务 role
任务 task
任务保障 mission assurance
任务保障 mission support
任务保障系统 mission support system (MSS)
任务保证 mission assurance
任务报告 mission report (MISREP)
任务参考数据 mission reference data
任务成功 mission success
任务成功率 mission success rate
任务持续时间 mission endurance
任务传感器 mission sensor
任务订单 task order
任务分配 mission assignment
任务分配、情报搜集、处理、利用与散发 tasking, collecting, processing, exploitation and dissemination (TCPED)
任务分析 mission analysis
任务符号 mission symbol
任务复杂性 mission complexity
任务管理系统 Mission Management System (MMS)
任务规划 mission planning
任务规划技术 mission planning technology
任务规划软件 mission-planning software
任务规划数据 mission planning data
任务规划系统 mission planning system
任务后分析 post-mission analysis
任务计算机 mission computer (MC)
任务记录资料 mission record
任务就绪 mission ready (MR)
任务控制平台 mission-controlling platform
任务控制中心 mission control center
任务领域 mission area
任务描述 mission description
任务剖面图 mission profile
任务区 mission area
任务区规划 Mission Area Plan (MAP)
任务人员 mission personnel
任务数据 mission data
任务数据处理应用框架 Mission Data Processing Application Framework (MDPAF)
任务数据文件 Mission Data File (MDF)
任务说明 mission statement
任务探测器 mission sensor
任务系统 mission system
任务系统集成 mission systems integration
任务系统军官 mission systems officer (MSO)
任务系统数据包 mission system data package (MSDP)
任务下达令 tasking order (TASKORD)
任务型命令 mission type order
任务需求 mission requirement
任务有效性 mission effectiveness
任务与目标文件 task and objective document (TOD)
任务支援与保障合同 mission support and sustainment contract
任务执行情况分析 post-mission analysis
任务指挥 mission command
任务中止能力 mission-abort capability
任务资格培训 mission qualification training (MQT)
任务总线 mission bus
任务/作战条件确定 mission/scenario definition

任意反射面速度干涉系统 Velocity Interferometer System for Any Reflector (VISAR)
任意滚转方位和偏转角度 arbitrary orientation and deflection
任意滚转角 arbitrary roll angle
任意控制面偏转角 arbitrary control surface deflection
任意拉格朗日-欧拉(法) Arbitrary-Lagrangian-Eulerian (ALE)
任意拉格朗日-欧拉法 Arbitrary-Lagrangian-Eulerian technique
韧度 toughness
韧性 ductility (指延性)
韧性 toughness
韧性材料 ductile material
韧性断裂 ductile fracture
韧性钢 ductile steel

reng

扔掉 *vt.* discard

ri

日本防卫厅 Japan Defense Agency (JDA)
日本海上自卫队 Japan Maritime Self-Defense Force (JMSDF)
日本航空自卫队 Japan Air Self-Defense Force (JASDF)
日本陆上自卫队 Japan Ground Self-Defense Force (JGSDF)
日常飞行待命 day-to-day flight readiness
日常维护 routine maintenance
日常许用保障设备 table-of-allowance support equipment
日常运作储备 operating stocks (OS)
日常装备定额表 table of allowance (TOA)
日间作战 day operation
日历年 Calendar Year (CY)

rong

容差 tolerance
容错 fault tolerance
容错的 fault-tolerant
容积 capacity
容积 volume
容积吨 measurement ton (MTON)
容积密度 volumetric loading
容积效率 volumetric efficiency
容积效率 volumetric performance
容积性能 volumetric performance
容积装填系数 volumetric loading
容积装填系数 volumetric loading fraction
容抗 capacitive reactance
容量 capacity
容器 receptacle
容器 reservoir
容器 tank (TK)
容器 vessel
容许等待时间 allowable downtime
容许发射区 launch acceptability region (LAR)
容许发射区 launch-acceptability regions (LARS)
溶合过程 solvation process
溶合作用 solvation
溶剂 solvent
溶剂分配器端盖 solvent distributor cap
溶剂供应管路 solvent supply pipe
溶剂罐 solvent tank
溶剂瓶 solvent bottle
溶解 solution (组分相互溶合)
溶解 solvation (材料与溶剂溶合)
溶解度 solubility
溶解过程 solvation process
溶解性 solubility
溶液 solution
熔点 melting point
熔化温度 melting temperature
熔模铸件 investment casting
熔模铸造 investment casting
熔融二氧化硅 fused silica
熔融硅 fused silicon
熔融金属 bath
熔融温度 melting temperature
熔渣 molten slag
熔铸 **TNT** 基材料 castable TNT-based material
熔铸塑性粘结炸药 castable PBX
熔铸塑性粘结炸药 castable plastic bonded explosive
熔铸炸药 castable explosive
熔铸炸药 melt-cast explosive
融合 *v.* fuse
融合 fusing
融合 (数据、信息、情报等) fusion
冗余安全性 redundant safety
冗余保险 redundant safety

rou

柔背碳钢锯条 flex back carbon steel blade
柔性 flexibility
柔性的 flexible
柔性叠层支座 flexible laminated bearing
柔性工装 (指可以在小范围内加以调整的) soft tooling
柔性管路 flexible piping
柔性混合电子装置 Flexible Hybrid Electronics (FHE)
柔性接头 flexible joint

柔性连接 flexible joint
柔性套筒夹头 flex collet
肉厚 web
肉厚 web thickness
肉厚分数 web fraction

ru

乳化油 （用作切削液）emulsifiable oil
乳化油 （用作切削液）soluble oil
乳化油 （用作切削液）water-miscible oil
入厂检验 incoming inspection
入地探测雷达 ground penetrating radar（GPR）
入地探测雷达天线 ground penetrating radar antenna
入轨 insertion
入口 access
入口 inlet
入口堵头 inlet plug
入口过滤器 inlet filter
入库 stowage
入门级职位 entry-level position
入射 incidance（incidence 的另一种拼写形式）
入射 incidence
入射表面 incident surface
入射的 incident
入射的红外辐射 incoming IR radiation
入射度 incidance（incidence 的另一种拼写形式）
入射度 incidence
入射度峰值 incidence peak
入射度均方根值 rms incidence
入射度值 incidence value
入射辐射 incident radiation
入射辐射 incoming radiation
入射辐照度 incident irradiance
入射功率 incident power
入射光 incoming light
入射光子 arriving photon
入射光子 incoming photon
入射角 angle of incidence
入射角 incidance（incidence 的另一种拼写形式）
入射角 incidence
入射角 incidence angle
入射角 incident angle
入射强度 incidence level
入射信号 incoming signal

ruan

软表面目标 soft-skinned target
软布 soft cloth
软垂直发射系统 soft-vertical launch system
软发射 （导弹离开发射箱后发动机再点火）soft launch
软发射技术 soft-launch technology
软发射能力 soft-launch capability
软发射系统 soft-launch system
软工装 （指可以在小范围内加以调整的）soft tooling
软管 flexible tube
软管 hose
软管转接头 hose adapter
软管组件 hose assembly
软件 code
软件 software（S/W）
软件安全措施 software safeguard
软件安全设置 software safeguard
软件安装 software installation
软件版本 build
软件版本 software build
软件版本 software release
软件版本 software version
软件包 software package
软件保障机构 Software Support Activity
软件编码标准 Software Coding Standard
软件编译 build
软件重装系统 software reloading system
软件代码行 lines of software code
软件定义的雷达 Software Defined Radar（SDR）
软件定义的无线电 software-defined radio（SDR）
软件定义的系统 software-defined system
软件定义的主动雷达导引头 software-defined active radar seeker
软件仿真器 software emulator
软件更新 software update
软件工程学院 Software Engineering Institute（SEI）
软件加载 software load
软件建模 software modeling
软件接口 software interface
软件卡 software card
软件开发计划 Software Development Plan（SDP）
软件开发小组 software development team
软件可靠性 software reliability
软件模拟器 software emulator
软件配置设计与控制 software configuration design and control
软件评估 software assessment
软件评估 software estimate
软件驱动的 software-driven
软件缺陷 software bug
软件升级 software upgrade
软件升级计划 software upgrade program
软件升级项目 software upgrade program
软件使用情况 software experience
软件寿命周期的基本模型 waterfall
软件算法 software algorithm
软件体验 software experience
软件维护 software maintenance

软件文档编制 software documentation
软件验证与确认 software verification and validation
软件验证与确认试验 software verification and validation test
软件要求规范 Software Requirements Specification (SRS)
软件要求说明书 Software Requirements Specification (SRS)
软键 （数控机床）soft key
软介质 soft medium
软金属榔头 soft metal hammer
软卡口 （台钳）soft jaws
软壳体目标 soft-skinned target
软面榔头 （通用语）soft face hammer
软木塞 cork
软目标 soft target
软盘 floppy disk
软盘盒 magazine
软盘盒操作 Magazine Operations (MAGOPS)
软杀伤 soft kill
软杀伤系统 soft kill system
软罩 （台钳卡口）soft caps

rui

锐边倒圆 BREAK ALL SHARP EDGES
锐度 sharpness
锐角 acute angle
瑞典国防装备管理局 Swedish Defence Materiel Administration (FMV)
瑞典空军 Swedish Air Force (SwAF)
瑞利和米氏电磁散射衰减 Rayleigh and Mie electromagnetic scattering attenuation
瑞利-金斯定律 Rayleigh-Jeans law
瑞利距离 （天线电磁场远/近区分界）Rayleigh distance
瑞利判据 Rayleigh criterion
瑞利准则 Rayleigh criterion
瑞士单轴式车削中心 （用于加工小零件）Swiss-type turning center

run

润滑 lubrication
润滑剂 lubricant
润滑性 lubricity
润滑油 lubricating oil
润滑油绳 wick
润滑脂 grease
润滑脂加注枪 grease gun
润滑脂加注嘴 grease zerk

ruo

弱电流 low current
弱压缩波 weak compression wave

sa

撒布的集束弹药　dispensed cluster submunition
萨伯集团　（瑞典）Saab
萨瑟兰定律　Sutherland's law

sai

塞尺　feeler gage
塞尺　feeler gauge
塞尺　thickness gage
塞尺　thickness gauge
塞满　（锉屑在锉刀纹里的）pinning
塞平斯基三角形天线　Sierpinsky-triangle antenna
塞式喷管　plug nozzle
塞子　stopper
赛博空间　cyberspace
赛博战　cyber warfare
赛峰集团　（法国）Safran

san

三氨三硝基甲苯(炸药)　triaminotrinitrobenzene
三柄手轮　（机床）three-handle dial
三重威慑导弹　triple-threat missile
三点导引　three-point guidance
三发喷气式(飞机)　tri-jet
三缝隙单元　trislot element
三甘醇二硝酸酯　triethylene glycol dinitrate（TEGDN）
三个的　ternary
三个的　triple
三个一组　triad
三回路自动驾驶仪　three-loop autopilot
三机联试　three-aircraft test
三机系留试验　three plane captives
三极管　transistor
三极子单元　tripole element
三甲基-1(2-乙基)-氮丙啶　trimesoyl-1(2-ethyl)-aziridine（BITA）
三甲基氮丙啶氧化磷　methyl aziridinyl phosphine oxide（MAPO）
三角板　triangle
三角波　triangular wave
三角波滤波器　triangular wave filter
三角锉　three square file
三角带　V-belt
三角舵　moving delta fin
三角函数　trigonometric function
三角函数学　trigonometry
三角件　triangle
三角形　triangle
三角形舵面　triangular control fin
三角形舵面　triangular fin
三角形俯仰-偏航控制舵面　triangular pitch-and-yaw control fin
三角形环天线　triangular loop antenna
三角形坯料　triangular blank
三角形翼面　delta-shaped wing
三角形翼面　delta wing
三角形翼面　delta-wing
三角形阵　triangle array
三角翼　delta planform（指翼面的平面形状）
三角翼　delta-shaped wing
三角翼　delta wing
三角翼　delta-wing
三角翼　triangular planform（指翼面的平面形状）
三脚架装载的　tripod-mounted
三脚架装载的武器　tripod-mounted weapon
三进制的　ternary
三军的　tri-service
三框架和三轴系统　three-gimbal, three-axis system
三联装发射架　three-store launcher
三菱重工　（日本）Mitsubishi Heavy Industries（MHI）
三面夹角反射器　trihedral corner reflector
三面视图　three-view drawing
三模导引头　tri-mode seeker
三模的　tri-mode
三模的　trimode
三羟甲基丙烷　trimethylol propane（TMP）
三羟甲基乙烷三硝酸酯　trimethylolethane trinitrate（TMETN）
三视图图纸　three-view drawing
三腿形单元　3-legged element
三维表面加工　（加工中心）three-dimensional surfacing
三维波瓣图　3D pattern
三维成像　three-dimensional imagery
三维的　three-dimensional（3D）
三维端射阵　3D end-fire array
三维方程组　three-dimensional equations
三维聚合物　three-dimensional polymer
三维平面加工　（加工中心）three-dimensional surfacing
三维微结构　three-dimensional microstructure
三维药柱　（径向和纵向同时燃烧）three-dimensional

grain
三维应力 three-dimensional stress
三维应力试验 three-dimensional stress test
三维有限元分析 three-dimensional finite element analysis
三维阵 three-dimensional array
三维转速矢量 three-dimensional rotation rate vector
三尾翼 tri-tail
三相流 three-phase flow
三相输入 three-phase input
三硝基甲苯 trinitrotoluene（TNT）
三氧化二铁 ferric oxide（FeO）
三乙酸甘油酯 triacetin（TA）
三元的 ternary
三元化合物 ternary compound
三元乙丙橡胶 ethylene propylene diene monomer（EPDM）
三原子的 triatomic
三爪卡盘 self-centering chuck
三爪卡盘 three-jaw chuck
三爪式内测千分尺 bore micrometer
三针测量法 （螺纹）three-wire measurement
三轴的 three-axis
三轴框架式导引头 three-axis gimballed seeker
三状态卡尔曼滤波器 three-state Kalman filter
三自由度 three degrees of freedom
三自由度弹道成形 3-D freedom trajectory shaping
三自由度弹道规划 3-D freedom trajectory shaping
三自由度的 three-degree-of-freedom
三自由度的 3-DOF
三组元推进剂 trimodal propellant
散弹噪声 shot noise
散弹噪声公式 shot noise formula
散弹噪声极限 shot noise limit
散粒 shot
散粒噪声 shot noise
散射 *v.* &*n.* scatter
散射 scattering
散射辐射 scattered radiation
散射体 scatterer
散射物 scatterer
散装船 breakbulk ship
散装的 bulk
散装货 bulk cargo
散装石油产品 bulk petroleum product
散布 dispersion
散布 *v.* &*n.* scatter
散冷器 cold sink
散热板 heat sink
散热板支架 heat sink support
散热片 heat sink
散热片支架 heat sink support
散热器 radiator
散热器 thermal sink

sang

桑迪亚国家实验室 （美国）Sandia National Laboratories
桑普森多功能雷达 Sampson multifunction radar
丧失 loss

sao

扫 sweep
扫除 sweep
扫除作战 （军事）sweep operations
扫雷 minesweeping
扫雷行动 clearing operation
扫掠 sweep
扫描 scan（多指雷达或计算机的）
扫描 sweep（多指电子束的）
扫描分析 scan analysis
扫描分析方法 scan analysis technique
扫描分析技术 scan analysis technique
扫描模式 scan pattern
扫描速率 scan rate
扫描向目标定位 in-scan location
扫描循环 scanning cycle
扫描阵 scanning array
扫频 sweep

se

色标 color code
色带 color band
色圈 color band
色散 dispersion

sha

杀伤半径 kill radius
杀伤半径 lethal radius
杀伤包线 kill envelope
杀伤比 kill ratio
杀伤防卫 lethal defense
杀伤概率 kill probability
杀伤概率 probability of kill
杀伤杆件 fragmentation rod
杀伤盒 （即三维作战域）kill box
杀伤环 （连续杆战斗部）kill hoop
杀伤环 （连续杆战斗部）kill ring
杀伤机理 kill mechanism
杀伤距离 lethal range
杀伤力降低 Reduction in Lethality（RiL）
杀伤链 kill chain

杀伤率　kill ratio
杀伤能力　kill capability
杀伤能力　lethality
杀伤能力仿真　lethality simulation
杀伤能力试验　（确定战斗部破坏机理和杀伤概率）lethality test
杀伤区　（战斗部）lethal zone
杀伤效能仿真　lethality simulation operation
杀伤载荷　lethal payload
杀伤装置　kill mechanism
杀伤组件　lethality package
沙尘试验　sand and dust test
沙特阿拉伯王国　Kingdom of Saudi Arabia（KSA）
沙特皇家防空部队　Royal Saudi Air Defence Forces（RSADF）
沙特皇家空军　Royal Saudi Air Force（RSAF）
沙特皇家陆军　Royal Saudi Land Forces（RSLF）
纱布　gauze
砂布　abrasive cloth
砂布　cloth abrasive
砂布　emery cloth
砂带机　abrasive belt machine
砂粒　abrasive grain
砂粒　abrasive grit
砂粒　grit
砂粒尺寸　（砂轮）abrasive grain size
砂粒粒度　grit
砂轮　grinding wheel
砂轮尺寸　（砂轮机、磨床）wheel size
砂轮护罩　（磨床）wheel guard
砂轮机　（用于手持工件的磨削）abrasive disc machine
砂轮机　grinding machine
砂轮锯　（用于切割硬质合金钢）abrasive cutoff saw
砂轮锯　chop saw（abrasive cutoff saw 的俗称）
砂轮粒度　wheel grit
砂轮面　wheel face
砂轮磨面　wheel face
砂轮切割盘　（砂轮锯）abrasive cutting disc
砂轮切割片　（砂轮锯）abrasive cutting disc
砂轮头　（磨床）wheel head
砂轮头　（磨床）work head
砂轮形状　（磨床）wheel shape
砂轮修整　wheel dressing
砂轮修整器　star dresser
砂轮修整器　wheel dresser
砂磨　sanding
砂盘机　（用于手持工件的磨削）abrasive disc machine
砂蚀试验　sand erosion testing
砂纸　abrasive paper
砂纸　paper abrasive
砂纸　sandpaper
砂纸打磨　sanding

shai

筛查　screening
筛选　screening
筛子　sieve

shan

栅瓣　grating lobe
栅电容　gate capacitance
栅格形阵　grid array
栅极　（场效应晶体管）gate
栅极电极　gate electrode
栅极结构　gate configuration
栅极绝缘层　gate insulator
栅极漏电流　gate leakage current
栅偏压　gate bias
栅氧化层　gate oxide
栅-源电压　gate-source voltage
闪存卡　flash card
闪存卡　flash memory card
闪点　flash point
闪电　lightning
闪电卫星　（苏联）Molnya satellite
闪动　flicker
闪镀镍　nickel strike
闪镀银　silver strike
闪光　flash
闪光 X 射线　flash x-ray（FXR）
闪光射线照相术　flash radiography
闪光照相　flash radiography
闪烁　（火苗、光强）flicker
闪烁　（雷达回波信号）glint
闪烁抑制　（目标）glint reduction
闪烁抑制　（目标）glint suppression
闪烁噪声　glint noise
扇区　sector
扇形　sector
扇形臂　（分度头）sector arm
扇形波束　fan beam
扇形波束　fan-shaped beam
扇形凝视模式　sector-only staring mode
扇形扫描　sector scan
扇形体　segment
扇形展开式战斗部　quadrant opening warhead

shang

伤病员后送　casualty evacuation（CASEVAC）
伤亡率　casualty rate
伤亡事故　casualty
伤员收容和治疗舰船　casualty receiving and treatment

ship (CRTS)
商业 business
商业 commerce
商业采购电子产品 commercial electronics
商业供电 commercial electricity
商业和外国实体 commercial and foreign entities (CFE)
商业和政府实体(识别码) Commercial and Government Entity (CAGE)
商业化成熟项目 Commercialization Readiness Program
商业货架(产品) commercial off the shelf (COTS)
商业货架处理器 commercial off-the-shelf processor
商业货架元器件 commercial off-the-shelf component
商业空间发射法令 Commercial Space Launch Act (CSLA)
商业市场 commercial market
商业市场展望 Commercial Market Outlook (CMO)
商业炸药 commercial explosive
商用技术 commercial technology
商用现货 commercial off the shelf (COTS)
熵 entropy
熵模型 entropy model
上保险 (军事) de-arming
上保险 (军事) safing
上部前面板 upper front panel
上部组件 upper unit
上层综合防空与反导系统 Upper Tier Integrated Air and Missile Defense System
上传 (程序、数据等) uploading
上船区 embarkation area
上次检测日期 Date of Last Test (DOLT)
上反角 dihedral angle
上浮水雷 rising mine
上盖 (坑式处理炉) top lid
上盖 upper cover
上固定件 upper fastener
上机基本资格 basic aircraft qualification (BAQ)
上级组件 higher assembly
上极限尺寸 high limit
上极限尺寸 upper limit
上夹件 upper clamp
上将 (海军) admiral
上将 (英国空军) air chief marshal
上将 (空军和陆军) general
上卡箍 upper clamp
上壳体组件 (包装箱) upper shell assembly
上控制限 upper control limit (UCL)
上面板 upper panel
上面板机械组件 upper panel mechanical assembly
上皿式天平 (与分析天平的差异在于不带防风罩) top-loading balance
上射攻击能力 snap-up capability
上射交战 snap-up engagement
上射能力 snap-up capability
上升波形 rising waveform
上升段 ascent phase
上升段 ascent stage
上升时间 rise time
上士 (英国海军) chief petty officer
上士 (英国空军) flight sergeant
上士 (美国海军) petty officer, first class
上士 (美国、英国陆军) staff sergeant
上士 (美国空军) technical sergeant
上输出板 upper output card
上弹簧固定座 upper spring retainer adapter
上弹簧卡座 upper spring retainer adapter
上弹簧座 upper spring adapter
上尉 (空军和陆军) captain
上尉 (英国空军) flight lieutenant
上尉 (海军) lieutenant
上/下基准 up/down reference
上/下基准源 up/down reference
上限 upper limit
上箱体 upper case
上校 (海军) captain
上校 (空军和陆军) colonel
上校 (英国空军) group captain
上行链路 uplink
上游段 upstream segment
上止动块 upper stop
上铸模 upper casting mold
尚未确定合同 undefinitized contract
尚未确定合同行为 undefinitized contract action (UCA)

shao

烧穿距离 burn-through range
烧痕 (工件) burn mark
烧瓶 flask
烧蚀 *v.* ablate
烧蚀 ablation
烧蚀 erosion
烧蚀材料 *n.* ablative
烧蚀材料 ablative material
烧蚀环境 erosive environment
烧蚀率 erosion rate
烧蚀内衬 ablative liner
烧蚀热 heat of ablation
烧蚀热防护涂层 ablative thermal coating
烧蚀试验 erosion test
烧蚀预估 erosion prediction
稍微不稳定的 slightly unstable
少烟的 low-smoke
少烟的 reduced smoke
少烟发动机 reduced-smoke motor

少烟固体推进剂 low-smoke solid propellant
少烟固体推进剂 reduced-smoke solid propellant
少烟推进剂 low-smoke propellant
少烟推进剂 reduced-smoke propellant
少将 （英国空军）air vice-marshal
少将 （空军和陆军）major general
少将 （海军）rear admiral
少尉 （英国海军）acting sublieutenant
少尉 （海军）ensign
少尉 （英国空军）pilot officer
少尉 （空军和陆军）second lieutenant
少校 （海军）lieutenant commander
少校 （空军和陆军）*n.* major
少校 （英国空军）squadron leader

she

舍入误差 round-off error
设备 apparatus（多指复杂、专用设备）
设备 device（多指机构或装置）
设备 equipment（完成某项功能的任何装置或装备）
设备 installation（多指整套安装好的设备或装置）
设备 set（多指组合设备或装置）
设备 suite（多指组合的电子设备、装置或组件）
设备机箱接地 instrument chassis ground
设备历史记录 Equipment History Record（EHR）
设备历史记录卡 EHR card
设备历史记录卡 Equipment History Record card
设备直流电源 equipment DC power supply
设备自检 equipment self-test
设备租赁 equipment lease
设备最初承制商 original equipment manufacturer （OEM）
设定 *vt.* assume（指假定、假设）
设定 *vt.* set（让机器、设备、装置等处于工作状态）
设定的完成日期 proposed completion date
设定电场 assumed electric field
设定推力曲线 shaped-thrust profile
设计 design
设计编号 design number
设计不确定性 design uncertainty
设计参数 design parameter
设计成熟化 design maturation
设计成熟化过程 design maturation
设计成熟性 design maturity
设计迭代 design iteration
设计方案分析 design studies
设计方案选取空间 design solution space
设计方案研究 design studies
设计风险 design risk
设计风险降低 design risk reduction
设计复杂性 design complexity
设计更改 design change
设计工程 design engineering
设计规范 design specification
设计基础威胁 design basis threat（DBT）
设计鉴定 design qualification
设计鉴定 design validation
设计鉴定阶段 design qualification phase
设计开发试验 design development test
设计空间 design space
设计流程 design procedure
设计马赫数 design Mach number
设计权衡 design tradeoff
设计缺陷 design flaw
设计确认 design validation
设计审核 design verification
设计收敛 design convergence
设计思考 design thinking
设计思路 design thinking
设计思想 design thinking
设计验证 design verification
设计影响预测 design impact projection
设计影响预估 design impact projection
设计与开发 Design and Development（D&D）
设计与研制 Design and Development（D&D）
设计裕度 design margin
设计准则 design criteria
设计准则 design guideline
设施 facility
设施 installation（多指军事设施）
设施搬运设备 facility handling equipment
设施保障 installation support
设施接地线 facility ground wire
设施替代品 facility substitutes
设施与任务保障 installations and mission support
设施装运设备 facility handling equipment
设置 *vt.* set
社会 community
社区 community
社区参与 （军民）community engagement
社区共建 （军民）community engagement
射程 range（R）
射程性能 range capability
射程增量 range increment
射弹 projectile（P）
射电天文学 radio astronomy
射电望远镜 radio telescope
射电望远镜的增益-波长图表 gain-wavelength chart for radio telescopes
射击 shot
射击-观察-射击 shoot-look-shoot（SLS）
射击计划表 schedule of fire
射极跟随器放大器 emitter follower amplifier
射流 jet
射流半径 jet radius

射流长度 jet length
射流分离 jet separation
射流功率 power of the jet
射流密度 jet density
射流偏转 jet deflection
射流速度 jet velocity
射流头部 jet tip
射流头部速度 jet tip speed
射流头部速度 jet tip velocity
射流微元 jet element
射流相互作用 jet interaction (JI)
射流形成 jet formation
射频 Radio Frequency (RF)
射频背景 RF background
射频测试仪 radio-frequency tester
射频测试仪 RF tester
射频插座 radio frequency socket
射频插座 RF socket
射频插座保护盖 RF socket protective cap
射频成像探测器 radio frequency imaging sensor
射频传感器 radio frequency sensor
射频电缆 RF cable
射频电路 RF circuit
射频短期稳定度 short-term RF stability
射频对抗 radio frequency countermeasures (RFCM)
射频对抗 RF Countermeasures (RFCM)
射频发射机 RF transmitter
射频发生器/适配器 RF generator/adaptor
射频干扰 radio frequency countermeasures (RFCM)
射频干扰 Radio Frequency Interference (RFI)
射频干扰 RF Countermeasures (RFCM)
射频干扰滤波器组件 RFI filter assembly
射频感应电流 radio-frequency-induced current
射频隔离器 radio frequency isolator
射频隔离器 RF isolator
射频环境发生器 RF-environment generator
射频环境模型 (对雷达目标的产生进行控制) RF-environment model
射频激励 RF stimulation
射频继电器 radio frequency relay
射频继电器 RF relay
射频继电器组件 radio frequency relay assembly
射频喇叭 RF horn
射频链路 RF link
射频末制导 RF terminal guidance
射频目标质心 RF target centroid
射频探测器 radio frequency sensor
射频天线 RF antenna
射频天线电缆插座 RF antenna cable socket
射频调制器 radio frequency modulator
射频调制器 RF modulator
射频调制器板 radio frequency modulator board
射频调制器板 RF modulator board
射频头 radio frequency head
射频头 RF head
射频头测试仪 RF head tester
射频头混频器 RF head mixer
射频头组件 RF head assembly
射频诱饵 radio frequency seduction decoy
射频源 radio frequency source
射频源 RF source
射频源建立时间 radio frequency source set-on time
射频源建立时间 RF source set-on time
射频载波 RF carrier
射频战术数据 RF tactical data
射频照射 RF illumination
射频制导空空导弹 air-to-air RF-guided missile
射频制导系留飞行试验 RF captive flight
射束聚焦 beam focus
射线测量学 phluometry
射线跟踪法 Shooting and Bouncing Ray (SBR)
射线照相测量 radiography measurement
射线照相检验 radiographic inspection
射线照相术 radiography
射线追踪 ray trace
射线追踪方法 ray-tracing approach
涉险总数 population at risk (PAR)
摄动 perturbation
摄氏度 Celsius
摄氏度的 Celsius
摄像管敏感器 vidicon sensor
摄像头舱口 camera hatch
摄影伴随机 photo chase
摄影经纬仪 phototheodolite

shen

申购 *vt. & n.* requisition
申购单 requisition
申购书 requisition
申请 *n. & vt.* request
申请 *vt.* requisition
申请机构 requiring activity
申请书 requisition
伸出位置 extended position
伸缩导轨 rail trapeze
伸缩导轨发射架 rail trapeze launcher
伸缩导轨发射架 trapeze rail launcher
伸缩管 (车床) drawtube
伸缩内径规 (形状像字母 T) telescoping gage
伸缩式发射架 retractable launcher
伸缩式气动面 extended surface
身份 identity
身份鉴别 authentication
身份情报 identity intelligence (I2)
砷化镓 gallium arsenide

深冲压 deep drawing
深存产品 （在深存库中存放的装备或产品）deep stowed asset
深存库 （用于存储备用弹药,环境受到控制）deep stowage
深存装备 （在深存库中存放的装备或产品）deep stowed asset
深度 depth
深度测量杆 （游标卡尺）rod
深度尺 depth gage
深度尺 depth gauge
深度存储 deep storage
深度千分尺 depth micrometer
深度千分尺 micrometer depth gage
深度限制器 （钻床）depth stop
深度游标卡尺 vernier depth gage
深空碟形天线 deep-space dish antenna
深空探索火箭 deep space exploration rocket
深孔钻削循环 deep-hole drilling cycle
深拉 deep drawing
深拉模具 deep drawing die
深冷的 cryogenic
深侵彻 deep penetration
深水炸弹 depth charge
神经科学 neural science
神经网络 neural net
神经性毒剂 nerve agent
神经性毒气 nerve gas
审查 *v.* &*n.* review
审核 accreditation（多指官方认证审核）
审核 *vt.* validate
审核 validation
审核试验 verification testing
"审慎力量"军事行动 Operation DELIBERATE FORCE（ODF）
审问 （军事）interrogation
审讯 （军事）interrogation
甚长基线阵 very long baseline array（VLBA）
甚大口径 very large aperture（VLA）
甚大口径阵 very large aperture array
甚大口径阵 VLA array
甚高频 very high frequency（VHF）
甚小口径天线终端 very small aperture terminal（VSAT）
甚小口径天线终端卫星 VSAT satellite
渗镍硬化合金钢 nickel precipitation-hardening alloy steel
渗碳 carburizing
渗透润滑油 penetrating oil

sheng

升 （容量单位）liter
升华 sublimation
升华型烧蚀材料 subliming ablator
升级 upgrade
升级改造 conversion
升级套件 upgrade kit
升降舵操纵效能 elevator control effectiveness
升降舵偏转 elevator deflection
升降机 hoist
升降式处理炉 elevator furnace
升降手柄锁定柄 （立式铣床升降台）clamping lever
升降手柄锁定柄 （立式铣床升降台）knee crank lock
升降手轮 （磨床）elevating hand wheel
升降丝杠 （立式铣床）elevating screw
升降台 （立式铣床）knee
升降摇把 （钻床、铣床）elevating crank
升交点的经度 longitude of the ascending node
升力 lift
升力弹体 lifting body
升力弹体布局 lifting body configuration
升力弹体外形 lifting body configuration
升力减少 negative incremental lift
升力面 lifting surface
升力面 surface
升力面的一片 panel
升力面平面几何形状 surface planform geometry
升力面平面形状 surface planform
升力曲线斜率导数 lift-curve-slope derivative
升力系数 lift coefficient
升压速率 pressure-rise rate
升致阻力 drag due to lift
升阻比 L/D ratio
升阻比 lift/drag ratio（L/D）
升阻比 lift-to-drag ratio
生产 fabrication（多指硬件生产）
生产 manufacture（多指由机器完成的大规模生产）
生产 production
生产材料 production material
生产采购 production buy
生产厂家减少 Diminishing Manufacturing Sources（DMS）
生产厂家减少和材料短缺 Diminishing Manufacturing Sources and Material Shortages（DMSMS）
生产车间 shop floor
生产成本 production cost
生产定型保障设备 production configured support equipment
生产改进 production improvement
生产工程 production engineering
生产工艺 manufacturing process
生产公差 production tolerance
生产过程 manufacturing process
生产合同 production contract
生产和保障 production and sustainment

生产和保障阶段　production and sustainment phase
生产基础　（国家的）production base
生产级图纸　production-level drawing
生产鉴定试验　preproduction test
生产阶段　production phase
生产量　production capacity
生产率　production rate
生产能力　production
生产能力　（国家的）production base
生产能力　production capacity
生产批次　lot
生产批次　lot number
生产批次　production batch
生产批次　production lot
生产批次的切入　production lot cut-in
生产批次的引入　production lot cut-in
生产批次合同　production lot contract
生产批号　lot number
生产批量　production
生产批量　production batch
生产批量　production lot
生产日期　Date of Manufacture (DOM)
生产设备　manufacturing facility
生产设计　production design
生产设施　manufacturing facility
生产设施　production facility
生产试验　fabrication test
生产试验　production test
生产线　production line
生产效率　productivity
生产型产品　production representative hardware
生产型导弹　production representative missile
生产型导弹硬件　production representative missile hardware
生产型控制舱　production representative control section
生产型热处理炉　（处理大量零件）production furnace
生产型图纸　production-level drawing
生产样机　Production Prototype Model (PPM)
生产样机模型　Production Prototype Model (PPM)
生产样品模型　production representative model (PRM)
生产状态　production configuration
生产准备保障　production readiness support
生产准备评审　production readiness review (PRR)
生产准备审查　production readiness review (PRR)
生产自动化　production automation
生成程序　generator
生成焓　enthalpy of formation
生成热　heat of formation
生成自由能　free energy of formation
生存、躲避、抵抗和逃脱　survival, evasion, resistance, and escape (SERE)
生存能力　survivability
生存性　survivability
生存性　viability
生存性设备　Survivability Equipment (SE)
生存性/易损性工程　survivability/vulnerability engineering
生命保障及气泵　life support and pump
生皮榔头　rawhide hammer
生物测量学　biometrics
生物毒剂　biological agent
生物环境工程师　bioenvironmental engineer (BEE)
生物危害　biological hazard
生物灾害监测　biosurveillance
生物灾害监视　biosurveillance
生物增强去污分队　biological augmentation team (BAT)
生物战斗部　biological warhead
生物战剂　biological agent
生锈的　corrosive
声波　sonic wave
声波定位和测距　sound fixing and ranging (SOFAR)
声测情报　acoustic intelligence (ACINT)
声的　acoustic
声功率　acoustic power
声功率　sound power
声光接收机　acousto-optic receiver
声激励　acoustic excitation
声级　sound level
声能　acoustic energy
声能辐射　acoustic energy emission
声能源　acoustical energy source
声频分配　audio distribution
声腔　acoustical cavity
声强度　sound intensity
声速　acoustic velocity
声速　sonic speed
声速　sound speed
声速　speed of sound
声速　velocity of sound
声响的　acoustic
声谐振　acoustic resonance
声学　acoustics
声学不稳定性　（如声压、声波的振荡）acoustic instability
声学系统　acoustical system
声学噪声　acoustical noise
声压　acoustic pressure
声压　sound pressure
声压波　sound pressure wave
声压节点　acoustic pressure node
声压强度　sound pressure level (SPL)
声压强度谱　sound pressure level spectrum
声压强度谱　SPL spectrum
声载荷　acoustic load
声噪试验　acoustic test

声噪载荷　acoustic load
声振试验　acoustic test
绳　cord
绳索式起重机　hoist
省级重建小组　provincial reconstruction team（PRT）
剩下的　remaining
剩余的　remaining
剩余的　residual
剩余动能　residual kinetic energy
剩余飞行时间　time to go
剩余飞行时间　time-to-go
剩余强度　remaining strength
剩余强度　residual strength
剩余速度　remaining velocity（RV）
剩余速度　residual velocity（RV）
剩余推进剂　residual propellant
剩余物　remainder
剩余物　residual
剩余质量　residual mass

shi

失败　failure
失灵　outage
失能性毒剂　incapacitating agent
失散人员　isolated personnel
失散人员报告　isolated personnel report（ISOPREP）
失速　stall
失速攻角　stall angle of attack
失速转矩　stall torque
失调　mismatch
失调　offset（多用于电气与控制系统）
失调电压　offset voltage
失稳　buckling
失效　failure
失效　（电子元器件老化）fallout
失效导弹　inoperative missile
失效的　inoperative
失效机理　failure mechanism
失效炉　deactivation furnace
失效率　failure rate
失效模式　failure mode
失效模式　mode of failure
失效模式分析　failure modes analysis
失效判据　failure criteria
失效准则　failure criteria
失修　disrepair
失真　distortion
失重　weightlessness
失重的　gravitationless
失重的　gravity-free
失重的　weightless
施洒　dispersion
施体　（殉爆试验）donor
施主　donor
施主材料　donor material
湿度　humidity
湿度　humidity level
湿度　moisture
湿度试验　moisture test
湿度探头导管和卡圈　probe guide and retaining ring
湿度探头密封帽　（制导舱）probe sealing cap
湿度显示片密封帽　（制导舱）probe sealing cap
湿度指示剂　humidity indicator
湿度指示卡片　humidity indicator card
湿度指示器　humidity indicator
湿度指示器变色片　humidity indicator color change disc
湿度指示器堵头　humidity indicator plug
湿润剂　（即表面活性剂）wetting agent
十二角套筒扳手　twelve-point socket wrench
十二角套头扳手　twelve-point box-end wrench
十二烷基硫酸钠　sodium lauryl sulfate
十进制电阻箱　resistance decade
十字螺丝刀　Phillips screwdriver
十字头　（螺丝刀）cross-shaped tip
十字尾舵　cruciform tail fin
十字线　cross-hair
十字线　reticle
十字线瞄准具　reticle sight
十字线网格　cross-hair grid
十字形的　cruciform
十字形二元进气道　cruciform two-dimensional inlet
十字形配置　cruciform configuration
十字形探测器阵列　cruciform detector array
十字形小展弦比翼面　cruciform low-aspect-ratio wing
十字形鸭舵配置　cruciform canard configuration
十字翼　cruciform wing
石榴石　（硅酸铝或硅酸钙）garnet
石棉　asbestos
石墨　graphite
石墨/酚醛内衬　graphite/phenolic insert
石墨复合材料壳体　graphite composite case
石墨喉衬　graphite throat
石墨-环氧树脂　graphite-epoxy
石墨-环氧树脂壳体　graphite-epoxy case
石墨加固模压件　graphite reinforced molding
石墨燃气舵　graphite jet vane
石墨纤维　graphite fiber
石炭酸　carbolic acid
石英　quartz
石英　silica
石英光纤　silica fiber
石英晶体　crystal quartz
石英片　quartz plate
石英/熔融硅　quartz/fused silicon
石英纤维　silica fiber

石油基液压油　petroleum based hydraulic fluid
石油类切削油　（切削液用）petroleum-based oil
石油、燃油与润滑油　petroleum, oil, and lubricants (POL)
时变的　time-varying
时变系统　time-varying system
时不变系统　time-invariant system
时分制遥测系统　time-division telemetry system
时机　moment
时机　opportunity
时间　time
时间倍乘器　time multiplier
时间变化　temporal variation
时间变化　time variation
时间表　schedule
时间步长　time increment
时间步长　time step
时间测量装置　time-measuring device
时间常数　time constant
时间乘法器　time multiplier
时间-带宽积　time-bandwidth product
时间的　temporal
时间范围　time frame
时间函数　function of time
时间函数　time function
时间和频率定位分析　time and frequency location analysis
时间间隔　time interval
时间间隔测量　time interval measurement
时间历程相关的　time-history dependent
时间零点　time zero
时间滤波　temporal filtering
时间-频率曲线　time-frequency curve
时间区间　time frame
时间调制　time modulation
时间温度等效系数　time-temperature shift factor
时间线　timeline
时间相关应力-应变数据　time-dependent stress-strain data
时间效果　temporal effect
时间效应　temporal effect
时间延迟　time delay
时间延迟积分　time-delay integration (TDI)
时间延迟装置　time delay apparatus
时间引信　time fuze
时间增量　incremental time
时间增量　time increment
时刻　time
时空定位信息　Time-Space-Positioning Information (TSPI)
时空相关性　space-time correlation
时敏目标　time-sensitive target (TST)
时期　period
时圈　hour circle
时统　common time-base signal
时统　timer
时序测试　sequence testing
时域　time domain
时域变化　temporal variation
时域效果　temporal effect
时域效应　temporal effect
识别　discrimination（把目标与背景或其他目标区分开）
识别　identification (ID)（精确识别）
识别　recognition（粗略识别）
识别标记　identification marking
识别标牌　identification plate
识别标签　identification label
识别符　identifier (ID)
识别概率　probability of recognition
识别机动　identification maneuver
识别码　identifier (ID)
识别信号　recognition signal
识别与修正板　identification and modification plate
实测加速度　measured acceleration
实测值　test value
实弹　live missile
实弹靶试　live-firing trial
实弹靶试　live launch testing
实弹靶试　live test
实弹发射　live fire
实弹发射　live-fire launch
实弹发射　live firing
实弹发射　live launch
实弹发射　live shot
实弹发射飞行试验　live fire flight test
实弹发射试验　live fire test (LFT)
实弹发射试验　live-firing trial
实弹飞行试验　live flight test
实弹攻击　live fire
实弹战斗部　tactical warhead
实际产品　true product
实际的　active（指真实的，不是模拟的）
实际的　actual
实际的内部构件　active internal component
实际电流　actual current
实际电路　actual circuit
实际电阻　actual resistance
实际飞行　live mission
实际飞行试验　live mission
实际负载线　actual load line
实际控制线　Line of Actual Control (LAC)
实际面积　actual area
实际排气速度　actual exhaust velocity
实际排气速度修正系数　effective exhaust velocity correction factor

实际喷气速度 actual exhaust velocity
实际入射度不确定度 actual incidence uncertainty
实际使用 actual use
实际探测器电阻 actual detector resistance
实际性能 actual performance
实践 experimentation
实时 real time
实时的频谱感知 real-time spectrum awareness
实时复合硬体和导弹尾烟 Real Time Composite Hard-body And Missile Plume (RTCHAMP)
实时红外场景模拟器 Real-time IR Scene Simulator (RISS)
实时情报资料 real-time intelligence data
实时数据显示 real-time data display
实时预警 real-time early warning
实时侦察 real time reconnaissance
实时指令控制 real-time command control
实体 entity
实体厚度 physical thickness
实体链接 entity chaining
实体六角形板牙 solid hexagon die
实体模型 solid model
实体模型 solids
实体心轴 solid mandrel
实现 achievement
实现 implementation
实现率 (飞行试验) achievement ratio
实线 continuous line
实线曲线 solid curve
实心铆钉 solid rivet
实验 experiment
实验不确定度 experimental uncertainty
实验的 empirical
实验的 experimental
实验方法 experimental method
实验设备 experimental apparatus
实验设计 design of experiments (DOE)
实验实施 experimentation
实验室测试 laboratory testing
实验室大褂 laboratory apron
实验室环境 laboratory environment
实验室集成 laboratory integration
实验室静态试验 laboratory bench testing
实验室试验 laboratory test
实验室试验 laboratory testing
实验室台架试验 laboratory bench testing
实验室/外场试验 laboratory/field test
实验室围裙 laboratory apron
实验室用辐射源 laboratory source
实验室综合试验 lab integration test
实验数据 experimental data
实验误差 experimental error
实验性飞行试验飞行器 Experimental Flight Test Vehicle (EFTV)
实验性机动飞行器 Experimental Maneuvering Vehicle (V-MaX)
实验仪器 experimental apparatus
实用爆炸物处理系统训练器 Practical Explosive Ordnance Disposal System Trainer (PEST)
实用升限 service ceiling
实用性 functionality
实用性 utility
实战 combat operation
实战化军事训练 Realistic Military Training
实战战斗部 tactical warhead
蚀刻 etching
蚀刻加工 etching
矢量方程 vector equation
矢量分析 vector analysis
矢量控制作动器 actuator for vectoring
矢量速度 vector velocity
矢量投影 vector projection
矢量形式 vector form
矢量作动器 actuator for vectoring
使饱和 *vt.* saturate
使变钝 *vt.* dull
使标准化 *vt.* standardize
使不能用 *vt.* disable
使产生真空 *vt.* evacuate
使成立 *vt.* commission
使成为可能的 enabled
使处于安全状态 *vt.* disarm
使处于良好状态 *vt.* condition
使电离 *vt.* ionize
使服役 *vt.* commission
使隔离 *vt.* insulate
使光学视线对准 *vt.* boresight
使浸透 *vt.* saturate
使绝热 *vt.* insulate
使绝缘 *vt.* insulate
使平行 *vt.* collimate
使失效 *vt.* neutralize
使团团长 chief of mission (COM)
使用 employment (多指兵力的使用)
使用 operation
使用安全性 safety of operation
使用保障设施 operational support facility
使用场地 operating site
使用场地构建 operational site activation
使用场地准备 operational site activation
使用单位仓库 using activity storage
使用…的 enabled
使用高度 operating altitude
使用和保障 Operating and Support (O&S)
使用和保障费用 operating and support cost
使用和保障费用的透明度和管理 Visibility and

Management of Operating and Support Cost (VAMOSC)
使用极限 operating limit
使用检查 operational checkout
使用阶段 phases of operation
使用年限 age limit
使用年限 service life (S/L)
使用培训 operational training
使用培训课程 operational training courses
使用期限 service life (S/L)
使用人员 operating personnel
使用升限 service ceiling
使用失效 service failure
使用寿命 service life (S/L)
使用寿命改进(项目) Service Life Modification (SLM)
使用寿命延长的 service-life-extended
使用寿命延长计划 Service Life Extension Program (SLEP)
使用寿命预测计划 Service Life Prediction Program (SLPP)
使用寿命预测项目 Service Life Prediction Program (SLPP)
使用说明书 operation instructions
使用武力的政策 use of force policy
使用现场 operating site
使用性能试验 functional performance test
使用与保障 operations and support (O&S)
使用与保障费用 O&S cost
使用与保障费用模型 O&S cost model
使用与维护 operation and maintenance (O&M)
使用与维护 Operations and Maintenance (O&M)
使用与维护说明书 operation and maintenance instructions
使用炸高传感器的引信 height-of-burst sensor-enabled fuze
使用者 operator
使用状态 operational status
使预先到位 *vt.* pre-position
使中和 *vt.* neutralize
使转向 *vt.* divert
使准直 *vt.* collimate
使最小化 *vt.* minimize
示波器 oscilloscope
示波器 scope
示波器输入面板 scope input panel
示波器线缆 scope cable
示波器信号电缆 scope signal cable
示波器踪迹 oscilloscope trace
示意图 schematic
示意图 schematic diagram
示意图 scheme
世代 generation
世界大地测量系统 World Geodetic System (WGS)
世界时 Greenwich mean time (GMT)
世界时 Universal Time
世界时 ZULU time
世界卫生组织 World Health Organization (WHO)
市场调查 market research
市场宣传材料 marketing material
市场研究 market research
式样 pattern
似的 quasi
势垒 potential barrier
势垒能量 barrier energy
势能 potential energy
事故 accident
事故 (重大的) disaster
事故 mishap
事故报告 mishap reporting
事故调查与报告 accident investigation and reporting
事故调查与报告 mishap investigation and reporting
事故后处理程序 postaccident procedure
事故后处理方法 postaccident approach
事件 event
事件 incident
事件计数器 event counter
事件认知和评估 incident awareness and assessment (IAA)
事件透明图 event template
事件序列 sequence of events
事件征兆表 event matrix
事业 enterprise
侍从参谋 personal staff
试棒 test bar
试车 run-up
试车 test run
试车台 (火箭发动机) proving stand
试车台 test bed
试车台上的发射 (导弹被限制住) holddown launch
试车台试验 (火箭发动机) captive test
试车台试验 (火箭发动机工作,飞行器被限制住) holddown
试车台试验 (火箭发动机工作,飞行器被限制住) holddown test
试错 trial and error
试飞 test flight
试剂 agent
试件 test item
试件 test specimen
试射 test-launch
试生产 pilot production
试生产标准 pre-production standard
试生产标准导弹 pre-production standard missile
试生产的硬件 form-factored hardware
试生产模型 preproduction model (PPM)

试验 test
试验 testing
试验 *n.* & *v.* trial
试验靶标 test target
试验靶场保障 test range support
试验靶场资产与设施 test range assets and facilities
试验保障设备 test support equipment
试验报告 test report
试验不确定度 experimental uncertainty
试验测量 test measurement
试验插销 testing pin
试验产品 test article
试验产品 test asset
试验产品 test item
试验场 proving ground
试验场 test site
试验场地 test site
试验场景 test scenario
试验场试验 test site test
试验程序 test procedure
试验程序 test sequence
试验窗口 test window
试验大队 Test Group
试验大纲 test program
试验弹 test asset
试验弹 test missile
试验弹 test vehicle
试验导弹 test asset
试验的 shakedown
试验地点 test location
试验杜瓦 experimental dewar
试验队 test team
试验发动机 test motor
试验发射 test-fire
试验发射 test firing
试验发射 test-launch
试验方案 test plan
试验飞机 test aircraft
试验飞行 test flight
试验飞行器 flight-test vehicle
试验飞行器 test vehicle
试验分析 test analysis
试验、分析和修复 test, analyze and fix (TAAF)
试验、分析和修复弹 TAAF missile
试验、分析和修复弹 Test, Analyze and Fix missile
试验工时 test hour
试验规范 test specification
试验规划工作组 test planning working group
试验过程 test process
试验和鉴定资源概要 test and evaluation resource summary
试验环 test ring
试验环境 test environment
试验活动 testing session
试验计划 test program
试验技术 testing technique
试验夹具 test fixture
试验架 test bed
试验间 test bay
试验间 test cell
试验间隔 test interval
试验检查 test inspection
试验件 specimen
试验件 test article
试验接口 test interface
试验接口板 test interface board
试验结果 test output
试验经理 test conductor (TC)
试验矩阵 test matrix
试验零件 test part
试验脉冲 test pulse
试验模型硬件 brassboard hardware (比 breadboard 更先进)
试验模型硬件和软件 brassboard hardware and software
试验目的 test objective
试验配置 test configuration
试验平台 testbed platform
试验平台 testing platform
试验期间 testing session
试验前检查 pretest inspection
试验强度 test level
试验日期 test date
试验入口 test access hole
试验入口 test inlet
试验入口堵头 test inlet plug
试验入口过滤器 test inlet filter
试验设备 test equipment
试验设备 test set (多指可以搬动的)
试验设备类型 test set type
试验设计 test design
试验设施 test facility
试验输出 test output
试验数据 test data
试验顺序 test sequence
试验台 proving stand (火箭发动机的)
试验台 test bed
试验台 test rig
试验台 test stand
试验台 testbed
试验台试验 (发动机或其他系统在静态试验装置上的试验) bench test
试验条件 test scenario
试验推进剂 experimental propellant
试验误差 test error
试验系统 test stand
试验系统 testbed

试验系统　testing system
试验系统搭建　test setup
试验项目矩阵　testing matrix
试验性的　experimental
试验性的　trial
试验验证　test verification
试验要求　test requirement
试验用螺纹孔　threaded test access hole
试验与保障设备　test and support equipment
试验与鉴定　Test and Evaluation (T&E)
试验与鉴定保障　test and evaluation support
试验与鉴定总计划　test and evaluation master plan (TEMP)
试验与评估　Test and Evaluation (T&E)
试验与评估总计划　test and evaluation master plan (TEMP)
试验员　test operator
试验站　test station
试验者　tester
试验指挥　test director (TD)
试验种类　test type
试验周期　test period
试验周期　testing session
试验装备　test asset
试验装置　test rig
试验装置　test set (多指可以搬动的)
试验装置类型　test set type
试验状态　test status
试验准备状态评审　test readiness review (TRR)
试用　shakedown
试运行　test run (多指软件)
试运转　shakedown
试制导弹　development missile
试制导引头　development seeker
试制模型　preproduction model (PPM)
试制硬件　brassboard hardware (比 breadboard 更先进)
视差误差　parallax error
视差效应　parallax effect
视场　field of view (FOV)
视场挡板　field-of-view baffle
视场挡板　field-of-view shield
视场屏蔽罩　FOV shield
视场循环时间　FOV cycle time
视地平线　apparent horizon
视见函数　visibility function
视角　(导引头) look angle
视角　perspective
视角　view
视距内　Within Visual Range (WVR)
视距内　within-visual-range (WVR)
视距内空空导弹　within-visual-range air-to-air missile (WVRAAM)
视距内空中格斗　within-visual-range dogfight
视距内坦克目标　within-visual-range tank target
视觉　vision
视觉的　optical
视觉的　visual
视觉系统国际公司　(美国/以色列) Vision Systems International (VSI)
视敏角　visual fovial angle
视频处理器　video processor
视频/电源引线　video/power lead
视频流　video stream
视频摄录　movie coverage
视频数据处理　video data processing
视频信号　video signal
视频自动目标识别　video ATR
视频自动目标识别　video automatic target recognition
视听告警信号　audio-visual warning signal
视图　view
视网膜杆　rods of retina
视网膜锥　cones of retina
视线　line of sight (LOS)
视线的　line-of-sight
视线反坦克(导弹)　Line-of-Sight Anti-Tank (LOSAT)
视线反坦克导弹　Line-of-Sight Anti-Tank missile
视线角速度　line-of-sight rate
视线角速率　line-of-sight rate
视线目标　line-of-sight target
视线转动速率　line-of-sight rotation rate
视在射频目标质心　apparent RF target centroid
视轴　boresight
视轴调节装置　boresight adjustment
视轴误差　boresight error
适光的　photopic
适光光谱响应　photopic spectral response
适光响应　photopic response
适海性　seaworthiness
适海性保证试验　Seaworthy Assurance Trial (SWAT)
适航标准　(航空器) airworthiness standard
适航性　(航空器) airworthiness
适航性　(舰船) seaworthiness
适航性评估　airworthiness evaluation
适航性认证　airworthiness certification
适配舱　(试验时用于代替发动机舱和战斗部舱) adapter section
适配架　(运弹车) adapter
适配架上的支承垫　adapter cradle
适配套件　adaptation kit (A-Kit)
适配套件　adaption kit
适配性验证　fit verification
适应　accommodation
适应　adaptation
适应系数　accommodation coefficient
适应性　suitability
适应性试验　suitability testing

适用技能验证计划 Readiness Skills Verification Program（RSVP）
适用技术规范 applicable specification
适用期 pot life
适用期控制 pot life control
适用性 applicability
适用性 serviceability
适用性 suitability
适用性标度 Measures Of Suitability（MOS）
适用性试验 suitability testing
室 chamber（多指腔体）
室 room
室外试验装置 outdoor setup
室温 room temperature
室温背景 room-temperature background
室温的 room-temperature
室温辐射孔挡板 room-temperature shutter
室温检测 room temperature checkout
室温硫化 room temperature vulcanizing（RTV）
室温硫化密封剂 RTV sealant
室温硫化密封胶 RTV adhesive
室温调制盘 room-temperature chopper
室温透射率 room-temperature transmittance
室温蒸汽压 room-temperature vapor pressure
释放 *v.* disengage
释放 *n.* & *vt.* release
释放臂 release arm
释放阀 release valve
释放机构 release
释放机构 release mechanism
释放开关 release

shou

收集 collection
收集器 collector
收集物 collection
收扩喷管 converging/diverging nozzle
收敛 *v.* converge
收敛 convergence
收敛-扩张喷管 convergent-divergent nozzle
收敛-扩张喷管 converging-diverging nozzle
收敛酸铅 （三硝基间苯二酚铅）lead styphnate
收缩 shrink
收缩 shrinkage
收缩 shrinking
收缩配合刀柄 shrink-fit toolholder
收益值管理 Earned Value Management（EVM）
手柄 （运弹车、手持弓锯）handle
手柄控制的离合器 （机床）lever controlled clutch
手柄组件 handle assembly
手册 handbook（HDBK）
手册 manual
手册格式 manual format
手持的 hand-held
手持工件磨削 offhand grinding
手持工具 hand tool
手持弓锯 hacksaw
手持锯 handsaw
手持慢进给悬挂式控制器 （数控机床）handheld jog pendant
手持远程终端 handheld remote terminal
手的灵巧性 manual dexterity
手电钻 electric drill
手电钻 hand-held electric drill
手动测试 manual test
手动刀具补偿 manual cutter compensation
手动阀 manual valve
手动工具 hand-powered machine tool
手动机床 hand-powered machine tool
手动铰刀 hand reamer
手动进给控制柄 （机床）feed handle
手动进给手轮 （立式铣床）manual feed handwheel
手动控制器 （数控机床）override control
手动丝锥 hand tap
手动装卸车 hand-lift truck
手动钻床 （俗称,因为凭手感）sensitive drill press
手段 approach
手段 means
手段 resource
手工数据输入 （数控机床）manual data input（MDI）
手工数据输入模式 （数控机床）manual data input mode
手工数据输入模式 （数控机床）MDI mode
手控机床操作技工 conventional machinist
手控机床操作技工 manual machinist
手轮 hand wheel
手轮 handwheel
手刹 handbrake
手提环 （包装箱）lifting ring
手压泵 hand-operated pump
手压钻床 drill press
手眼协调 eye-hand coordination
手摇把 hand crank
手用丝锥 hand tap
手指拧紧 *adj.* & *adv.* finger tight
手指拧紧 *adj.* & *adv.* finger-tight
手指拧紧螺钉 finger screw
守恒定律 conservation law
守护者激光发射器组件 Guardian Laser Transmitter Assembly（GLTA）
首次部署 initial fielding
首次冷却时间 initial cooling time
首次入射 first-pass incidence
首飞 maiden flight
首件测试 first article testing

首件试验 first article testing
首脉冲逻辑 first-pulse logic
首批备件 initial spares
首批生产 initial production
首批生产标准 initial production standard
首席联邦官员 principal federal official（PFO）
首席武器试验员 chief weapons tester
首席执行官 Chief Executive Officer（CEO）
首选兵力 preferred forces
首要的 primary
寿命 life
寿命 life span
寿命 lifetime
寿命期运行费用 lifetime operating cost
寿命中期 mid-life
寿命中期升级 mid-life upgrade（MLU）
寿命中期升级计划 mid-life update programme
寿命中期升级计划 mid-life upgrade programme
寿命中期升级项目 mid-life update programme
寿命中期升级项目 mid-life upgrade programme
寿命周期 life cycle
寿命周期成本 Life Cycle Cost（LCC）
寿命周期费用 Life Cycle Cost（LCC）
寿命周期管理中心 （美国空军）Life Cycle Management Center
寿命周期维护计划 Life-Cycle Maintenance Plan
寿命周期总成本 total lifetime cost
受保护标志 protected emblems
受保护的人员/地点 protected persons/places
受保护频率 protected frequencies
受保护任务模块运载工具 Protected Mission Module Carrier（PMMC）
受控弹道 controlled trajectory
受控导弹 controlled missile
受控的开环实验室/外场环境 controlled open-loop laboratory/field environment
受控技术工作 （军事）controlled technical services（CTS）
受控情报 controlled information
受控试验条件 controlled test conditions
受困人员 distressed person
受力方程 force equation
受命撤离 ordered departure
受伤 injury
受体 （殉爆试验）acceptor
受限目标清单 restricted target list（RTL）
受限使用 limited use
受限制的目标 restricted target
受压体积模量 bulk modulus in compression
受主材料 acceptor material
授权 authority
授权的直接联络 direct liaison authorized（DIRLAUTH）
授权使用 authorized use
授权书 letter of authorization（LOA）
授权随军承包商 contractors authorized to accompany the force（CAAF）

shu

枢轴 gudgeon
枢轴 pivot
枢轴 pivot shaft
枢轴衬套 pivot bushing
枢轴块 pivot block
枢轴螺栓 pivot bolt
枢轴销 pivot pin
枢轴支臂 pivot arm
舒勒 Schuler
疏散 dispersal
疏松陶瓷 bulk ceramics
疏松组织砂轮 open-structure wheel
输出 export
输出 *n.* & *vt.* output
输出板 output card
输出插孔 output jack
输出电流 output current
输出电压 output voltage
输出电压摆幅 output voltage swing
输出电阻 output resistance
输出端 output
输出阀 outlet valve
输出功率 output
输出功率 output power
输出过滤器 outlet filter
输出卡 output card
输出面板 output panel
输出数据 output
输出数据 output data
输出特性 output characteristics
输出信号 output
输出信号 output signal
输出噪声 output noise
输出轴 output axis
输出轴 output shaft（实体的）
输出转接头 outlet adapter
输出阻抗 output impedance
输电干线 （英国用法）main
输电线 power cable
输电线 power line
输入 *n.* & *vt.* input
输入的 incident
输入等效噪声电流 input equivalent noise current
输入点 input point
输入电缆 input cable
输入电流 input current

输入电流噪声　input current noise
输入电容　input capacitance
输入电压　input voltage
输入电压电平　input voltage level
输入电压噪声　input voltage noise
输入电源面板　input power panel
输入电阻　input resistance
输入电阻器　input resistor
输入端　input
输入端电阻器热噪声　input termination resistor thermal noise
输入分压器　input voltage divider
输入辐射　input radiation
输入辐射功率　input radiant power
输入功率　input
输入功率　input power
输入功率　power input
输入级　input stage
输入晶体管　input transistor
输入滤波器组件　input filter assembly
输入面板　input panel
输入能量　input energy
输入偏置电流　input bias current
输入前置放大器　input preamplifier
输入失调电压　input offset voltage
输入/输出　Input/Output（I/O）
输入/输出电压比　input/output voltage ratio
输入/输出卡　Input/Output card
输入输出面板　input/output panel
输入-输出数据　input-output data
输入数据　input
输入数据　input data
输入项　entry
输入信号　input
输入信号　input signal
输入信号耦合　input signal coupling
输入噪声电压　input noise voltage
输入轴　input axis
输入轴　input shaft（实体的）
输入阻抗　input impedance
输送　（军事）movement
输送　transfer
输送管　transfer tube
输送管路　transfer line
输送速率　transfer rate
熟铝　wrought aluminum
熟铁　wrought iron
术语　term
术语表示法　nomenclature
束　（波、电子、粒子等）beam
束　（发动机、炸弹等）cluster
束缚电荷　bound charge
束射板　beam plate
述评　*v.* & *n.* review
树胶结合剂　（砂轮）resinoid bond
树林的吸收　forest absorption
树林温度　forest temperature
树枝形(药形)　dendrite
树枝形药柱　dendrite grain
树脂　resin
树脂槽　resin bath
树脂输送模压　resin transfer molding（RTM）
数据　data（datum 的复数）
数据　datum
数据包　data package
数据报告　data reporting
数据标牌　data tag
数据标签　data tag
数据采集　data acquisition
数据采集　data gathering
数据采集成功率　data-gathering success rate
数据采集过程　data acquisition process
数据采集系统　data acquisition system
数据处理器　data processor
数据传输　data transfer
数据传送　data transfer
数据传送单元　Data Transfer Unit（DTU）
数据传送设备　Data Transfer Device（DTD）
数据到决策的时间线　data-to-decision timeline
数据盾　Data Shield
数据分析　data analysis
数据分析方案　Data Analysis Plan（DAP）
数据共享网络　data-sharing network
数据管理　data management
数据管理计划　data management plan
数据缓冲器　data buffer
数据记录设备　data recording equipment
数据加密　data encryption
数据加密机　data encryptor
数据加密器　data encryptor
数据简化　data reduction
数据截取　data truncation
数据库　data base
数据库管理　data base management
数据链　data link
数据链　datalink
数据链传输　data-link transmission
数据链单元　Data Link Unit（DLU）
数据链电子部件　data link electronics（DLE）
数据链电子部件天线　data link electronics antenna
数据链电子部件天线　DLE antenna
数据链电子部件天线罩　data link electronics antenna radome
数据链干扰　data link interference
数据链更新　data-link update
数据链工作情况　data-link operation

数据链接收机　data link receiver
数据链接收天线　data link receiving antenna
数据链天线　data link antenna
数据链通道　data link channel
数据链制导更新　data-linked guidance update
数据链准备　data link preparation
数据链自检　data link self-test
数据链组件　data link assembly
数据率　data rate
数据收集　data collection
数据速率　data rate
数据文件　data file
数据下载装置　data downloader
数据显示　data display
数据显示器　data display
数据相关　data correlation
数据压缩　data compression
数据压缩　data reduction
数据一览表　Data Compendium（DATCOM）
数据元　data element
数据整理　data reduction
数据中枢　data hub
数据中心　data hub
数据转换　data conversion
数据转换　data reduction
数据转换准备　data reduction preparation
数控编程员　CNC programmer
数控编程员　NC programmer
数控操作技工　CNC machinist
数控操作员　CNC operator
数控车床　CNC lathe
数控机床　CNC machine
数控机床　computerized numerical control machine
数控加工中心　CNC machining center
数控铣床　CNC milling machine
数控铣夹具　CNC milling fixture
数量　quanta（quantum 的复数）
数量　quantity
数量　quantum
数量级　order
数量级　order of magnitude
数列　series
数论　number theory
数码　numeral
数显高度尺　digital height gage
数显卡尺　digital caliper
数显内径规　digital bore gage
数显深度尺　digital depth gage
数显指示表　digital indicator
数学　mathematics
数学描述　mathematical representation
数学模型　mathematical model
数值　figure
数值　numerical value
数值变换　numerical transformation
数值的　numerical
数值积分　numerical integration
数值解　numerical solution
数值孔径　numerical aperture（NA）
数值控制执行机构舱　Value Control Actuation Section（VCAS）
数值模拟　numerical simulation
数值稳定性　numerical stability
数字　figure
数字　number
数字　numeral
数字标识　（铰刀、钻头等）number size
数字标识　（铰刀、钻头等）wire gage size
数字标识钻头　number drill bit
数字标识钻头　wire gage drill bit
数字波束形成　digital beam forming（DBF）
数字波束形成天线　digital-beam-forming antenna
数字测量　digital measurement
数字成像处理技术　digital imaging processing technology
数字处理模块　digital processing module（DPM）
数字处理器　digital processor
数字处理器延迟时间　digital processor latency
数字弹道飞行预测　digital trajectory flight prediction
数字导弹　Digital Guided Missile（DGM）
数字的　digital
数字的　numerical
数字地形标高数据　digital terrain elevation data（DTED）
数字点火安全装置　digital ignition safety device
数字电路　digital circuit
数字电路　digital circuitry
数字电压表　digital voltmeter（DVM）
数字电子器件　digital electronics
数字电子设备　digital electronics
数字电子战系统　Digital Electronic Warfare System
数字电子战显示屏　digital electronic warfare display（DEWD）
数字读出器　digital readout（DRO）
数字仿真　digital simulation
数字工程　digital engineering
数字化百年系列　（战斗机项目）Digital Century Series
数字化单兵系统　Digitized Soldier System
数字化过程　digitization process
数字化脉冲数据　digitized pulse data
数字化设计方案　digital design concept
数字化综合防空系统　Digital Integrated Air Defence System（DIADS）
数字计算机　digital computer
数字计算机设备　Digital Computer Set（DCS）
数字计算机系统组件　Digital Computer System

Assembly (DCSA)
数字键 number key
数字接口 digital interface
数字卡规 digital snap gage
数字可编程随机存取存储器 Digital Programmable Random Access Memory (DPRAM)
数字控制 numerical control (NC)
数字孪生体 (一种通过与实际物体的数据共享来对物体进行虚拟表示的技术) Digital Twin
数字脉冲调制 digital pulse modulation (DPM)
数字门限设置 digital thresholding
数字模型 digital model
数字目标定位数据 digital targeting data
数字脐带电缆 digital umbilical
数字射频存储器 Digital Radio Frequency Memory (DRFM)
数字射频存储器 Digital RF Memory (DRFM)
数字石英陀螺 digital quartz gyro
数字识别符 numeric identifier
数字识别码 numeric identifier
数字式景物匹配区域相关技术 Digital Scene-Matching Area Correlation (DSMAC)
数字式抗干扰 **GPS** digital anti-jam GPS
数字式雷达告警接收机 digital radar warning receiver
数字式自动飞行控制系统 digital automatic flight control system (DAFCS)
数字式自动驾驶仪 digital autopilot
数字式自动驾驶仪系统 digital autopilot system
数字输出 digital output
数字数据处理 digital data processing
数字瞬时测频 digital IFM
数字瞬时测频 digital instantaneous frequency measurement
数字外径规 digital snap gage
数字系统模型 Digital System Model (DSM)
数字显示器 digital readout (DRO)
数字信号处理 digital signal processing
数字信号模型 Digital Signal Model (DSM)
数字仪表 digital meter
数字仪表模块 digital meter module
数字噪声测量 digital noise measurement
数字总线 digital bus

shua

刷子 brush

shuai

衰减 attenuation (多指信号、波动、能量的逐渐减弱)
衰减 damping (多指振动、振荡的阻尼性能量耗散)
衰减 decay (几乎用于各种减弱过程)
衰减 *vi.* roll off
衰减 roll-off (多指频率、噪声、增益等的逐渐降低)
衰减记忆 fading memory
衰减记忆滤波器 fading memory filter
衰减量 attenuation value
衰减器 attenuator
衰减器 pad
衰减时间 decay time
衰减系数 attenuation coefficient
衰退 degeneration
衰退 *vi.* fall off

shuan

栓塞 pintle

shuang

双阿尔卑斯喇叭 twin-alpine horn
双阿尔卑斯喇叭天线 twin-alpine horn antenna
双臂曲柄 bellcrank
双柄扳手 (用于手动铰孔或攻螺纹) two-handled wrench
双波段的 dual-band
双波段的 dual-spectrum
双波段红外成像导引头 dual-band imaging infrared seeker
双波段扫描导引头 dual-band scanning seeker
双波段诱饵 dual-band decoy
双重导弹跟踪技术 dual missile tracking technologies
双重调制 dual modulation
双刀片式舵面 two-blade fins
双点画线 phantom line
双叠氮甲基乙氧基 bis-azidomethyloxetane (BAMO)
双对数 log-log
双二元进气道 twin two-dimensional inlets
双发的 twin-engined
双发齐射 two-shot salvo
双发齐射试验 dual-salvo test
双反射镜测量场地 dual reflector measurement range
双后掠前缘 double swept leading edge
双基地雷达 bistatic radar
双基推进剂 double-base propellant
双基推进剂火箭发动机 double-base-propellant rocket motor
双基药的 double-base (DB)
双级推力 dual thrust
双级推力 dual-thrust level
双级推力发动机 dual-thrust motor
双极晶体管 bipolar junction transistor
双极性结型晶体管 bipolar junction transistor
双金属材料 bimetallic stock
双金属锯条 (碳钢背、工具钢齿) bimetal blade
双进气道冲压发动机 twin inlet ramjet

双控制模块地面控制站 Dual Control Module Ground Control Station (DCMGCS)
双联发射组件 twin-launcher assembly
双路目标定位器 dual track target positioner
双马来酰亚胺(材料) bismaleimide
双脉冲单室发动机 dual-pulse single-chamber motor
双脉冲发动机 dual-pulse motor
双脉冲固体火箭发动机 dual-pulse solid rocket motor
双脉冲固体火箭发动机 two-pulse solid propellant motor
双脉冲固体火箭发动机 two-pulse solid rocket motor
双脉冲固体推进剂发动机 dual-pulse solid propellant motor
双脉冲固体推进剂发动机 two-pulse solid propellant motor
双脉冲火箭发动机 dual-pulse rocket motor
双门集装箱 double container
双面间谍 double agent (DA)
双面泡棉胶带 double-sided foam tape
双模冲压/超燃冲压发动机 dual-mode ramjet/scramjet
双模导引头 dual-mode seeker
双模的 dual-mode
双模射频导引头 dual-mode RF seeker
双模态不确定性分布 bimodal uncertainty distribution
双模态的 bimodal
双模制导 dual-mode guidance
双频谱的 dual-spectrum
双曲线多余速度 hyperbolic excess velocity
双曲线制导 hyperbolic guidance
双燃烧室冲压-超燃冲压发动机 Dual Combustor Ramjet-scramjet (DCR)
双燃烧室冲压-超燃冲压发动机 Dual Combustor Ramjet-scramjet engine
双燃烧室冲压发动机 Dual Combustion Ramjet (DCR)
双燃烧室冲压发动机 Dual Combustor Ramjet (DCR)
双绕螺旋 bifilar helix
双任务导弹 dual-role missile
双任务能力 dual-role capability
双三角气动面 double-delta airfoil
双三角前置舵面 double-delta forward fin
双三角前置舵面 double-delta nose-mounted control fin
双三角形舵面 double delta form fin
双三角鸭式控制面 double-delta canard control surface
双三角翼 double delta wing
双三角翼 strake-wing combination
双三角翼型 double-delta airfoil
双色辨识 two-color discrimination
双色多元红外导引头 two-colour multi-element IR seeker
双色红外成像导引头 two-colour IIR seeker
双色红外探测器 two-colour IR detector
双色红外/紫外玫瑰线扫描被动导引头 two-colour IR/UV rosette scan passive seeker
双色抗干扰处理 two-color CCM processing
双色玫瑰线扫描导引头 dual-colour rosette-scan seeker
双色热成像红外导引头 two-colour thermal imaging infrared seeker
双色扫描导引头 two-colour scanning seeker
双色预警系统 2-Color Advanced Warning System (2CAWS)
双室箱式处理炉 dual-chamber box furnace
双通道接收机 dual channel receiver
双头扳手 (一边一头) double-ended wrench
双头合格/不合格圆柱塞规 double-end go/no-go plug gage
双头螺柱 stud
双头组合扳手 (一头为开口,一头为套头) combination wrench
双推力 dual thrust
双推力的 dual-thrust
双推力固体火箭发动机 dual thrust solid rocket motor
双推力固体推进剂火箭发动机 dual-thrust solid-propellant rocket-motor
双推力火箭发动机 dual-thrust rocket motor (DTRM)
双纹锉刀 double-cut file
双涡轮螺旋桨飞机 twin-turboprop aircraft
双涡扇近距空中支援飞机 twin turbofan close air support aircraft
双相调制 biphase modulation
双向导弹数据链 two-way missile datalink
双向导弹通信 bi-directional missile communications
双向公差 bilateral tolerance
双向雷达距离公式 two-way radar range equation
双向切削车刀 neutral tool
双向切削摇杆式刀柄 neutral rocker-type toolholder
双向切削摇杆式刀柄 straight rocker-type toolholder
双向数据传输 two-way data transfer
双向数据链 two-way datalink
双向数据链中制导 two-way datalinked mid-course guidance
双向相控阵搜索雷达 bi-directional phased array search radar
双销扳手 double pin wrench
双销扳手 dual pin wrench
双鸭舵 double fins
双鸭舵 split canards
双鸭舵控制 split canard control
双鸭式布局 double-canard configuration
双鸭式外形 double-canard configuration
双引擎攻击直升机 twin-engined attack helicopter
双用途加油飞机 dual-role tanker
双原子气体 diatomic gas
双站测量微波暗室 bi-static anechoic chamber
双站雷达 bistatic radar
双栉形天线 bipectinate antenna
双钟形喷管 dual-bell nozzle

双轴强度试验 biaxial strength test
双锥 V 形天线 biconical vee antenna
双锥体最佳第二半角 double cone optimum second half angle
双锥体最佳第一半角 double cone optimum first half angle
双锥天线 biconical antenna
双锥形前弹体 double cone forebody
双锥形铜质药型罩 biconic copper liner
双锥形药型罩 biconic liner
双锥罩 biconic liner
双组元的 bimodal
双座的 two-seat
霜 frost

shui

水兵 seaman
水淬硬化工具钢 water-hardening tool steel
水道侦察 hydrographic reconnaissance
水的 aqueous
水滴 droplet
水混油 （用作切削液）emulsifiable oil
水混油 （用作切削液）soluble oil
水混油 （用作切削液）water-miscible oil
水雷 mine
水雷 underwater mine
水雷战 mine warfare（MIW）
水冷式发射台 wet emplacement
水力学 hydraulics
水流 current
水流 stream
水陆两用艇 amphibian
水密的 watertight
水面电子战改进项目 Surface Electronic Warfare Improvement Program（SEWIP）
水面舰艇 surface ship
水面行动大队 surface action group（SAG）
水面战 surface warfare（SUW）
水面战舰 surface combatant
水面作战 surface warfare（SUW）
水泡 water bubble
水喷 water blasting
水平 level
水平冲击 horizontal shock
水平的 horizontal
水平发射 horizontal launch
水平基座 horizontal base
水平极化 horizontal polarization（HP）
水平距离 horizontal distance
水平面 *n.* horizontal
水平面 horizontal plane
水平面 level
水平偶极子 horizontal dipole
水平天线 horizontal antenna
水平调整测微计 horizontal adjustment micrometer
水平微调计 horizontal adjustment micrometer
水平线 *n.* horizontal
水平线 level
水平仪 level
水平运动系统 horizontal movement system
水平轴 horizontal axis
水平轴 horizontal shaft（实体的）
水平轴承座 horizontal bearing support
水平主梁 horizontal main beam
水平装载 horizontal stowage
水平装载法 horizontal stowage
水汽尾迹 vapor trail
水溶性的 water soluble
水溶性粘合剂 water-soluble binder
水上轰炸行动 overwater bombing operations
水上漂浮目标 floating target
水上移动目标 floating target
水上应急补给站 floating dump
水上作战系统 Above Water Warfare System（AWWS）
水文地理侦察 hydrographic reconnaissance
水下爆破 underwater demolition
水下爆破组 underwater demolition team
水下出舱训练 underwater egress training（UET）
水下传感器 underwater sensor
水下探测器 underwater sensor
水下无人航行器 unmanned underwater vehicle（UUV）
水下炸药 underwater explosive
水下作战 Undersea Warfare（USW）
水性环氧底漆 waterborne epoxy primer coating
水压屈服压力 hydrostatic yield pressure
水压试验压力 hydrostatic test pressure
水压水雷 pressure mine
水压引信 hydrostatic fuze
水杨酸铅 lead salicylate（PbSa）
水杨酸铜 copper salicylate（CuSa）
水银 mercury
水银-玻璃管温度计 mercury-in-glass thermometer
水银压力计 Hg manometer
水银压力计 mercury manometer
水域管理 waterspace management（WSM）
水蒸气 water vapor
水中冲击波 underwater shockwave
水准仪 level

shun

顺畅分离 clean separation
顺流 downstream
顺铣 climb milling
顺序 order

顺序 sequence
顺序号 （数控编程）sequence number
瞬变的 transient
瞬变平衡 shifting equilibrium
瞬变效应 transient effect
瞬发辐射 prompt radiation
瞬间 moment
瞬时测向 instantaneous direction finding
瞬时的 instantaneous（指同时性、快速性）
瞬时的 momentary（指持续时间短暂）
瞬时电流 instantaneous current
瞬时辐射 prompt radiation
瞬时开关 momentary switch
瞬时碰撞弹道 instantaneous collision course
瞬时频率测量 instantaneous frequency measurement（IFM）
瞬时视场 field of view（FOV）
瞬时视场 instantaneous field of view（IFOV）
瞬时推力 instantaneous thrust
瞬时压升 momentary pressure rise
瞬态传热分析 transient heat transfer analysis
瞬态的 transient
瞬态工况 （发动机推力或流量建立、停止或者变化的情况）transient condition
瞬态特性 transient behavior
瞬态响应 transient response
瞬态响应数据 transient response data
瞬态振动 transient vibration

shuo

说明 description
说明 instruction（多用复数）
说明书 directions
说明书 instructions
说明书 specifications

si

司令部 command（CMD）
司令官 commandant
司令员 commander（CDR）
司梯巴帘幕形阵 Sterba curtain array
丝杠 lead screw
丝杠 leadscrew
丝极 filament
丝扣保护套 thread protector
丝网印刷 screen printing
丝网印刷 silk screen printing
丝网印制 screen printing
丝网印制 silk screen printing
丝锥 （用于切制内螺纹）tap
丝锥拔出器 tap extractor
丝锥拔出器夹爪 tap extractor fingers
丝锥扳手 tap wrench
丝锥柄 tap holder
丝锥倒角类型 tap chamfer type
丝锥头部倒角类型 tap chamfer type
丝锥形式 tap style
私营企业 private sector
私营志愿组织 private voluntary organization（PVO）
思想 concept
斯蒂芬-玻尔兹曼常数 Stefan-Boltzmann constant
斯蒂芬-玻尔兹曼定律 Stefan-Boltzmann law
斯蒂酚酸铅 lead styphnate
斯卡耳普 （MBDA 公司的空射巡航导弹）SCALP
斯奈尔定律 Snell's law
斯坦顿数 Stanton number
斯坦尼斯航天中心 （美国）Stennis Space Center
斯托克斯参数 Stokes' parameter
嘶嘶区 fizz zone
死顶尖 dead center
死口钩形扳手 solid hook spanner wrench
死神 （美国 MQ-9 无人机）Reaper
死质量 inert mass
四瓣螺旋 four-lobed helix
四分之一波长单极子 quarter-wave monopole
四联集装箱 quadruple container（QUADCON）
四联装发射装置 quad launcher
四联装发射装置 quadruple launcher
四螺旋 quad-helix
四年防务审查 （美国）Quadrennial Defense Review（QDR）
四年一度防务评审 （美国）Quadrennial Defense Review（QDR）
四绕螺旋 quadrifilar helix
四舍五入取整 （对无限循环小数）*vt.* round
四探针法 four-probe method
四腿形单元 4-legged element
四腿形加载单元 4-legged loaded element
四箱式导弹发射架 four-tube missile launcher
四象限目标探测装置 Quad Target Detection Device（QTDD）
四象限探测器阵列 quadrant detector array
四氧化二氮 nitrogen tetroxide
四引线法 four-lead method
四引线法 four-lead technique
四引线法 four-wire technique
四元数 quaternion
四支螺旋 quad-helix
四爪卡盘 four-jaw chuck
似水的 aqueous
伺服板 servo card
伺服舱 servo section
伺服电动机 servo motor
伺服电动机 servo-motor

伺服电机 actuator motor
伺服电机 servo
伺服电机 servo motor
伺服电机 servo-motor
伺服电缆 servo harness
伺服电子器件 servo electronics
伺服反馈 servo feedback
伺服放大器 servo amplifier
伺服放大器 servoamplifier
伺服机构 servo
伺服机构 servo unit
伺服机构 servomechanism
伺服机构机电控制 servo electromechanical control
伺服机构机电控制 servo EM control
伺服控制 servo control
伺服执行机构 servo actuator
伺服轴 servo shaft

song

松紧绳 bungee cord
松开 *vt.* detach（多指某种连接或机构）
松开 *v.* disengage（多指某种连接或机构）
松开 *v.* loosen（较为通用，多用于螺纹连接件）
松开 *vt.* unclamp（多指卡夹）
松开 *v.* unlock（多指解锁）
松配合 loose fit
松散材料 bulk
松散耦合的多处理器 loose-coupled multiprocessor
送入轨道 injection

sou

搜集 collection
搜救点 search and rescue point (SARDOT)
搜救数字加密网格 search and rescue numerical encryption grid
搜索 search
搜索场 search field of view
搜索区域 search area
搜索式超外差 sweeping superhet
搜索视场 search field of view
搜索与救援 search and rescue (SAR)
搜索与救援区 search and rescue region
搜索与救援任务 search-and-rescue task
搜索与救援值班军官 search and rescue duty officer (SARDO)
搜索与救援中心 search and rescue center (SRC)

su

苏丹王子空军基地 Prince Sultan Air Base (PSAB)
苏联 （苏维埃社会主义共和国联盟）Union of Soviet Socialist Republics (USSR)
速动开关 snap switch
速度 speed
速度 velocity（多用于具有矢量意义的场合）
速度波动 velocity perturbation
速度测量 velocity measurement
速度冲击 velocity shock
速度分布 velocity distribution
速度分量 velocity component
速度跟踪频率 velocity tracking frequency
速度和位置更新 velocity and position updates
速度回路 velocity loop
速度监测挡板 （战斗部试验）velocity screen
速度精度 velocity accuracy
速度控制电路 speed control circuit
速度门 （即多普勒频移）speed gate
速度门 （即多普勒频移）velocity gate
速度门锁定 speed gate lock
速度模糊 velocity ambiguity
速度耦合能量波 velocity-coupled energy wave
速度偏差 velocity bias
速度剖面 velocity profile
速度曲线 speed profile
速度曲线 velocity profile
速度矢量 velocity vector
速度梯度 velocity gradient
速度拖引 Velocity Gate Pull-Off (VGPO)
速度下降 velocity decay
速度修正系数 velocity correction factor
速度预定 velocity presetting
速度增量 velocity increment
速度追踪 velocity pursuit
速断开关 snap switch
速检数据 quick-look data
速检数据站 quick-look data station
速率 rate
速率 velocity
速率反馈 rate feedback
速率反馈求和点 rate feedback summing junction
速率积分陀螺 rate integrating gyro
速率敏感型制导和控制硬件 rate-sensitive guidance and control hardware
速率陀螺 rate gyro
速率陀螺 rate gyroscope
速率陀螺自动驾驶仪 rate gyro autopilot
速率稳定 rate stabilization
速率转台 rate table
塑化 *v.* plasticize
塑料 *n.* plastic
塑料薄膜介质电容器 plastic film dielectric capacitor
塑料的 plastic
塑料垫片 plastic spacer
塑料复合垫片 plastic composite shim

塑料护套 （导线）sleeve
塑料壳点火器 plastic case igniter
塑料榔头 plastic mallet
塑料溶胶类基体 plastisol-type binder
塑料溶胶类粘合剂 plastisol-type binder
塑料制品 *n.* plastic
塑模 mold（主要为美国用法）
塑模 mould（主要为英国用法）
塑性变形 plastic deformation
塑性变形率 plastic deformation rate
塑性变形能 plastic deformation energy
塑性波 plastic wave
塑性的 plastic
塑性范围 plastic range
塑性流变 plastic flow
塑性流变应力 plastic flow stress
塑性流动 plastic flow
塑性流动应力 plastic flow stress
塑性粘结剂 plastic binder
塑性粘结炸药 plastic bonded explosive（PBX）
塑性碰撞 plastic impact
塑性区 plastic range
塑性应变 plastic strain
塑性应变率 plastic strain rate
塑压 compression molding

suan

酸 acid
酸/碱槽 acid/base bath
酸/碱洗 acid/base bath
酸/碱洗处理 acid/base bath
酸/碱液 acid/base bath
酸/碱浴 acid/base bath
酸蚀抛光 acid polishing
酸洗 acid pickling
酸硝化 acid nitration
算法 algorithm
算法文件 algorithm documentation
算子 operator

sui

随动 slewing
随动的 slave
随动活塞 slave piston
随动活塞筒组件 slave piston housing assembly
随动气管组合 slave tube assembly
随动速率 slave rate
随队补给品 accompanying supplies
随队干扰 escort jamming
随机变量 random variable
随机产生 random generation
随机场法 random field method
随机存取存储器 Random Access Memory（RAM）
随机到达率 random arrival rate
随机的 random
随机的 stochastic
随机电报信号 random telegraph signal
随机复合 random recombination
随机干扰 random disturbance
随机工程师 flight engineer（FE）
随机过程 random process
随机旁瓣 random side lobe
随机偏差 random deviation
随机取向 random orientation
随机扰动 random disturbance
随机扰动 stochastic disturbance
随机生成 random generation
随机事件 random event
随机寿命 random lifetime
随机属性 random nature
随机数值 random value
随机速率 random rate
随机误差 random error
随机系统 stochastic system
随机性 random nature
随机性 randomness
随机性的 stochastic
随机噪声 random noise
随机阵 random array
随机振动 random vibration
随机+正弦 （振动类型）sine-on-random
随控布局飞行器 Control Configured Vehicle（CCV）
随批试验气瓶 accompanying test vessel
随批试验容器 accompanying test vessel
随生产进行的备件采办 Spares Acquisition Integrated with Production（SAIP）
随行文件 accompanying document
随行文件 logbook
随行文件 lot traveler
随行文件 record
碎甲效应 scabbing effect
碎裂 disintegration
碎裂 *v.* spall
碎片 debris
碎片 sliver（多指固体推进剂的）
碎片 spall
碎片云 debris cloud
碎片云 fragment cloud
碎屑 debris
隧穿 *v.* tunnel
隧道 tunnel

sun

损耗 loss
损耗角正切 loss tangent
损耗系数 loss factor
损坏 *n.* & *v.* damage
损坏的 damaged
损坏的阳极化表面 damaged anodized surface
损伤 *n.* & *v.* damage
损伤 *n.* & *vt.* mar
损伤 mutilation
损伤标准 damage criteria
损伤评估 damage evaluation
损伤容限 damage tolerance
损失 loss
损失 penalty
榫槽滑轴钳 tongue-and-groove pliers

suo

羧酸 carboxylic acid
缩比的 small-scale
缩比的 sub-scale
缩比的 subscale
缩比定律 scaling law
缩比发动机 subscale motor
缩比模型 scale model
缩比模型 subscale model shape
缩比目标 sub-scale target
缩比试验 subscale experiment
缩比试验 subscale test
缩比推进系统 subscale propulsion system
缩比推进系统试验点火 subscale propulsion-system test firing
缩比因子 scaling factor
缩短型控制舵机系统 Short Control Actuator System (SCAS)
缩绘图 foreshortening
缩减的运作状态 reduced operating status (ROS)
缩水甘油基叠氮化物聚合物 glycidyl azide polymer (GAP)
缩小翼展/加长翼弦的气动面 reduced span/longer chord surface
所需材料 materials required
所需的导航性能 required navigation performance (RNP)
所需技术特性 required technical characteristics
所需加速度 required acceleration
所需作战特性 required operational characteristics
所有权 property
所有权 proprietary right
所有武器分析与报告系统 All Weapons Analysis and Reporting System (AWARS)
所有武器信息系统 All Weapons Information System (AWIS)
索 cable
索 cord
索尔兹伯里吸波片 Salisbury screen
索环 grommet
索式点火器 string igniter
索引 index
索引号 index number
锁 lock
锁闭 *vt.* lock out
锁臂 locking arm
锁臂隔板 locking arm spacer
锁臂夹板 locking arm clamp
锁臂托板 locking arm holder
锁槽 key way
锁定 *vt.* cage
锁定 caging（多指陀螺的）
锁定 lock
锁定 lock-on（指锁定目标的行为或状态）
锁定板 locking plate
锁定的 caged
锁定电路 caging circuit
锁定电压 cage voltage
锁定耳轴 locking lug
锁定放大器 lock-in amplifier
锁定杆 （舵面）locking lever
锁定环 lock ring
锁定机构 cager mechanism
锁定机构 （快换刀架）clamping mechanism
锁定机构 locking mechanism
锁定棘爪 lock pawl
锁定夹 clamp
锁定距离 lock-on range
锁定螺钉 locking screw
锁定螺母 clamping nut
锁定螺母 lock nut
锁定螺母 locking nut
锁定螺栓 locking bolt
锁定盘 cager disk
锁定器 cager
锁定器电磁线圈 cager solenoid
锁定器固定螺钉 cager retention screw
锁定器开锁力 cager release force
锁定器壳体 cager housing
锁定器孔 cager bore
锁定器拉放试验 （锁定器在一定拉力下松开锁定）cager release-pull test
锁定器腔 cager bore
锁定器调节螺钉 cager adjustment screw
锁定器柱塞 cager plunger
锁定器组件 （陀螺、陀螺舵等）cager assembly

锁定器作动筒 cager cylinder
锁定器作动筒密封件 cager cylinder seal
锁定手柄 （车床尾座、转位刀架等）locking lever
锁定销 lock pin
锁定销 locking pin
锁定旋钮 locking knob
锁定音响 freeze tone
锁定装置 lock
锁钩 latch hook
锁钩 shackle
锁钩插杆组件 bar lock assembly
锁钩释放器 hook release
锁钩摇臂 hook bellcrank
锁钩支撑面 hook bearing surface
锁钩组件 hook assembly
锁环 shackle
锁簧 latch spring
锁件 lockout device
锁件领取处 lockout station
锁紧 lock
锁紧 locking
锁紧环 locking ring
锁紧簧圈 locking spring
锁紧螺母 retaining nut
锁紧凸轮 locking cam
锁口钳 locking pliers
锁扣 latch
锁扣柄 latch handle
锁扣组件 latch assembly
锁栓手柄 latch handle
锁栓手柄销 latch handle pin
锁栓手柄止动衬套 latch handle detent bushing
锁栓组合 latch assembly
锁销 latch pin
锁销组件 bar lock assembly
锁制机构 detent mechanism
锁制机构 locking mechanism
锁制机构 （舵面）securing mechanism
锁制器 detent
锁制器 detent lock
锁制器 detent mechanism
锁制器扳手 detent wrench
锁制器电磁铁 detent-lock solenoid
锁制器电磁线圈 detent solenoid
锁制器释放滚子 detent release roller
锁制器枢轴 detent pivot
锁制器锁定块 detent locking block
锁制器限位挡块 detent locking block
锁制器组件 detent assembly
锁轴卡钳 lock-joint caliper

ta

塔架　gantry
塔轮　（机床）step cone pulley
塔轮　（皮带传动钻床）step pulley
塔柱式多位工件夹具　（加工中心）tombstone column
塔柱式多位工件夹具　（加工中心）tombstone tower
踏板　pedal

tai

台风　（欧洲战斗机）Typhoon
台架　platform
台肩　shoulder
台肩车制　shouldering
台阶式套筒夹头　（用于夹持短而直径较大的工件）step collet
台阶铣削　step milling
台阶药柱　grain with step
台阶状反射面　stepped reflecting surface
台面放置立式钻床　bench-top upright drill press
台钳　bench vise
台钳　vice（英国拼写形式）
台钳　vise（美国拼写形式）
台钳卡口　vise jaws
台钳手柄　vise handle
台钳限位器　（装在台钳上，限定工件的位置）vise stop
台式磨床　bench grinder
台式砂轮机　bench grinder
台座　anvil
台座　platform
抬头　*vi.* pitch up
抬头　pitch-up
太赫频率范围　terahertz region
太赫频率天线　terahertz antenna
太空保障　space support（SS）
太空部队　space force
太空部队能力加强　space force enhancement（SFE）
太空部队能力提升　space force enhancement（SFE）
太空部队应用　space force application（SFA）
太空部队主任　director of space forces（DIRSPACEFOR）
太空舱　capsule
太空发展局　（美国）Space Development Agency（SDA）
太空防御计划　Space Defense Initiative（SDI）
太空飞行　space flight
太空飞行轨迹测定　space flight path determination
太空告警中队　space warning squadron（SWS）
太空跟踪与监视系统　Space Tracking and Surveillance System（STSS）
太空环境　space environment
太空技术预先研究　Space Technology Advanced Research（STAR）
太空监视网络　space surveillance network（SSN）
太空军　space force
太空均衡　space parity
太空控制　space control（SC）
太空力量应用　space force application（SFA）
太空联合作战区域　space joint operating area（SJOA）
太空能力　space capability
太空任务下达指令　space tasking order（STO）
太空态势感知　space situational awareness（SSA）
太空探索技术公司　（美国）SpaceX
太空无人飞行器　space drone
太空系统　space system
太空协调指挥官　space coordinating authority（SCA）
太空优势　space superiority
太空与导弹防御　Space and Missile Defence（SMD）
太空与导弹防御系统　（公司或事业部）Space & Missile Defense Systems
太空与导弹系统中心　（美国）Space and Missile Systems Center（SMC）
太空域　space domain
太空主计划　master space plan（MSP）
太空装备　space asset
太空资产　space asset
太空作战部长　Chief of Space Operations（CSO）
太空作战指令　space operations directive（SOD）
太空作战指南　space operations directive（SOD）
太空作战中队　space operations squadron（SOPS）
太空作战中心　space operations center（SOC）
太平洋导弹靶场　Pacific Missile Range Facility（PMRF）
太平洋导弹试验中心靶场　Pacific Missile Test Center Range
太平洋海上试验靶场　Pacific Sea Test Range
太平洋空军部队　Pacific Air Forces（PACAF）
太阳辐照度　solar incidence
太阳干扰　solar interference
太阳干扰角　sun interference angle
太阳能电动飞机　solar-electric aircraft
太阳能飞机　solar aircraft

太阳能供电无人飞机　solar powered unmanned aircraft
太阳散射敏感度　solar scattering sensitivity
太阳同步轨道　Sun Synchronous Orbit（SSO）
太阳杂光敏感度　solar scattering sensitivity
态势　posture
态势　situation
态势感知　situational awareness（SA）
态势感知数据链　situation awareness data link（SADL）
态势模板　situation template
态势模型　situation template
态势评估　Situation Assessment（SA）
钛　titanium
钛合金　titanium alloy
钛铝化合物　titanium aluminide
钛质壳体　titanium case
钛质壳体　titanium skin
钛质壳体舱段　titanium skin section
泰国皇家空军　Royal Thai Air Force（RTAF）
泰勒级数　Taylor series
泰雷兹集团　（法国）Thales
酞酸二乙酯　diethyl phthalate（DEP）

tan

滩头保障队　beach party
滩头保障区　beach support area（BSA）
滩头堡　beachhead
滩头阵地　lodgment
弹出按钮　eject button
弹出式显示消息　pop-up display message
弹簧　spring
弹簧秤　spring scale
弹簧杆　spring rod
弹簧计时器　spring timer
弹簧加载柱塞　spring-loaded piston
弹簧夹　spring clamp
弹簧夹头　spring collet
弹簧卡钳　spring-type caliper
弹簧控制柱塞　spring-loaded piston
弹簧控制滚珠　（球阀加油器）spring-loaded ball
弹簧控制微钻转接头　（针钳钻头卡）spring-loaded micro-drilling adapter
弹簧圈　spring ring
弹簧闩　spring latch
弹簧锁环　snap ring
弹簧套　spring sleeve
弹簧筒组件　spring cartridge assembly
弹簧支枢　spring pivot
弹簧组件　spring assembly
弹簧座　spring adapter
弹簧座　spring cup
弹簧座　spring retainer
弹力控制安全锁　spring-loaded safety latch
弹力控制锁　spring-loaded latch
弹射　（飞机）catapult
弹射冲击　ejection shock
弹射弹　ejection cartridge
弹射的　ejection launched
弹射底托　ejector pad
弹射底托面积　ejector pad area
弹射点火　ejector ignition
弹射发射架　ejection launcher
弹射发射架抛投　eject launcher jettison（ELJ）
弹射发射架投放　eject launcher jettison（ELJ）
弹射分离　ejection launch separation
弹射挂点　（载机）ejector station
弹射挂架组件　ejector rack assembly
弹射和拦阻设施　catapult and arrestment facility
弹射架挂接件　ejector attachment
弹射起飞　（飞机）catapult takeoff
弹射器　（航母）catapult
弹射器　（发射架）ejector
弹射器点火　ejector firing
弹射器活塞　ejector piston
弹射器活塞组件　ejector piston assembly
弹射器启动　ejector firing
弹射器汽缸　（弹射发射架）ejector cylinder
弹射器压脚　（弹射发射架）ejector foot
弹射器压脚底托　ejector foot pad
弹射器压脚分度销　ejector foot index pin
弹射器压脚可调支撑块　ejector foot adapter support
弹射器压脚调节件　ejector foot adapter
弹射器压脚轴销组件　ejector foot pivot pin assembly
弹射式发射　ejection launch
弹射式发射架　ejection launcher
弹射式发射架　ejector launcher
弹射式三弹挂弹架　triple ejector rack（TER）
弹射试验　（飞机在航母上起飞）catapult testing
弹射试验　ejection test
弹射投放试验　ejection release trial
弹射行程　ejection stroke
弹射药筒　ejection cartridge
弹射载荷　ejection load
弹射指令　eject command
弹射装置　（主要用于飞机的弹射起飞）catapult
弹射座椅　ejection seat
弹塑性波　elastic-plastic wave
弹塑性碰撞　elastic-plastic impact
弹塑性撞击　elastic-plastic impact
弹性波　elastic wave
弹性材料　elastic material
弹性材料　elastomeric material（指橡胶类合成材料）
弹性材料层　elastomeric layer
弹性层　elastomeric layer
弹性垫　elastomer
弹性范围　elastic range

弹性环 spring ring
弹性基体 elastic matrix
弹性基体 elastomeric binder
弹性极限 elastic limit
弹性聚氨酯 elastomeric polyurethane
弹性卡爪型棒料拉出器 （数控车床）spring-jaw type bar puller
弹性卡爪型杆件拉出器 （数控车床）spring-jaw type bar puller
弹性模量 elastic modulus
弹性模量 modulus of elasticity
弹性囊 bladder
弹性粘结剂 elastomeric binder
弹性绳 bungee cord
弹性绳 elastic cord
弹性套筒夹头 spring collet
弹性体 elastomer
弹性体改性浇注双基推进剂 elastomer-modified cast double-base（EMCDB）
弹性体改性浇注双基推进剂 elastomeric-modified cast double-base（EMCDB）
弹性涂料 elastomeric coating
弹性销 roll pin
弹性销 spring pin
弹性销检测计 spring pin inspection gage
弹性压力波 elastic pressure wave
弹性应变 elastic strain
弹性走刀 （机械加工）spring pass
坦克 tank（TK）
坦克摧毁者 （一种带反坦克导弹的装甲车）Tank Destroyer
坦克和机动车辆司令部 （美国陆军）Tank and Automotive Command（TACOM）
坦克炮 tank gun
钽箔 tantalum foil
炭黑 black carbon
炭浆 carbon slurry
炭渣 carbon residue
探臂支杆 （风洞试验）sting
探测 detection
探测度 detectivity
探测、分辨与识别 Detection, Recognition and Identification（DRI）
探测概率 detection probability
探测概率 probability of detection
探测机理 detection mechanism
探测距离 detection range
探测灵敏度 detection sensitivity
探测率 detectivity
探测器 detector
探测器 sensor
探测器标称面积 nominal detector area
探测器表征 characterization of detector
探测器布局 detector configuration
探测器材料 detector material
探测器参数 detector parameter
探测器测试 detector testing
探测器测试台 detector test station
探测器测试仪 detector tester
探测器尺寸 detector size
探测器除气烘箱 detector outgassing oven
探测器单元 detector element
探测器到攻击平台 sensor-to-shooter
探测器电导率 detector conductivity
探测器电流 detector current
探测器电路 detector circuit
探测器电压 detector voltage
探测器电阻 detector resistance
探测器电阻器 detector resistor
探测器-杜瓦标准件 standard detector-dewar unit
探测器-杜瓦组合 detector-dewar combination
探测器固有特性 inherent detector characteristics
探测器-光学器件系统 detector-optics system
探测器厚度 detector thickness
探测器结构 detector architecture
探测器壳体 detector housing
探测器口径 sensor aperture
探测器类型 detector type
探测器-滤光片-窗口组合 detector-filter-window combination
探测器面积 detector area
探测器模拟电压 analog detector voltage
探测器偏压电子电路 detector biasing electronics
探测器偏置 detector biasing
探测器偏置电流源 detector bias current source
探测器偏置电源噪声 detector bias supply noise
探测器偏置电阻器 detector bias resistor
探测器平面 detector plane
探测器平台 sensor platform
探测器-前放连接 detector-preamplifier interfacing
探测器热噪声 detector thermal noise
探测器融合 sensor fusion
探测器使用 detector operation
探测器视轴 sensor boresight axis
探测器视轴 sensor centerline axis
探测器输出 detector output
探测器输出信号 detector output signal
探测器数据融合 sensor data fusion
探测器特性 detector characteristics
探测器位置 detector position
探测器温度 detector temperature
探测器响应 detector response
探测器响应率 detector responsivity
探测器响应剖面 detector response profile
探测器响应因子 cell response factor
探测器芯片 detector chip

探测器信号 detector signal
探测器信号波形加工 detector signal conditioning
探测器信号处理 detector signal processing
探测器信号电流 detector signal current
探测器信号放大 detector signal amplification
探测器形状 detector shape
探测器性能 detector performance
探测器验收试验 detector acceptance tests
探测器与攻击平台之间的连通时间 sensor-to-shooter connectivity time
探测器运动 sensor motion
探测器噪声 detector noise
探测器噪声 sensor noise
探测器阵列 detector array
探测器指引 sensor cueing
探测器致冷 detector cooling
探测器总电阻 overall detector resistance
探测器阻抗 detector impedance
探测器组件 detector assembly
探测器组件 sensor suite
探测器座 detector holder
探测系统 detecting system
探测与避让技术 detect-and-avoid technology
探测与避让系统 detect-and-avoid system
探测与摧毁装甲(弹药) sense and destroy armor (SADARM)
探测与规避 Detect and Avoid (DAA)
探测元 detector element
探管 probe
探空火箭 sounding rocket
探雷 minehunting
探头 probe
探针 (对心器) pointed probe
探针 probe
碳 carbon
碳棒式点火器 carbon igniter
碳测辐射热计 carbon bolometer
碳的 carbon
碳电阻测温 carbon resistance thermometry
碳电阻测温法 carbon resistance thermometry
碳电阻器 carbon resistor
碳酚醛布 carbon phenolic cloth
碳酚醛布缠绕 carbon phenolic cloth lay-up
碳酚醛布敷贴 carbon phenolic cloth lay-up
碳酚醛带 carbon phenolic tape
碳酚醛喷管 carbon-phenolic nozzle
碳酚醛树脂 carbon phenolics
碳氟材料 fluorocarbon
碳氟化合物 fluorine compound
碳氟树脂涂料 fluorocarbon coating
碳复合材料 carbon composite
碳钢 carbon steel
碳黑 carbon black
碳化 char
碳化齿锯条 carbide tooth blade
碳化硅 silicon carbide
碳化硅砂轮 silicon carbide wheel
碳化硅砂纸 silicon carbide sandpaper
碳化硼 boron carbide
碳化钨 tungsten carbide
碳化钨穿甲弹 tungsten carbide penetrator
碳化钨压球 (布氏硬度试验) tungsten carbide ball
碳化物刀具 carbide cutting tool
碳化物镶刃刀具 carbide inserted tooling
碳基体 carbon matrix
碳颗粒 carbon particle
碳氢化合物 hydrocarbon
碳氢化合物航空燃油 hydrocarbon avgas
碳氢燃料 hydrocarbon fuel
碳素钢 plain steel
碳-碳 carbon-carbon
碳-碳化硅 carbon-silicon carbide
碳纤维 carbon fiber
碳纤维缠绕机 carbon fiber-winding machine
碳纤维酚醛材料 carbon fiber phenolic material
碳纤维壳体 carbon fiber case

tang

汤普逊散射雷达 Thompson scatter radar
膛压 bore pressure
镗刀 boring bar
镗刀盘 (立式铣床) boring head
镗刀头 (立式铣床) boring head
镗杆 boring bar
镗孔 bore
镗孔 boring
糖铲形喇叭 Hogg horn
糖铲形天线 sugar scoop antenna

tao

逃避 *v.* evade
逃虏 escapee
逃逸者 escapee
陶瓷 ceramics
陶瓷的 ceramic
陶瓷电路板 ceramic circuit card
陶瓷堵盖 (冲压发动机) ceramic port cover
陶瓷基复合材料 ceramic matrix composite
陶瓷加工装备 ceramic tooling
陶瓷结合剂 (砂轮) vitrified bond
陶瓷颗粒 ceramic particle
陶瓷模具 ceramic tooling
陶瓷天线罩 ceramic radome
陶瓷头罩 ceramic radome

陶瓷氧化铝 （一种人工合成磨料）ceramic aluminum oxide
陶瓷铸模 ceramic die
套 battery
套 set
套管 （导线）bushing
套管 （钻床、立式铣床主轴）quill
套管 （导线）sleeve
套管 （导线）sleeving
套管进给选择钮 （立式铣床）quill feed selector knob
套管手动进给控制柄 （钻床、铣床）quill feed handle
套管锁定柄 （立式铣床）quill lock
套管限位器 （立式铣床）quill stop
套件 kit
套件 package
套取情报 （军事）elicitation
套圈 ferrule
套式端铣刀 （用于铣平面）shell endmill
套式端铣刀杆 shell mill arbor
套式铰刀 shell reamer
套式铣刀柄 shell-mill toolholder
套筒 bush
套筒 liner
套筒 （车床尾座）quill
套筒 sleeve
套筒 （被工具或导管插入的构件）socket
套筒扳手 socket wrench
套筒夹头 collet
套筒夹头闭合器 （数控车床）collet closer
套筒夹头夹具 collet fixture
套筒夹头卡盘 collet chuck
套筒夹头块 collet block
套筒夹头限位器 collet stop
套筒夹头转接套 collet adapter
套筒夹头转接套 collet sleeve
套筒偶极子式巴仑 sleeve-dipole balun
套筒式铣刀 arbor type cutter
套筒天线 sleeve antenna
套筒炸药质量比 liner-to-explosive mass ratio
套筒轴 （车床尾座）quill
套筒装药质量比 liner-to-charge mass ratio
套头扳手 box-end wrench

te

特变外径 （非标准外径）contoured diameter
特别订单 task order
特别接触项目 special access program（SAP）
特别注意 caution
特大尺寸货物 outsized cargo
特点 feature
特定掺杂 particular doping
特定的 particular
特定的 specific
特定辐射源识别 Specific Emitter Identification（SEI）
特定几何形状 specific geometry
特定能量脉冲 specific energy pulse
特定任务 specified task
特定任务拦截弹 mission-specific effector
特定训练目标 specific training objective
特氟隆 Teflon
特高频 ultra-high frequency（UHF）
特混编组 task organization
特混大队 task group（TG）
特混分队 task unit（TU）
特混舰队 task force（TF）
特混小分队 task element
特控障碍物 reserved obstacle
特宽频带 ultra-wide-band（UWB）
特宽频带天线 ultra-wide-band antenna
特宽频带天线 UWB antenna
特遣部队 task force（TF）
特遣部队反情报协调官 task force counterintelligence coordinating authority（TFCICA）
特遣组织 task organization
特屈儿(炸药) tetryl
特殊材料 exotic material
特殊材料 special material
特殊的 particular
特殊的 special
特殊挂飞训练弹 special air training missile（NATM）
特殊货物 special cargo
特殊任务飞机 special mission aircraft
特殊试验用空中发射、空中拦截导弹 Special Test, Air-launched, Aerial Intercept Guided Missile（JAIM）
特殊危险 special hazard
特殊巡逻引入与退出系统 special patrol insertion and extraction systems（SPIES）
特殊要求 special requirement
特殊用途工具钢 special-purpose tool steel
特殊用途空运任务 special assignment airlift mission（SAAM）
特殊指令 special instructions（SPINS）
特细纹锉刀 dead smooth file
特形车削 contour turning
特形刀具 form tool
特形外径 （非标准外径）contoured diameter
特形铣刀 form milling cutter
特型喷管 contour nozzle
特型喷管 contoured nozzle
特性 behavior（美国拼写形式）
特性 behaviour（英国拼写形式）
特性 characteristic
特性 feature
特性 nature
特性 property

特性 specialty
特性的 characteristic
特性曲线 characteristic
特性台钳 （如倾角台钳、正弦台钳）specialty vise
特性阻抗 characteristic impedance
特许离岗 authorized departure
特许离职 authorized departure
特有的 unique
特征 characteristic
特征 feature
特征 signature（多指目标的）
特征尺寸 characteristic dimension
特征的 characteristic
特征函数 characteristic function
特征控制框 （用于尺寸和公差标注）feature control frame
特征面面积 characteristic surface area
特征排气速度 characteristic exhaust velocity
特征喷气速度 characteristic exhaust velocity
特征曲线图 characteristic graph
特征试验 （战斗部）characterization test
特征速度 characteristic velocity
特征速度效率 characteristic velocity efficiency
特征速度修正系数 characteristic velocity correction factor
特制层压板 tailored laminate
特制的 tailored
特质 specialty
特种保障飞机 special support aircraft
特种保障设备 peculiar support equipment（PSE）
特种保障设备 special support equipment
特种部队 special forces（SF）
特种部队大队 special forces group（SFG）
特种飞机 special mission aircraft
特种工程 （指不常用工程）specialty engineering
特种货物 special cargo
特种任务小队 special mission unit（SMU）
特种用途飞机 special purpose aircraft
特种战术小组 special tactics team（STT）
特种侦察 special reconnaissance（SR）
特种作战 special operations
特种作战部队 special operations forces（SOF）
特种作战部队规划与演练系统 special operations forces planning and rehearsal system（SOFPARS）
特种作战初级（机组人员） special operations low level（SOLL）
特种作战航空团 Special Operations Aviation Regiment
特种作战计划推演 special operations planning exercise（SOPE）
特种作战联队 special operations wing（SOW）
特种作战联合特遣部队 special operations joint task force（SOJTF）
特种作战联络小分队 special operations liaison element（SOLE）
特种作战气象小组 special operations weather team
特种作战司令部 Special Operations Command
特种作战特遣队 special operations task force（SOTF）
特种作战远征大队 special operations expeditionary group（SOEG）
特种作战远征联队 special operations expeditionary wing（SOEW）
特种作战远征中队 special operations expeditionary squadron（SOES）
特种作战运输直升机 special operations transport helicopter
特种作战指挥与控制小分队 special operations command and control element（SOCCE）
特种作战专用的 special operations-peculiar

ti

梯队 echelon
梯式天线 echelon antenna
梯形的 trapezoidal
梯形螺纹 acme thread
梯形脉冲 trapezoidal pulse
梯形台肩 angular shoulder
梯形台阶 angular shoulder
梯形翼 trapezoidal planform
锑化铟 indium antimonide（InSb）
锑化铟导引头 indium antimonide seeker
锑化铟导引头 InSb seeker
锑化铟气体致冷导引头 indium antimonide gas-cooled seeker
锑化铟气体致冷导引头 InSb gas-cooled seeker
锑化铟探测器 indium antimonide detector
锑化铟探测器 InSb detector
提供给导弹的数据精度 missile message accuracy
提环 lifting bail
提取器 extractor
提升 enhancement
提升 upgrade
提升挂装适配架 Lift Loading Adapter
提升手托 （包装箱）lifting bracket
提示 cueing
提手 handle
提手 lifting bail
提醒 alert
体材料 bulk
体材料特性 bulk property
体积 volume
体积分数 volume fraction
体积克分子浓度 molar concentration
体积模量 bulk modulus
体积模态 bulk mode
体积摩尔浓度 molar concentration

体积热值　volumetric heating value
体积弹性模量　bulk modulus
体积应变　volumetric strain
体目标　bulk target
体系　architecture
体系　hierarchy
体系　system
体系的　system-of-system
体系结构　architecture
体系效应　systemic effect
体系、自动化、自主性和接口　Architecture, Automation, Autonomy, and Interfaces (A3I)
体心立方金属　body-centered cubic metal
体型聚合物　three-dimensional polymer
体应变　volumetric strain
体制　organization
体制　scheme
体制　system
替代波形　alternative waveform
替换零件　replacement part

tian

天底　Nadir
天电干扰　*n.* static
天顶　zenith
天基的　space-based
天基多频谱传感器　space-based multi-spectral sensor
天基多频谱探测器　space-based multi-spectral sensor
天基红外系统　Space-based Infrared System (SBIRS)
天基拦截弹　space-based interceptor
天基拦截器　space-based interceptor
天基预警　space-based early warning
天基早期探测　space-based early detection
天基早期探测能力　space-based early detection capability
天空噪声温度图表　sky noise temperature chart
天平　balance
天桥卫星　Skybridge satellite
天球　celestial sphere
天球赤道　celestial equator
天球地平　celestial horizon
天球上的坐标　coordinates on the celestial sphere
天然巴仑　natural balun
天然气　natural gas
天体导航　celestial guidance
天体方位角　celestial azimuth
天体跟踪仪　astrotracker
天体射电源　celestial radio source
天文导航　celestial guidance
天文导航设备　astronomic navigation set
天文地平圈　celestial horizon
天文惯性导航　celestial inertial guidance
天文无线电跟踪　celestial radio tracking
天文学　astronomy
天线　antenna
天线　antennas (复数)
天线保护罩　antenna protective cover
天线波束形状　antenna beam shape
天线测量　antenna measurement
天线串扰　antenna crosstalk
天线带　antenna belt
天线带卡箍　antenna belt clamp
天线的地面效应　ground effect on antenna
天线电流　antenna current
天线电子器件单元　Antenna Electronics Unit (AEU)
天线电子器件模块　Antenna Electronics Unit (AEU)
天线定位　antenna positioning
天线方向　antenna direction
天线方向图　antenna pattern
天线方向性系数　antenna directivity factor
天线分集　antenna diversity
天线附配件　antenna fitting
天线杆　mast
天线杆成组件　Antenna Mast Group (AMG)
天线高度　antenna height
天线关系式　antenna relations
天线极化　antenna polarization
天线极化　polarization of antenna
天线角位置　antenna angle position
天线校准　antenna calibration
天线框架角　antenna gimbal angle
天线馈源　feed of antenna
天线理论　antenna theory
天线面　antenna face
天线旁瓣　antenna sidelobe
天线散热器　antenna heat sink
天线扫描　antenna scan
天线收发开关　antenna duplexer
天线双工器　antenna duplexer
天线伺服机构　antenna servo
天线随动机构　antenna servo
天线位置　antenna position
天线效率　antenna efficiency
天线泄漏　antenna leakage
天线型式　antenna type
天线应用　antenna application
天线增益　antenna gain
天线增益误差　antenna gain error
天线罩　antenna radome
天线罩　radome
天线罩保护块　radome block
天线罩保护帽　radome cover
天线罩保护帽　radome protective cover
天线罩保护帽　radome protector cap
天线罩保护罩　radome cover

天线罩保护罩 radome protective cover
天线罩保护罩 radome protector cap
天线罩顶端 radome tip
天线罩瞄准线误差 radome boresight error
天线罩瞄准线误差斜率 radome boresight error slope
天线罩误差效应 radome error effect
天线罩误差斜率 radome error slope
天线罩误差斜率补偿 radome error slope compensation
天线罩误差斜率灵敏度 radome error slope sensitivity
天线罩误差斜率效应 radome error slope effect
天线罩误差斜率修正 radome error slope correction
天线罩效应 radome effect
天线罩斜率 radome slope
天线罩折射 radome refraction
天线罩折射角 radome refraction angle
天线罩折射试验 radome refraction test
天线罩/制导舱接头 radome/guidance section joint
天线阵 antenna array
天线支座 antenna holder
天线指向误差 antenna pointing error
天线轴 antenna boresight
天线轴线 antenna boresight
天线转台 antenna positioner
天灾 natural disaster
添加剂 additive
填充 （战斗部）padding
填充物 （战斗部）padding
填缝料 sealer
填料 filler
填料 filler material
填隙片 shim

tiao

条 bar
条 strip
条 tape
条带层压板 strip laminate
条件 condition
条件码 Condition Code（C/C）
条件码挂签 condition code tag
条件直方图 conditional histogram
条款 provision
条款 term
条令 doctrine
条纹 fringe（指光的干涉或衍射形成的）
条纹 schlieren（指流体中的）
条纹 streak（指与周围环境的颜色差异）
条纹幅度 fringe amplitude
条纹可见度 fringe visibility
条纹照相机 streak camera
条形磁铁 bar magnet
条形码 bar code
条形码标签 bar code label
条约 treaty
调幅 amplitude modulation（AM）
调节 *vt.* adjust（多指使系统满足要求或更准确）
调节 adjustment
调节 *vt.* condition（多指使系统处于设定的状态、条件）
调节 *vt.* regulate（多指使系统处于设定的标准、量值）
调节 regulation
调节垫圈 adjusting washer
调节环 adjusting ring
调节剂 modifier
调节螺钉 adjustment screw
调节螺母 adjustment nut
调节螺栓 adjustment bolt
调节器 conditioner
调节器 controller
调节器 regulator
调节器本体 regulator body
调节器接头 regulator adapter
调节器壳体 regulator housing
调节器支座 regulator holder
调节器柱塞 regulator piston
调节系数 accommodation coefficient
调频 frequency modulation（FM）
调频测距 FM ranging
调频降级 FM degradation
调频解调 FM demodulation
调频式调制 FM modulation
调频信号 FM signal
调平螺栓 leveling bolt
调试程序 debugger
调谐要求 tuning requirement
调压器 pressure regulator
调压器 regulator
调压器 voltage regulator
调压器测试仪 pressure regulator tester
调压器测试仪 regulator tester
调音叉式调制盘 tuning fork chopper
调整 *vt.* adjust（多指使系统满足要求或更准确）
调整 adjustment
调整 *vt.* condition（多指使系统处于设定的状态、条件）
调整 *vt.* regulate（多指使系统处于设定的标准、量值）
调整 regulation
调整板 adjustment plate
调整垫片 filler disc
调整垫片 filler disk
调整垫片 filler shim
调整垫片 shim
调整件 （车床）gib
调整轮 （无心磨床）regulating wheel
调整螺钉 adjusting screw

调整螺钉 set screw
调整螺钉 setscrew
调整螺母 （千分尺）adjusting nut
调整螺母 adjustment nut
调整片 tab
调整器 conditioner
调整位置 （刀具）reset
调整线 phase line（PL）
调整楔 （车床）gib
调整楔 （车床）tapered gib
调制 chopping
调制 *vt.* modulate
调制 modulation
调制波形 modulated waveform
调制传递函数 modulation transfer function（MTF）
调制盘 chopper
调制盘 modulator
调制盘 reticle
调制盘 reticule
调制盘尺寸 chopper dimension
调制盘齿 chopper teeth
调制盘齿孔直径 chopper pitch diameter
调制盘镀膜 chopper coating
调制盘-光阑孔组合 chopper-aperture combination
调制盘几何形状 chopper geometry
调制盘结构 reticle configuration
调制盘孔 chopper hole
调制盘清洗 chopper cleaning
调制盘设计 reticle design
调制盘掩模 chopper mask
调制盘叶片 chopper blade
调制盘转角 chopper turning angle
调制盘转盘 chopper wheel
调制盘转速 chopper speed
调制盘座 chopper holder
调制频率 chopping frequency
调制器 modulator
调制入射 chopped incidence
调制入射 modulated incidence
调制信号 modulated signal
调制因子 modulation factor
调准夹具 aligning fixture
调准螺栓 alignment bolt
调准轴 alignment shaft
跳变 （频率）hop
跳变 step
跳弹 *n.* ricochet
跳动 runout
跳动公差 runout tolerance
跳角 jump
跳频 frequency hopping
跳伞长 jumpmaster
跳跃式滑翔弹道 skip trajectory

tie

贴壁浇注的 case-bonded
贴壁浇注装药 case-bonded grain
贴壁浇注装药的剪应力 case-bond shear stress
贴壁效应 Coanda effect
贴地飞行 contour flight
贴地飞行 nap-of-the-earth flight
贴地飞行 terrain flight
贴地飞行的 nap-of-the-earth
贴地航线 nap-of-the-earth route
贴地翼(飞机) wing-in-ground（WIG）
贴地翼效应 wing-in-ground effect
贴片天线 patch antenna
贴签 placard
铁 iron
铁磁性工件 ferromagnetic workpiece
铁基合金 ferrous alloy
铁鳞氧化皮 scale
铁路始末站 railhead
铁穹导弹防御系统 （以色列）Iron Dome missile defense system
铁素体不锈钢 ferritic stainless steel
铁芯 core
铁芯 （棒式、可动的）plunger
铁氧体巴仑 ferrite balun
铁氧体加载环天线 ferrite-loaded loop antenna

ting

听力保护 hearing protection
听声检验 （砂轮）ring test
听众 audience
烃 hydrocarbon
烃类航空汽油 hydrocarbon avgas
烃类燃料 hydrocarbon fuel
停产的 obsolescent
停产设备 obsolescent equipment
停车 （火箭发动机）cutoff
停车 （火箭发动机）flameout
停车 shutdown
停车 stop
停放刹车 parking brake
停飞 *v.* ground
停购的 obsolescent
停购设备 obsolescent equipment
停机 shutdown
停机处 parking spot
停机点停机 （在舰船上的）spotting
停机坪 apron
停机坪 flight line
停机坪 ramp

停机时间 downtime
停机位 parking spot
停机占用区域 parking footprint
停留 （刀具）dwelling
停用的 obsolete
停用设备 obsolete equipment
停用时间 downtime
停止 stop
停止转动 stall
停驻力 stall force

tong

通常的 general
通场 flyover
通带 passband
通道 channel
通道 pathway
通道编号 Channel No.
通道编码模块 channel coding module
通道间串音 interchannel crosstalk
通道控制模块 channel control module
通道平衡 channel balancing
通电计时 power-on time
通电时间 power-on time
通电线路 live circuit
通电周期 electrical period
通/断按钮 on/off button
通风不好的地方 poorly ventilated area
通风好的地方 well-ventilated area
通告 notice
通管喷气推进 duct jet propulsion
通管推进 duct propulsion
通管推进系统 duct propulsion system
通过近地点的时间 time of perigee passage
通过量 throughput
通过速度实现隐身 stealth by speed
通航自由 freedom of navigation
通孔 through hole
通孔 thru hole
通量 flux
通量密度 flux density
通气阀 breather valve
通气阀 vent valve
通气孔板 vent-plate
通气口 air port
通信 telecommunication
通信安全性 communications security（COMSEC）
通信保密器材 communications security material
通信保密性 communications security（COMSEC）
通信处 communications directorate
通信处理器装置 communications processor unit（CPU）
通信、导航与监视 communication, navigation and surveillance（CNS）
通信、导航与识别 Communication, Navigation and Identification（CNI）
通信、导航与识别综合航空电子系统 integrated communications, navigation and identification avionics（ICNIA）
通信链路 communication link
通信模块 communication module
通信情报 communications intelligence（COMINT）
通信设备 communications equipment
通信网 communications network（COMNET）
通信网 net
通信网络 communications network（COMNET）
通信系统 communication system
通信系统保障 communications systems support（CSS）
通信线路 communication circuit
通信线路 link
通信与信息系统 Communications and Information System（CIS）
通信中继 communications relay
通用 common use
通用绑定存储 universal tie-down stowage
通用保障设备 common support equipment（CSE）
通用操作环境 common operating environment（COE）
通用弹药自检重新编程设备 Common Munitions BIT Reprogramming Equipment（CMBRE）
通用弹药自检重新编程设备增强版 Common Munitions BIT Reprogramming Equipment Plus
通用的 common
通用的 general
通用的 general-purpose（GP）
通用的 universal
通用电气公司 （美国）General Electric Company（GE）
通用动力公司 （美国）General Dynamics
通用动力军械与战术系统公司 General Dynamics Ordnance and Tactical Systems（GD-OTS）
通用毒刺发射装置 Common Stinger Launcher（CSL）
通用发射筒 common launch tube（CLT）
通用发射箱单元 Common Container Unit（CCU）
通用方程式 general equation
通用方法 general approach
通用防腐润滑油 general purpose, preservative lubricating oil
通用防空模块化导弹 Common Anti-air Modular Missile（CAMM）
通用防空模块化导弹—增程型 Common Anti-air Modular Missile-Extended Range（CAMM-ER）
通用放大器 general-purpose amplifier
通用飞机武器测试设备 Common Aircraft Armament Test Set（CAATS）
通用挂架 common rack
通用挂架和发射架测试设备 Common Rack And

Launcher Test Set (CRALTS)
通用航电设备架构系统 common avionics architecture system (CAAS)
通用和一致性衍射理论 General and Uniform Theory of Diffraction (GTD/UTD)
通用红外对抗 Common Infrared Countermeasures (CIRCM)
通用火控系统 Common Fire Control System (CFCS)
通用集装箱 common-use container
通用计算机 general purpose computer
通用件 common item
通用铰刀 general-purpose reamer
通用校准测量设备 Common Calibration Measurement Equipment
通用距离标记 common range marks
通用空射导航系统 Common Air Launched Navigation System (CALNS)
通用联合任务列表 Universal Joint Task List (UJTL)
通用配置—准备就绪与现代化 (美国海军陆战队项目) Common Configuration-Readiness and Modernization (CC-RAM)
通用气体常数 universal gas constant
通用设备 general purpose equipment
通用托座 universal cradle
通用外场级存储器重新编程设备 Common Field-Level Memory Reprogramming Equipment
通用武器接口 universal armament interface (UAI)
通用武器接口信息集 universal armament interface message set
通用物资 common item
通用系统简化测试语言 abbreviated test language for all systems (ATLAS)
通用橡胶基粘合剂 general purpose rubber base adhesive
通用橡胶基粘接剂 general purpose rubber base adhesive
通用型高超声速滑翔体 Common-Hypersonic Glide Body (C-HGB)
通用性 commonality
通用原子电磁系统公司 (美国) General Atomics Electromagnetic Systems (GA-EMS)
通用原子航空系统公司 (美国) General Atomics Aeronautical Systems
通用原子航空系统公司 (美国) General Atomics Aeronautical Systems Inc (GA-ASI)
通用炸弹 general-purpose bomb
通用炸药 general-purpose explosive
通用战斗部 general-purpose warhead
通用战术图景 common tactical picture (CTP)
通用之策 one-size-fits-all approach
通用指挥与控制接口 Universal Command and Control Interface
通用作战图景 common operating picture (COP)
通用作战图景 common operational picture (COP)
通知 notice
通知书 (要求向军人提供住宿的) billet
通/止规 go/no-go gage
通/止规 go-no-go gage
通止量规 go/no-go gage
通止量规 go-no-go gage
同步 synchronization
同类替换 Replacement In Kind (RIK)
同类替换件 Replacement In Kind (RIK)
同盟 alliance
同时多目标交战 simultaneous multitarget engagement
同时攻击 simultaneous engagement
同时交战 simultaneous engagement
同时信号问题 simultaneous signal problem
同位的 in-line
同温层 stratosphere
同温层堡垒 (美国 B-52 重型轰炸机) Stratofortress
同相放大器 noninverting amplifier
同相放大器输入 noninverting amplifier input
同相输入 (运算放大器) noninverting input
同心的 concentric
同心分度环 concentric index ring
同心球衬套 concentric spherical liner
同心球面 concentric sphere
同心圆柱套筒 concentric cylindrical liner
同轴的 coaxial
同轴的 concentric
同轴度 concentricity
同轴度测量台 concentricity testing table
同轴柱面 concentric cylinder
铜 copper
铜箔 copper foil
铜焊硬质合金刀具 brazed carbide cutting tool
铜合金 copper alloy
铜镍合金 constantan
铜镍合金 copper-nickel alloy
铜镍锌合金 nickel silver
铜丝绒(擦垫) copper wool
铜线圈 copper coil
铜锌合金 copper-zinc alloy
瞳孔 pupil
统计的 statistical
统计概念 statistical concept
统计过程控制 statistical process control (SPC)
统计数据 statistics
统计特性 statistical property
统计学 statistics
统计学的 statistical
统计资料 statistics
统一 unity
统一标识系统 (金属和合金的) Unified Numbering System (UNS)

统一参谋机构 integrated staff
统一地理空间情报行动 unified geospatial-intelligence operations (UGO)
统一进度安排 integrated schedule
统一螺纹标准 （用于英制螺纹）Unified Thread Standard
统一命名系统 （金属和合金的）Unified Numbering System (UNS)
统一温度 uniform temperature
统一行动 unity of effort
统一性 unity
统一指挥 unity of command
桶 barrel
桶滚 barrel roll
桶形激波 barrel shock
筒 canister
筒 pod
筒 tube
筒式发射 tube launch
筒式发射的 tube-launched
筒式发射、光学跟踪、拖线制导(导弹) （即陶反坦克导弹）Tube-launched, Optically-tracked, Wire-guided (TOW)
筒式滤芯 filter cartridge
筒形轮 （砂轮）cylinder wheel

tou

头 （榔头）head
头部 nose
头部 （锉刀）point
头部安装舵面 nose-mounted control fin
头部长细比 nose fineness ratio
头部的半锥角 conical nose half angle
头部钝度 nose tip bluntness
头部钝度比 nose bluntness ratio
头部几何形状 nose geometry
头部进气道 nose inlet
头部气动加热 nose tip heating
头部整流罩 nose fairing
头部锥度 nose fineness
头戴设备组件 Head Equipment Assembly (HEA)
头顶上的 overhead
头盔 helmet
头盔安装的装置 helmet-mounted device
头盔瞄准具 helmet-mounted sight (HMS)
头盔瞄准具 helmet sight
头盔瞄准具随动 helmet sight slaving
头盔瞄准具随动模式 helmet sight slaving mode
头盔瞄准具系统 helmet-mounted sight system
头盔瞄准系统 helmet-mounted sighting system
头盔瞄准系统 helmet sighting system
头盔显示器 helmet-mounted display (HMD)
头盔显示系统 helmet-mounted display system
头盔显示与跟踪系统 Helmet Display and Tracking System (HDTS)
头尾电磁铁捕获保险钢丝 （炸弹）nose/tail solenoids capture arming wire
头罩 （进气道）cowl
头罩 dome
头罩 nosepiece
头罩 radome
头罩保护罩 dome cover
头罩保护罩 dome protector
头罩保护罩挂绳 dome cover lanyard
头罩保护罩挂绳 dome protector lanyard
头罩保护罩组件 dome cover assembly
头罩保护罩组件 dome protector assembly
头罩镀膜 dome coating
头罩固定螺钉 （发射架）forward fairing retaining screw
头罩几何形状 dome geometry
头罩角 （进气道）cowl angle
头罩紧固环 dome fastening ring
头罩壳体 dome housing
头罩毛坯 dome blank
头罩毛坯退火 dome blank annealing
头罩密封圈 dome gasket
头罩锁定环 dome lock ring
头罩误差斜率 dome error slope
头罩组件 dome assembly
头锥 nose
头锥 nose cone
头锥 nosecone
头锥舱 nose section
头锥组件 nose assembly
投产前试验 preproduction test
投放 delivery
投放 *n.* & *vt.* release
投放的红外诱饵弹 dispensed flare
投放点 release point
投放高度 release altitude
投放活塞 release piston
投放机构 release mechanism
投放几何关系图 （炸弹）release geometry
投放器 dispenser
投放时序 release sequence
投放式 ejected
投放式 expendable
投放式 offboard
投放式干扰 ejected countermeasures
投放式干扰 Expendable Countermeasures (EXCM)
投放式干扰机 offboard jammer
投放试验 drop test
投放试验 drop testing
投放试验 release testing

投放试验弹 jettison test vehicle
投放随动活塞 release slave piston
投放系统 release system
投放信号 release signal
投放许可 （指令或信号）Release Consent
投放许可电路 release consent circuit
投放与控制 release and control（R/C）
投放与控制系统检查 release and control system check
投放装置 release
投放子弹药的精确制导武器 submunitions-dispensing precision-guided weapon
投放子弹药武器 submunitions-dispensing weapon
投影 projection
投影立体角 projected solid angle
投影视图 （如正视图、侧视图、俯视图等）projected view
投资 investment
投资额 investment
投资项目 investment
透光度 transmittance
透镜 lens
透镜容差 lens tolerance
透镜容差 tolerance on lens
透镜天线 lens antenna
透镜支座 lens holder
透明材料构件 transparency
透明衬底 transparent substrate
透明的 transparent
透明胶片 transparency
透明性 transparency
透射比 transmittance
透射率 transmission
透射率 transmittance
透射率曲线 transmittance curve
透射率衰减 transmittance attenuation
透射率损失 transmittance loss
透射损失 transmittance loss

tu

凸半圆角 convex radius
凸半圆铣刀 （用于铣制凹半圆角）convex cutter
凸耳 boss
凸块 （弹翼）cam
凸块 （车端面时，车刀定心不好加工剩下的）nub
凸块螺钉 cam screw
凸轮 cam
凸轮锁紧主轴头部 （车床）cam-lock spindle nose
凸面的 convex
凸模 punch
凸模接合器 punch adapter
凸起 boss
凸起 （指变形）bulge
凸起 （指变形）bulging
凸起 protrusion
凸起物 protrusion
凸起物 （弹体上的）protuberance
凸台 boss
凸台盖 boss cap
凸形的 convex
凸圆表面 （如圆柱面、D 形表面）convex surface
凸缘 collar
凸缘 flange
凸缘法兰 male flange
突出物 （弹体上的）protuberance
突发事件管理 incident management
突防 defence penetration
突防 penetration
突防飞机 penetration aircraft
突防飞机 penetrator
突防飞机系统 penetrating aircraft system
突防飞机作战系统 penetrating aircraft system
突防辅助装置 penetration aids
突防进攻性作战 penetrating offensive operations
突防型电子攻击 Penetrating Electronic Attack（PEA）
突防型轰炸机 penetrating bomber
突防型无人机系统 penetrating UAS
突防型无人机系统 penetrating unmanned aerial system
突防型制空 Penetrating Counterair（PCA）
突防型制空飞机 penetrating counterair aircraft
突防型制空/突防型电子攻击 Penetrating Counterair/Penetrating Electronic Attack（PCA/PEA）
突防战机 penetrating aircraft
突击 assault
突击 attack
突击登陆区 assault landing zones（ALZ）
突击登陆艇分队 assault craft unit（ACU）
突击后续梯队 assault follow-on echelon（AFOE）
突击计划 （登陆）assault schedule
突击阶段 assault phase
突击破障 （两栖登陆）assault breaching
突击群 attack group
突击时间表 （登陆）assault schedule
突击梯队 assault echelon（AE）
突击运输机乘员系统开发 Assault Transport Crew System Development（ATCSD）
突击着陆区 assault landing zones（ALZ）
突角补偿 （舵面）horn
突破口 breach
突破性的 disruptive
突破性技术 breakthrough technology
突破性技术 disruptive technology
突破性能力 breakthrough capabilities
突然冒出的目标 pop-up target
突然起火 flash
突然燃烧 flash

突袭　raid
突袭者　（美国轰炸机）Raider
突显　*vt.* highlight
图　figure
图表　chart（表现形式和内容多样,包含 graph）
图表　graph
图表记录仪　chart recorder
图号　drawing number
图解法　graphical method
图例　legend
图示仿真　（加工程序验证）graphic simulation
图示零件分解　illustrated parts breakdown（IPB）
图像　image
图像　imagery（多具统称意味）
图像　vision
图像处理　image processing
图像处理算法　image processing algorithm
图像分析　imagery analysis
图像利用　imagery exploitation
图像情报　imagery intelligence（IMINT）
图像扫描　image scan
图像失真　image distortion
图像识别　image recognition
图像数据　picture data
图像拖尾　streaking
图形　figure
图形仿真　（加工程序验证）graphic simulation
图形工作站　graphics workstation
图纸　drawing
图纸标注尺寸　drawing dimension
图纸加工规范　print specification
图纸加工要求　print specification
途径　approach
途径　means
途径　route
途中护理　en route care（ERC）
途中可见性　in-transit visibility（ITV）
涂层　coating
涂料　coating
涂料　coating material
涂料　coating paint
涂漆方案　paint scheme
土建工程师　civil engineer（CE）

tuan

湍流　turbulence
湍流边界层　turbulent boundary layer
湍流后掠激波干扰　turbulent swept-shock interaction
湍流计算　turbulent calculation
湍流建模　turbulence modeling
湍流模型　turbulence modeling
湍流系数　turbulence coefficient
湍流现象　turbulence phenomena
团　regiment
团级登陆队　regimental landing team（RLT）
团体　community
团体　organization

tui

推板　（立式带锯切割用）push stick
推测　*v.* extrapolate
推测　projection
推出试验　（发射架）push-thru test
推导　derivation
推断　*v.* extrapolate
推断　extrapolation
推杆　push rod
推杆　pushrod
推杆固定板　ejector retainer plate
推广　*v.* extend
推广　extension
推进　propulsion
推进舱　propulsion section
推进/操控舱　Propulsion/Steering Section（PSS）
推进操控舱　（包含发动机、舵机和推力矢量控制系统）propulsion steering section
推进的　propulsive
推进分系统　（流星导弹）Propulsion Sub System（PSS）
推进管理　（发动机）propulsion management
推进和操控系统　propulsion and steering system（P/SS）
推进剂　propellant
推进剂爆炸　propellant detonation
推进剂残片　propellant sliver
推进剂成分　propellant composition
推进剂成分　propellant ingredient
推进剂定制　propellant tailoring
推进剂固定质量流率　constant propellant mass flow
推进剂耗尽　propellant burnout
推进剂混合　propellant mixing
推进剂混合机　propellant mixer
推进剂浇注　propellant casting
推进剂浇注架　propellant casting stand
推进剂浇注模具　propellant casting mould
推进剂解体　propellant breakup
推进剂可燃性　propellant ignitability
推进剂流率　propellant flow rate
推进剂密度　propellant density
推进剂配方　propellant formulation
推进剂批次　propellant batch
推进剂破裂　propellant breakup
推进剂燃尽　propellant burnout
推进剂燃气　propellant gas

推进剂燃烧面积　propellant burn area
推进剂燃烧时间　propellant burning time
推进剂燃烧特性　propellant combustion characteristics
推进剂燃速　propellant burn rate
推进剂试样试验　propellant sample test
推进剂寿命　propellant age
推进剂特性　propellant characteristics
推进剂体积　propellant volume
推进剂物理特性　propellant physical property
推进剂消耗率　specific propellant consumption
推进剂选项　propellant alternative
推进剂研发　propellant development
推进剂药柱　propellant grain
推进剂药柱燃烧面积　propellant grain burning area
推进剂有效使用系统　propellant utilization system
推进剂杂质　propellant impurity
推进剂、炸药和火工品冲毁处理　（导弹处置的一种方法）propellant, explosive, and pyrotechnics washout
推进剂质量　propellant mass
推进剂质量比　propellant mass fraction
推进剂质量分数　propellant mass fraction
推进剂种类　propellant category
推进剂重量　propellant weight
推进剂重量比　propellant weight fraction
推进剂重量流率　propellant weight flow rate
推进剂装药　propellant charge
推进剂组分　propellant formulation
推进控制　（发动机）propulsion management
推进器　thruster
推进式飞机　pusher
推进系统　propulsion
推进系统　propulsion system
推进系统惰性质量　inert propulsion mass
推进系统方案　propulsion system alternative
推进系统类型　propulsion type
推进系统试验　propulsion test
推进系统试验验证　propulsion test validation（PTV）
推进系统消极质量　inert propulsion mass
推进系统选项　propulsion system alternative
推进系统硬件　propulsion hardware
推进效率　propulsive efficiency
推进与控制舱　propulsion and control group
推进与控制组件　propulsion and control group
推进装置　propulsion unit（PU）
推拉液压作动器　push-pull hydraulic actuator
推力　propulsive force
推力　thrust
推力变化　thrust change
推力测量与记录系统　thrust measuring and recording system
推力持续时间　thrust duration
推力大小控制　thrust magnitude control（TMC）
推力对准　thrust alignment
推力方向　thrust direction
推力估算　thrust prediction
推力管理　thrust management
推力过载　thrust acceleration
推力加速　thrust acceleration
推力加速度　thrust acceleration
推力交接速度　thrust takeover speed
推力控制　thrust management
推力控制机动　impulse maneuver
推力历程　thrusting schedule
推力脉冲　thrust pulse
推力偏差　thrust offset
推力偏心　thrust misalignment
推力曲线　thrust profile
推力裙　thrust skirt
推力时间表　thrusting schedule
推力-时间曲线　thrust-time curve
推力-时间曲线　thrust-time profile
推力矢量　thrust vector
推力矢量控制　thrust vector control（TVC）
推力矢量控制　thrust vectoring
推力矢量控制常平架作动器　thrust vector control gimbal actuator
推力矢量控制和舵机系统　thrust vectoring control and actuation system
推力矢量控制和作动系统　thrust vectoring control and actuation system
推力矢量控制机械传动装置　thrust vector control mechanical train
推力矢量控制喷管　thrust-vectoring nozzle
推力矢量控制器　TVC controller
推力矢量控制燃气舵　thrust vectoring vane
推力矢量控制万向作动器　thrust vector control gimbal actuator
推力矢量控制系统　thrust-vectored control system
推力矢量控制系统　thrust-vectoring control system
推力矢量控制系统　thrust vectoring system
推力矢量控制装置　thrust vector control device
推力矢量控制组件　thrust vector control assembly
推力矢量控制组件　TVC assembly
推力矢量偏转　thrust vector deflection
推力矢量偏转角度　angle of thrust vector deflection
推力矢量尾部控制　thrust-vectoring tail control
推力室　（液体火箭发动机）thrust chamber
推力同心　thrust alignment
推力系数　thrust coefficient
推力系数效率　thrust coefficient efficiency
推力形式　thrust action
推力修正　thrust correction
推力修正系数　thrust correction factor
推力需求　thrust requirement
推力要求　thrust requirement
推力中断器　thrust terminator

推力终止 thrust termination
推力终止打开装置 thrust termination opening device
推力终止口 thrust termination port
推力终止装置 thrust termination device
推力转级速度 thrust takeover speed
推力转向 thrust vectoring
推力转向器 diverter
推论 extrapolation
推算 prediction
推想的 theoretical
推重比 thrust-to-weight ratio
退出 exit
退出 extraction（指取出）
退出的 breakaway
退出攻击 *n.* breakaway
退刀槽 relief
退刀槽 undercut
退化 degeneration
退化 degradation
退化 *v.* degrade
退化 deterioration
退火 annealing
退火盘 annealing pan
退火钛 annealed titanium
退火箱 tray
退料器 ejector
退移 regression
退移率 rate of regression
退役后备役人员 Retired Reserve
褪色 discoloration

tun

吞吐量 throughput
吞吐能力 throughput capacity

tuo

托 （真空压强单位）torr
托板 pallet
托板螺帽 nut plate
托板螺帽 nutplate
托板推车 pallet truck
托板系统 （加工中心）pallet system
托板自锁螺母 plate self-locking nut
托臂 support arm
托架 bracket
托架 carrier
托架 （导弹包装箱的）cradle
托架 （武器运输或存放的）pallet
托架 （导弹包装箱的）saddle
托架加强件 cradle stiffener
托架组件 cradle assembly
托盘 pallet
托盘 tray
托座 adapter
托座 （导弹包装箱的）cradle
拖车 trailer
拖曳式干扰 towed countermeasures
拖曳式诱饵 towed decoy
脱靶和命中位置 Location of Miss and Hit（LOMAH）
脱靶距离 miss distance（MD）
脱靶量 miss distance（MD）
脱靶量散布情况 miss-distance dispersion
脱靶量指示 miss distance indication
脱靶量指示仪 miss distance indicator（MDI）
脱机分析 off-line analysis
脱离的 breakaway
脱落 *vi.* fall off
脱模 stripping
脱模板 stripper plate
脱模冲头 stripper punch
脱模杆 ejector rod
脱模工具 extractor
脱模环 stripper ring
脱模销 stripper pin
脱皮 （涂层）peeling
脱漆剂 paint remover
脱气 outgassing
脱湿 dewetting
脱湿应变 dewetting strain
脱水物 anhydride
脱碳 decarburization
脱险 evasion
脱险图 evasion chart（EVC）
脱险协助 evasion aid
脱险行动计划 evasion plan of action（EPA）
脱险援助 evasion aid
脱险者 evader
脱粘 debond
脱粘 debonding
脱粘面积 debonded area
脱粘面积 unbonded area
脱粘区域 debonded area
脱粘区域 unbonded area
脱粘终止处 flap termination
陀螺 gyro
陀螺 gyroscope
陀螺电机 gyro motor
陀螺定子 gyro stator
陀螺定子绕线夹具 gyro stator winding fixture
陀螺动态特性 gyro dynamics
陀螺舵 rolleron
陀螺舵测试仪 rolleron tester
陀螺舵充油 rolleron oil filling
陀螺舵飞轮 rolleron wheel

陀螺舵铰链 rolleron hinge
陀螺舵锁定器 rolleron cager
陀螺舵/锁定器测试 rolleron/cager test
陀螺舵支架 rolleron cradle
陀螺舵支座 rolleron bearing
陀螺舵轴承 rolleron bearing
陀螺舵转子 rolleron flywheel
陀螺舵转子动平衡 rolleron flywheel dynamic balance
陀螺舵阻尼器 rolleron damper
陀螺舵组件 rolleron assembly
陀螺光学系统 gyro optical system
陀螺后盖 gyro rear cover
陀螺基准线圈 gyro reference coil
陀螺控制 gyro control
陀螺框架定中心装置 gyro gimbal centering device
陀螺力矩 gyroscopic torque
陀螺偏差 gyro bias
陀螺漂移 gyro drift
陀螺漂移率 gyro drift rate
陀螺平台指北法 gyrocompassing
陀螺起动时间 gyroscope run-up time
陀螺驱动系统 gyro driving system
陀螺稳定的 gyro-stabilized
陀螺稳定的 gyrostabilized
陀螺稳定望远镜 gyrostabilized telescope
陀螺仪 gyroscope
陀螺轴承 gyro bearing
陀螺转矩 gyroscopic torque
陀螺转子 gyro rotor
陀螺转子部件 gyro rotor assembly
陀螺转子动平衡 gyro rotor dynamic balance
陀螺转子壳体 gyro rotor housing
陀螺转子起动 gyro rotor run-up
陀螺转子支座 gyro rotor holder
陀螺转子作标记 gyro rotor marking
椭率 ellipticity
椭球体 spheroid
椭球形燃烧室封头 ellipsoidal end-chamber closure
椭圆极化 elliptical polarization（EP）
椭圆极化波的功率 EP wave power
椭圆形头锥 elliptic cone
拓展训练服务专业人才 extended training service specialist（ETSS）
唾液雾滴 saliva mist

wa

瓦片式层铺纤维　shingle fiber
瓦特　watt（W）

wai

外包敷层　sheath
外表面　exterior surface
外表面　external surface
外表面　outer surface
外表面刻槽　external groove
外部安全与解除保险机构　external safe-arm mechanism
外部保障合同　external support contract
外部插塞式接口　external plug interface
外部导轨挂载　external rail carriage
外部的　exterior
外部的　external
外部的　outer
外部电缆　exterior cabling
外部电源　external power
外部电源　external power supply
外部防松螺母　outer jam nut
外部挂架挂载　external pylon carriage
外部挂载　external carriage
外部火焰辐射　external flame radiation
外部激励源　external stimulus
外部接口　external interface
外部绝热层　external insulation
外部控制面　external control surface
外部密封帽　external seal cap
外部视图　outboard profile
外部信号源　external stimulus
外部形状　physical shape
外部压强　external pressure
外部压缩　external compression
外部压缩限制　external compression limit
外侧的　（机翼）outboard
外侧挂架　outboard pylon
外测主尺　（游标卡尺）external main scale
外层空间　outer space
外层空间条约　Outer Space Treaty（OST）
外差效应　heterodyne effect
外场　field
外场搬运训练器　Field Handling Trainer（FHT）
外场保障小组　Field Support Team（FST）
外场测试仪　field tester
外场测试仪的维护　field tester maintenance
外场发电　field-generated electricity
外场返回件　field returns
外场服务代表　Field Service Representative（FSR）
外场服务代理　Field Service Representative（FSR）
外场服务记录　field service record
外场级可修理件　field level repairable item
外场级维护　（包括现场级维护和中间级维护）field level maintenance
外场监视计划　Field Surveillance Program（FSP）
外场可更换件　Line Replaceable Item（LRI）
外场可更换件　Line Replaceable Unit（LRU）
外场软件升级　field software update
外场试验　field test
外场试验　field testing
外场试验设备　field-test set
外场试验装置　field-test set
外场维护　field maintenance
外场维护记录　field service record
外场主管机构　cognizant field activity（CFA）
外弹道学　exterior ballistics
外倒角　round
外购件　purchased item
外挂点　external hardpoint
外挂点　store attachment location
外挂燃料箱　external fuel tank
外挂武器　external weapon
外挂武器　weapon store
外挂武器舱　External Weapons Bay（EWB）
外挂物　（飞机）store
外挂物二体问题　two-body problem of a store
外挂物分离　store separation
外挂物分离试验　store separation testing
外挂物挂点　store attachment location
外挂物挂载与分离风洞试验　store carriage and store separation wind-tunnel test
外挂物管理处理器　stores management processor（SMP）
外挂物管理计算机　stores management computer
外挂物管理系统　stores management system（SMS）
外挂物管理系统结构　SMS architecture
外挂物抛投功能　store jettison function
外挂物抛投试验　store jettison test
外挂物投弃试验　store jettison test
外挂物悬挂指示　stores inventory
外挂物支撑系统　（直升机上的挂架）external stores

support system (ESSS)
外挂物状态 store status
外挂油箱 external fuel tank
外观 appearance
外国的 foreign
外国国民 foreign national
外国内部防卫 foreign internal defense (FID)
外国情报监视法案 Foreign Intelligence Surveillance Act (FISA)
外国支援 foreign nation support (FNS)
外海 open ocean
外海 open sea
外涵道 (发动机) bypass duct
外环 external ring
外环 outer ring
外回路 outer loop
外交、信息、军事和经济的 diplomatic, informational, military, and economic (DIME)
外接的 external
外接气源口 external gas supply inlet
外径 outside diameter (OD)
外径规 snap gage
外径千分尺 outside micrometer caliper
外径千分尺校准 outside micrometer calibration
外径千分卡尺 outside micrometer caliper
外卡钳 outside caliper
外壳 casing
外壳 exterior housing
外壳 external housing
外壳 housing
外壳体 external case
外刻槽 external groove
外框架 external gimbal
外来噪声 extraneous noise
外力 external force
外流场 external flowfield
外螺纹 external thread
外模线 outer mold line (OML)
外扭形式 (锯齿) set
外屏蔽罩 external shield
外圈 outer ring
外伸 (刀具) overhang
外伸架 extendable outrigger
外太空 outer space
外推 *v.* extrapolate
外推 extrapolation
外围计算能力 peripheral computation capability
外物损伤 foreign object damage (FOD)
外协生产与服务 outside production and service
外卸载区 (两栖作战) outer transport area
外形 configuration (指气动布局)
外形 form (指外部构型)
外形 outline (指外部轮廓)
外形 physical shape
外形尺寸 form factor
外形尺寸 outline dimensions
外形尺寸 physical dimensions
外形尺寸兼容性 physical compatibility
外形尺寸满足要求的样机 form-factored prototype
外形几何形状 configuration geometry
外形几何形状和尺寸 configuration geometry and dimensions
外形、接口以及器件换新 Form-Fit-Function-Refresh (F3R)
外形、接口以及器件换新 form-fit-function replacement (F3R)
外形图 configuration drawing
外形线 object line
外形线 visible line
外形与配装 form and fit
外形与配装检查 form-and-fit check
外形与适配性 form and fit
外形与适配性检查 form-and-fit check
外翼片 (折叠翼) outer wing section
外圆角 round
外圆磨床 cylindrical grinder
外圆磨床 OD grinder
外圆磨床 outside diameter grinder
外圆切削 turning
外缘夹紧卡箍 rim clenching clamp
外置燃气舵推力矢量控制 jet tab TVC
外轴 external shaft
外注电 external power

wan

弯边 crimping
弯柄螺丝刀 offset screwdriver
弯管 curved pipe
弯管 knee
弯管工具 tube bending tool
弯矩 bending moment
弯矩 moment
弯矩载荷 bending moment load
弯曲 bending
弯曲 curvature
弯曲 (钻头) flexing
弯曲 flexure
弯曲 warp
弯曲 warpage
弯曲部分 curvature
弯曲处 curve
弯曲的插针 bent pin
弯曲夹具 bending fixture
弯曲双锥 V 形天线 curved biconical vee antenna
弯曲应力 bending stress

完备性 completeness
完备作战能力 Full Operational Capability（FOC）
完成 completion
完成 performance
完成情况报告 performance report
完成日期 completion date
完美黑色 ideal black
完全的 complete
完全的 full
完全的 full-scale
完全的 perfect
完全集成式战术系统 Fully Integrated Tactical System（FITS）
完全空中优势 air supremacy
完全气体 perfect gas
完全气体定律 perfect gas law
完全去污 clearance decontamination
完全燃烧 complete combustion
完全太空优势 space supremacy
完全停止 （数控编程）full stop
完全相同 identity
完全应战能力 （尚未达到完全作战能力）full warfighting capability
完全真实环境 full-scale environment
完全制空制天权 air dominance
完全作战能力 final operational capability（FOC）
完全作战能力 Full Operational Capability（FOC）
完整产品 complete unit
完整的 complete
完整的 overall
完整形式 complete form
完整性 completeness（强调完备性）
完整性 integrity（强调完好性）
完整性检查 integrity test
完整装置 complete unit
碗形轮 （砂轮）cup wheel
碗形轮 （砂轮）flaring cup wheel
万能测角器 combination set
万能卡盘 universal chuck
万能斜角规 （传递型测量工具）universal bevel
万全的 failsafe
万全之策 one-size-fits-all approach
万向接头 universal joint
万向支架 gimbal
万向支架摩擦力矩测试仪 gimbal frictional moment tester
万向支架平台 gimbal platform
万向支架上的电子部件 on-gimbal electronics
万向支架外框 external gimbal
万向支架轴承 gimbal bearing
万向支架组件 gimbal assembly
万有引力 gravitational attraction
万有引力 gravitational force

wang

网 net
网 network
网电安全 cyber security
网电安全 cybersecurity
网电安全保障服务 Cyber Security Support Services（CSSS）
网电安全能力 cybersecurity capability
网电安全试验 cybersecurity testing
网电的 cyber
网电防御 cyber defence
网电工具 cyber tools
网电攻击 cyber attack
网电攻击 cyberattack
网电进攻性能力 cyber offensive capability
网电空间 cyberspace
网电事故检测 cyber incident detection
网电威胁 cyber threats
网电战 cyber warfare
网电侦察 cyber reconnaissance
网格 grid
网格 mesh
网格尺寸 mesh size
网格单元 grid element
网格几何形状 grid geometry
网格间距 grid spacing
网格生成 mesh generation
网格网络 mesh network
网格线 grid line
网格坐标 grid coordinates
网络 net
网络 network
网络安全 cyber security
网络安全 cybersecurity
网络安全试验 cybersecurity testing
网络的 cyber
网络防御 network defense（NetD）
网络攻击 network attack（NetA）
网络管理 network management
网络化弹道导弹截击 networked ballistic missile engagement
网络化弹药 networked munitions
网络化多域联合作战 networked multi-domain joint warfare
网络化能力 networked capabilities
网络化武器 Network-Enabled Weapon（NEW）
网络化武器 networked munitions
网络化信息系统 networked information system
网络兼容性 network compatibility
网络交换机 network switch
网络接触 network engagement

网络空间　cyberspace
网络空间安全　cyberspace security
网络空间防御　cyberspace defense
网络空间防御作战　defensive cyberspace operations (DCO)
网络空间防御作战—内部防御措施　defensive cyberspace operations-internal defensive measures (DCO-IDM)
网络空间防御作战—应对行动　defensive cyberspace operations-response actions (DCO-RA)
网络空间攻击　cyberspace attack
网络空间利用　cyberspace exploitation
网络空间能力　cyberspace capability
网络空间优势　cyberspace superiority
网络空间战　cyberspace operations (CO)
网络空间作战指挥机构　directive authority for cyberspace operations (DACO)
网络空间作战指挥权　directive authority for cyberspace operations (DACO)
网络控制的　network-enabled
网络控制中心　network control center (NCC)
网络链路　network link
网络运管　network operations (NetOps)
网络战　network warfare operations (NW Ops)
网络战支援　network warfare support (NS)
网络支持的　network-enabled
网络支持武器　Network-Enabled Weapon (NEW)
网络中心机载防御单元　Network-Centric Airborne Defense Element (NCADE)
网络中心运作和作战　Net Centric Operations and Warfare (NCOW)
网络中心运作和作战—参考模型　Net Centric Operations and Warfare-Reference Model (NCOW-RM)
网络中心战　network centric warfare
网络作战　network operations (NetOps)
网络作战与安全中心　network operations and security center (NOSC)
网状网络　mesh network
网状物　net
往复式平面磨床　reciprocating surface grinder
望楼　(美国预警机) Sentry
望远镜　telescope

wei

危害　hazard
危害评估　hazard assessment
危害性货物　hazardous cargo
危机　crisis
危机处置　crisis management
危机管理　crisis management
危机行动规划　crisis action planning (CAP)
危机行动小组　crisis action team (CAT)
危急程度　criticality
危急的　critical
危急性　criticality
危难人员　distressed person
危险　hazard
危险材料　hazardous material
危险材料标识　hazardous material labeling
危险材料警告表　Hazardous Material Warning Sheets (HMWS)
危险材料控制和管理　Hazardous Material Control and Management (HMC&M)
危险材料控制和管理计划　Hazardous Material Control and Management Program
危险材料控制计划　Hazardous Material Control Program
危险材料识别系统　Hazardous Materials Identification System (HMIS)
危险材料信息系统　Hazardous Materials Information System (HMIS)
危险材料信息资源系统　Hazardous Materials Information Resource System (HMIRS)
危险程度　hazard severity
危险度　criticality
危险度分析　criticality analysis
危险废料　hazardous waste
危险废品　hazardous waste
危险分级　hazard classification
危险分类　hazard classification
危险化学品　hazardous chemical
危险货物　dangerous cargo
危险货物　hazardous cargo (强调危害性)
危险类型　hazard category
危险品　dangerous articles
危险破片　hazardous fragment
危险条件　hazardous condition
危险严重程度　hazard severity
危险组分　hazardous ingredient
危重病人空运小组　critical care air transport team (CCATT)
危重的　critical
威慑　deterrence
威慑力量　deterrent
威胁　threat
威胁分析　threat analysis
威胁辐射源模拟器　threat emitter simulator
威胁辐射源组件　threat emitter unit
威胁告警　threat warning
威胁告警探测器　threat warning sensor
威胁告警/威胁挫败动作链　threat-warning/threat-defeat chain
威胁规避　Threat Avoidance (TA)
威胁红外通用模拟辐射计　Threat IR Generic Emulation

Radiometer (TIGER)
威胁环境 threat environment
威胁集 threat set
威胁警报 threat warning
威胁模拟目标 threat-representative target
威胁评估 threat assessment (TA)
威胁评估 threat evaluation
威胁特性 threat characteristics
威胁系统 threat system
威胁信息 threat information
微 micro-
微巴 microbar
微波暗室 anechoic chamber
微波屏蔽暗室 Anechoic Shielded Chamber (ASC)
微波武器 microwave energy weapon
微处理器 microprocessor
微处理器控制的控制器 microprocessor-powered control
微处理器控制的马达 microprocessor-controlled motor
微带天线 microstrip antenna
微带阵 microstrip array
微电路 microcircuit
微动开关 microswitch
微动开关单元 microswitch unit
微动模式 (数控机床) jog mode
微分 differential
微分的 differential
微分对策 differential game
微分法 differential method
微分方程 differential equation
微分辐射源面积 incremental source area
微分公式 incremental formula
微分公式 infinitesimal formula
微分功率传输方程 incremental power transfer equation
微分功率交换公式 incremental power interchange formula
微分规则 incremental law
微分极限 infinitesimal limit
微分接收器面积 incremental receiver area
微分器 differentiator
微分筒 (千分尺) thimble
微分限定 incremental limit
微观结构 microstructure
微光的 scotopic
微机电传感器 Micro-Electro-Mechanical Sensors (MEMS)
微机电系统 Micro-Electro-Mechanical Systems (MEMS)
微机电系统 micro-machined electro-mechanical systems (MEMS)
微机电系统 micromachined electromechanical systems (MEMS)
微坑 dimple
微粒 particle
微裂的 crazed
微气象学 micrometeorology
微扫接收机 microscan receiver
微石英涂层 microquartz paint
微调 fine adjustment
微调螺钉 (平面高度划线规) fine adjustment knob
微调螺钉 (平面高度划线规) fine adjustment screw
微调螺钉 (镗刀头) micrometer screw
微调旋钮 (平面高度划线规) fine adjustment knob
微调旋钮 (平面高度划线规) fine adjustment screw
微调旋钮 (镗刀头) micrometer screw
微推进系统 micropropulsion
微涡轮发电机 microturbine generator
微细气体管路 miniature gas line
微细唾液雾滴 fine saliva mist
微小的 infinitesimal
微小裂缝 microcrack
微芯片电子部件 microchip electronics
微型玻璃杜瓦 miniature glass dewar
微型的 micro
微型的 microminiature
微型的 miniature
微型低温容器 miniature cryostat
微型计算机 microcomputer
微型计算机跟踪器 microcomputer tracker
微型计算机系统 microcomputer system
微型喷气发动机 miniature jet engine
微型涡轮发电机技术 micro turbine generator technology
微型无人机 micro-drone
微型无人机系统 micro-unmanned aerial system
微型无人机系统 micro-unmanned aircraft system
微型战斗部 micro warhead
微型致冷器 miniature cooler
微型钻床 (即精密钻床) micro drill press
微烟 minimum smoke
微振磨损 fretting
微重力 microgravity
韦伯 (磁通单位) weber (Wb)
韦尔登柄端铣刀 (刀柄上有一个加工的平面,用于固定刀具) Weldon shank endmill
违反 breach
违反《反超支法案》行为 Antideficiency Act violations
围压 surrounding pressure
唯一识别(标识) unique identification (UID)
唯一识别标牌 UID label
维持 maintenance
维持 sustaining
维持保障 sustaining support
维持工程保障 sustaining engineering support
维持工程/项目管理 sustaining engineering/program management

维恩定律　Wien's law
维恩位移定律　Wien displacement law
维格纳-维尔变换　Wigner-Ville transform
维护　maintenance
维护　sustainment
维护策略　maintenance policy
维护程序　maintenance procedure
维护单位　maintenance unit
维护到期日　Maintenance Due Date (MDD)
维护方案　maintenance concept
维护分队　maintenance unit
维护分析　maintenance analysis
维护工程主管机构　Cognizant Maintenance Engineering Activity (CMEA)
维护工具　maintenance tool
维护规程　maintenance instructions
维护、恢复和现代化　sustainment, restoration, and modernization (SRM)
维护及时性　maintenance availability
维护级别　maintenance level
维护记录卡　maintenance log card
维护记录文件　maintenance log file
维护技术　maintenance technique
维护鉴定　maintenance verification
维护可用性　maintenance availability
维护培训课程　maintenance training course
维护缺陷　maintenance defect
维护人员　maintenance crewmen
维护人员　maintenance personnel
维护设备　maintenance equipment
维护手册　maintenance manual
维护数据收集　maintenance data collection
维护数据收集系统　maintenance data collection system (MDCS)
维护说明书　Maintenance Instruction Manual (MIM)
维护、修理、大修与升级　maintenance, repair, overhaul and upgrade (MRO&U)
维护、修理和大修　maintenance, repair and overhaul (MRO)
维护需求卡　Maintenance Requirement Cards (MRC)
维护训练　maintenance training
维护训练模拟器　maintenance training simulator
维护训练设备　maintenance training equipment
维护与大修　maintenance and overhaul
维瓦尔第天线　Vivaldi antenna
维修　maintenance
维修　repairs
维修　sustainment
维修标记　notations of repairs
维修材料　maintenance material
维修策略　sustainment strategy
维修方案　maintenance concept
维修费　repair cost
维修服务　sustainment service
维修工具　maintenance tool
维修工具箱　packup kit (PUK)
维修合同　sustainment contract
维修基地　(美军) depot
维修级别分析　level of repair analysis (LORA)
维修记录　notations of repairs
维修技术　maintenance technique
维修件　repair part
维修器材　maintenance material
维修套件　packup kit (PUK)
维修性　maintainability
伪白噪声　pseudowhite noise
伪测量　pseudo measurement
伪测量　pseudomeasurement
伪的　pseudo
伪的　spurious
伪反射　spurious reflection
伪距　pseudo-range
伪距　pseudorange
伪距离测量　pseudo-range measurement
伪距离测量　pseudorange measurement
伪粘弹性补偿系数　pseudo-viscoelastic compensation factor
伪随机数　pseudorandom number
伪信号　spurious signal
伪装目标　camouflaged target
伪装、隐蔽与欺骗　camouflage, concealment, and deception (CCD)
伪姿态参考系　pseudoattitude reference system
伪姿态反馈系统　pseudo-attitude feedback system
尾部　tail
尾部安装的　aft-mounted
尾部操纵面　aft control surface
尾部的　rear
尾部的　tail
尾部飞行控制部件　tail flight control packaging
尾部接收机　rear receiver
尾部控制　tail control
尾部控制布局　tail-control configuration
尾部控制导弹　tail-control missile
尾部控制导弹　tail-controlled missile
尾部控制舵机　tail control actuator
尾部控制面　tail control surface
尾部气动控制　tail aero control
尾部气动面　tail aero surface
尾部气动面　tail aerodynamic surface
尾部气动面位置传感器　tail aero surface position sensor
尾部升力　tail lift
尾部速度　tail velocity
尾部天线　rear antenna
尾部/推力矢量控制的拦截弹　tail/thrust vector-controlled interceptor

尾部信号 rear signal
尾舱组件 （制导炸弹）tail kit
尾舵 actuated tail fin
尾舵 tail fin
尾舵舵展 tail span
尾舵法向力系数 normal force coefficient of the tail
尾舵控制 tail control
尾舵控制系统 aft actuator control system
尾舵台座 tail fin platform
尾舵台座 tail platform
尾盖 tail cap
尾后的 tail
尾后方位 tail-on aspect
尾后攻击 tail attack
尾后攻击 tail-attack intercept
尾后攻击 tail-on intercept
尾后攻击导弹 rear-aspect missile
尾后交战能力 rear-aspect engagement capability
尾后交战能力 tail engagement capability
尾后拦截 tail-attack intercept
尾后目标 tail-on target
尾后探测 tail-aspect detection
尾迹 trail
尾迹 wake
尾迹模型 wake model
尾桨 tail rotor
尾控布局 （翼面在前，舵面在后）dart configuration
尾流 wake
尾喷管 exhaust nozzle
尾喷管 tailpipe
尾喷流 exhaust plume
尾喷流 jet plume
尾喷流 plume
尾喷流的可见信号特征 plume visual signature
尾气激波 exhaust gas shock wave
尾气吸入 （载机）gas ingestion
尾裙 skirt
尾旋 （飞机）spin
尾烟 exhaust plume
尾烟 plume
尾烟 smoke trail
尾烟颗粒 smoke particle
尾烟浓度 （发动机）smoke density
尾焰导向装置 flame deflector
尾焰衰减 flame attenuation
尾翼 tail
尾翼法向力系数 normal force coefficient of the tail
尾翼法向力效率 tail normal force effectiveness
尾翼夹持器 （导弹）tail grab
尾翼升力 tail lift
尾翼稳定炮弹 fin-stabilized projectile
尾翼稳定脱壳穿甲弹 armor-piercing, fin-stabilized, discarding sabot（APFSDS）
尾罩 （发射架）aft fairing
尾罩铰链弹簧 aft fairing hinge spring
尾罩耐磨镶块 aft fairing wear insert
尾罩支撑条 aft fairing support bar
尾罩组合 aft fairing assembly
尾罩组件 aft fairing assembly
尾罩组件 （用于保护导弹尾部的数据链天线）end cap assembly
尾支臂 （风洞试验）sting
尾追 tail chase
尾追攻击 tail-chase intercept
尾锥 boattail
尾锥 tail cone
尾锥 tailcone
尾锥舱 boattail section
尾锥舱 tailcone section
尾锥长细比 boattail fineness ratio
尾锥角 boattail angle
尾座 （车床）tailstock
尾座偏置 （车床）tailstock offset
尾座偏置 （车床）tailstock setover
委派 *vt.* assign
委托书 letter of authorization（LOA）
委员会 board（多指企业、学校等具有管理和监督职责的群体）
委员会 commission（多由政府任命的成员构成，完成某种具体职责）
委员会 committee（多由某个主体组织的选定成员构成，完成某种具体事务并向主体组织报告）
委员会 council（多由竞选或选定的成员构成，履行管理、咨询或立法职能）
卫生勤务 hygiene services
卫星 satellite
卫星导航 satellite navigation
卫星导航站 satellite navigation station（SNS）
卫星地面站 satellite ground station
卫星机动 satellite maneuver
卫星控制网络 Satellite Control Network
卫星链路 satellite link
卫星天线波束覆盖图 satellite footprint
卫星通信 satellite communication（SATCOM）
卫星图解 satellites diagram
卫星网 constellation
卫星下行链路干扰 satellite downlink jamming
卫星信号 satellite signal
卫星中继 satellite relay
卫星中继系统 satellite relay
卫星中继站 satellite relay
未爆炸弹 dud
未爆炸的爆炸物 unexploded explosive ordnance（UXO）
未镀膜的 uncoated
未反应炸药 unreacted explosive

未分区金属板透镜 unzoned metal-plate lens
未公开的 undisclosed
未激活的导弹 dormant missile
未加热固体推进剂 unheated solid propellant
未加热区 unheated zone
未加修正的预估 uncorrected prediction
未建模高频动力学 unmodeled high frequency dynamics
未交付订单 backlog
未解除保险的 unarmed
未来垂直起降(飞行器) Future Vertical Lift(FVL)
未来垂直起降(计划) Future Vertical Lift(FVL)
未来垂直起降跨职能团队 Future Vertical Lift Cross-Functional Team(FVL-CFT)
未来反舰制导武器(项目) Future Anti-Surface Guided Weapons(FASGW)
未来攻击侦察机 Future Attack Reconnaissance Aircraft(FARA)
未来攻击侦察机—竞争原型机 Future Attack Reconnaissance Aircraft-Competitive Prototype(FARA-CP)
未来几年国防计划 Future Years Defense Program(FYDP)
未来几年国防项目 Future Years Defense Program(FYDP)
未来间接火力炮塔 Future Indirect Fire Turret(FIFT)
未来局域海上防空系统 Future Local Area Air Defence Systems Maritime(FLAADS-M)
未来灵活应变地面进化(架构) Future Operationally Resilient Ground Evolution(FORGE)
未来能力计划 Future Capabilities Programme(FCP)
未来能力项目 Future Capabilities Programme(FCP)
未来先进空空导弹 future advanced AAM(FAAAM)
未来巡航/反舰武器(计划) Future Cruise/Anti-Ship Weapon(FC/ASW;FCASW)
未来远程突击飞机 Future Long-Range Assault Aircraft(FLRAA)
未来战略威慑力量 future strategic deterrent force
未来战术无人机(项目) Future Tactical Unmanned Aerial System(FTUAS)
未来中距空空导弹 Future Medium-Range Air-to-Air Missile(FMRAAM)
未来作战航空系统 Future Combat Air System(FCAS)
未来作战空中系统 Future Combat Air System(FCAS)
未锚固的 (船舶)underway
未磨损刀具 unworn tool
未能发射的武器 hung weapon
未能投放的弹药 hung ordnance
未能投放的武器 hung weapon
未喷漆的表面 unpainted surface
未启用 *vt.* disable
未燃推进剂 unburnt propellant
未识别目标 *n.* unknown
未受损的 nondamaged
未受损的 undamaged
未受损的包装箱 nondamaged container
未授权约定 unauthorized commitment
未损伤的 undamaged
未涂覆的 uncoated
未选定通道测试 nonselected channel test
未知的 unknown
未知天线 unknown antenna
未知信息 *n.* unknown
未注公差 (未在尺寸旁边标注)unspecified tolerance
未装箱的 unpackaged
位 (阶)order
位标器 (不含导引信号处理部件)seeker
位标器底座 seeker base
位标器跟踪阀 seeker tracking valve
位标器角分解器 seeker resolver
位标器角解算器 seeker resolver
位标器解锁阀 seeker release valve
位标器解锁阀 seeker uncage valve
位标器解锁系统 seeker uncage system
位标器静平衡 seeker static balancing
位标器框架模型 seeker gimbal model
位标器模拟件 dummy seeker
位标器锁定阀 seeker caging valve
位标器天线 seeker antenna
位标器信号板 seeker signal card
位标器压力调节器 seeker pressure regulator
位标器支座 seeker holder
位标器组件 seeker assembly
位移 displacement
位移 movement
位移分量 displacement component
位移干涉仪 displacement interferometer
位置 location(多指处于物理空间的具体地点)
位置 position(多具相对性)
位置编码器 position encoder
位置度 position
位置度 true position
位置公差 location tolerance
位置公差 position tolerance
位置公差修正符 position tolerance modifier
位置基准 position reference
位置解算器 position resolver
位置精度 location accuracy
位置控制柄 (旋臂钻床)positioning lever
位置控制器 positioner
位置量规 position gauge
位置矢量 position vector
位置-事件-时间 position-event-time(PET)
位置-事件-时间记录仪 PET recorder
位置-事件-时间记录仪 position-event-time recorder
位置误差 position error
位置误差 positional error

位置误差信号 positional error signal
位置系数 location factor
位置指示 position indication
慰藉金 solatium

wen

温标 temperature scale
温差电堆 thermopile
温差区分 temperature differential discrimination
温度 temperature
温度比 temperature ratio
温度变化 temperature variation
温度标定 temperature calibration
温度表 thermometer
温度波动 temperature fluctuation
温度补偿时间 temperature-compensated time
温度差 temperature difference
温度冲击 temperature shock
温度传感器 temperature sensor
温度传感器引线 temperature sensor lead
温度垂直梯度 lapse rate
温度端点值 temperature extreme
温度分布图 temperature profile
温度、高度和湿度组合试验箱 combined temperature, altitude and humidity chamber
温度恢复系数 temperature recovery factor
温度极限 temperature extreme
温度极限值 temperature extreme
温度计 thermometer
温度记录仪 temperature recorder
温度技术限 temperature technology limit
温度加速老化 accelerated temperature aging
温度监控单元 temperature monitoring unit
温度控制 temperature control
温度控制器面板 temperature controller panel
温度轮廓 temperature profile
温度敏感度 temperature sensitivity
温度漂移 thermal drift
温度起伏 temperature fluctuation
温度升高速率 temperature rise rate
温度试验 temperature test
温度试验设备 temperature test equipment
温度梯度 temperature gradient
温度系数 temperature coefficient
温度限制范围 temperature limit
温度限制条件 temperature limitation
温度相关性 temperature dependence
温度循环 temperature cycle
温度循环 temperature cycling
温度循环的 temperature-cycled
温度依赖性 temperature dependence
温度指示器 temperature indicator
温降 temperature drop
温敏二极管 temperature-sensing diode
温循的 temperature-cycled
温压弹头 （即高温高压战斗部）thermobaric warhead
温压战斗部 （即高温高压战斗部）thermobaric warhead
文档 documentation
文档编制 documentation
文档配备 documentation
文电鉴别 authentication
文件 file
文件夹 portfolio
文件筒 document canister
文件证实 authentication
文字数据 textual data
纹理 texture
纹理走向 （加工表面的）lay
纹面 serration
纹面台钳卡口 serrated vise jaws
纹影法 schlieren method
纹影仪 schlieren
吻合 agreement
稳定飞行 steady flight
稳定俯冲速度 steady dive velocity
稳定剂 stabilizer
稳定控制 stabilization control
稳定力矩 stabilizing moment
稳定爬升速度 steady climb velocity
稳定平台 stabilized platform
稳定平台 stable platform
稳定器 holder
稳定裙体 flare stabilizer
稳定燃烧 smooth burning
稳定伞 drogue
稳定温度 equilibrium temperature
稳定行动 stability activities
稳定性 stability
稳定性导数 stability derivative
稳定性和操纵性交叉耦合 stability and control cross coupling
稳定性试验 stability test
稳定性系数 stability coefficient
稳定性裕度 stability margin
稳定与控制电子装置 stabilization and control electronics
稳定转塔 stabilized turret
稳固价格 Firm Fixed Price（FFP）
稳态 steady state
稳态爆轰 steady-state detonation
稳态的 steady-state
稳态飞行关系式 steady-state flight relationship
稳态流动 steady flow
稳态条件 steady-state condition

稳态响应　steady-state response
稳压器　pressure regulator
稳压器　regulator
稳压器　voltage regulator
稳压器测试仪　regulator tester
问题　（指缺陷、故障）defect

wo

涡　vortex
涡　vortices（复数）
涡核　vortex core
涡迹　vortex trajectory
涡迹跟踪　vortex-path tracking
涡量　vorticity
涡流　vortex
涡流　vortices（复数）
涡轮　turbine
涡轮冲压发动机　turboramjet engine
涡轮出口流量　turbine outlet flow
涡轮段　turbine section
涡轮分子泵　turbo-molecular pump
涡轮分子泵　turbomolecular pump
涡轮功率　turbine power
涡轮进气道　turbine inlet
涡轮进气口　turbine inlet
涡轮叶片　turbine blade
涡喷　turbojet
涡喷发动机　turbojet engine
涡喷发动机推进系统　turbojet propulsion
涡破碎　vortex breakdown
涡扇　turbofan
涡扇发动机　turbofan engine
涡脱落　vortex shedding
涡脱落不稳定性　vortex-shedding instability
涡脱落的　vortex-shedding
涡诱导效应　vortex-induced effect
涡云模型　vortex cloud model
蜗杆　worm screw
沃洛普斯飞行设施　（美国）Wallops Flight Facility（WFF）
沃洛普斯飞行试验设施　（美国）Wallops Flight Facility（WFF）
卧式带锯机　horizontal band saw
卧式加工中心　horizontal machining center（HMC）
卧轴平面磨床　horizontal spindle surface grinder

wu

污染　contamination
污染控制　contamination control
污染物　contaminant
污染消减　contamination mitigation
污染预防　contamination avoidance
钨　tungsten
钨铬合金钢　tungsten-chromium steel
钨合金　tungsten alloy
钨球　tungsten ball
钨渗铜　copper-infiltrated tungsten
钨珠　tungsten ball
无　without（W/O）
无靶场环境空战训练　Rangeless Environment for Air Combat Training（REACT）
无靶场环境空战训练系统　Rangeless Environment for Air Combat Training system
无变化　uniformity
无尘区域　dust-free area
无尺寸的　dimensionless
无导轨发射　zero launch
无导轨发射装置　（只支撑导弹，点火后不引导导弹方向）zero-length launcher
无导屑槽锥形沉孔钻头　zero-flute countersink
无地效　（直升机远离地面，旋翼拉力不受地面影响）out of ground effect（OGE）
无动力的　non-powered
无动力的　unpowered
无动力飞行　coast
无动力飞行　coast flight
无动力飞行　coasting flight
无动力滑翔武器系统　unpowered glide weapon system
无动力制导飞行　unpowered guided flight
无毒的　nontoxic
无镀膜探测器　uncoated detector
无镀增透膜探测器　uncoated detector
无法使用的导弹　inoperative missile
无腐蚀性排出物　noncorrosive exhaust
无腐蚀性室温硫化硅胶　non-corrosive silicone RTV
无腐蚀性室温硫化硅胶　non-corrosive silicone RTV adhesive
无腐蚀性尾气　noncorrosive exhaust
无铬环氧底漆　chromate-free epoxy primer coating
无关的　foreign
无关的　unrelated
无光泽的　lusterless
无害排气　green exhaust
无喉部火箭发动机　throatless rocket motor
无后掠舵面　unswept fin
无后掠尖舵面　sharp unswept fin
无机燃料　inorganic fuel
无机硝酸盐　inorganic nitrate
无机氧化剂　inorganic oxidizer
无极化入射辐射　unpolarized incident radiation
无静电打火手持工具　nonspark hand tool
无孔光栏　blank target
无量纲常数　dimensionless constant
无量纲的　dimensionless

无量纲系数 dimensionless coefficient
无量纲一阶振型弹体弯曲频率 nondimensional first mode body bending frequency
无毛刺的 burr free
无模糊距离 unambiguous range
无模糊速度 unambiguous velocity
无粘边界 inviscid boundary
无粘性的 inviscid
无喷管助推器 nozzleless booster
无偏转控制面 undeflected control surface
无屏蔽电子元器件 unshielded electronic component
无铅环氧底漆 lead-free epoxy primer coating
无穷大的 infinite
无穷高频率 infinite frequency
无穷小的 infinitesimal
无人靶机 pilotless target aircraft (PTA)
无人飞行器 Unmanned Aerospace Vehicle (UAV)
无人飞行系统 unmanned aerospace system (UAS)
无人机 drone
无人机 unmanned aerial vehicle (UAV)
无人机 unmanned air vehicle (UAV)
无人机 unmanned aircraft (UA)
无人机动目标 unmanned manoeuvring target
无人机蜂群 drone swarm
无人机蜂群技术 drone swarm technology
无人机加油机 UAV tanker aircraft
无人机系统 unmanned aerial system (UAS)
无人机系统 unmanned aircraft system (UAS)
无人加油机 unmanned tanker
无人驾驶地面车辆 unmanned ground vehicle (UGV)
无人炮塔 unmanned turret
无人网络控制系统 unmanned network control system
无人研究机 Unmanned Research Vehicle (URV)
无人战斗机 unmanned combat aerial vehicle (UCAV)
无人战斗机 unmanned combat air vehicle (UCAV)
无人侦察机 reconnaissance drone
无人侦察机 Unmanned Reconnaissance Air Vehicle (URAV)
无人自主系统 Unmanned Autonomous System (UAS)
无人作战飞机 unmanned combat aerial vehicle (UCAV)
无人作战飞机 unmanned combat air vehicle (UCAV)
无人作战飞机 unmanned combat aircraft
无人作战飞行器 unmanned combat aerial vehicle (UCAV)
无人作战飞行器 unmanned combat air vehicle (UCAV)
无人作战飞行系统 unmanned combat air system (UCAS)
无人作战自主系统 Unmanned Combat Autonomous System (UCAS)
无伞空投 free drop
无石棉绝热壳体 (发动机) asbestos-free insulated case
无刷直流电机 brushless DC motor
无刷直流电机滚珠丝杠 brushless DC motor ball screw
无水的 non-aqueous
无损检测 nondestructive testing (NDT)
无损检验 nondestructive testing (NDT)
无损检验规范 NDT specification
无头减振直销 headless-snubber straight pin
无头盔大离轴角 Helmetless High off-Boresight (HHOBS)
无头盔大离轴角性能 Helmetless High off-Boresight performance
无头销 headless pin
无头直销 headless straight pin
无推力不规则燃烧 (指主燃结束后) afterburning
无尾式布局 tailless configuration
无吸收材料 nonabsorbing material
无吸收的 absorption free
无吸收的 nonabsorbing
无限大的 infinite
无限的 infinite
无限分辨率电位计 infinite resolution potentiometer
无限循环小数 nonterminating decimal
无限直径 infinite diameter
无限直径爆速 infinite diameter detonation velocity
无线电对抗 radio combat (RC)
无线电干扰滤波器 radio interference filter (RIF)
无线电近炸引信 radio proximity fuze
无线电近炸引信 RF proximity fuze
无线电控制简易爆炸装置 Radio-Controlled Improvised Explosive Device (RCIED)
无线电探测和测距 radio detection and ranging (radar)
无线电通信线路 radio communication link
无线电信号衰减 radio signal attenuation
无线电遥测发射机 radio telemetry transmitter
无线电引信 radio frequency fuze
无线电引信 RF fuze
无线电指令 radio command
无线电制导 radio guidance
无线电制导导弹 RF-guided missile
无线电作战 radio combat (RC)
无线局域网 WiFi
无线数据采集 wireless data collection
无线数据融合 wireless data integration
无效的引导文件 invalid boot file
无效发射 (给出了发射信号但被飞行员中止或武器未能分离) intent-to-launch (ITL)
无效试验 no-test
无效行程 backlash
无效行程 play
无泄漏容器 leak-free container
无心磨床 centerless grinder
无烟 minimum smoke
无烟的 smoke free

无烟发动机 minimum-smoke motor
无烟发动机 smokeless motor
无烟固体火箭发动机 smokeless solid rocket motor
无烟推进剂 minimum-smoke propellant
无烟推进剂 no-smoke propellant
无烟推进剂 smokeless propellant
无烟尾气 smokeless exhaust
无钥匙钻头卡 （直接用手拧紧）keyless drill chuck
无翼布局 wingless configuration
无翼导弹 wingless missile
无翼的 wingless
无翼的弹体升力方案 wingless body-lift concept
无翼外形 wingless configuration
无翼尾部控制近距空空导弹 wingless, tail-controlled, short-range AAM
无应力温度范围 stress-free temperature range
无源的 passive
无源电路元件 passive circuit element
无源电子干扰 passive electronic countermeasures
无源干扰 passive jamming
无源夹角反射器 passive corner reflector
无源器件 passive device
无源射频远程传感器 passive radio frequency long range sensor
无源射频远程探测器 passive radio frequency long range sensor
无源元件 passive component
无载荷速度 no load speed
无噪声增强射频目标 unaugmented noisy RF target
无中凸截面 noncambered cross section
无重力的 gravitationless
无重力的 gravity-free
无专属单位货物 non-unit cargo
无专属单位人员 non-unit-related personnel（NRP）
无阻力的 drag-free
五角大楼 （美国国防部所在地）Pentagon
五星上将 （美国海军）fleet admiral
五星上将 （美国空军）general of the air force
五星上将 （美国陆军）general of the army
武官办公室 defense attaché office（DAO）
武力使用现行规定 standing rules for the use of force（SRUF）
武器 armament（指战机、坦克、舰艇上装备的或一个军事单位装备的所有武器）
武器 weapon（WPN）
武器搬运设备 Weapon Handling Equipment（WHE）
武器搬运设备 weapons handling equipment
武器包装箱 weapon container
武器保障设备 （包括武器搬运设备和武器测试设备）weapons support equipment（WSE）
武器采办 weapons acquisition
武器舱 weapon bay
武器舱 weapons bay
武器操控员 weaponeer
武器测试设备 weapons test equipment（WTE）
武器拆解系统 weapons disassembly system
武器程序训练器 weapons procedures trainer（WPT）
武器弹道学 （炸弹）weapons ballistics
武器更换组件 Weapon Replacement Assembly（WRA）
武器供应站 weapon station（WPNSTA）
武器供应站 weapons station（WPNSTA）
武器挂点 weapon station（WPNSTA）
武器挂点 weapons station（WPNSTA）
武器挂装 weapon loading
武器挂装车 weapons loader
武器挂装车适配件 weapons loader adapter
武器挂装车适配器 weapons loader adapter
武器规范 weapon specification（WS）
武器和探测器军官 Weapons and Sensor Officer（WSO）
武器核验 weapon verification
武器化的 weaponized
武器环境试验 weapons environment testing
武器技术情报 weapons technical intelligence（WTI）
武器交战区 weapon engagement zone（WEZ）
武器教官训练班 Weapons Instructors Courses
武器接口 armament interface
武器进口地区 arms-importing region
武器开箱 weapon decanning
武器控制 weapons control
武器控制器 weapon controller
武器控制装置 Weapons Control Unit（WCU）
武器控制状态 weapons control status（WCS）
武器库 arsenal
武器库存计划 Weapons Inventory Program（WIP）
武器类型 weapon type
武器配套 weapons package
武器配置 weapons configuration
武器配装 weapons fit
武器评估 weapons evaluation
武器破片飞散包络 weapon fragmentation envelope
武器起爆装置 Weapons Detonation Unit（WDU）
武器缺陷报告 weapons deficiency reporting
武器数据链 weapon data link
武器特种保障设备 weapon-peculiar support equipment（WPSE）
武器投放 weapons delivery
武器投放定序 weapons sequencing
武器投放授权 weapons release authority（WRA）
武器推进装置 Weapons Propulsion Unit（WPU）
武器系统 weapon system
武器系统安全守则 weapon system safety rule（WSSR）
武器系统保障机构 Weapon System Support Activity（WSSA）
武器系统采办程序 Weapon System Acquisition Process
武器系统采办流程 Weapon System Acquisition Process
武器系统成本分析处 （美国海军武器中心）Weapon

Systems Cost Analysis Division
武器系统集成 weapon system integration
武器系统集成实验室试验 weapon system integration laboratory test
武器系统评估项目 Weapons System Evaluation Programme (WSEP)
武器系统软件 weapons systems software
武器系统训练器 weapons system trainer (WST)
武器系统用户项目 Weapons System User Programme (WSUP)
武器系统正常工作 weapon system operation
武器箱内验收检查 weapon in-container receipt inspection
武器效能 weapons effectiveness
武器效能概率 probability of weapons effectiveness (Pwe)
武器选择 (开关或命令) WEAPONS SELECT
武器选择开关 (飞机) WEAPONS SELECT switch
武器要求 weapon requirement
武器引信试验 weapon fuze test
武器用量确定 weaponeering
武器用量确定过程 weaponeering
武器用润滑脂 weapons grease
武器战备状态 weapons readiness state
武器战术使用训练器 Weapons Tactics Trainer (WTT)
武器制导装置 Weapons Guidance Unit (WGU)
武器质量监督机构 Weapons Quality Surveillance Activity
武器专用保障设备 weapon-peculiar support equipment (WPSE)
武器装备 weaponry
武器装备 weapons (WPNS)
武器装配手册 Weapons Assembly Manual (WAM)
武器准备 weapons prep
武器准备 weapons preparation
武器自由攻击区 weapons free zone
武器总线 armament bus
武器总线 weapons bus
武器组配 mix of weapons
武装 *v.* arm
武装部队 armed forces
武装冲突 armed conflict
武装冲突 warfare
武装的 armed
物镜 objective
物镜 objective lens
物镜的 objective
物理安全 physical security
物理安全措施 physical security measures
物理定律 physical law
物理分离 physical separation
物理分离销 physical separation pin
物理攻击 physical attack
物理光学的 physical optical (PO)
物理光学法 physical optics (PO)
物理厚度 physical thickness
物理毁伤 physical damage
物理毁伤评估 physical damage assessment (PDA)
物理技术状态审查 physical configuration audit (PCA)
物理量 physical quantity
物理描述 physical description
物理强度 physical strength
物理试验台 physical testbed
物理说明 physical description
物理损伤 physical damage
物理特性 physical characteristics
物理特性 physical property
物理稳定性 physical stability
物理现象 physical phenomena
物理限制 physical constraint
物理效应 physical effect
物理学危险 physical hazard
物理要求 physical requirement
物理约束 physical constraint
物联网 internet-of-things
物联网的连通性 internet-of-things connectivity
物面边界 body surface boundary
物品 item
物品唯一标识 Item Unique Identification (IUID)
物体的 objective
物体运动 physical motion
物质导数 material derivative
物资搬运设备 materials handling equipment (MHE)
物资保障 provisioning
物资保障日期 material support date (MSD)
物资供应 provisioning
物资供应程序 provisioning process
物资供应技术文件 provisioning technical documentation (PTD)
物资管理 material management
误差 error
误差传递 error propagation
误差传递 propagation of error
误差分配 error budget
误差分析 error analysis
误差估计 estimation of uncertainty
误差量 error budget
误差模型 error model
误差椭圆 error ellipse
误差项 error term
误差斜率 error slope
误差信号 error signal
误差源 error source
误差源 source of error
误差正态曲线 normal curve of error
雾状冷却液 mist coolant

xi

西北风　（MBDA 导弹系统公司研发的防空导弹）Mistral
西北风一体化自卫模块　（舰载防空武器）Self-Protection Integrated Mistral Module（SPIMM）
西格绍尔公司　SIG Sauer
西科斯基飞机公司　（美国）Sikorsky Aircraft Corporation
西科斯基公司研发飞行中心　Sikorsky Development Flight Center
吸波暗室　anechoic chamber
吸波材料　absorbent material
吸波材料　Radar Absorbent Material（RAM）
吸波结构　radar absorbent structure
吸波结构　radar absorbing structure
吸波器　absorber
吸波室　anechoic chamber
吸波体　absorber
吸附　adsorption
吸附泵　sorption pump
吸力　suction
吸能垫料　energy-absorbing dunnage
吸能粘弹性材料　energy-absorbing viscoelastic material
吸气合金　getter
吸气剂　getter
吸气器　getter
吸气式　air-breathing
吸气式　airbreathing
吸气式导弹　（带吸气式发动机）air breathing missile（ABM）
吸气式发动机　air-breathing engine
吸气式高超声速导弹　air-breathing hypersonic missile
吸气式高超声速发动机　air-breathing hypersonic engine
吸气式高超声速武器　air-breathing hypersonic weapon
吸气式火箭发动机　air-breathing rocket engine
吸气式两级巡航导弹　air-breathing two-stage cruise missile
吸气式推进系统　air breathing propulsion
吸气式推进系统　airbreathing propulsion
吸气式威胁　Air-Breathing Threat（ABT）
吸气式系统　airbreathing system
吸热材料　heat-absorbing material
吸热的　endothermic
吸热的　heat-absorbing
吸热能力　heat-absorbing capacity
吸热器　heat sink
吸热燃料　endothermic fuel
吸热烧蚀材料　ablative heat absorbing material
吸入　suction
吸湿　moisture absorption
吸湿的　hygroscopic
吸湿的配料　hygroscopic ingredient
吸湿的组分　hygroscopic ingredient
吸湿率　moisture absorption
吸湿性　moisture absorption
吸收　*vt.* absorb
吸收　absorption
吸收比　absorptance
吸收波长　absorption wave length
吸收材料　absorber
吸收长度　absorption length
吸收带　absorption band
吸收度　absorptivity
吸收剂　absorber
吸收率　absorptance
吸收率　absorption rate
吸收率　absorptivity
吸收频带　absorption band
吸收器　absorber
吸收系数　absorption coefficient
吸收性　absorptivity
吸收性材料　absorbent material
吸收装置　absorber
硒化铅　lead selenide（PbSe）
硒化物　selenide
硒化锌　zinc selenide
稀薄　attenuation
稀薄空气　rarefied air
稀薄流特性　attenuation characteristics
稀薄特性　attenuation characteristics
稀浆　slurry
稀释　attenuation
稀释剂　thinner
稀疏波　expansion wave
稀疏波　rarefaction wave
稀疏作用　rarefaction
稀土电机　rare-earth motor
稀土金属　rare-earth metal
稀土型　rare-earth type
稀有材料　exotic material
锡　tin
锡黄铜　tin brass

锡青铜 tin bronze
熄爆直径 failure diameter
熄爆直径效应 failure diameter effect
熄火 extinction
熄火 extinction of burning
熄火 *v.* extinguish
熄火 flameout（多指喷气发动机的意外熄火）
熄火 power cutoff
熄灭 extinction
熄灭 *v.* extinguish
膝上型个人计算机 laptop PC
膝上型个人计算机 laptop personal computer
洗涤剂 detergent
铣/车组合机床 （可进行重负荷铣削、车削和钻削加工）mill/turn machine
铣床 milling machine
铣床虎钳 milling vise
铣刀 milling cutter
铣刀 milling cutting tool
铣刀半径补偿 cutter radius compensation
铣头 （立式铣床）head
铣削工装 milling jig
铣削加工 milling
铣削夹具 milling fixture
系列 series
系列 train
系列的 sequential
系列的 serial
系列符号 series symbol
系列号 *n.* serial
系列效应 sequential effects
系列效应 serial effects
系列行动 sequential operations
系列行动 serial operations
系留 captive carriage
系留 captive carry
系留弹 Captive Carry Missile（CCM）
系留弹 captive-carry round
系留吊舱 captive pod
系留飞行 captive-carry flight
系留飞行 captive flight
系留飞行可靠性 captive flight reliability
系留飞行率 captive flight rate
系留飞行试验 captive carriage flight test
系留飞行试验 captive carriage flight trial
系留飞行试验 captive-carry flight test
系留飞行试验 captive flight test
系留飞行试验 captive-flight testing
系留飞行数据 captive-carry flight data
系留飞行训练器 Captive Flight Trainer（CFT）
系留轨迹模拟 captive trajectory simulation
系留及分离飞行载荷 captive carriage and separation flight loads
系留可靠性 captive carriage reliability
系留可靠性 captive carry reliability（CCR）
系留可靠性 captive reliability
系留可靠性计划 Captive Carriage Reliability Program（CCRP）
系留可靠性试验 captive-carriage reliability testing
系留可靠性训练弹 Captive Carry Reliability Vehicle（CCRV）
系留螺钉 （松开后不掉出）captive screw
系留任务 captive carry mission
系留试验 captive carriage test（CCT）
系留试验 captive-carry test（CCT）
系留试验飞行 captive carry test flight
系留水雷 moored mine
系数 coefficient
系数 factor
系统 system
系统安全大纲 system safety program
系统安全工程计划 System Security Engineering Program（SSEP）
系统保障合同 systems support contract
系统保障活动 system support activity（SSA）
系统保障机构 system support activity（SSA）
系统保障能力 system support capability
系统报告 system reporting
系统布局 system layout
系统采购 system acquisition
系统操作员 system operator
系统测试 system test
系统测试 systems test
系统层次结构 system hierarchy
系统成本 system cost
系统初始化 system initialization
系统的 systematic
系统的组成部分 component
系统定义 system definition
系统定义阶段 system definition phase
系统方案和综合 Systems Concepts and Integration（SCI）
系统/费效分析 system/cost effectiveness analysis
系统分级 system hierarchy
系统分析师 analyst
系统改进计划 System Improvement Program（SIP）
系统改进项目 System Improvement Program（SIP）
系统工程 system engineering
系统工程管理计划 System Engineering Management Plan（SEMP）
系统工程和保障 system engineering and support
系统工程/项目管理 systems engineering/program management（SE/PM）
系统工程/项目管理 systems engineering/project management（SE/PM）
系统工作检验飞行 system operation flight

系统工作检验飞行试验　system operation flight
系统工作率　system activity rate (SAR)
系统航电试验弹　Systems Avionics Test Missile (SATM)
系统和库存管理　system and inventory management
系统活动率　system activity rate (SAR)
系统级　system level
系统级试验　system-level test
系统级试验计划　system level test plan
系统级性能　system-level performance
系统级验收试验　system level acceptance test
系统集成　system integration (SI)
系统集成和检测　Systems Integration and Checkout (SICO)
系统集成难度　system integration difficulty
系统集成商　systems integrator
系统集成实验室　Systems Integration Laboratory (SIL)
系统集成试验　systems integration testing
系统集成试验站　System Integrated Test Station (SITS)
系统间兼容性保证　intersystem compatibility assurance
系统鉴定试验　system qualification test
系统鉴定试验计划　system qualification test program
系统接地　system grounding
系统结构　system configuration
系统结构形式　system configuration
系统精度参数　system accuracy parameter
系统可用性　system readiness
系统控制　systems control (SYSCON)
系统陆基试验场　system land-based test site
系统描述　system description
系统内兼容性保证　intrasystem compatibility assurance
系统配置　system layout
系统软件　system software
系统软件维护　system software maintenance
系统设计和研制　system design and development (SDD)
系统设计和研制合同　system design and development contract
系统设计评审　system design review (SDR)
系统时间　system time
系统使用保障　system operational support
系统试验　system test
系统试验　systems test
系统试验计划　system test planning
系统试验与评估　systems test and evaluation
系统数据　system data
系统损耗　system loss
系统特性　system characteristics
系统误差　system error
系统误差　systematic error
系统详情　system detail
系统响应　system response
系统响应能力　system responsiveness
系统响应性　system responsiveness
系统项目办公室　(F-16 战斗机) System Program Office (SPO)
系统效能　system effectiveness
系统效应　systemic effect
系统性能　system performance
系统需求　system requirement
系统需求评审　systems requirements review (SRR)
系统研制和演示验证　system development and demonstration (SDD)
系统研制和演示验证试验　system development and demonstration test
系统演示验证　system demonstration
系统验证　system demonstration
系统验证试验产品　system demonstration test article (SDTA)
系统要求　system requirement
系统硬件　system hardware
系统优化　system optimization
系统噪声　system noise
系统噪声带宽　system noise bandwidth
系统战备性　system readiness
系统自检　built-in self-test (BIST)
系统自检　Built-In Test (BIT)
系统自检　built-in-test (BIT)
系统综合　system integration (SI)
系统综合试验　systems integration testing
系统总体设计完整性分析　overall system design integrity analysis
细长体理论　slender body theory
细长翼理论　slender wing theory
细齿　serration
细的　fine
细节　particular
细粒度材料　fine-particle-size material
细粒径材料　fine-particle-size material
细纱　yarn
细绳　string
细丝　filament
细纹　serration
细纹锉刀　smooth file
细纹的　(滚花) fine
细线　thin line
细小裂纹　hairline crack
细牙螺纹　fine pitch thread
细圆柱天线　thin cylindrical antenna
细直天线　thin linear antenna
隙角　(麻花钻头) lip clearance

xia

狭缝挡板　slot shield

狭缝轮廓　slit profile
狭小空间　confined spaces
瑕疵　flaw
下层导弹防御系统　lower-tier missile defense system
下层防空反导传感器　Lower Tier Air and Missile Defense Sensor（LTAMDS）
下层防空反导探测器　Lower Tier Air and Missile Defense Sensor（LTAMDS）
下颚进气道　chin inlet
下颚进气道冲压发动机　chin inlet ramjet
下风浓度　downwind concentration
下盖　lower cover
下滑　glide
下滑弹道　glide trajectory
下滑角　glide angle
下级工作包　Subordinate Work Package（SWP）
下级联合司令部　subordinate unified command
下级司令部　subordinate command
下级战役计划　subordinate campaign plan
下极限尺寸　low limit
下极限尺寸　lower limit
下降　descent（多指飞机的）
下降　*n.* & *v.*　drop
下降　*vi.*　fall off
下降　*vi.*　roll off
下降　roll-off
下降波形　falling waveform
下降时间　fall time
下壳体组件　（包装箱）lower shell assembly
下控制限　lower control limit（LCL）
下拉菜单　drop down menu
下料模　blanking die
下射交战　snap-down engagement
下士　（美国陆军和海军陆战队、英国空军和陆军）corporal
下士　（英国海军）petty officer, second class
下士　（美国海军）petty officer, third class
下士　（美国空军）sergeant
下视弹道　downward trajectory
下视弹目几何关系　look-down missile-target geometry
下视角　look down angle
下视拦截　look-down intercept
下视能力　look-down capability
下视/下射能力　look-down/shoot-down capability
下视下射能力　look-down-shoot-down capability
下视下射性能　look-down, shoot-down performance
下视显示器　head down display（HDD）
下输出板　lower output card
下弹簧座　lower spring adapter
下洗　downwash
下限　lower limit
下限速度　（射弹、弹片完全贯穿目标所需的最低速度）limit velocity
下箱体　lower case
下行链路干扰　downlink jamming
下一代导弹　next-generation missile（NGM）
下一代的　next-generation
下一代对地攻击武器　Next Generation Land Attack Weapon（NGLAW）
下一代对流层散射(系统)　Next Generation Troposcatter（NGT）
下一代高超声速武器　next-generation hypersonic weapon
下一代近距格斗导弹　next-generation dogfight missile
下一代近距空空导弹　next-generation short range AAM
下一代拦截弹　Next Generation Interceptor（NGI）
下一代拦截器　Next Generation Interceptor（NGI）
下一代区域攻击武器　Next-Generation Area-Attack Weapon（NGAAW）
下一代战斗机　Next-Generation Fighter（NGF）
下一代战斗机　Next Generation Fighter Aircraft（NGFA）
下一代制空　Next Generation Air Dominance（NGAD）
下一代制空飞机　Next Generation Air Dominance aircraft
下一代制空飞机　NGAD aircraft
下一代中频段干扰机　Next Generation Jammer Mid-Band（NGJ-MB）
下游　downstream
下游段　downstream segment
下游面积　downstream area
下载　*vt.*　download
下载　downloading
下止动块　lower stop

xian

先敌发现、先敌发射、先敌击毁　first look, first shot, first kill
先发制人的　preemptive
先发制人模式　preemptive mode
先锋　（俄罗斯的一型高超声速滑翔弹）Avangard
先进导弹电池技术　advanced missile battery technology
先进电子防护改进计划　Advanced Electronic Protection Improvement Program（AEPIP）
先进电子防护改进项目　Advanced Electronic Protection Improvement Program（AEPIP）
先进多辐射源仿真器　Advanced Multiple Emitter Simulator（AMES）
先进发射系统　Advanced Launch System（ALS）
先进反辐射导弹　Advanced Anti-Radiation Guided Missile（AARGM）
先进反坦克武器系统　Advanced Antitank Weapons System（AAWS）
先进方案技术演示验证　advanced concept technology demonstration（ACTD）

先进飞行器管理系统 Advanced Vehicle Management System (AVMS)
先进分布式孔径系统 Advanced Distributed Aperture System
先进分布式作战训练系统 Advanced Distributed Combat Training System (ADCTS)
先进高能试验装备 (美国洛克希德·马丁公司的激光反无人机武器系统) Advanced Test High Energy Asset (ATHENA)
先进毫米波成像系统 advanced millimeter wave imaging system
先进合成孔径雷达系统 Advanced Synthetic Aperture Radar System (ASARS)
先进合成孔径雷达制导 Advanced Synthetic Aperture Radar Guidance (ASARG)
先进红外跟踪近距空空导弹 advanced infrared-tracking, short-range, air-to-air missile
先进极高频 Advanced Extremely High Frequency (AEHF)
先进技术 advanced technology
先进技术轰炸机 Advanced Technology Bomber (ATB)
先进技术演示验证 advanced technology demonstration (ATD)
先进近距空空导弹 Advanced Short-Range Air-to-Air Missile (ASRAAM)
先进精确杀伤武器系统 advanced precision kill weapon system (APKWS)
先进空空导弹 Advanced Air-to-Air Missile (AAAM)
先进空中阻滞武器系统 Advanced Interdiction Weapon System (AIWS)
先进拦截空空导弹 (美国) advanced intercept air-to-air missile (AIAAM)
先进拦阻装置 (航母上) Advanced Arresting Gear (AAG)
先进雷达处理器 advanced radar processor
先进瞄准吊舱 advanced targeting pod (ATP)
先进瞄准前视红外(吊舱) Advanced Targeting Forward Looking Infrared (ATFLIR)
先进目标定位吊舱 advanced targeting pod (ATP)
先进轻型攻击系统 Advanced Light Attack System (ALAS)
先进轻型直升机 Advanced Light Helicopter (ALH)
先进任务计算机 advanced mission computer (AMC)
先进数字光学控制系统 Advanced Digital Optical Control System (ADOCS)
先进数字接收机/处理器 Advanced Digital Receiver/Processor (ADRP)
先进威胁红外干扰系统 Advanced Threat Infrared Countermeasures System (ATIRCM)
先进武器升降机 advanced weapons elevator (AWE)
先进系统集成实验室 Advanced System Integration Laboratory (ASIL)
先进鹰眼 (美国 E-2D 预警机) Advanced Hawkeye
先进战略和战术投放物 Advanced Strategic and Tactical Expendables (ASTE)
先进战略和战术消耗件 Advanced Strategic and Tactical Expendables (ASTE)
先进战略空射导弹 Advanced Strategic Air-Launched Missile (ASALM)
先进战术飞机保护系统项目 Advanced Tactical Aircraft Protection Systems Program
先进战术歼击机 Advanced Tactical Fighter (ATF)
先进战术运输机 Advanced Tactical Transport (ATT)
先进整体式侵彻战斗部 Advanced Unitary Penetrator (AUV)
先进制造设施 Advanced Manufacturing Facility (AMF)
先进中距空空导弹 (美国) Advanced Medium-Range Air-to-Air Missile (AMRAAM)
先进中距空空导弹远程保障设备 AMRAAM Remote Support Equipment (ARSE)
先进综合防御型电子系统 Advanced Integrated Defensive Electronics System
先进综合防御型电子战组件 Advanced Integrated Defensive Electronic Warfare Suite (AIDEWS)
先进作战管理 Advanced Battle Management (ABM)
先进作战管理系统 Advanced Battle Management System (ABMS)
先决条件 precondition
先决条件 prerequisite
先期信息公告 Prior Information Notice (PIN)
先遣部队行动 advanced force operations (AFO)
先视先射 first look, first shot
先验信息 priori information
先质 precursor
纤维 fiber (美国拼写形式)
纤维 fibre (英国拼写形式)
纤维 filament (多指细纤维)
纤维 B Kevlar
纤维材料 fiber material
纤维缠绕 filament winding
纤维缠绕壳体 filament-wound case
纤维缠绕强化 filament-wound reinforcement
纤维敷设 lay-up
纤维敷设 layup
纤维敷设方式 lay-up
纤维敷设方式 layup
纤维复合材料 fiber composites
纤维基材料 fiber-based material
纤维平均长度 staple
纤维强化材料 filament-reinforced material
纤维强化壳体 filament-reinforced case
纤维强化塑料壳体 filament-reinforced plastic case
纤维束 filament strand
纤维素/酚醛内衬 cellulose/phenolic insert

纤维素纤维 cellulose fiber
纤维增强 fibrous reinforcement
纤维增强壳体 fiber-reinforced case
弦长 chord length
显示 display
显示 indication
显示单元 display unit
显示机柜 display cabinet
显示卡 display card
显示屏 display screen
显示器 display
显示器壳体 display housing
显示器线束 scope harness
显示器罩 display cover
显示器座 display support
显示装置 readout
显微结构 microstructure
显微镜 microscope
显微镜支架 microscope stand
显著的 significant
现场报告 spot report (SPOTREP)
现场导弹检查/准备 on-site missile checkout/preparation
现场级维护 (一级维护) organizational-level maintenance
现场可编程门阵列 field programmable gate array (FPGA)
现场利用 site exploitation (SE)
现场培训小分队 Field Training Detachment (FTD)
现场维护 (一级维护) organizational maintenance
现场维护机构 organizational maintenance activity
现场维护技术员 organizational maintenance technician
现场指挥官 on-scene commander (OSC)
现成品 off-the-shelf item
现代化综合数据库 Modernized Integrated Database (MIDB)
现代物理学 modern physics
现代战场 modern battlefield
现代自动发射架 modern automated launcher
现代自动发射器 modern automated launcher
现服役 activation
现实场景 real-life scenario
现实作战场景 real-life scenario
现象 behavior (美国拼写形式)
现象 behaviour (英国拼写形式)
现象 phenomena (复数)
现象 phenomenon
现行的 current
现行的 standing
现行交战规则 standing rules of engagement (SROE)
现役 active duty
现役 active service
现役导弹 operational missile
现役的 active
现役的 in-service
现役飞机 in-service aircraft
现役工程代表 In-Service Engineering Agent (ISEA)
现役工程代理 In-Service Engineering Agent (ISEA)
现役国民警卫队和后备队人员 Active Guard and Reserve
现役军官培训 commissioned officer training (COT)
现役训练 active duty for training
现用的 current
现有兵力 current force
现有的 on hand
现在没有的 Not Available (N/A)
限定的控制效率 limited control effectiveness
限定条件 constraint
限定条件 limitation
限定条件 restriction
限定值 limit
限定装置 (发射架上对导弹的) restraint device
限动器 limiter
限度 margin
限幅器 limiter
限航区 restricted area
限量批生产 limited series production (LSP)
限流器 restrictor
限燃层 (药柱) restrictor
限燃涂层 nonflammable coating
限燃药柱 restricted propellant
限位螺母 stop nut
限位器 restrictor
限制 confinement
限制 limit
限制 restraint
限制活动空域 restricted operations zone (ROZ)
限制器 restraint
限制器 restrictor
限制区 restricted area
限制条件 constraint
限制条件 limitation
限制条件 restriction
限制物品清单 restricted items list
限制性射击区 restrictive fire area (RFA)
限制性射击线 restrictive fire line (RFL)
限制因素 limiting factor
限制装置 (发射架上对导弹的) restraint device
线 cord (粗线)
线 line (各种线的统称)
线 string (细线)
线段 division
线段 section
线规 wire gage
线规标识钻头 number drill bit
线规标识钻头 wire gage drill bit

线规尺寸 （铰刀、钻头等）number size
线规尺寸 （铰刀、钻头等）wire gage size
线化理论 linear theory
线极化 linear polarization（LP）
线加速度 linear acceleration
线加速度计 linear accelerometer
线夹 clip
线夹自锁螺母 clip self-locking nut
线锯 wire saw
线框图 wireframe drawing
线扩散函数 line spread function（LSF）
线扩展函数 line spread function（LSF）
线缆 harness
线缆 wiring harness
线缆检查 wire check
线缆接地螺柱 wiring harness ground stud
线缆紧固件 harness fastener
线缆绝缘夹 wire holder
线缆卡箍组件 harness clamp assembly
线缆通道 raceway
线缆罩 harness cover
线缆罩 wiring harness cover
线缆罩挡开件 （防止线缆罩压住线缆）harness cover standoff
线缆支撑扎带 line supporting strap
线缆组件 harness assembly
线列探测器 linear detector
线列探测器 linear detector array sensor
线列探测器 linear element array sensor
线列探测器 linear sensor
线列探测器阵列 linear detector array
线路 circuit
线轮廓度 profile of a line
线奇性方法 line singularity method
线圈 coil
线圈 winding（多指绕组）
线圈骨架 spool
线人 lead
线束 harness
线束 wiring harness
线束罩 harness cover
线速度 linear velocity
线索 lead
线膛炮 rifled gun
线条图 linear plot
线型 line type
线性 linearity
线性变参数 linear parameter varying（LPV）
线性测量 linear measurement
线性插补 linear interpolation
线性尺寸 linear dimension
线性尺寸 linear size
线性导轨组件 （数控机床）linear guide assembly
线性的 linear
线性动量守恒 conservation of linear momentum
线性度 linearity
线性度规范 linearity specification
线性度数据 linearity data
线性二次高斯 Linear Quadratic Gaussian（LQG）
线性放大器 linear amplifier
线性分布载荷 linear loading
线性工作区 linear operating region
线性规范 linearity specification
线性规划 linear programming（LP）
线性函数 linear function
线性化 linearisation（英国拼写形式）
线性化 linearization（美国拼写形式）
线性化理论 linear theory
线性机电作动器 （弹射发射架）linear electro-mechanical actuator
线性集成电路 linear integrated circuit
线性加速度 linear acceleration
线性加速器 linear accelerator
线性聚能装药 Linear Shaped Charge
线性脉冲调频雷达 linear FMOP radar
线性模型 linear model
线性频移频率稳定性 linear frequency drift frequency stability
线性强化 linear hardening
线性区域 linear region
线性数据 linear data
线性数据 linearity data
线性衰减系数 linear attenuation coefficient
线性图 linear plot
线性微电路 linear microcircuit
线性翼面理论 linear wing theory
线性硬化 linear hardening
线性阵列探测器 linear detector/element array sensor
线性坐标纸 linear graph paper
线阵 linear array
线阵列 linear array
陷波电路 trap
陷波滤波器 notch filter
陷波器 trap

xiang

相等 equation
相等的 equivalent
相等性 equality
相对不确定度 relative uncertainty
相对的远距发射距离 relative standoff range
相对定位系统 incremental positioning system
相对分子质量 molecular weight
相对分子质量 relative molecular mass
相对光谱响应 relative spectral response

相对光谱响应曲线 relative spectral response curve
相对加速度 relative acceleration
相对距离 relative range
相对模式 relative mode
相对浓度 relative concentration
相对湿度 relative humidity
相对速度 relative speed
相对速度 relative velocity
相对误差 relative error
相对响应 relative response
相对响应度 relative responsivity
相对于各向同性的分贝 dBi
相对噪声误差 relative noise error
相反 counter
相反 reverse
相反的 counter
相反的 reverse
相反外形 reverse form
相符性判据 compliance criteria
相符性判据 passing criteria
相干脉冲多普勒 coherent pulse Doppler
相干性 coherence
相关 dependence
相关备件 associated spares
相关的 associated
相关的 related
相关的飞行试验和评估 associated flight testing and evaluation
相关地面保障设备 associated ground support equipment
相关跟踪和测距 correlation tracking and ranging (COTAR)
相关跟踪器 correlation tracker
相关器 correlator
相关设备 associated equipment
相关设备 related equipment
相关时间 correlation time
相关性 (波的) coherence
相关性 dependence
相关硬件 associated hardware
相互成一定角度的 (如弹翼、舵面) interdigitated
相互干扰 mutual interference
相互干扰的预防 prevention of mutual interference (PMI)
相互关系 interrelationship
相互联系 interrelationship
相互影响 interaction
相互影响 interrelationship
相互作用 interaction
相互作用流场 interactive flow field
相加干涉仪 adding interferometer
相邻两次进给之间形成的尖棱 (表面铣削) cusp
相切的 tangent
相容性 compatibility
相似 similarity
相似性 similarity
箱 box (多指带盖的长方形容器)
箱 canister (多指发射箱)
箱 chamber (多指试验箱)
箱 pod (多指发射箱)
箱盖把手 (包装箱) cover handle
箱盖组件 (包装箱) cover assembly
箱内检验 (导弹开箱后还未取出时的检验) in-container inspection
箱式处理炉 box furnace
箱式发射系统 canister launch system (CLS)
箱式发射装置 canister launcher
镶固刀刃 (刀具) insert
镶嵌件 insert
镶刃刀具 inserted cutting tool
详图 (图纸) detail
详细设计 detail design
详细设计 detailed design
详细试验计划 detailed test plan
详细信息 detailed information
响尾蛇 (美国空空导弹) Sidewinder (SW)
响尾蛇导弹扩大截获范围模式 Sidewinder expanded acquisition mode (SEAM)
响应 response
响应测量系统 response measurement system
响应点 response point
响应度 responsivity
响应度表达式 responsivity expression
响应度方程 responsivity equation
响应度推算 responsivity prediction
响应函数 response function
响应均匀度 uniformity of response
响应轮廓 response profile
响应率 responsivity
响应面法 response surface method
响应能力 responsiveness
响应频谱 response spectrum
响应剖面 response profile
响应强度 response level
响应曲线 response curve
响应时间 response time
响应特性 response characteristics
响应型开源发动机 Responsive Open Source Engine
响应性 responsiveness
响应性能好的 responsive
响应一致性 uniformity of response
响应因子 response factor
向岸 *adv.* ashore
向后折叠方式 rearward-folding mode
向内爆裂 *v.* implode
向内爆炸 *v.* implode

向内的 inboard
向前折叠方式 forward-folding mode
向外的 outboard
向下进刀 down feed
向下进给 down feed
项 term
项目 item（多指罗列的内容）
项目 program（多指持续时间较长的大项目）
项目 project
项目保障和年度维修 Program Support and Annual Sustainment（PSAS）
项目保障和年度维修合同 Program Support and Annual Sustainment contract
项目保障和年度维修合同 PSAS contract
项目采购单位成本 Program Acquisition Unit Cost（PAUC）
项目定义与风险降低 program definition and risk reduction（PDRR）
项目定义与风险降低 Project Definition and Risk Reduction（PDRR）
项目风险分析 program risk analysis
项目概要 program summary
项目管理 program management
项目管理 project management
项目管理办公室 program office
项目管理办公室估算 Program Office Estimate（POE）
项目管理和控制 project management and control
项目建档 program documentation
项目介绍文件 Program Introduction Document（PID）
项目进度安排 program schedule
项目进展评审 program progress review
项目经理 program manager（PM）
项目开发 program development
项目名称 program name
项目目标 program objective
项目目标备忘录 program objective memorandum（POM）
项目软件体系结构 program software architecture
项目信息 program information
项目需求方案 Concept of Project Requirements（COPR）
项目研制的方案确定阶段 concept definition phase of program development
项目要素 Program Element（PE）
项目与财务管理 programs and financial management
项目执行办公室 Program Executive Office（PEO）
项目执行官 Program Executive Officer（PEO）
项目专家 subject matter expert（SME）
项目专用的可回收靶机 program-dedicated recoverable target
项目状态评审 program status review
相 （物质的气、固、液状态）phase
相变 phase change
相变 phase transition
相控阵 phased array
相控阵多功能火控雷达 phased array multifunctional fire-control radar
相控阵跟踪雷达 phased array tracking radar
相控阵雷达导引头 phased-array radar seeker
相控阵天线 phased array antenna
相量表示法 phasor notation
相位 phase
相位闭合 phase closure
相位波瓣图 phase pattern
相位波动 phase fluctuation
相位测量 phase measurement
相位差 phase difference
相位基准 phase reference
相位基准信号 phase reference signal
相位检测 phase detection
相位角 phase angle
相位量化 phase quantization
相位起伏的均方根 RMS phase fluctuation
相位受控透镜 phase-controlled lens
相位损失 phase loss
相位调整 phase adjustment
相位裕度 phase margin
相位振幅方法 phase amplitude method
相稳定硝酸铵 phase-stabilized ammonium nitrate（PSAN）
相移效应 phase-shift effect
象限 quadrant
像差 aberration
像点 image
像素 pixel
像素数量 pixel count
像元 pixel
像元数量 pixel count
橡胶 rubber
橡胶带 rubber band
橡胶基材料 rubber-based material
橡胶基体 elastomeric binder
橡胶结合剂 （砂轮）rubber bond
橡胶榔头 rubber mallet
橡胶密封垫 rubber seal
橡胶手套 rubber gloves
橡胶套管 rubber sleeve
橡胶型基体 rubbery binder
橡皮绳 bungee

xiao

肖克莱方程 （二极管电压-电流方程式）Shockley equation
肖特基二极管 Schottky diode
肖特基量子产率 Schottky quantum yield

肖特基势垒 Schottky barrier
肖特基势垒型器件 Schottky barrier device
肖特基势垒型探测器 Schottky barrier detector
消除电路 nulling network
消除频率冲突 （导弹/雷达）frequency deconfliction
消除网路 nulling network
消除污染的金属废料 decontaminated scrap metal
消磁 degaussing（多指舰船的）
消磁 demagnetization
消磁器 demagnetizer
消费者 consumer
消耗备件 consumable spare parts
消耗材料 consumable materials
消耗率 consumption rate
消耗品 consumables
消耗品 *n.* expendable（多指一次性军事装备或物资）
消耗性补给品 expendable supplies
消耗性的 expendable
消耗性投放物 expense stores
消耗性贮存品 expense stores
消极防御 passive defense（PD）
消极干扰 passive jamming
消极化 depolarization
消极质量 inert mass
消融的 ablative
消散 *vt.* dissipate
消声塔 sound muffling tower
消亡 demise
消息 message（MSG）
消息流 message flow
消隙弹簧 backlash spring
消隐器 blanker
硝铵 ammonium nitrate（AN）
硝铵复合推进剂 ammonium nitrate composite propellant
硝铵推进剂 ammonium nitrate propellant
硝胺 nitramine
硝胺晶体 nitramine crystal
硝化甘油 nitroglycerin（NG）
硝化甘油 nitroglycerine（NG）
硝化棉 guncotton
硝化棉 nitrocellulose（NC）
硝化纤维 guncotton
硝化纤维 nitrocellulose（NC）
硝基苯 nitrobenzene
硝基胍(炸药) nitroguanidine（NQ）
硝基甲基乙氧基共聚物 3-nitramethyl-3-methyloxetane copolymer（NMMO）
硝酸 nitric acid
硝酸铵 ammonium nitrate（AN）
硝酸钾 potassium nitrate（KN）
硝酸盐 nitrate
销 pin
销售代理 marketing agency
销售商 vendor
销头扳手 （钩形扳手的一种）pin spanner
销头扳手 （钩形扳手的一种）pin spanner wrench
销轴 hinge pin
销轴 pin
小凹痕 ding
小槽 nick
小长细比导弹 low fineness missile
小尺寸模型 subscale model shape
小齿轮 pinion
小齿轮 pinion gear
小刀架 （车床）compound rest
小的稳定面 fin
小电流 low current
小电流导通性测试仪 low current continuity tester
小队 unit
小分队 detachment
小分队 element
小缝 nick
小疙瘩 （车端面时,车刀定心不好加工剩下的）nub
小公差螺钉 close tolerance screw
小功率加工 light-duty operation
小攻角 low angle of attack
小划痕 ding
小环天线 small loop antenna
小火舌 flamelet
小火焰 flamelet
小键盘 keypad
小角度近似 small-angle approximation
小结 summary
小径 （螺纹）minor diameter
小空间精确进近与着陆能力 Small Footprint Precision Approach and Landing Capability（SF-PALC）
小孔 orifice
小孔规 （机械加工测量工具）small hole gage
小孔面积 aperture area
小裂口 nick
小批量初始生产 low-rate initial production（LRIP）
小批量定制 small-volume custom manufacturing
小批量生产 low-rate production
小批量生产 low volume manufacture
小片 flake
小数点 decimal point
小数运算 decimal operation
小数值测量 decimal measurement
小数值刻度尺 decimal rule
小体积导弹推进系统 low volume missile propulsion
小天线 small antenna
小头罩误差斜率 low dome error slope
小脱靶量 near miss
小信号 low signal
小行星检测天线 asteroid detection antenna

小型电动转轴刀具 （数控车床）live tool
小型滑翔弹 Small Glide Munition（SGM）
小型化 miniaturization
小型化舵机 miniaturized actuator
小型化引爆模块 miniaturized explosive initiation module
小型化引信 miniaturized fuze
小型精确制导炸弹增程型 （JDAM 的派生产品）Small Smart Bomb Extended Range（SSBXR）
小型空射诱饵 Miniature Air-Launched Decoy（MALD）
小型空射诱饵弹 Miniature Air-Launched Decoy（MALD）
小型空射诱饵—干扰机 Miniature Air-Launched Decoy-Jammer（MALD-J）
小型空射诱饵—海军型 Miniature Air-Launched Decoy-Navy（MALD-N）
小型雷达车 Mini-Radar Van（MRV）
小型企业创新研究 （美国）Small Business Innovation Research（SBIR）
小型企业创新研究 （美国）Small Business Innovative Research（SBIR）
小型企业技术转让 Small Business Technology Transfer（STTR）
小型数据链终端 small data link terminal
小型通用托座 small universal cradle
小型无人机系统 mini-UAS
小型无人机系统 mini-unmanned aircraft system
小型先进能力导弹 Small Advanced Capabilities Missile（SACM）
小型载人飞船 capsule
小型炸弹 bomblet
小型战斗部 miniature warhead
小型中距空空武器 small form factor medium-range air-to-air weapon
小药柱 （主要用于发动机点火和战斗部扩爆）pellet
小翼展/长翼弦气动面 small span/long chord aerodynamic surface
小载荷 （洛氏硬度试验）minor load
小展弦比 low aspect ratio
小展弦比导弹 low aspect ratio missile
小展弦比翼面 low aspect ratio wing
小直径发动机 small-diameter motor
小直径炸弹 Small-Diameter Bomb（SDB）
小组 cell（多指军事总部某个较大组织中的）
小组 team
效费比高的 cost effective
效果 effect
效率 efficiency
效率测量 efficiency measurement
效能 effectiveness
效能 efficiency
效能 performance
效能标度 measure of effectiveness（MOE）
效能标度 Measures Of Effectiveness（MOE）
效能概率 probability of effect
效能因子 effectiveness factor
效应 effect
效应指标 effect indicator
效用 utility
啸声 （火箭发动机的高频不稳定燃烧）screaming

xie

楔形垫 （刀架）rocker
楔形垫块 chock
楔形件 wedge
楔形调整件 tapered gib
楔形吸波器 wedges absorber
协定 agreement
协定 convention（一般涉及很多国家）
协定 treaty（一般涉及两个或少数国家）
协方差 covariance
协方差分析 covariance analysis
协方差矩阵 covariance matrix
协方差矩阵辐射源定位 covariance matrix emitter location
协和卫星 Concordia satellite
协会 association
协会 society（一般更具专业性）
协调 coordination
协调高度 （通过确定一个海拔高度来分开固定翼飞机和旋翼飞机使用空域的程序性方法）coordination level（CL）
协调官 coordinating authority
协调海拔高度 （用海拔高度来分开不同用户的空域协调措施）coordinating altitude（CA）
协调机构 coordinating agency
协调局 coordinating agency
协调审核机构 coordinating review authority（CRA）
协同 cooperation
协同被动交战 co-operative passive engagement
协同的 co-operative
协同的 collaborative
协同的 cooperative
协同感测 collaborative sensing
协同探测 collaborative sensing
协同无源交战 co-operative passive engagement
协同系统 cooperative systems
协同效应 synergistic effect
协同应答机 cooperative transponder
协同增效创新技术 enabling synergistic capability
协同自主系统 collaborative autonomous system
协同作战 collaborative operations
协议 agreement
协议 protocol（多指技术约定或规程）

协议备忘录 memorandum of agreement (MOA)
协议书 memorandum of agreement (MOA)
协助函 letter of assist (LOA)
协助型测量工具 (也称传递型测量工具) helper-type measuring tool
协助性的 subsidiary
协作 collaboration
协作 cooperation
协作自主系统 collaborative autonomous system
胁迫 coercion
斜板角 ramp angle
斜边 beveled edge
斜边 (直角三角形) hypotenuse
斜床身机床 (数控机床) slant-bed machine
斜度 slope
斜轨 (发射) ramp
斜激波 oblique shock
斜激波 oblique shock wave
斜激波外压进气道 oblique shock external compression inlet
斜激波压缩 oblique shock compression
斜角 bevel
斜角规 bevel
斜角铣刀 angled cutter
斜距 slant range
斜孔 angled hole
斜口钳 (用于剪钢丝等) diagonal cutter
斜率 slope
斜率倒数 inverse of the slope
斜面 angular surface
斜面 bevel
斜面 slope
斜面铣削 angular milling
斜膨胀激波 oblique expansion shock
斜碰撞 oblique impact
斜坡 ramp
斜坡 slope
斜坡机动 ramp maneuver
斜坡角 ramp angle
斜坡目标机动 ramp target maneuver
斜切喷管 scarfed nozzle
斜入射角 oblique angle of incidence
斜升 ramp
斜升机动 ramp maneuver
斜升目标机动 ramp target maneuver
斜视角 squint angle
斜视模式制导验证 squint mode guidance validation
斜线 slope
斜削铣刀 tapered endmill
斜压缩波 oblique compression wave
斜置喷管 canted nozzles
斜撞击 oblique impact
谐波 harmonics
谐波频率 harmonic frequency
谐振 resonance
谐振频率 resonance frequency
谐振频率 resonant frequency
谐振腔 resonating cavity
泄流 *n.* & *v.* bleed
泄漏 (气、水、电等) leak
泄漏 (气、水、电等) leakage
泄漏传输线天线 leaky line antenna
泄漏电流 leakage current
泄漏电流检测仪 leakage current tester
泄漏检测 leak check
泄漏检测 leak detection
泄漏检测口 leak detection port
泄漏量 leakage
泄漏速率 leak rate
泄漏下能见度 subfeedthrough visibility (SFV)
泄密 (军事) compromise
泄气 relief
泄压 relief
泄压 venting
泄压阀 pressure relief valve
泄压阀 relief valve
泄压速率 depressurization rate
卸弹 off-loading
卸货 (从集装箱) stripping
卸货 (从集装箱) unstuffing
卸下 (断开连接、联系) *vt.* disconnect
卸下 (卸载) *vt.* off-load
卸下 (卸载) *vt.* unload
卸载 (人员从舰船、运输机上走下或卸下物资、装备等) debarkation
卸载 (货物) *n.* & *v.* discharge
卸载 (武器) *vt.* download
卸载 (武器) downloading
卸载 (武器) *vt.* off-load
卸载 (武器) off-loading
卸载 (武器) *vt.* unload
卸载 (武器) unloading
卸载港 port of debarkation (POD)
卸载航空港 aerial port of debarkation (APOD)
卸载计划表 debarkation schedule
卸载检查 downloading inspection
卸载检验 downloading inspection
卸载区 (两栖登陆作战) transport area
卸载区 unloading area
卸载顺序表 debarkation schedule
屑爪 chip hook

xin

心理效应 psychological effect
心理战 psychological operations (PSYOP)

心轴 （随轴上构件一起转动）arbor
心轴 （插入工件内孔，固定工件，以加工外缘）mandrel
心轴 （不随轴上构件一起转动）pivot
芯 （连接器）pin
芯片 chip
芯片上的系统 system on a chip（SOC）
芯线 core
芯柱 stem
芯子 （过滤器）cartridge
辛普生法则 Simpson's rule
辛普生法则积分公式 Simpson's rule integration formula
锌 zinc
锌-镍镀层 zinc-nickel plating
新出现的威胁 emerging threat
新兴技术 emerging technology
新型目标 emerging target
新型威胁 emerging threat
新一代的 next-generation
新一代反辐射导弹 New Generation Anti-Radiation Missile（NGARM）
新一代近距作战导弹（项目） New Generation Close Combat Missile（NGCCM）
新一代区域攻击武器 Next-Generation Area-Attack Weapon（NGAAW）
新增订单 order intake
新制造武器 new-build weapon
新装备首次入役 beddown
信标 beacon
信道 channel
信道化接收机 channelized receiver
信风 trade wind
信号 signal
信号保真度 signal fidelity
信号背景比 signal-to-background ratio
信号不确定度 signal uncertainty
信号测量系统 Signal Measurement System（SMS）
信号产生器 signal generator
信号产生设备 signal-generation equipment
信号重复性 signal repeatability
信号处理 signal processing
信号处理单元 Signal Processing Unit（SPU）
信号处理单元 Signal Processor Unit（SPU）
信号处理电路 signal processing circuitry
信号处理电子设备 signal processing electronics
信号处理器 signal processor
信号处理器单元 Signal Processor Unit（SPU）
信号处理器算法 signal processor algorithm
信号处理硬件 signal processing hardware
信号传感器 pickoff
信号传输 signal transfer
信号传输 signal transmission
信号地 signal ground
信号电缆 signal cable
信号电流 signal current
信号电流方程 signal current equation
信号电平 signal level
信号电压 signal voltage
信号发生器 signal generator
信号幅值 signal amplitude
信号光子入射度 signal photon incidence
信号滚降转折频率 signal roll-off corner frequency
信号回波 signal return
信号极值 signal extreme
信号集 signal set
信号计数器 event counter
信号接口 signals interface
信号均方根值 rms signal
信号控制电子电路 signal control electronics
信号流 signal flow
信号耦合电容器 signal coupling capacitor
信号频率 signal frequency
信号情报 Signal Intelligence（SIGINT）
信号情报 Signals Intelligence（SIGINT）
信号情报作战任务分配权 signals intelligence operational tasking authority（SOTA）
信号识别 signal identification
信号识别误差 signal identification error
信号识别指南 signal identification guide
信号衰减 signal attenuation
信号特征 signature
信号特征的减少 signature reduction
信号调理 signal conditioning
信号调理器 signal conditioner
信号调整 signal conditioning
信号调整器 signal conditioner
信号通量 signal flux
信号通量密度 signal flux density
信号通信作业指令 signal operating instructions（SOI）
信号误差 signal error
信号线路 signal line
信号线束 signals harness
信号响应 signal response
信号引入 signal injection
信号引线 signal lead
信号与控制电路 signal and control circuit
信号源 signal source
信号源 source
信号杂波比 signal-to-clutter ratio
信号注入 signal injection
信号转接 signal adaption
信号装置 beacon
信号阻抗 signal impedance
信号组 signal set
信使 courier
信条 precept

信息 data（datum 的复数）
信息 datum
信息 information
信息 message（MSG）（多指传递信息的文字、符号、信号等）
信息保护 information protection
信息保障 information assurance（IA）
信息保障需求 information assurance requirements
信息报告 data reporting
信息报告 information report
信息创新办公室 （美国国防预先研究计划局）Information Innovation Office（I2O）
信息的基本要素 essential elements of information（EEI）
信息对抗 information confrontation
信息服务 information services（ISvs）
信息攻击 information attack（IA）
信息管理 information management（IM）
信息化武器 informationized weapon
信息化战争 informationized warfare
信息化装备 informationized equipment
信息环境 information environment
信息技术 information technology（IT）
信息交换需求 information exchange requirement（IER）
信息流 message flow
信息缺口 information gap
信息容量 information capacity
信息散发管理 information dissemination management
信息数据系统 Information Data System（IDS）
信息系统技术组 Information Systems Technology Panel
信息需求 information requirements（IR）
信息优势 information superiority
信息战 information operations（IO）
信息战 information warfare
信息战飞行小队 information warfare flight（IWF）
信息战支援小组 information warfare support team（IWST）
信息战组织 information warfare organization（IWO）
信息掌控 information dominance
信息征询书 Request for Information（RFI）
信息资料系统 Information Data System（IDS）
信息资源管理 information resource management（IRM）
信息作战部队 information operations force
信息作战部队 IO force
信息作战力量 information operations force
信息作战力量 IO force
信息作战情报综合 information operations intelligence integration（IOII）
信心 confidence
信杂比 signal-to-clutter ratio
信噪比 signal-to-noise ratio（SNR；S/N）
信噪比限制 SNR limitation

xing

星号 asterisk
星孔根部 （发动机装药）root of star perforation
星孔尖端 （发动机装药）tip of star perforation
星体跟踪仪 star tracker
星体跟踪装置 star tracker
星形（装药） star
星形孔 star perforation
星形孔 star-shaped perforation
星载处理 onboard processing
星载处理器 onboard processor
星载的 onboard
星座 constellation
行波 progressive wave
行波 traveling wave
行波管 Travelling Wave Tube（TWT）
行波管放大发射机 TWT amplified transmitter
行波管放大器 Travelling Wave Tube Amplifier（TWTA）
行波管放大器 TWT amplifier
行波天线 traveling wave antenna
行程 （振动台）stroke
行程 travel
行动 act
行动 action
行动 （军事）operation
行动必要性 operational necessity
行动方案 course of action（COA）
行动计划 course of action（COA）
行动阶段 action phase
行动开始时间 H-hour
行为 act
行为 action
行为 behavior（美国拼写形式）
行为 behaviour（英国拼写形式）
行为守则 precept
行为效应 behavioral effect
行政管理程序 administrative procedure
行政管理设备 administrative equipment
行政管理信息 administrative information
行政管理信息流 administrative message flow
行政管理要求 administrative requirement
形貌测量 profile measurement
形貌测量技术 profile measurement technique（PMT）
形式 form
形式 format（多指格式）
形式 pattern（多指样式、模式）
形势 condition
形势 posture
形势 situation

形态 pattern
形稳性 dimensional stability
形心 centroid
形状 form（多指立体的）
形状 shape
形状-带宽的关系 shape-bandwidth relation
形状公差 form tolerance
形状系数 shape factor
形状-阻抗的关系 shape-impedance relation
型板 template
型材 profile
型材 section
型号 mark（Mk）（指同一产品的改型；主要为英国用法）
型号 model
型号 program（多指持续时间较长的研制项目）
型号 variant（指同一产品的改型）
型号办公室主任 program manager（PM）
型号合格证 type certificate
型号批次 block
型号研制 program development
型模铸造 mold casting
型箱 flask
型芯 core（多用于铸造内孔）
型芯 insert（多指铸造时可以取出的模件）
型芯 mandrel（多指用于铸造、锻造、模压等的金属棒，从而形成一个中心孔）
性能 capability（多指某一方面的能力）
性能 performance
性能标度 measure of performance（MOP）
性能标度 Measures Of Performance（MOP）
性能参数 performance parameter
性能参数测试 performance parameters test
性能测试 performance testing
性能达成概率 performance probability
性能分析 performance analysis
性能分析仪 performance analyzer
性能规范要求 performance specification requirement
性能技术要求 performance specification
性能降低 performance deterioration
性能评估 performance evaluation
性能评估矩阵 performance evaluation matrix
性能容限 performance tolerance
性能试验 performance test
性能损失 performance loss
性能损失 performance penalty
性能要求 performance requirement
性能预测 performance prediction
性能指标 measure of merit（MOM）（多指评价或度量的指标）
性能指标 performance index（多指评价的指标）
性能指标 performance specification（多指要求的指标）
性能指数 performance index
性质 property

xiu

休息与恢复 rest and recuperation（R&R）
修订 revision
修订版本号 Revision Number
修订的路线图 revised roadmap
修订的指导大纲 revised roadmap
修复 fix
修复 *vt.* recondition（多指综合保养、翻新）
修复 refurbishment（多指综合保养、翻新）
修复成本 refurbishment cost
修复的分系统 repaired subsystem
修复费用 refurbishment cost
修改 modification（mod）
修改的 modified（mod）
修剪 clip
修理费 repair cost
修理与返回 Repair and Return（R&R）
修理周期 repair cycle
修磨 （砂轮）dressing
修磨 （刀具）sharpening
修磨棒 dressing stick
修饰性喷漆 touch-up painting
修整 （砂轮）dressing
修整 refurbishment
修整加工 touchup machining
修正处理 update processing
修正的 corrected
修正的 modified（多指改进的）
修正密度 corrected density
修正模量 modified modulus
修正系数 correction factor
修正性机动 corrective maneuver
袖珍闪存卡 Compact Flash Card（CFC）
锈斑 pitting
锈蚀钢 rusty steel
溴碘铊 thallium bromoiodide
溴化钾 potassium bromide（KBr）

xu

虚警 false alarm
虚警概率 false-alarm probability
虚警率 false alarm rate
虚警密度 false alarm density
虚漏 virtual leak
虚拟地 virtual ground
虚拟环境 virtual environment
虚拟模拟器 Virtual Simulator（VSIM）
虚拟现实 virtual reality（VR）
虚拟样机 virtual prototyping（VP）

虚拟样机法 virtual prototyping (VP)
虚拟样机技术 virtual prototyping (VP)
虚拟原点 virtual origin
虚线 broken line
虚线包络 broken line envelope
虚线曲线 dashed curve
需保密的 sensitive
需求 requirement (reqmt)
需求论证 requirements development
需求牵引 requirements pull
需求确定 requirements determination
需求易变性 requirements volatility
需要扳手拧紧的螺母 spanner nut
需要点 （兵力或装备）point of need
需用过载 required acceleration
需用过载 required load factor
需用流量 （按需提供流量）demand flow
需用流量致冷器组件 demand-flow cryostat assembly
序号 sequential No.
序列 order
序列 sequence（相关事物之间的联系或逻辑性更紧密）
序列 series
序列 train（多用于发动机点火或引战系统）
序列的 sequential
序列的 serial
序列发射 sequential launch
序列号 serial number (S/N)
序列任务表 （两栖作战）serial assignment table
序列效应 sequential effects
序列效应 serial effects
序列行动 sequential operations
序列行动 serial operations
序数 order
续航 sustain
续航段 sustain phase
续航段 sustaining phase
续航发动机 flight motor
续航发动机 sustainer
续航发动机 sustainer motor
续航发动机舱 sustainer section
续航发动机停车 sustainer engine cutoff (SECO)
续航时间 flight endurance
续航推进 sustain propulsion
续航推进 sustained propulsion
续航推进剂 sustainer propellant
续航装药 sustainer grain
续航装药 sustainer propellant
续航装药截面 sustainer section
蓄能器 accumulator
蓄压器 accumulator
蓄油器 oil accumulator

xuan

悬臂 cantilever
悬臂 outrigger
悬臂架 console
悬臂梁 cantilever
悬臂轴 outrigger shaft
悬动水雷 oscillating mine
悬浮的 suspended
悬挂 *v.* suspend
悬挂 suspension
悬挂的 suspended
悬挂和保持装置 suspension and retention device
悬挂结构 attachment structure
悬挂结构 suspension structure
悬挂设备 suspension equipment
悬挂系统 suspension system
悬挂载荷 suspension load
悬挂装置 suspension provision
旋臂 （旋臂钻床）radial arm
旋臂钻床 radial-arm drill press
旋臂钻床 radial drill press
旋出式气动面 switch blade surface
旋出式气动面 switchblade surface
旋出式扇叶翼 switch blade wing
旋钮 knob
旋涡 vortex
旋涡轨迹 vortex trajectory
旋涡强度 vorticity
旋压 spinning
旋压(成形) *v.* spin
旋压机 spinning machine
旋压心轴 spinning mandrel
旋压芯模 spinning mandrel
旋翼 rotor
旋翼飞行器 rotorcraft
旋翼飞机 rotary-wing aircraft
旋翼机 rotorcraft
旋转 *n.* & *v.* spin
旋转 spinning
旋转变压器 resolver
旋转场天线 turnstile antenna
旋转底座台钳 swivel base vise
旋转电子扫描阵列 Rotating Electronically Scanned Array (RESA)
旋转发射架 rotary launcher
旋转关节 rotary joint
旋转接头 rotary joint
旋转可视导引头 rotate-to-view seeker head
旋转可视的 rotate-to-view (RTV)
旋转螺旋阵 rotating helix array
旋转敏感器 spinning sensor

旋转抛物面反射镜 paraboloidal reflector
旋转炮塔 rotating turret
旋转矢量 rotation vector
旋转式电动舵机 rotary electromechanical actuator
旋转式电动执行机构 rotary electromechanical actuator
旋转式发射架 rotary launcher
旋转式供气接头 rotary gas joint
旋转式机电执行机构 rotary electromechanical actuator
旋转式平面磨床 rotary surface grinder
旋转式武器投放架 rotary weapon dispenser
旋转弹射 rotary ejection
旋转弹射架 rotary ejection launcher
旋转探测器 spinning sensor
旋转调制盘 spinning reticle
旋转尾翼 rotating tail
旋转尾翼组件 rotating tail assembly
旋转演示试验 spin demonstration
旋转源法 rotating source method
旋转真空泵 rotary pump
漩涡 vortex
漩涡 vortices（复数）
选购项目报告 Selected Acquisition Report（SAR）
选通视频跟踪器 gated-video tracker（GVT）
选项 *n.* alternative
选项 option
选用运载体 selected vehicle
选择 *v.* select
选择 selection
选择标准 criteria for selection
选择方案 *n.* alternative
选择开关 selector
选择性可瞄准战斗部 selectively aimable warhead（SAW）
选择性抛投 selective jettison
选择性起爆延迟 selectable detonation delay
选择性识别特征 selective identification feature
选择性停止 （数控编程）optional stop
选择性卸载 selective off-loading
选择性卸载 （登陆作战）selective unloading
选择性装载 selective loading
选择因素 selection factor

xue

削减战略武器条约 strategic arms reduction treaty（START）
学科 academic discipline
学科 discipline
学说 doctrine
学徒工 apprentice
学习曲线 learning curve
雪花 snowflake

xun

寻边器 （用于确定参考边）edge finder
寻的 *v.* home（一般用 home on 或 home-in on）
寻的 homing
寻的器 target seeker
寻的式的 homing-type
寻的系统 homing system
寻的制导 homing guidance
寻的制导律 homing-guidance law
寻的制导系统 homing guidance system
寻的装置 homing device
寻热导引头 heat seeker
巡飞弹 loitering missile
巡飞弹药 loitering munitions
巡飞导弹 loitering missile
巡航导弹 cruise missile（CM）
巡航导弹保障局 Cruise Missile Support Agency（CMSA）
巡航导弹防御 cruise missile defense（CMD）
巡航动压 cruise dynamic pressure
巡航轨迹 cruise trajectory
巡航距离 cruise range
巡航马赫数 cruise Mach number
巡航速度 cruise speed
巡航推力 cruise thrust
巡航阻力 cruise drag
询问 debriefing
循环 cycle
循环启动按钮 （数控机床）cycle start button
循环切换电路 circulator
循环冗余校验 cyclical redundancy check（CRC）
训练 training
训练保障 training support
训练弹 Training Guided Missile（TGM）
训练弹 training missile
训练弹 training round
训练弹脐带电缆 training umbilical cable
训练弹脐带电缆插头块 training umbilical cable block
训练弹脐带电缆紧固带 training umbilical cable strap
训练弹脐带电缆组件插头 training umbilical cable assembly connector
训练弹脐带电缆组件连接器 training umbilical cable assembly connector
训练弹药/消耗性投放物 training munitions/expense stores
训练弹药/消耗性贮存品 training munitions/expense stores
训练弹战斗部 training warhead
训练发射 training firing
训练仿真设备 training simulation equipment
训练辅助手段 training aid

训练和地面搬运导弹 training and ground-handling missile
训练和地面搬运导弹 training and ground-handling round
训练和后勤保障 training and logistical support
训练活动 training exercise
训练基础设施 training infrastructure
训练能力 training capability
训练任务 training mission
训练软件 training software
训练设备 training equipment
训练设施 training facility
训练要求 training requirement
训练硬件 training hardware
训练用脐带电缆 training umbilical cable
训练用战斗部 training warhead
训练与战备监督 training and readiness oversight (TRO)
训练装置 training device
殉爆 sympathetic detonation

ya

压 *vt.* press
压板 pressure plate
压比 pressure ratio
压柄 knob
压舱物 ballast
压差 pressure difference
压差推力 pressure thrust
压倒性空中优势 air supremacy
压电舵机 piezoelectric actuator
压杆 pressure bar
压杆式固定夹 toggle clamp
压痕 dent
压痕 indentation
压环 pressure ring
压簧 compression spring
压降 pressure drop
压降速率 depressurization rate
压脚 foot
压接 crimping
压接工具 crimp tool
压接接头 （导线）splice
压接片 （导线）splice
压接钳 crimper
压接套管 splice sleeve
压接套管 swaging sleeve
压接装置 crimping jig
压紧带 holddown strap
压紧螺母 spanner nut
压紧盘 packing disc
压紧弹簧 pressure spring
压紧销 staking pin
压紧装置 latch
压紧组件锁扣 clamp assembly latch
压坑试验 （火工品）dent test
压垮过程 collapse process
压垮速度 collapse velocity
压力 pressure
压力泵组件 pressure pump unit
压力表 manometer（利用液柱测量流体的压差）
压力表 pressure gauge
压力表 pressure indicator
压力波 pressure wave
压力波动 pressure fluctuation
压力不平衡 pressure unbalance
压力测试仪 pressure tester
压力冲量 pressure impulse
压力传感器 pressure transducer
压力的温度敏感度 temperature sensitivity of pressure
压力的温度系数 temperature coefficient of pressure
压力地雷 pressure mine
压力分布图 pressure profile
压力感测组件 pressure probe assembly
压力构建 pressure buildup
压力管 pressure tube
压力盒 pressure cell
压力机 press
压力计 manometer（利用液柱测量流体的压差）
压力计 pressure gauge
压力控制 pressure control
压力控制面板 pressure control panel
压力口 pressure port
压力口堵头 pressure port plug
压力脉冲 pressure pulse
压力耦合波 pressure-coupled wave
压力耦合响应 pressure-coupled response
压力谱 pressure spectra
压力腔 pressure cell
压力扰动 pressure disturbance
压力扰动 pressure perturbation
压力容器 pressure vessel
压力入口 pressure inlet
压力入口接头 pressure inlet adapter
压力上限 upper pressure limit
压力-时间历程 pressure-time history
压力-时间曲线 pressure-time curve
压力-时间曲线图 pressure-time diagram
压力试验 pressure test
压力试验 pressure testing
压力试验接头 pressure test adapter
压力试验装置 pressure testing apparatus
压力释放 pressure release
压力输入/输出面板 pressure inlet/outlet panel
压力输送系统 pressure feed system
压力弹簧 pressure spring
压力调节器 pressure regulator
压力系数 pressure coefficient
压力系数计算 pressure-coefficient calculation
压力应力比 pressure-stress ratio
压力振荡 pressure oscillation
压力振动 pressure vibration
压力振动谱 pressure vibration spectrum

压力指示器 pressure indicator
压力指数 pressure exponent
压力中心 center of pressure
压敏胶带 pressure-sensitive tape
压模 die（用于制造金属零件）
压模 mold（主要为美国用法）
压模 mould（主要为英国用法）
压模模具制造工 die maker
压模铸造 die casting
压盘 pressure plate
压气机 compressor
压气机段 compressor section
压强 pressure
压强梯度 pressure gradient
压入销 staking pin
压实方法 compaction method
压缩 compression
压缩比 compression
压缩比 compression ratio
压缩波 compression wave
压缩氮气 compressed nitrogen
压缩挂载 compressed carriage
压缩挂载外形 （带有切梢弹翼和舵面）compressed carriage configuration
压缩机 compressor
压缩算法 reduction algorithm
压缩弹簧 compression spring
压缩形式 compressed form
压缩性 compressibility
压缩性效应 compressibility effects
压套 compression bushing
压头 （硬度试验）indenter
压头 （硬度试验）penetrator
压销 （把销子、插针等压入）staking
压销工具 staking tool
压心位置 center-of-pressure location
压心位置 location of the center of pressure
压药冲 compression pin
压药机 powder press
压药模 powder compression mold
压应力 compression stress
压应力计 pressure cell
压制 （太空作战）negation
压制 （加压成形）pressing
压制 suppression
压制箱 compression chamber
压制药柱 pressed charge
压装塑性粘结炸药 pressed PBX
压装塑性粘结炸药 pressed plastic bonded explosive
压装药 pressed charge
压装炸药 pressed explosive
押运员 supercargo
鸭舵 canard
鸭舵舵机 canard servo
鸭舵控制 canard control
鸭舵控制导弹 canard control missile
鸭式布局 canard configuration
鸭式舵面 canard fin
鸭式舵面 servo canard
鸭式控制 canard control
鸭式控制面 canard control surface
鸭式气动面 canard surface
鸭式前置翼面 canard foreplane
鸭式升力面 canard surface
鸭翼 canard
牙侧 （螺纹）flank
牙侧角 flank angle
牙底 （螺纹）root
牙底间隙 root clearance
牙顶 （螺纹）crest
牙顶间隙 crest clearance
牙科尖头镊子 dental pick
牙型厚度 （螺纹）thickness of thread
牙型角 （螺纹）thread angle
哑弹 dud
雅各布锥体 Jacobs taper
雅各布钻头卡 （即钥匙拧紧钻头卡）Jacobs-type drill chuck
雅各布钻头卡 （即钥匙拧紧钻头卡）keyed drill chuck
雅可比矩阵 Jacobian matrix
亚轨道的 suborbital
亚轨道飞行器 suborbital flight vehicle
亚轨道运载火箭 suborbital launch vehicle
亚轨道自主制导火箭 Suborbital Autonomous Rocket with Guidance（SARGE）
亚临界流 subcritical flow
亚声速 subsonic speed
亚声速的 subsonic
亚声速反巡航导弹威胁 subsonic anti-cruise missile threat
亚声速范围 subsonic regime
亚声速飞行 subsonic flight
亚声速飞行速度 subsonic flight velocity
亚声速空中目标 Sub-Sonic Aerial Target（SSAT）
亚声速空中目标 Subsonic Aerial Target（SSAT）
亚声速扩压器 subsonic diffuser
亚声速流 subsonic flow
亚声速流动 subsonic flow
亚声速马赫数范围 subsonic regime
亚声速碰撞 subsonic collision
亚声速气动阻力 subsonic drag
亚声速前弹体压差阻力 subsonic forebody pressure drag
亚声速巡航 subsonic cruise
亚声速巡航导弹 subsonic cruise missile
亚声速巡航武装假目标 Subsonic Cruise Armed Decoy

（SCAD）
亚声速巡航武装诱饵 Subsonic Cruise Armed Decoy （SCAD）
亚声速压差阻力 subsonic pressure drag
亚洲航空航天展览会 Asian Aerospace Show
氩气 argon
氩气 argon gas
氩气致冷剂瓶 argon coolant bottle
氩气致冷锑化铟导引头 argon gas cooled InSb seeker

yan

烟 fume（多指难闻或有害的）
烟 smoke
烟灰 soot
烟火的 pyrotechnic
烟火点火器 pyrotechnic igniter
烟火技术 pyrotechnics
烟火剂 *n.* pyrotechnic
烟火起爆药 pyrotechnic initiator charge
烟火信号装置 pyrotechnic signaling device
烟迹 smoke trail
烟迹可视化 smoke visualization
烟流脉线法 smoke streak line method
烟泡 smoke bubble
烟汽尾迹 smoke and vapor trail
烟雾弹发射器 smoke grenade launcher
烟雾发生器 smoke generator
烟雾-闪光战斗部 （用于训练弹，显示导弹遇靶情况） smoke-flash warhead
烟雾-闪光组合 （用于训练弹的战斗部，显示导弹遇靶情况） smoke-flash mix
烟雾性 smokiness
延长 elongation
延长 extension
延长件 extension
延迟 delay
延迟点火 delayed ignition
延迟阀 delay valve
延迟模式 delayed mode
延迟起爆指令 detonation delay command
延迟入役计划 （军事） delayed entry program （DEP）
延迟时间 delay time
延迟时间 （等待时间） latency
延迟线 delay line
延迟线发生器 delay line generator
延迟指令 DELAY command
延期药 （战斗部） delay
延伸 extension
延伸臂 extension arm
延伸出口锥 extendible exit cone （EEC）
延伸电缆 extension cable
延伸管 （发动机） blast tube
延伸件 extension
延伸喷管 extended nozzle
延时 delay
延时阀 delay valve
延时摄影 time-lapse photography
延时照相 time-lapse photography
延寿 life extension
延寿改装 service-life extension modification
延寿计划 Service Life Extension Program （SLEP）
延误 delay
延性 ductility
延性材料 ductile material
延性断裂 ductile fracture
延性铸铁 ductile cast iron
严格推导 rigorous derivation
严禁干扰的频率 （如涉及国际灾难求救、安全的频率） TABOO frequencies
严密设防的资产清单 defended asset list （DAL）
严重故障 critical failure
严重性等级 severity classification
沿长度方向 *adj. & adv.* lengthwise
沿干扰源寻的 Home on Jam （HOJ）
沿干扰源寻的制导 home-on-jam guidance
沿海岸的后勤保障 logistics over-the-shore （LOTS）
沿海控制 coastal sea control
沿…寻的 home-in on
沿…寻的 home on
研发 development
研发迭代 development cycle
研发循环 development cycle
研究、分析和仿真 Studies, Analysis and Simulation （SAS）
研究、技术与采办 research, technology, and acquisition （RT&A）
研究、开发、试验与鉴定 Research, Development, Test, and Evaluation （RDT&E）
研究与技术局 Research and Technology Agency （RTA）
研究与技术理事会 Research and Technology Board （RTB）
研究与技术组织 Research and Technology Organisation （RTO）
研究与开发 Research and Development （R&D）
研磨 *v.* grind（多指压碎、打碎）
研磨 *vt.* lap（多指对玻璃、宝石等的打磨）
研磨 lapping
研磨垫 abrasive mat
研磨剂 abrasive material
研制 development
研制标准型导弹 development standard missile
研制/初始作战试验与评估 Development/Initial Operational Test & Evaluation （D/IOT&E）
研制过程 development process

研制阶段 development phases
研制阶段 phases of development
研制、生产与工程服务 development, production and engineering services
研制试验 development test (DT)
研制试验 development testing (DT)
研制试验 developmental test (DT)
研制试验 Developmental Testing (DT)
研制试验与鉴定 development test and evaluation (DT&E; DTE)
研制试验与鉴定 Developmental Test and Evaluation (DT&E)
研制试验与鉴定纲要 DT&E outline
研制试验与评估 development test and evaluation (DT&E; DTE)
研制试验与评估 Developmental Test and Evaluation (DT&E)
研制试验/作战试验 development test/operational test (DT/OT)
研制型导弹 development standard missile
研制用遥测设备 development telemetry
研制指挥部 developing command
盐水 brine
盐雾 salt fog
盐雾 salt spray
盐雾试验 salt spray test
盐雾箱 salt fog chamber
衍射 diffraction
衍射的物理学理论 Physical Theory of Diffraction (PTD)
衍射光栅 diffraction grating
衍射极限 diffraction limit
衍射图样 diffraction pattern
衍射限制的 diffraction limited
衍射直径 diffraction diameter
掩蔽 mask
掩蔽物 obscurant
掩护 (军事上的身份假冒) cover
掩护 (军事上的实体遮挡) defilade
掩埋目标 buried target
掩模 mask
掩体 shelter
掩体目标 buried target
眼圈接合 eye joint
眼罩 eye shields
演练 demonstration
演练 rehearsal
演练阶段 rehearsal phase
演示 demonstration
演示验证 demonstration
演示验证弹 demonstrator
演示验证机 demonstrator
演示验证激光武器系统 Demonstrator Laser Weapon System (DLWS)
演示验证器 demonstrator
演示与验证 demonstration and validation (DEM/VAL; DEMVAL; DemVal)
演示与验证 Demonstration/Validation (D/V; Dem/Val)
演示与验证阶段 demonstration and validation phase
演示与验证试验 Dem/Val testing
演示与验证试验 demonstration and validation testing
演习 demonstration
演习 (军事) exercise
厌氧胶 anaerobic adhesive
厌氧粘结剂 anaerobic adhesive
验收 acceptance
验收标准 acceptance criteria (多指产品的)
验收标准 exit criteria (多指研制阶段或过程的)
验收检验 acceptance inspection
验收日期 acceptance date
验收试验 acceptance testing
验收指标 acceptance criteria
验证 *n. & vt.* proof
验证 verification
验证 *vt.* verify
验证板 (战斗部试验) witness panel
验证板 (战斗部试验) witness plate
验证板凹痕试验 witness plate dent test
验证过程 verification process
验证件 witness sample
验证阶段 (导弹研制) validation phase
验证、审核与确认 Verification, Validation and Accreditation (VV&A)
验证试验 proof test
验证试验 proof testing
验证试验 verification testing
验证与测试行动 Demonstration and Shakedown Operation (DASO)
验证与确认 Verification and Validation (V&V)
验证与审核 Verification and Validation (V&V)
验证载荷 proof load
验证载荷测试 proof load testing
燕尾槽铣刀 (只铣燕尾槽的斜面) dovetail cutter
燕尾导轨式刀具安装系统 (数控机床) dovetail tool-mounting system
燕尾形滑轨 dovetail-shaped slide

yang

阳极 anode
阳极 plate
阳极处理 anodizing
阳极镀层 anodic coating
阳极化 anodizing
阳极化表面 anodized surface

阳极化铝　anodized aluminum
阳极氧化　anodizing
阳极氧化装置　anodizing apparatus
杨氏模量　Young's modulus
佯动　（军事）demonstration
佯攻　feint
仰角范围　elevated range
仰视图　bottom view
氧　oxygen
氧化　oxidation
氧化层　oxide
氧化锆　zirconium oxide
氧化硅　silicon oxide
氧化剂　oxidant
氧化剂　oxidizer
氧化剂　oxidizing agent
氧化剂　oxidizing chemical
氧化剂　oxidizing reactant
氧化剂成分　oxidizer ingredient
氧化剂颗粒　oxidizer particle
氧化剂颗粒尺寸　oxidizer particle size
氧化剂-燃料比　oxidizer-to-fuel ratio
氧化铝　alumina
氧化铝　aluminum oxide
氧化铝衬套　alumina bushing
氧化铝砂布　aluminum oxide abrasive cloth
氧化铝砂布　aluminum oxide cloth
氧化铝陶瓷　alumina ceramics
氧化镍　nickel oxide
氧化皮　oxidation
氧化铍颗粒　beryllium oxide particle
氧化铅　lead oxide
氧化钛　titanium oxide
氧化铁　ferric oxide（FeO）
氧化铁　iron oxide
氧化物　oxide
氧气　oxygen
氧燃比　ratio of oxidizer to fuel
样板　template
样板刀具　form tool
样本　catalog（指产品目录或清单）
样本　sample（指样品、试样）
样本计算　sample calculation
样本手册　cataloging handbook
样本数量　sample size
样本总数　population
样弹　prototype missile
样规　template
样机　mock-up
样机　mockup
样机　prototype（多指用于进行全面评估的）
样机试验弹　prototype test vehicle
样机演示验证　prototype demonstration
样件　specimen
样品材料　sample material
样品电阻　sample resistance
样品加热器　sample heater
样式　pattern

yao

摇摆　swing
摇臂　bellcrank（指双摇臂）
摇臂　rocker arm
摇臂止动块　bellcrank stop
摇臂钻床　drill press
摇杆　rocker
摇杆式刀柄　rocker-type toolholder
摇杆式刀杆　rocker-type toolholder
摇杆式刀架　rocker-type tool post
遥测　telemetry（TM；TLM）
遥测参数　telemetry parameter
遥测舱　telemetry section
遥测单元　telemetry unit
遥测弹　instrumented missile
遥测弹　telemetry-configured missile
遥测弹　telemetry missile
遥测弹　telemetry round
遥测地面站　telemetry ground station
遥测电缆　telemetry cable
遥测发射机　telemetry transmitter
遥测发射机　TM transmitter
遥测格式定义　telemetry format definition
遥测格式确定　telemetry format definition
遥测、跟踪与指挥　Telemetry, Tracking and Command（TT&C）
遥测管　telemetry tube
遥测接口　telemetry interface
遥测接收机　telemetry receiver
遥测精度　telemetry accuracy
遥测链路　telemetry link
遥测设备　telemetry equipment
遥测试验弹　Instrumented Test Vehicle（ITV）
遥测数据　telemetry data
遥测系统　telemetry system
遥测系统容量　capacity of telemetry system
遥测系统数字格式　telemetry digital format
遥测战斗弹　telemetry operational missile
遥测站　telemetry station
遥测终端设备　telemetry terminal equipment
遥测装置　telemetry device
遥测/自毁单元　telemetry/break-up unit
遥测组件　telemetry kit
遥测组件　telemetry pack
遥测组件　telemetry unit
遥控　remote control

遥控发射 launch on remote (LOR)
遥控飞机 remotely piloted air system (RPAS)
遥控飞机 remotely piloted aircraft (RPA)
遥控飞行器 remotely piloted vehicle (RPV)
遥控空中系统 remotely piloted air system (RPAS)
药槽 slot in grain
药盒点火器 powder can igniter
药浆浇注 slurry casting
药孔凹陷 (发动机装药) perforation valley
药孔尖端 (发动机装药) perforation tip
药孔面积 (发动机) port area
药粒 pellet
药粒篓式点火器 pellet basket igniter
药形 grain
药形 grain geometry
药形方案 grain alternative
药形设计 grain design
药形选择 grain alternative
药型罩 liner
药型罩壁厚 liner thickness
药型罩角度 liner angle
药型罩结构 liner configuration
药型罩密度 liner density
药型罩微元 liner element
药型罩形状 liner shape
药型罩压垮 liner collapse
药型罩压垮速度 liner collapse velocity
药型罩直径 liner diameter
药柱 explosive billet (战斗部的)
药柱 grain
药柱 pellet (小药柱,主要用于发动机点火和战斗部扩爆)
药柱表面粗糙度 grain surface roughness
药柱的压制 explosive charge pressing
药柱端面 grain end
药柱环境温度 ambient grain temperature
药柱几何形状 grain geometry
药柱结构 grain structure
药柱结构完整性 grain structural integrity
药柱孔 grain perforation
药柱设计 grain design
药柱退料器 pellet ejector
药柱形状 grain configuration
药柱应力 grain stress
药柱装填 grain installation
药柱装填方式 grain installation
要点防御 point defense
要点防御系统 point defence system
要求 requirement (reqmt)
要求的安全系数 required factor of safety
要求的导航性能 required navigation performance (RNP)
要求的可用产品 Required Assets Available (RAA)
要求的可用资产 Required Assets Available (RAA)
要求的熟练程度 required proficiency level (RPL)
要求的熟练等级 required proficiency level (RPL)
要素 element
钥匙 key
钥匙拧紧钻头卡 keyed drill chuck

ye

耶路撒冷十字形单元 Jerusalem cross element
也称为 also known as
冶金学 metallurgy
野兽模式 (非隐身配置,内部和外部挂载) Beast Mode
野外 field
野外发电 field-generated electricity
野鼬鼠 (美国退役的战斗轰炸机) Wild Weasel
野战局 Field Operating Agency (FOA)
野战榴弹炮 field howitzer
野战炮兵 field artillery (FA)
业界 community
业务 activity
业务 business
业务 operation
业务 service
业务范围 portfolio
业务管理 business management
业务领域 portfolio
业务领域管理协议 Portfolio Management Agreement (PMA)
叶片 blade (多指螺旋桨的)
叶片 vane (多起稳定、导流或感测作用)
页面 (数控加工中用于输入或显示数据) page
曳光管点火 flare ignition
曳光管点火测试 flare ignition test
夜间低空导航与红外瞄准系统 Low Altitude Navigation and Targeting Infrared for Night (LANTIRN)
夜间地形跟随飞行 night-time terrain-following flight
夜间交战能力 night-time capability
夜间能力 night-time capability
夜间水面作战 night water operations (NWO)
夜间作战 night operation
夜视 night vision
夜视成像系统 night vision imaging system
夜视兼容的 night vision-compatible
夜视镜 night vision goggles (NVG)
夜视眼镜 night vision goggles (NVG)
夜视装置 night vision device (NVD)
液氮 liquid nitrogen (LN)
液氮温度 liquid nitrogen temperature
液氮致冷 liquid-nitrogen cooling
液滴 droplet
液滴 liquid droplet

液氦 liquid helium（LHe）
液化推进剂 liquefied propellant
液晶显示器 Liquid Crystal Display（LCD）
液流 flow
液流 stream
液面传感器 liquid level sensor
液氖 liquid neon
液态 liquid
液态基体多聚物 liquid binder polymer
液态泡沫 liquid froth
液体 liquid
液体侧向喷注 liquid side injection
液体浓度 fluid concentration
液体喷射推力矢量控制 liquid injection thrust vector control（LITVC）
液体喷射推力矢量控制 liquid injection TVC
液体喷注推力矢量控制 liquid injection thrust vector control（LITVC）
液体喷注推力矢量控制 liquid injection TVC
液体燃料冲压发动机 liquid-fuel ramjet
液体燃料剩余 outage
液体调节装置 Liquid Conditioning Unit（LCU）
液体推进剂 liquid propellant
液体推进剂冲压发动机 liquid-propellant ramjet motor
液体推进剂火箭助推器 liquid-propellant rocket booster
液体增塑剂 liquid plasticizer
液烃燃料 liquid hydrocarbon fuel
液烃燃料冲压发动机 liquid hydrocarbon fuel ramjet
液压储油罐 hydraulic reservoir
液压的 hydraulic
液压动力装置 Hydraulic Power Unit（HPU）
液压舵机 hydraulic actuator
液压缸 cylinder
液压挂弹车 hydraulic missile loader
液压机械系统 hydro-mechanical system
液压驱动框架系统 hydraulic-actuated gimbal system
液压系统 hydraulic system
液压系统 hydraulics
液压油排泄堵头 hydraulic oil exhaust plug
液压执行机构 Hydraulic Actuation System（HAS）
液压装置 hydraulics
液压组合 hydraulic group

yi

一 unity
一般的 general
一般方法 general method
一般工程 general engineering（GE）
一般货物 general cargo
一般军事情报 general military intelligence（GMI）
一般配合 general fit
一般配合 medium fit
一般配合 standard fit
一般商品 common item
一般直径效应 general diameter effect
一串 string
一次操作、多处润滑系统 one-shot lubrication system
一次操作、多处润滑系统 one-shot oiling system
一次发射费用 cost per shot
一次进给距离 （磨削加工）stepover
一次军事空运行动 （一架或多架飞机的）movement
一次咔哒声 （旋钮）click
一次燃烧区 primary combustion zone
一次生产量 batch
一次性产品 throw-away
一次性的 expendable（指消耗性的）
一次性的 non-recurring（多指成本、费用、服务）
一次性的 nonrecurring（多指成本、费用、服务）
一次性的 one-shot（多指动作、行为等只发生一次）
一次性工程支持 non-recurring engineering support
一次性空中目标 expendable aerial target（EAT）
一次性器件 one-shot device
一次性使用器件 one-shot device
一次性使用装置 expendable device
一次性投放装置 expendable device
一次性有源诱饵弹 expendable active decoy（EAD）
一次烟 primary smoke
一次装填量 load
一等兵 （美国空军）airman, first class
一滴 bead
一端 （合格/不合格圆柱塞规）member
一队 party
一对一 one-on-one
一对一 1-versus-1
一发弹药 （包括炮弹、火箭弹、导弹等）round
一方 party
一分为二的 bisected
一个固体推进剂药柱 pulse
一个或多个脉冲的概率 probability of one or more pulses
一股 bead
一股胶 bead
一股气 puff
一股烟 puff
一级司令部 major command（MAJCOM）
一级维护 first-level maintenance
一价磷酸钠 monobasic sodium phosphate
一阶估算 first-order estimate
一阶矩 first moment
一阶振型弹体弯曲频率 first mode body bending frequency
一揽子交易合同 package
一年合同 single-year contract
一体化 integration
一体化产品设计方法 integrated product design

approach
一体化的 all-in-one
一体化的 integrated
一体化防空模块 all-in-one air defence module
一体化防御性和进攻性作战 integrated defensive and offensive operation
一体化火控网络 integrated fire control network (IFCN)
一体化金融行动 integrated financial operations (IFO)
一体化空中加油机分队部署 integral tanker unit deployment (ITUD)
一体化碰撞引信 integral impact fuze
一体化物资管理 integrated materiel management (IMM)
一体化显示头盔 Integrated Display Helmet
一体化消耗品保障系统 integrated consumable item support (ICIS)
一体化装备管理 integrated materiel management (IMM)
一体式 all-in-one
一体式 integral (多指整体的)
一体式 integrated
一体式 monolithic (多指整体的、块体的)
一体式弹翼卡座 integrated wing restraint
一体式喉部收敛段 integral throat/entrance (ITE)
一体式喉部收敛段喷管 ITE nozzle
一体式设计 all-in-one design
一维流 one-dimensional flow
一维问题 one-dimensional problem
一维性能关系式 one-dimensional performance relation
一维运动 one-dimensional motion
一箱两弹设计 two-in-the-pod design
一小部分 fraction
一氧化氮 nitric oxide (NO)
一氧化碳 carbon monoxide
一致 unity
一致性 coherence
一致性 uniformity
一致性偏置不确定性分布 uniform bias uncertainty distribution
一致性衍射理论 Uniform Theory of Diffraction (UTD)
一字螺丝刀 flathead screwdriver
一字螺丝刀 slotted-head screwdriver
一字螺丝刀 slotted screwdriver
一字螺丝刀 straight screwdriver
一组 party
一组炮 battery
"伊拉克自由"军事行动 Operation IRAQI FREEDOM (OIF)
伊朗航空航天工业组织 Iran Aerospace Industries Organization (IAIO)
伊朗伊斯兰共和国海军 Islamic Republic of Iran Navy (IRIN)
伊朗伊斯兰共和国空军 Islamic Republic of Iran Air Force (IRIAF)
医疗调度 medical regulating
医疗服务人员 health care provider
医疗规程 medical treatment protocol
医疗规定 medical treatment protocol
医疗后勤保障 medical logistics support
医疗后勤保障管理中心 Medical Logistics Management Center (MLMC)
医疗监视 medical surveillance
医疗控制中心 medical control center (MCC)
医疗情报 medical intelligence (MEDINT)
医疗设施 medical treatment facility (MTF)
医疗调配 medical regulating
医配眼镜 (如近视镜、老花镜) prescription glasses
依法扣留 seizure
依赖 dependence
依赖性 dependence
铱系统卫星 iridium satellite
仪表 instrument
仪表读数 gauge reading
仪表飞行气象条件 instrument meteorological conditions (IMC)
仪表进场着陆程序 instrument approach procedure
仪表设备 instrumentation
仪表式测力计 instrument scale
仪表式天平 instrument scale
仪表误差 instrument error
仪表系统 instrumentation system
仪表着陆系统 instrument landing system (ILS)
仪器 apparatus
移测显微镜 travelling microscope
移动 motion
移动 movement
移动 (刀具头) walking
移动壁面效应 moving-wall effect
移动存储器件 removable storage device
移动存储装置 removable storage device
移动导弹发射架 mobile missile launcher
移动的 mobile
移动发射车 mobile launcher vehicle
移动喇叭(天线) moving horn
移动拦截干扰装置 Mobile Intercept Jamming Asset (MIJA)
移动陆基面空导弹 mobile ground-based SAM
移动目标 mobile target
移动目标 moving target
移动目标交战能力 moving target engagement capability
移动目标显示 Moving Target Indication (MTI)
移动目标显示改善因子 MTI improvement factor
移动目标显示雷达的盲速 MTI radar blind speed

移动目标指示 Moving Target Indication (MTI)
移动目标指示器 moving target indicator (MTI)
移动式电源调节装置 Mobile Power Conditioning Unit (MPCU)
移动式火炮系统 mobile artillery system
移动式雷达和通信仿真试验车 Transportable Radar and Communications Simulation Van (TRACSVAN)
移动式中程导弹 mobile intermediate range missile (MIRM)
移动四联装发射架 mobile four-round launcher
移动台天线 mobile station antenna
移动通信天线 mobile communication antenna
移动卫星服务 mobile satellite service (MSS)
移动战术火箭发射系统 mobile tactical rocket launch system
遗传算法 genetic algorithm
遗传算法螺旋 genetic algorithm helix
乙二醇 ethylene glycol
乙二酰二胺 oxamide (OXM)
乙基燃料稳定剂 ethyl centralite (EC)
乙基中定剂 ethyl centralite (EC)
乙醛 aldehyde
乙炔 acetylene
已安装系统试验设施 Installed System Test Facility (ISTF)
已定价合同 priced contract
已挂装武器试验 installed weapon test
已经交付的 already-delivered
已装软件 residing software
以产品为导向的 product-oriented
以观察者为中心的视差 topocentric parallax
以观察者为中心的坐标 topocentric coordinate
以火箭发动机为动力的导弹 rocket-powered missile
以技术为导向的 technology-oriented
以可靠性为中心的维护 Reliability-Centered Maintenance (RCM)
以色列导弹防御机构 Israel Missile Defense Organization (IMDO)
以色列国防部 Israeli Defense Ministry
以色列国防军 Israel Defense Forces (IDF)
以色列航空航天工业公司 Israel Aerospace Industries (IAI)
以色列空军 Israel Air Force (IAF)
以色列助推段拦截系统 Israeli Boost-phase Intercept System (IBIS)
以速度换隐身 stealth by speed
以太网通信 Ethernet communication
以网络为中心的 net-centric
以制裁反击美国敌人法案 Countering America's Adversaries Through Sanctions Act (CAATSA)
钇铝石榴石 （一种激光器的工作物质）yttrium aluminum garnet (YAG)
艺术性天线 artistic antenna
议定书 protocol
异丙醇 isopropyl alcohol
异常飞行 erratic flight
异常回波 angels
异常情况 anomaly
异常情况 irregularities
异常现象 irregularities
异氟尔酮二异氰酸酯 isophorone diisocyanate (IPDI)
异机种空战训练 dissimilar air combat training (DACT)
异物 foreign material
异物 foreign matter
异物 foreign object
抑制 suppression
抑制剂 inhibitor
抑制剂 suppressant
抑制药 suppressant
译码 decoding
译码 decryption
译码器 decoder
易爆材料 explosive material
易点火性 ignitability
易感性 susceptibility
易燃材料 flammable material
易燃的 flammable
易燃性危险 flammability hazard
易燃液体罐 safety can
易熔的 fusible
易受电磁辐射影响的军械 HERO SUSCEPTIBLE ordnance
易碎堵盖 frangible port
易碎性 （砂轮磨粒）friability
易损面积 vulnerable area
易损区域 vulnerable area
易损区域方法 （目标易损性建模）vulnerable-area approach
易损性 vulnerability
易损性评估 vulnerability assessment (VA)
易损性试验设施 Vulnerability Test Facility (VTF)
易损性数据 vulnerability data
益处 advantage
益处 benefit
意大利空军 Aeronautica Militare Italiana (AMI)
意图 purpose
意外点火 accidental firing
意外点火 accidental ignition
意外点火 inadvertent ignition
意外点火 unintended ignition
意外火花 unintended spark
意外目标 target of opportunity
意外投放 inadvertent release
溢出 *n.* & *v.* overflow
溢出 *n.* & *v.* spill

溢流冷却液 flood coolant
溢流系统 （施加切削液的一种方式）flood system
翼根 wing root
翼尖 wing tip
翼尖 wingtip
翼尖发射架 wingtip launcher
翼尖挂点 wing-tip station
翼尖挂载 wingtip carriage
翼尖配重 ballast tip
翼肋 rib
翼肋 wing rib
翼梁 （沿展向的）spar
翼面 wing
翼面安装 wing attachment
翼面安装 wing installation
翼面安装加强肋 wing rib
翼面安装孔 wing hole
翼面安装螺钉 wing attaching screw
翼面安装螺钉 wing attachment screw
翼面安装座 wing socket
翼面包装箱 wing container
翼面保险销 Wing Safing Pin（WSP）
翼面对准螺钉 wing alignment screw
翼面对准销 wing alignment pin
翼面法向力系数 normal force coefficient of the wing
翼面根部 wing base
翼面功能检测 wing functional test
翼面和舵面的拆卸/更换 removal/replacement of wings and fins
翼面盒 wing container
翼面积 wing area（WA）
翼面螺钉 wing screw
翼面面积 wing surface area
翼面配装检查 wing fit check
翼面平面面积 wing surface planform area
翼面-尾翼-弹体布局 wing-tail-body configuration
翼面止动螺钉 wing stop screw
翼面组件 wing assembly
翼片边缘涡流强度特性 fin-edge vorticity characteristics
翼前沿后掠角 wing leading edge sweep angle
翼前沿截面角 wing leading edge section angle
翼前缘后掠角 wing leading edge sweep angle
翼前缘截面角 wing leading edge section angle
翼梢小翼 winglet
翼套挂架 glove pylon
翼套挂架 wing glove pylon
翼体 wing frame
翼下挂架 under-wing pylon
翼下挂架挂点 under-wing pylon station
翼下挂载 under-wing suspension
翼下挂载 underwing carriage
翼下悬挂 under-wing suspension
翼下轴对称进气道 underwing axisymmetric inlet
翼弦 chord
翼形飞机 wing-shaped plane
翼形头螺栓 wing-headed bolt
翼型 airfoil
翼展 wing span（WS）
翼展 wingspan
翼轴 wing shaft
翼轴 wing stud
翼轴键槽 stud keyway
翼轴孔 wing shaft hole
翼轴套 wing hub
翼柱形 finocyl
翼柱形药柱 finocyl grain
翼组件 wing kit

yin

因变量 dependent variable
因补给短缺导致不能完成指定任务的物资状况 not mission capable，supply（NMCS）
因果关系 causal linkage
因果联系 causal linkage
因康镍超级合金 Inconel super alloy
因康镍合金 Inconel
因人而异的教育 developmental education（DE）
因数 factor
因素 consideration（指考虑因素）
因素 factor
因子 factor
阴极 cathode
阴极射线管 Cathode Ray Tube（CRT）
阴影线 crosshatch
阴影线面积 crosshatched area
音频 audio
音频放大器 audio amplifier
音响 audio
音响发生器 tone generator
音响提醒 aural alert
音响信号 audio signal
音响信号 audio tone
音响信号 tone
音响信号系统 audio signal system
铟柱 indium bump
引爆 detonation
引爆点 detonation point
引爆点 point of detonation
引爆电路 firing circuit
引爆开关 firing switch
引爆面 detonation surface
引爆模型 fusing model
引爆器 trigger
引爆系统 firing system

引爆系统 fuzing
引爆系统 fuzing system
引爆装置 explosive device
引导 guide
引导伞 drogue parachute
引导文件 boot file
引脚 pin
引入 cut-in
引入 insertion
引入 introduction
引线 feedthrough
引线 lead
引线电阻 lead resistance
引线接合 wire bonding
引信 fuse（同 fuze，但没有 fuze 常用）
引信 fusing
引信 fuze
引信安装孔 fuze well
引信保护盖 target detector protective cover
引信保护盖 TD protective cover
引信测试仪 fuze tester
引信传爆管 fuze booster
引信传爆序列 fuze explosive train
引信窗口 target detector window
引信单元 fuze unit
引信断开（信号） FUZE OUT
引信检测 fuze test
引信交会试验 fuze encounter test
引信脉冲 fuze pulse
引信盲区 fuze blind zone
引信模拟装置 fuze analog
引信启动 fuze initiation
引信启动概率 fuze initiation probability
引信起爆 fuze initiation
引信起爆延迟 fuze initiation delay
引信试验弹 fuze test vehicle
引信试验设施 fuze test facility
引信室 fuze well
引信天线 fuze antenna
引信天线保护罩 fuze antenna protective cover
引信天线方向图 fuze antenna pattern
引信天线护罩 fuze antenna hood
引信系统 fuzing
引信系统 fuzing system
引信选项 fuze option
引信延迟 fuze delay
引信与发射安全开关 （一般简称为微动开关）fuzing and firing safety switch
引信与发射保险开关 （一般简称为微动开关）fuzing and firing safety switch
引信组件 fuze assembly
引信作用区 fuze action zone
引言 introduction
引诱 diversion
引战舱 armament section
引战舱 warhead group
引战模型 fusing model
引战配合 fuze/warhead matching
引战系统 armament system
引战系统 fuzing
引战系统 fuzing system
引战系统试验设备 Armament Systems Test Equipment（ASTE）
引战组件 armament
隐蔽行动 covert operation
隐蔽锥扫 conical scan on receive only（COSRO）
隐藏缺陷 hidden void
隐含任务 implied task
隐身靶机 stealth target drone
隐身飞机 stealth aircraft
隐身飞机 stealthy aircraft
隐身轰炸机 stealth bomber
隐身技术 stealth technology
隐身空中目标 stealth aerial target
隐身空中目标演示验证器 stealth aerial target demonstrator
隐身能力 stealth capability
隐身特性 stealth characteristics
隐身亚声速巡航导弹 stealthy subsonic cruise missile
隐身战斗机 stealth fighter
隐形天线罩 stealth radome
印度航空展 Aero India
印度空间研究组织 Indian Space Research Organisation（ISRO）
印度空军 Indian Air Force（IAF）
印度斯坦航空工业有限公司 Hindustan Aeronautics Limited（HAL）
印度洋-太平洋地区 Indo-Pacific region
印刷 *v.* print
印刷巴仑 printed balun
印刷电路 printed circuit（PC）
印刷电路板 printed circuit board（PCB）
印刷基片 printed substrate
印太地区 Indo-Pacific region
印太司令部 （美国）Indo-Pacific Command
印制 *v.* print
印制板 card
印制板侧支架 cards side support
印制板固定板 cards locker
印制板固定件 cards fastener
印制板基座 cards base
印制板支座 cards holder
印制板支座基板 cards holder base
印制电路板 PC card
印制电路板 printed circuit board
印制电路板 printed circuit card

印制线路板 printed wiring board

ying

英尺 feet（ft）(复数)
英尺 foot
英尺/分 feet per minute（FPM）
英尺/秒 feet per second（FPS）
英尺烛光 （照度单位）foot candle
英尺烛光 （照度单位）foot-candle
英寸 inch
英寸/槽 inches per tooth（IPT）
英寸/齿 inches per tooth（IPT）
英寸/分钟 inches per minute（IPM）
英寸/转 inches per revolution（IPR）
英国 United Kingdom（UK; U. K.）
英国热量单位 British thermal unit（Btu）
英国水下试验和评估中心 British Underwater Test and Evaluation Centre（BUTEC）
英里 mile
英制 English system
英制 inch system
英制工程(系统) English Engineering（EE）
英制刻度尺 English rule
英制系列螺纹 inch series thread
英制游标尺 English vernier scale
鹰狮 （瑞典研发的战斗机）Gripen
鹰式无源/有源告警生存系统 Eagle Passive/Active Warning Survivability System（EPAWSS）
鹰眼 （美国 E-2 预警机）Hawkeye
迎角 angle of attack（AOA）
迎面面积 frontal area
迎头的 head-on
迎头方位 head-on aspect
迎头攻击 head-on attack
迎头攻击 head-on intercept
迎头攻击能力 head-on attack capability
迎头交战 head-on engagement
迎头截击 head-on intercept
迎头拦截 head-on intercept
迎头探测 head-on detection
盈利能力 profitability
营登陆队 battalion landing team（BLT）
营销机构 marketing agency
营销资料 marketing material
营业收入 revenue
营运 operation
影响 effect
影响 influence
影响参数 driver
影响地域 area of influence
影响活动 influence operations（IO）
影响因素 driver
应变 strain
应变场 strain field
应变缓解挂钩 strain relief hook
应变计划 （军事）branch
应变计划 （军事）contingency plan（CONPLAN）
应变率 strain rate
应变率强化 strain rate hardening
应变耐久试验 strain endurance test
应变强化 strain hardening
应变仪 strain gauge
应变硬化 strain hardening
应变增量 incremental strain
应答机 transponder
应对方案 exit plan
应急保障职能 emergency support functions（ESF）
应急程序 emergency procedures（EP）
应急程序评估 emergency procedures evaluation（EPE）
应急的 emergency
应急发射 emergency launch
应急发射指令 emergency launch command
应急工程管理组织 contingency engineering management organization
应急合同 contingency contract
应急合同管理军官 contingency contracting officer（CCO）
应急合同签订 contingency contracting
应急计划 contingency plan（CONPLAN）
应急计划制订指南 Contingency Planning Guidance（CPG）
应急抛投 emergency jettison
应急抛投发电机电路 emergency jettison generator circuit
应急情况 contingency（指有可能发生的意外情况）
应急情况 emergency（指需要马上处置的紧急情况）
应急套筒夹头 （可加工至所需尺寸）emergency collet
应急投放 emergency jettison
应急投放试验 （发动机没有点火）jettison test
应急响应大队 contingency response group（CRG）
应急响应小分队 contingency response element（CRE）
应急响应中队 contingency response squadron（CRS）
应急行动 contingency operation
应急行动规程 emergency actions procedures（EAP）
应急行动委员会 emergency action committee（EAC）
应急行动中心 emergency operations center（EOC）
应急修理 emergency repair
应急邮政编码 contingency ZIP Code
应急预案 emergency preparedness（EP）
应急预案联络官 emergency preparedness liaison officer（EPLO）
应急战备 emergency preparedness（EP）
应急战备联络官 emergency preparedness liaison officer（EPLO）
应急驻地 contingency location

应急驻扎 contingency basing
应急作战 contingency operation
应急作战的人员支援 Personnel Support for Contingency Operations (PERSCO)
应急作战地理空间情报基地 geospatial-intelligence base for contingency operations (GIBCO)
应急作战中心 emergency operations center (EOC)
应力 stress
应力波 stress wave
应力等级 stress level
应力分量 stress component
应力分析 stress analysis
应力腐蚀 stress corrosion
应力集中 stress concentration
应力均衡结构 balanced stress structure
应力率 stress rate
应力偏量第二不变量 second invariant of stress deviator
应力筛选 stress screen
应力矢量 stress vector
应力释放的 stress-relieving
应力释放片 stress relief flap
应力水平 stress level
应力松弛模量 stress relaxation modulus
应力速率 stress rate
应力-应变历程 stress-strain history
应力-应变曲线 stress-strain curve
应力-应变数据 stress-strain data
应力增量 incremental stress
应力张量 stress tensor
应用 application
应用程序 utility
应用飞行器技术组 Applied Vehicle Technology Panel (AVT)
应用软件 application software
应用软件 applications software
应用物理实验室 （约翰霍普金斯大学）Applied Physics Laboratory (APL)
映射 mapping
硬背碳钢锯条 hard back carbon steel blade
硬底工作鞋 hard-soled work shoes
硬度 （砂轮）grade
硬度 hardness
硬度表 hardness scale
硬度测试 hardness testing
硬度等级 hardness level
硬度计 hardness scale
硬度试验 hardness testing
硬工装 hard tooling
硬化 hardening
硬化齿锯条 carbide tooth blade
硬化发射场地 hard stand
硬件 hardware
硬件和软件升级 hardware and software upgrade
硬件集成 hardware integration
硬件技术规范 hardware specification
硬件技术要求 hardware specification
硬件交付 hardware delivery
硬件接口 hardware interface
硬件适配器 hardware adapter
硬卡口 （台钳）hard jaws
硬壳式结构 monocoque
硬目标空腔感测引信 Hard Target Void Sensing Fuze
硬目标侵彻战斗部 hard target penetrator warhead
硬钎焊 brazing
硬钳口 （台钳）hard jaws
硬杀伤 hard kill
硬杀伤的 hard-kill
硬杀伤防御辅助系统 Hard Kill Defensive Aid System (HK-DAS)
硬杀伤系统 hard kill system
硬式充气艇 Rigid Inflatable Boat (RIB)
硬头钢质榔头 hard-headed steel hammer
硬线连接 hardwiring
硬橡胶 hard rubber
硬脂酸 stearic acid
硬脂酸钡 barium stearate
硬脂酸铅 lead stearate (PbSt)
硬脂酸铜 copper stearate (CuSt)
硬脂酸盐 stearate
硬质合金刀具 carbide cutting tool
硬质合金镶刃刀具 carbide inserted tooling
硬质合金压球 （布氏硬度试验）tungsten carbide ball

yong

拥挤环境 congested environments
拥塞环境 congested environments
拥有费用 （包括采购、使用和维护费用）cost of ownership
壅塞 choke
壅塞喷管 choked nozzle
壅塞质量流率 choked mass flow rate
壅塞状态 choking condition
永久变形 permanent set
永久磁铁 permanent magnet
永久性结构化合作 （欧盟）Permanent Structured Cooperation (PESCO)
永久性空军基地 （也称为常驻基地）garrison
永久性驻地 enduring location (EL)
永久真空 permanent vacuum
用标准校验 *vt.* standardize
用锉打磨 filing
用阀调节 *vt.* valve
用恒定表面速度编程 （数控车床）constant surface speed programming
用恒定表面速度编程 （数控车床）CSS programming

用户 customer
用户 user
用户等待时间 customer wait time（CWT）
用户界面 user interface
用户群 user community
用户直递 customer direct（CD）
用铰链连接 *v.* hinge
用近炸引信引爆 proximity fusing
用卡箍夹紧 clamping
用卡环固定 clamping
用卡夹固定 *vt.* clip
用榔头尖敲打 *vt.* peen
用脑技能 mental skill
用喷涂模板喷涂 *vt.* stencil
用色标指示的 color-coded
用手指拧紧 *adj. & adv.* finger tight
用途 purpose
用于飞行试验的飞行器 flight-test vehicle
用于经济可承受任务的先进涡轮技术(项目) Advanced Turbine Technologies for Affordable Mission
用于评估与试验的机载传感器系统 （洛克希德·马丁公司）airborne sensor system for evaluation and test（ASSET）

you

优等材料 good-grade material
优势 advantage
优势 edge
优势 overmatch
优先 priority
优先防卫资产清单 （军事）defended asset list（DAL）
优先级标志符 priority designator（PD）
优先考虑的事 priority
优先情报需求 priority intelligence requirements（PIR）
优先权 precedence
优先权 priority
优先顺序 priority
优选 downselect
优选的 preferred
优选系统配置 preferred system configuration
幽灵 （美国 B-2 重型隐身轰炸机）Spirit
尤马试验场 （美国）Yuma Proving Ground
由电池供电的装置 battery-powered setup
由可见度函数重构的源分布 source distributions from visibility functions
油杯 oil cup
油淬硬化 oil hardening
油封旋转真空泵 oil-sealed rotary pump
油画笔 artist brush
油画刷 artist brush
油扩散泵 oil diffusion pump
油类切削液 oil-based cutting fluid
油料 petroleum, oil, and lubricants（POL）
油流 oil flow
油轮 tanker
油面高度 （机油箱）oil level
油面检查杆 （机油箱）dipstick
油绳 （润滑用）wick
油位表 oil level gage
油箱 tank（TK）
油箱抛投单元 fuel tank jettison unit
油压计 oil manometer
油浴 oil bath
游标测量工具 vernier measuring tool
游标尺 （游标卡尺的）vernier scale
游标卡尺 vernier caliper
游标量角器 vernier bevel protractor
游标量角器 vernier protractor
游击队 guerrilla force
游隼 （雷神技术公司新研的轻型中距空空导弹;土耳其研制的近距空空导弹）Peregrine
友方人员 friendly
友军人员 friendly
友善环境 permissive environment
有安全保障的 failsafe
有编号的海滩 numbered beach
有编号的航空队 numbered air force（NAF）
有编号的舰队 numbered fleet
有编号的远征航空队 numbered expeditionary air force（NEAF）
有倒角的一端 chamfered end
有动力飞行 power-on flight
有动力飞行 powered flight
有动力制导飞行 powered guided flight
有毒的 poisonous
有毒的 toxic
有毒工业材料 toxic industrial material（TIM）
有毒工业放射性物质 toxic industrial radiological（TIR）
有毒工业化学品 toxic industrial chemicals（TIC）
有毒工业生物制品 toxic industrial biological（TIB）
有毒气体 toxic gas
有毒推进剂 toxic propellant
有毒尾流 toxic plume
有毒羽流 toxic plume
有方向性的 directive
有故障导弹 malfunctioning missile
有故障的 defective
有故障的 malfunctioning
有害破片 hazardous fragment
有害组分 hazardous ingredient
有机玻璃 Perspex
有机玻璃 Plexiglas
有机的 organic
有机燃料 organic fuel

有机酸 organic acid
有机硝酸酯 organic nitrate
有机氧化剂 organic oxidizer
有机预聚合物 organic prepolymer
有肩螺钉 shoulder screw
有剪裁的使用 tailored use
有孔的 porous
有利发射时机 launch window
有利条件 leverage
有缺陷的 defective
有人机动目标 manned manoeuvring target
有人机-无人机组队 manned-unmanned teaming
有人机-无人机组队对空作战 manned-unmanned teaming counterair operations
有人机-无人机组队能力 manned-unmanned teaming capability
有人机-无人机组队作战 manned-unmanned teaming operations
有人加油机 manned tanker
有人驾驶飞机 manned aircraft
有人驾驶飞机 piloted aircraft
有人驾驶飞行仿真 Manned Flight Simulation (MFS)
有人驾驶作战飞机 manned combat aircraft
有色金属 nonferrous metal
有使用寿命的构件 life-limited component
有使用寿命的元器件 life-limited component
有双发动机的 twin-engined
有头销 headed pin
有推力的 propulsive
有限差分逼近 finite difference approximation
有限差分法 finite difference method
有限差分解 finite-difference solution
有限差分时域 Finite Difference Time Domain (FDTD)
有限的常规打击能力 limited conventional strike capability
有限的发射后锁定能力 limited LOAL capability
有限的机动性 limited maneuverability
有限的用户试验 Limited User Test (LUT)
有限电压 limited voltage
有限光谱带 finite spectral band
有限光谱区域 finite spectral region
有限率化学 finite rate chemistry
有限升级型海鹞(战斗机) Limited Upgrade Sea Harrier (LUSH)
有限寿命部件 Limited Life Component (LLC)
有限温度 limited temperature
有限元 finite element
有限元法 finite element method
有限元分析 finite element analysis
有限元建模 finite element modeling (FEM)
有限元模型 finite-element model (FEM)
有限增益 finite gain
有效 f 数 effective f/Number
有效背景 effective background
有效比冲 effective specific impulse
有效波高 significant wave height
有效出射度 effective exitance
有效大气层 effective atmosphere
有效带宽 effective bandwidth
有效导航比 effective navigation ratio
有效的 current (指现用、现行的)
有效的 effective (指满足要求或产生效果的)
有效的 valid (指满足要求或真实可信的)
有效的标定标签 current calibration sticker
有效电路阻抗 effective circuit impedance
有效电容量 effective capacitance
有效发射 valid shot
有效发射率 effective emissivity
有效发射体尺寸 effective emitter size
有效辐射功率 Effective Radiated Power (ERP)
有效辐射功率估计 ERP estimation
有效辐射功率误差 ERP error
有效辐射率 effective emissivity
有效高度 effective height
有效功率 effective power
有效攻角 effective angle of attack
有效光子入射度 effective photon incidence
有效孔径 effective aperture
有效口径 effective aperture
有效浪高 significant wave height
有效立体角 effective solid angle
有效面积 effective area
有效模量 effective modulus
有效目标 valid target
有效能见度 prevailing visibility (PV)
有效排气速度 effective exhaust velocity
有效排气速度修正系数 effective exhaust velocity correction factor
有效喷气速度 effective exhaust velocity
有效平均分子量 effective average molecular mass
有效破片 effective fragment
有效燃烧时间 effective burning time
有效入射 effective incidence
有效杀伤距离 (导弹) effective range
有效数位 significant digit
有效数字 significant figure
有效探测器面积 effective detector area
有效透射率 effective transmittance
有效推进剂 effective propellant
有效推进剂质量 effective propellant mass
有效推力 effective thrust
有效信号光子入射度 effective signal photon incidence
有效性 effectiveness
有效应力 effective stress
有效载荷 payload
有效载荷舱 payload bay

有效载荷分数 payload fraction
有效载荷挂载量 payload capacity
有效载荷挂载量 payload-carrying capability
有效载荷挂载能力 payload capacity
有效载荷挂载能力 payload-carrying capability
有效载荷集成 payload integration
有效载荷精确投送系统 Precision Payload Delivery System (PPDS)
有效载荷支撑体 payload support
有效载荷综合 payload integration
有效噪声带宽 effective noise bandwidth
有效增益 effective gain
有效增益测量 effective gain measurement
有效直径 effective diameter
有效阻抗 effective impedance
有效作用距离 （战斗部）effective range
有选择的使用 tailored use
有烟的 smoky
有眼螺栓 eye bolt
有意的脉冲调制 intentional pulse modulation
有翼导弹 missile with wings
有翼导弹 winged missile
有影响的 significant
有用信号 useful signal
有源的 active
有源电子扫描天线 Active Electronically Scanned Antenna (AESA)
有源电子扫描阵列 active electronically scanned array (AESA)
有源电子扫描阵列雷达 active electronically scanned array radar
有源电子扫描阵列雷达 AESA radar
有源干扰 active jamming
有源前端 Active Front End (AFE)
有源像素 active pixel
有源像元 active pixel
有源诱饵 active decoy
右半平面零点 right-half-plane zero
右角板 right angle
右口盖 right-hand door
右块支板 right block holder
右上角 upper-right corner
右视图 right-side view
右旋螺纹 right-hand thread
右旋螺纹 right-handed thread
右削车刀 right-hand tool
右削摇杆式刀柄 right-hand rocker-type toolholder
右支座 （剪拔机构）right-hand base support
幼畜 （美国空地导弹）Maverick
诱导滚转 induced roll
诱导滚转力矩 induced rolling moment
诱导区 induction zone
诱导条件 induced condition
诱导阻力 drag due to lift
诱导阻力 induced drag
诱饵 decoy
诱饵 *n.* dummy
诱饵弹 decoy
诱饵弹 *n.* dummy
诱饵导弹 decoy guided missile
诱饵火箭 decoy rocket
诱饵火箭弹 decoy rocket
诱发区 induction zone
诱惑 *vt.* divert
诱骗干扰 intrusion

yu

迂回 diversion
迂回航道 diversion
余角 complement
余角 complementary angle
余量 margin
余数 remainder
余纬度 colatitude
余弦 cosine
余弦因子 cosine factor
余药 sliver residue
鱼雷 torpedo
鱼眼垫圈 dimpled washer
鱼眼式摄像头 fisheye camera
与采办相关的使用和维护 Acquisition-Related Operations and Maintenance (Acq O&M)
与…成一线布置的 in-line
与导弹的双向通信 bi-directional missile communications
与…对决 versus
与…对照 versus
与发射架的配装 （导弹）launcher integration
与发射架的综合 （导弹）launcher integration
与发射平台的兼容性 launch platform compatibility
与信息相关的能力 information-related capability (IRC)
与中心线的夹角 （锥面）centerline angle
宇航的 aerospace
宇航研究和开发咨询小组 Advisory Group for Aerospace Research and Development (AGARD)
宇宙背景 cosmic background
宇宙大爆炸 Big Bang
宇宙飞船 spacecraft
宇宙飞船 spaceship（多指有人的）
宇宙火球噪声基底 cosmic fireball floor
羽流 plume
羽流包线 plume profile
羽流参数 plume parameter
羽流测量 plume measurement
羽流尺寸 plume dimension

羽流冲击 plume impingement
羽流动力学 plume fluid dynamics
羽流辐射谱 plume emission spectrum
羽流辐射强度 plume radiation intensity
羽流辐射信号特征 plume emission signature
羽流结构 plume configuration
羽流轮廓 plume profile
羽流气体 plume gas
羽流热化学 plume thermochemistry
羽流特性 plume characteristics
羽流信号特征 plume signature
羽流噪声 plume noise
羽流轴 plume axis
羽烟 flame plume
雨滴 raindrop
雨/湿气进入 rain/moisture intrusion
雨蚀 rain erosion
雨水和灰尘侵蚀 rain and dust erosion
雨水侵蚀性 rain erosion
雨致衰减 rain attenuation
语句 statement
语言助译器 pointee-talkee
语音数据 speech data
语音通信 voice communication
语音直接输入 direct voice input (DVI)
郁金香形药型罩 tulip liner
预测 prediction
预测 projection(多指基于已知数据或观察做出的预测)
预测导引法 predictive guidance method
预测方法 prediction method
预测飞行轨迹跟踪能力 predictive flight path tracking capability
预测拦截点 predicted intercept
预测拦截点 predicted intercept point
预测模型 prediction model
预测数据分析法 predictive data analytics
预测制导 predictive guidance
预掺杂锗 predoped germanium
预成型品 preform
预筹产品改进 Pre-Planned Product Improvement (P3I)
预定尺寸 predetermined size
预定大小 predetermined size
预定的脉冲重复间隔 scheduled PRI
预定的脉冲重复间隔 scheduled pulse repetition interval
预定计划 schedule
预定形状 predetermined shape
预定着陆区 footprint
预镀镍 nickel strike
预镀银 silver strike
预防性空天医药 preventive aerospace medicine (PAM)
预防性维护 preventive maintenance
预防医学 preventive medicine (PVNTMED)
预估 *n. & v.* estimate
预估值 predicted value
预混 premix
预级 pre-stage
预计到达时间 estimated time of arrival (ETA)
预计航线飞行时间 estimated time en-route (ETE)
预加工 premachining
预加载 *v.* preload
预加载的 preloaded
预紧力 prestress
预警 early warning (EW)
预警传感器网络 early warning sensor network
预警机 early warning aircraft
预警接收机 early warning receiver (EWR)
预警雷达 early warning radar
预警探测器网络 early warning sensor network
预聚体 prepolymer
预聚物 prepolymer
预冷器技术 precooler technology
预配的 prewired
预期弹着点 desired point of impact (DPI)
预期的保障结果 *n.* deliverable
预期服役期 expected service life
预期命中点 desired point of impact (DPI)
预期平均弹着点 desired mean point of impact (DMPI)
预期欺骗效果 desired perception
预期使用寿命 expected service life
预期值 expected value
预起动级 pre-stage
预燃室 precombustion chamber
预燃室 premix chamber
预热 preheating
预热 warm-up(多指机器、设备、系统的)
预热固体推进剂区域 preheated solid propellant zone
预热区 preheated zone
预热时间 warm-up time
预设程序制导 preset guidance
预设关机 (发动机)shutoff
预设停车 (发动机)shutoff
预生产标准 pre-production standard
预生产标准导弹 pre-production standard missile
预生产的硬件 form-factored hardware
预授权的交战准则 pre-authorized engagement criteria (PEC)
预算管理机构 Budget Activity (BA)
预算管理机构 Budget Authority (BA)
预算控制法案 Budget Control Act (BCA)
预算请求 budget request
预算申请 budget request
预先分配的 preassigned
预先号令 warning order (WARNORD)
预先计划的空中支援 preplanned air support

预先计划的目标瞄准 deliberate targeting
预先计算 *v.* precalculate
预先接好线的 prewired
预先配置 *vt.* pre-position
预先配置的战争储备物资 pre-positioned war reserve stock（PWRS）
预先设定的 pre-planned
预先设定的 pre-programmed
预先设定的目标 pre-planned target
预先研制模型 Advanced Development Model（ADM）
预先准备的目标瞄准 deliberate targeting
预应力 prestress
预制爆炸破片战斗部 preformed blast fragmentation warhead
预制衬垫 preformed packing
预制的 prefabricated
预制的 preformed
预制构件组装结构 building system
预制件 preform
预制密封垫 preformed packing
预制破片 precut fragment
预制破片 preformed fragment
预制破片战斗部 pre-fragmented warhead
预制破片战斗部 preformed fragmentation warhead
预制药柱 prefabricated grain
预置阀 prevalve
预置角度误差 preset angle error
预装 *v.* preload
预装的 pre-loaded
预装的 preloaded
预装辅助悬挂设备 Preloaded Accessory Suspension Equipment（PASE）
预装辅助悬挂设备 Preloading Accessory Suspension Equipment（PASE）
阈值 threshold
阈值比较器 threshold comparator
阈值电平 threshold level
阈值对比度 threshold contrast
阈值检测 threshold test
阈值检测器 threshold detector
阈值探测器 threshold detector
遇靶 encounter
遇靶点 point of intercept
遇靶仿真实验室 （引信）encounter simulation laboratory
裕度 margin

yuan

元件 component
元件 element
元件板布置图 components board layout
元件级 component level
元件误差 component error
元件值 component value
元器件安装底座 components chassis
元素 element
原材 precursor
原材料 raw material
原地换班 （军事）relief in place
原点回位程序 （机床）homing procedure
原发医疗设施 originating medical treatment facility
原理 philosophy（多指一般原则）
原理 principle
原理模型硬件 （一般为手工打制）breadboard hardware
原理图 schematic
原理图 schematic diagram
原理样机型导弹硬件 breadboard missile hardware
原理样机型导引头设计 breadboard seeker design
原理样机型硬件 （一般为手工打制）breadboard hardware
原料 ingredient
原设备制造商 original equipment manufacturer（OEM）
原始备件 initial spares
原始数据 raw data
原始状态烧蚀材料 virgin ablative material
原系统 original system
原型及制造分部 Prototyping and Manufacturing Division（PMD）
原则 philosophy
原则 principle
原子 atom
原子弹 atomic bomb
原子结构 atomic structure
原子学 atomics
圆 circle
圆板单元 circular plate element
圆锉 round file
圆的 circular
圆度 circularity
圆度 roundness
圆概率误差 circular error probable（CEP）
圆规 divider
圆弧 arc
圆弧半径 arc radius
圆弧插补 circular interpolation
圆弧起始点 arc start point
圆弧中心点 arc center point
圆弧中心法 （圆弧插补）arc center method
圆弧终点 arc end point
圆环 ring
圆极化 circular polarization（CP）
圆极化天线 circularly polarized antenna
圆角 radii
圆角规 （用于内角测量）fillet gage

圆角规 （用于外角测量）radius gage
圆角台肩 filleted shoulder
圆角台阶 filleted shoulder
圆角铣刀 （用于切制凸圆角）corner-rounding cutter
圆孔 circular aperture
圆盘 disc
圆盘 disk
圆片 disc
圆片 disk
圆片锯 circular blade saw
圆跳动 circular runout
圆筒 barrel
圆筒 cylinder
圆筒端铣刀 （用于铣平面）shell endmill
圆筒过滤器组件 filter barrel assembly
圆筒截面 cylindrical cross section
圆筒膨胀 cylinder expansion（Cylex）
圆筒膨胀试验 Cylex test
圆筒式壳体 tubular shell
圆筒形的 cylindrical
圆头 （圆头榔头的）peen
圆头榔头 （一头为圆头,一头为平头）ball peen hammer
圆形弹体 circular body
圆形弹体导弹 circular missile
圆形弹体导弹 round missile
圆形的 circular
圆形电路板 circular circuit card
圆形辐射源 circular source
圆形光阑 round aperture
圆形黑体辐射孔 round blackbody aperture
圆形激光点 circular laser spot
圆形截面弹体构型 circular cross-sectional configuration
圆形孔径 round aperture
圆形口径 circular aperture
圆形射流引射干扰 round-jet injection interaction
圆形视场 circular field of view
圆形调制盘孔 round chopper hole
圆形阵列 circular array
圆形转塔 （车削中心）circular turret
圆周 circumference
圆周长 circumference
圆周长度 circumferential length
圆周的 circumferential
圆周面 circumference
圆周面 periphery
圆周扫描 circular scan
圆周铣削 （利用铣刀的圆周面加工表面）peripheral milling
圆周线 circumference
圆周与扇形扫描 circular and sector scan
圆柱度 cylindricity
圆柱塞规 pin gage
圆柱塞规 plug gage
圆柱体 cylinder
圆柱体 （正弦工具）roll
圆柱体-裙体连接处 cylinder-flare junction
圆柱天线 cylindrical antenna
圆柱筒撞击试验 cylinder impact test
圆柱销 straight pin
圆柱形的 cylindrical
圆柱形壳体 cylindrical shell
圆柱形孔 cylinder perforation
圆柱形药孔 cylinder perforation
圆柱形战斗部 cylindrical warhead
圆柱形装药 cylindrical grain
圆柱坐标 cylindrical coordinate
圆锥 circular cone
圆锥喇叭 conical horn
圆锥螺蜷天线 conical spiral antenna
圆锥塞规 taper plug gage
圆锥扫描 conical scan（CONSCAN）
圆锥体 circular cone
圆锥天线 conical antenna
援助请求 request for assistance（RFA）
源 source
源程序 source code
源的幅度 source amplitude
源电阻 source resistance
源极 （场效应晶体管）source
源极跟随场效应晶体管 source-follower FET
源极跟随场效应晶体管 source-follower field-effect transistor
源极跟随放大器 source follower amplifier
源极跟随器 source follower
源区 source zone
源阻抗 source impedance
远场 far field
远场测量 far field measurement
远场方向图 far-field pattern
远场区 far field zone
远程操作视频增强型接收机 remote operations video enhanced receiver（ROVER）
远程超声速导弹 long-range supersonic missile
远程导弹 long-range guided missile
远程导弹 long-range missile
远程对地攻击武器 stand-off ground-attack weapon
远程反舰导弹 Long-Range Anti-Ship Missile（LRASM）
远程防区外的 Long Range Stand-Off（LRSO）
远程防区外的 Long Range Standoff（LRSO）
远程防区外武器 long range standoff weapon
远程防区外巡航导弹 Long Range Stand-Off cruise missile
远程防区外巡航导弹 LRSO cruise missile
远程高超声速武器 Long-Range Hypersonic Weapon

(LRHW)
远程观察站 remote viewing station
远程光电观测系统 long-range electro-optical observation system
远程海上和陆地目标打击导弹 long-range sea- and land-target missile
远程海上巡逻机 long-range maritime patrol
远程核攻击 long-range nuclear attack
远程监视能力 long-range surveillance capability
远程监视系统 long-range surveillance system
远程交战 long-range engagement
远程精确打击导弹 long-range precision strike missile
远程精确火力 (美国陆军项目) Long Range Precision Fires (LRPF)
远程空面导弹 long-range air-to-surface missile
远程空面巡航导弹 long-range air-to-surface cruise missile
远程空射巡航导弹 long-range air-launched cruise missile
远程空中拦截导弹 long-range, air-intercept missile
远程控制 remote control
远程控制能力 remote-control capability
远程控制武器站 remote controlled weapon station (RCWS)
远程拦截 engage on remote (EOR)
远程喷气无人机 long-range jet UAS
远程前半球交战 long-range forward hemisphere engagement
远程识别雷达 Long Range Discrimination Radar (LRDR)
远程数据 remote data
远程通信 telecommunication
远程武器站 remote weapon station (RWS)
远程巡航导弹 long range cruise missile
远程遥控无人机 remotely directed drone
远程医疗 telemedicine
远程隐身轰炸机 long-range stealth bomber
远程运载工具 Remote Carrier (RC)
远程侦察-打击能力 long-range reconnaissance-strike capability
远地点 apogee
远拱点 apoapsis
远红外 far infrared
远红外 far-infrared
远红外波段 far infrared band
远红外天文学 far infrared astronomy
远距导弹 long-range guided missile
远距导弹 long-range missile
远距精确弹药 Long Range Precision Munition (LRPM)
远距离撤回区 distant retirement area
远距离的 remote
远距离的 stand-off
远距离的 standoff
远距离电磁辐射收集装置 telescope
远距离发射生存能力 standoff survivability
远距离位置控制 remote position control
远距离选定精确制导武器 (即 MBDA 导弹系统公司研发的长矛空面导弹) Selected Precision Effects At Range (SPEAR)
远距离照射 remote designation
远距离指示 remote designation
远距离终端 remote terminal (RT)
远距目标 long range target
远期计划 long term plan
远日点 aphelion
远征部队 expeditionary force
远征的 expeditionary
远征航空医疗后送中队 expeditionary aeromedical evacuation squadron (EAES)
远征轰炸机中队 expeditionary bomber squadron (EBS)
远征机动特遣队 expeditionary mobility task force (EMTF)
远征空运中队 expeditionary airlift squadron (EAS)
远征签约飞行小队 expeditionary contracting flight (ECF)
远征前沿基地作战 Expeditionary Advanced Base Operations (EABO)
远征医疗后勤保障 expeditionary medical logistics (EML)
远征医疗上岗课程 Expeditionary Medical Readiness Course (EMRC)
远征医疗支援 expeditionary medical support (EMEDS)
远征医疗准备基础训练 basic expeditionary medical readiness training (BEMRT)
远征战斗机中队 expeditionary fighter squadron (EFS)
远征作战支援 expeditionary combat support (ECS)
远征作战中心 expeditionary operations center (EOC)

yue

约翰逊噪声 Johnson noise
约简 reduction
约简算法 reduction algorithm
约曼吸波器 Jauman absorber
约束 confinement (多用于战斗部)
约束 constraint
约束 restraint
约束发射 (导弹被限制住) holddown launch
约束条件 restraint
约束效应 confinement effect
约束支架 restraint stand
约束装置 restraining device
月球表面波通信 lunar surface wave communication

阅读材料 further reading
跃变 jump
跃迁 transition
越肩的 over-the-shoulder
越肩机动 over-the-shoulder manoeuvre
越线 （以便进攻或撤离）passage of lines
越野运输 cross-country transportation

yun

云层 cloud cover
云层穿越 cloud penetration
云的液滴密度 cloud droplet density
云的最大厚度 cloud maximum thickness
云底最大高度 cloud base maximum height
云盲 cloud blind
匀加速 uniform acceleration
匀加速度 uniform acceleration
允许颤振速度 allowable flutter speed
允许存储温度 allowable storage temperature
允许发射区 allowable launch envelope
允许发射条件 allowable launch conditions
允许误差 allowable deviation
允许有瑕疵的 fault-tolerant
孕育铸造 meehanite casting
运弹车 missile transportation trailer
运弹拖车 missile transportation trailer
运弹小车 skid
运动 motion
运动 movement
运动补偿 motion compensation
运动补偿器 kinetic compensator
运动部件 moving part
运动方程 equation of motion
运动控制系统 （数控机床）motion control system
运动目标 moving target
运动目标检测 moving target detection (MTD)
运动目标检测雷达 MTD radar
运动目标交战能力 moving target engagement capability
运动探测 motion detection
运动位置误差 kinematic position error
运动学 kinematics
运动学的 kinematic
运动学距离 kinematic range
运动学模型 kinematic model
运动学特性 kinematics
运动学系统 kinematics
运动预测平台 motion predictor deck
运动中的 underway
运输 shipment
运输 shipping
运输 transport
运输 transportation
运输包装箱 shipping container
运输包装箱 transport container
运输部 （美国）Department of Transportation (DOT)
运输冲击 transportation shock
运输大队 transport group
运输方式 mode of transport
运输机 airlifter
运输机 transport
运输机 transport aircraft
运输机配置 transport configuration
运输可行性 transportation feasibility
运输批号 chalk number
运输起竖发射车 Transporter-Erector-Launcher (TEL)
运输设备 transportation equipment
运输设备 transporting equipment
运输时间 transportation time
运输适配架 transport adapter
运输拖车 transportation trailer
运输系统 transportation system
运输小车 trolley
运输优先顺序 transportation priorities
运输与存储数据 transportation and storage data
运输振动 transport vibration
运输、装卸和存储 transportation, handling and storage
运输状态 transport condition
运送 （军事）movement
运算 operation
运算放大器 operational amplifier (op-amp)
运算放大器电路 op-amp circuit
运算放大器反馈电路 operational amplifier feedback circuit
运算卡 operation card
运算顺序 order of operation
运物托架 skid
运行 operation
运行 *n. & v.* run
运载 carriage
运载车 transporter
运载飞行器 launch vehicle
运载工具 carrier
运载工具 launch vehicle
运载工具 transport
运载工具 transporter（多指地面的）
运载工具类型 vehicle type
运载火箭 carrier rocket
运载火箭 launch vehicle
运载火箭 vehicle
运载火箭质量比 vehicle mass ratio
运载体 vehicle
运作 operation
运作和消耗费用 operating and attrition cost
运作阶段 phases of operation

za

扎带　tie-down strap
杂波　clutter
杂波背景　clutter background
杂波背景　cluttered background
杂波背景下的性能　performance in clutter
杂波环境　clutter environment
杂波回波　clutter return
杂波区分　clutter discrimination
杂波下能见度　sub-clutter visibility（SCV）
杂波抑制　clutter rejection
杂波抑制能力　clutter rejection capability
杂散电流　stray current
杂散电容　stray capacitance
杂散电压　stray voltage
杂散因子　stray factor
杂质　impurity
杂质能级　impurity level
杂质浓度　impurity concentration

zai

灾害　disaster
灾难　disaster
灾难管控　consequence management（CM）
灾难救援应急小组　disaster assistance response team（DART）
灾难性事件　catastrophic event
载波　carrier
载波频率　carrier frequency
载波信号　carrier signal
载波噪声比　carrier-to-noise ratio
载弹量　load-out
载弹量　loadout
载荷　load
载荷称量计　load cells
载荷传递支座　load transfer bearing
载荷传感器　load cells
载荷分析　load analysis
载荷模拟器　load simulator
载荷试验　load test
载荷与振动试验弹　loads and vibrations vehicle
载货容积　bale cubic capacity
载机　carriage aircraft
载机　carrying aircraft
载机　launch aircraft
载机　launching aircraft
载机挂飞载荷　（导弹）launch platform carriage load
载机惯性导航系统　Carrier Aircraft Inertial Navigation System（CAINS）
载流子　carrier
载流子密度　carrier concentration
载流子密度　carrier density
载流子浓度　carrier concentration
载流子浓度　carrier density
载流子迁移率　carrier mobility
载流子生成　carrier generation
载流子生成/复合　carrier generation/recombination
载流子生成率　carrier generation rate
载流子寿命　carrier lifetime
载油量　fuel capacity
再补给　*v.* & *n.*　resupply
再充气装置　recharger
再充气装置　recharging unit
再次出动准备时间　（军事）turnaround
再次攻击建议　reattack recommendation（RR）
再点火　*v.*　restart
再飞准备时间　turnaround
再附着流　reattaching flow
再利用　recycle
再起动　*v.*　restart
再入　re-entry
再入　reentry
再入弹道　re-entry trajectory
再入弹道学　entry ballistics
再入飞行器　re-entry vehicle（RV）
再入飞行器　Reentry Vehicle（RV）
再入系统　re-entry system
再入系统　reentry system
再生　*v.*　rejuvenate
再生冷却　regenerative cooling
再循环　recycle
在岸　*adv.*　ashore
在飞机上的安装试验　（检查兼容性、电气连接、间隙等）on-aircraft installation test
在飞机上的试验　on-aircraft testing
在轨测试　（卫星）in-orbit test
在轨服务　on-orbit servicing（OOS）
在轨试验　on-orbit test
在海上　*adj.* & *adv.*　afloat
在舰上　*adj.* & *adv.*　afloat
在近海　*adj.* & *adv.*　offshore

在同一平面的 flush
在线的 on-line
在研导弹 development missile
在研导弹 developmental missile
在研导引头 development seeker
在研的 developmental
在役培训 In-service Training
在役培训 On-Board Training
在役训练 In-service Training
在役训练 On-Board Training
在站停留时间 （飞机）on-station time
在最高障碍物之上 above highest obstacle（AHO）

zan

暂时效应 temporary effect
暂时性承包商保障 Interim Contractor Support（ICS）
暂时性承包商供应保障 interim contractor supply support（ICSS）
暂时性化学战剂 nonpersistent agent
暂时性战剂 nonpersistent agent
暂停 pause
暂停 *v.* suspend
暂停减员 stop-loss
暂停使用的 suspended
暂驻部队 transient forces

zao

凿子 chisel
早期报警 early warning（EW）
早期设计 early design
早期作战能力 early operating capability（EOC）
早期作战能力 early operational capability（EOC）
早期作战评估 early operational assessment（EOA）
早炸 premature detonation
造型粉 molding powder
噪声 acoustics（指和声响、声振等有关的噪声）
噪声 noise
噪声表达式 noise expression
噪声不确定度 noise uncertainty
噪声成分 noise component
噪声带宽 noise bandwidth
噪声等效带宽 noise equivalent bandwidth
噪声等效带通 noise equivalent bandpass
噪声等效电带通 noise equivalent electrical bandpass
噪声等效辐照度 noise equivalent irradiance
噪声等效功率 noise equivalent power（NEP）
噪声等效功率表达式 NEP expression
噪声等效入射 noise equivalent incidence（NEI）
噪声等效温差 noise equivalent temperature difference
噪声抵消 noise cancellation
噪声电流 noise current
噪声电平 noise level
噪声电平测试仪 noise level tester
噪声电压 noise voltage
噪声电压均方根值 rms noise voltage
噪声电压曲线 noise voltage plot
噪声对消 noise cancellation
噪声方程 noise equation
噪声放大器 noise amplifier
噪声分量 noise component
噪声干扰 noise jamming
噪声/干扰电平 noise/interference level
噪声公式 noise formula
噪声功率 noise power
噪声机理 noise mechanism
噪声计算 noise calculation
噪声尖峰 noise spike
噪声阶跃 noise spike
噪声滤波器 noise filter
噪声脉冲 noise pulse
噪声频谱 frequency spectrum of noise
噪声谱 noise spectrum
噪声谱密度 noise spectral density
噪声驱动系统 noise-driven system
噪声特性 noise characteristics
噪声温度 noise temperature
噪声系数 noise factor
噪声系数 noise figure
噪声系数测量 noise figure measurement
噪声相关性 noise correlation
噪声性能 noise performance
噪声抑制 noise rejection
噪声源 noise source
噪声值 noise value

ze

责任区 area of responsibility（AOR）

zeng

增材制造 additive manufacturing
增材制造产能 additive manufacturing capacity
增程 Extended Range（ER）
增程改型 extended-range variant
增程下射尾后交战 extended range snap-down tail-on engagement
增程型导弹 extended-range missile
增程型的 extended-range（ER）
增程型号 extended-range variant
增程型空空导弹 extended range AAM（ERAAM）
增程型空空导弹 extended range air-to-air missile（ERAAM）
增程型联合空对面防区外导弹 Joint Air-to-Surface

Standoff Missile-Extended Range (JASSM-ER)
增程型联合直接攻击弹药 Joint Direct Attack Munitions-Extended Range (JDAM-ER)
增程型先进反辐射导弹 Advanced Anti-Radiation Guided Missile-Extended Range (AARGM-ER)
增程型先进中距空空导弹 Advanced Medium-Range Air-to-Air Missile-Extended Range (AMRAAM-ER)
增程制导弹药 Extended-Range Guided Munition (ERGM)
增广比例导引 Augmented Proportional Navigation (APN)
增广系统 augmented system
增加 *v. &n.* increase
增加 *vt.* raise
增量 increment
增量的 incremental
增量定位系统 incremental positioning system
增量值 increment
增面燃烧 progressive burning
增面燃烧装药 progressive grain
增强 *v.* augment
增强 augmentation
增强 *vt.* enhance
增强 *vt.* reinforce
增强 *vt.* strengthen
增强的低小慢(目标) enhanced low, slow, and small (ELSS)
增强的低小慢目标 enhanced low, slow, and small target
增强的低小慢目标探测 enhanced low, slow, and small target detection
增强的低小慢目标探测功能 ELSS target detection function
增强的低小慢目标探测功能 enhanced low, slow, and small target detection function
增强定向性端射阵 increased directivity end-fire array
增强模式 enhancement mode
增强模式漏极特性曲线 enhancement-mode drain curve
增强体 reinforcement
增强现实 augmented reality
增强现实图像 augmented-reality image
增强型 Expanded Response (ER)
增强型货物搬运系统 enhanced cargo handling system (ECHS)
增强型集成传感器组件 Enhanced Integrated Sensor Suite (EISS)
增强型模块化防空方案 Enhanced Modular Air Defence Solutions (EMADS)
增强型双模导引头 enhanced dual-mode seeker
增强型制导炸弹 enhanced guided bomb unit (EGBU)
增强型智能火箭 enhanced smart rocket
增强型重型设备运载工具 enhanced heavy equipment transporter (EHET)
增强性保障 augmented support
增强装置 augmentation device
增塑剂 plasticizer
增透膜 anti-reflective coating
增透膜 antireflection coating
增透膜 AR coating
增压控制器 booster control
增压器 booster
增压器控制器 booster control
增压器组件 booster assembly
增益 gain (G)
增益饱和 gain saturation
增益表达式 gain expression
增益测量 gain measurement
增益-带宽乘积 gain-bandwidth product
增益电阻器 gain resistor
增益规划 gain scheduling
增益校准 gain calibration
增益控制处理 gain control processing
增益排程 gain scheduling
增益配置 gain configuration
增益确定电阻器 gain determining resistor
增益损耗 loss of gain
增益损失 gain loss
增益损失因子 gain loss factor
增益损失因子 Ruze factor
增益裕度 gain margin
增支成本 incremental costs
增支费用 incremental costs

zha

*扎带 tie-down strap
轧制同质装甲 rolled homogenous armour (RHA)
炸弹 bomb
炸弹 Bomb, Live Unit (BLU)
炸弹搬运小车 bomb skid
炸弹传感器 bomb sensor
炸弹吊挂 bomb suspension lug
炸弹毁伤评估 Bomb Damage Assessment (BDA)
炸弹架 bomb rack
炸弹类型 bomb type
炸弹投放单元 bomb release unit (BRU)
炸弹投放装置 bomb release unit (BRU)
炸弹拖车 bomb trailer
炸点 burst point
炸点控制 burst point control
炸高 height of burst (HOB)
炸高 standoff
炸高传感器 height-of-burst sensor
炸高传感器激活的引信 height-of-burst sensor-enabled fuze
炸坑 cratering

炸坑试验 （火工品）dent test
炸药 *n.* explosive
炸药安全性技术手册 Explosive Safety Technical Manual（ESTM）
炸药成分 explosive composition
炸药粉 explosive powder
炸药粉末 explosive powder
炸药粉体 explosive powder
炸药净重 net explosive weight（NEW）
炸药类型 type of explosive
炸药配方 explosive formulation
炸药性能 explosive performance
炸药组分 explosive composition

zhai

窄波束 narrow beam
窄波束 pencil beam
窄波束的 narrow-beam
窄波束高增益天线 narrow-beam high-gain antenna
窄波束主动光学传感器 narrow-beam active optical sensor
窄波束主动光学近炸引信系统 narrow beam active optical proximity fuze system
窄波束主动光学探测器 narrow-beam active optical sensor
窄槽锯刀 （铣床）slitting saw
窄长缝隙 （黑体构造）slit
窄长切缝 （套筒夹头）slit
窄带 narrow band
窄带 narrowband
窄带不确定性分布 narrow uncertainty distribution
窄带光谱积分 narrowband spectral integral
窄带光谱积分近似 narrowband spectral integral approximation
窄带光谱滤光片 narrowband spectral filter
窄带计算 narrowband calculation
窄带近似 narrowband approximation
窄带宽 narrow bandwidth
窄带宽范围 narrow bandwidth interval
窄带滤波 narrowband filtering
窄带滤光片 spike filter
窄带随机 （振动类型）narrow-band random
窄带通 narrow bandpass
窄带通光谱计算 narrow bandpass spectral calculation
窄带通滤光片 narrow bandpass filter
窄带通匹配滤波器 narrow-bandpass matched filter
窄带信道 narrow band channel
窄带噪声测量 narrowband noise measurement
窄光谱带 narrow spectral band
窄光谱带的 narrow-spectral-band
窄频带 narrow band
窄频带通 narrow frequency bandpass
窄频谱带通 narrow spectral bandpass
窄谱带 narrow band
窄束激光 narrow beam laser

zhan

沾染 contamination
沾染控制 contamination control
沾染物 contamination
沾染预防 contamination avoidance
粘尘布 tack cloth
粘合 bond
粘合层 adhesive coating
粘合的 adhesive
粘合剂 adhesive（多用于表面粘接或密封）
粘合剂 binder
粘合剂 binding agent
粘合剂的制备 glue preparation
粘合力 bond
粘接 bonding
粘接的 adhesive
粘接剂 adhesive（多用于表面粘接或密封）
粘接夹具 bonding fixture
粘接夹具 bonding jig
粘接强度 adhesive strength
粘接强度 bonding strength
粘接强度试验 bonding strength test
粘接终止点 bond termination point
粘结 bonding
粘结剂 bonding agent
粘结剂 glue
展开 deployment
展开 *v.* unfold
展开式尾部控制面 deployable aft control surface
展开位置 extended position
展宽-压缩 chirp
展示 display
展示 presentation
展示力量 show of force
展弦比 aspect ratio
展向射流 spanwise jet
占空比 duty cycle
占空比 duty ratio
占空因数 duty cycle
占领 *vt.* seize
占用区域 （装备、人员等）footprint
栈桥布放区域 causeway launching area
战备 combat readiness
战备产品库 ready-service magazine
战备产品库 ready-service storage
战备产品库 ready storage
战备集结 mounting
战备集结区 mounting area

战备评估　combat readiness evaluation
战备适用性　operational readiness (OR)
战备完好率　readiness rate
战备完好性　operational readiness (OR)
战备完好性检查　operational readiness inspection (ORI)
战备整装弹　ready-service all-up round
战备整装弹　ready-service AUR
战备值班库　On Alert Storage
战备状态　combat readiness
战备状态　ready-service status
战场　battlefield
战场　field
战场操作训练器　Field Handling Trainer (FHT)
战场监视　combat surveillance
战场空中遮断　Battlefield Air Interdiction (BAI)
战场情报准备　intelligence preparation of the battlefield (IPB)
战场态势感知　battlefield situational awareness
战场协调小分队　battlefield coordination detachment (BCD)
战场支援　battlefield support
战车防御系统　vehicle protection system (VPS)
战斗　battle
战斗　combat
战斗部　warhead (W/H; WHD)
战斗部舱　warhead section
战斗部舱/发动机舱接头　warhead/propulsion section joint
战斗部场地试验　warhead arena test
战斗部传爆序列　warhead explosive train
战斗部电缆　warhead cable
战斗部钢护罩　(为了存放安全) steel warhead case
战斗部滑轨试验　warhead sled test
战斗部滑橇试验　warhead sled test
战斗部毁伤范围　damage volume of warhead
战斗部毁伤概率　warhead kill probability
战斗部毁伤能力　warhead lethality
战斗部壳体　warhead case
战斗部扩爆管　warhead booster
战斗部类型　warhead type
战斗部起爆　warhead detonation
战斗部起爆点　warhead detonation point
战斗部起爆电路　warhead initiation circuit
战斗部杀伤半径　warhead lethal radius
战斗部杀伤距离　warhead lethal range
战斗部杀伤力　warhead lethality
战斗部杀伤力预测模型　warhead lethality prediction model
战斗部杀伤区　warhead lethal zone
战斗部设计师　warhead design engineer
战斗部试验场地　warhead arena
战斗部效能　warhead effectiveness
战斗部效能试验　warhead effectiveness test
战斗部性能摸底试验　warhead characterization test
战斗部引信　warhead fusing
战斗部质量　mass of warhead
战斗部质量　warhead mass
战斗部装填　warhead loading
战斗部装药　warhead charge
战斗部装药与金属壳体质量比　warhead charge-to-metal case mass ratio
战斗部组件　warhead assembly
战斗部最大有效作用距离　warhead maximum effective range
战斗弹　air vehicle
战斗弹　operational missile
战斗弹　operational round
战斗弹　service missile
战斗弹　tactical AUR
战斗弹　(与训练弹相对应) tactical missile
战斗弹脐带电缆　tactical umbilical cable
战斗弹脐带电缆组件　tactical umbilical cable assembly
战斗弹制导装置　tactical guidance unit
战斗的　combat
战斗的　tactical
战斗地域前沿　Forward Edge of Battle Area (FEBA)
战斗地域前沿　forward edge of the battle area (FEBA)
战斗分队装载　combat unit loading
战斗负伤　battle injury (BI)
战斗攻击机　strike fighter
战斗攻击机武器与战术　Strike Fighter Weapons and Tactics (SFWT)
战斗攻击机训练计划　Strike Fighter Training Program (SFTP)
战斗攻击机训练系统　Strike Fighter Training System (SFTS)
战斗攻击机中队　Strike Fighter Squadron (VFA) (VFA为美国海军代码)
战斗管理　battle management
战斗毁伤　battle damage
战斗毁伤评估　battle damage assessment (BDA)
战斗毁伤修理　battle damage repair (BDR)
战斗毁伤指示　battle damage indication (BDI)
战斗机　fighter
战斗机　fighter aircraft
战斗机　fighter jet
战斗机护航　fighter escort
战斗机机队　fighter fleet
战斗机基本机动动作　basic fighter manoeuvre (BFM)
战斗机交战区　fighter engagement zone (FEZ)
战斗机联队　fighter wing
战斗机战斗搜索　fighter sweep
战斗机中队　fighter squadron
战斗救援直升机　combat rescue helicopter
战斗空间情报准备　intelligence preparation of the

battlespace（IPB）
战斗力 combat power
战斗力倍增器 force multiplier
战斗摄像 combat camera（COMCAM）
战斗搜索行动 （军事）sweep operations
战斗序列 order of battle（OOB；OB）
战斗照相 combat camera（COMCAM）
战俘 prisoner of war（POW）
战斧对地攻击导弹 Tomahawk Land Attack Missile（TLAM）
战斧基线改进计划 Tomahawk Baseline Improvement Program（TBIP）
战斧密封舱发射系统 Tomahawk Capsule Launching System
战后分析 postwar analysis
战绩标度 measure of performance（MOP）
战绩标度 Measures Of Performance（MOP）
战力 combat power
战力 force
战力保护 force protection（FP）
战力倍增弹药 force-multiplying munitions
战力开发 force development
战略 strategy
战略打击力量 counterforce
战略发展规划与实践（办公室） （美国空军）Strategic Development Planning and Experimentation（SDPE）
战略方针 strategic direction
战略防御计划 Strategic Defense Initiative（SDI）
战略攻击 strategic attack（SA）
战略沟通 strategic communication（SC）
战略海运 strategic sealift
战略海运船只 strategic sealift shipping
战略和国际研究中心 （美国）Center for Strategic and International Studies（CSIS）
战略和预算评估中心 （美国）Center for Strategic and Budgetary Assessments（CSBA）
战略和战术系统 strategic and tactical systems
战略轰炸机 strategic bomber
战略机动 strategic mobility
战略能力办公室 （美国）Strategic Capabilities Office
战略判断 strategic estimate
战略评估 strategic assessment
战略情报 strategic intelligence
战略威慑 （如弹道导弹）strategic deterrent
战略武器系统 strategic weapon system（SWS）
战略远程火炮（计划） Strategic Long-Range Cannon
战略运输机 strategic transport aircraft
战略指导书 （用于阐述战略方针）strategic guidance
战略指引 strategic guidance
战区 theater
战区安全合作计划 theater security cooperation plan（TSCP）
战区备件套装 deployment spares package
战区成套备件 deployment spares package
战区弹道导弹 theater ballistic missile（TBM）
战区导弹防御 theater missile defense（TMD）
战区对空防御 Theater Antiair Defense（THAAD）
战区反潜战指挥官 theater antisubmarine warfare commander（TASWC）
战区防空与反导 theater Air and Missile Defense（TAMD）
战区分发 theater distribution
战区分发系统 theater distribution system
战区高空区域防御 （反导系统）theater high altitude area defense（THAAD）
战区高空区域防御导弹 THAAD missile
战区高空区域防御导弹 Theater High Altitude Area Defense missile
战区机载预警系统 Theater Airborne Warning System（TAWS）
战区加油机 theater tanker aircraft
战区间空运 intertheater airlift
战区间伤病员运送 intertheater patient movement
战区空军基地 theater airbase
战区空中管制系统 theater air control system（TACS）
战区空中管制系统机载小分队 airborne elements of the theater air control system（AETACS）
战区内空运 intratheater airlift
战区内伤病员运送 intratheater patient movement
战区配属的运输资源 theater-assigned transportation assets
战区前沿 Forward Edge of Battle Area（FEBA）
战区前沿 forward edge of the battle area（FEBA）
战区收治能力 theater hospitalization capability
战区特种作战司令部 theater special operations command（TSOC）
战区战略 theater strategy
战区支援合同 theater support contract
战区作战管理核心系统 Theater Battle Management Core System（TBMCS）
战时快速采办计划 Wartime Rapid Acquisition Program（WRAP）
战时快速采办项目 Wartime Rapid Acquisition Program（WRAP）
战时运用模式 wartime reserve modes（WARM）
战士 combatant
战术 tactics
战术霸权 tactical supremacy
战术传感器 tactical sensor
战术大功率作战响应器 Tactical High-power Operational Responder（THOR）
战术弹道导弹 tactical ballistic missile（TBM）
战术弹道导弹拦截飞行验证 tactical ballistic missile intercept flight demonstration
战术弹药布撒器 Tactical Munitions Dispenser（TMD）
战术导弹 tactical missile

战术导弹发动机 tactical missile motor
战术导弹改进 tactical missile modification
战术导弹公司 （俄罗斯）Tactical Missiles Corporation (TMC)
战术导弹界 tactical missile community
战术导弹设计 Tactical Missile Design (TMD)
战术导弹战斗部 tactical missile warhead
战术的 tactical
战术改进建议 Tactics Improvement Proposal (TIP)
战术高速攻击型增程冲压发动机(项目) Tactical High-speed Offensive Ramjet for Extended Range (THOR-ER)
战术供电 tactical electric power (TEP)
战术航空报警系统 tactical air warning system (TACAWS)
战术航空和地面弹药(项目办公室) Tactical Aviation and Ground Munitions (TAGM)
战术航空计划 Tactical Air Program
战术航空控制员 tactical air controller
战术航空控制中心 （美国海军）tactical air control center (TACC)
战术航空控制组 tactical air control party (TACP)
战术航空协调员 tactical air coordinator (TAC)
战术航空引导中心 tactical air direction center (TADC)
战术航空指挥中心 （美国海军陆战队）tactical air command center (TACC)
战术航空作战中心 tactical air operations center (TAOC)
战术后勤保障的 tactical-logistical (TACLOG)
战术后勤保障组 TACLOG group
战术后勤保障组 tactical-logistical group
战术环境 tactical environment
战术级 tactical grade
战术集结区 tactical assembly area
战术、技术与程序 tactics, techniques, and procedures (TTP)
战术开发 tactics development
战术开放式任务系统 Tactical Open Mission System (TOMS)
战术可升级移动(网络) Tactical Scalable Mobile (TSM)
战术空军改进计划 tactical air force improvement plan (TAIP)
战术空射诱饵 Tactical Air-Launched Decoy (TALD)
战术空战中心 tactical air operations center (TAOC)
战术空中告警系统 tactical air warning system (TACAWS)
战术空中任务规划系统 Tactical Air Mission Planning System (TAMPS)
战术空中项目 Tactical Air Program
战术空中侦察系统 Tactical Air Reconnaissance System (TARS)
战术控制 tactical control (TACON)
战术雷场 tactical minefield
战术理念 tactical doctrine
战术瞄准网络技术 Tactical Targeting Network Technology (TTNT)
战术目标 tactical target
战术目标定位网络技术 Tactical Targeting Network Technology (TTNT)
战术能力 tactical capability
战术盘问 tactical questioning (TQ)
战术评估 tactical assessment (TA)
战术情报 tactical intelligence
战术区域 tactical area
战术任务 tactical mission
战术任务套件 tactical mission kit
战术射程高超声速助推滑翔系统 tactical-range hypersonic boost glide system
战术/实验干扰机 tactical/experimental jammer
战术数据 tactical data
战术数据链 tactical data link (TDL)
战术态势显示器 （飞机）tactical situation display
战术探测器 tactical sensor
战术通信 tactical communications
战术无人飞行器 Tactical Unmanned Aerial Vehicle (T-UAV)
战术武器 tactical weapon
战术显示器 tactical display
战术消息流 tactical message flow
战术信息流 tactical message flow
战术信息通信网络 Tactical Information Communication Network (TICN)
战术性能 tactical capability
战术巡飞弹药 tactical loitering munition
战术研究 tactics development
战术演习 *n.* & *v.* maneuver
战术遥测装置 tactical telemetry
战术遥测装置 tactical telemetry unit
战术预备队 tactical reserve
战术运输机 tactical transport aircraft
战术战备完好性 tactical operational readiness
战术战备状态 tactical operational readiness
战术战斧 （美国巡航导弹）Tactical Tomahawk (TACTOM)
战术障碍物 tactical obstacle
战术侦察无人机 tactical scouting drone
战术指挥官 officer in tactical command (OTC)
战术制导装置 tactical guidance unit
战术终端 tactical terminal
战术助推滑翔 Tactical Boost Glide (TBG)
战术助推滑翔高超声速武器 Tactical Boost Glide hypersonic weapon
战术助推滑翔系统 Tactical Boost Glide system
战术准则 tactical doctrine

战术作战部队 tactical combat force (TCF)
战术作战伤员救护 tactical combat casualty care (TCCC)
战术作战适用性 tactical operational readiness
战术作战训练系统 Tactical Combat Training System (TCTS)
战术作战中心 tactical operations center (TOC)
战损 battle damage
战隼 （美国 F-16 战斗机）Fighting Falcon
战遥弹 telemetry operational missile
战役 campaign
战役计划 campaign plan
战役模型 campaign model
战役评估 campaign assessment (CA)
战争 war（多指长时间、大规模的武装冲突）
战争 warfare（多指某种具体的作战方式，如电子战、信息战、对空作战等）
战争备用装备 war reserve materiel (WRM)
战争的战略层级 strategic level of warfare
战争的战术层级 tactical level of warfare
战争的战役层级 operational level of warfare
战争法 law of armed conflict (LOAC)
战争法 law of war
战争区 theater of war
站 station (STA)
站外作战 off-station operation

zhang

张 （图纸）sheet
张紧轮 （立式带锯机）idler wheel
张口深度 （夹钳）depth of throat
张力 tension
张量 tensor
张应力 tensile stress
章动 nutating
章动 nutation
章动/进动模式 nutation/precession mode
章动扫描 nutating scanning
章动圆 nutation circle
长机 lead aircraft
涨落 fluctuation
涨落速率 fluctuation rate
掌中计算器 handheld calculator
账单 statement
障碍 barrier
障碍带 obstacle belt
障碍清除 obstacle clearing
障碍区 obstacle zone
障碍物 obstacle
障碍物受限地区 obstacle restricted areas
障碍、阻碍与地雷战计划 barrier, obstacle, and mine warfare plan

zhao

招标 Invitation To Tender (ITT)
爪 finger
爪 jaw
爪式卡盘 jaw chuck
爪式卡盘 jaw-type chuck
爪形扩口螺母扳手 flare nut crowfoot wrench
找边器 （用于确定参考边）edge finder
找心器 （钻孔加工）center finder
找心器 （钻孔加工）pointed edge finder
找心器 （钻孔加工）wiggler
兆 mega-
兆赫兹 megahertz (MHz)
照度 illuminance
照度 illumination
照明 illumination
照明弹 flare
照明弹 star shell
照射 *vt.* illuminate
照射 illumination
照射器 illuminator
照射区域 illuminated area
照相蚀刻 photoetch
照相蚀刻加工 photoetching
罩 cover
罩板 access panel
罩筒式吸波器 shroud absorber

zhe

遮蔽 （军事上的实体遮挡）defilade
遮蔽 （屏蔽、遮护）screening
遮蔽高度 defilade
遮蔽物 mask
遮挡 eclipsing
遮断 interdiction
遮盖干扰 obscuration jamming
遮光板 orifice（指光阑）
遮光板 sunshade
遮光剂 opacifier
遮光器 shutter
遮光罩 baffle
遮阳罩 sunshade
折刀式气动面 switch blade surface
折刀式气动面 switchblade surface
折刀式扇叶翼 switch blade wing
折叠 *vi.* collapse
折叠 *v.* fold
折叠的 folded
折叠的 folding
折叠舵 folding fin

折叠方式 （折叠式、缠绕式、折刀式）folding arrangement
折叠滑翔翼 fold-out glide wing
折叠气动面 folded surface
折叠式反射镜 folding mirror
折叠套件 （内六角扳手等）fold-up set
折叠尾翼 folded tail
折叠翼 fold-out wing
折叠翼 folding wing
折断 *vt.* break up
折断 breakup
折缝 crease
折合偶极子 folded dipole
折痕 crease
折流板 deviator
折射 refraction
折射定律 law of refraction
折射定律 Snell's law
折射反射光学系统 folded optics
折射光线 refracted ray
折射计 refractometer
折射角 angle of refraction
折射率 index of refraction
折射率 refractive index
折射式光学系统 refractive optics
折弯 kink
折中 trade-off
折中 tradeoff
折衷 trade-off
折衷 tradeoff
锗 germanium（Ge）
锗电阻温度计 germanium resistance thermometer

zhen

针 （连接器）pin
针刺雷管 stab detonator
针对内部骚乱的军事援助 military assistance for civil disturbances（MACDIS）
针孔 pinhole
针孔插座 female receptacle
针钳钻头卡 pin vise chuck
针栓喷管 pintle nozzle
侦察 reconnaissance
侦察-打击网络 reconnaissance-strike network
侦察导弹 reconnaissance guided missile
侦察、监视与目标截获 reconnaissance, surveillance, and target acquisition（RSTA）
侦察设备 reconnaissance asset
侦察数据 reconnaissance data
侦察卫星 reconnaissance satellite
侦察与监视飞机 surveillance aircraft
侦收设备位置的不确定性 collector location uncertainty
帧 frame
帧频 frame rate
真近点角 true anomaly
真空 vacuum
真空包装 vacuum package
真空泵 vacuum pump
真空舱 vacuum chamber
真空沉积 vacuum deposition
真空窗口 vacuum window
真空袋/热压罐成形 vacuum bag/autoclave forming
真空杜瓦 vacuum dewar
真空镀膜 vacuum coating
真空镀膜 vacuum deposition
真空分析 vacuum analysis
真空辅助树脂输送模压 vacuum-assisted resin transfer molding（VARTM）
真空隔离输送管路 vacuum-insulated transfer line
真空管 vacuum tube
真空灌封 vacuum potting
真空灌封箱 vacuum potting chamber
真空烘烤 vacuum baking
真空计 vacuum gauge
真空技术 vacuum technique
真空夹套 vacuum jacket
真空空间 vacuum space
真空密封的 vacuum-sealed
真空密封的 vacuum-tight
真空密封腔 vacuum-tight enclosure
真空瓶 vacuum bottle
真空设备 vacuum equipment
真空设施 vacuum facility
真空室 vacuum chamber
真空寿命 vacuum life
真空速 true airspeed
真空完善性 vacuum integrity
真空吸板 （用于固定某些难以使用其他夹具的工件）vacuum plate
真空系统 vacuum system
真空系统元件 vacuum component
真空羽流 vacuum plume
真空元件 vacuum component
真空站 vacuum station
真实波束成像 real beam imaging
真实产品 true product
真实的 active（多指构件）
真实的 live（多指整个武器或武器发射）
真实的内部构件 active internal component
真实电路 realistic circuit
真实环境 realistic environment
真实气体 real gas
真实位置 true position
真实武器 live weapon
真实性 realism

真实炸弹　Bomb, Live Unit (BLU)
真实战斗部　live warhead
真实战斗部火箭橇试验　live warhead sled test
真应变　true strain
真应力　true stress
砧座　anvil
诊断测试　diagnostic test
诊断程序　diagnostic procedure
诊断方法　diagnostics
诊断方法　diagnostics method
诊断技术　diagnostic technique
诊断系统　diagnostics system
诊断与维护系统　diagnostics and maintenance system
阵　array
阵风　gust
阵风　(法国战斗机) Rafale
阵列　array
阵列切换　array switching
阵列探测器导引头　detector array seeker
阵列天线单元间距　array element spacing
阵列天线方向图　array antenna pattern
阵列误差　array error
振荡　oscillation
振荡模　mode
振荡模态　(火箭发动机燃烧压力) chuffing mode
振荡频率　oscillating frequency
振荡器　oscillator
振荡器板　oscillator card
振荡腔　oscillating cavity
振荡燃烧　oscillatory combustion
振荡燃烧速率　oscillating burning rate
振荡压力　oscillatory pressure
振动　*v.* vibrate
振动　vibration
振动变流器　vibrator
振动机构　oscillating mechanism
振动鉴定试验　vibration qualification test
振动类型　type of vibration
振动模态　vibration mode
振动能　vibration energy
振动能量　vibration energy
振动器　vibrator
振动强度　vibration level
振动-声响-温度试验　vibro-acoustic-temperature test
振动试验　vibration test
振动试验设备　vibration test equipment
振动台　shaker
振动-响应强度　vibration-response level
振动载荷　vibration load
振型　mode shape
振子　oscillator

zheng

征候　indication
征询　request
征询书　request
征兆　indication
征兆　(军事) indicator
蒸发　evaporation
蒸发气体　evaporated gas
蒸发器　evaporator
蒸发器　expander
蒸发器组件　expander assembly
蒸气　vapor
蒸气除油器　vapor degreaser
蒸气屏法　vapor-screen method
整备区　staging area (SA)
整弹级系统　all-up round level system
整个部队　Total Force (TF)
整个导弹系统的响应　overall missile-system response
整个系统　entire system
整机电路　circuitry
整流卡　rectification card
整流片　fairing
整流器　(直流电机换向器) commutator
整流器　rectifier
整流器/滤波器安装螺钉　rectifier/filter mounting screw
整流罩　(飞机发动机) cowl
整流罩　(发射架) fairing
整流罩表面　fairing surface
整流罩锁簧　fairing latch spring
整流罩锁簧垫圈　fairing latch washer
整流罩组件　fairing assembly
整数　whole number
整数的　integral
整套的　overall
整套装备　installation
整套装置　installation
整体　integral
整体储能热电池　integral reserve thermal battery
整体的　integral (多指单体的或一体化的)
整体的　monolithic (多指整块的或实体的)
整体的　overall (多指总的)
整体的　unitary (多用于战斗部)
整体钢壳体　steel monolithic case
整体隔板　integral diaphragm
整体化　unitizing
整体精度　overall accuracy
整体膜片　integral diaphragm
整体式　integral (多指单体的或一体化的)
整体式　integrated (多指集成的)
整体式　monolithic (多指整块的或实体的)
整体式　one-piece

整体式 unitary（多用于战斗部）
整体式安装肋 integral mounting rib
整体式储备热电池 integral reserve thermal battery
整体式后堵盖 integral aft closure
整体式火箭冲压发动机 integral rocket ramjet（IRR）
整体式火箭冲压发动机 integral rocket-ramjet（IRR）
整体式火箭冲压发动机基准型 integral rocket ramjet baseline
整体式火箭冲压推进系统 integrated rocket-ramjet propulsion
整体式火箭发动机 integral rocket motor
整体式壳体 integral housing
整体式碰撞引信 integral impact fuze
整体式前整流罩 integral forward fairing
整体式翼面安装肋 integral mounting rib
整体式战斗部 unitary warhead
整体式自身绝热复合材料结构 one-piece self-insulating composite structure
整体纤维壳体 fiber monolithic case
整体效应 overall effect
整体油箱 integral tanks
整体支援 general support（GS）
整体铸件结构 single cast structure
整体铸造弹体 one-piece cast airframe
整形滤波器 shaping filter
整形网络 shaping network
整修棒 dressing stick
整装弹 air vehicle
整装弹 all-up round（AUR）
整装弹 complete round
整装弹包装箱 all-up round container
整装弹待发出库 all-up-round ready-service breakout
整装弹待发检验和检测 all-up-round ready-service inspection and checkout
整装弹维护 AUR maintenance
整装弹装箱 all-up-round packaging
整装导弹成熟度试验 missile air vehicle maturity testing
整装武器 all-up round（AUR）
正常的 conventional（多用于气动布局）
正常的 normal
正常式布局 conventional configuration
正常式布局 wing-tail configuration
正电势 positive potential
正反馈 positive feedback
正反馈 reaction（英国用法）
正方形 square
正公差检查规 oversize gage
正公差圆柱塞规 plus size pin gage
正规培训分队 Formal Training Unit（FTU）
正规训练部队 Formal Training Unit（FTU）
正火 normalizing
正激波 normal shock
正激波 normal shock wave
正加速度 positive acceleration
正交的 normal
正交的 orthogonal
正交的 perpendicular
正交流分析 cross-flow analysis
正交通道 orthogonal channels
正交陀螺 orthogonal gyroscope
正交向目标定位 cross-scan location
正配合容差 （间隙最小）positive allowance
正前角 （车刀）positive back rake
正切 tangent
正切的 tangent
正切函数 tangent
正切卵形头罩 tangent ogive dome
正切卵形头罩 tangent ogive radome
正入射 normal incidence
正栅偏压 positive gate bias
正视图 front view
正态的 normal
正态分布 normal distribution
正态曲线 normal curve
正投影 orthographic projection
正弦 sine
正弦板 sine plate
正弦变化电场 sinusoidally varying electric field
正弦波 sine wave
正弦波 sinusoidal wave
正弦波电压源 sine wave voltage source
正弦波干扰 sine wave interference
正弦波输出 sine-wave output
正弦波调频 sinusoidal FM
正弦波调频 sinusoidal frequency modulation
正弦波调频频率稳定度 sinusoidal FM frequency stability
正弦波调频信号 sinusoidal FM signal
正弦波调制 sine-wave modulation
正弦波调制光阑 sine-wave aperture
正弦波调制器 sine-wave modulator
正弦的 sinusoidal
正弦辐射入射 sinusoidal incidence
正弦工具 sine tool
正弦规 （窄型正弦工具）sine bar
正弦虎钳 sine vise
正弦机动 sinusoidal maneuver
正弦块 （宽型正弦工具）sine block
正弦梁 （窄型正弦工具）sine bar
正弦脉冲串 sine burst
正弦盘 （盘型正弦工具）sine plate
正弦曲线 sine curve
正弦扫描 （振动）sine sweep
正向偏置 forward bias
正向通道 forward path

正压持续时间　positive phase duration
正应力　normal stress
正圆柱形装药　right cylindrical charge
证实　*vt.* verify
政策　policy
政策分析资源分配　policy analysis resource allocation (PARA)
政府/承包商一体化项目　integrated government/contractor program
政府持续运作　continuity of government (COG)
政府对政府的　government-to-government (G2G)
政府和承包商共同开展的项目　integrated government/contractor program
政府间协议　inter-governmental agreement (IGA)
政府批准文件　government approved document
政府提供的设备　government-furnished equipment (GFE)
政府提供的信息　government-furnished information
政府提供的资产　government-furnished property (GFP)
政府问责局　（美国国会）Government Accountability Office (GAO)
政府研制试验与鉴定　Government Development Test and Evaluation
政府研制试验与评估　Government Development Test and Evaluation
政府遥测接收能力　government telemetry reception capability
政府资助的　government-funded
政府资助的研究项目　government-funded study
政治、军事、经济、社会、基础设施和信息的　political, military, economic, social, infrastructure and informational (PMESII)
挣值管理　Earned Value Management (EVM)

zhi

支板　backing plate
支臂　arm
支臂　（风洞试验）sting
支臂组件　arm assembly
支撑　support
支撑板　support plate
支撑臂　support arm
支撑点　（导弹搬运）hard points
支撑法兰　mounting flange
支撑盖板　support cover
支撑杆　support bar
支撑环　（炮弹、穿甲弹）sabot
支撑环　support ring
支撑结构　support structure
支撑面　seat
支撑弹簧　support spring
支撑销　support pin
支撑组件　support assembly
支承垫　cradle
支承面　（台钳）bearing surface
支持计划　sustainment programme
支持软件　support software
支点　hard point
支点　hardpoint
支杆式巴仑　mast balun
支架　bracket
支架　（包装箱的）cradle
支架　holder
支架　（较大产品装配、维护、存放、搬运的）stand
支架　support
支架弹簧　support spring
支架组件　arm assembly
支架组件　（脐带电缆插头）bracket assembly
支脚　foot
支路　branch
支援　support
支援兵器　supporting arms
支援部队　support
支援部队　supporting forces
支援飞机　support aircraft
支援干扰　support jamming
支援火力　supporting fire
支援火力协调中心　supporting arms coordination center (SACC)
支援计划　supporting plan
支援行动　supporting operations
支援性的　subsidiary
支援指挥官　supporting commander
支援作战　supporting operations
支柱　（直立的）column
支柱　leg
支座　（可动的）bearing
支座　（包装箱的）cradle
支座　holder
支座　support
支座锁定槽　support locking slot
知情　witting
知识产权　intellectual property (IP)
织构　texture
执法机构　law enforcement agency (LEA)
执行　implementation
执行代表　executive agent (EA)
执行代理人　executive agent (EA)
执行机构　actuating mechanism
执行机构　actuator
执行机构电机　actuator motor
执行军种　executive service
执行控制　executive control
执行命令　execute order (EXORD)
执行器　actuator

执行情况报告 performance report
执行任务可用率 capability rate
执行任务可用率 mission-capable rate
执行任务可用率 mission-capable readiness rate
执行总裁 Chief Executive Officer（CEO）
执行组件 actuating assembly
直柄 （钻头、刀具）straight shank
直柄丝锥扳手 （力矩比 T 形手柄丝锥扳手要大）straight tap wrench
直播卫星 direct broadcast satellite（DBS）
直播卫星家用抛物面碟形天线 DBS home parabolic dish antenna
直槽 （钻头）straight flute
直槽 （不同于 T 形槽、燕尾槽等）straight slot
直尺 rule
直尺 ruler
直尺固定座 （用于划线或半精密测量）rule holder
直齿面锯条 straight-rake blade
直齿面锯条 zero-rake blade
直方图 histogram
直方图的自动峰值处理 automated peak processing for histograms
直规 straight edge
直角 right angle
直角杯形轮 （砂轮）straight cup wheel
直角尺 solid square
直角杠杆 bellcrank
直角三角形 right triangle
直角台肩 square shoulder
直角台阶 square shoulder
直角碗形轮 （砂轮）straight cup wheel
直角形杠杆 bellcrank
直角坐标系 Cartesian coordinate system
直角坐标系 rectangular coordinate system
直接报告单位 direct reporting unit（DRU）
直接测量 direct measurement
直接点对点交战 direct point-to-point engagement
直接法 direct method
直接分度法 （分度头）direct indexing
直接分度盘 （分度头）direct index plate
直接攻击 direct attack
直接攻击弹药支部 （隶属美国空军寿命周期管理中心军械部直接攻击分部）Direct Attack Munitions Branch
直接攻击分部 （隶属美国空军寿命周期管理中心军械部）Direct Attack Division
直接毁伤导弹 hit-to-kill missile
直接毁伤模式 hit-to-kill mode
直接毁伤战斗部 hit-to-kill warhead
直接火力 direct fire
直接接触杀伤 （导弹）direct-contact kill
直接进给切削 （使用中心切削立铣刀）plunge cutting
直接空中支援中心 direct air support center（DASC）
直接命中 direct hit
直接命中武器 direct-hit weapon
直接碰撞 direct hit
直接碰撞杀伤 （导弹）direct-contact kill
直接碰撞武器 direct-hit weapon
直接驱动的电动舵机 direct-drive electric servo
直接商业销售 Direct Commercial Sale（DCS）
直接上升式反卫星(导弹) direct-ascent anti-satellite（DA-ASAT）
直接上升式反卫星武器 direct-ascent ASAT weapon
直接上升式技术 direct-ascent technology
直接上升式系统 direct ascent system
直接数字控制 direct numerical control（DNC）
直接数字控制 drip feeding
直接效果 direct effect
直接效应 direct effect
直接行动 direct action（DA）
直接硬化 direct hardening
直接硬化 through hardening
直接用 **RPM**(主轴转速)编程 （数控车床）direct RPM programming
直接支援 direct support（DS）
直接支援操作员 direct support operator（DSO）
直接主管 immediate supervisor
直径 diameter
直径比 diameter ratio
直径编程 （数控车床）diametral programming
直径读数刻度环 diametric micrometer collar
直径检验 diameter inspection
直径量规 diameter gauge
直连式试验 direct connect test
直流 direct current（dc；DC）
直流变换器支座 DC inverter carrier
直流电池 dc battery
直流电流 dc current
直流电路 dc network
直流电压 dc voltage
直流电源 dc source
直流电源卡 DC power card
直流放大 dc amplification
直流光电导增益 dc PC gain
直流光电导增益 dc photoconductive gain
直流光电导增益 direct current photoconductive gain
直流-交流变流机 DC-AC inverter
直流-交流变流机电缆 DC-AC inverter cable
直流控制板 DC control card
直流响应 dc response
直流信号 dc signal
直流增益 dc gain
直轮 （砂轮）straight wheel
直瞄反坦克(导弹) Line-of-Sight Anti-Tank（LOSAT）
直瞄反坦克导弹 Line-of-Sight Anti-Tank missile
直瞄火力 direct fire
直升机 chopper（非正式语）

直升机 helicopter
直升机靶标 helicopter drone
直升机靶机 helicopter drone
直升机发射的导弹 helicopter-launched missile
直升机紧急出舱装置 helicopter emergency egress device（HEED）
直升机紧急出口照明系统 helicopter emergency exit lighting system（HEELS）
直升机排气信号特征 helicopter exhaust signature
直升机综合防御辅助设备 Helicopter Integrated Defensive Aids Suite（HIDAS）
直天线 linear antenna
直通槽 through slot
直通槽 through-slot
直头销 straight head pin
直头销 straight headed pin
直纹滚花 straight knurl
直线 straight line
直线插补 linear interpolation
直线车削 straight turning
直线电动舵机 linear electromechanical actuator
直线电动执行机构 linear electromechanical actuator
直线度 straightness
直线机电执行机构 linear electromechanical actuator
直线加速器 linear accelerator
直线加速器相干光源 Linac Coherent Light Source（LCLS）
直线平飞条件 straight-and-level flight condition
直线燃气舵机 linear explosive actuator
直线燃气执行机构 linear explosive actuator
直线扫描仪 line scanner
直线运动 straight-line movement
直线阵 linear array
直销 straight pin
值班军官 duty officer（DO）
职能组成部队司令部 functional component command
职位 position
职业 career（多指一生从事的专业工作）
职业 employment
职业 occupation
职业 profession（多指受过高等教育的专业工作）
职业安全与健康管理局 （美国）Occupational Safety and Health Administration（OSHA）
职业道德 work ethic
职业继续教育 professional continuing education（PCE）
职业招募飞行人员 career enlisted aviator（CEA）
职责 function
植入式天线 embedded antenna
植物油 vegetable oil
止动扳手 detent wrench
止动板 retainer
止动挡件 pawl stop
止动垫圈 tab washer
止动杆 sway brace
止动环 stop ring
止动环 stopper ring
止动机构 blocking mechanism
止动棘爪 lock pawl
止动块 stop
止动块 sway brace
止动螺钉 set screw
止动螺钉 setscrew
止动螺钉 stop screw
止动螺钉 stopper screw
止动螺母 stop nut
止动器 （转位刀架）detent
止动器 stop
止动器 stopper
止动圈 stop ring
止动圈 stopper ring
止动弹簧 retaining spring
止动销 stop pin
止动销 stopper pin
止动爪 dog
止动座 sway brace
只按方位发射 Bearing Only Launch（BOL）
纸带记录表 strip chart
指标 index
指标 indicator
指标 specification（指技术规范、技术要求）
指导 direction
指导 guidance
指导大纲 roadmap
指导的 directive
指定的检验员 designated inspector
指定翻修点 Designated Overhaul Point（DOP）
指定飞行航线图 pattern
指定挂装区 designated loading area
指定检修点 Designated Overhaul Point（DOP）
指定任务 assigned mission
指定维修点 Designated Repair Point（DRP）
指挥 command（CMD）
指挥部 command（CMD）
指挥层次 （司令部设在前方或后方的）echelon
指挥的 directive
指挥发射单元 Command Launch Unit（CLU）
指挥发射计算机 command launch computer（CLC）
指挥关系 command relationships
指挥官 commander（CDR）
指挥官 commanding officer
指挥官的初步判断 commander's estimate
指挥官的关键情报需求 commander's critical intelligence requirement（CCIR）
指挥官的关键信息需求 commander's critical information requirement（CCIR）
指挥官的通信同步 commander's communication

synchronization (CCS)
指挥官的信息交换同步 commander's communication synchronization (CCS)
指挥官的意图 commander's intent
指挥官要求的投送时间 commander's required delivery date
指挥官指定的投送时间 commander's required delivery date
指挥机构 (司令部设在前方或后方的) echelon
指挥、控制和通信 command, control, and communication (C3)
指挥、控制、情报、监视与侦察 command, control, intelligence, surveillance, and reconnaissance (C2ISR)
指挥、控制、通信和情报 Command, Control, Communication, and Intelligence (C3I)
指挥、控制、通信、计算机、情报、监视和侦察 command, control, communication, computer, intelligence, surveillance and reconnaissance (C4ISR)
指挥、控制、通信、计算机、情报、监视和侦察 command, control, communications, computers, intelligence, surveillance, and reconnaissance (C4ISR)
指挥、控制、通信、计算、作战与情报、监视和侦察 Command, Control, Communication, Computing, Combat and Intelligence, Surveillance and Reconnaissance (C5ISR)
指挥、控制与通信中枢 command and control, and communications hub
指挥、控制、作战管理和通信 command, control, battle management and communications (C2BMC)
指挥链 chain of command
指挥链 command channel
指挥权 command (CMD)
指挥所 command post (CP)
指挥所综合基础设施 command post integrated infrastructure (CPI2)
指挥网 command net
指挥系统 chain of command
指挥系统 command channel
指挥系统 command system
指挥与控制 command and control (C2)
指挥与控制技术 command-and-control technology
指挥与控制节点 command and control node
指挥与控制系统 command and control system
指挥与控制战 command and control warfare (C2W)
指挥与控制中心 command and control center
指挥长 commander (CDR)
指令 command (CMD)
指令 *n.* directive
指令 instruction
指令 order
指令的 directive
指令发射计算机 command launch computer (CLC)
指令惯性中制导 command inertial midcourse guidance
指令加速度 commanded acceleration
指令加速度限幅 commanded acceleration limit
指令接收机 command receiver
指令链路接收机天线 command link receiver antenna
指令系统 command system
指令信号 command signal
指令长 commander (CDR)
指令制导 Command Guidance (CG)
指令自毁 command destruct
指令自毁系统 command-destruct system
指令自毁信号 command-destruct signal
指南 guide (多指手册)
指南 guideline (多指准则)
指派任务 assigned mission
指示 cueing (多指把导引头指向目标的动作)
指示 *vt.* indicate
指示 indication (多指表示、展现)
指示 instruction (多指说明、指导)
指示表表盘 indicator dial
指示表检测头 indicator tip
指示表校准 dial indicator calibration
指示的 directive
指示牌 instruction plate
指示器 designator (指照射目标的装置)
指示器 indicator (指显示器、显示牌、显示表、指示表等)
指示器的可见性 visibility of indicator
指示器连接块 indicator link
指示器组件 indicator assembly
指示与告警 indications and warning (I&W)
指数 exponent
指数 index
指数 index number
指数逼近 exponential approximation
指数吸收 exponential absorption
指向角 pointing angle
指向误差 pointing error
指引 cueing (多指把导引头指向目标的动作)
指引 guidance (多指指导某种操作)
指引信号 cue
指针 needle
指针 pointer
指针表 analog meter
指针指示表 dial indicator
指针指示表 dial indicator gage
指状物 finger
趾形固定夹 (夹持工件侧面,低于工件上表面) toe clamp
至辐射源的距离 distance to the emitter
志愿联运海运协议 Voluntary Intermodal Sealift Agreement (VISA)

志愿提供油轮协议　voluntary tanker agreement（VTA）
制备　preparation
制裁实施　sanction enforcement
制导　guidance
制导板　guidance card
制导舱　guidance group
制导舱　guidance section
制导舱　guidance unit（GU）
制导舱包装　guidance unit packing
制导舱玻璃罩　guidance section glass wrap
制导舱部件　guidance section hardware
制导舱测试仪　guidance unit tester
制导舱测试仪选择开关　guidance unit tester selector
制导舱电缆　guidance unit cable
制导舱后弹体　guidance section aft fuselage
制导舱后弹体玻璃罩　guidance section aft fuselage glass wrap
制导舱前弹体　guidance section forward fuselage
制导舱硬件　guidance section hardware
制导舱/战斗部舱接头　guidance/warhead section joint
制导舱中接头　guidance section midjoint
制导舱装配架　guidance unit assembly support
制导单元　guidance unit（GU）
制导弹发射　guided missile launch
制导弹药　guided munition
制导弹药　guided ordnance
制导、导航与控制　Guidance, Navigation and Control（GNC）
制导/导引头舱　guidance/seeker section
制导电路　guidance circuit
制导电子部件　guidance electronics
制导电子舱　Guidance Electronics Unit（GEU）
制导电子组件　Guidance Electronics Unit（GEU）
制导多管火箭弹系统　Guided Multiple Launch Rocket System（GMLRS）
制导发射　guided firing
制导发射　guided launch
制导发射弹研制　guided firing development（GFD）
制导发射研制　guided firing development（GFD）
制导放大器　guidance amplifier
制导放大器传递函数　guidance amplifier transfer function
制导飞行试验　guided flight trial
制导、分配和瞄准　guidance, apportionment, and targeting（GAT）
制导分系统　guidance subsystem
制导和控制舱　guidance and control section
制导和控制滤波器　guidance and control filter
制导滑翔弹药　guided glide munition
制导滑翔武器　guided glide weapon
制导计算机　guidance computer
制导交接班　guidance handover
制导控制舱　guidance control group（GCG）
制导控制舱　guidance control section（GCS）
制导控制舱测试设备　GCS test set
制导控制舱电爆管测试　GCS squib test
制导控制舱功能测试　GCS functional test
制导控制舱环境探测器密封盖　GCS probe sealed cap
制导控制舱记录卡　Guidance Control Group Log Card
制导控制舱记录卡　Guidance Control Section Log Card
制导控制舱热电池电爆管　GCS thermal battery squib
制导控制分系统　guidance control subsystem
制导逻辑　guidance logic
制导逻辑电路　guidance logic
制导律　guidance law
制导律分析　guidance law analysis
制导模式　guidance mode
制导炮弹　guided projectile
制导时间常数　guidance time constant
制导试验弹　guided test vehicle（GTV）
制导武器评估设施　Guided Weapons Evaluation Facility（GWEF）
制导系留飞行　guidance captive carry flight
制导系留飞行试验　guidance captive carry flight
制导系统　guidance system
制导系统挂飞试验　guidance system captive flight
制导系统挂飞试验　guidance system captives
制导信息数据　guidance intelligence data
制导性能试验　guidance performance test
制导引信一体化　guidance integrated fuzing（GIF）
制导与控制　guidance and control（G&C）
制导与控制部件　guidance and control component
制导与控制操作软件　G&C Operational Software
制导与控制操作软件　Guidance and Control Operational Software
制导与控制电子装置　guidance and control electronics
制导与控制技术　guidance and control technology
制导与控制精度试验　guidance and control accuracy test
制导与控制试验　guidance and control test
制导与控制系统测试设备　Guidance and Control System Test Equipment
制导与控制系统软件　G&C System Software
制导与控制系统软件　Guidance and Control System Software
制导与控制一体化　integrated guidance and control
制导与控制应用软件　G&C Applications Software
制导与控制应用软件　Guidance and Control Applications Software
制导与控制支持软件　G&C Support Software
制导与控制支持软件　Guidance and Control Support Software
制导增强型导弹　Guidance Enhanced Missile（GEM）
制导炸弹　guided bomb unit（GBU）
制导指令　guidance command
制导指令数据　guidance intelligence data

制导装置　guidance unit (GU)
制导组件　guidance group
制导组件　guidance kit
制导组件　guidance unit (GU)
制订　development
制动　brake
制动电磁阀　brake solenoid
制动机构　brake mechanism
制动块　locking block
制动块分组件　locking block subassembly
制动器　brake
制动伞回收(系统)　drogue recovery
制动式精确整形装置　brake truing device
制动系统　braking system
制动装置　brake
制动组件　braking assembly
制海作战　sea control operations
制空(作战)　counterair
制空分部合同签订办公室　(美国) Air Dominance Division Contracting Office
制空隐身战斗机　air dominance stealth fighter
制空制天权　air dominance
制空自适应推进技术　Air Dominance Adaptive Propulsion Technology (ADAPT)
制空作战　counterair operations
制孔　holemaking
制冷机　refrigerator
制信息权　information dominance
制约条件　constraint
制约因素　limiting factor
制造　fabrication (多指硬件生产)
制造　manufacturing (多指由机器完成的大规模生产)
制造单位/部门　manufacturing activity/division
制造单元　(不同的机床组织在一起生产同一个零件) manufacturing cell
制造辅助设备　manufacturing aid
制造工厂　manufacturing facility
制造工程技术员　manufacturing engineering technician
制造工程师　manufacturing engineer
制造工艺　manufacturing process
制造技术　manufacturing technique
制造技术协会　Association for Manufacturing Technology (AMT)
制造技术协会锥体　AMT taper
制造检验　manufacturing inspection
制造商　manufacturer
制造商前缀符　(砂轮标签) manufacturer prefix
制造商选择　source selection
制造特性　manufacturing characteristics
制造特性　manufacturing property
制止　denial
质保检验　QA inspection
质保检验　quality assurance inspection
质保件　warranted item
质点　particle
质点　point mass
质点建模　point mass modeling
质点速度　particle velocity
质量　mass (指物理量)
质量　quality (指产品或工作的品质)
质量保证　quality assurance (QA)
质量保证大纲　quality assurance program
质量保证费　warranty cost
质量保证计划　quality assurance program
质量保证期　warranty
质量保证要求　quality assurance requirement
质量比　mass fraction
质量比　mass ratio (MR)
质量当量速度　mass-equivalent velocity
质量分数　mass fraction
质量功能展开　house of quality (HOQ)
质量惯性矩　mass moment of inertia
质量监督　quality surveillance
质量监控　quality surveillance
质量检测块　proof mass
质量检验员　quality control inspector
质量检验员　quality control technician
质量鉴定总纲计划　Quality Evaluation Master Program Plan
质量鉴定总纲指南　Quality Evaluation Master Program Guide
质量聚焦战斗部　mass focus warhead
质量控制　quality control (QC)
质量控制员　quality control inspector
质量控制员　quality control technician
质量流量　mass flow
质量流率　mass flow rate
质量平衡　mass balance
质量缺陷　quality deficiency
质量缺陷报告　quality deficiency report
质量缺陷报告计划　Quality Deficiency Reporting Program
质量守恒　conservation of mass
质量守恒　mass conservation
质量守恒定律　conservation law of mass
质量衰减系数　mass attenuation coefficient
质量损失　mass loss
质量特性　mass property
质量屋　house of quality (HOQ)
质量消耗　mass expenditure
质谱仪　mass spectrometer
质心　center of mass
质心　centroid
质心　mass center
质心回转半径　centroidal radius of gyration
质心速度　center-of-mass velocity

治理　governance
致癌物　carcinogen
致电离辐射　ionizing radiation
致冷　cooling
致冷程度　cooling level
致冷的　cooled
致冷的　cooling
致冷的　cryogenic（多指深冷的）
致冷方法　cooling method
致冷过程　cooling process
致冷机　cryoengine
致冷机控制　（指令或信号）CRYO CONTROL
致冷机理　cooling mechanism
致冷剂　coolant
致冷剂　cryogen（多指通过相变致冷的）
致冷剂　refrigerant（多指通过相变致冷的）
致冷剂传输管路　cryogen transfer line
致冷剂高压罐　coolant pressure tank
致冷剂高压罐　pressure coolant tank
致冷剂供应系统　coolant supply system
致冷剂管路　coolant line
致冷剂罐　coolant tank
致冷剂罐口盖　coolant tank access cover
致冷剂接口　coolant interface
致冷剂口盖　coolant access door
致冷剂瓶　coolant bottle
致冷剂容器　coolant reservoir
致冷剂压力罐　coolant pressure tank
致冷剂再充装置　Coolant Recharging Unit（CRU）
致冷介质　cooling medium
致冷控制　（指令或信号）CRYO CONTROL
致冷路径　cooling path
致冷滤光片　cooled filter
致冷能力　cooling capacity
致冷气体　cryogenic gas
致冷气体供应　cooling gas supply
致冷气体供应　gas coolant supply
致冷器　cooler
致冷器　cryoengine
致冷器　cryostat
致冷器定中心夹具　cryostat centering fixture
致冷器干燥剂　cryostat desiccant
致冷器焊接夹具　cryostat soldering fixture
致冷器夹块　cryostat collet
致冷器接头　cryostat adapter
致冷器接头　cryostat fitting
致冷器接头分组件　cryostat adapter subassembly
致冷器流量　cryostat flow rate
致冷器流量测试盒　cryostat flow rate test chamber
致冷器调节器　cryostat regulator
致冷器调节器粘接夹具　cryostat regulator bonding fixture
致冷器调节器取出工具　cryostat regulator remover
致冷器调节器粘接夹具　cryostat regulator bonding fixture
致冷器芯　cryostat core
致冷全向导引头　cooled all-aspect seeker
致冷探测器　cooled detector
致冷探测器单元　cooled detector unit
致冷温度　cryogenic temperature
致冷系统　cooling system
致冷要求　cooling requirement
致密组织砂轮　dense-structure wheel
致命爆炸　lethal blast
致命部位　lethal aimpoint
致命瞄准点　lethal aimpoint
致命破片　lethal fragmentation
致命易损性　critical vulnerability（CV）
致偏装置　deviator
致热点火器　pyrogen igniter
致热物质　pyrogen
智能　intelligence
智能的　smart
智能反坦克　brilliant anti-tank（BAT）
智能反坦克　brilliant antitank（BAT）
智能反坦克子弹药　brilliant anti-tank submunition
智能探测策略　smart detection strategy
智能天线　smart antenna
智能引信　smart fuze
智能制导与增程反辐射导弹　（德国）Armiger
滞后　delay
滞后　lag
滞后　hysteresis
滞后误差　hysteresis error
滞后现象　hysteresis
滞火　（发动机非预期延迟点火）hangfire
滞留　（导弹）hangfire
滞留气体　trapped gas
滞留时间　（目标）dwell time
滞止　stagnation
滞止点　stagnation point
滞止焓　stagnation enthalpy
滞止区　stagnation region
滞止压力　stagnation pressure
滞止状态　stagnation condition
置信度　confidence
置信度　Confidence Level（CL）
置信度　degree of confidence
置于合适位置　*vt.* spot
置于框架的导引头　gimballed seeker
置于框架的探测器　gimballed sensor
置于万向支架的探测器　gimballed sensor

zhong

中波红外　medium-wave IR（MWIR）

中波红外　mid-wavelength infrared (MWIR)
中波红外　mid-wavelength IR (MWIR)
中波红外波段　mid-wave IR region
中波红外导引头　medium-wave IR seeker
中波红外导引头　mid-wave IR seeker
中波红外区域　mid-wave IR region
中部机身　central fuselage
中程　Medium Range (MR)
中程弹道导弹　（作战距离为 600～1 500 海里） medium-range ballistic missile (MRBM)
中程导弹　medium-range missile
中程防空系统　medium-range air defense system
中程核力量条约　Intermediate-Range Nuclear Forces Treaty
中粗纹锉刀　coarse file
中弹体舱　midbody section
中弹体的　mid-body
中弹体缓冲垫　mid-body buffer
中导条约　Intermediate-Range Nuclear Forces Treaty
中等的　medium
中等的　moderate
中等改动　moderate change
中等功率加工　medium-duty operation
中等攻角　moderate angles of attack
中等规模关键部件（项目）　Medium Scale Critical Components
中等重量级外挂物　medium-weight store
中地球轨道　medium-earth orbit (MEO)
中地球轨道卫星　medium-earth orbit satellite
中点　midpoint
中吊挂　center hanger
中吊挂　center hook
中吊挂　center launch hook
中吊挂组件　center hanger assembly
中段导航　mid-course navigation
中段导航　midcourse navigation
中段修正　midcourse correction
中段制导　midcourse guidance
中段自主模式　mid-course autonomous mode
中断　outage
中断锁定　break lock
中队　squadron
中队医疗小分队　squadron medical element (SME)
中高度地球轨道　intermediate-earth orbit (IEO)
中高度地球轨道卫星　intermediate-earth orbit satellite
中高度地球轨道卫星链路　IEO satellite link
中国东海　East China Sea (ECS)
中国航空技术进出口公司　China Aviation Technology Import-Export Corporation (CATIC)
中国民用航空局　Civil Aviation Administration of China (CAAC)
中国南海　South China Sea (SCS)
中国人民解放军　People's Liberation Army (PLA)
中国人民解放军海军　People's Liberation Army Navy (PLAN)
中国人民解放军海军　PLA Navy
中国人民解放军海军航空兵　PLA Naval Air Force (PLANAF)
中国人民解放军火箭军　PLA Rocket Force (PLARF)
中国人民解放军空军　People's Liberation Army Air Force (PLAAF)
中和　neutralization
中和槽液　neutralization bath
中和的　neutral
中红外　intermediate infrared
中红外　middle infrared
中红外波段　middle infrared band
中级岸上维护　intermediate ashore maintenance
中级的　intermediate
中级的　medium-grade
中级海上维护　intermediate afloat maintenance
中级配合　general fit
中级配合　medium fit
中级配合　standard fit
中级维护　I-level maintenance
中级维护　intermediate-level maintenance
中级维护　intermediate maintenance
中级维护机构　intermediate maintenance activity
中级维护手册　Intermediate Maintenance Manual
中级武器检验　intermediate level weapons inspection
中继　*n.* & *vt.*　relay
中继站　relay
中继组网　trunk networking
中间产物　intermediate product
中间的　intermediate
中间的　medium
中间光学部件　intermediate optics
中间光学部件支座　intermediate optics holder
中间级维护　I-level maintenance
中间级维护　intermediate-level maintenance
中间级维护　intermediate maintenance
中间级维护车间　Intermediate-Level Shop
中间体　intermediate body
中间停留基地　intermediate staging base (ISB)
中间透镜　intermediate lens
中间透镜定中心　intermediate lens centering
中间透镜镀膜　intermediate lens coating
中间透镜粘接　intermediate lens bonding
中间透镜支座　intermediate lens holder
中将　（英国空军） air marshal
中将　（空军和陆军） lieutenant general
中将　（海军） vice admiral
中接头　midjoint
中径　（螺纹） pitch diameter
中距　Medium Range (MR)
中距导弹　medium-range missile

中距空空导弹 medium-range air-to-air missile (MRAAM)
中距至超视距拦截 medium-to beyond-visual-range intercept
中空长航时 medium-altitude long endurance (MALE)
中控台 centre pedestal
中立 neutrality
中脉冲重复频率 Medium Pulse Repetition Frequency (MPRF)
中频 Intermediate Frequency (IF)
中频板 IF card
中频板测试仪 IF card tester
中频电缆 IF cable
中频电路板 IF card
中频放大器 IF amplifier
中频混频器 IF mixer
中频载波 IF carrier
中士 (英国海军) petty officer, first class
中士 (美国海军) petty officer, second class
中士 (美国陆军和海军陆战队、英国空军和陆军) sergeant
中士 (美国空军) staff sergeant
中枢 hub
中丝锥 (可用于通孔或盲孔) plug chamfer tap
中碳钢 medium-carbon steel
中途停运的货物 frustrated cargo
中尉 (美国空军、陆军、海军陆战队) first lieutenant
中尉 (英国空军) flying officer
中尉 (英国陆军) lieutenant
中尉 (美国海军) lieutenant, junior grade
中尉 (英国海军) sublieutenant
中温度 intermediate temperature
中温工作 intermediate temperature operation
中纹锉刀 bastard file
中纹的 (滚花) medium
中细纹锉刀 second-cut file
中线 neutral
中项 mean
中小企业 Small and Medium Enterprises (SME)
中校 (海军) commander (CDR)
中校 (空军和陆军) lieutenant colonel
中校 (英国空军) wing commander
中心 center
中心 (中枢、枢纽) hub
中心波长 center wavelength
中心冲 (钻孔用) center punch
中心冲 (划线用) prick punch
中心规 (用于检测螺纹车刀的头部形状) center gage
中心规 (用于检测螺纹车刀的头部形状) fishtail gage
中心和辐射场站分发(系统) hub and spoke distribution
中心极限定理 central limit theorem
中心架 (用于支撑长零件的加工) steady rest
中心控制军官 central control officer (CCO)
中心馈电偶极子 center-fed dipole
中心连接单元 center connected elements
中心频率 center frequency
中心切削端铣刀 center-cutting endmill
中心切削立铣刀 center-cutting endmill
中心体 center body
中心线 center line
中心线 centerline
中心轴 center axis
中心锥等熵压缩 isentropic spike compression
中心锥体 (进气道) spike
中型的 medium
中型的 moderate
中型多任务作战飞机 Medium Multi-Role Combat Aircraft (MMRCA)
中型多用途战斗机 medium multirole fighter
中型攻击武器 medium assault weapon (MAW)
中型热寻的武器瞄准具 Medium Thermal Weapon Sight (MTWS)
中型外挂物 medium-weight store
中型约束 moderate confinement
中型运输机 medium airlifter
中型战斗机 Medium Weight Fighter (MWF)
中性的 neutral
中性氛围 neutral atmosphere
中性密度 neutral density (ND)
中性密度滤光片 ND filter
中性密度滤光片 neutral-density filter
中央操纵台 centre pedestal
中央处理机 central processing unit (CPU)
中央处理器 central processing unit (CPU)
中央处理器 central processor
中央弹舱 center bay
中央电源 central power supply
中央情报局 (美国) Central Intelligence Agency (CIA)
中央数据处理器 central data processor
中央武器舱 center bay
中央武器舱 center weapons bay
中央综合检测 central integrated checkout (CIC)
中远程常规快速打击武器系统 Intermediate Range Conventional Prompt Strike Weapon System
中远程弹道导弹 (作战距离为1500~3000海里) intermediate-range ballistic missile (IRBM)
中远程导弹 intermediate-range missile
中值 median
中止 *v.* &*n.* abort
中止的 (试验前两小时内或试验过程中取消的) scrubbed
中止发射 scrub
中止率 scrub factor
中止率 scrub ratio

中制导 mid-course guidance
中制导 midcourse guidance
中制导精度 midcourse guidance accuracy
中制导能力 mid-course guidance capability
中制导装置 midcourse guidance unit
中转基地 staging base
中转箱 transfer container
中阻抗 intermediate impedance
中阻抗探测器 intermediate-impedance detector
忠诚僚机 Loyal Wingman
终点弹道效应 terminal ballistic effect
终点弹道学 terminal ballistics
终点相互作用模型 Terminal Interaction Model（TIM）
终点站 terminal
终端 terminal
终端待用件 end item
终端业务 （机场、码头、车站等）terminal operations
终端引导行动 terminal guidance operations（TGO）
终端阻抗 terminal impedance
终级去污 clearance decontamination
终止 demise
终止 termination
终止标准 termination criteria
终止判据 termination criteria
钟表匠锉刀 die maker's file
钟表匠锉刀 jeweler's file
钟形回转体表面 bell-shaped cylindrical surface
钟形喷管 bell nozzle
钟形喷管 bell-shaped nozzle
钟形潜入式喷管 bell-shaped submerged nozzle
钟形物 bell
种类 category
种类 class
种类 type
众议院拨款委员会 （美国）House Appropriations Committee（HAC）
众议院军事委员会 （美国）House Armed Services Committee（HASC）
众议院外交事务委员会 （美国）House Foreign Affairs Committee（HFAC）
重大变化 step-change
重大的 critical（多指故障）
重大的 major（多指项目、计划、冲突等）
重大的 significant（多指重要的、显著的）
重大地区冲突 major regional conflict（MRC）
重大改变 step-change
重大故障 critical failure
重大国防采办计划 major defense acquisition program（MDAP）
重大国防采办项目 major defense acquisition program（MDAP）
重大灾难 complex catastrophe
重点 highlight
重点项目 high-priority program
重机枪吊舱 heavy machine gun pod
重金属 heavy metal
重块 weight
重力 gravitational force
重力 gravity
重力补偿 gravity compensation
重力场 gravitational field
重力加速度 gravitational acceleration
重力模型 gravitational model
重力投放式武器 gravity-dropped weapon
重力投放式炸弹 gravity bomb
重力透镜 gravity lens
重力修正 gravity correction
重力载荷 weight load
重力载荷分布 weight-load distribution
重量 weight
重量标度 weight scaling
重量分布 weight distribution
重量流率 weight flow rate
重量轻 light weight
重量热值 gravimetric heating value
重量说明和几何外形数据 weight statement and geometry data
重量限额 weight allowance
重量效率 weight efficiency
重量与平衡建档 weight and balance bookkeeping
重量载荷 weight load
重心 center of gravity（COG；CG）
重心回转半径 centroidal radius of gyration
重心位置 center-of-gravity location
重心位置 CG location
重型的 heavy-weight
重型轰炸机 heavy bomber
重型货物 heavy-lift cargo
重型起吊运输船 heavy-lift ship
重型设备运载工具 heavy equipment transporter（HET）
重型外挂物 heavy-weight store
重型装甲 heavy armor
重要大修 major overhaul
重要的 key
重要的 significant
重要功能产品 functionally significant item（FSI）
重要构成组件 major component assembly
重要职位 key position
重要组件 major assembly
重中之重项目 high-priority program
重装甲目标 heavily armored target

zhou

舟艇群 boat group
舟艇容量 boat space

周边线 （用于任何形状）perimeter
周边线 （用于任何形状）periphery
周长 （用于任何形状）perimeter
周/秒 cycles per second
周期 cycle（多指循环）
周期 cycle time
周期 period
周期的 periodic
周期信号 periodic signal
周期性导线表面 periodic wire surface
周期性的脉冲重复间隔变化 periodic PRI variation
周期性缝隙结构 periodic slot structure
周期性机动 periodic maneuver
周期性结构 periodic structure
周期性结构模 periodic structure mode
周围的 circumferential
周向 circumferential direction
周向槽 circumferential groove
周向槽 circumferential slot
周向焊缝 girth weld
周向应变 circumferential strain
周向应力 circumferential stress
周向应力 hoop stress
周转基金账户 revolving fund account
周转时间 turnaround time
周转箱 transit case
周转资金 working capital fund
洲际弹道导弹 intercontinental ballistic missile（ICBM）
啁啾声 chirping tone
轴 axis（指轴线，可实可虚）
轴 axle（指轮轴、车轴）
轴 shaft（指实体轴、传动轴）
轴比 axial ratio
轴测图 isometric view
轴衬 shaft bushing
轴承 bearing
轴承保持架 bearing retainer
轴承保持架锁定装置 bearing retainer lock
轴承衬套 bearing bushing
轴承衬套组件 bearing bushing assembly
轴承滚珠 bearing ball
轴承组件 bearing assembly
轴承座 bearing holder
轴对称 axial symmetry
轴对称磁探针 axially symmetric magnetic probe（ASMP）
轴对称弹体 axisymmetric body
轴对称弹体激波 axisymmetric body shock wave
轴对称的 axially symmetric
轴对称的 axisymmetric
轴对称流 axisymmetric flow
轴对称双进气道 twin axisymmetric inlets
轴功 shaft work
轴流式涡轮转子 （发动机）axial turbine rotor
轴流式压气机 axial compressor
轴套 shaft bushing
轴外的 off-axis
轴位螺钉 shoulder screw
轴线 axis
轴向 axial direction
轴向板推力矢量控制 axial plate TVC
轴向穿越电缆 （导弹弹身上）tunnel cable
轴向的 axial
轴向对称 axial symmetry
轴向惯性矩 axial inertia moment
轴向力 axial force
轴向力分析 axial force analysis
轴向力系数 axial force coefficient
轴向模螺旋 axial mode helix
轴向模态 axial mode
轴向速度 axial velocity
轴向位置 axial location
轴向旋转 axial spin
轴向应变 axial strain
轴向应力 axial stress
轴向整流罩 （用于遮盖弹身、机身蒙皮外敷设的管道、电缆等）tunnel
轴销 （用作枢轴的销）pivot
轴销 （固定轴的销）shaft pin
肘杆式固定夹 toggle clamp
肘管 knee
肘节 toggle
宙斯盾备战评估飞行器 Aegis Readiness Assessment Vehicle（ARAV）
宙斯盾弹道导弹防御系统 Aegis Ballistic Missile Defense System
宙斯盾武器系统 Aegis Weapon System（AWS）
宙斯盾作战系统 Aegis combat system
昼夜不停的 round-the-clock
昼夜传感器 day/night sensor
昼夜工作性能 day-night performance
昼夜火控系统 day/night fire control system
昼夜探测器 day/night sensor
昼夜温度变化 day-night temperature variation
昼夜作战 day/night operation
昼夜作战能力 day/night capability
皱纹表面波天线 corrugated surface wave antenna
皱纹喇叭 corrugated horn

zhu

珠光体可锻铸铁 pearlitic malleable iron
诸兵种合成战斗队 combined arms team
逐步升级的威胁 escalating threat
逐步停产 *v.* phase out
逐步停产 phaseout

逐步退役 *v.* phase out
逐步退役 phaseout
烛台式巴伦 candelabra balun
主瓣 main lobe
主瓣 mainlobe
主瓣波束宽度 mainlobe beam width
主瓣杂波 main lobe clutter (MLC)
主瓣杂波 mainlobe clutter (MLC)
主瓣杂波回波 mainlobe clutter return
主-被动自动转换引信 automatic switching active/passive fuze
主波束 main beam
主波束效率 main-beam efficiency
主插座 main socket
主承制商 prime contractor
主承制商 prime manufacturer
主尺 (游标卡尺) main scale
主处理器单元 main processor unit (MPU)
主单元软件 prime unit software
主导 dominance
主导国 lead nation
主导军种 (联合研制项目) lead service
主导能见度 prevailing visibility (PV)
主导用户 dominant user
主导噪声 dominant noise
主导噪声机理 dominant noise mechanism
主点火药 igniter main charge
主电源电缆 main power cable
主动保护系统 active protection system (APS)
主动的 active
主动电子对抗 active electronic countermeasures
主动段飞行 power-on flight
主动段飞行 powered flight
主动段飞行弹道 powered flight trajectory
主动多普勒雷达引信 active Doppler radar fuze
主动防空 active air defense
主动光学近炸引信系统 active optical proximity fuze system
主动光学目标探测器 active optical target detector (AOTD)
主动光学引信 active optical target detector (AOTD)
主动滚转控制系统 active roll-control system
主动毫米波 active millimeter wave
主动毫米波 active MMW
主动毫米波成像 active imaging mmW
主动毫米波成像 active millimeter wave imaging
主动毫米波非成像 active non-imaging mmW
主动和被动雷达增强 active and passive radar augmentation
主动红外成像 active imaging IR
主动红外成像 active infrared imaging
主动红外非成像 active non-imaging IR
主动激光近炸引信 active laser proximity fuze
主动激光引信 active laser fuze
主动截获 active acquisition
主动近炸引信 active proximity fuze
主动军力保护 active force protection
主动雷达 active radar
主动雷达导引头 active radar seeker
主动雷达电子对抗 active radar ECM
主动雷达电子干扰 active radar ECM
主动雷达近炸引信 active radar proximity fuze
主动雷达末段导引头 active radar terminal seeker
主动雷达末制导 active radar terminal guidance
主动雷达目标跟踪 active radar target tracking
主动雷达型导弹制导系统 active RF missile guidance system
主动雷达寻的 active radar homing (ARH)
主动雷达寻的导弹 active radar-homing missile
主动雷达寻的能力 active radar homing capability
主动雷达寻的制导 active radar homing guidance
主动雷达引信 active radar fuze
主动雷达制导拦截弹 active radar guided intercept missile
主动冷却 active cooling
主动脉冲多普勒雷达导引头 active pulse-Doppler radar seeker
主动脉冲多普勒雷达制导 active pulse-Doppler radar guidance
主动模式 active mode
主动末制导 active terminal guidance
主动频率指示 active frequency designation
主动热管理 active thermal management
主动热管理技术 active thermal management technology
主动射频目标探测 active radio frequency target detection
主动式导弹接近告警器 active missile approach warner
主动式导引头 active seeker
主动提供信息者 walk-in
主动型目标跟踪系统 active target-tracking system
主动寻的 active homing
主动寻的导引头 active homing seeker
主动寻的系统 active homing system
主动寻的制导 active homing guidance
主动摇臂 drive bellcrank
主动遥感 active remote sensing
主动引信 active fuze
主动远程感测 active remote sensing
主动制导 active guidance
主动制导导引头 active guidance seeker-head
主动制导的导弹 active missile
主发电系统 prime power generation system
主发装药 donor charge
主阀 main valve
主反射镜 primary mirror
主供货商 prime vendor (PV)

主管 proper authority
主管当局 authority
主管机构 cognizant activity
主轨迹 primary trajectory
主合同 prime contract
主机硬件 host computer hardware
主基准 primary datum
主级 main stage
主集成商 prime integrator
主计算机 host computer
主迹线 primary trajectory
主军械开关 master arm
主军械开关选择 master arm select
主开关 main switch
主控的 master
主控计算机 host computer
主控继电器 master relay
主控装置 master
主框架 （包装箱）main frame
主梁 main beam
主流 main flow
主面板 main panel
主偏角 （车刀）lead angle
主破片 main fragment
主切削刃 （车刀）leading edge（LE）
主球面反射镜 primary spherical mirror
主任务设备 Prime Mission Equipment（PME）
主通道 main channel
主通道准备 （指令或信号）MAIN CHANNEL READY
主通道准备好 （指令或信号）MAIN CHANNEL READY
主系统 primary system
主线 main
主线束 main harness
主箱体 （包装箱）main frame
主研制合同 main development contract（MDC）
主要兵力 major force
主要补给线 main supply route（MSR）
主要舱段 major section
主要的 main
主要的 major（多指比较而言更大的或更重要的）
主要的 master（多指主控的，总的）
主要的 primary
主要的 principal
主要构成组件 major component assembly
主要基体 principal binder
主要粘合剂 principal binder
主要任务飞机总数 Primary Mission Aircraft Inventory（PMAI）
主要特性 leading particulars
主要氧化剂 principal oxidizer
主要组件 major assembly
主要作战基地 main operating base（MOB）
主义 doctrine
主应力 principal stress
主责办公室 office of primary responsibility（OPR）
主责飞行控制（机构） primary flight control（PRIFLY）
主责机构 primary agency
主责军种 executive service
主责控制舰 primary control ship（PCS）
主责控制军官 primary control officer（PCO）
主责库存控制方 Primary Inventory Control Activity（PICA）
主责联邦机构 primary federal agency（PFA）
主责审查机构 primary review authority（PRA）
主战坦克 Main Battle Tank（MBT）
主轴 main shaft（实体的）
主轴 major axis
主轴 spindle（机床的）
主轴鼻 （分度头）spindle nose
主轴定位键 （立式铣床）spindle key
主轴定位销 （立式铣床）spindle key
主轴端 （分度头）spindle nose
主轴离合手柄 spindle clutch lever
主轴螺母 （磨床）spindle nut
主轴速度控制按钮 （数控机床）spindle speed override button
主轴箱 headstock
主轴圆筒 （机床）spindle tube
主轴制动手柄 （立式铣床）spindle brake lever
主轴转速 spindle speed
主轴锥形端口 （车床）spindle taper
主装药 （战斗部）main charge
主装药 （战斗部）main charge explosive
助爆装置 （战斗部）booster
助理部长 assistant secretary
助推 boost
助推段 boost phase
助推段 boost stage
助推段结束时的速度 end-of-boost velocity
助推段拦截 Boost-phase Intercept（BPI）
助推发动机 boost motor
助推发动机 booster
助推发动机 booster motor
助推飞行 boost flight
助推-惯性飞行推力曲线 boost-coast thrust profile
助推-惯性飞行-续航推力曲线 boost-coast-sustain thrust profile
助推-惯性飞行-助推-惯性飞行推力曲线 boost-coast-boost-coast thrust profile
助推后推进系统 post-boost propulsion system
助推-滑翔飞行器 boost-glide vehicle
助推-滑翔武器 boost-glide weapon
助推-滑翔系统 boost-glide system
助推级 booster stage
助推距离 boost range

助推-爬升-滑翔弹道 boost-climb-glide trajectory
助推器 booster
助推器工作结束 booster burnout
助推器壳体 booster case
助推器连接件 booster attachment
助推推进剂 boost propellant
助推推进剂 booster propellant
助推无制导的 boosted non-guided（BNG）
助推-续航发动机 boost-sustain motor
助推-续航-惯性飞行推力曲线 boost-sustain-coast thrust profile
助推-续航设计发动机 boost-sustain configuration motor
助推/续航双推力曲线 boost/sustain dual-thrust profile
助推/续航推力曲线 boost/sustain thrust profile
助推-续航转换 boost-to-sustain transition
助推装药 booster grain
助推装药 booster propellant
助推装药截面 （发动机）booster section
住处 billet
注 note
注入 injection
注入的视频信号 injected video signal
注入孔 injection port
注入口 injection port
注入物 injectant
注射成型塑性粘结炸药 injection moldable PBX
注射成型炸药 injection moldable explosive
注释 note
注释栏 （图纸）notes section
注意 note
注意事项 precaution
驻波 standing wave
驻波 stationary wave
驻波比 standing-wave ratio（SWR）
驻点 stagnation point
驻点区 stagnation point region
驻点压力 stagnation pressure
驻留 dwell
驻留与转换 dwell and switch
驻扎 basing
驻扎设施 beddown
驻止 stagnation
柱锉 pillar file
柱塞 piston
柱塞 plunger
柱塞按钮 plunger button
柱塞盖 plunger cover
柱塞夹头 plunger holder
柱塞式指示表 plunge-type indicator
柱塞式指示表 travel indicator
柱塞弹簧 piston spring
柱塞支座 piston holder
柱塞组件 piston assembly
柱塞组件 plunger assembly
柱销 pin
柱形抛物面反射镜 cylindrical parabolic reflector
柱形天线 cylindrical antenna
柱形透镜 cylindrical lens
柱状云 columnar clouds
铸钢 cast steel
铸件 casting
铸口 casting nozzle
铸铝 cast aluminum
铸模 mold（主要为美国拼写形式）
铸模 mould（主要为英国拼写形式）
铸模模具制造工 mold maker
铸铁 cast iron
铸铁平板 cast iron surface plate
铸铁平台 cast iron surface plate
铸型腔 mold cavity
铸造 *v.* &*n.* cast

zhuan

专案主管官员 case officer
专家 authority
专家 expert
专家 specialist（多指专业性更强的）
专门分派空运任务 special assignment airlift mission（SAAM）
专门技术行动 special technical operations（STO）
专门技术作战 special technical operations（STO）
专门任务国 role specialist nation（RSN）
专属经济区 exclusive economic zone（EEZ）
专项活动 campaign
专项任务训练器 part task trainer（PTT）
专项物资管理员 item manager
专业 academic discipline
专业 discipline
专业 specialty
专业方法 disciplined approach
专业方法 methodology
专业工程 （指不常用工程）specialty engineering
专业工程师 discipline engineer
专业化 specialization
专业化修理机构 specialized repair activity（SRA）
专业科目 *n.* major
专业培训 specialty training
专业术语 terminology
专业作战司令部 specified combatant command
专用扳手 dedicated wrench
专用扳手 special spanner
专用扳手 special wrench
专用搬运架 special handling stand
专用保障设备 peculiar support equipment（PSE）

专用保障设备 special support equipment
专用测量设备 special instrumentation
专用导弹 boutique missile
专用导弹硬件装置 special missile hardware installation
专用飞机 special purpose aircraft
专用工具 dedicated tool
专用工具 special tool
专用工具 special tooling
专用工具包 dedicated tool kit
专用工具包 special tool kit
专用工装 special tooling
专用工装/专用试验设备 special tooling/special test equipment（ST/STE）
专用集成电路 application-specific integrated circuit（ASIC）
专用夹具 custom fixture
专用夹具 special fixture
专用控制台 dedicated console
专用设备 special equipment
专用试验设备 special test equipment（STE）
专用系统雷达部件 dedicated system radar component
专用小型卫星搭乘 dedicated smallsat rideshare
专用小型卫星搭乘服务 dedicated smallsat rideshare
专用装卸架 special handling stand
专有技术 know-how
专有权 proprietary
专有权 proprietary right
专有权的 proprietary
砖混类设施 brick-and-mortar type facilities
转臂式换刀装置 swing-arm-type tool changer
转变 conversion（多指改变、变化）
转变 shift（多指改变、变化）
转变 transition（多指过渡过程）
转场 （战机）coronet
转场航程 ferry range
*转动 rotation
*转动 rotational motion
*转动惯量 moment of inertia（MOI）
*转动惯量 rotary inertia
*转动速率 rotation rate
*转动弹射架 rotary ejection launcher
*转动与平移动态特性 rotational and translational dynamics
*转动中心点 pivot point
*转动轴 （数控加工夹具）rotary axis
转发 *n. & vt.* relay
转发式干扰机 repeater jammer
转化 conversion
转化 transition（多指过渡过程）
转化处理 conversion treatment
转换 conversion
转换 switch
转换 transformation
转换 transition
转换程序 converter
转换计数器 event counter
转换开关 commutator
转换器 commutator
转换因子 conversion factor
转级马赫数 takeover Mach number
转接插头 adapting plug
转接插座 adapting socket
转接单元 adapter unit
转接件 adapter
转接梁 adapter
转接梁组件 adapter assembly
转接器 adapter
转接套 reducing sleeve
转接头 adapter
转镜式照相机 rotating-mirror camera
*转矩 torque
*转矩-速度特性 torque-speed characteristics
转捩 transition
转捩边界层 transitional boundary layer
*转盘式换刀装置 carousel-type tool changer
*转速 rotational rate
*转速 rotational speed
*转速控制器 rotational speed controller
*转速选择控制器 （旋臂钻床）speed selection control
*转速选择手柄 （机床）speed selector lever
转塔 turret
转塔刀架转位旋钮 （数控机床）turret indexing controls
转塔式车削中心 turret-type turning center
*转台 turntable
*转台控制器 turntable controls
*转台控制设备 turntable controls
*转筒 drum
转弯半径 turn radius
转弯半径 turning radius
转弯速率 rate of turn
转弯速率 turn rate
转弯速率时间常数 turning rate time constant
转位刀架 indexable tool post
转位刀具 indexable cutting tool
转向 diversion
转向 *n. & v.* divert
转向力矩 steering-force moment
转向与姿态控制系统 Divert and Attitude Control System（DACS）
转向装置 steering equipment
转型 transformation
转型能力办公室 Transformational Capabilities Office（TCO）
转移 transfer
转移阻抗 transfer impedance

转移阻抗 transimpedance
转运车 transporter
转运点 transshipment point
转运箱 transit case
转折 inflection
转折角 inflection angle
转折频率 corner frequency
转动 rotation
转动 rotational motion
转动惯量 moment of inertia (MOI)
转动速率 rotation rate
转动弹射架 rotary ejection launcher
转动与平移动态特性 rotational and translational dynamics
转动中心点 pivot point
转动轴 (数控加工夹具) rotary axis
转矩 torque
转矩-速度特性 torque-speed characteristics
转盘式换刀装置 carousel-type tool changer
转速 rotational rate
转速 rotational speed
转速控制器 rotational speed controller
转速选择控制器 (旋臂钻床) speed selection control
转速选择手柄 (机床) speed selector lever
转台 turntable
转台控制器 turntable controls
转台控制设备 turntable controls
转筒 drum
转轴 arbor
转轴 (机器、马达等) shaft
转子 rotor
转子动平衡 rotor balancing

zhuang

装备 *v.* arm
装备 asset
装备 effects (多指武器)
装备 equipment
装备 materiel
装备单位训练 (部队) unit training
装备对装备接口 machine-to-machine interface
装备供应 provisioning
装备武器 armament weapons
装备武器保障设备 Armament Weapons Support Equipment (AWSE)
装备总量 inventory
装备总量管理 inventory management
装备总线 armament bus
装备总线 weapons bus
装弹人员 load crew
装阀于 *vt.* valve
装夹 fixturing
装夹误差 fixturing error
装夹误差 repositioning error
装夹误差 setup error
装甲防护壳 (弹药库) ballistic envelope
装甲后效应 behind-armor effect
装甲火炮 armored artillery
装甲军车 armoured military vehicle
装甲目标 armor target
装甲运兵车 armored personnel carrier (APC)
装甲战车 armored combat vehicle
装甲战车 armored fighting vehicle (AFV)
装料斗 (振底式处理炉) hopper
装配 *v.* assemble
装配 assembly (assy)
装配步骤 assembly procedure
装配程序 assembly procedure
装配工具 assembly tool
装配后的检验 post-assembly inspection
装配后的检验程序 post-assembly inspection procedure
装配夹具 assembly jig
装配架 assembly stand
装配接头 assembly joint
装配手册 assembly manual
装配图 assembly drawing
装配线 assembly line
装配型架 assembly jig
装入密封包装箱 *vt.* can
装填 loading (多指固体火箭发动机装药、战斗部炸药、火炮弹药等的装填)
装填 packing (多指固体火箭发动机装药和战斗部炸药的装填)
装填 padding (多指战斗部的填充或镶衬,如连续杆的镶衬)
装填 **TNT** 基炸药的战斗部 TNT-based explosive-filled warhead
装填分数 packing fraction
装填日期 load date (LD)
装填日期 loading date (LD)
装填物 filler
装填物 (战斗部) padding
装填指示灯 loading indicator
装填质量 loaded mass
装箱 packaging
装箱 stuffing (多指集装箱的)
装箱导弹 containerized missile
装箱的 containerized
装箱的 packaged
装箱/开箱评判标准 canning/decanning criteria
装箱密封 canning
装箱日期 load date (LD)
装/卸 upload/download
装卸长 loadmaster (LM)
装药 (固体火箭发动机和战斗部) charge

装药 （战斗部）explosive charge
装药 （战斗部）explosive fill
装药 （战斗部）filler
装药 （固体火箭发动机）grain
装药半径 charge radius
装药长度 charge length
装药含量 （战斗部）explosive content
装药结构 grain structure
装药-金属比 charge-to-metal ratio
装药空腔 grain cavity
装药密度 charge density
装药容量 （战斗部）explosive content
装药塌陷 slump of grain
装药镶嵌点火器 grain-mounted igniter
装药直径 charge diameter（CD）
装药质量 mass of charge
装药质量比 explosive mass-to-metal mass ratio
装药重量 charge weight
装有炸药的装置 explosive-loaded device
装于框架的传感器 gimbal-mounted sensor
装于框架的探测器 gimbal-mounted sensor
装载 （舰船、飞机）embarkation
装载 *v.* load
装载 （舰船存放）stowage
装载安排图 stowage plan
装载车 loader
装载吨位表 （舰船）embarkation and tonnage table
装载方 loading activity
装载港 port of embarkation（POE）
装载航空港 aerial port of embarkation（APOE）
装载机 loader
装载机构 loading activity
装载计划 （登陆部队）embarkation plan
装载计划 （军事）loading plan
装载阶段 embarkation phase
装载区 embarkation area
装载区队 embarkation unit
装载信号 （军事）load signal
装载、训练和挂飞 loading，training，and captive carry（LTCC）
装载、训练和挂飞弹 loading，training，and captive carry vehicle
装载因数 stowage factor
装置 apparatus（多指复杂、专用装置）
装置 device（多指机构）
装置 provision（多指部件、手段、措施）
装置 rig（多指试验装置）
装置 set（多指组合设备或装置）
装置 setup（多指复杂、专用装置）
装置 unit（多指复杂产品上的某个装置）
状态 condition（多指环境条件）
状态 mode（多指工作模式）
状态 posture（多指军事态势）
状态 state（多指满足某种设定条件的状况或动态进展）
状态 status（多指最终或完成状态）
状态变量 state variable
状态方程 equation of state（EOS）
状态监测 health monitoring
状态检查 status check
状态空间 state space
状态前缀符 status prefix
状态显示 status display
状态向量 state vector
撞锤 hammer
撞杆 ram
撞击 impact
撞击 strike
撞击点 impact point
撞击方向 impact orientation
撞击感度 impact sensitivity
撞击敏感度 impact sensitivity
撞击器 striker
撞击速度 impact velocity（IV）
撞针 firing pin
撞针 striker
撞针触头 firing pin contact
撞针组合 firing pin assembly

zhui

追-逃博弈 pursuit-evasion game
追踪法 pursuit method
追踪路线 pursuit course
追踪信号弹 tracking flare
锥变壁厚 tapered wall thickness
锥变外径 tapered diameter
锥柄 （钻头、刀具）tapered shank
锥度 taper
锥度附件法 （锥体车削）taper attachment method
锥度靠模尺法 （锥体车削）taper attachment method
锥角 cone angle
锥角台肩 angular shoulder
锥角台阶 angular shoulder
锥孔 tapered hole
锥扩喷管 conical exit nozzle
锥面 cone
锥面 conical surface
锥面环规 taper ring gage
锥体 cone
锥体车削 taper turning
锥体支座 cone holder
锥头 bit
锥头丝锥 （通常用于通孔，切制出柱形螺纹）taper chamfer tap
锥销 tapered pin

锥销孔铰刀 taper pin reamer
锥形表面 conical surface
锥形槽 conical slot
锥形沉孔 countersink
锥形沉孔螺钉 flathead screw
锥形沉孔钻头 countersink
锥形沉孔钻头 countersink bit
锥形弹尾 boattail
锥形弹尾角 boattail angle
锥形弹尾直径比 boattail diameter ratio
锥形附件 （与车床主轴相配）tapered accessory
锥形干扰相似性 conical interaction similarity
锥形给油套 （空中加油机）drogue
锥形管螺纹 tapered pipe thread
锥形喉栓 tapered pintle
锥形埋头孔 countersink
锥形喷管 conical exhaust nozzle
锥形喷管 conical nozzle
锥形扫描 conical scan（CONSCAN）
锥形扫描半主动导引头 conical scan semi-active seeker
锥形扫描导引头 con-scan seeker
锥形扫描导引头 conical scan seeker
锥形扫描模式 conical scan pattern
锥形扫描系统 conical scan system
锥形弹簧 conical spring
锥形体 taper
锥形天线 cone antenna
锥形物 cone
锥形药型罩 conical liner
锥形针栓 tapered pintle
锥形主轴头部 （车床）L-taper
锥形主轴头部 （车床）tapered spindle nose
锥形装药 conical charge
锥削螺旋 tapered helix
锥柱形 conocyl
锥柱形药柱 conocyl grain
坠毁 crash
坠落 crash
坠落分布图 （导弹）splash pattern

zhun

准备 preparation
准备发放 ready for issue（RFI）
准备工作 preparation
准备好测试 Readiness Test
准备好的导弹 ready-service missile
准备好状态测试 Readiness Test
准备就绪 （军事）preparedness
准备就绪 readiness
准备命令 （数控机床编程）preparatory command
准备命令 （军事）warning order（WARNORD）
准备完好率 readiness rate
准备指令 （数控机床编程）preparatory command
准备状态 （军事）preparedness
准备状态 readiness
准备状态认证 readiness certification
准的 quasi
准将 （英国空军）air commodore
准将 （英国陆军）brigadier
准将 （美国空军和陆军）brigadier general
准将 （海军）commodore
准静态场区 quasi-stationary fields zone
准静态的 quasi-static
准静态的 quasistatic
准静态拉伸试验 quasi-static tension test
准静态拉伸数据 quasistatic tension data
准静态扭转数据 quasistatic torsion data
准军事部队 paramilitary forces
准确度 accuracy
准三角波 quasi-triangular wave
准稳态的 quasi-steady-state
准一维的 quasi-one-dimensional
准一维流动 quasi-one-dimensional flow
准用搬运设备 approved handling equipment
准圆形极限环 quasi-circular limit cycle
准则 criteria（复数）
准则 criterion
准则 guideline
准则 principle（多指原则）
准直反射镜 collimating mirror
准直反射镜镀膜 collimating mirror coating
准直输出光束 collimated output beam

zhuo

桌面参考书 deskbook
桌子 table
灼烤安全性 safety from fire
灼伤 flash burn
卓越中心 Center of Excellence（COE）
着陆场 landing site
着陆冲击 landing shock
着陆辅助设备 landing aid
着陆拦阻钩 hook
着陆拦阻系统 arresting system
着陆拦阻装置 arresting gear
着陆区 landing zone（LZ）
着陆信号兵 landing signalman enlisted（LSE）
着陆信号军官 landing signals officer（LSO）
着陆载荷 landing load
着制服的部门 uniformed services

zi

咨询的 advisory

姿控系统　attitude control system (ACS)
姿态　attitude
姿态变化　attitude change
姿态基准　attitude reference
姿态控制　attitude control
姿态控制推进系统　attitude control propulsion system
姿态平衡　trim
姿态陀螺　attitude gyroscope
姿态与航向参考系统　attitude and heading reference system
姿态增益　attitude gain
资产　assets
资产可用率　asset availability
资产可用性　asset availability
资产完全可见性　total asset visibility (TAV)
资金　finance
资金　fund
资金管理　financial management (FM)
资金支持　finance support
资料　data
资料　file (指文件)
资料管理　data management
资料管理计划　data management plan
资料库　data depository
资料征询书　Request for Information (RFI)
资源　assets
资源　resources
资源安排　resource schedule
资源管理　resource management (RM)
资源可见性　asset visibility (AV)
资源类型　resource category
资源数量　(飞行试验) number of assets
资源需求　(飞行试验) asset requirement
资助　funding
子弹冲击　bullet impact
子弹击穿　bullet penetration
子弹药　submunitions
子弹撞击　(炸药) bullet attack
子导弹　submissile
子导弹战斗部　submissile warhead
子公司　*n.* subsidiary
子构件　sub-part
子合同成本数据　subcontract cost data
子集　subset
子母弹　cargo round
子母弹箱　dispenser
子母炸弹　cluster bomb unit (CBU)
子母炸弹　cluster munition
子母战斗部　cluster warhead
子系统　sub-system (SS)
子系统　subsystem (SS)
紫外的　ultraviolet (UV)
紫外辐射　UV radiation
紫外光　ultraviolet (UV)
紫外区　ultraviolet region
紫外线　ultraviolet (UV)
自爆燃　self-deflagration
自变量　independent variable
自补天线　self-complementary antenna
自成一体的防空系统　self-contained air defense system
自成一体的雷达　self-contained radar
自带推进剂　stored propellant
自导引　homing
自导引导弹　self-guided missile
自导引回路　homing loop
自导引适配器　homing adaptor
自电阻　self-resistance
自动测试　auto test
自动测试　automatic testing
自动测试系统　automatic test system
自动持续运转　boot-strap operation
自动的　automatic
自动定心卡盘　self-centering chuck
自动定心卡盘　three-jaw chuck
自动定心卡盘　universal chuck
自动对准　auto alignment
自动反馈控制系统　automatic feedback control system
自动防撞地系统　Automated Ground Collision Avoidance System (Auto GCAS)
自动防撞地系统　Automatic Ground Collision Avoidance System (Auto-GCAS)
自动飞行控制系统　Automatic Flight Control System (AFCS)
自动分发需求清单　Automatic Distribution Requirements List (ADRL)
自动感知与告警　automatic sensing and warning
自动化快速软件认证(项目)　Automated Rapid Certification Of Software (ARCOS)
自动化信息系统　Automated Information System (AIS)
自动换刀装置　automatic tool changer (ATC)
自动换刀装置类型　ATC type
自动机内自检能力　automatic built-in test capability
自动机内自检序列　automatic built-in test sequence
自动驾驶仪　autopilot
自动驾驶仪控制系统　autopilot control system
自动驾驶仪系统　autopilot system
自动校准　auto calibration
自动进给离合器　(机床) feed clutch
自动聚焦　auto focusing
自动聚焦和扫描　auto focusing and scanning
自动聚焦器　autofocus
自动聚焦装置　autofocus
自动模式　auto mode
自动末段寻的　automatic terminal homing
自动目标截获　Automatic Target Acquisition (ATA)
自动目标识别　automatic target recognition (ATR)

自动目标识别能力 automated target recognition capability
自动目标提示 Automatic Target Cueing（ATC）
自动频率控制 automatic frequency control（AFC）
自动铺丝 （复合材料）Automatic Fiber Placement（AFP）
自动起飞和降落能力 Automatic Takeoff and Landing Capability（ATLC）
自动起飞和降落系统 automatic take-off and landing system
自动识别技术 automatic identification technology（AIT）
自动识别系统 Automatic Identification System（AIS）
自动搜索干扰机 automatic search jammer
自动推杆器 pusher
自动托板变换装置 （加工中心）automated pallet changer（APC）
自动武器系统 automatic weapon system
自动铣刀半径补偿 automatic cutter radius compensation
自动铣刀半径补偿 cutter comp
自动相关监视—广播(系统) Automatic Dependent Surveillance-Broadcast（ADS-B）
自动增益控制 automatic gain control（AGC）
自动着陆系统 automatic landing system
自锻破片 self-forged fragment（SFF）
自锻破片 self-forging fragment（SFF）
自发射 self-emission
自发射分量 self-emitted component
自防护 self-protection
自防护 self-screening（多指自屏蔽）
自防护电子干扰 self-screening ECM
自防护干扰 self-screening jamming（SSJ）
自防护干扰/干扰机 Self-Protection Jamming/Jammer（SPJ）
自防护干扰机 self-screening jammer
自防护模式 self-protect mode
自防护模式 self-protection mode
自防护能力 self-protection capability
自防护系统 self-protection system
自封的 self-sealing
自攻螺钉 tapping screw
自毁 destruct
自毁 self-destruct
自毁 self-destruction
自毁边界线 destruct line
自毁电路 self-destruct circuit
自毁定时器 self-destruct timer
自毁器 destructor
自毁系统 destruct system
自毁系统 self-destruct system
自毁信号 self-destruct signal
自毁装置 destructor
自激活锌银电池 self-activated silver-zinc battery
自检 built-in self-test（BIST）
自检 Built-In Test（BIT）
自检 built-in-test（BIT）
自检 self-test
自检不通过的导弹 BIT holdback missile
自检不通过的导弹 BIT-rejected missile
自检单元 self-test unit
自检电缆 self-test cable
自检附件 self-test accessory kit
自检合格 Self-test Passed
自检结果 self-test result
自检开始 （信号或指令）BIT INITIATE
自检失败 BIT holdback
自检失败不离梁系数 BIT holdback factor
自检通过 Self-test Passed
自检系统 built-in test system
自检项目 self-test item
自检信息 self-test information
自检延伸电缆 self-test extension cable
自检有效性 BIT effectiveness
自校正 self-calibration
自校正 self-correction
自密封的 self-sealing
自屏蔽电子干扰 self-screening ECM
自屏蔽干扰 self-screening jamming（SSJ）
自屏蔽干扰机 self-screening jammer
自然 nature
自然变量 natural variable
自然风干固体薄膜润滑剂 air-cured solid film lubricant
自然界 nature
自然频率 natural frequency
自然破片 natural fragment
自然破碎 natural fragmentation
自然条件 natural condition
自然通风炉 air furnace
自然形成破片壳体 naturally fragmenting case
自然氧化层 natural oxide
自然灾害 natural disaster
自燃 cook-off
自燃的 hypergolic
自燃反应 cookoff reaction
自燃和危险环境试验 cook-off and hazard environment test
自燃和危险评估试验 cook-off and hazard assessment test
自燃时间 cookoff time
自燃推进剂 hypergolic propellant
自燃温度 auto-ignition temperature
自燃温度 critical cookoff temperature
自杀式无人机 kamikaze drone
自杀式无人机 suicide drone
自身能力 in-house capability

自适应多用途发动机技术 Adaptive Versatile Engine Technology（ADVENT）
自适应发动机技术研发 Adaptive Engine Technology Development（AETD）
自适应发动机转化项目 Adaptive Engine Transition Program（AETP）
自适应跟踪门 adaptive gate
自适应规划和执行 Adaptive Planning and Execution（APEX）
自适应跨域杀伤网 Adapting Cross-Domain Kill-Web（ACK）
自适应门 adaptive gate
自适应门限技术 adaptive threshold technique
自适应循环发动机 adaptive cycle engine
自适应循环发动机技术 adaptive cycle engine technology
自适应域控制 adaptive domain control
自适应增益控制 adaptive gain control
自适应增益控制系统 adaptive-gain control system
自适应阵 adaptive array
自适应制导、导航与控制 Adaptive Guidance, Navigation, and Control（AGNC）
自松开锥体 self-releasing taper
自锁紧锥体 （如莫氏锥体和雅各布锥体）self-holding taper
自锁螺母 self-locking nut
自锁支架 restraint stand
自推进的 self-propelled
自卫 self-defense
自卫 self-protection
自卫 self-screening（多指自屏蔽）
自卫电子干扰 self-screening ECM
自卫干扰 self-screening jamming（SSJ）
自卫干扰/干扰机 Self-Protection Jamming/Jammer（SPJ）
自卫干扰机 self-screening jammer
自卫高能激光演示器 （简称护盾）Self-Protect High Energy Laser Demonstrator（SHiELD）
自卫模式 self-protect mode
自卫模式 self-protection mode
自卫能力 self-defense capability
自卫能力 self-protection capability（指自防护能力）
自卫系统 self-protection system
自我定位/对准功能 self-indexing/aligning feature
自我修正 *vi.* self-correct
自我修正 self-correction
自下而上评审 Bottom-Up Review（BUR）
自下而上审查 Bottom-Up Review（BUR）
自相关函数 autocorrelation function
自行的 self-propelled
自行高射炮 self-propelled anti-aircraft gun（SPAAG）
自行滚转 *vi.* roll off
自行滚转 roll-off
自行榴弹炮 self-propelled howitzer（SPH）
自旋 *n.* & *v.* spin
自寻的半主动雷达制导 self-homing semi-active radar guidance
自由边界 free boundary
自由表面 free surface
自由场 free field
自由场效应 free-field effect
自由电荷 free charge
自由电子密度 free electron density
自由度 degree of freedom（DOF）
自由端条件 free end condition
自由飞行 free flight
自由飞行机动 free-flight maneuvering
自由飞行机动载荷 free flight maneuver load
自由飞行试验 free-flight test
自由飞行载荷 free-flight load
自由分子流 free molecular flow
自由分子热导率 free molecular conductivity
自由惯性系统 free inertial system
自由滚转尾翼 free-to-roll tail
自由火力区 free-fire area（FFA）
自由降落 free fall
自由降落弹药 free-fall ordnance
自由降落式核武器 nuclear gravity weapon
自由空间 free space
自由空间光通信技术 free-space optical communications technology
自由空间光学的 free-space optical（FSO）
自由空投 free drop
自由流 free stream
自由流 freestream
自由流区域 free-stream region
自由落体弹道 ballistic trajectory
自由面 free surface
自由面速度 free-surface velocity
自由能 free energy
自由气流 free stream
自由气流 freestream
自由气流的流动面积 freestream flow area
自由气流静压 freestream static pressure
自由气流马赫数 freestream Mach number
自由气流密度 freestream density
自由气流速度 free-stream velocity
自由气流速度 freestream velocity
自由气流温度 freestream temperature
自由射流试验 free jet test
自由通航权 freedom of navigation
自由统计分布 free statistics distribution
自由旋转尾翼组件 free rotating tail section
自由装填的 cartridge-loaded
自由装填药柱 cartridge-loaded grain
自由装填药柱 freestanding grain

自由状态间隙　free state gap
自由-自由运动　free-free motion
自有能力　in-house capability
自振频率　natural frequency
自制导导弹　self-guided missile
自主报告(目标情况)　self-reporting
自主导航　autonomous navigation
自主导航系统　self-contained navigation system (SCNS)
自主的　autonomous
自主吊舱运输机　Autonomous Pod Transport (APT)
自主发射和脱离　autonomous launch and leave
自主发射和脱离中距能力　autonomous launch and leave medium range capability
自主方式　self-contained approach (SCA)
自主飞行阶段　autonomous flight phase
自主飞行终止系统　autonomous flight termination system
自主红外截获　autonomous infrared acquisition
自主后勤保障全球支持系统　Autonomic Logistics Global Support System
自主后勤保障信息系统　Autonomic Logistics Information System (ALIS)
自主后勤保障与全球支持　Autonomic Logistics and Global Support (ALGS)
自主货运无人机　autonomous cargo drone
自主机动攻击系统　Automated Maneuvering Attack System (AMAS)
自主截获　autonomous acquisition
自主目标截获　autonomous target acquisition
自主目标搜索　autonomous target search
自主式雷达　self-contained radar
自主式任务管理系统　autonomous mission management system
自主系统　autonomous system
自主性　autonomy
自主研究协作网络　Autonomy Research Collaboration Network (ARCNet)
自主研究协作网络联合体　ARCNet Consortium
自主研究协作网络联合体　Autonomy Research Collaboration Network Consortium
自主着陆技术　autonomous landing technology
自主作战　autonomous operation
自转稳定的　spin-stabilized
自准直仪　autocollimator
自阻抗　self-impedance
字地址　word address
字段　field
字符串处理　string manipulation
字母标识尺寸　letter size
字母标识钻头　letter size drill bit
字母键　letter key

zong

综合　*vt.* integrate
综合　integration
综合　synthesis
综合弹道测量系统　integrated trajectory system (ITS)
综合弹道系统　integrated trajectory system (ITS)
综合导弹研发计划　Integrated Guided Missile Development Programme (IGMDP)
综合导弹研发项目　Integrated Guided Missile Development Programme (IGMDP)
综合的　integrated
综合的　synthetic
综合电子版技术手册　Integrated Electronic Technical Manual (IETM)
综合防空武器系统　Integrated Air Defense Weapon System (IADWS)
综合防空系统　integrated air defense system (IADS)
综合防空与反导　Integrated Air and Missile Defense (IAMD)
综合防空与反导雷达　integrated air and missile defense radar
综合防空与反导作战指挥系统　IAMD Battle Command System (IBCS)
综合防御　integrated defense
综合防御系统事业部　(雷神技术公司) Integrated Defense Systems (IDS)
综合飞行与火力控制　Integrated Flight/Fire Control (IFFC)
综合飞行与武器控制　Integrated Flight/Weapon Control (IFWC)
综合广播服务　Integrated Broadcast Service (IBS)
综合后勤保障　integrated logistic support (ILS)
综合后勤保障　Integrated Logistics Support (ILS)
综合后勤保障管理小组　Integrated Logistic Support Management Team (ILSMT)
综合后勤保障计划　integrated logistic support plan
综合环境　Synthetic Environment (SE)
综合火控系统　integrated fire control system
综合基线评审　Integrated Baseline Review (IBR)
综合基线审查　Integrated Baseline Review (IBR)
综合计划进度安排　integrated program schedule
综合技能训练　integrated skills training (IST)
综合空中图像　integrated air picture
综合控制发射单元　Integrated Control Launch Unit (ICLU)
综合控制能力　integrated control enablers (ICE)
综合联合项目办公室　Integrated Joint Programme Office (IJPO)
综合模块化无人地面系统　integrated Modular Unmanned Ground System (iMUGS)
综合评估　(载机和导弹) integration evaluation

综合射频对抗设备 suite of integrated radio frequency countermeasures（SIRFC）
综合射频干扰设备 suite of integrated radio frequency countermeasures（SIRFC）
综合试验 Integrated Test（IT）
综合试验靶场 Integrated Test Range（ITR）
综合试验弹 integrated test vehicle（ITV）
综合视觉增强系统 Integrated Visual Augmentation System（IVAS）
综合武器系统 Integrated Weapons System（IWS）
综合系统试验 integrated system test
综合战术网络 Integrated Tactical Network（ITN）
综合自动保障系统 Consolidated Automated Support System（CASS）
综合自卫电子对抗机载干扰器 Integrated Defensive Electronic Countermeasures Onboard Jammer
综合作战系统 integrated combat system
综合作战指挥系统 Integrated Battle Command System（IBCS）
棕色条带 brown band
总部机关 headquarters（HQ）
总长 overall length
总长 total length
总成本 overall cost
总成本 total cost
总持续时间 total duration
总冲 total impulse
总冲载重比 total-impulse-to-loaded-weight ratio
总出射度 total exitance
总出射辐射 total emitted radiation
总代理协议 general agency agreement
总的 general（多指整体的、总括的）
总的 gross
总的 main（多指主控的、总控的）
总的 overall
总的 total
总动员 total mobilization
总惰性质量 total inert mass
总飞行器质量比 total vehicle mass ratio
总飞行试验率 overall flight test rate
总费用 overall cost
总费用 total cost
总辐射入射度 total radiant incidence
总公差 total tolerance
总公司 parent company
总功率 total power
总和 sum
总火箭质量比 total vehicle mass ratio
总结报告 final report
总军力 Total Force（TF）
总开关 main switch
总控继电器 master relay
总括的 omnibus
总量 total quantity
总领事 principal officer
总能量 total energy
总平均 ensemble averaging
总入射度 total incidence
总散弹噪声 total shot noise
总杀伤概率 overall kill probability
总数量 total quantity
总司令 commander-in-chief
总体布局 airframe configuration
总体布局 configuration
总体布局 overall configuration
总体布局方案 configuration definition
总体布局详细说明 configuration definition
总体尺寸 overall dimension
总体尺寸 overall size
总体规划、管理和任务分析职能 overall planning, management and task analysis function
总体军事情报 general military intelligence（GMI）
总统后备役征召令 Presidential Reserve Call-up（PRC）
总统预算 President's Budget（PB）
总推力 total propulsive force
总误差 gross error
总线 bus
总线控制器 bus controller（BC）
总消极质量 total inert mass
总卸载阶段 general unloading period
总压 total pressure
总压恢复 total pressure recovery
总则 *n.* general
总质量 overall mass
总质量 total mass
总质量比 overall mass ratio
总质量流量 total mass flow
总重量 gross weight（多指飞行器装满载荷或包装箱装满产品时的重量）
总重量 total weight
总装 final assembly
总装承包商 integrating contractor
总装电缆 final assembly cable
总装、集成与试验 final assembly, integration and test（FAIT）
总装填重量 total loaded weight
总装图 general assembly drawing
总装线 assembly line
总装与检测 Final Assembly and Check-Out（FACO）
总资产可见性 total asset visibility（TAV）
纵波 longitudinal wave
纵模 longitudinal mode
纵模振荡 longitudinal mode oscillation
纵模驻波 longitudinal mode standing wave
纵剖面图 inboard profile
纵深打击 deep strike

纵深打击导弹 （雷神技术公司研发的面对面导弹） DeepStrike missile
纵深打击能力 deep strike capability
纵向 longitudinal direction
纵向布置电路板 longitudinal card
纵向槽 longitudinal groove
纵向锉削 （沿锉刀的长度方向运动） straight filing
纵向电路板 longitudinal card
纵向焊缝 longitudinal weld
纵向滑架 saddle
纵向几何形状 longitudinal geometry
纵向加速度 longitudinal acceleration
纵向进给 longitudinal feed
纵向进给手轮 longitudinal-feed hand wheel
纵向力 longitudinal force
纵向模态 longitudinal mode
纵向声速 longitudinal sound speed
纵向速度 longitudinal velocity
纵向压力振荡效应 chuffing
纵向压力振荡效应 chugging
纵向压力振荡效应 combustion resonance
纵向应变 longitudinal strain
纵向应力 longitudinal stress
纵向振荡效应 pogo effect
纵向走刀 longitudinal feed
纵轴 longitudinal axis
纵轴 vertical axis（指纵坐标轴）
纵坐标轴 vertical axis

zou

走刀 feed
走刀量/槽 feed per tooth（FPT）
走刀量/齿 feed per tooth（FPT）

zu

足迹 footprint
阻碍 deterrent
阻挡型滤光片 blocking filter
阻断 interdiction
阻抗 impedance
阻抗测量 impedance measurement
阻抗匹配 impedance matching
阻力 drag（指气动阻力）
阻力 resistance
阻力 resisting force
阻力系数 drag coefficient
阻流 choke
阻尼 damping
阻尼比 damping ratio
阻尼片 paddle
阻尼频率 damped frequency
阻尼器 damper
阻尼器轴 damper shaft
阻尼器轴销 damper shaft pin
阻尼器阻尼试验 damper-resistance test
阻尼器组件 damper assembly
阻尼试验 damping test
阻尼系数 damping factor
阻尼系统 damping system
阻尼因素 damping factor
阻燃层 flame barrier
阻燃剂 inhibitor
阻容（电路） resistance/capacitance（RC）
阻容（电路） resistor-capacitor（RC）
阻容电路 RC circuit
阻容电路 resistor-capacitor circuit
阻容电路偏压电源滤波器 RC bias supply filter
阻容电路时间常数 RC time constant
阻塞流 choked flow
阻温曲线 resistance temperature curve
阻性元件 resistive element
阻滞 （钻头）binding
阻滞 interdiction
组 group
组 team（多指团队）
组成 composition
组成物 composition
组队 *v.* team
组队 teaming
组分 component
组分 composition
组分 constituent
组分 ingredient
组合 assembly（assy）（多指组件）
组合 combination
组合 group（多指舱段或组件）
组合导航 integrated navigation
组合导航系统 integrated navigation system
组合的 combined
组合的 integrated（多指集成的、一体化的）
组合高度雷达高度表 Combined Altitude Radar Altimeter（CARA）
组合角尺 combination set
组合角尺 combination square
组合式询问应答器 Combined Interrogator-Transponder
组合视景系统 combined vision system（CVS）
组合推进剂系统 combined propellant system
组合推进系统 multiple propulsion system
组合系统 integrated system
组合斜角规 （传递型测量工具）combination bevel
组合型中/长波红外带通 combined mid-wave/long wave infrared bandpass
组合循环推进系统 combined-cycle propulsion
组件 assembly（assy）

组件 kit
组件 package
组件 suite（多指设备或装置的组合）
组建指令 establishing directive
组织 organization
组织 （砂轮）structure
组织的 organizational
组织结构 organization structure
组装 *v.* assemble
组装 assembly（assy）
组装好的导弹 assembled missile
组装后的检验 post-assembly inspection
组装结构 built-up structure

zuan

钻柄 （麻花钻头）drill shank
钻床 drill press
钻床床头箱 drill head
钻床虎钳 drill press vise
钻尖 （麻花钻头）drill point
钻尖角 （麻花钻头）drill point angle
钻尖角 （麻花钻头）included angle
钻尖角度规 （麻花钻头）drill point gage
钻孔 drilling
钻孔刀具 drilling tool
钻孔夹具 drilling fixture
钻孔与攻丝夹具 drilling and tapping fixture
钻模 jig
钻模 drill jig
钻身 （麻花钻头）drill body
钻身间隙面 （麻花钻头）body clearance
钻石背弹翼 diamondback wing
钻头 bit
钻头 drill bit
钻头柄 shank
钻头衬套 drill bushing
钻头夹 drill chuck
钻头卡 drill chuck
钻头卡钥匙 chuck key
钻头楔 drill drift
钻头直径量规 drill gage
钻心 （麻花钻头）web
钻削 drilling
钻中心孔 center drilling
钻中心眼 center drilling

zui

最不恶劣的试验环境 least stressful test environment
最长飞行时间 maximum flight time
最迟到达日期 latest arrival date（LAD）
最初的 initial（多指初始的）
最初的 primary（多指初级的）
最初接收点 initial reception point
最大安全电流 maximum safe current
最大产能 capacity
最大单轴转弯速率 maximum single-axis turn rate
最大弹道高度 maximum ordinate（MAXORD）
最大弹道高度 vertex height
最大的 maximum
最大读数指针 maximum reading pointer（MRP）
最大舵偏角 maximum fin deflection
最大发射距离 maximum launch range
最大反射 maximum reflection
最大跟踪速率 slew rate
最大工件回转直径 （车床）swing
最大后验概率 maximum a posteriori probability（MAP）
最大降雨率 maximum rain rate
最大颗粒尺寸 maximum particle size
最大可能值 most probable value
最大能力点 culminating point
最大平衡攻角 maximum trim angle of attack
最大起飞燃油量 maximum takeoff fuel
最大起飞重量 maximum take-off weight（MTOW）
最大气动射程 maximum aerodynamic range
最大燃烧室压力 maximum chamber pressure
最大射程 maximum range
最大射程演示验证 maximum-range demonstration
最大实体条件 maximum material condition（MMC）
最大实体状态 maximum material condition（MMC）
最大实体状态限定符 MMC modifier
最大实体状态要求限定符 MMC modifier
最大输出 capacity
最大输出功率 maximum output power
最大输出力矩 maximum output torque
最大速度 maximum speed
最大速率 rate capability
最大随动速率 slew rate
最大推力 maximum thrust
最大响应度 maximum responsivity
最大响应频率 maximum frequency response
最大压强 maximum pressure
最大油门 full throttle
最大有效工作压力 maximum effective operating pressure（MEOP）
最大有效距离 maximum effective range
最大有用信号 highest useful signal
最大允许应力 maximum allowable stress
最大运动学距离 maximum kinematic range
最大增量飞行速度 maximum incremental flight velocity
最大值 maximum
最大总重量 maximum gross weight
最大-最小推力比 maximum-to-minimum thrust ratio

最低安全高度 minimum safe altitude（MSA）
最低可用频率 minimum usable frequency
最低量润滑液 minimum quantity lubricant（MQL）
最低目标反射性要求 minimum target-reflectivity requirement
最低下降高度 minimum descent altitude（MDA）
最低限度用兵 minimum force
最低有效位 least significant bit（LSB）
最恶劣的试验环境 most stressful test environment
最恶劣系留载荷 worst-case captive carry load
最高产量生产 peak production
最高点 （弹道的）apogee
最高价 ceiling price
最高可用频率 maximum usable frequency
最好产品 flagship
最合适的 best
最后的 eventual
最后的 final
最后交战 eventual engagement
最后进近定位 final approach fix（FAF）
最佳弹道 optimum trajectory
最佳导引 optimum guidance
最佳的 best
最佳的 optimal
最佳的 optimum
最佳方案 optimal approach
最佳方式 optimal approach
最佳估计 best estimate
最佳估算 best estimate
最佳混合比 optimum mixture ratio
最佳接收机扫描速率 optimum receiver sweep rate
最佳截击 optimum intercept
最佳拦截 optimum intercept
最佳门限 optimum threshold
最佳拟合直线 best-fit straight line
最佳喷管壁面型线 optimum nozzle wall contour
最佳膨胀 optimum expansion
最佳膨胀比 optimum expansion ratio
最佳膨胀推力系数 optimum expansion thrust coefficient
最佳偏压 optimum bias voltage
最佳偏置 optimum bias
最佳途径 optimal approach
最佳推力系数 optimal thrust coefficient
最佳推力系数 optimum thrust coefficient
最佳与最后报价 Best And Final Offer（BAFO）
最佳炸点 optimum burst point
最佳炸高战斗部 standoff warhead
最佳值 *n.* best
最先进的 state-of-the-art（SOTA）
最先进技术水平 state of the art（SOTA）
最小安全退出距离 minimum safe breakaway distance
最小爆破压力 minimum burst pressure
最小穿透速度 minimum perforation velocity
最小窗口厚度 minimum window thickness
最小点火电流 minimum firing current
最小二乘法拟合 least-squares fit
最小二乘法拟合值 least squares fit value
最小二乘法线性拟合 least-squares linear fit
最小二乘法直线拟合 least-squares line fit
最小二乘法直线拟合 least-squares straight-line fit
最小发射距离 minimum launch range
最小风险航线 minimum-risk route（MRR）
最小规格厚度 minimum gage thickness
最小化 *vt.* minimize
最小极限强度 minimum ultimate strength
最小间隔距离 minimum separation distance
最小均方差 least mean squared error
最小可测信号 lowest measurable signal
最小可分辨光点直径 minimum resolvable spot diameter
最小可分辨信号 minimum detectable signal（MDS）
最小可分辨信号 minimum discernable signal（MDS）
最小可检测温度 minimum detectable temperature
最小可探测目标信号 minimum detectable target signal
最小可探测温度 minimum detectable temperature
最小可探测信号 minimum detectable signal（MDS）
最小可探测信号 minimum discernable signal（MDS）
最小命中距离 minimum hit range
最小区分刻度 division
最小屈服强度 minimum yield strength
最小上界 least upper bound
最小实体条件 least material condition（LMC）
最小实体状态 least material condition（LMC）
最小实体状态限定符 LMC modifier
最小实体状态要求限定符 LMC modifier
最小透射 minimum transmission
最小透射率 minimum transmission
最小危险区 minimum danger zone
最新的 most recent
最新的 up-to-date
最优弹体方位 optimal body orientation
最优电场 optimum electric field
最优电阻 optimum resistance
最优化 optimisation（英国拼写形式）
最优化 optimization（美国拼写形式）
最优化 *vt.* optimise（英国拼写形式）
最优化 *vt.* optimize（美国拼写形式）
最优化扇区搜索模式 optimised sector search mode
最优机动策略 optimal maneuver policy
最优喇叭 optimum horn
最优制导系统 optimal guidance system
最早抵达日期 earliest arrival date（EAD）
最终保护火力 final protective fire（FPF）
最终报告 final report
最终产品 end item

最终产品　end product
最终产品检验　end product inspection
最终成品　end item
最终的　eventual
最终的　final
最终服役许可　Final Operational Clearance（FOC）
最终工作检验　final post inspection
最终管理标准　final governing standards（FGS）
最终航段区　staging area（SA）
最终交战　eventual engagement
最终结果　end state
最终拦截火力　final protective fire（FPF）
最终评估问题　Final Evaluation Problem（FEP）
最终设计　final design
最终生产型导弹　final production standard missile
最终限制　ultimate limit
最终信号　resulting signal
最终用途　end use
最终质量　（火箭发动机燃料燃尽后的质量）final mass
最终状态　end state
最终作战标准　final operating standard
最终作战能力　final operational capability（FOC）
最重要产品　flagship
最重要的　main
最重要的　most important
最重要需求　most important requirement（MIR）
最主要的　main

zuo

左侧　（飞机）port
左口盖　left-hand door
左块支板　left block holder
左上角　upper left corner
左舷　（船）port
左旋螺纹　left-hand thread
左旋螺纹　left-handed thread
左削车刀　left-hand tool
左削摇杆式刀柄　left-hand rocker-type toolholder
左支座　（剪拔机构）left-hand base support
作动力　actuating force
作动喷管　actuated nozzle
作动器　actuator
作动器　servo actuator
作动筒腔体　cartridge breech cavity
作动筒下护圈　lower cylinder retainer
作动筒组件　cylinder assembly
作动系统　actuator system
作为独立变量的成本　Cost As Independent Variable（CAIV）
作业　operation
作业卡　job card
作用　action
作用　function
作用　role（多指用途、角色）
作用半径　radius of action
作用距离　operating range
作用力　action
作用力方程　force equation
作用量　action
作用原理　mechanism
作战　battle
作战　combat
作战　operation（多指任何军事行动）
作战　warfare（多指某种具体的作战方式，如电子战、信息战、对空作战等）
作战半径　combat radius
作战包络　operating envelope
作战包络　operational envelope
作战包线　operating envelope
作战包线　operational envelope
作战保密性　Operational Security（OPSEC）
作战保密性　operations security（OPSEC）
作战保密性对策　operations security countermeasures
作战保密性规划指导　operations security planning guidance
作战保密性检测　operations security survey
作战保密性评估　operations security assessment
作战保密性弱点　operations security vulnerability
作战保密性征候　operations security indicators
作战保障　operational support
作战保障设施　operational support facility
作战保障小分队　operations support element（OSE）
作战必要性　operational necessity
作战编制　organization for combat
作战编组　organization for combat
作战编组装载　combat organizational loading
作战层　operational layer
作战场景　battle scenario
作战场景　operational scenario
作战储存寿命　operational shelf life
作战处　operations directorate
作战的　combat
作战的　combatant（军事用语）
作战的　operational
作战的　tactical（多指与战斗弹有关的，如舱段、组件、软件等）
作战地域　area of operations（AO）
作战典型配置　operationally representative configuration
作战典型剖面　combat-representative profile
作战电磁环境仿真装置　Combat Electromagnetic Environment Simulator（CEESIM）
作战电子情报　OPELINT
作战电子情报　operational electronic intelligence
作战发射　operational firing
作战范围　operational reach

作战方案　concept of operations (CONOPS)
作战方式　operational approach
作战飞机　combat aircraft
作战飞机　warplane
作战飞行程序　Operational Flight Program (OFP)
作战飞行软件　Operational Flight Software (OFS)
作战飞行小时数　operational flight hours
作战飞行训练器　operational flight trainer (OFT)
作战飞行中队　operational squadron
作战分区　zone of action
作战分散装载　combat spread loading
作战分析　operational research
作战分析　operations analysis
作战分析　operations research
作战风险管理　operational risk management (ORM)
作战工程　combat engineering
作战管理　battle management
作战管理　combat management
作战管理和指挥与控制　battle management and command and control (BMC2)
作战管理系统　combat-management system (CMS)
作战管理、指挥与控制　battle management, command and control (BMC2)
作战管理中心　Battle Management Centre (BMC)
作战航空顾问　combat aviation advisor (CAA)
作战和保障　Operating and Support (O&S)
作战和保障费用　operating and support cost
作战化学毒剂　chemical agent
作战环境　operational environment (OE)
作战环境情报准备　intelligence preparation of the operational environment (IPOE)
作战环境医疗情报准备　medical intelligence preparation of the operational environment (MIPOE)
作战环境准备　operational preparation of the environment (OPE)
作战恢复　combat recovery
作战火力　(美国高超声速武器项目) Operational Fires (OpFires)
作战机组训练　combat aircrew training (CAT)
作战计划　operation plan (OPLAN)
作战计划科　combat plans division (CPD)
作战技艺　operational art
作战检查规程　operational checkout procedure
作战鉴定　Operational Evaluation (OPEVAL)
作战节奏　battle rhythm
作战进入　operational access
作战救生员　combat lifesaver
作战开发司令部　(美国海军) Warfare Development Command
作战可接受辐射指南　operational exposure guidance (OEG)
作战可消耗托架　Combat Expendable Platform
作战可用性分析　operational availability analysis
作战空间　battlespace
作战空间感知　battlespace awareness
作战空军部队　combat air forces (CAF)
作战空中巡逻　combat air patrol (CAP)
作战控制　operational control (OPCON)
作战控制分队　combat control team (CCT)
作战控制中心　Operations Control Center (OCC)
作战理念　operational concept (多指具体的)
作战理念　warfighting concept (多指宏观的)
作战灵活性　operational flexibility
作战命令　operation order (OPORD)
作战能力　combat capability
作战能力　operational capability
作战能力开发司令部　(美国陆军) Combat Capabilities Development Command (CCDC)
作战能源　operational energy
作战评估　(军事) combat assessment (CA)
作战评估　(军事) operation assessment
作战评估　(军事) operational assessment (OA)
作战评估　Operational Evaluation (OPEVAL)
作战评估报告　OA report
作战评估和试验阶段　operational assessment and test phase
作战评估小组　operational assessment team (OAT)
作战抢救　combat recovery
作战勤务保障　combat service support (CSS)
作战勤务保障区域　combat service support area (CSSA)
作战情报　operational intelligence
作战情报信息　combat information
作战情报信息中心　combat information center (CIC)
作战区　theater of operations (TO)
作战区域　area of operations (AO)
作战区域　operational area (OA)
作战去污　operational decontamination
作战人员　combatant
作战人员　warfighter
作战人员-机器接口　Warfighter-Machine Interface (WMI)
作战任务　operational mission
作战任务教练机　operational mission trainer
作战任务训练　combat mission training (CMT)
作战软件　combat software
作战软件　operational software
作战软件　tactical software
作战设计　operational design
作战识别　combat identification (CID)
作战使用　operational use
作战使用后勤保障数据　operational logistics data
作战使用模式　modes of operation
作战使用数据　operational data
作战试验　Operational Test (OT)
作战试验　operational testing

作战试验 operational trial
作战试验程序集 Operational Test Program Set (OTPS)
作战试验与鉴定 operational test and evaluation (OT&E)
作战试验与鉴定报告 Operational Test and Evaluation Report
作战试验与鉴定部队 Operational Test and Evaluation Force (OPTEVFOR)
作战试验与鉴定部队司令员 Commander, Operational Test and Evaluation Force (COMOPTEVFOR)
作战试验与鉴定部队战术指南 Operational Test and Evaluation Force Tactics Guide
作战试验与鉴定部队战术指南 OPTEVFOR Tactics Guide
作战试验与鉴定纲要 operational test and evaluation outline
作战试验与鉴定纲要 OT&E outline
作战试验与评估 operational test and evaluation (OT&E)
作战试验与评估主管 Director of Operational Test and Evaluation (DOT&E)
作战试验与评估主任 Director of Operational Test and Evaluation (DOT&E)
作战试验准备状态评审 Operational Test Readiness Review (OTRR)
作战试验准备状态审查 Operational Test Readiness Review (OTRR)
作战适用性 operational suitability (OS)
作战数据链 operational datalink
作战数据综合网络 Operational Data Integrated Network (ODIN)
作战司令部 combatant command (CCMD; COCOM)
作战司令部支援代表 combatant command support agent
作战司令员 combatant commander (CCDR)
作战司令员级别后勤采购保障委员会 combatant commander logistic procurement support board (CLPSB)
作战思想 operational concept (多指具体的)
作战思想 warfighting concept (多指宏观的)
作战搜寻与救援 combat search and rescue (CSAR)
作战特性 operational characteristics
作战条件 operational scenario
作战网络通信技术 combat network communications technology (CONECT)
作战系统 combat system
作战系统工程承制商 Combat System Engineering Agent (CSEA)
作战线 line of operation (LOO)
作战效能 combat effectiveness
作战效能 Operational Effectiveness (OE)
作战协议保障 operational contract support (OCS)
作战协议保障综合小组 operational contract support integration cell (OCSIC)
作战卸货 (飞机一边滑行,一边卸载、卸货) combat offload
作战卸载 (飞机一边滑行,一边卸载、卸货) combat offload
作战信心 operational confidence
作战行动 combat operation
作战行动师 combat operations division (COD)
作战型航空顾问队 combat aviation advisory team (CAAT)
作战需求 mission requirement
作战需求 operational need
作战需求 operational requirement
作战需求文件 Operational Requirements Document (ORD)
作战训练 operational training
作战训练设备 operational training equipment
作战研究 operational research
作战研究 operations analysis
作战研究 operations research
作战演练 war game
作战要求 operational requirement
作战要求文件 Operational Requirements Document (ORD)
作战艺术 operational art
作战引导分队 combat control team (CCT)
作战用计算机程序 operational computer program
作战有效性和适用性 operational effectiveness and suitability
作战与保障 operations and support (O&S)
作战与保障费用 O&S cost
作战与保障费用模型 O&S cost model
作战与维护 operation and maintenance (O&M)
作战与维护 Operations and Maintenance (O&M)
作战与行动压力 combat and operational stress
作战与行动压力控制 combat and operational stress control (COSC)
作战云 Combat Cloud (CC)
作战运输军官 combat cargo officer (CCO)
作战暂停 operational pause
作战展开包线 operational employment envelope
作战战术 operational tactics
作战支援 combat support (CS)
作战支援 operational support
作战支援机构 combat support agency (CSA)
作战支援空运 operational support airlift (OSA)
作战支援指挥与控制 combat support command and control (CSC2)
作战支援装甲车 Armoured Combat Support Vehicle (ACSV)
作战指挥官 (美国海军) operational control authority (OCA)
作战指挥权 combatant command (command authority)

(COCOM)
作战指挥中心 Operations Control Center (OCC)
作战中心 operations center (OC)
作战转化部队 operational conversion unit (OCU)
作战装载 combat loading
作战状态 operational status
作战资源恢复 combat recovery
作战资源抢救 combat recovery
坐标 coordinate
坐标变换 (地图上的说法) coordinate conversion
坐标变换 (数学上的说法) coordinate transformation
坐标测量机 coordinate measuring machine (CMM)
坐标定位 (数控机床) coordinate positioning
坐标定位打击 co-ordinate attack (CA)
坐标磨床 (用于磨削内孔) jig grinder
坐标图 (加工时在工件上标明刀具的中心位置) coordinate map
坐标系 coordinate system
坐标原点 origin
坐标原点 point of origin
坐标纸 graph paper
坐标轴 axes (axis 的复数)
坐标轴 axis
坐标轴变换 axis transformation
坐标转换 coordinate transformation
座舱 cockpit
座舱安全系统 cockpit safety system
座舱盖系统 canopy system
座舱瞄准具 cockpit-mounted sight
座舱显示装置 cockpit display unit
座架 mounting
座椅 seat
做包络检波的 envelope-detected
做好发射准备的导弹 ready-to-fire missile
做好作战准备的 combat-ready
做螺旋运动 *vi.* spiral

数字、英文和其他字符开头的词条

…对…　versus
15 芯密封盖　15-pin sealing cap
15 针密封盖　15-pin sealing cap
20 芯保护盖　20-pin protective cap
20 针保护盖　20-pin protective cap
3D 打印　additive manufacturing
3D 打印　3D printing
3D 打印火箭平台　3D printing rocket platform
3D 打印技术　3D printing technology
3D 打印零件　3D-print part
3D 打印零件　3D-printed part
3D 音频　3-D audio
3D 音响　3-D audio
8 角星形(药柱)　8-point star
9 芯连接器　9-pin connector
9 针连接器　9-pin connector
AIM-120D 遥测弹　AIM-120D AMRAAM Air Vehicle Instrumented（AAVI）
AIM-120D 战斗弹　AIM-120D Air Vehicle（AAV）
A 极　（导弹导引头截获目标时载机与目标之间的距离）A-pole
A 炸药　（黑索金 91%,蜂蜡 9%）composition A
B-1B 枪骑兵　（美国轰炸机）B-1B Lancer
BAE 系统公司　（英国）BAE Systems
B 炸药　（梯恩梯 40%,黑索金 60%）composition B
CAT 法兰　V flange
CAT 法兰刀柄　V flange holder
C-J 面　C-J plane
C-J 面　Chapman-Jouget plane
C-J 压力　C-J pressure
C 日　（部署开始日）C-day
C 形夹钳　C-clamp
C 型环形螺母　C-type ring nut
C 型套筒夹头　C-style collet
C 炸药　（黑索金和粘结剂）composition C
DC-DC 变换器　DC-DC converter
DC-DC 电源　DC-DC converter
D 日　（军事行动开始日）D-day
D 炸药　ammonium picrate
D 炸药　explosive D
D 组分　（炸药的钝感剂）composition D
E-2D 先进鹰眼　（美国预警机）E-2D Advanced Hawkeye
E-2 鹰眼　（美国预警机）E-2 Hawkeye
E-3 望楼　（美国预警机）E-3 Sentry
EA-18 咆哮者　（美国舰载电子战飞机）EA-18 Growler
E 面透镜　E-plane lens
E 日　（登陆部队上船日）E-day
F 极　（导弹与目标交会时载机与目标之间的距离）F-pole
F 极距离　F-pole range
GPS/INS 制导导弹　GPS/INS guided missile
GPS 被拒环境　GPS-denied environment
GPS 导航　GPS navigation
GPS 辅助导航　GPS-aided navigation
GPS 辅助惯性导航系统　GPS-aided inertial navigational system
GPS 辅助瞄准系统　Global Positioning System-Aided Targeting System（GATS）
GPS 辅助目标定位系统　Global Positioning System-Aided Targeting System（GATS）
GPS 辅助制导弹药　GPS-Aided Munition（GAM）
GPS 干扰　GPS jamming
GPS 接收机　GPS receiver
GPS 失效环境　GPS-denied environment
GPS 时空抗干扰接收机　GPS Spatial Temporal Anti-Jam Receiver（GSTAR）
GPS 天线罩　GPS antenna radome
GPS 制导　GPS guidance
GPS 制导的目标定位组件　GPS-guided targeting package
GPS 制导系统　GPS guidance system
GPS 制导炸弹　GPS-guided bomb
GPS 制导组件　GPS guidance kit
GR 噪声　generation-recombination noise
G 代码　（准备代码）G-code
G 线天线　Goubau antenna
H 面透镜　H-plane lens
JPN 类双基推进剂　JPN-type double-base propellant
J 形匹配天线　J-match antenna
Ku 波段射频系统　Ku-band Radio Frequency System（KuRFS）
L 波段　L-band
L 波段单元　L-Band Unit（LBU）
L 时　（部署开始日的部署开始时）L-hour
MBDA 导弹系统公司　MBDA Missile Systems
M 代码　（用于辅助功能）M-code
NPO 陶瓷电容器　NPO capacitor
n-丁基二茂铁　n-Butyl ferrocene（nBF）
N 极子单元　N-pole element
N-甲基-p-硝基苯胺　N-methyl-p-nitroaniline（NMA）
n 型　n-type
O 形密封圈　O-ring gasket
O 形密封圈　O-ring seal

O 形圈　O-ring
O 形圈槽　O-ring groove
p 型　p-type
p 型材料　p-type material
P 装药　P-charge
Q 航线　Q-route
R-8 套筒夹头　（立式铣床）R-8 collet
R-8 主轴锥套　R-8 spindle taper
R-8 主轴锥套　R-8 taper
R 规　（用于内角测量）fillet gage
TNT 基材料　TNT-based material
TNT 基熔注炸药　TNT-based castable explosive
TNT 基熔注炸药　TNT-based melt-cast explosive
TNT 基炸药　TNT-based explosive
T 形扳手　T-handle
T 形扳手　T-wrench
T 形槽　T-slot
T 形槽铣刀　T-slot cutter
T 形挡块　T-stop
T 形接头　T-joint
T 形拉杆组件　T-bar assembly
T 形螺母　（用于在机床工作台上夹持工件）T-nut
T 形匹配天线　T-match antenna
T 形燃烧器　T-burner
T 形手柄　T-handle
T 形手柄丝锥扳手　T-handle tap wrench
USB 盘　USB drive
U 盘　USB drive
U 形管　U-shaped tube
U 形环　clevis
U 形夹　clevis
U 形接头　clevis-type fitting
U 形连接　clevis-type fitting
U 形起吊夹　lifting clevis
U 形压簧　clevis spring
U 形钉　staple
V 带　V-belt
V 形波束扫描　V-beam scan
V 形槽　notch
V 形槽　V-shaped groove
V 形槽法兰　V flange
V 形槽法兰刀柄　V flange holder
V 形测砧千分尺　V-anvil micrometer
V 形块　V-block
V 形探测器阵列　chevron detector array
V 形天线　vee antenna
W 折叠　W-fold
XY 记录仪　XY recorder
XY 平面　（加工中心）XY plane
X 射线断层照相术　tomography
X 射线检测　X-ray inspection
X 射线检测　X-ray test
X 射线检测　X-raying
X 轴运动　X-axis movement
X 轴正加速度　X-axis positive acceleration
Y 向滑轨　（立式铣床）ram
Y 轴运动　Y-axis movement
Z 轴运动　Z-axis movement
Γ 形匹配天线　gamma match antenna
δ 函数　delta function
△形匹配天线　delta match antenna

附录 1　世界空空导弹一览表(按导弹代号和名称排序)

导弹代号和名称	型　号	弹长/m	弹径/m	质量/kg	制导体制	引信	战斗部	动力装置	射程/km	研制国家/地区
A90		4.4	0.2	225	半主动雷达	—	25 kg	—	25	罗马尼亚
A91		2.64	0.127	75.3	红外	—	11.3 kg	—	8	罗马尼亚
A911		4.16	0.2	215	红外	—	25 kg	—	25	罗马尼亚
AAM-1		2.5	0.127	76	红外	红外	破片	固体火箭	5	日本
AAM-3		3	0.127	91	双色红外	激光	15 kg 破片	固体火箭	8	日本
AAM-4		3.67	0.203	222	半主动+主动雷达	雷达	40 kg 破片	双脉冲固体火箭	100	日本
AAM-5		3.1	0.13	95	红外成像	激光	15 kg 破片	固体火箭	18	日本
IRIS-T		2.94	0.127	88	红外线列扫描成像	雷达	11.4 kg 双层破片	固体火箭	18	欧洲
KS-172/K-100/AAM-L		7.4	0.4	750	指令+惯导+主动雷达	雷达	50 kg 定向破片	固体火箭	400	俄罗斯
R530		3.28	0.26	195	红外或半主动雷达	—	连续杆或破片	双推力固体火箭	18	法国
阿摩斯 R-33/AA-9 Amos		4.15	0.38	490	半主动雷达	雷达	47 kg 破片	固体火箭	120	俄罗斯
阿摩斯 R-37/AA-13 Amos		5.23	0.36	600	指令+惯导+主动雷达	—	90 kg 破片	固体火箭	200	俄罗斯
阿纳布 R-8/AA-3 Anab	红外型(近距)	3.4	0.153	275	红外	—	40 kg	固体火箭	12	俄罗斯
	雷达型(近距)	4.27	0.275	275	半主动雷达	—	40 kg	固体火箭	12	俄罗斯
	雷达型(中距)	4.27	—	227	半主动雷达	—	40 kg	固体火箭	50	俄罗斯
阿斯派德 Aspide		3.7	0.203	220	半主动雷达	雷达	30 kg 破片	固体火箭	35	意大利
阿斯特拉 Astra		3.57	0.178	154	指令+惯导+主动雷达	雷达	15 kg 破片	固体火箭	60	印度

（续表）

导弹代号和名称	型　号	弹长/m	弹径/m	质量/kg	制导体制	引信	战斗部	动力装置	射程/km	研制国家/地区
白杨树 R-27/AA-10 Alamo	R-27ET	4. 5	0. 26	343	红外	雷达	39 kg 连续杆	固体火箭	70	俄罗斯
	R-27EM	4. 78	0. 26	350	指令+惯导+半主动雷达	雷达	39 kg 连续杆	固体火箭	110	俄罗斯
不死鸟 AIM-54 Phoenix	AIM-54A	3. 95	0. 38	447	惯导+半主动雷达中制导+主动雷达末制导	雷达	48. 49 kg 连续杆	固体火箭	135	美国
	AIM-54C	3. 96	0. 38	463	惯导+半主动雷达中制导+主动雷达末制导	雷达	60 kg 连续杆	固体火箭	150	美国
超 530 Super 530	Super 530D	3. 8	0. 263	265	半主动雷达	雷达	破片	固体火箭	40	法国
	Super 530F	3. 54	0. 263	250	半主动雷达	雷达	破片	固体火箭	19	法国
超猎鹰 AIM-4 Super Falcon	AIM-4E	2. 18	0. 168	68	半主动雷达	—	破片	固体火箭	11. 3	美国
	AIM-4F	2. 18	0. 168	68	半主动雷达	—	18 kg	双推力固体火箭	11. 3	美国
	AIM-4G	2. 06	0. 168	66	红外	—	18 kg	双推力固体火箭	11. 3	美国
德比 Derby		3. 62	0. 16	118	指令+惯导+主动雷达	激光	11 kg 破片	固体火箭	60	以色列
毒刺 FIM-92 Stinger	ATAS 空空型	1. 47	0. 069	10. 4	红外+紫外	—	1 kg 破片	固体火箭	5. 5	美国
毒辣 R-40/AA-6 Acrid	红外型	5. 8	0. 3	500	红外	—	60~100 kg 破片	固体火箭	22	俄罗斯
	雷达型	6. 3	0. 3	500	半主动雷达	—	60~100 kg 破片	固体火箭	50	俄罗斯
短刀 V3 Kukri	V3A	2. 94	0. 127	73	红外	红外	破片	固体火箭	4	南非
	V3B	2. 75	0. 157	90	红外	激光	破片	固体火箭	4	南非
怪蛇 Python	Python 3	3	0. 16	120	红外	雷达	破片	固体火箭	15	以色列
	Python 4	3	0. 16	103. 6	双色红外	激光	破片	固体火箭	15	以色列
	Python 5	3. 1	0. 16	105	红外成像	激光	11 kg 破片	固体火箭	20	以色列
核猎鹰 AIM-26 Nuclear Falcon	AIM-26	2. 13	0. 279	91	半主动雷达	—	1. 5kt TNT 当量核装药	固体火箭	8	美国
	AIM-26A	3. 14	0. 279	92	半主动雷达	雷达	1. 5kt TNT 当量核装药	固体火箭	8	美国
	AIM-26B	2. 07	0. 29	119	半主动雷达	—	高能炸药	固体火箭	9. 7	美国

(续表)

导弹代号和名称	型　号	弹长/m	弹径/m	质量/kg	制导体制	引信	战斗部	动力装置	射程/km	研制国家/地区
红头 Red Top		3. 27	0. 222	150	红外	红外	连续杆	固体火箭	12	英国
环礁 R-3/AA-2 Atoll	红外型	2. 8	0. 127	75. 3	红外	红外	破片	固体火箭	7	俄罗斯
	雷达型	3. 1	0. 127	83. 5	半主动雷达	红外	破片	固体火箭	10	俄罗斯
灰 R-80/AA-5 Ash	红外型	5. 2	0. 315	400	红外	—	70 kg	固体火箭	15	俄罗斯
	雷达型	5. 48	0. 315	400	半主动雷达	—	70 kg	固体火箭	40	俄罗斯
火光 Firestreak		3. 19	0. 222	136	红外	红外	—	固体火箭	8	英国
尖顶 R-23/AA-7 Apex	R-23T 红外基本型	4. 18	0. 2	217	红外	—	40 kg 破片	固体火箭	35	俄罗斯
	R-24T 红外改进型	4. 8	0. 23	248	红外	—	40 kg 破片	固体火箭	35	俄罗斯
	R-23R 雷达基本型	4. 48	0. 2	223	半主动雷达	—	40 kg 破片	固体火箭	35	俄罗斯
	R-24R 雷达改进型	4. 8	0. 23	250	半主动雷达	—	40 kg 破片	固体火箭	35+	俄罗斯
碱 RS-1U/AA-1 Alkali	基本型	1. 88	0. 178	82	雷达驾束	雷达	13 kg 破片	固体火箭	6	俄罗斯
近距空空导弹 SRAAM		2. 8	0. 17	90	红外	—	10 kg	固体火箭	2	英国
空空型西北风 Mistral ATAM	ATAM-1	1. 86	0. 09	19. 5	多元红外	激光	钨球破片	两级固体火箭	6	法国
	ATAM-2	1. 86	0. 09	18. 7	多元红外	激光	3 kg 破片	两级固体火箭	6. 5	法国
蝰蛇 R-77/AA-12 Adder		3. 6	0. 2	175	指令+惯导+主动雷达	激光	22 kg 破片	固体火箭	80	俄罗斯
猎鹰 AIM-4 Falcon	AIM-4	1. 97	0. 163	50	半主动雷达	—	9 kg	固体火箭	8	美国
	AIM-4A	1. 98	0. 163	54	半主动雷达	—	9 kg 破片	固体火箭	9. 7	美国
	AIM-4B	2. 02	0. 163	59	红外	—	9 kg 破片	固体火箭	9. 7	美国
	AIM-4C	2. 02	0. 163	61	红外	—	9 kg 破片	固体火箭	9. 7	美国

（续表）

导弹代号和名称	型　号	弹长 /m	弹径 /m	质量 /kg	制导体制	引信	战斗部	动力装置	射程 /km	研制国家 /地区
猎鹰 AIM-4 Falcon	AIM-4D	2.02	0.163	61	红外	—	9 kg 破片	固体火箭	9.7	美国
	AIM-4H	2.03	0.168	73	红外	激光	9 kg 破片	固体火箭	11.3	美国
流星 Meteor		3.7	0.178	190	指令+惯导+主动雷达	雷达	破片	固体冲压	100+	欧洲
麻雀 AIM-7 Sparrow	AIM-7A	3.8	0.203	148	雷达驾束	—	—	固体火箭	8	美国
	AIM-7B	3.66	0.203	160	主动雷达	—	—	—	12	美国
	AIM-7C	3.66	0.203	173	半主动雷达	—	—	固体火箭	13	美国
	AIM-7D	3.7	0.203	178	半主动雷达	雷达	预制破片	固体火箭	15	美国
	AIM-7E	3.65	0.203	204	半主动雷达	雷达	29.5 kg 连续杆	固体火箭	26	美国
	AIM-7F	3.66	0.203	227	半主动雷达	—	40 kg 连续杆	双推力固体火箭	61	美国
	AIM-7M	3.66	0.203	230	半主动雷达	雷达	39 kg 破片	固体火箭	61	美国
	AIM-7P	3.66	0.203	230	半主动雷达	—	39 kg 连续杆	固体火箭	45	美国
麦卡 MICA		3.1	0.16	112	红外成像或主动雷达	雷达	13 kg 破片	固体火箭	60	法国
敏捷 Agile		2.45	0.2	—	红外或双色红外	—	—	固体火箭	3.2	美国
魔术 R550 Magic		2.75	0.157	90	红外	红外	破片	固体火箭	10	法国
霹雳 3 PL-3		3.12	0.135	93.1	红外	红外	破片	固体火箭	12	中国
霹雳 5 PL-5	PL-5B	2.892	0.127	84.5	红外	红外或雷达	破片	固体火箭	16	中国
	PL-5E	2.89	0.127	83	红外	红外	12 kg 破片	固体火箭	14	中国
	PL-5EⅡ	2.89	0.127	83	多元红外	激光	12 kg 破片	固体火箭	14	中国
霹雳 9 PL-9	PL-9	2.9	0.157	115	红外	雷达	预制破片	固体火箭	15	中国
	PL-9C	2.9	0.157	115	多元红外	雷达	11 kg 破片	固体火箭	20	中国
霹雳 10E PL-10E		3.05	0.16	105	红外成像	激光	—	固体火箭	20	中国

(续表)

导弹代号和名称	型　号	弹长/m	弹径/m	质量/kg	制导体制	引信	战斗部	动力装置	射程/km	研制国家/地区
霹雳15E PL-15E		3.996	0.203	210	指令+惯导/北斗卫星组合+双向数据链+主动雷达	雷达	—	固体火箭	145	中国
皮兰哈 MAA-1 Piranha		2.75	0.152	89	红外	激光	破片	固体火箭	5	巴西
萨伯372 RB-72 Saab 372		2.63	0.175	110	—	—	—	固体火箭	3.8	瑞典
闪电10 SD-10	SD-10A	3.93	0.203	199	指令+惯导+主动雷达	雷达	24 kg 离散杆	固体火箭	70	中国
闪光 Fireflash		2.84	0.152	136	雷达驾束	—	—	2台固体助推器	4.8	英国
射手 R-73/AA-11 Archer		2.9	0.17	105	两元红外	雷达或激光	7.4 kg 连续杆	固体火箭	30	俄罗斯
射水鱼 V3C Darter		2.75	0.16	90	红外	激光	破片	固体火箭	5	南非
射水鱼-雷达型 V4 R-Darter		3.62	0.16	120	惯导+主动雷达	雷达	破片	固体火箭	63	南非
射水鱼-敏捷型 V3E A-Darter		2.98	0.166	93	红外成像	雷达	破片	固体火箭	20	南非
射水鱼-升级型 V3U U-Darter		2.75	0.16	96	红外	激光	17 kg 破片	固体火箭	8	南非
天剑 Sky Sword	Sky Sword-1	2.87	0.127	90	红外	激光	9 kg 破片	固体火箭	17	中国台湾
	Sky Sword-2	3.6	0.203	183	指令+惯导+主动雷达	雷达	22 kg 破片	固体火箭	60	中国台湾
天空闪光 Sky Flash		3.66	0.203	193	半主动雷达	雷达	30 kg 连续杆	固体火箭	40	英国
天燕90 TY-90		1.86	0.09	20	多元红外	激光	3 kg 离散杆	固体火箭	6	中国
先进近距空空导弹 ASRAAM		2.9	0.166	88	红外凝视成像	激光	10 kg 破片	固体火箭	25	英国

（续表）

导弹代号和名称	型　号	弹长/m	弹径/m	质量/kg	制导体制	引信	战斗部	动力装置	射程/km	研制国家/地区
先进中距空空导弹 AIM-120 AMRAAM	AIM-120A/B	3.65	0.178	157	指令+惯导+主动雷达	雷达	22 kg 破片	固体火箭	70	美国
	AIM-120C-5	3.65	0.178	161.5	指令+惯导+主动雷达	雷达	20.5 kg 破片	固体火箭	100	美国
	AIM-120C-7	3.65	0.178	161.5	指令+惯导+主动雷达	雷达	20.5 kg 破片	固体火箭	100	美国
	AIM-120D	3.65	0.178	161.5	指令+GPS 辅助惯导+主动雷达	雷达	20.5 kg 破片	双推力固体火箭	150	美国
响尾蛇 AIM-9 Sidewinder	AIM-9B	2.84	0.127	75	红外	红外	11.4 kg 破片	固体火箭	11	美国
	AIM-9C	2.87	0.127	84	半主动雷达	红外或雷达	11.4 kg 连续杆	固体火箭	18.5	美国
	AIM-9D	2.87	0.127	88.5	红外	红外或雷达	11.4 kg 连续杆	固体火箭	18.5	美国
	AIM-9E	3	0.127	74.5	红外	红外	破片	固体火箭	4.2	美国
	AIM-9F	2.91	0.127	75.8	红外	红外	破片	固体火箭	3.7	美国
	AIM-9G	2.87	0.127	86.6	红外	—	—	固体火箭	17.7	美国
	AIM-9H	2.87	0.127	84.5	红外	—	连续杆	固体火箭	17.7	美国
	AIM-9J/9N/9P	3.07	0.127	78	红外	—	破片	固体火箭	14.5	美国
	AIM-9L	2.87	0.127	86.2	红外	激光	破片	固体火箭	18.5	美国
	AIM-9M	2.9	0.127	86	红外	激光	11.4 kg 破片	固体火箭	17.7	美国
	AIM-9X	3.02	0.127	85	红外凝视成像	激光	11.4 kg 破片	固体火箭	18	美国
谢夫里 Shafrir	Shafrir 2	2.47	0.16	93	红外	红外	11 kg 预制破片	固体火箭	5	以色列
蚜虫 R-60/AA-8 Aphid	红外型	2	0.13	54	红外	—	7 kg 破片	固体火箭	8	俄罗斯
	雷达型	2.15	0.13	54	半主动雷达	—	7 kg 破片	固体火箭	15	俄罗斯
鹰 Eagle		4.91	0.409	582	主动雷达	—	核装药	—	204	美国
锥子 R-9/AA-4 Awl		4.5	0.2	360	半主动雷达	—	50 kg	固体火箭	20	俄罗斯

附录 2　世界空空导弹一览表（按国家/地区名称排序）

研制国家/地区	导弹代号和名称	型号	弹长/m	弹径/m	质量/kg	制导体制	引信	战斗部	动力装置	射程/km
巴西	MAA-1 Piranha 皮兰哈		2.75	0.152	89	红外	激光	破片	固体火箭	5
俄罗斯	KS-172/K-100/AAM-L		7.4	0.4	750	指令+惯导+主动雷达	雷达	50 kg 定向破片	固体火箭	400
	R-3/AA-2 Atoll 环礁	红外型	2.8	0.127	75.3	红外	红外	破片	固体火箭	7
		雷达型	3.1	0.127	83.5	半主动雷达	红外	破片	固体火箭	10
	R-8/AA-3 Anab 阿纳布	红外型（近距）	3.4	0.153	275	红外	—	40 kg	固体火箭	12
		雷达型（近距）	4.27	0.275	275	半主动雷达	—	40 kg	固体火箭	12
		雷达型（中距）	4.27	—	227	半主动雷达	—	40 kg	固体火箭	50
	R-9/AA-4 Awl 锥子		4.5	0.2	360	半主动雷达	—	50 kg	固体火箭	20
	R-23/AA-7 Apex 尖顶	R-23T 红外基本型	4.18	0.2	217	红外	—	40 kg 破片	固体火箭	35
		R-24T 红外改进型	4.8	0.23	248	红外	—	40 kg 破片	固体火箭	35
		R-23R 雷达基本型	4.48	0.2	223	半主动雷达	—	40 kg 破片	固体火箭	35
		R-24R 雷达改进型	4.8	0.23	250	半主动雷达	—	40 kg 破片	固体火箭	35+
	R-27/AA-10 Alamo 白杨树	R-27ET	4.5	0.26	343	红外	雷达	39 kg 连续杆	固体火箭	70
		R-27EM	4.78	0.26	350	指令+惯导+半主动雷达	雷达	39 kg 连续杆	固体火箭	110
	R-33/AA-9 Amos 阿摩斯		4.15	0.38	490	半主动雷达	雷达	47 kg 破片	固体火箭	120

(续表)

研制国家/地区	导弹代号和名称	型号	弹长/m	弹径/m	质量/kg	制导体制	引信	战斗部	动力装置	射程/km
俄罗斯	R-37/AA-13 Amos 阿摩斯		5. 23	0. 36	600	指令+惯导+主动雷达	—	90 kg 破片	固体火箭	200
	R-40/AA-6 Acrid 毒辣	红外型	5. 8	0. 3	500	红外	—	60~100 kg 破片	固体火箭	22
		雷达型	6. 3	0. 3	500	半主动雷达	—	60~100 kg 破片	固体火箭	50
	R-60/AA-8 Aphid 蚜虫	红外型	2	0. 13	54	红外	—	7 kg 破片	固体火箭	8
		雷达型	2. 15	0. 13	54	半主动雷达	—	7 kg 破片	固体火箭	15
	R-73/AA-11 Archer 射手		2. 9	0. 17	105	两元红外	雷达或激光	7. 4 kg 连续杆	固体火箭	30
	R-77/AA-12 Adder 蝰蛇		3. 6	0. 2	175	指令+惯导+主动雷达	激光	22 kg 破片	固体火箭	80
	R-80/AA-5 Ash 灰	红外型	5. 2	0. 315	400	红外	—	70 kg	固体火箭	15
		雷达型	5. 48	0. 315	400	半主动雷达	—	70 kg	固体火箭	40
	RS-1U/AA-1 Alkali 碱	基本型	1. 88	0. 178	82	雷达驾束	雷达	13 kg 破片	固体火箭	6
法国	MICA 麦卡		3. 1	0. 16	112	红外成像或主动雷达	雷达	13 kg 破片	固体火箭	60
	Mistral ATAM 空空型西北风	ATAM-1	1. 86	0. 09	19. 5	多元红外	激光	钨球破片	两级固体火箭	6
		ATAM-2	1. 86	0. 09	18. 7	多元红外	激光	3 kg 破片	两级固体火箭	6. 5
	R530		3. 28	0. 26	195	红外或半主动雷达	—	连续杆或破片	双推力固体火箭	18
	R550 Magic 魔术		2. 75	0. 157	90	红外	红外	破片	固体火箭	10
	Super 530 超 530	Super 530D	3. 8	0. 263	265	半主动雷达	雷达	破片	固体火箭	40
		Super 530F	3. 54	0. 263	250	半主动雷达	雷达	破片	固体火箭	19
罗马尼亚	A90		4. 4	0. 2	225	半主动雷达	—	25 kg	—	25
	A91		2. 64	0. 127	75. 3	红外	—	11. 3 kg	—	8
	A911		4. 16	0. 2	215	红外	—	25 kg	—	25

(续表)

研制国家/地区	导弹代号和名称	型号	弹长/m	弹径/m	质量/kg	制导体制	引信	战斗部	动力装置	射程/km
美国	Agile 敏捷		2.45	0.2	—	红外或双色红外	—	—	固体火箭	3.2
	AIM-4 Falcon 猎鹰	AIM-4	1.97	0.163	50	半主动雷达	—	9 kg	固体火箭	8
		AIM-4A	1.98	0.163	54	半主动雷达	—	9 kg 破片	固体火箭	9.7
		AIM-4B	2.02	0.163	59	红外	—	9 kg 破片	固体火箭	9.7
		AIM-4C	2.02	0.163	61	红外	—	9 kg 破片	固体火箭	9.7
		AIM-4D	2.02	0.163	61	红外	—	9 kg 破片	固体火箭	9.7
		AIM-4H	2.03	0.168	73	红外	激光	9 kg 破片	固体火箭	11.3
	AIM-4 Super Falcon 超猎鹰	AIM-4E	2.18	0.168	68	半主动雷达	—	破片	固体火箭	11.3
		AIM-4F	2.18	0.168	68	半主动雷达	—	18 kg	双推力固体火箭	11.3
		AIM-4G	2.06	0.168	66	红外	—	18 kg	双推力固体火箭	11.3
	AIM-7 Sparrow 麻雀	AIM-7A	3.8	0.203	148	雷达驾束	—	—	固体火箭	8
		AIM-7B	3.66	0.203	160	主动雷达	—	—	—	12
		AIM-7C	3.66	0.203	173	半主动雷达	—	—	固体火箭	13
		AIM-7D	3.7	0.203	178	半主动雷达	雷达	预制破片	固体火箭	15
		AIM-7E	3.65	0.203	204	半主动雷达	雷达	29.5 kg 连续杆	固体火箭	26
		AIM-7F	3.66	0.203	227	半主动雷达	—	40 kg 连续杆	双推力固体火箭	61
		AIM-7M	3.66	0.203	230	半主动雷达	雷达	39 kg 破片	固体火箭	61
		AIM-7P	3.66	0.203	230	半主动雷达	—	39 kg 连续杆	固体火箭	45
	AIM-9 Sidewinder 响尾蛇	AIM-9B	2.84	0.127	75	红外	红外	11.4 kg 破片	固体火箭	11
		AIM-9C	2.87	0.127	84	半主动雷达	红外或雷达	11.4 kg 连续杆	固体火箭	18.5
		AIM-9D	2.87	0.127	88.5	红外	红外或雷达	11.4 kg 连续杆	固体火箭	18.5
		AIM-9E	3	0.127	74.5	红外	红外	破片	固体火箭	4.2
		AIM-9F	2.91	0.127	75.8	红外	红外	破片	固体火箭	3.7
		AIM-9G	2.87	0.127	86.6	红外	—	—	固体火箭	17.7

（续表）

研制国家/地区	导弹代号和名称	型号	弹长/m	弹径/m	质量/kg	制导体制	引信	战斗部	动力装置	射程/km
美国		AIM-9H	2. 87	0. 127	84. 5	红外	—	连续杆	固体火箭	17. 7
		AIM-9J/9N/9P	3. 07	0. 127	78	红外	—	破片	固体火箭	14. 5
		AIM-9L	2. 87	0. 127	86. 2	红外	激光	破片	固体火箭	18. 5
		AIM-9M	2. 9	0. 127	86	红外	激光	11. 4 kg 破片	固体火箭	17. 7
		AIM-9X	3. 02	0. 127	85	红外凝视成像	激光	11. 4 kg 破片	固体火箭	18
	AIM-26 Nuclear Falcon 核猎鹰	AIM-26	2. 13	0. 279	91	半主动雷达	—	1. 5kt TNT 当量核装药	固体火箭	8
		AIM-26A	3. 14	0. 279	92	半主动雷达	雷达	1. 5kt TNT 当量核装药	固体火箭	8
		AIM-26B	2. 07	0. 29	119	半主动雷达	—	高能炸药	固体火箭	9. 7
	AIM-54 Phoenix 不死鸟	AIM-54A	3. 95	0. 38	447	惯导+半主动雷达中制导+主动雷达末制导	雷达	48. 49 kg 连续杆	固体火箭	135
		AIM-54C	3. 96	0. 38	463	惯导+半主动雷达中制导+主动雷达末制导	雷达	60 kg 连续杆	固体火箭	150
	AIM-120 AMRAAM 先进中距空空导弹	AIM-120A/B	3. 65	0. 178	157	指令+惯导+主动雷达	雷达	22 kg 破片	固体火箭	70
		AIM-120C-5	3. 65	0. 178	161. 5	指令+惯导+主动雷达	雷达	20. 5 kg 破片	固体火箭	100
		AIM-120C-7	3. 65	0. 178	161. 5	指令+惯导+主动雷达	雷达	20. 5 kg 破片	固体火箭	100
		AIM-120D	3. 65	0. 178	161. 5	指令+GPS 辅助惯导+主动雷达	雷达	20. 5 kg 破片	双推力固体火箭	150
	Eagle 鹰		4. 91	0. 409	582	主动雷达	—	核装药	—	204
	FIM-92 Stinger 毒刺	ATAS 空空型	1. 47	0. 069	10. 4	红外+紫外	—	1 kg 破片	固体火箭	5. 5
南非	V3 Kukri 短刀	V3A	2. 94	0. 127	73	红外	红外	破片	固体火箭	4
		V3B	2. 75	0. 157	90	红外	激光	破片	固体火箭	4
	V3C Darter 射水鱼		2. 75	0. 16	90	红外	激光	破片	固体火箭	5

(续表)

研制国家/地区	导弹代号和名称	型号	弹长/m	弹径/m	质量/kg	制导体制	引信	战斗部	动力装置	射程/km
南非	V3E A-Darter 射水鱼-敏捷型		2. 98	0. 166	93	红外成像	雷达	破片	固体火箭	20
	V3U U-Darter 射水鱼-升级型		2. 75	0. 16	96	红外	激光	17 kg 破片	固体火箭	8
	V4 R-Darter 射水鱼-雷达型		3. 62	0. 16	120	惯导+主动雷达	雷达	破片	固体火箭	63
欧洲	IRIS-T		2. 94	0. 127	88	红外线列扫描成像	雷达	11. 4 kg 双层破片	固体火箭	18
	Meteor 流星		3. 7	0. 178	190	指令+惯导+主动雷达	雷达	破片	固体冲压	100+
日本	AAM-1		2. 5	0. 127	76	红外	红外	破片	固体火箭	5
	AAM-3		3	0. 127	91	双色红外	激光	15 kg 破片	固体火箭	8
	AAM-4		3. 67	0. 203	222	半主动+主动雷达	雷达	40 kg 破片	双脉冲固体火箭	100
	AAM-5		3. 1	0. 13	95	红外成像	激光	15 kg 破片	固体火箭	18
瑞典	RB-72 Saab 372 萨伯 372		2. 63	0. 175	110	—	—	—	固体火箭	3. 8
以色列	Derby 德比		3. 62	0. 16	118	指令+惯导+主动雷达	激光	11 kg 破片	固体火箭	60
	Python 怪蛇	Python 3	3	0. 16	120	红外	雷达	破片	固体火箭	15
		Python 4	3	0. 16	103. 6	双色红外	激光	破片	固体火箭	15
		Python 5	3. 1	0. 16	105	红外成像	激光	11 kg 破片	固体火箭	20
	Shafrir 谢夫里	Shafrir 2	2. 47	0. 16	93	红外	红外	11 kg 预制破片	固体火箭	5
意大利	Aspide 阿斯派德		3. 7	0. 203	220	半主动雷达	雷达	30 kg 破片	固体火箭	35
印度	Astra 阿斯特拉		3. 57	0. 178	154	指令+惯导+主动雷达	雷达	15 kg 破片	固体火箭	60

（续表）

研制国家/地区	导弹代号和名称	型号	弹长/m	弹径/m	质量/kg	制导体制	引信	战斗部	动力装置	射程/km
英国	ASRAAM 先进近距空空导弹		2. 9	0. 166	88	红外凝视成像	激光	10 kg 破片	固体火箭	25
	Fireflash 闪光		2. 84	0. 152	136	雷达驾束	—	—	2 台固体助推器	4. 8
	Firestreak 火光		3. 19	0. 222	136	红外	红外	—	固体火箭	8
	Red Top 红头		3. 27	0. 222	150	红外	红外	连续杆	固体火箭	12
	Sky Flash 天空闪光		3. 66	0. 203	193	半主动雷达	雷达	30 kg 连续杆	固体火箭	40
	SRAAM 近距空空导弹		2. 8	0. 17	90	红外	—	10 kg	固体火箭	2
中国	PL-3 霹雳 3		3. 12	0. 135	93. 1	红外	红外	破片	固体火箭	12
	PL-5 霹雳 5	PL-5B	2. 892	0. 127	84. 5	红外	红外或雷达	破片	固体火箭	16
		PL-5E	2. 89	0. 127	83	红外	红外	12 kg 破片	固体火箭	14
		PL-5E Ⅱ	2. 89	0. 127	83	多元红外	激光	12 kg 破片	固体火箭	14
	PL-9 霹雳 9	PL-9	2. 9	0. 157	115	红外	雷达	预制破片	固体火箭	15
		PL-9C	2. 9	0. 157	115	多元红外	雷达	11 kg 破片	固体火箭	20
	PL-10E 霹雳 10E		3. 05	0. 16	105	红外成像	激光	—	固体火箭	20
	PL-15E 霹雳 15E		3. 996	0. 203	210	指令+惯导/北斗卫星组合+双向数据链+主动雷达	雷达	—	固体火箭	145
	SD-10 闪电 10	SD-10A	3. 93	0. 203	199	指令+惯导+主动雷达	雷达	24 kg 离散杆	固体火箭	70
	TY-90 天燕 90		1. 86	0. 09	20	多元红外	激光	3 kg 离散杆	固体火箭	6
中国台湾	Sky Sword 天剑	Sky Sword-1	2. 87	0. 127	90	红外	激光	9 kg 破片	固体火箭	17
		Sky Sword-2	3. 6	0. 203	183	指令+惯导+主动雷达	雷达	22 kg 破片	固体火箭	60

附录 3　国外主要战术导弹主承制商/研发机构一览表

国家/地区	主承制商/研发机构名称	技术/产品领域	员工数量	营业收入	总部所在地/网址
美国	雷神技术公司(Raytheon Technologies Corporation)	雷神技术公司由世界最大导弹制造商雷神公司与美国工业巨头联合技术公司的航空航天业务在 2020 年 4 月合并而成,其在作动装置、起落架和螺旋桨、飞机结构学、航空发动机和辅助电源系统、航空电子设备、网络安全、数据分析、舱内布置、导弹防御、任务系统、动力与控制、精确制导武器、系统集成和传感器领域具有领先技术能力。雷神技术公司下设 4 个业务部:柯林斯航空航天业务部、普惠业务部、雷神情报与空间业务部和雷神导弹与防御业务部。柯林斯航空航天业务部,致力于飞机结构学、航空电子设备、舱内布置、任务系统、动力与控制系统,可广泛应用于商用、支线和公务航空以及军事领域;普惠业务部,致力于为商用、军用和公务飞机设计、制造世界最先进的航空发动机和辅助电源系统,并提供维修服务;雷神情报与空间业务部,致力于研究先进传感器、训练、网络和软件解决方案;雷神导弹与防御业务部,致力于提供最先进的对威胁进行探测、跟踪和交战的全过程解决方案。雷神导弹与防御业务部的总部设在亚利桑那州图森市,2020 年净销售额为 116.6 亿美元,员工数量为 3.1 万人。雷神技术公司的电子设备、导弹、武器和弹药等在陆基、海基、空基、太空和综合防空与导弹防御领域有着十分广泛的应用,其研制生产的导弹主要包括空空导弹、空地导弹、面空导弹、地地导弹、反辐射导弹和其他导弹系统,其中 AIM-120“先进中距空空导弹”和 AIM-9X“响尾蛇”空空导弹的销售量占世界空空导弹市场的 50%以上。2019 年,雷神技术公司还推出了“游隼”新型中距空空导弹,并与美国空军联合开展制空科学与技术和微型自卫弹药研究工作,以保持美国在未来空战中的优势地位。除此之外,雷神技术公司还重点发展人工智能、人机交互、高端制造、无人系统、轨道炮、网络战、小型化弹药、3D 打印、网络领域变革、网络安全、量子计算、自动目标识别、机器学习等前沿与颠覆性技术	18.1 万人(2020 年)	571.48 亿美元(净销售额)(2020 年)	美国马萨诸塞州沃尔瑟姆(Waltham, Massachusetts)/www.rtx.com
	洛克希德·马丁公司(Lockheed Martin Corporation)	洛克希德·马丁公司(简称洛·马公司)的核心业务是为美国国防部和联邦政府机构提供系统集成、航空航天和技术服务,也为美国政府提供 IT 服务、系统集成和培训。洛·马公司设计、研发、生产及销售军用飞机、火箭、导弹等国际领先军工产品。洛·马公司根据业务划分为航空业务部、导弹与火控业务部、旋翼和任务系统业务部以及空间业务部。航空业务部从事先进军用飞机的研究、设计、开发、制造、集成、维护、保障和升级工作,包括作战和空中机动飞机、无人机及相关技术;导弹与火控业务部提供防空与反导系统、战术导弹和空对地精确打击武器系统、后勤、火控系统、作战任务保障、工程支持和集成服务、有人和无人驾驶地面车辆,以及能源管理解决方案;旋翼和任务系统业务部负责设计、制造、服务和保障各种军用和商用直升机、舰艇和潜艇任务与作战系统、用于旋翼机和固定翼飞机的任务系统和传感器、海基和陆基导弹防御系统、雷达系统、濒海战斗舰、多任务海上作战、仿真训练服务,以及无人系统和技术,并提供网络安全保障,通过复杂任务解决方案提供可应用于防御领域的通信、指挥和控制能力;空间业务部从事卫星、战略先进打击和防御系统以及空间运输系统的研发、设计和生产,提供基于网络的态势感知,并整合复杂的空间和地面全球系统,帮助客户收集、分析和安全分发关键情报数据,负责各种保密系统和重要国家安全系统的服务保障。洛·马公司的产品在军用飞机、导弹、新概念武器、电子设备领域处于世	11.4 万人(2020 年)	653.98 亿美元(2020 年)	美国马里兰州贝塞斯达(Bethesda, Maryland)/www.lockheedmartin.com

（续表）

国家/地区	主承制商/研发机构名称	技术/产品领域	员工数量	营业收入	总部所在地/网址
美国		界领先地位。其军用飞机代表产品有 F-35“闪电”Ⅱ战斗机、F-22“猛禽”战斗机和 SR-72 高超声速无人侦察机等;导弹武器代表产品有联合空面防区外导弹、远程反舰导弹、末段高空区域防御系统、“爱国者”PAC-3 防空导弹;新概念武器项目包括空射快速响应武器、高超声速常规打击武器、激光定向能武器和电子战项目等。2017 年洛·马公司获得了 AIM-260 联合先进战术导弹研制合同,该空空导弹的射程大约是 AIM-120 导弹的两倍,计划在 2023 年开始进行实弹发射试验			
	波音公司(Boeing Company)	波音公司是全球最大的航空航天公司,是商用飞机、防务、空间与安全系统和全球服务的重要供应商。波音公司下设商用飞机集团(BCA),防务、空间与安全集团(BDS),波音资本集团(BCC)和全球服务集团(BGS)。防务、空间与安全集团,致力于设计、制造、改进有人和无人军用飞机和武器系统,包括战斗机、运输机、轰炸机、旋翼机、反潜机、空中加油机;战略防御和情报系统,包括战略导弹和防御系统,指挥、控制、通信、计算机、情报、监视和侦察(C4ISR),网络和信息解决方案,情报系统;以及卫星系统,包括政府和商业卫星系统以及空间探索。主要的产品包括 F/A-18E/F“超级大黄蜂”战斗机、F-15“鹰”战斗机、P-8 反潜巡逻机、KC-46A 空中加油机、T-7A“红鹰”教练机等固定翼飞机,CH-47“支奴干”、AH-64“阿帕奇”以及 V-22“鱼鹰”等旋翼机,MQ-25、QF-16 和“扫描鹰”无人机,以及政府及商用卫星、NASA 的航天发射系统(SLS)、国际空间站等空间系统。波音公司主要的导弹武器产品有联合直接攻击弹药(JDAM)、小直径炸弹(SDB)、AGM-84“捕鲸叉”系列导弹、防区外对地攻击导弹—增强型(SLAM-ER)、AGM-86 空射巡航导弹,以及陆基中程防御系统和“民兵”洲际导弹等陆基防御和弹道导弹、多目标杀伤器和定向能武器。波音公司还与雷神技术公司和洛·马公司共同参与下一代空中优势项目的研制,负责开展小型先进能力导弹(SACM)/微型自卫弹药(MSDM)多任务武器系统、MSDM 概念分析和 SACM 科学与技术研究工作	14.1 万人(2020 年)	581.58 亿美元(2020 年)	美国伊利诺伊州芝加哥(Chicago, Illinois)/www.boeing.com
欧洲	MBDA 导弹系统公司(MBDA Missile Systems)	MBDA 导弹系统公司(简称 MBDA 公司)是一家多国集团,公司下属有五大分公司,分别为 MBDA 法国公司、MBDA 德国公司、MBDA 英国公司、MBDA 意大利公司和 MBDA 西班牙公司,均为全资公司,并且在美国也设有办公室(MBDA 有限公司)。MBDA 公司具有整合全欧洲最尖端导弹武器技术的能力,是一系列多国合作项目的主承包商,全世界有超过 90 支军队依赖 MBDA 公司提供的先进技术来满足目前和未来海陆空全域的军事需求。在空中优势方面,MBDA 公司的空空导弹和空面导弹系统装备了全世界多个军队现役的最新一代战斗机,使其具有近距格斗和超视距打击能力,也可执行防区外对面打击任务。在陆基防空方面,MBDA 公司研制的多种防空系统可成为近中远程分层防空体系的组成部分,以对抗复杂且日益扩增的威胁。MBDA 公司还研制了大量先进的海基防空系统,可帮助各国海军夺取海上优势,防御飞机和来袭反舰导弹的多重攻击。在战场格斗方面,MBDA 公司的产品包括便携和空射反装甲武器系统,可帮助无论在空旷地形作战或现今更多在城市地形作战的现代士兵打赢战役。在分系统和组件方面,MBDA 公司可提供导引头、数据链、战斗部、火箭推进系统、舵机、机电一体化单元、导航分系统、燃气发生器、武器计算机、遥测系统、红外场景生成工具集、半实物仿真等技术领域的先进分系统解决方案。MBDA 公司的主要导弹武器产品有“流星”、ASRAAM、“麦卡”空空导弹;“核中程空地导弹改进型”(ASMP-A)、“硫磺石”“矛”(SPEAR)、“金牛座-350E”(KEPD-350E)、“风暴前兆/通用斯卡耳普”“毒	1.2 万人(2020 年)	36 亿欧元(2020 年)	法国巴黎(Paris, France)/www.mbda-system.com

（续表）

国家/地区	主承制商/研发机构名称	技术/产品领域	员工数量	营业收入	总部所在地/网址
		蛇-E”（Viper-E）等空地导弹；BANG、灵巧滑翔制导武器（SmartGlider）系列炸弹；“阿斯派德-2000”地空导弹、“西北风”系列防空导弹武器系统、“紫菀15/30”（ASTER 15/30）防空导弹、通用防空模块化导弹（CAMM）等防空导弹；以及“飞鱼”（EXOCET）、MARTE系列反舰导弹等			
德国	迪尔防务公司（Diehl Defence GmbH & Co. KG）	迪尔防务公司主要业务领域包括制导导弹、防空系统、弹药、传感器和安全系统、训练、组件/封装，以及客户支持等。公司可以研制和生产空空、空地和面空导弹系统，用于制导系统和红外、激光、雷达导引头的制导和控制元件，以及图像和信号处理、飞行训练、探测和告警系统。公司生产的IRIS-T空空导弹可装备“台风”、F-18、F-16、“鹰狮”和“狂风”等先进战斗机，在该导弹基础上还派生发展了IRIS-T SLS近距防空系统和IRIS-T SLM中距防空系统。迪尔防务公司还获有AIM-9L“响尾蛇”导弹的生产和改进许可，由其子公司迪尔翻新导弹系统公司为AIM-9L导弹提供全球维护和现代化改进。迪尔防务公司用半主动激光（SAL）导引头替换AIM-9L空空导弹原有的红外导引头，研发了激光制导的响尾蛇（LaGS）项目，可将空空导弹改装为空对地精确制导武器。除此之外，迪尔防务公司还为德国空军的A400M军用运输机研制了导弹防御系统的定向红外干扰装置（DIRCM），为美国的“弹体滚转导弹”（RAM）提供导引头技术，并继续开展IRIS-T空空导弹研究，以满足“下一代战斗机/未来作战空中系统”（NGF/FCAS）的空对空打击需求。公司还研制有SMArt子弹药、MLRS/GMLRS火箭弹以及VULCANO制导弹药等，并可提供商用红外模块、致冷器和热成像仪，以及基于空间应用的红外技术	2 797人（2020年）	5.71亿欧元（2020年）	德国于伯林根（Überlingen, Germany）www. diehl. com/defence/en/
俄罗斯	温贝尔国家机械制造设计局股份公司（Vympel State Machine-Building Design Bureau）	温贝尔国家机械制造设计局股份公司（简称温贝尔公司）隶属于俄罗斯战术导弹集团，是俄罗斯联邦在航空武器装备研制和生产方面最先进的企业之一。温贝尔公司的核心业务是空空导弹和空面导弹、导弹导轨式发射装置和弹射式发射装置、悬臂式炸弹架和箱式炸弹架、无源干扰投放装置等产品的科研、试验和生产。温贝尔公司研制出了200多种军事装备，包括50多种航空导弹装备，其中大约40种在世界30多个国家服役。在俄罗斯市场上，温贝尔公司的空空导弹、航空弹射装置和无源干扰投放装置的销量是最大的，用于装备俄罗斯空天部队，成为各种类型国产飞机和直升机的武器装备。温贝尔公司研制的空空导弹主要有R-73、R-27、R-33、R-37和R-77；空面导弹并不是温贝尔公司的强项，近年来主推的是Kh-29T系列空面导弹；导弹导轨式发射装置主要有APU-470、P-72-1D，弹射式发射装置主要有AKU-170E；炸弹架型号很多，配装于多种俄式飞机；无源干扰投放装置有UV-30K、UV-30MK、UV-26M等，配装于俄式飞机和直升机，用于保护飞机免受导弹的袭击。温贝尔公司还从事民品的生产，主要包括机场设备、小尺寸传感器、钻探设备、活动实验室等	2 577人（2016年）	172.4亿卢布（2016年）	俄罗斯莫斯科（Moscow, Russia）/www. vympelmkb. com
以色列	拉菲尔先进防御系统公司（Rafael Advanced Defense Systems Ltd）	拉菲尔先进防御系统公司（简称拉菲尔公司）设计、研发、制造和提供包括空战、陆战和海战系统在内的高科技防御系统。公司在光电导引头和有效载荷、光学元件、图像和信号处理、计算机视觉等光电与信号处理技术，雷达系统和射频导引头、宽带安全通信、单片微波集成电路（MMIC）和RF分组件等雷达与射频技术，炸药和战斗部、火箭发动机和喷气发动机、太空推进系统、能源资源等推进和炸药技术，定向能、主动保护、大数据与数据融合、网络技术等创新技术，以及微机电系统、制导和导航、试验和仿真设施、先进材料工艺、复合材料结构等基础技术方面处于领先地位。公司提供的空战系统主要包括计算机和情报系统、电子战系统、测试和评估系统、空空导弹、空地武器以及空天系统；陆战系统包括作战车辆系统、C4ISR系统、多用途导弹、步兵系统，以及训练和模拟系统；海战系统包括反潜、水下作战、海洋安全和无	8 000人（2020年）	27.46亿美元（销售额）（2020年）	以色列海法（Haifa, Israel）/www. rafael. co. il

（续表）

国家/地区	主承制商/研发机构名称	技术/产品领域	员工数量	营业收入	总部所在地/网址
		人系统。拉菲尔公司研制的导弹武器包括用于多种距离目标打击的反装甲/多用途导弹，用于近距到超视距范围内目标打击的主动雷达和全向攻击红外空空导弹，以及模拟战术弹道导弹的靶弹。拉菲尔公司的主要产品有“怪蛇”5 红外空空导弹、“德比”（Derby）主动雷达空空导弹、斯派德（SPYDER）防空系统、“铁穹”超近程防空系统、C-Dome 海洋防御系统、“大卫投石索”防空和导弹防御拦截器、SPICE 系列空地武器系统、“长钉”（SPIKE）系列战术精确制导导弹、LITENING 瞄准吊舱等			
南非	丹尼尔动力公司（Denel Dynamics）	丹尼尔动力公司是丹尼尔国有企业有限公司（Denel SOC Ltd）的子公司。其核心业务包括设计、开发和制造战术导弹、精确制导武器、无人机系统，并通过南非国家航天局（SANSA）为南非政府开发卫星系统。该公司主要研制和生产空空导弹、反坦克导弹、面空导弹、无人飞行器（包括高速靶机和监视系统）、火控系统、安全系统，以及军用和商用自动控制系统。该公司导弹武器产品包括“射水鱼-敏捷型”（A-Darter）空空导弹、“射水鱼-雷达型”（R-Darter）空空导弹、“矛”（Umkhonto）面空导弹、“猎豹”（Ingwe）反坦克导弹等。2013 年，丹尼尔动力公司还开展了一项“马林”超视距空空导弹“主动雷达技术演示验证计划”，并于 2016 年成功进行了系留制导飞行试验	535 人（2020 年）	3.5 亿兰特（约合 2 140.25 万美元）（2020 年）	南非比勒陀利亚（Pretoria, Republic of South Africa）/www.deneldynamics.co.za
日本	三菱电机公司（Mitsubishi Electric）	三菱电机公司根据业务领域分为能源和电气系统部、工业自动化系统部、信息和通信系统部、电子设备部、家用电器部等。能源和电气系统部的产品有涡轮发电机、水轮发电机、核电厂设备、发动机、变压器、供电电子设备、断路器、开关控制装置、监视系统控制与安全系统、大型显示设备、电梯和大楼安全系统等；工业自动化系统部产品有可编程逻辑控制器、变流器、伺服电机、人机接口、变压器、工业电扇、计算机数控装置、电火花加工机床、激光加工机床、工业机器人、汽车电子设备等；信息和通信系统部生产与航空航天和国防相关的产品，包括无线和有线通信系统、监视照相机、卫星通信设备、卫星、雷达设备、天线、导弹系统、火控系统、广播设备、数据传输装置、网络安全系统、信息系统设备等；电子设备部产品有功率模块、高频装置、光学装置、LCD 装置等；家用电器部产品有 LCD 电视机、房间空调、电冰箱、电热水器、LED 灯、荧光灯，压缩机、空气净化器、微波炉等。三菱电机公司参与的国防与航空航天项目涉及国防电子、导弹组件与太空系统等方面，其是 AAM-4 空空导弹、Chu-SAM 中程面空导弹系统等导弹项目的主承制商，并为 AAM-3/AAM-5 空空导弹、Type90 SSM-1 反舰导弹系统研制和生产雷达和红外导引头，还获得了美国 RIM-162“进化型海麻雀”导弹（ESSM）的生产许可。2014 年该公司与 MBDA 公司开始“联合新型空空导弹”（JNAAM）项目的联合研制工作，将源自三菱电机公司 AAM-4B 空空导弹的氮化镓有源电子扫描阵列导引头方案与 MBDA 公司“流星”导弹的固体燃料变流量火箭冲压发动机（VFDR）相结合，为 F-35 战斗机开发一款新型中距空空导弹	14.65 万人（2020 年）	44 625.09 亿日元（约合 410.05 亿美元）（2020 财年）	日本东京（Tokyo, Japan）/www.mitsubishielectric.com
	三菱重工业公司（Mitsubishi Heavy Industries）	三菱重工业公司（MHI）是重型机械设备的制造商，其产品包括常规和核能发电设备、军用和民用飞机、各类舰船、坦克、装甲车、柴油和火花点火发动机、空间系统、空调设备、环境控制系统、钢结构（包括近海）、废物处理系统、与能量相关的系统和技术，以及多种机械设备。该公司分为动力系统部，工业与基础设施部，飞机、防御与宇航部。其中飞机、防御与宇航部下设综合防御与宇航系统分部，下属有飞机与导弹系统分公司、宇航系统分公司、特殊车辆分公司、海军舰船与海事系统分公司。其主要武器类产品有 AAM-3/	8.16 万人（2020 年）	40 413.76 亿日元（约合 371.35 亿美元）（2020 财年）	日本东京（Tokyo, Japan）/www.mhi.com

（续表）

国家/地区	主承制商/研发机构名称	技术/产品领域	员工数量	营业收入	总部所在地/网址
		AAM-5 空空导弹、Type90 SSM-1 反舰导弹、F-2 战斗机、Type10 主战坦克、Type16 机动战车，并获有美国 AIM-9L 空空导弹、MIM-104“爱国者”防空导弹、F-15 战斗机、F-35 战斗机、SH-60“海鹰”和 UH-60“黑鹰”直升机的生产许可			
印度	国防研究与发展组织（Defence Research and Development Organisation）	国防研究与发展组织（DRDO）是印度首要的科学和技术组织，其主要任务是为印度军队设计、研制和生产先进的传感器、武器系统、平台和相关设备，提供优化作战效能的技术解决方案，并为国家网络安全体系架构提供保障。DRDO 具有系统设计、系统集成、试验与鉴定能力，可开展导弹、雷达、声呐、电子战、工程系统、监视和侦察系统、通信系统、光电、夜视、信息安全产品等方面的国防装备研制工作。其主要项目/产品包括 A-SAT 反卫星导弹、弹道导弹防御系统、“火神”5（Agni-5）远程地对地弹道导弹、“阿斯特拉”超视距空空导弹、与以色列航宇工业公司（IAI）联合研制的远程面空导弹（LRSAM）、“布拉莫斯”超声速巡航导弹、中程面空导弹（MRSAM）、HeliNa 第三代直升机载反坦克导弹、NAG 反坦克导弹、新一代反辐射导弹（NGARM）、快速反应防空导弹（QRSAM）、便携式反坦克导弹（MPATGM）、空射战术导弹适用的固体燃料冲压发动机技术、防区外反坦克（SANT）导弹、智能反机场武器（SAAW）、Prahaar 地对地近程战术弹道导弹、X 波段导引头、“无畏”（Nirbhay）亚声速巡航导弹、“光辉”轻型攻击机（LCA）、机载预警与控制（AEW&C）系统、TAPAS-BH 中空长航时无人机、小型涡扇发动机（STFE）、500 kg 通用炸弹、Arjun 主战坦克、米格-29 的内部电子战系统 D-29、边界监视系统（BOSS）、防空战术控制雷达（ADTCR）、Uttam 有源电子扫描相控阵雷达（AESAR）、定向能激光系统（DELS）等	2.47 万人（2019 年）	1 137.55 亿卢比（约合 15.48 亿美元）（2021-2022 财年预算拨款）	印度新德里（New Delhi, India）/www.drdo.gov.in

附录4　国外现役先进军用飞机一览表(按军机代号和名称排序)

军机代号和名称	军机种类	主　要　用　途	主承制商	研制国
A-1/AMX“沙漠之风” A-1/AMX Ghibli	攻击机	可执行对地攻击、对空作战、近距空中支援、侦察等任务。该机的空战武器主要为 AIM-9L(意大利型)或 MAA-1(巴西型)近距空空导弹。其他可使用的武器包括普通炸弹(Mk82/83/84)、子母炸弹、激光制导炸弹(“宝石路”Ⅱ GBU-16)、火箭弹发射器、红外制导炸弹、空地导弹和反舰导弹等	AMX 国际公司	国际合作
A-10“雷电”Ⅱ A-10 Thunderbolt Ⅱ	攻击机	可执行对地攻击、对空作战、近距空中支援等任务。该机的空战武器主要为 AIM-9L 近距空空导弹。其他可使用的武器包括 Mk82 炸弹、BLU-1 或 BLU-27/B“石眼”Ⅱ子母炸弹、CBU-52/71 子母弹箱、AGM-65 通用战术空地导弹、激光制导炸弹和光电制导炸弹等	诺斯罗普·格鲁门公司	美国
AV-8B“鹞”Ⅱ AV-8B Harrier Ⅱ	攻击机	可执行对地/对海攻击,对空作战等任务。该机的空战武器主要为 AIM-120C 中距空空导弹(仅 AV-8B+)和 AIM-9 近距空空导弹。其他可使用的武器包括 AGM-88 反辐射导弹(仅 AV-8B+)、AGM-65 通用战术空地导弹、“杰达姆”制导炸弹,“硫磺石”反坦克导弹、“宝石路”Ⅱ/Ⅳ系列激光制导炸弹和火箭弹发射器等	美国波音公司 英国 BAE 系统公司	国际合作
EF2000“台风” EF2000 Typhoon	战斗机	可执行对空作战,对地攻击等任务。该机的空战武器主要为 AIM-9L、ASRAAM 或 IRIS-T 近距空空导弹、AIM-120C 中距空空导弹和“流星”超视距空空导弹。其他可使用的武器包括“风暴前兆”或 KEPD350“金牛座”防区外导弹、“阿拉姆”反辐射导弹、AGM-84 或“企鹅”反舰导弹、“硫磺石”空地导弹、“杰达姆”制导炸弹和“宝石路”系列制导炸弹等	欧洲战斗机公司	国际合作
F/A-18“大黄蜂” F/A-18 Hornet	舰载战斗机	可执行对地/对海攻击、对空作战、侦察等任务。该机的空战武器主要为 AIM-7、AIM-9 和 AIM-120 空空导弹,或“怪蛇”4(西班牙)和 ASRAAM(澳大利亚)空空导弹。其他可使用的武器包括“宝石路”Ⅱ GBU-10/12/16 制导炸弹、“杰达姆”系列制导炸弹、AGM-154C 制导滑翔炸弹、AGM-65F/G 空地导弹、AGM-84C/D 反舰/空地导弹和 AGM-88C 反辐射导弹等	波音公司	美国
F/A-18E/F“超级大黄蜂” F/A-18E/F Super Hornet	舰载战斗机	可执行对地/对海攻击、对空作战、空中加油、侦察等任务。该机的空战武器主要为 AIM-120C/D 中距空空导弹和 AIM-9M/X 近距空空导弹。其他可使用的武器包括 AGM-84H 防区外空地导弹、AGM-84D 反舰导弹、AGM-65F 通用战术空地导弹、AGM-88C 反辐射导弹、AGM-154C 制导滑翔炸弹,以及“杰达姆”系列和“宝石路”系列制导炸弹等	波音公司	美国
F-15“鹰” F-15 Eagle	战斗机	可执行对空作战任务,夺取空中优势。该机的空战武器主要为 AIM-7 或 AIM-120 中距空空导弹和 AIM-9 近距空空导弹。执行空战任务时可同时挂载 8 枚空空导弹:4 枚为 AIM-120 或 AIM-7,4 枚为 AIM-9,或 AIM-120/AIM-7 与 AIM-9 的组合。以色列的飞机可挂载“怪蛇”4 近距空空导弹和“德比”中距空空导弹	波音公司	美国

(续表)

军机代号和名称	军机种类	主　要　用　途	主承制商	研制国
F-15E“攻击鹰” F-15E Strike Eagle	战斗机	可执行对地攻击、对空作战任务。该机的空战武器主要为AIM-7或AIM-120中距空空导弹和AIM-9近距空空导弹。其他可使用的武器包括GBU-12激光制导炸弹、GBU-28反硬目标制导炸弹以及“宝石路”Ⅱ/Ⅲ系列制导炸弹、“杰达姆”系列制导炸弹和小直径炸弹等	波音公司	美国
F-16“战隼” F-16 Fighting Falcon	战斗机	可执行对空作战、对地攻击、近距空中支援、侦察等任务。该机的空战武器主要为AIM-9L/M或AIM-9X、ASRAAM、IRIS-T和“怪蛇”3/4(以色列)近距空空导弹,AIM-7或AIM-120和“德比”(以色列)中距空空导弹。其他可使用的武器包括AGM-158或AGM-84H防区外空地导弹、AGM-88反辐射导弹、AGM-84或AGM-119反舰导弹、AGM-65通用战术空地导弹、AGM-154或GBU-15制导滑翔炸弹、“宝石路”或“杰达姆”系列制导炸弹、小直径炸弹等	洛克希德·马丁公司	美国
F-2	战斗机	可执行对地/对海攻击、对空作战等任务。该机的空战武器主要为AIM-7F/M、AAM-4中距空空导弹和AAM-3(90式)近距空空导弹。其他可使用的武器包括ASM-1(80式)或ASM-2(93式)反舰导弹、227千克级的GCS-1(91式)制导炸弹以及其他普通炸弹、子母炸弹和火箭弹发射器等	三菱重工业公司	日本
F-22“猛禽” F-22 Raptor	战斗机	可执行对空作战、对地攻击、侦察等任务。配有3个内置武器舱和4个外挂点,两个侧武器舱可各挂1枚AIM-9M或AIM-9X近距空空导弹,主武器舱可挂载6枚AIM-120中距空空导弹,或2枚AIM-120导弹和2枚“杰达姆”GBU-32制导炸弹,机翼下可外挂4枚AIM-9或AIM-120空空导弹。其他可使用的武器包括GBU-39小直径炸弹(可内载或外挂)等	洛克希德·马丁公司	美国
F-35“闪电”Ⅱ F-35 Lightning Ⅱ	战斗机	可执行对空作战、对地/对海攻击、近距空中支援、战术侦察、电子攻击等任务。该机机身两侧各有1个内置武器舱,每侧机翼下各有3个挂点。可携带的空战武器主要为AIM-9X近距空空导弹和AIM-120中距空空导弹,其他可使用的武器包括“杰达姆”制导炸弹、AGM-154制导滑翔炸弹、AGM-158防区外空地导弹以及“宝石路”激光制导炸弹、“硫磺石”空地导弹和小直径炸弹等。英国的F-35战斗机可使用ASRAAM近距空空导弹、“流星”超视距空空导弹和SPEAR空地导弹	洛克希德·马丁公司	美国
JAS-39“鹰狮” JAS-39 Gripen	战斗机	可执行对空作战、对地攻击、侦察等任务。该机的空战武器主要为AIM-120B/C中距空空导弹、“流星”超视距空空导弹和AIM-9L或IRIS-T近距空空导弹。其他可使用的武器包括“金牛座”防区外导弹、RBS 15F空舰导弹、AGM-65通用战术空地导弹、“宝石路”GBU-10/12/16激光制导炸弹、DWS 39滑翔子母炸弹和各种普通炸弹、子母炸弹和火箭弹发射器等	萨伯集团	瑞典
“光辉” Tejas	战斗机	可执行对空作战、近距空中支援等任务。该机共有8个外挂点,其中机腹中线1个,左侧进气道下1个,翼下6个。可使用的武器主要为俄制R-73近距空空导弹、航炮吊舱、火箭弹发射器、普通炸弹、子母炸弹等	印度斯坦航空公司	印度
“幻影”2000 Mirage 2000	战斗机	可执行对空作战、对地攻击、近距空中支援、侦察等任务。该机的空战武器主要为超530F或超530D中距空空导弹、“魔术”或“魔术”2近距空空导弹以及“麦卡”近距/中距空空导弹。其他可使用的武器包括ASMP或ASMP-A防区外核导弹(N型)、“斯卡尔普”EG防区外导弹、“阿玛特”反雷达导弹、AM39“飞鱼”反舰导弹、AS30L通用战术导弹、BGL-1000和GBU-12/16/24激光制导炸弹和各种普通炸弹等	达索飞机制造公司	法国

（续表）

军机代号和名称	军机种类	主　要　用　途	主承制商	研制国
“狂风” Tornado	战斗机	可执行对空作战，对地攻击，近距空中支援，电子对抗和侦察等任务。该机的空战武器主要为 AIM-120 和“天空闪光”中距空空导弹、AIM-9 和 ASRAAM 近距空空导弹。其他可使用的武器包括 AGM-88B/D/E 反辐射导弹、“海鹰”反舰导弹、“宝石路”Ⅱ/Ⅲ/Ⅳ制导炸弹、“硫磺石”反坦克导弹、“风暴前兆”防区外空地导弹以及 GBU-39 小直径炸弹等	帕那维亚飞机公司	国际合作
“美洲虎” Jaguar	攻击机	可执行近距空中支援等任务。该机典型的外挂方案为：1 枚“马特尔”A.37 反辐射导弹、8 枚 454 千克炸弹、各种集束炸弹、R550“魔术”空空导弹、空地火箭。国际型“美洲虎”配有机翼挂架，可使用 R550“魔术”或 AIM-9P 近距空空导弹、AGM-84“鱼叉”、AM39“飞鱼”和“鸬鹚”反舰导弹等	欧洲战斗教练和战术支援飞机制造公司	国际合作
米格-29/35“支点” MiG-29/35 Fulcrum	战斗机	北约名称为 Fulcrum（支点）。可执行对空作战、对地攻击、侦察等任务。该机基本型可挂载 6 枚 R-73 近距空空导弹，或 2 枚 R-27R1 中距空空导弹和 4 枚 R-73 近距空空导弹，改进型还可挂载 R-77 中距空空导弹。其他可使用的武器包括火箭弹发射器、普通炸弹和子母炸弹	米格飞机股份公司	俄罗斯
米格-29K“支点”D MiG-29K Fulcrum D	舰载战斗机	北约名称为 Fulcrum D（支点 D）。可执行对空作战、对地攻击、反舰、侦察等任务。该机的空战武器主要为 R-77 中距空空导弹和 R-73 近距空空导弹。可使用的空地（反舰）制导武器包括 Kh-35E 和 Kh-31A 空舰导弹、Kh-31P 反雷达导弹、KAB-500Kr 或 KAB-500OD 电视制导炸弹等	米格飞机股份公司	俄罗斯
苏-25/苏-39“蛙足” Su-25/Su-39 Frogfoot	攻击机	北约名称为 Frogfoot（蛙足）。可执行对地攻击、对空作战等任务。该机的空战武器主要为 R-60 或 R-73 近距空空导弹，部分机型可使用 R-77 和 R-27 中距空空导弹。可使用的空地武器主要为 Kh-23、Kh-25ML、Kh-29L、S-25L 等空地导弹。其他可使用的武器包括 9M121“旋风”反坦克导弹和 Kh-58U 反雷达导弹、Kh-31A 和 K-35 反舰导弹，以及各种火箭弹发射器、普通炸弹和子母炸弹	苏霍伊股份公司	俄罗斯
苏-27“侧卫” Su-27 Flanker	战斗机	北约名称为 Flanker（侧卫）。可执行对空作战、对地攻击等任务。该机的机腹中线可挂 2 枚 R-27R 中距空空导弹或 2 枚 R-33 中远距空空导弹，进气道下挂 2 枚 R-27ER 中远距空空导弹或 2 枚 R-27ET 中距空空导弹，翼下内侧挂 2 枚 R-27T 中近距空空导弹，翼下外侧和翼尖挂 4 枚 R-73 近距空空导弹。其他可使用的武器包括 250 kg/500 kg 炸弹或 S-8/S-13/S-25 型火箭弹发射器	苏霍伊股份公司	俄罗斯
苏-27M“侧卫”E 第 1 型 Su-27M Flanker E Variant 1	战斗机	北约名称为 Flanker E Variant 1（侧卫 E 第 1 型）。可执行对空作战、对地攻击、反舰等任务。该机的空战武器可使用苏-27 能够挂载的 R-27、R-33 和 R-73 空空导弹，还新增了 R-77 中距空空导弹，并预备配装超远距空空导弹。其他可使用的武器包括 Kh-25ML、Kh-25MP、Kh-29T、Kh-31A/P、Kh-59、S-25L 等各种空地/反舰导弹，KAB-1500 和 KAB-500 系列制导炸弹，以及各种火箭弹发射器、普通炸弹、子母炸弹	苏霍伊股份公司	俄罗斯
苏-30“侧卫”F 第 1 型 Su-30 Flanker F Variant 1	战斗机	北约名称为 Flanker F Variant 1（侧卫 F 第 1 型）。可执行对空作战、对地攻击、反舰等任务。该机的空战武器主要为 R-73 近距空空导弹、R-27 和 R-77 中距空空导弹。其他可使用的武器包括 Kh-59ME 中程空地导弹、Kh-29T/TE 通用战术空地导弹、KAB-500Kr 和 KAB-1500Kr 制导炸弹、Kh-31P 反雷达导弹和 Kh-31A 反舰导弹	苏霍伊股份公司	俄罗斯

(续表)

军机代号和名称	军机种类	主　要　用　途	主承制商	研制国
苏-30M“侧卫”F 第 2 型 Su-30M Flanker F Variant 2	战斗机	北约名称为 Flanker F Variant 2(侧卫 F 第 2 型)。可执行对空作战、对地攻击、反舰等任务。该机典型的空战武器配置为:6 枚 R-27R1/ER1 或 R-77 中距空空导弹;2 枚 R-27T1/ET1 或 2 枚 R-27P/EP 中距空空导弹和 6 枚 R-73 近距空空导弹。其他可使用的武器包括 Kh-31P 反雷达导弹、Kh-31A 反舰导弹、Kh-29L/T 通用战术空地导弹、KAB-500/1500 制导炸弹、Kh-59ME 中程空地导弹以及多种火箭弹发射器、普通炸弹和子母炸弹等	苏霍伊股份公司	俄罗斯
苏-33“侧卫”D/“海侧卫” Su-33 Flanker D/Sea Flanker	舰载战斗机	北约名称为 Flanker D/Sea Flanker(侧卫 D 或海侧卫)。可执行对空作战、侦察、伙伴空中加油等任务。该机的外挂武器与苏-27 基本型大致相同,但外挂点数量增至 12 个(翼下挂点数量由 4 个增至 6 个)。该机的空战武器主要为 R-73 近距空空导弹、R-27、R-33 和 R-77 中距空空导弹	苏霍伊股份公司	俄罗斯
苏-34“后卫” Su-34 Fullback	战斗轰炸机	北约名称为 Fullback(后卫)。可执行对地攻击、对空作战、近距空中支援等任务。该机的空战武器可使用苏-27 能够挂载的 R-27、R-33 和 R-73 空空导弹,新增了 R-77 中距空空导弹。其他可使用的武器包括 Kh-59ME 中程空地导弹、Kh-29T/TE 通用战术空地导弹、KAB-500/1500 制导炸弹、Kh-31P 反雷达导弹、Kh-31A/Kh-41 反舰导弹及多种火箭弹发射器	苏霍伊股份公司	俄罗斯
苏-35“侧卫”E/“超侧卫” Su-35 Flanker E/Super Flanker	战斗机	北约名称为 Flanker E/Super Flanker(侧卫 E 或超侧卫)。可执行对空作战、对地/对海攻击等任务。该机可使用苏-30M 系列能够搭载的所有武器,且同一种武器的搭载数量比苏-30M 更多或相当。另外,还计划配备超远距空空导弹、新型防区外空地导弹和反雷达导弹、轻型制导炸弹等	苏霍伊股份公司	俄罗斯
“阵风” Rafale	战斗机	可执行对空作战,对地/对海攻击,空中加油,侦察等任务。该机的空战武器主要为“魔术”2 近距空空导弹、“麦卡”中距/近距空空导弹和“流星”超视距空空导弹。其他可使用的武器包括 ASMP-A、“斯卡尔普”EG 和“阿帕奇”防区外导弹、AM39 Block2 Mod2 反舰导弹、“阿斯姆”和 AS30L 通用战术导弹、“宝石路”GBU-12/22/24 制导炸弹等	达索飞机制造公司	法国
B-1B“枪骑兵” B-1B Lancer	轰炸机	可执行常规轰炸、近距空中支援等任务。该机可挂载 CBU-87/89/97 子母炸弹、Mk62/65 水雷、Mk82/84 低阻爆破炸弹、GBU-27 激光制导炸弹、“杰达姆”GBU-31/38 制导炸弹、GBU-39 制导炸弹、AGM-154 制导滑翔炸弹、WCMD CBU-103/104/105 制导子母弹、AGM-158 防区外空地导弹等制导弹药	波音公司	美国
B-2“幽灵” B-2 Spirit	轰炸机	可执行常规轰炸、核打击等任务。该机有 2 个并列的武器舱,可选的武器配置有:8 枚 2 268 千克级的 GBU-28 或 EGBU-28 反硬目标制导炸弹;16 枚 AGM-129 先进巡航导弹,或 B61 战术/战略或 B83 战略核炸弹,或 907 千克级的“杰达姆”GBU-31 制导炸弹,或 Mk84 普通爆破炸弹;36 枚 CBU-87/89/97/98 子母炸弹,或 M117 燃烧弹;80 枚 227 千克级的“杰达姆”GBU-38 制导炸弹,或 Mk82 普通爆破炸弹,或 Mk36/Mk62 水雷	诺斯罗普·格鲁门公司	美国
B-52“同温层堡垒” B-52 Stratofortress	轰炸机	可执行战略常规/核轰炸任务。该机有 1 个大型武器舱和 4 个外挂点,可挂载 AGM-86B 空射巡航导弹(ALCM)、AGM-69 近距攻击导弹(SRAM)、AGM-129 先进巡航导弹(ACM)、B-53/-61Mod11/-83 核炸弹,以及“杰达姆”系列制导炸弹、WCMD 系列制导子母炸弹、AGM-154 制导滑翔炸弹、GBU-57 重型硬目标侵彻弹(MOP)、AGM-84“捕鲸叉”反舰导弹、AGM-142“突眼”和 AGM-158 防区外空地导弹、AGM-86C 常规空射巡航导弹等制导弹药	波音公司	美国

（续表）

军机代号和名称	军机种类	主 要 用 途	主承制商	研制国
图-160“海盗旗” Tu-160 Blackjack	轰炸机	北约名称为 Blackjack(海盗旗)。可执行战略突防轰炸任务。该机机腹串列 2 个武器舱,可挂载普通炸弹、地雷/水雷、近距攻击导弹或巡航导弹等。每个弹舱内可带 6 枚 Kh-55MS 或 RKV-500B 巡航导弹,或 12 枚 Kh-15P 近距攻击导弹。升级后的飞机可使用 Kh-555、Kh-101 常规弹头巡航导弹	图波列夫股份公司	俄罗斯
图-22M“逆火” Tu-22M Backfire	轰炸机	北约名称为 Backfire(逆火)。可执行核打击、常规轰炸、反舰和侦察等任务。该机有 1 个武器舱和 5 个外挂点,可挂载 Kh-22 空地导弹、Kh-15P 近距攻击导弹、24 000 kg 普通炸弹或地雷、FAB-3000 炸弹、FAB-1500 炸弹、FAB-500 炸弹、FAB-250/-100 炸弹、500/1 500 千克级地雷	图波列夫股份公司	俄罗斯
图-95“熊” Tu-95 Bear	轰炸机	北约名称为 Bear(熊)。可执行战略轰炸、战略打击、电子侦察、图像侦察、海上巡逻和反潜作战等任务。该机武器舱最多可携带 15 000～25 000 kg 的弹药,可半埋挂载 1 枚 Kh-20 空地导弹。改进型的飞机还可挂载 Kh-22 空地导弹、Kh-55 或 RKV-500B 巡航导弹、Kh-101、Kh-102、Kh-555 巡航导弹和 Kh-SD 中程空地导弹	图波列夫股份公司	俄罗斯
A-50“中坚” A-50 Mainstay	预警机	北约名称为 Mainstay(中坚)。该机以伊尔-76MD 运输机为平台,在机背上方加装了带有支撑结构的蘑菇形预警雷达天线罩。配装“熊蜂”预警指挥系统,能够同时跟踪 50～60 个(A-50)或 100～150 个(A-50U)目标,其组成部分主要包括含有高频/甚高频/超高频通信设备的通信系统,采用三坐标脉冲多普勒预警雷达并集成了敌我识别装置的雷达系统以及自防御系统等。对米格-21 战斗机类目标的发现距离为 230 km,对舰船的发现距离为 400 km	别里耶夫飞机公司	俄罗斯
A-50EI	预警机	该机以伊尔-76 运输机为平台,在机背上方加装了带有支撑结构的蘑菇形预警雷达天线罩,在机体上增设了其他一些天线。配装“费尔康”任务系统,其主要组成部分包括:通信/数据链系统、EL/M-2075 有源相控阵预警雷达系统和采用固态相控阵天线的敌我识别子系统。对空中目标的最大探测距离可达 500 km	以色列航空航天工业公司 俄罗斯别里耶夫飞机公司	国际合作
E-2C-2000“鹰眼”2000 E-2C-2000 Hawkeye 2000	预警机	可执行防空预警、空战指挥引导、搜索救援和反毒品走私等任务。该机机身中部支架上装有蘑菇形预警雷达旋转天线罩。任务系统主要组成部分包括:全球定位系统和 AN/ASN-139 舰载飞机惯性导航系统Ⅱ(CAINS Ⅱ)、升级型任务计算机(MCU)、AN/USG-3(V)协同交战能力系统、通信系统、AN/APS-145 预警雷达系统和 AN/ALQ-217 电子支援系统等。对高空轰炸机之类大型目标的探测距离可达 650 km,对舰船的探测距离可达 360 km,对战斗机目标的探测距离可达 270 km	诺斯罗普·格鲁门公司	美国
E-2D“先进鹰眼” E-2D Advanced Hawkeye	预警机	可执行预警指挥、作战空间管理、战区防空和反导等任务。该机重点提高了作战空间态势感知能力。与 E-2C-2000 相比,取消了雷达罩顶部中心处的圆锥台形卫星通信天线。任务系统主要组成部分包括:综合导航/控制/显示系统、AN/APY-9 机械/电扫描预警雷达系统和 AN/ALQ-217A 电子支援系统。对战斗机目标的探测距离可达 400 km	诺斯罗普·格鲁门公司	美国
E-3“望楼” E-3 Sentry	预警机	可执行预警指挥、通信中继、对海搜索等任务。该机以波音 707-320B 运输机为平台,加装了带有支撑机构的蘑菇形预警雷达旋转天线罩,配有 4 台 TF33-PW-100A 涡扇发动机。任务系统可同时处理 600 个目标,其组成部分主要包括:AN/APY-1 或 AN/APY-2 预警雷达系统以及 AN/AYR-1 电子支援系统。对低空小型目标的最大探测距离超过 320 km,对高空大型目标的探测距离超过 650 km	波音公司	美国

(续表)

军机代号和名称	军机种类	主　要　用　途	主承制商	研制国
E-767	预警机	美国E-3预警机的出口型。该机以波音767-200ER客机为平台,在后机身上部加装了带有支撑结构的蘑菇形预警雷达天线罩。任务系统的主要组成部分包括:CC-2E中央计算机、AN/APY-2预警雷达系统、LN-100G惯性导航/全球定位系统和AN/APX-103敌我识别装置询问机等	波音公司	美国
R-99A/EMB-145SA	预警机	可执行空中预警、指挥控制、通信中继、电子侦察等任务。该机以ERJ 145LR运输机为平台,机背上装有平衡木形预警雷达天线罩,座舱后段两侧增设了3个油箱,总燃油容量增至8 845 L。安装PS-890"爱立眼"有源相控阵雷达,对空中目标的最大探测距离不低于300 km。其他主要的子系统有含高频/超高频数据链的通信系统,敌我识别/二次雷达系统、通信/非通信情报分析系统和"信号解决方案"通信情报系统、惯性导航/全球定位系统等	巴西航空工业公司	巴西
S 100B"百眼巨人" S 100B Argus	预警机	可执行防空预警、边境巡逻、搜索救援等任务。该机以萨伯340B支线运输机为平台,在机背装有平衡木形预警雷达天线罩,加长了尾锥,并加装了涡流发生器。配备FRS-890任务系统,其主要组成部分包括:1套高频/甚高频/超高频通信系统;PS-890"爱立眼"双面阵有源相控阵雷达;TSB 2500敌我识别装置;频率覆盖范围为2~18 GHz的战术电子支援系统等。对空中目标的最大探测距离不低于350 km	萨伯集团	瑞典
"白尾海雕" Eitam	预警机	可执行预警指挥和电子侦察等任务。该机以"湾流"G550公务机为平台,在机头、机尾和机身两侧均加装了雷达天线罩,加装2台120 kVA的发动机和1套液冷系统。配有EL/W-2085任务系统,该系统采用双波段有源相控阵预警雷达,对空中目标的最大探测距离超过370 km,并集成了采用固态相控阵天线的敌我识别子系统,拥有EL/K-1891卫星通信系统、电子支援系统和自防御系统	以色列航空航天工业公司	以色列
波音707-385C"秃鹰" Boeing 707-385C Condor	预警机	可执行预警指挥和电子情报侦察等任务。该机以波音707-385C货机为平台,在机头装有下倾的雷达罩,在机翼之前的机身两侧设有外凸的雷达天线罩。配装"费尔康"系统,其通信设备包括4套超高频通信系统和1套500~1 000 MHz的数据链,任务传感器主要包括EL/M-2075预警雷达系统、EL/L-8312电子情报系统/雷达波段电子支援系统和EL/K-7031通信情报/通信波段电子支援系统。对空中目标的最大探测距离可达370~400 km	以色列航空航天工业公司	以色列
波音737预警机 Boeing 737 AEW&C	预警机	可执行预警指挥、对空/对地/对海监视、边境巡逻等任务。该机以波音737-700IGW干线运输机为平台,在机身上部加装了预警雷达天线罩,配有CFM56-7涡扇发动机,任务系统的主要组成部分包括:卫星通信系统、高频电台、甚高频/超高频电台和数据链,多任务电扫描阵列(MESA)有源相控阵雷达、ALR-2001电子支援系统、箔条/曳光弹投放装置和AN/AAQ-24(V)定向红外对抗系统。对战斗机目标的最大探测距离超过370 km	波音公司	美国
萨伯2000预警机 SAAB 2000 AEW&C	预警机	可执行预警、指挥和电子侦察等任务。该机以萨伯2 000支线运输机为平台,在机背上安装了平衡木形预警雷达天线罩,在机翼外翼段安装了电子支援/信号情报传感器。该机的任务系统配有话音通信设备和数据链系统、PS-890"爱立眼"有源相控阵雷达、HES-21一体化电子支援/自防御系统。对空中目标的最大探测距离不低于350 km	萨伯集团	瑞典

（续表）

军机代号和名称	军机种类	主　要　用　途	主承制商	研制国
EA-6B“徘徊者” EA-6B Prowler	舰载电子战飞机	主要用于电子战支援和空中电子攻击，可执行雷达干扰、通信干扰、摧毁敌防空、电子监视等任务。该机垂尾顶端装有电子战系统的大型接收机整流罩。配有2台J52-P-408涡喷发动机，装有AN/ASW-41模拟式自动飞控系统。该机的任务系统主要包括：AN/ALQ-218（V）1接收机、AN/ALQ-99F（V）干扰吊舱、AN/USQ-113（V）3通信干扰系统。该机共有5个外挂点，典型配置为3个AN/ALQ-99吊舱、1枚AGM-88导弹和1个副油箱	诺斯罗普·格鲁门公司	美国
EA-18G“咆哮者” EA-18G Growler	舰载电子战飞机	主要用于电子战支援和空中电子攻击，可执行雷达干扰、通信干扰、摧毁敌防空、电子监视等任务，同时保留了F/A-18F战斗机的全部作战能力。该机翼尖装有AN/ALQ-218（V）电子战接收机的吊舱。任务系统的主要组成部分包括：多任务先进战术终端（MATT）、干扰对消系统（INCANS）、AN/ALQ-218（V）2电子战接收机、AN/ALQ-99F（V）干扰吊舱以及AN/ALQ-227（V）1通信对抗系统（CCS）。该机取消了航炮，保留11个外挂点，除挂载吊舱外，还可挂载AGM-88反辐射导弹、AIM-120中距空空导弹和副油箱	波音公司	美国
AH-1Z“毒蛇” AH-1Z Viper	直升机	双发中型攻击直升机。可执行反坦克、护航、火力支援、武装突击、搜索以及目标识别等任务。该机可携带的武器主要包括：“陶”式和AGM-114“海尔法”反坦克导弹，以及AIM-9L空空导弹和AGM-122A反辐射导弹。其他武器还包括LAU-61A/68A/68B/69A型70 mm火箭弹发射器、Mk81/82普通炸弹、CBU-55B油气弹和4个SUU-44/A曳光弹投放器，以及Mk45伞降曳光弹、GPU-2A或SUU-11A/A“米尼冈”机枪吊舱等	贝尔直升机公司	美国
AH-2A“茶隼” AH-2A Rooivalk	直升机	双发中型攻击直升机。可执行反坦克、近距空中支援和空中侦察等任务。该机的翼尖可挂1枚或2枚“西北风”红外制导近距空空导弹。机头下方装有1门20 mm口径的F2航炮。两侧短翼各有3个挂点，每个翼下挂点可挂1个4联装ZT-6“黑蛇”反坦克导弹发射架，或1个19管70 mm火箭弹发射器	丹尼尔航空公司	南非
AH-64“阿帕奇” AH-64 Apache	直升机	双发重型攻击直升机。可执行反坦克和攻击支援等任务。该机的机身下方主轮架之间可安装波音公司的M230型30 mm“链”式航炮，备弹1 200发。短翼下有4个挂点，可挂16枚AGM-114“海尔法”反坦克导弹，或在4个火箭弹发射器里最多装76枚70 mm的火箭弹。WAH-64D型增加一对挂点，可使用“星光”空空导弹，AH-64D型也增加一对挂点，挂载“毒刺”空空导弹	波音公司	美国
AW129“猫鼬” AW129 Mangusta	直升机	双发轻型攻击直升机。可执行对地攻击和武装侦察等任务。该机可携带的武器主要包括：“陶”式、“霍特”或AGM-114“海尔法”反坦克导弹和70 mm火箭弹发射器。意大利的A129型机可携带“毒刺”空空导弹。T129型机的TUC-1子型可携带AGM-114或“长钉”ER反坦克导弹；TUC-2子型可使用土耳其研制的远距反坦克（导弹）系统（UMTAS）和“克利特”（Cirit）型70 mm激光制导火箭弹	阿古斯塔·韦斯特兰公司	国际合作
AW159“野猫” AW159 Lynx Wildcat	直升机	双发轻型军用直升机。可执行舰载反潜、反舰、搜索救援、对地攻击、侦察指挥等多种任务。“野猫”座舱两侧的扩展挂架上可挂载多种海军或陆军武器，其中海军型可搭载8枚未来空地制导武器（FASGW），而陆军型可在主舱舱门内侧安装7.62 mm或12.7 mm机枪	阿古斯塔·韦斯特兰公司	国际合作

(续表)

军机代号和名称	军机种类	主 要 用 途	主承制商	研制国
EC665“虎” EC665 Tiger	直升机	双发单旋翼中型攻击/侦察直升机。可执行反坦克、火力支援、武装侦察、护航/直升机空战等任务。“虎”HAP 法国护航/火力支援型机和 HAD 多任务型机可挂载 4 枚“西北风”空空导弹。“虎”UHT 德国多用途反坦克/火力支援型机可挂载 4 枚“毒刺”空空导弹;8 枚“霍特”或远程“崔格特”导弹。“虎”ARH 澳大利亚武装侦察混合型机可挂载 AGM-114“海尔法”反坦克导弹	欧洲直升机公司	国际合作
SH-60“海鹰” SH-60 Sea Hawk	直升机	双发单旋翼中型反潜/反舰直升机。可执行全天候探测、识别、定位、攻击潜艇和水面舰艇等任务。该机可携带 3 枚 Mk46 鱼雷、AGM-119B“企鹅”反舰导弹。部分出口型可使用 AGM-114“海尔法”空地导弹	西科斯基飞机公司	美国
UH-60“黑鹰” UH-60 Black Hawk	直升机	双发中型通用直升机。该机备有安装外挂物吊挂系统(ESSS)的承力点,ESSS 实际为短翼,可安装 4 个挂架,每侧可搭载总重为 2 268 kg 的外挂物,也能携带 AGM-114“海尔法”空地导弹、GAU-17、GAU-19 等各种航炮或航空机枪,以及 M56 地雷、“毒刺”空空导弹、电子战吊舱、火箭弹发射器等	西科斯基飞机公司	美国
卡-50“黑鲨” Ka-50 Chernaya Akula	直升机	双发共轴双旋翼重型攻击直升机。北约名称为 Hokum(噱头)。该机机身右侧短翼下有 1 门 2A42 型单管 30 mm 机炮,机身内装有 2 个弹箱,可装 240 发曳光穿甲弹和 230 发爆破/燃烧弹(共 470 发)。短翼下可挂载 80 枚直径 80 mm 的 S-80 火箭弹或 20 枚直径 122 mm 的 S-13 火箭弹,或 12 枚 9M121“旋风”激光制导反坦克导弹。其他可选的武器还包括:UPK-23-250 型 23 mm 航炮吊舱、R-73 空空导弹、Kh-25MP 反雷达导弹和 FAB-500 炸弹等	卡莫夫股份公司	俄罗斯
卡-52“短吻鳄” Ka-52 Alligator	直升机	双发共轴双旋翼重型攻击直升机。北约名称为 Hokum B(噱头 B)。该机的航炮备弹量由 470 发减少到 240 发。具有自主搜索、捕获和照射目标的能力。可使用 Kh-25ML 激光制导空地导弹,出口型机可装“针”式空空导弹	卡莫夫股份公司	俄罗斯
米-28 Mi-28	直升机	双发重型攻击直升机。北约名称为 Havoc(浩劫)。可执行反坦克、反装甲车、攻击低空攻击机和直升机、拦截巡航导弹和战场侦察等任务。该机机头下方的 NPPU-28N 活动炮塔内装 1 门改进的 2A42 型 30 mm 航炮,备弹 250 发。每侧短翼下有 2 个挂架,可挂 16 枚 9M121“旋风”或其他型号的反坦克导弹,也可携带 R-73 或“针”式空空导弹,或航炮吊舱、火箭弹发射器和空中布雷设备	米里莫斯科直升机厂股份公司	俄罗斯
MQ-1C“天空勇士” MQ-1C Sky Warrior	无人机	单发活塞中空长航时察打一体无人机系统。可执行持久监视侦察、目标捕获、通信中继、对地攻击等任务。配有 1 台功率为 101 kW 的活塞发动机。任务载荷主要包括 AN/AAS-52(V)多光谱瞄准系统 A(MTS-A)和增强型定位报告系统(EPLRS)、AN/DPY-1“山猫”Ⅱ或第 30 批次“山猫”合成孔径/地面移动目标指示雷达,以及 AN/ARC-201 单信道地面及机载无线电系统和 AN/ARC-232 等通信中继设备。该机共有 4 个外挂点,可挂 4 枚 AGM-114“海尔法”空地导弹	通用原子航空系统公司	美国
MQ-1L“捕食者”/MQ-9“死神” MQ-1L Predator/MQ-9 Reaper	无人机	单发中空长航时察打一体无人机系统。可执行侦察监视、目标指示、对地攻击等任务。配有 1 台功率为 84 kW 的 914F 型水平对置四缸四冲程涡轮增压活塞发动机。典型的任务载荷包括 AN/AAS-52(V)多光谱瞄准系统 A(MTS-A)、AN/ZPQ-1 或 AN/APY-8“山猫”合成孔径/地面移动目标指示雷达、激光测距仪/目标指示器等设备。MQ-1L 机型可挂 2 枚 AGM-114“海尔法”空地导弹;MQ-9 机型可同时携带 2 枚“杰达姆”GBU-38 或“宝石路”GBU-12 制导炸弹,外加 8 枚 AGM-114“海尔法”空地导弹	通用原子航空系统公司	美国

（续表）

军机代号和名称	军机种类	主　要　用　途	主承制商	研制国
RQ-14“龙眼”/“雨燕” RQ-14 Dragon Eye/Swift	无人机	电动轻型战术无人机系统。可执行越山侦察、目标捕获、通信中继等任务。该机采用大展弦比上单翼和单垂尾。装有2台功率为214W的电动机。机头可安装2台彩色或单色昼间电视摄像机。集成了惯性导航/全球定位系统和自动驾驶仪。地面设备包括上行指令链发射机和发射天线、下行视频链接收天线和接收机、视频叠加卡和视频眼镜	航空环境公司	美国
RQ-2“先锋” RQ-2 Pioneer	无人机	单发活塞战术无人机系统。可执行监视侦察、目标捕获、目标指示、炮兵校射、战斗毁伤评估、搜索与救援等任务。机身由玻璃纤维复合材料制成，尾翼由凯芙拉和玻璃纤维复合材料制成，机翼的织物蒙皮涂有硝基涂料。RQ-2A/B配有1台功率为19.4kW的SF2-350型双缸两冲程发动机，RQ-2C配有1台功率为28.3kW的AR741转子发动机。任务载荷主要包括光电/红外传感器及转塔系统、激光测距仪/目标指示器、信号情报收集设备、主动干扰机、诱饵、通信中继设备等。采用数字式制导、导航与控制系统，其中包括数字式自动驾驶仪	先锋无人机公司	国际合作
RQ-4“全球鹰” RQ-4 Global Hawk	无人机	单发涡扇高空长航时无人驾驶侦察机。可执行远程、高空、广域、持久的情报、监视与侦察任务。是目前世界上已列装的无人机中尺寸和重量最大的型号。机翼由碳纤维复合材料制成，机身由铝合金制成。RQ-4A型机配有1台推力为31kN的AE3007涡扇发动机。集成了雷神公司的综合传感器系统（ISS），组成包括光电/红外传感器和合成孔径雷达，配有KN-4072数字式惯性导航/全球定位系统。各型别还可集成雷神公司的AN/ALR-89（V）雷达告警接收机和AN/ALE-50拖曳式诱饵	诺斯罗普·格鲁门公司	美国
RQ-5A/MQ-5B“猎人” RQ-5A/MQ-5B Hunter	无人机	双发活塞战术无人机系统。可执行监视侦察、目标捕获与定位、目标指示、炮兵校射、对地攻击等任务。机身由复合材料制成。最初采用2台50.7kW的双缸四冲程活塞发动机，后换装重油发动机。任务载荷主要包括甚高频/超高频中继设备、合成孔径/地面移动目标指示雷达、通用战术数据链、激光测距仪/目标指示器等，可为AGM-114“海尔法”空地导弹提供引导照射。MQ-5B型机可挂载GBU-44“蝰蛇打击”轻型激光制导炸弹或BLU-108传感器引爆武器	美国诺斯罗普·格鲁门公司 以色列航空航天工业公司	国际合作
RQ-7“影子”200 RQ-7 Shadow 200	无人机	单发活塞战术无人机系统。可执行监视侦察、炮兵校射、半主动激光制导弹药导引照射、战斗毁伤评估、通信中继等任务。配有1台功率为28.3kW的AR741转子发动机。任务载荷主要包括POP200/300光电/红外传感器及转塔系统、激光测距仪/目标指示器、高光谱成像传感器、战术信号情报载荷（TSP）、战术无人机雷达（TUAVR）、毫米波雷达、电子战诱饵或其他电子对抗设备、通信中继设备等	AAI公司	美国
RQ-8A/MQ-8B“火力侦察兵” RQ-8A/MQ-8B FireScout	无人机	无人驾驶单发单旋翼战术直升机系统。可执行监视侦察、后勤补给、反水雷以及对地攻击等任务。该机采用单旋翼带尾桨的总体布局。配有1台功率为313kW（后调低至239kW）的250-C20W涡轴发动机。任务载荷主要包括U-MOSP光电/红外传感器及转塔系统。还可集成AN/APY-8“山猫”合成孔径/地面移动目标指示雷达。MQ-8B型机可外挂2个4联装“毒刺”空空导弹发射箱。机上装有惯性导航/全球定位系统	诺斯罗普·格鲁门公司	美国

(续表)

军机代号和名称	军机种类	主 要 用 途	主承制商	研制国
“不死鸟” Phoenix	无人机	单发活塞战术无人机系统。可执行战场监视、目标定位和目标指示等任务。机身绝大部分由复合材料制成,使用了玻璃纤维复合材料、碳纤维复合材料、凯芙拉材料和诺梅克斯蜂窝结构。配有1台功率为18.6kW的WAE-342两缸两冲程活塞发动机。任务载荷舱为吊挂在机身下的独立吊舱,装载有基于英国第二代热成像通用模块(TICM Ⅱ)的红外传感器和数据链系统。该机地面站中的数字地图显示器可用来与红外图像对比,提供对目标的识别能力	BAE系统公司	英国
“苍鹭”/“突击队”/“追踪” Heron/Machatz/Shoval	无人机	单发活塞中空长航时无人机系统。可执行监视侦察、信号情报收集、海上巡逻与监视、通信中继等任务。机身由复合材料制成。配有1台功率为84kW的914F四缸四冲程涡轮增压活塞发动机。标准的任务载荷是IAI塔曼分部的多任务光电稳定载荷(MOSP),还可集成激光测距仪、EL/M-2055合成孔径/地面移动目标指示雷达或EL/M-2022U海上监视雷达等设备	以色列航空航天工业公司	以色列
“雕”/“雪鸮” Eagle/Harfang	无人机	单发中空长航时信息无人机系统。该机采用“苍鹭”无人机作为平台,机翼装有防冰装置。配有1台功率为84kW的罗泰克斯914F四缸四冲程涡轮增压活塞发动机。任务载荷基本配置主要包括多任务光电稳定载荷(MOSP)、战术通信中继设备和敌我识别装置应答机。装有光电/红外传感器及转塔系统、激光测距仪和合成孔径雷达,以及卫星通信天线和碟形通信中继天线	欧洲航空防务与航天公司	国际合作
“赫尔墨斯”450/“火花” Hermes 450/Zik	无人机	单发活塞中低空长航时战术无人机系统。可执行监视侦察和通信中继等任务。机身由复合材料制成。配有1台功率为38.8kW的AR801转子发动机。典型的任务传感器包括DSP-1光电/红外传感器及转塔系统,或紧凑多用途先进稳定(载荷)系统(CoMPASS),也可集成具有合成孔径雷达、地面移动目标指示等工作方式的对地监视雷达。同时机上装有飞行计算机和惯性导航/全球定位系统	埃尔比特系统公司	以色列
“曼提斯” MANTIS	无人机	双发涡桨中空长航时察打一体无人机。机身由复合材料制成。配有2台250-B17B涡桨发动机。任务载荷主要包括光电/红外传感器及转塔系统和合成孔径/地面移动目标指示雷达。每侧机翼下有3个挂点,可外挂多种空地弹,其典型的外挂布局为内侧2个挂点各挂1枚GBU-12,外侧挂点用3联挂架同时挂3枚“硫磺石”	BAE系统公司	英国
“蚋蚊” Gnat	无人机	单发活塞中空长航时多用途无人机系统。可执行持久监视侦察、信号情报收集、通信中继、目标指示等任务。该机机体由碳纤维/环氧树脂复合材料制成。“蚋蚊”750基本型机配有1台功率为48.5kW的罗泰克斯582型双缸两冲程活塞发动机。任务载荷主要包括监视雷达、合成孔径/地面移动目标指示雷达、电视/微光电视/红外传感器、激光测距仪/目标指示器等系统。Ⅰ-“蚋蚊”改进型机设5个挂点,可挂AGM-114“海尔法”空地导弹等武器	通用原子航空系统公司	美国
“扫描鹰” ScanEagle	无人机	单发活塞战术无人机系统。可执行监视侦察、部队保护、海域监视、搜索与救援等任务。该机采用大展弦比后掠上单翼和双垂尾,无水平尾翼。最初配有1台功率为1.9kW的3W-28活塞发动机,后换装重油发动机。任务载荷为光电摄像机或红外摄像机,可集成微型合成孔径雷达公司的NanoSAR合成孔径雷达。其他可集成的任务载荷包括通信中继设备、生化战剂探测器、激光目标指示器等。采用雅典娜技术公司的“导引星”GS-111m制导、导航与控制系统	波音公司	美国

（续表）

军机代号和名称	军机种类	主　要　用　途	主承制商	研制国
“食雀鹰”A Sperwer A	无人机	单发活塞战术无人机系统。可执行昼夜监视、目标截获等任务。机体由复合材料制成。机翼利用发动机排出的热气防冰。配有1台功率为48.5kW的罗泰克斯586型双缸两冲程活塞发动机。该机装有“欧洲前视红外”350光电/红外传感器及转塔系统或可定向的视距内任务载荷(OLOSP),其他可集成的任务载荷还包括合成孔径雷达、电子支援/电子情报设备、通信情报设备、通信干扰机等。机上装有惯性导航/全球定位系统	萨热姆防务安全公司	法国
“搜索者”/“浮鸥”/“鹧鸪” Searcher/Meyromit/Hugla	无人机	单发活塞战术无人机系统。可执行监视侦察、信号情报收集等任务。机体主要由复合材料制成。“搜索者”Ⅱ型机装有1台功率为57.4kW的AR682转子发动机。标准任务载荷是IAI塔曼分部的插件式光电载荷(POP)或多任务光电稳定载荷(MOSP),集成有激光测距仪、EL/M-2055合成孔径/地面移动目标指示雷达、AES-210电子情报侦察设备、1套实时下行遥测链和情报链等。机上装有自动驾驶仪和惯性导航/全球定位系统	以色列航空航天工业公司	以色列
“搜寻者” Seeker	无人机	单发活塞战术无人机系统。可执行侦察监视、目标定位和炮兵校射等任务。机体由复合材料制成。配有1台功率为37.3kW的L550E四缸两冲程活塞发动机。任务载荷包括1台陀螺稳定的高分辨率彩色电视摄像机和1台红外热像仪。出口型机还集成了“苍鹰”光电/红外传感器及转塔系统,以及萨伯航空电子公司的电子情报侦察载荷。机上装有下行遥测链和下行情报链。机背上方还装有碟形的G/H波段通信中继天线	丹尼尔动力公司	南非
“酥油草” Tipchak	无人机	单发活塞战术无人机系统。可执行监视侦察、目标捕获与定位、炮兵校射、通信中继、信号情报侦察和核生化监视等任务。配有1台功率为9.55kW的活塞发动机。标准的任务载荷包括1套双波段传感器、1台高分辨率数字摄像机。其他可集成的任务载荷包括通信中继设备、信号情报侦察设备和化学监视传感器等	光线设计局股份公司	俄罗斯
“梭鱼” Barracuda	无人机	单发涡扇高亚声速无人作战飞机/侦察无人机验证机。采用常规布局和背负式进气道。机体全部由复合材料制成,采用了吸波涂层。机头有大气数据探管。配有1台JT15D-5C无加力涡扇发动机,推力为14.2kN。该机集成了多种传感器,主要包括光电/红外传感器、激光目标指示器、辐射源定位系统和合成孔径雷达。采用宽带视距/超视距数据链。装有惯性导航/全球定位系统和激光高度表等。机腹内埋载荷舱可容纳3枚尺寸与“硫磺石”导弹类似的武器	欧洲航空防务与航天公司	国际合作
“吾观” I-View	无人机	单发活塞轻型战术无人机系统。可执行火炮校射和前线侦察、监视与目标捕获任务。机身由复合材料制成。配有1台采用涡轮增压的活塞发动机。标准任务载荷为IAI塔曼分部提供的光电/红外传感器及转塔系统。Mk50型机采用微型插件式光电载荷(MiniPOP),Mk150型机采用插件式光电载荷(POP),Mk240/250机型采用多任务光电稳定载荷(MOSP)	以色列航空航天工业公司	以色列
“影子”400/600 Shadow 400/600	无人机	单发活塞战术无人机系统。可执行监视侦察、炮兵校射、战斗毁伤评估等任务。机身主要由石墨纤维/环氧树脂制成,机翼为碳/石墨纤维蜂窝夹层结构,尾梁由铝合金制成,尾翼由石墨纤维/凯芙拉制成。“影子”400配有1台功率为27.6kW的AR731转子发动机,“影子”600配有1台功率为38.8kW的AR801转子发动机。可集成超过32种任务载荷。该机装有以数字式飞控计算机为核心的制导、导航与控制系统	AAI公司	美国

附录 5　国外现役先进军用飞机一览表（按国家名称排序）

研制国	军机代号和名称	军机种类	主　要　用　途	主承制商
巴西	R-99A/EMB-145SA	预警机	可执行空中预警、指挥控制、通信中继、电子侦察等任务。该机以 ERJ 145LR 运输机为平台，机背上装有平衡木形预警雷达天线罩，座舱后段两侧增设了 3 个油箱，总燃油容量增至 8845L。安装 PS-890"爱立眼"有源相控阵雷达，对空中目标的最大探测距离不低于 300 km。其他主要的子系统有含高频/超高频数据链的通信系统，敌我识别/二次雷达系统、通信/非通信情报分析系统和"信号解决方案"通信情报系统、惯性导航/全球定位系统等	巴西航空工业公司
俄罗斯	MiG-29/35 Fulcrum 米格-29/35"支点"	战斗机	北约名称为 Fulcrum（支点）。可执行对空作战、对地攻击、侦察等任务。该机基本型可挂载 6 枚 R-73 近距空空导弹，或 2 枚 R-27R1 中距空空导弹和 4 枚 R-73 近距空空导弹，改进型还可挂载 R-77 中距空空导弹。其他可使用的武器包括火箭弹发射器、普通炸弹和子母炸弹	米格飞机股份公司
	MiG-29K Fulcrum D 米格-29K"支点"D	舰载战斗机	北约名称为 Fulcrum D（支点 D）。可执行对空作战、对地攻击、反舰、侦察等任务。该机的空战武器主要为 R-77 中距空空导弹和 R-73 近距空空导弹。可使用的空地（反舰）制导武器包括 Kh-35E 和 Kh-31A 空舰导弹、Kh-31P 反雷达导弹、KAB-500Kr 或 KAB-500OD 电视制导炸弹等	米格飞机股份公司
	Su-25/Su-39 Frogfoot 苏-25/苏-39"蛙足"	攻击机	北约名称为 Frogfoot（蛙足）。可执行对地攻击、对空作战等任务。该机的空战武器主要为 R-60 或 R-73 近距空空导弹，部分机型可使用 R-77 和 R-27 中距空空导弹。可使用的空地武器主要为 Kh-23、Kh-25ML、Kh-29L、S-25L 等空地导弹。其他可使用的武器包括 9M121"旋风"反坦克导弹和 Kh-58U 反雷达导弹、Kh-31A 和 K-35 反舰导弹，以及各种火箭弹发射器、普通炸弹和子母炸弹	苏霍伊股份公司
	Su-27 Flanker 苏-27"侧卫"	战斗机	北约名称为 Flanker（侧卫）。可执行对空作战、对地攻击等任务。该机的机腹中线可挂 2 枚 R-27R 中距空空导弹或 2 枚 R-33 中远距空空导弹，进气道下挂 2 枚 R-27ER 中远距空空导弹或 2 枚 R-27ET 中距空空导弹，翼下内侧挂 2 枚 R-27T 中近距空空导弹，翼下外侧和翼尖挂 4 枚 R-73 近距空空导弹。其他可使用的武器包括 250 kg/500 kg 炸弹或 S-8/S-13/S-25 型火箭弹发射器	苏霍伊股份公司
	Su-27M Flanker E Variant 1 苏-27M"侧卫"E 第 1 型	战斗机	北约名称为 Flanker E Variant 1（侧卫 E 第 1 型）。可执行对空作战、对地攻击、反舰等任务。该机的空战武器可使用苏-27 能够挂载的 R-27、R-33 和 R-73 空空导弹，还新增了 R-77 中距空空导弹，并预备配装超远距空空导弹。其他可使用的武器包括 Kh-25ML、Kh-25MP、Kh-29T、Kh-31A/P、Kh-59、S-25L 等各种空地/反舰导弹，KAB-1500 和 KAB-500 系列制导炸弹，以及各种火箭弹发射器、普通炸弹、子母炸弹	苏霍伊股份公司
	Su-30 Flanker F Variant 1 苏-30"侧卫"F 第 1 型	战斗机	北约名称为 Flanker F Variant 1（侧卫 F 第 1 型）。可执行对空作战、对地攻击、反舰等任务。该机的空战武器主要为 R-73 近距空空导弹、R-27 和 R-77 中距空空导弹。其他可使用的武器包括 Kh-59ME 中程空地导弹、Kh-29T/TE 通用战术空地导弹、KAB-500Kr 和 KAB-1500Kr 制导炸弹、Kh-31P 反雷达导弹和 Kh-31A 反舰导弹	苏霍伊股份公司

（续表）

研制国	军机代号和名称	军机种类	主　要　用　途	主承制商
俄罗斯	Su-30M Flanker F Variant 2 苏-30M“侧卫”F 第 2 型	战斗机	北约名称为 Flanker F Variant 2(侧卫 F 第 2 型)。可执行对空作战、对地攻击、反舰等任务。该机典型的空战武器配置为：6 枚 R-27R1/ER1 或 R-77 中距空空导弹；2 枚 R-27T1/ET1 或 2 枚 R-27P/EP 中距空空导弹和 6 枚 R-73 近距空空导弹。其他可使用的武器包括 Kh-31P 反雷达导弹、Kh-31A 反舰导弹、Kh-29L/T 通用战术空地导弹、KAB-500/1500 制导炸弹、Kh-59ME 中程空地导弹以及多种火箭弹发射器、普通炸弹和子母炸弹等	苏霍伊股份公司
	Su-33 Flanker D/Sea Flanker 苏-33“侧卫”D/“海侧卫”	舰载战斗机	北约名称为 Flanker D/Sea Flanker(侧卫 D 或海侧卫)。可执行对空作战、侦察、伙伴空中加油等任务。该机的外挂武器与苏-27 基本型大致相同，但外挂点数量增至 12 个(翼下挂点数量由 4 个增至 6 个)。该机的空战武器主要为 R-73 近距空空导弹、R-27、R-33 和 R-77 中距空空导弹	苏霍伊股份公司
	Su-34 Fullback 苏-34“后卫”	战斗轰炸机	北约名称为 Fullback(后卫)。可执行对地攻击、对空作战、近距空中支援等任务。该机的空战武器可使用苏-27 能够挂载的 R-27、R-33 和 R-73 空空导弹，新增了 R-77 中距空空导弹。其他可使用的武器包括 Kh-59ME 中程空地导弹、Kh-29T/TE 通用战术空地导弹、KAB-500/1500 制导炸弹、Kh-31P 反雷达导弹、Kh-31A/Kh-41 反舰导弹及多种火箭弹发射器	苏霍伊股份公司
	Su-35 Flanker E/Super Flanker 苏-35“侧卫”E/“超侧卫”	战斗机	北约名称为 Flanker E/Super Flanker(侧卫 E 或超侧卫)。可执行对空作战、对地/对海攻击等任务。该机可使用苏-30M 系列能够搭载的所有武器，且同一种武器的搭载数量比苏-30M 更多或相当。另外，还计划配备超远距空空导弹、新型防区外空地导弹和反雷达导弹、轻型制导炸弹等	苏霍伊股份公司
	Tu-22M Backfire 图-22M“逆火”	轰炸机	北约名称为 Backfire(逆火)。可执行核打击、常规轰炸、反舰和侦察等任务。该机有 1 个武器舱和 5 个外挂点，可挂载 Kh-22 空地导弹、Kh-15P 近距攻击导弹、24 000 kg 普通炸弹或地雷、FAB-3000 炸弹、FAB-1500 炸弹、FAB-500 炸弹、FAB-250/-100 炸弹、500/1 500 千克级地雷	图波列夫股份公司
	Tu-95 Bear 图-95“熊”	轰炸机	北约名称为 Bear(熊)。可执行战略轰炸、战略打击、电子侦察、图像侦察、海上巡逻和反潜作战等任务。该机武器舱最多可携带 15 000~25 000 kg 的弹药，可半埋挂载 1 枚 Kh-20 空地导弹。改进型的飞机还可挂载 Kh-22 空地导弹、Kh-55 或 RKV-500B 巡航导弹、Kh-101、Kh-102、Kh-555 巡航导弹和 Kh-SD 中程空地导弹	图波列夫股份公司
	Tu-160 Blackjack 图-160“海盗旗”	轰炸机	北约名称为 Blackjack(海盗旗)。可执行战略突防轰炸任务。该机机腹串列 2 个武器舱，可挂载普通炸弹、地雷/水雷、近距攻击导弹或巡航导弹等。每个弹舱内可带 6 枚 Kh-55MS 或 RKV-500B 巡航导弹，或 12 枚 Kh-15P 近距攻击导弹。升级后的飞机可使用 Kh-555、Kh-101 常规弹头巡航导弹	图波列夫股份公司
	A-50 Mainstay A-50“中坚”	预警机	北约名称为 Mainstay(中坚)。该机以伊尔-76MD 运输机为平台，在机背上方加装了带有支撑结构的蘑菇形预警雷达天线罩。配装“熊蜂”预警指挥系统，能够同时跟踪 50~60 个(A-50)或 100~150 个(A-50U)目标，其组成部分主要包括含有高频/甚高频/超高频通信设备的通信系统，采用三坐标脉冲多普勒预警雷达并集成了敌我识别装置的雷达系统以及自防御系统等。对米格-21 战斗机类目标的发现距离为 230 km，对舰船的发现距离为 400 km	别里耶夫飞机公司

(续表)

研制国	军机代号和名称	军机种类	主　要　用　途	主承制商
俄罗斯	Ka-50 Chernaya Akula 卡-50“黑鲨”	直升机	双发共轴双旋翼重型攻击直升机。北约名称为 Hokum(噱头)。该机机身右侧短翼下有 1 门 2A42 型单管 30 mm 机炮,机身内装有 2 个弹箱,可装 240 发曳光穿甲弹和 230 发爆破/燃烧弹(共 470 发)。短翼下可挂载 80 枚直径 80 mm 的 S-80 火箭弹或 20 枚直径 122 mm 的 S-13 火箭弹,或 12 枚 9M121“旋风”激光制导反坦克导弹。其他可选的武器还包括:UPK-23-250 型 23 mm 航炮吊舱、R-73 空空导弹、Kh-25MP 反雷达导弹和 FAB-500 炸弹等	卡莫夫股份公司
	Ka-52 Alligator 卡-52“短吻鳄”	直升机	双发共轴双旋翼重型攻击直升机。北约名称为 Hokum B(噱头 B)。该机的航炮备弹量由 470 发减少到 240 发。具有自主搜索、捕获和照射目标的能力。可使用 Kh-25ML 激光制导空地导弹,出口型机可装“针”式空空导弹	卡莫夫股份公司
	Mi-28 米-28	直升机	双发重型攻击直升机。北约名称为 Havoc(浩劫)。可执行反坦克、反装甲车、攻击低空攻击机和直升机、拦截巡航导弹和战场侦察等任务。该机机头下方的 NPPU-28N 活动炮塔内装 1 门改进的 2A42 型 30 mm 航炮,备弹 250 发。每侧短翼下有 2 个挂架,可挂 16 枚 9M121“旋风”或其他型号的反坦克导弹,也可携带 R-73 或“针”式空空导弹,或航炮吊舱、火箭弹发射器和空中布雷设备	米里莫斯科直升机厂股份公司
	Tipchak “酥油草”	无人机	单发活塞战术无人机系统。可执行监视侦察、目标捕获与定位、炮兵校射、通信中继、信号情报侦察和核生化监视等任务。配有 1 台功率为 9.55 kW 的活塞发动机。标准的任务载荷包括 1 套双波段传感器、1 台高分辨率数字摄像机。其他可集成的任务载荷包括通信中继设备、信号情报侦察设备和化学监视传感器等	光线设计局股份公司
法国	Mirage 2000 “幻影”2000	战斗机	可执行对空作战、对地攻击、近距空中支援、侦察等任务。该机的空战武器主要为超 530F 或超 530D 中距空空导弹、“魔术”或“魔术”2 近距空空导弹以及“麦卡”近距/中距空空导弹。其他可使用的武器包括 ASMP 或 ASMP-A 防区外核导弹(N 型)、“斯卡尔普”EG 防区外导弹、“阿玛特”反雷达导弹、AM39“飞鱼”反舰导弹、AS30L 通用战术导弹、BGL-1000 和 GBU-12/16/24 激光制导炸弹和各种普通炸弹等	达索飞机制造公司
	Rafale “阵风”	战斗机	可执行对空作战,对地/对海攻击,空中加油,侦察等任务。该机的空战武器主要为“魔术”2 近距空空导弹、“麦卡”中距/近距空空导弹和“流星”超视距空空导弹。其他可使用的武器包括 ASMP-A、“斯卡尔普”EG 和“阿帕奇”防区外导弹、AM39 Block2 Mod2 反舰导弹、“阿斯姆”和 AS30L 通用战术导弹、“宝石路”GBU-12/22/24 制导炸弹等	达索飞机制造公司
	Sperwer A “食雀鹰”A	无人机	单发活塞战术无人机系统。可执行昼夜监视、目标截获等任务。机体由复合材料制成。机翼利用发动机排出的热气防冰。配有 1 台功率为 48.5 kW 的罗泰克斯 586 型双缸两冲程活塞发动机。该机装有“欧洲前视红外”350 光电/红外传感器及转塔系统或可定向的视距内任务载荷(OLOSP),其他可集成的任务载荷还包括合成孔径雷达、电子支援/电子情报设备、通信情报设备、通信干扰机等。机上装有惯性导航/全球定位系统	萨热姆防务安全公司

(续表)

研制国	军机代号和名称	军机种类	主　要　用　途	主承制商
国际合作	A-1/AMX Ghibli A-1/AMX“沙漠之风”	攻击机	可执行对地攻击、对空作战、近距空中支援、侦察等任务。该机的空战武器主要为 AIM-9L(意大利型)或 MAA-1(巴西型)近距空空导弹。其他可使用的武器包括普通炸弹(Mk82/83/84)、子母炸弹、激光制导炸弹(“宝石路”Ⅱ GBU-16)、火箭弹发射器、红外制导炸弹、空地导弹和反舰导弹等	AMX 国际公司
	AV-8B Harrier Ⅱ AV-8B“鹞”Ⅱ	攻击机	可执行对地/对海攻击,对空作战等任务。该机的空战武器主要为 AIM-120C 中距空空导弹(仅 AV-8B+)和 AIM-9 近距空空导弹。其他可使用的武器包括 AGM-88 反辐射导弹(仅 AV-8B+)、AGM-65 通用战术空地导弹、“杰达姆”制导炸弹,“硫磺石”反坦克导弹、“宝石路”Ⅱ/Ⅳ系列激光制导炸弹和火箭弹发射器等	美国波音公司 英国 BAE 系统公司
	EF2000 Typhoon EF2000“台风”	战斗机	可执行对空作战,对地攻击等任务。该机的空战武器主要为 AIM-9L、ASRAAM 或 IRIS-T 近距空空导弹、AIM-120C 中距空空导弹和“流星”超视距空空导弹。其他可使用的武器包括“风暴前兆”或 KEPD350“金牛座”防区外导弹、“阿拉姆”反辐射导弹、AGM-84 或“企鹅”反舰导弹、“硫磺石”空地导弹、“杰达姆”制导炸弹和“宝石路”系列制导炸弹等	欧洲战斗机公司
	Jaguar “美洲虎”	攻击机	可执行近距空中支援等任务。该机典型的外挂方案为：1 枚“马特尔”A.37 反辐射导弹、8 枚 454 千克炸弹、各种集束炸弹、R550“魔术”空空导弹、空地火箭。国际型“美洲虎”配有机翼挂架,可使用 R550“魔术”或 AIM-9P 近距空空导弹、AGM-84“鱼叉”、AM39“飞鱼”和“鸬鹚”反舰导弹等	欧洲战斗教练和战术支援飞机制造公司
	Tornado “狂风”	战斗机	可执行对空作战,对地攻击,近距空中支援,电子对抗和侦察等任务。该机的空战武器主要为 AIM-120 和“天空闪光”中距空空导弹、AIM-9 和 ASRAAM 近距空空导弹。其他可使用的武器包括 AGM-88B/D/E 反辐射导弹、“海鹰”反舰导弹、“宝石路”Ⅱ/Ⅲ/Ⅳ制导炸弹、“硫磺石”反坦克导弹、“风暴前兆”防区外空地导弹以及 GBU-39 小直径炸弹等	帕那维亚飞机公司
	A-50EI	预警机	该机以伊尔-76 运输机为平台,在机背上方加装了带有支撑结构的蘑菇形预警雷达天线罩,在机体上增设了其他一些天线。配装“费尔康”任务系统,其主要组成部分包括：通信/数据链系统、EL/M-2075 有源相控阵预警雷达系统和采用固态相控阵天线的敌我识别子系统。对空中目标的最大探测距离可达 500 km	以色列航空航天工业公司 俄罗斯别里耶夫飞机公司
	AW129 Mangusta AW129“猫鼬”	直升机	双发轻型攻击直升机。可执行对地攻击和武装侦察等任务。该机可携带的武器主要包括：“陶”式、“霍特”或 AGM-114“海尔法”反坦克导弹和 70 mm 火箭弹发射器。意大利的 A129 型机可携带“毒刺”空空导弹。T129 型机的 TUC-1 子型可携带 AGM-114 或“长钉”ER 反坦克导弹;TUC-2 子型可使用土耳其研制的远距反坦克(导弹)系统(UMTAS)和“克利特”(Cirit)型 70 mm 激光制导火箭弹	阿古斯塔·韦斯特兰公司
	AW159 Lynx Wildcat AW159“野猫”	直升机	双发轻型军用直升机。可执行舰载反潜、反舰、搜索救援、对地攻击、侦察指挥等多种任务。“野猫”座舱两侧的扩展挂架上可挂载多种海军或陆军武器,其中海军型可搭载 8 枚未来空地制导武器(FASGW),而陆军型可在主舱舱门内侧安装 7.62 mm 或 12.7 mm 机枪	阿古斯塔·韦斯特兰公司

(续表)

研制国	军机代号和名称	军机种类	主 要 用 途	主承制商
国际合作	EC665 Tiger EC665“虎”	直升机	双发单旋翼中型攻击/侦察直升机。可执行反坦克、火力支援、武装侦察、护航/直升机空战等任务。“虎”HAP 法国护航/火力支援型机和 HAD 多任务型机可挂载 4 枚“西北风”空空导弹。“虎”UHT 德国多用途反坦克/火力支援型机可挂载 4 枚“毒刺”空空导弹;8 枚“霍特”或远程“崔格特”导弹。“虎”ARH 澳大利亚武装侦察混合型机可挂载 AGM-114“海尔法”反坦克导弹	欧洲直升机公司
	Barracuda “梭鱼”	无人机	单发涡扇高亚声速无人作战飞机/侦察无人机验证机。采用常规布局和背负式进气道。机体全部由复合材料制成,采用了吸波涂层。机头有大气数据探管。配有 1 台 JT15D-5C 无加力涡扇发动机,推力为 14.2 kN。该机集成了多种传感器,主要包括光电/红外传感器、激光目标指示器、辐射源定位系统和合成孔径雷达。采用宽带视距/超视距数据链。装有惯性导航/全球定位系统和激光高度表等。机腹内埋载荷舱可容纳 3 枚尺寸与“硫磺石”导弹类似的武器	欧洲航空防务与航天公司
	Eagle/Harfang “雕”/“雪鸮”	无人机	单发中空长航时信息无人机系统。该机采用“苍鹭”无人机作为平台,机翼装有防冰装置。配有 1 台功率为 84kW 的罗泰克斯 914F 四缸四冲程涡轮增压活塞发动机。任务载荷基本配置主要包括多任务光电稳定载荷(MOSP)、战术通信中继设备和敌我识别装置应答机。装有光电/红外传感器及转塔系统、激光测距仪和合成孔径雷达,以及卫星通信天线和碟形通信中继天线	欧洲航空防务与航天公司
	RQ-2 Pioneer RQ-2“先锋”	无人机	单发活塞战术无人机系统。可执行监视侦察、目标捕获、目标指示、炮兵校射、战斗毁伤评估、搜索与救援等任务。机身由玻璃纤维复合材料制成,尾翼由凯芙拉和玻璃纤维复合材料制成,机翼的织物蒙皮涂有硝基涂料。RQ-2A/B 配有 1 台功率为 19.4 kW 的 SF2-350 型双缸两冲程发动机,RQ-2C 配有 1 台功率为 28.3 kW 的 AR741 转子发动机。任务载荷主要包括光电/红外传感器及转塔系统、激光测距仪/目标指示器、信号情报收集设备、主动干扰机、诱饵、通信中继设备等。采用数字式制导、导航与控制系统,其中包括数字式自动驾驶仪	先锋无人机公司
	RQ-5A/MQ-5B Hunter RQ-5A/MQ-5B“猎人”	无人机	双发活塞战术无人机系统。可执行监视侦察、目标捕获与定位、目标指示、炮兵校射、对地攻击等任务。机身由复合材料制成。最初采用 2 台 50.7 kW 的双缸四冲程活塞发动机,后换装重油发动机。任务载荷主要包括甚高频/超高频中继设备、合成孔径/地面移动目标指示雷达、通用战术数据链、激光测距仪/目标指示器等,可为 AGM-114“海尔法”空地导弹提供引导照射。MQ-5B 型机可挂载 GBU-44“蝰蛇打击”轻型激光制导炸弹或 BLU-108 传感器引爆武器	美国诺斯罗普·格鲁门公司 以色列航空航天工业公司
美国	A-10 Thunderbolt Ⅱ A-10“雷电”Ⅱ	攻击机	可执行对地攻击、对空作战、近距空中支援等任务。该机的空战武器主要为 AIM-9L 近距空空导弹。其他可使用的武器包括 Mk82 炸弹、BLU-1 或 BLU-27/B“石眼”Ⅱ子母炸弹、CBU-52/71 子母弹箱、AGM-65 通用战术空地导弹、激光制导炸弹和光电制导炸弹等	诺斯罗普·格鲁门公司
	F/A-18 Hornet F/A-18“大黄蜂”	舰载战斗机	可执行对地/对海攻击、对空作战、侦察等任务。该机的空战武器主要为 AIM-7、AIM-9 和 AIM-120 空空导弹,或“怪蛇”4(西班牙)和 ASRAAM(澳大利亚)空空导弹。其他可使用的武器包括“宝石路”Ⅱ GBU-10/12/16 制导炸弹、“杰达姆”系列制导炸弹、AGM-154C 制导滑翔炸弹、AGM-65F/G 空地导弹、AGM-84C/D 反舰/空地导弹和 AGM-88C 反辐射导弹等	波音公司

（续表）

研制国	军机代号和名称	军机种类	主 要 用 途	主承制商
美国	F/A-18E/F Super Hornet F/A-18E/F“超级大黄蜂”	舰载战斗机	可执行对地/对海攻击、对空作战、空中加油、侦察等任务。该机的空战武器主要为 AIM-120C/D 中距空空导弹和 AIM-9M/X 近距空空导弹。其他可使用的武器包括 AGM-84H 防区外空地导弹、AGM-84D 反舰导弹、AGM-65F 通用战术空地导弹、AGM-88C 反辐射导弹、AGM-154C 制导滑翔炸弹，以及“杰达姆”系列和“宝石路”系列制导炸弹等	波音公司
	F-15 Eagle F-15“鹰”	战斗机	可执行对空作战任务，夺取空中优势。该机的空战武器主要为 AIM-7 或 AIM-120 中距空空导弹和 AIM-9 近距空空导弹。执行空战任务时可同时挂载 8 枚空空导弹：4 枚为 AIM-120 或 AIM-7，4 枚为 AIM-9，或 AIM-120/AIM-7 与 AIM-9 的组合。以色列的飞机可挂载“怪蛇”4 近距空空导弹和“德比”中距空空导弹	波音公司
	F-15E Strike Eagle F-15E“攻击鹰”	战斗机	可执行对地攻击、对空作战任务。该机的空战武器主要为 AIM-7 或 AIM-120 中距空空导弹和 AIM-9 近距空空导弹。其他可使用的武器包括 GBU-12 激光制导炸弹、GBU-28 反硬目标制导炸弹以及“宝石路”Ⅱ/Ⅲ系列制导炸弹、“杰达姆”系列制导炸弹和小直径炸弹等	波音公司
	F-16 Fighting Falcon F-16“战隼”	战斗机	可执行对空作战、对地攻击、近距空中支援、侦察等任务。该机的空战武器主要为 AIM-9L/M 或 AIM-9X、ASRAAM、IRIS-T 和“怪蛇”3/4（以色列）近距空空导弹，AIM-7 或 AIM-120 和“德比”（以色列）中距空空导弹。其他可使用的武器包括 AGM-158 或 AGM-84H 防区外空地导弹、AGM-88 反辐射导弹、AGM-84 或 AGM-119 反舰导弹、AGM-65 通用战术空地导弹、AGM-154 或 GBU-15 制导滑翔炸弹、“宝石路”或“杰达姆”系列制导炸弹、小直径炸弹等	洛克希德·马丁公司
	F-22 Raptor F-22“猛禽”	战斗机	可执行对空作战、对地攻击、侦察等任务。配有 3 个内置武器舱和 4 个外挂点，两个侧武器舱可各挂 1 枚 AIM-9M 或 AIM-9X 近距空空导弹，主武器舱可挂载 6 枚 AIM-120 中距空空导弹，或 2 枚 AIM-120 导弹和 2 枚“杰达姆”GBU-32 制导炸弹，机翼下可外挂 4 枚 AIM-9 或 AIM-120 空空导弹。其他可使用的武器包括 GBU-39 小直径炸弹（可内载或外挂）等	洛克希德·马丁公司
	F-35 Lightning Ⅱ F-35“闪电”Ⅱ	战斗机	可执行对空作战、对地/对海攻击、近距空中支援、战术侦察、电子攻击等任务。该机机身两侧各有 1 个内置武器舱，每侧机翼下各有 3 个挂点。可携带的空战武器主要为 AIM-9X 近距空空导弹和 AIM-120 中距空空导弹，其他可使用的武器包括“杰达姆”制导炸弹、AGM-154 制导滑翔炸弹、AGM-158 防区外空地导弹以及“宝石路”激光制导炸弹、“硫磺石”空地导弹和小直径炸弹等。英国的 F-35 战斗机可使用 ASRAAM 近距空空导弹、“流星”超视距空空导弹和 SPEAR 空地导弹	洛克希德·马丁公司
	B-1B Lancer B-1B“枪骑兵”	轰炸机	可执行常规轰炸、近距空中支援等任务。该机可挂载 CBU-87/89/97 子母炸弹、Mk62/65 水雷、Mk82/84 低阻爆破炸弹、GBU-27 激光制导炸弹、“杰达姆”GBU-31/38 制导炸弹、GBU-39 制导炸弹、AGM-154 制导滑翔炸弹、WCMD CBU-103/104/105 制导子母弹、AGM-158 防区外空地导弹等制导弹药	波音公司

(续表)

研制国	军机代号和名称	军机种类	主 要 用 途	主承制商
美国	B-2 Spirit B-2“幽灵”	轰炸机	可执行常规轰炸、核打击等任务。该机有2个并列的武器舱,可选的武器配置有:8枚2 268千克级的GBU-28或EGBU-28反硬目标制导炸弹;16枚AGM-129先进巡航导弹,或B61战术/战略或B83战略核炸弹,或907千克级的“杰达姆”GBU-31制导炸弹,或Mk84普通爆破炸弹;36枚CBU-87/89/97/98子母炸弹,或M117燃烧弹;80枚227千克级的“杰达姆”GBU-38制导炸弹,或Mk82普通爆破炸弹,或Mk36/Mk62水雷	诺斯罗普·格鲁门公司
	B-52 Stratofortress B-52“同温层堡垒”	轰炸机	可执行战略常规/核轰炸任务。该机有1个大型武器舱和4个外挂点,可挂载AGM-86B空射巡航导弹(ALCM)、AGM-69近距攻击导弹(SRAM)、AGM-129先进巡航导弹(ACM)、B-53/-61Mod11/-83核炸弹,以及“杰达姆”系列制导炸弹、WCMD系列制导子母炸弹、AGM-154制导滑翔炸弹、GBU-57重型硬目标侵彻弹(MOP)、AGM-84“捕鲸叉”反舰导弹、AGM-142“突眼”和AGM-158防区外空地导弹、AGM-86C常规空射巡航导弹等制导弹药	波音公司
	Boeing 737 AEW&C 波音737预警机	预警机	可执行预警指挥、对空/对地/对海监视、边境巡逻等任务。该机以波音737-700IGW干线运输机为平台,在机身上部加装了预警雷达天线罩,配有CFM56-7涡扇发动机,任务系统的主要组成部分包括:卫星通信系统、高频电台、甚高频/超高频电台和数据链,多任务电扫描阵列(MESA)有源相控阵雷达、ALR-2001电子支援系统、箔条/曳光弹投放装置和AN/AAQ-24(V)定向红外对抗系统。对战斗机目标的最大探测距离超过370 km	波音公司
	E-2C-2000 Hawkeye 2000 E-2C-2000“鹰眼”2000	预警机	可执行防空预警、空战指挥引导、搜索救援和反毒品走私等任务。该机机身中部支架上装有蘑菇形预警雷达旋转天线罩。任务系统主要组成部分包括:全球定位系统和AN/ASN-139舰载飞机惯性导航系统Ⅱ(CAINSⅡ)、升级型任务计算机(MCU)、AN/USG-3(V)协同交战能力系统、通信系统、AN/APS-145预警雷达系统和AN/ALQ-217电子支援系统等。对高空轰炸机之类大型目标的探测距离可达650 km,对舰船的探测距离可达360 km,对战斗机目标的探测距离可达270 km	诺斯罗普·格鲁门公司
	E-2D Advanced Hawkeye E-2D“先进鹰眼”	预警机	可执行预警指挥、作战空间管理、战区防空和反导等任务。该机重点提高了作战空间态势感知能力。与E-2C-2000相比,取消了雷达罩顶部中心处的圆锥台形卫星通信天线。任务系统主要组成部分包括:综合导航/控制/显示系统、AN/APY-9机械/电扫描预警雷达系统和AN/ALQ-217A电子支援系统。对战斗机目标的探测距离可达400 km	诺斯罗普·格鲁门公司
	E-3 Sentry E-3“望楼”	预警机	可执行预警指挥、通信中继、对海搜索等任务。该机以波音707-320B运输机为平台,加装了带有支撑机构的蘑菇形预警雷达旋转天线罩,配有4台TF33-PW-100A涡扇发动机。任务系统可同时处理600个目标,其组成部分主要包括:AN/APY-1或AN/APY-2预警雷达系统以及AN/AYR-1电子支援系统。对低空小型目标的最大探测距离超过320 km,对高空大型目标的探测距离超过650 km	波音公司
	E-767	预警机	美国E-3预警机的出口型。该机以波音767-200ER客机为平台,在后机身上部加装了带有支撑结构的蘑菇形预警雷达天线罩。任务系统的主要组成部分包括:CC-2E中央计算机、AN/APY-2预警雷达系统、LN-100G惯性导航/全球定位系统和AN/APX-103敌我识别装置询问机等	波音公司

（续表）

研制国	军机代号和名称	军机种类	主　要　用　途	主承制商
美国	EA-6B Prowler EA-6B“徘徊者”	舰载电子战飞机	主要用于电子战支援和空中电子攻击，可执行雷达干扰、通信干扰、摧毁敌防空、电子监视等任务。该机垂尾顶端装有电子战系统的大型接收机整流罩。配有 2 台 J52-P-408 涡喷发动机，装有 AN/ASW-41 模拟式自动飞控系统，该机的任务系统主要包括：AN/ALQ-218(V)1 接收机、AN/ALQ-99F(V)干扰吊舱、AN/USQ-113(V)3 通信干扰系统。该机共有 5 个外挂点，典型配置为 3 个 AN/ALQ-99 吊舱、1 枚 AGM-88 导弹和 1 个副油箱	诺斯罗普·格鲁门公司
	EA-18G Growler EA-18G“咆哮者”	舰载电子战飞机	主要用于电子战支援和空中电子攻击，可执行雷达干扰、通信干扰、摧毁敌防空、电子监视等任务，同时保留了 F/A-18F 战斗机的全部作战能力。该机翼尖装有 AN/ALQ-218(V)电子战接收机的吊舱。任务系统的主要组成部分包括：多任务先进战术终端(MATT)、干扰对消系统(INCANS)、AN/ALQ-218(V)2 电子战接收机、AN/ALQ-99F(V)干扰吊舱以及 AN/ALQ-227(V)1 通信对抗系统(CCS)。该机取消了航炮，保留 11 个外挂点，除挂载吊舱外，还可挂载 AGM-88 反辐射导弹、AIM-120 中距空空导弹和副油箱	波音公司
	AH-1Z Viper AH-1Z“毒蛇”	直升机	双发中型攻击直升机。可执行反坦克、护航、火力支援、武装突击、搜索以及目标识别等任务。该机可携带的武器主要包括：“陶”式和 AGM-114“海尔法”反坦克导弹，以及 AIM-9L 空空导弹和 AGM-122A 反辐射导弹。其他武器还包括 LAU-61A/68A/68B/69A 型 70 mm 火箭弹发射器、Mk81/82 普通炸弹、CBU-55B 油气弹和 4 个 SUU-44/A 曳光弹投放器，以及 Mk45 伞降曳光弹、GPU-2A 或 SUU-11A/A“米尼冈”机枪吊舱等	贝尔直升机公司
	AH-64 Apache AH-64“阿帕奇”	直升机	双发重型攻击直升机。可执行反坦克和攻击支援等任务。该机的机身下方主轮架之间可安装波音公司的 M230 型 30 mm“链”式航炮，备弹 1200 发。短翼下有 4 个挂点，可挂 16 枚 AGM-114“海尔法”反坦克导弹，或在 4 个火箭弹发射器里最多装 76 枚 70 mm 的火箭弹。WAH-64D 型增加一对挂点，可使用“星光”空空导弹，AH-64D 型也增加一对挂点，挂载“毒刺”空空导弹	波音公司
	SH-60 Sea Hawk SH-60“海鹰”	直升机	双发单旋翼中型反潜/反舰直升机。可执行全天候探测、识别、定位、攻击潜艇和水面舰艇等任务。该机可携带 3 枚 Mk46 鱼雷、AGM-119B“企鹅”反舰导弹。部分出口型可使用 AGM-114“海尔法”空地导弹	西科斯基飞机公司
	UH-60 Black Hawk UH-60“黑鹰”	直升机	双发中型通用直升机。该机备有安装外挂物吊挂系统(ESSS)的承力点，ESSS 实际为短翼，可安装 4 个挂架，每侧可搭载总重为 2 268 kg 的外挂物，也能携带 AGM-114“海尔法”空地导弹、GAU-17、GAU-19 等各种航炮或航空机枪，以及 M56 地雷、“毒刺”空空导弹、电子战吊舱、火箭弹发射器等	西科斯基飞机公司
	Gnat “蚋蚊”	无人机	单发活塞中空长航时多用途无人机系统。可执行持久监视侦察、信号情报收集、通信中继、目标指示等任务。该机机体由碳纤维/环氧树脂复合材料制成。“蚋蚊”750 基本型机配有 1 台功率为 48.5 kW 的罗泰克斯 582 型双缸两冲程活塞发动机。任务载荷主要包括监视雷达、合成孔径/地面移动目标指示雷达、电视/微光电视/红外传感器、激光测距仪/目标指示器等系统。Ⅰ-“蚋蚊”改进型机设 5 个挂点，可挂 AGM-114“海尔法”空地导弹等武器	通用原子航空系统公司

(续表)

研制国	军机代号和名称	军机种类	主　要　用　途	主承制商
美国	MQ-1C Sky Warrior MQ-1C“天空勇士”	无人机	单发活塞中空长航时察打一体无人机系统。可执行持久监视侦察、目标捕获、通信中继、对地攻击等任务。配有1台功率为101 kW的活塞发动机。任务载荷主要包括AN/AAS-52(V)多光谱瞄准系统A(MTS-A)和增强型定位报告系统(EPLRS)、AN/DPY-1“山猫”Ⅱ或第30批次“山猫”合成孔径/地面移动目标指示雷达,以及AN/ARC-201单信道地面及机载无线电系统和AN/ARC-232等通信中继设备。该机共有4个外挂点,可挂4枚AGM-114“海尔法”空地导弹	通用原子航空系统公司
	MQ-1L Predator/MQ-9 Reaper MQ-1L“捕食者”/MQ-9“死神”	无人机	单发中空长航时察打一体无人机系统。可执行侦察监视、目标指示、对地攻击等任务。配有1台功率为84 kW的914F型水平对置四缸四冲程涡轮增压活塞发动机。典型的任务载荷包括AN/AAS-52(V)多光谱瞄准系统A(MTS-A)、AN/ZPQ-1或AN/APY-8“山猫”合成孔径/地面移动目标指示雷达、激光测距仪/目标指示器等设备。MQ-1L机型可挂2枚AGM-114“海尔法”空地导弹;MQ-9机型可同时携带2枚“杰达姆”GBU-38或“宝石路”GBU-12制导炸弹,外加8枚AGM-114空地导弹	通用原子航空系统公司
	RQ-4 Global Hawk RQ-4“全球鹰”	无人机	单发涡扇高空长航时无人驾驶侦察机。可执行远程、高空、广域、持久的情报、监视与侦察任务。是目前世界上已列装的无人机中尺寸和重量最大的型号。机翼由碳纤维复合材料制成,机身由铝合金制成。RQ-4A型机配有1台推力为31 kN的AE3007涡扇发动机。集成了雷神公司的综合传感器系统(ISS),组成包括光电/红外传感器和合成孔径雷达,配有KN-4072数字式惯性导航/全球定位系统。各型别还可集成雷神公司的AN/ALR-89(V)雷达告警接收机和AN/ALE-50拖曳式诱饵	诺斯罗普·格鲁门公司
	RQ-7 Shadow 200 RQ-7“影子”200	无人机	单发活塞战术无人机系统。可执行监视侦察、炮兵校射、半主动激光制导弹药导引照射、战斗毁伤评估、通信中继等任务。配有1台功率为28.3 kW的AR741转子发动机。任务载荷主要包括POP200/300光电/红外传感器及转塔系统、激光测距仪/目标指示器、高光谱成像传感器、战术信号情报载荷(TSP)、战术无人机雷达(TUAVR)、毫米波雷达、电子战诱饵或其他电子对抗设备、通信中继设备等	AAI公司
	RQ-8A/MQ-8B FireScout RQ-8A/MQ-8B“火力侦察兵”	无人机	无人驾驶单发单旋翼战术直升机系统。可执行监视侦察、后勤补给、反水雷以及对地攻击等任务。该机采用单旋翼带尾桨的总体布局。配有1台功率为313 kW(后调低至239 kW)的250-C20W涡轴发动机。任务载荷主要包括U-MOSP光电/红外传感器及转塔系统。还可集成AN/APY-8“山猫”合成孔径/地面移动目标指示雷达。MQ-8B型机可外挂2个4联装“毒刺”空空导弹发射箱。机上装有惯性导航/全球定位系统	诺斯罗普·格鲁门公司
	RQ-14 Dragon Eye/Swift RQ-14“龙眼”/“雨燕”	无人机	电动轻型战术无人机系统。可执行越山侦察、目标捕获、通信中继等任务。该机采用大展弦比上单翼和单垂尾。装有2台功率为214 W的电动机。机头可安装2台彩色或单色昼间电视摄像机。集成了惯性导航/全球定位系统和自动驾驶仪。地面设备包括上行指令链发射机和发射天线、下行视频链接收天线和接收机、视频叠加卡和视频眼镜	航空环境公司

（续表）

研制国	军机代号和名称	军机种类	主　要　用　途	主承制商
美国	ScanEagle “扫描鹰”	无人机	单发活塞战术无人机系统。可执行监视侦察、部队保护、海域监视、搜索与救援等任务。该机采用大展弦比后掠上单翼和双垂尾，无水平尾翼。最初配有 1 台功率为 1.9 kW 的 3W-28 活塞发动机，后换装重油发动机。任务载荷为光电摄像机或红外摄像机，可集成微型合成孔径雷达公司的 NanoSAR 合成孔径雷达。其他可集成的任务载荷包括通信中继设备、生化战剂探测器、激光目标指示器等。采用雅典娜技术公司的“导引星”GS-111m 制导、导航与控制系统	波音公司
	Shadow 400/600 “影子”400/600	无人机	单发活塞战术无人机系统。可执行监视侦察、炮兵校射、战斗毁伤评估等任务。机身主要由石墨纤维/环氧树脂制成，机翼为碳/石墨纤维蜂窝夹层结构，尾梁由铝合金制成，尾翼由石墨纤维/凯夫拉制成。“影子”400 配有 1 台功率为 27.6 kW 的 AR731 转子发动机，“影子”600 配有 1 台功率为 38.8 kW 的 AR801 转子发动机。可集成超过 32 种任务载荷。该机装有以数字式飞控计算机为核心的制导、导航与控制系统	AAI 公司
南非	AH-2A Rooivalk AH-2A“茶隼”	直升机	双发中型攻击直升机。可执行反坦克、近距空中支援和空中侦察等任务。该机的翼尖可挂 1 枚或 2 枚“西北风”红外制导近距空空导弹。机头下方装有 1 门 20 mm 口径的 F2 航炮。两侧短翼各有 3 个挂点，每个翼下挂点可挂 1 个 4 联装 ZT-6“黑蛇”反坦克导弹发射架，或 1 个 19 管 70 mm 火箭弹发射器	丹尼尔航空公司
	Seeker “搜寻者”	无人机	单发活塞战术无人机系统。可执行侦察监视、目标定位和炮兵校射等任务。机体由复合材料制成。配有 1 台功率为 37.3 kW 的 L550E 四缸两冲程活塞发动机。任务载荷包括 1 台陀螺稳定的高分辨率彩色电视摄像机和 1 台红外热像仪。出口型机还集成了“苍鹰”光电/红外传感器及转塔系统，以及萨伯航空电子公司的电子情报侦察载荷。机上装有下行遥测链和下行情报链。机背上方还装有碟形的 G/H 波段通信中继天线	丹尼尔动力公司
日本	F-2	战斗机	可执行对地/对海攻击、对空作战等任务。该机的空战武器主要为 AIM-7F/M、AAM-4 中距空空导弹和 AAM-3（90 式）近距空空导弹。其他可使用的武器包括 ASM-1（80 式）或 ASM-2（93 式）反舰导弹、227 千克级的 GCS-1（91 式）制导炸弹以及其他普通炸弹、子母炸弹和火箭弹发射器等	三菱重工业公司
瑞典	JAS-39 Gripen JAS-39“鹰狮”	战斗机	可执行对空作战、对地攻击、侦察等任务。该机的空战武器主要为 AIM-120B/C 中距空空导弹、“流星”超视距空空导弹和 AIM-9L 或 IRIS-T 近距空空导弹。其他可使用的武器包括“金牛座”防区外导弹、RBS 15F 空舰导弹、AGM-65 通用战术空地导弹、“宝石路”GBU-10/12/16 激光制导炸弹、DWS 39 滑翔子母炸弹和各种普通炸弹、子母炸弹和火箭弹发射器等	萨伯集团
	S 100B Argus S 100B“百眼巨人”	预警机	可执行防空预警、边境巡逻、搜索救援等任务。该机以萨伯 340B 支线运输机为平台，在机背装有平衡木形预警雷达天线罩，加长了尾锥，并加装了涡流发生器。配备 FRS-890 任务系统，其主要组成部分包括：1 套高频/甚高频/超高频通信系统；PS-890“爱立眼”双面阵有源相控阵雷达；TSB 2500 敌我识别装置；频率覆盖范围为 2～18 GHz 的战术电子支援系统等。对空中目标的最大探测距离不低于 350 km	萨伯集团

(续表)

研制国	军机代号和名称	军机种类	主　要　用　途	主承制商
瑞典	SAAB 2000 AEW&C 萨伯 2000 预警机	预警机	可执行预警、指挥和电子侦察等任务。该机以萨伯 2000 支线运输机为平台,在机背上安装了平衡木形预警雷达天线罩,在机翼外翼段安装了电子支援/信号情报传感器。该机的任务系统配有话音通信设备和数据链系统、PS-890“爱立眼”有源相控阵雷达、HES-21 一体化电子支援/自防御系统。对空中目标的最大探测距离不低于 350 km	萨伯集团
以色列	Boeing 707-385C Condor 波音 707-385C“秃鹰”	预警机	可执行预警指挥和电子情报侦察等任务。该机以波音 707-385C 货机为平台,在机头装有下倾的雷达罩,在机翼之前的机身两侧设有外凸的雷达天线罩。配装“费尔康”系统,其通信设备包括 4 套超高频通信系统和 1 套 500~1 000 MHz 的数据链,任务传感器主要包括 EL/M-2075 预警雷达系统、EL/L-8312 电子情报系统/雷达波段电子支援系统和 EL/K-7031 通信情报/通信波段电子支援系统。对空中目标的最大探测距离可达 370~400 km	以色列航空航天工业公司
	Eitam “白尾海雕”	预警机	可执行预警指挥和电子侦察等任务。该机以“湾流”G550 公务机为平台,在机头、机尾和机身两侧均加装了雷达天线罩,加装 2 台 120 kVA 的发动机和 1 套液冷系统。配有 EL/W-2085 任务系统,该系统采用双波段有源相控阵预警雷达,对空中目标的最大探测距离超过 370 km,并集成了采用固态相控阵天线的敌我识别子系统,拥有 EL/K-1891 卫星通信系统、电子支援系统和自防御系统	以色列航空航天工业公司
	Hermes 450/Zik “赫尔墨斯”450/“火花”	无人机	单发活塞中低空长航时战术无人机系统。可执行监视侦察和通信中继等任务。机身由复合材料制成。配有 1 台功率为 38.8 kW 的 AR801 转子发动机。典型的任务传感器包括 DSP-1 光电/红外传感器及转塔系统,或紧凑多用途先进稳定(载荷)系统(CoMPASS),也可集成具有合成孔径雷达、地面移动目标指示等工作方式的对地监视雷达。同时机上装有飞行计算机和惯性导航/全球定位系统	埃尔比特系统公司
	Heron/Machatz/Shoval “苍鹭”/“突击队”/“追踪”	无人机	单发活塞中空长航时无人机系统。可执行监视侦察、信号情报收集、海上巡逻与监视、通信中继等任务。机身由复合材料制成。配有 1 台功率为 84 kW 的 914F 四缸四冲程涡轮增压活塞发动机。标准的任务载荷是 IAI 塔曼分部的多任务光电稳定载荷(MOSP),还可集成激光测距仪、EL/M-2055 合成孔径/地面移动目标指示雷达或 EL/M-2022U 海上监视雷达等设备	以色列航空航天工业公司
	I-View “吾观”	无人机	单发活塞轻型战术无人机系统。可执行火炮校射和前线侦察、监视与目标捕获任务。机身由复合材料制成。配有 1 台采用涡轮增压的活塞发动机。标准任务载荷为 IAI 塔曼分部提供的光电/红外传感器及转塔系统。Mk50 型机采用微型插件式光电载荷(MiniPOP),Mk150 型机采用插件式光电载荷(POP),Mk240/250 机型采用多任务光电稳定载荷(MOSP)	以色列航空航天工业公司
	Searcher/Meyromit/Hugla “搜索者”/“浮鸥”/“鹧鸪”	无人机	单发活塞战术无人机系统。可执行监视侦察、信号情报收集等任务。机体主要由复合材料制成。“搜索者”Ⅱ型机装有 1 台功率为 57.4 kW 的 AR682 转子发动机。标准任务载荷是 IAI 塔曼分部的插件式光电载荷(POP)或多任务光电稳定载荷(MOSP),集成有激光测距仪、EL/M-2055 合成孔径/地面移动目标指示雷达、AES-210 电子情报侦察设备、1 套实时下行遥测链和情报链等。机上装有自动驾驶仪和惯性导航/全球定位系统	以色列航空航天工业公司

（续表）

研制国	军机代号和名称	军机种类	主　要　用　途	主承制商
印度	Tejas “光辉”	战斗机	可执行对空作战、近距空中支援等任务。该机共有 8 个外挂点，其中机腹中线 1 个，左侧进气道下 1 个，翼下 6 个。可使用的武器主要为俄制 R-73 近距空空导弹、航炮吊舱、火箭弹发射器、普通炸弹、子母炸弹等	印度斯坦航空公司
英国	MANTIS “曼提斯”	无人机	双发涡桨中空长航时察打一体无人机。机身由复合材料制成。配有 2 台 250-B17B 涡桨发动机。任务载荷主要包括光电/红外传感器及转塔系统和合成孔径/地面移动目标指示雷达。每侧机翼下有 3 个挂点，可外挂多种空地弹，其典型的外挂布局为内侧 2 个挂点各挂 1 枚 GBU-12，外侧挂点用 3 联挂架同时挂 3 枚“硫磺石”	BAE 系统公司
	Phoenix “不死鸟”	无人机	单发活塞战术无人机系统。可执行战场监视、目标定位和目标指示等任务。机身绝大部分由复合材料制成，使用了玻璃纤维复合材料、碳纤维复合材料、凯芙拉材料和诺梅克斯蜂窝结构。配有 1 台功率为 18.6 kW 的 WAE-342 两缸两冲程活塞发动机。任务载荷舱为吊挂在机身下的独立吊舱，装载有基于英国第二代热成像通用模块（TICM Ⅱ）的红外传感器和数据链系统。该机地面站中的数字地图显示器可用来与红外图像对比，提供对目标的识别能力	BAE 系统公司

参考文献

[1] 天光.英汉空空导弹词典[M].上海:上海交通大学出版社,2022.
[2] Fleeman E L. Tactical Missile Design [M]. 2nd ed. Reston: AIAA, 2006.
[3] Eichblatt E J Jr. Test and Evaluation of the Tactical Missile [M]. Washington DC: AIAA, 1989.
[4] Udoshi R. Jane's Weapons: Air-Launched 2018 – 2019 [M]. IHS Markit, 2018.
[5] Licker M D. McGraw-Hill Dictionary of Scientific and Technical Terms [M]. 6th ed. New York: McGraw-Hill, 2003.
[6] Gunston B. The Cambridge Aerospace Dictionary [M]. 2nd ed. Cambridge: Cambridge University Press, 2009.
[7] Department of Defense. DOD Dictionary of Military and Associated Terms [M]. Washington DC: Department of Defense, 2019.
[8] US Air Force. Air Force Supplement to the DOD Dictionary of Military and Associated Terms [M/OL]. US Air Force, 2012. www. e-publishing. af. mil.
[9] Titterton D, Weston J. Strapdown Inertial Navigation Technology [M]. 2nd ed. Herts: IEE, 2004.
[10] Siouris G M. Missile Guidance and Control System [M]. New York: Springer, 2004.
[11] Selected Acquisition Report. AIM-120 Advanced Medium Range Air-to-Air Missile (AMRAAM) [R]. Washington DC: Department of Defense, 2016.
[12] Carleone J. Tactical Missile Warheads [M]. Reston: AIAA, 1993.
[13] Sutton G P. Rocket Propulsion Elements [M]. 9th ed. Hoboken: Wiley, 2017.
[14] Vincent J D. Fundamentals of Infrared Detector Operation and Testing [M]. New York: Wiley, 1990.
[15] Zarchan P. Tactical and Strategic Missile Guidance [M]. 6th ed. Reston: AIAA, 2012.
[16] Hemsch M J. Tactical Missile Aerodynamics: General Topics [M]. Washington DC: AIAA, 1992.
[17] McShea R E. Test and Evaluation of Aircraft Avionics and Weapon Systems [M]. Raleigh: Scitech Publishing, Inc., 2010.
[18] Rigby K A. Aircraft Systems Integration of Air-Launched Weapons [M]. West Sussex: Wiley, 2013.
[19] Hoffman P J, Hopewell E S, Janes B, et al. Precision Machining Technology [M]. Clifton Park: Delmar, Cengage Learning, 2011.